二十五史河渠志注釋
（修訂本）

周魁一　蔡　蕃　等編注

中國書店

圖書在版編目（CIP）數據

二十五史河渠志注釋／周魁一等編注．—修訂本．—北京：中國書店，2021.9

ISBN 978-7-5149-2826-6

Ⅰ.①二…　Ⅱ.①周…　Ⅲ.①水利史-研究-中國　Ⅳ.①TV-092

中國版本圖書館 CIP 數據核字（2021）第 195381 號

二十五史河渠志注釋（修訂本）

周魁一　蔡　蕃　等編注
責任編輯：陳小莉　劉　深

出版發行：中國書店
地　　址：北京市西城區琉璃廠東街 115 號
郵　　編：100050
印　　刷：北京鑫益暉印刷有限公司
開　　本：710mm×1000mm　1/16
版　　次：2021 年 9 月第 1 版　　2021 年 9 月第 1 次印刷
字　　數：490 千字
印　　張：40.25 印張
書　　號：ISBN 978-7-5149-2826-6
定　　價：128.00 元

敬告讀者：
本版書凡印裝質量不合格者由本社調換，
當地新華書店售缺者可由本社郵購。

本書初版注釋分工

《史記·河渠書》《漢書·溝洫志》，郭濤注釋。

《宋史》河渠一、河渠二、河渠三黃河下、河渠五，周魁一注釋。

《宋史》河渠三汴河上、河渠四，鄭連第注釋。

《宋史》河渠六、河渠七，蔡蕃注釋。

《金史·河渠志》《元史·河渠志》，蔡蕃注釋。

《明史》河渠一、河渠二，郭濤注釋。

《明史》河渠三、河渠四、河渠五，譚徐明注釋。

《明史》河渠六，蔣超注釋。

《清史稿》河渠一，郭濤注釋。

《清史稿》河渠二，譚徐明注釋。

《清史稿》河渠三，鄭連第注釋。

《清史稿》河渠四，周魁一注釋。

姚漢源教授早年注釋的《新唐書·地理志》中有關水利的內容，作爲附錄也收入本書。

全書由周魁一統稿。

修訂再版校订分工

　　《注釋説明》《史記·河渠書》《漢書·溝洫志》《金史·河渠志》《元史·河渠志》，《宋史》河渠一、河渠二、河渠三黄河下、河渠五、河渠六、河渠七，《清史稿》河渠四、《新唐書·地理志》由蔡蕃校订。

　　《宋史》河渠三汴河上、河渠四，《清史稿》河渠三由鄭連第校订。

　　《明史》河渠三、河渠四、河渠五，《清史稿》河渠二由譚徐明校订。

　　《明史》河渠一、河渠二、河渠六、《清史稿》河渠一由蔣超校订。

　　全書由蔡蕃、蔣超統稿。

注釋説明

　　我國的水利事業有着修久的歷史，歷代文獻記載十分豐富，現存的水利文獻總數可以和數量較多的農學、醫學、天文、曆算等學科相媲美。其中，正史有關水利的記載，特別是記載水利的專篇——河渠志（或溝洫志），由于編纂者有條件大量使用前代檔案資料，纂修時代較接近事件發生的時間，有關各代的主要水利事件經編者整理後扼要地匯編於其中，從而具有較高的史料價值。在二十五史（"二十四史"加《清史稿》）中，《史記》《漢書》《宋史》《金史》《元史》《明史》和《清史稿》都有水利專篇，此外，《新唐書·地理志》也按地域記錄了唐代主要的水利工程。這七部水利志和《新唐書·地理志》中的水利内容，基本概括了我國長達兩千年的水利建設的重要史實。它對于歷史、地理、農業、經濟、水利研究工作者都是必讀的基礎資料，有着特別重要的史料價值。

　　在使用這些資料時，由于它的内容既涉及水利，又涉及歷史，因而對於不同專業的研究人員來說，閱讀起來可能存在着種種不便。

　　由于水利建設本身屬於自然科學，對於從事社會科學研究以及其他非水利專業的研究人員來說，其中經常遇到的技術術語、專業管理機構、工程技術等内容，不易閱讀，甚至會妨礙對原文的深入理解。例如：古代表示河流水情和溜勢的名稱是形象的和自成體系的。其中有解凌水、桃華水、菜花水、麥黄水、瓜蔓水、礬山水、荻苗水、豆花水、登高水、復槽水、蹙凌水等表示不同季節的水情；而淪捲水、剗岸水、括灘水、塌岸水、搜根水、倒漾水、上提、下坐、上展、下展、側注、頂衝、向著、退背、抹岸、拽白等等，則是表示河水不同溜勢的專用術語，它們對堤壩的危害及其防治方法是不同的。對它們的含義，注釋時盡可能給予簡要的説明，將是有益的。

另一方面，對於水利工作者來説，特別是在目前普遍開展的編修江河志、水利志的工作中，治史和修志人員在使用這部資料時，對于有關的歷史事件、專用名詞、古代政區等，則往往較爲陌生。以經常遇到的歷代水利職官爲例，有都水長、都水丞、河隄使者、河隄謁者、都水臺使者、水部郎中、水部員外郎、都水監使者、都巡河官、河道總督、漕運總督等等，都是中央政府中的水利主管官吏，但各代名稱不同，職權範圍和品位也有所變更，相應予以注釋，也將方便讀者。

同時，由于歷代《河渠志》中所記史實多很簡略，要想進一步了解其原委，往往需要參考其他文獻，因此，在注釋中有必要對其中重要的水利事件的起因、經過和結果，介紹一些比較常見的和直接有關的文獻資料供參考。例如《宋史·河渠志》中，對熙寧六年（1073年）五月命贊善大夫蔡朦修永興軍白渠事，只有簡單記載，而從《續資治通鑒長編》中可以看到，這次修渠是在熙寧七年（1074年）十二月動工的，主持人蔡朦當時任永興軍判官。而《宋會要稿·食貨》中還記載着，本次施工着重改造渠口工程。工程最終失利，元豐三年（1080年）有關官員因此分別受到處分等等。

因此，如能從以上幾個方面對歷代《河渠志》加以簡要注釋，對於增加這部水利歷代史資料的實用價值，當會有所幫助。不過，這項工作的難度也是顯而易見的。因此，在提出這一建議四年之後，注釋者才在有關方面敦促下，不揣愚陋，勉力爲之。

在工作中我們發現，雖然是官修的正史，其中也有史實記載混淆以致錯誤之處。例如，《元史》分作兩次纂修，内容難免重復，例如，同是鄭白渠的修建，却分作《三白渠》《洪口渠》和《涇渠》三部分敘述。而且不同水利事件的史實也有相互混雜的地方。例如，《元史·河渠志》在《濟州河》的標題下面，所述内容竟大部分是完全與濟州河無關的膠萊運河的修建史實。又如，《宋史·河渠志》記載皇祐二年（1050年）七月辛酉黄河在大名府舘陶縣郭固口決口，而《仁宗本紀》和《續資治通鑒長編》却記爲三年事，等等。這些，在注釋中也簡要提出。

我們的注釋工作是以中華書局《二十四史》和《清史稿》標點本爲底本

的，得力於原標點和校勘記之處甚多。同時，我們也發現了一些地方，特別是牽涉水利的技術内容的表述，標點本的疏忽也偶有所見。例如，《清史稿·河渠志》記載：清初京口（今江蘇省鎮江市）以南運河，在"徒陽陽武"等縣河段上需要着重疏濬，標點本對這些地名的句逗是"徒、陽、陽武"，但陽武遠在今河南省，當與本事無涉。實際該句應斷作"徒、陽、陽、武"，即丹徒、丹陽、陽湖和武進四縣。清代陽湖屬今常熟市轄區。又如，宋代在區分險工等級時，將黃河大溜逼近險工者稱爲向著，去水遠者稱爲退背，并按其程度不同，各分爲三等。而標點本却多次將向著標作地名，等等。這些，在本書中也扼要指出。

在本書注釋中，擬定了以下十一條，作爲注釋凡例：

1. 本書以中華書局《二十四史》和《清史稿》標點本爲底本；

2. 中華書局標點本校勘注中，除校勘結論已在正文中反映者外，本書注釋仍保留。注前加〔標點本原注〕字樣；《史記》三家注和《漢書》顏師古注一般均予保留。這時將注釋者所注容前加〔今注〕，以示區別；

3. 凡標點本原標點有誤者，保留原標點，出注説明；不妨害理解原文者不改動；

4. 本書着重注釋水利名詞術語、重要而記述含混的水利事件、水利機構和職官、與水利直接有關的縣以下行政區劃等；

5. 對所述水利事件補充其他重要資料者出注，内容歧疑者出注；

6. 正史列傳中有利當事人的傳記者出注，内容有重要補充者補注；

7. 古文字的含義一般不注；水利常用字、詞，較費解者出注；《新華字典》没有收入的生僻字注音和注釋簡單字義；

8. 古今度量衡換算、縣以上行政區劃和專門名詞、古今年代換算等，有常見專用工具書可參考者，本書一般不再注釋；

9. 釋文不强調包含完整的知識主題，不展開論述；

10. 除大部分保留標點本原分段外，本書按年代補充分段，尚未完全照顧到事件自身的連貫性；

11. 對於《新唐書·地理志》，僅將其中水利内容録出，作爲本書的附録。由于是《地理志》，其注釋體例與《河渠志》稍有不同。即在唐代縣名之後加注今地名，歷史紀年也加注公元，并均加括號以與正文相區别。

如上所述，本書注釋内容對於讀者閲讀或有便利之處。而將二十五史中有關水利的八篇專志匯集在一起，將形成時間上比較連貫、地域比較廣泛、資料價值高的一部長達二千年的系統而扼要的中國水利史料。作爲一部書印刷，定會爲讀者帶來許多方便。

從注釋重點可見，本書是一部偏重專業性的簡明注本，這是一次嘗試。限于注釋者水平，釋文的缺點和錯誤在所難免，誠懇歡迎讀者指正。

注釋者

1988 年 7 月

修訂再版説明

　　時光荏苒，翻閲三十年前出版的《二十五史河渠志注釋》時，油然想起當年大家一起緊張工作的情景。那時候出版的古籍較少，正如 1988 年《注釋説明》寫的"對於水利工作者來説，特別是在目前普遍開展的編修江河志、水利志的工作中，治史和修志人員在使用這部資料時，對於有關的歷史事件、專用名詞、古代政區等，則往往較爲陌生。"還"由于歷代《河渠志》中所記史實多很簡略，要想進一步瞭解其原委，往往需要參考其他文獻，因此，在注釋中有必要對其中重要的水利事件的起因、經過和結果，介紹一些比較常見的和直接有關的文獻資料供參考。"本著這些原則，大家在工作之餘用一年時間分工協作，完成四十餘萬字書稿，并在中國書店大力支持下于 1990 年初順利出版。書中"基本概括了我國長達兩千年的水利建設的重要史實。它對于歷史、地理、農業、經濟、水利研究工作者都是必讀的基礎資料，有著特別重要的史料價值"。本書出版後讀者反映較好，感覺簡練實用，尤其對不易查詢的古代水利術語部分注釋説明良多。三十年過去了，由于書中仍然存在一些錯字和需要補充説明的地方，考慮讀者需求後決定再版。

　　這次再版首先對於排版錯誤予以糾正，如原書《明史·河渠五》四三三頁下至四三四頁的文字要移到四三一頁《河渠四》的尾部。

　　關於涉及到會引起文意誤解的標點，這次做了比較細緻的校正。如，《明史·河渠四·大通河》三里河"自壩口八里始接渾河舊渠兩岸多廬墓"，標點本作"自壩口八里，始接渾河，舊渠兩岸多廬墓"有誤。自壩口八里地方没有渾河，只有故道，因此正確標點是"自壩口八里接渾河舊渠，兩岸多廬墓"。又如"河必決溢上流水行平地"，標點本作："河必決溢，上流水行平地”，應該是上游河道決溢後下游“水行平地”，“河必決溢上流，水行平地。”是正確的。

《新唐書·地理志》滄州景城郡清池縣“有甘井二十年令毛某母老苦水鹹無以養縣舍穿地泉湧而甘民謂之毛公井。”考本條所列各項工程以年代先後爲序排列，上一項爲開元十六年（728 年），本項工程當其後。標點本斷爲“有甘井二，十年”誤，應該是“有甘井，二十年”，不是有二口井，而是開元二十年（732 年）开凿了毛公井。

对记载事件有明顯錯誤的，作了校正。如《明史·河渠三》有“萬曆十五年九月，神宗幸石景山，臨觀渾河。召輔臣申時行至幄次。”據《神宗萬曆實録》卷二〇三記載：“萬曆十六年九月甲子，駕幸石景山，欲觀渾河，臨流縱觀，目（申）時行前曰：朕每聞黃河沖決爲患不常，故欲一觀，渾河水勢洶洶如此，則黃河可知。”另外明代成書的《長安客話·渾河》記載“萬曆戊子秋九月十六日，聖駕還自壽宮，駐蹕功德寺。明日幸石景山，觀渾河。上曰‘觀此水則黃河可知。’”萬曆戊子就是十六年（1588 年）。另外，《長安客話·西湖》還有詳細記載：“萬曆十六年，今上謁陵迴鑾，幸西山，經西湖，登龍舟，後妃嬪御皆從。”回京城過程。《長安客話·萬壽寺》記載：“十六年上曾于此尚食，不敢啟視。”《帝京景物略·萬壽寺》載“萬曆十六年上幸寺，尚食此亭”。都明確爲萬曆十六年（1588 年）事。

關於古代水利術語注釋方面，個別詞彙增加參考文獻。如《宋史·河渠志》關於“河本泥沙，無不淤之理。淤常先下流，下流淤高，水行漸壅，乃決上流之低處，此勢之常也”。參見錢寧、周文浩《黃河下游河床演變》第三頁，引用歐陽修這一論點之後，又徵引北宋蘇轍和清代靳輔等人的論述加以佐證。關於水勢部分記述的黃河河床橫向演變的現代河流動力學解釋，參見錢寧、周文浩《黃河下游河床演變》之第四章河床演變和第七章黃河下游的平面變形。關於鄆州六埽，可參考楊國順著《北宋鄆州黃河六埽地理位置考》。作者經實地勘察指認：鄆州六埽在今陽穀縣境內……相鄰各埽間距約二十里上下。埽工依托大堤，明確埽工位置是確定此段黃河走向，分析北宋東流北流之爭的地理形勢的重要節點。再有，關於元豐曹村決口，位置在今河南濮陽西南，堵口過程詳見《皇朝文鑒·澶州靈津廟碑文》，又見《續資治通鑒長編》

引司馬光《涑水紀聞》。參見周魁一《元豐黄河曹村堵口及其他》，載《水利學報》1985 年一期。楊國順等人曾兩次考察曹村堵口現場遺存。對照文獻記載，古河道決口遺存之大型沖坑、古河道一側殘存的堵口進佔小堤、上游北岸分減堵口流量之減水河等，指認決口位置在今濮陽縣西南焦二寨以東二三里間，當地至今保留有五個以淩平（靈平音轉）爲名的村莊。

《明史·河渠三》分水條，原來注釋只有“分水山東汶上縣南旺鎮分水樞紐，汶水入會通河後，在此分流南北，該處有南旺分司、分水龍王廟”。這次明確分水“即會通河南旺樞紐，地處會通河最高處。南旺樞紐由南旺四湖及南北分水閘構成。由戴村壩引汶河至南旺諸湖濟運，由南北閘啓閉控制分流南北水量，該處有南旺分司、分水龍王廟”。

對於水利職官注釋也增加一些內容，如《明史河·渠志六》中關於東河條，注釋爲“河南、山東黄河、運河的簡稱，也是河東河道總督的簡稱。其機構轄河南和山東境內的黄河段；南河，江南黄河的簡稱，其機構轄江蘇境內的黄河。河道總督事權劃分始於雍正二年（1724 年）。江南河道總督，駐清江浦，管理江蘇、安徽黄運（江北段）兩河，簡稱南河；河東河道總督，駐濟甯，管理山東、河南黄運兩河，簡稱東河；直隸河道總督管理海河，駐天津，簡稱北河。此後不久撤銷北河，改歸直隸地方管理”。

個別名詞注釋也隨著研究深入作了調整。如《元史·河渠志》西河條，原來注釋“疑爲元大都西護城河”，現在修改爲“疑爲積水潭西岸引出向太液池供水河道，金代用來溝通白蓮潭和中都城的河道，清代北京地圖上還有此水道存在，大約今趙登禹路位置”。

對於整理工作還需要說明的是，本書稿三十多年前依據中華書局出版的《二十四史》以及《清史稿》爲底本，對其中有關水利內容進行輯錄、校勘和注釋。整理者對所輯錄的內容從水利史研究的角度進行校勘整理。因此，校勘及標點以及段落劃分以水利史研究爲依據，并不完全遵從《二十四史》《清史稿》原文格式和段落要求。本書輯錄文字中，遇有異體字使用時，參照《第一批異體字整理表》進行修改，原則上不再使用異體字。但是對水利專用術語、人名、地名等特定使用異體字由于古今意義的區別給予保留。如“水閘”的“閘”字，《說文解字》：“閘，開閉門也。從門、甲聲。”本意指城門的懸門，泛指以門控制通道的設施，後來用作水閘。按照文獻記載，明代以前水利上多用"牐"字。牐，《集韻》："一曰以版有所蔽"，指插在水渠中挡水的版。直到《元史·河渠志》记载水閘均用"牐"字，因此給予保留；明清文獻都使用"閘"了，則保留用閘字；這樣全書前後部分用字有所不同，特此説明。再如"水流（溜）"、"溜勢"，一般認爲意思基本相同，古代則有很大區別。"水流（溜）"多指河水流向、流速、季节变化等，專用術語有"解凌水、桃華水、菜花水、麥黄水、瓜蔓水、礬山水、荻苗水、登高水、復槽水、蹙凌水"等；"溜勢"則專指河流水勢形態，專用術語有"上提、下坐、上展、下展、側注、頂衝、向著、退背、抹岸、拽白"等。另外，諸如"決""災""洩"亦均予以保留。需要説明的是，中華書局《二十四史》及《清史稿》各書對异體字使用的規則不太一致，故本書輯録文字亦盡量與原文文字相同。

本書輯録《二十四史》《清史稿》原文中的歷代紀年，爲保持文獻完整性均不作公元紀年標注，而在注釋文字中遇有歷代紀年，均注明公元紀年。依照這項原則再版時對《新唐書·地理志》部分作了較大調整。

這次出版希望廣大讀者對不足之處給予批評指正。

2020 年 5 月

目　　録

史記·河渠書[1]

(《史記》卷二十九)

《夏書》[2]曰：禹抑[3]洪水十三年，過家不入門。陸行載車，水行載舟，泥行蹈毳，山行即橋[4]。以別九州，隨山浚川，任土作貢。通九道，陂九澤[5]，度九山[6]。然河菑衍溢，害中國也尤甚。唯是爲務。故道[7]河自積石歷龍門[8]，南到華陰[9]；東下砥柱[10]，及孟津[11]、雒汭，至于大邳[12]。於是禹以爲河所從來者高，水湍悍[13]，難以行平地，數爲敗，乃厮二渠以引其河[14]。北載之高地，過降水[15]，至于大陸[16]，播爲九河[17]，同爲逆河，入于勃海[18]。九川既疏，九澤既灑[19]，諸夏艾安[20]，功施于三代[21]。

〔1〕按：《史記》 司馬遷著。《河渠書》是其中的一個專篇，記述了上起大禹治水、下迄西漢元封二年（公元前 109 年）之間的重要水利事件，是中國第一部水利通史。它開創了歷代官修正史撰述河渠水利專篇的典範，同時賦予"水利"一詞以治河防洪、灌溉、航運等興利除害明確的專業概念。現代意義的"水利"二字當溯源于此。

〔2〕夏書 《尚書》組成部分之一，包括《禹貢》《甘誓》《五子之歌》《胤征》等四篇。

〔3〕〔索隱〕抑音憶。抑者，遏也。洪水滔天，故禹遏之，不令害人也。

〔4〕〔集解〕徐廣曰："橋，近遥反。一作'欙'。"
〔索隱〕毳字亦作"橇"。

〔5〕陂 音 bēi（杯），作名詞指蓄水的塘堰、水庫；作動詞指壅塞、堵築，使水流滀蓄起來。

〔6〕〔正義〕度，田洛反治水以志九州山澤所生物産，言于地所宜，商而

度之，以制貢賦也。

〔7〕道　同“導”，引導、疏通之意。

〔8〕〔正義〕（龍門）在同州韓城縣北五十里，爲鑿廣八十步。

〔9〕〔正義〕華陰縣也。魏之陰晋，秦惠王更名寧秦，漢高帝改曰華陰也。

〔10〕〔正義〕底柱山俗名三門山，在硤石縣東北五十里，在河之中也。

〔今注〕底柱　1960年修建三門峽水庫時已炸毀。

〔11〕〔正義〕在洛州河陽縣南門外也。

〔12〕〔正義〕孔安國云：“山再成曰邳。”

〔今注〕邳又作岯或伾。《水經·河水注》等漢晋文獻均以今河南滎陽氾水鎮西北成皋故城所在之山爲大伾山。唐以後的文獻如《括地志》等又以今河南浚縣城東黎陽東山爲大伾山，今存宋人所鐫摩崖石刻“大伾偉觀”四字。

〔13〕〔集解〕韋昭曰：“湍，疾；悍，强也。”

〔14〕〔集解〕《漢書音義》曰：“厮，分也。二渠，其一出貝丘西南二折者也，其一則漯川。”

　　〔索隱〕厮，《漢書》作“灑”，《史記》舊本亦作“灑”，字從水。按：韋昭云“疏決爲灑”，字音疏跬反。厮，即分其流泄其怒是也。又按：二渠，其一則漯川，其二王莽時遂空也。

〔15〕〔正義〕降水源出潞州屯留縣西南方山東北。

〔今注〕降又作洚或絳。清人胡渭所著《禹貢錐指》認爲降水係濁漳水上游，源出今山西長治市屯留，東流入漳水注入古黄河。後人多從胡渭説。

〔16〕〔正義〕大陸澤在邢州及趙州界，一名廣河澤，一名鉅鹿澤也。

〔17〕〔正義〕言過降水及大陸水之口，至冀州分爲九河。

〔今注〕據《爾雅·釋水》，九河指徒駭、太史、馬頰、覆釜、胡蘇、簡、絜、鈎盤、鬲津等九條河。

〔18〕〔集解〕瓚曰：“《禹貢》云‘夾右碣石入于海’，然則河口入海乃在碣石也。武帝元光二年，河徙東郡，更注勃海。禹之時不注勃海也。”

〔今注〕逆河有人認爲是指黄河入海段受海潮頂托倒灌的河段。

〔19〕灑　音sǎ，即洒。分散、散落之意。

〔20〕艾　音yì，即治理。“艾安”指經過治理，太平無事。

〔21〕三代　夏、商、周三個朝代。

　　自是之後，滎陽[1]下引河東南爲鴻溝[2]，以通宋、鄭、陳、蔡、曹、衛，興濟、汝、淮、泗會[3]。于楚，西方則通渠漢水、雲夢之野[4]，東方則通（鴻）溝江淮之間。於吳，則通渠三江、五湖[5]。於齊，則通菑濟[6]之間。於蜀，蜀守冰[7]鑿離碓[8]，辟沫水之害[9]，穿二江成都之中[10]。此渠皆可行舟，有餘則用溉浸。百姓饗其利。至于所過，往往引其水益用溉。田疇之渠，以萬億計，然莫足數也。

[1] 滎陽　縣名，戰國時爲韓國滎陽邑，秦始置縣，縣治在今河南鄭州市西北，位于黃河南岸。鴻溝在縣境内分引黃河水。"滎"又作"荥""熒"。

[2] [索隱] 楚漢中分之界，文穎云即今官渡水也。蓋爲二渠：一南經陽武，爲官渡水；一東經大梁城，即鴻溝，今之汴河是也。

[今注] 鴻溝　戰國時期開鑿的一條重要運河。始鑿于魏惠王十年（公元前 360 年），大約是從黃河引水入中牟縣西的圃田澤，然後從圃田澤開渠引水向東通開封，再與淮河水系縣成一體。

[3] 濟汝淮泗　濟水，古四瀆之一，包括黃河以南和以北兩部分。參見岑仲勉《黃河變遷史》。汝，即汝水，淮河上游支流。淮，即淮河，古四瀆之一，稱淮水。泗，泗水，源出山東泗水縣東蒙山南麓。

[4] 漢水　古稱沔水，即今漢江。

雲夢　古澤藪名。據《漢書·地理志》，雲夢澤在今湖北潛江市西南（漢代南郡華容縣南）一帶。

[5] 三江　漢以後對"三江"的解釋很多，但都比較牽強。近人認爲這是泛指長江下游衆多的水道，而非特指哪三條具體的河流。

五湖　古人對"五湖"的解釋也較多。但從《國語·越語》和本文看，當是泛指太湖流域内的湖泊。

[6] 菑　音 zī，即今淄河，濟即今大清河。

[7] [集解]《漢書》曰："冰姓李。"

[今注] 李冰，戰國時水利名家，生卒年不詳。秦昭襄王末年（約公元前 256—公元前 250 年）爲蜀郡守，主持興建都江堰工程。《華陽國志·蜀志》還記載他在南安（今四川樂山）和僰道（今四川宜賓）開過灆崖、雷垣、鹽溉、兵闌諸山崖河灘，改善航道；并修建文井江（今四川崇州市西河）、白水江（今四川邛崍市南河）、洛水（今石亭江）、綿水（今綿遠河）等灌溉和航運工程。

〔8〕〔集解〕晋灼曰：“古‘堆’字也。”

〔9〕〔索隱〕辟音避。沫音末。

〔今注〕沫水　古水名，岷江的主要支流，即今大渡河。隋唐以後改今名。一説“沫”係形容詞，沫水即爲泛白沫的急流。

〔今注〕二江　指古郫江和檢江。郫江又叫北江，檢江又叫流江、北江，在灌縣都江堰分流後，分別經過成都的城北和城南，在城東南又合而南流。近人認爲，今四川成都市北的油子河和市南的走馬河，大體即古郫、檢二江所經流。

〔10〕〔正義〕《括地志》云：“大江一名汶江，一名管橋水，一名清江，亦名水江，西南自温江縣境流來。”又云：“郫江一名成都江，一名市橋江，亦曰内江，西北自新繁縣界流來。”二江并在益州成都縣界。任豫《益州記》云：“二江者，郫江、流江也。”

西門豹[1]引漳水溉鄴[2]，以富魏之河内[3]。

〔1〕西門豹　魏文侯時曾任鄴（今河北臨漳縣西南鄴鎮）令，主持修築了引漳十二渠灌溉工程。

〔2〕〔正義〕《括地志》云：“漳水一名濁漳水，源出潞州長子縣西力黄山。《地理志》云：“濁漳水在長子鹿谷山，東至鄴，入清漳。”

〔今注〕漳水，即今漳河，係今衛河支流。

〔3〕河内　郡名，治所在懷縣（今河南武陟西南）。轄境相當今河南黄河以北，京浦鐵路（包括汲縣）以西地區。

而韓聞秦之好興事，欲罷之，毋令東伐[1]，乃使水工鄭國[2]間説秦，令鑿涇水自中山西邸瓠口爲渠[3]，并北山東注洛[4]三百餘里，欲以溉田。中作而覺，秦欲殺鄭國。鄭國曰：“始臣爲間，然渠成亦秦之利也。”[5]秦以爲然，卒使就渠。渠就，用注填閼之水[6]，溉澤鹵之地[7]四萬餘頃[8]，收皆畝一鐘[9]。於是關中爲沃野，無凶年，秦以富彊，卒并諸侯，因命曰鄭國渠[10]。

〔1〕〔集解〕如淳曰：“欲罷勞之，息秦伐韓之計。”

〔今注〕罷音 pí，通"疲"。

〔2〕〔集解〕韋昭曰："鄭國能治水，故曰水工。"

〔今注〕水工，我國古代專門從事水利工程建設的技術人員。

〔3〕〔索隱〕小顏云："中音仲，即今九嵕山之東仲山是也。邸，至也。"瓠口即谷口，乃《郊祀志》所謂"寒門谷口"是也。與池陽相近，故曰"田於何所，池陽谷口"也。

〔正義〕《括地志》云："中山一名仲山，在雍州雲陽縣西十五里。又云焦獲藪，亦名瓠，在涇陽北城外也。"邸，至也。至渠首起雲陽縣西南二十五里，今枯也。

〔今注〕鄭國渠取水口在今陝西涇陽縣西北。宋以後歷代取水口和渠首段遺跡尚存，呈不斷上移的趨勢。小顏，即顏師古。

〔4〕〔集解〕徐廣曰："出馮翊懷德縣。"

〔5〕〔索隱〕《溝洫志》鄭國云"臣爲韓延數歲之命，爲秦建萬代之功"是也。

〔6〕填閼，指高含沙量的河水。

〔7〕澤鹵之地　即鹽碱地。

〔8〕〔索隱〕溉音古代反。澤一作"舄"，音昔，又并音尺。本或作"斥"，則如字讀之。

〔9〕據近人研究，秦及漢初 1 鍾＝6 斛 4 斗＝6 石 4 斗＝64 斗，秦漢 1 升＝0.2 市斤，1 畝＝0.69 市畝。1 市斗＝13.5 斤，則：鍾/畝＝64×13.5×0.20.69＝250 斤/畝

〔10〕鄭國渠于秦始皇元年（公元前 246 年）動工興建，共計用了十餘年時間。渠成後，歷代均有修建、整治和改造。不同歷史時期的灌區範圍、取水口位置、渠系布置以及名稱有所變化。漢修白渠以後叫鄭白渠，唐叫三白渠，宋代渠首叫豐利渠，元代渠首叫王御史渠，明代又叫廣惠渠，清代改引泉水後，改叫龍洞渠。民國時期引進現代工程技術，重建引涇渠首工程，取名涇惠渠，一直延用至今。

漢興三十九年，孝文時河決酸棗[1]，東潰金隄[2]，於是東郡大興卒塞之[3]。

〔1〕酸棗　秦始置縣，在今河南延津西南。

〔2〕〔正義〕《括地志》云："金堤一名千里堤，在白馬縣東五里。"

〔3〕塞　堵塞決口。

其後四十有餘年，今天子元光之中，而河決於瓠子[1]，東南注鉅野[2]，通於淮、泗。於是天子使汲黯、鄭當時興人徒塞之，輒復壞。是時武安侯田蚡爲丞相，其奉邑食鄃[3]。鄃居河北，河決而南則鄃無水菑[4]，邑收多。蚡言於上曰："江河之決皆天事，未易以人力爲彊塞，塞之未必應天。"而望氣用數者[5]亦以爲然。於是天子久之不事復塞也。

〔1〕瓠子　地名，在今河南濮陽縣西南。所決之河名瓠子河。據《水經注》，此水自今河南濮陽南分黃河水東出。元光三年（公元前132年），黃河決入瓠子河，東衝鉅野澤，然後入淮、泗，釀成巨災。

〔2〕〔正義〕《括地志》云："鄆州鉅野縣東北大澤是"。

〔今注〕鉅野即大野澤，故址在今山東巨野縣北，古濟水的一支在此通過，向東又有水道和古泗水相接。五代後南部乾涸，北部成爲梁山泊的一部分。

〔3〕〔索隱〕音輸。韋昭云："清河縣也。"

〔4〕菑　"灾"的異體字。

〔5〕望氣用數者　古代方士和觀陰陽風水的一類人。數是數術，指占卜推算。

是時鄭當時爲大農，言曰："異時關東漕粟從渭中上[1]，度六月而罷，而漕水道九百餘里，時有難處。引渭穿渠起長安，并南山下[2]，至河三百餘里，徑[3]，易漕，度可令三月罷；而渠下民田萬餘頃，又可得以溉田：此損漕省卒[4]，而益肥關中之地，得穀。"天子以爲然，令齊人水工徐伯表[5]，悉發卒[6]數萬人穿漕渠[7]，三歲而通。通，以漕，大便利。其後漕稍多，而渠下之民頗得以溉田矣。

〔1〕關東　秦、漢、唐等朝定都陝西西安一帶，稱涵谷關或潼關以東的地區爲關東，而將涵谷關以西稱爲關中或關内。

〔2〕南山　指秦嶺。

〔3〕徑　距離短，直捷。

〔4〕損　減少的意思，損漕，減少漕糧的數量。

〔5〕〔索隱〕舊説，徐伯表，水工姓名也。小顏以爲表者，巡行穿渠之處而表記之，若今豎標，表不是名也。

〔今注〕表，類似現代的渠線勘測測量。

〔6〕〔集解〕徐廣曰：“一云‘悉衆’。”

〔7〕漕渠創始于西漢元光六年（公元前129年），由鄭當時主持，水工徐伯督率開鑿。首起長安（今陝西西安），東至黄河，傍南山而行，避開渭河淺阻，長三百餘里。初以灞水爲源，其後鑿昆明池，又穿昆明渠通渭，與漕渠相通，使航運水源改善。東漢時尚可通航，北魏時已無水。隋開皇初改自長安西北引渭水爲源，浚復舊渠通運，定名廣通渠，但習慣上仍稱爲漕渠。唐代時通時塞，後漸湮廢。

其後河東守番係[1]言：“漕從山東西[2]，歲百餘萬石，更砥柱之限，敗亡甚多，而亦煩費。穿渠引汾[3]溉皮氏、汾陰下[4]，引河溉汾陰、蒲坂下，度可得五千頃。五千頃故盡河壖棄地[5]，民茭牧其中耳[6]，今溉田之，度可得穀二百萬石以上。穀從渭上，與關中無異，而砥柱之東可無復漕。”天子以爲然，發卒數萬人作渠田[7]。數歲，河移徙，渠不利，則田者不能償種。久之，河東渠田廢，予越人，令少府以爲稍入[8]。

〔1〕〔索隱〕上音婆，又音潘。

〔2〕〔索隱〕按：謂從山東運漕而西入關也。

〔3〕〔正義〕《括地志》云：“汾水源出嵐州静樂縣北百三十里管涔山北，東南流，入并州，即西南流，入至絳州、蒲州入河也。”

〔4〕〔正義〕《括地志》云：“皮氏故城在絳州龍門縣西百三十步。自秦、漢、魏、晋，皮氏縣皆治此。汾陰故城俗名殷陽城，在蒲汾陰縣北九里，漢汾陰縣是也。”

〔5〕〔集解〕韋昭曰：“壖音而緣反。謂緣河邊地也。”

〔6〕〔索隱〕茭，乾草也。謂人收茭及牧畜於中也。

〔7〕作渠田　指開鑿引黄、引汾灌溉渠系，改造沿河荒地成水田。

〔8〕〔集解〕如淳曰：“時越人有徙者，以田與之，其租税入少府。”

〔索隱〕其田既薄，越人徙居者習水利，故與之，而稍少其税，入之于少府。

〔今注〕少府，官名，始於戰國，秦漢相沿，爲九卿之一。據《漢書·百官公卿表》：“少府，秦官，掌山海池澤之税，以給供養。”屬官頗多，專掌山海池澤收入和皇室手工業製造，爲皇帝的私府。

其後人有上書欲通襃斜道[1]及漕[2]，事下御史大夫張湯。湯問其事，因言：“抵蜀從故道[3]，故道多阪[4]，回遠。今穿襃斜道，少阪，近四百里；而襃水通沔，斜水通渭，皆可以行船漕。漕從南陽[5]上沔入襃，襃之絶水[6]至斜，間百餘里，以車轉，從斜下下渭。如此，漢中之穀可致，山東從沔無限[7]，便於砥柱之漕。且襃斜材木竹箭之饒，擬[8]於巴蜀。”天子以爲然，拜湯子印爲漢中守，發數萬人作襃斜道五百餘里。道果便近，而水湍石[9]，不可漕。

〔1〕〔集解〕韋昭曰：“襃中縣也。斜，谷名，音邪。”瓚曰：“襃、斜，二水名。”〔正義〕《括地志》云：“襃谷在梁州襃城縣北五十里。斜水源出襃城縣西北九十八里衙嶺山，與襃水同源而派流。《漢書·溝洫志》云‘襃水通沔，斜水通渭，皆以行船’是也。”

〔今注〕襃水即今襃河，斜即今斜水。襃斜道，古道路，因取道襃、斜二水河谷得名。兩水同出秦嶺太白山，襃水南注漢水，谷口在舊襃城縣北十里；斜水北注渭水，谷口在郿縣西南三十里。漢武帝時發數萬人治襃斜水道，欲通漕運，未成。其陸道自漢以後則成爲秦嶺南北的重要通道。

〔2〕標點本斷在“事”字下，應斷在“漕”字下，事聯屬下文。

〔3〕〔正義〕《括地志》云：“鳳州兩當縣，本漢故道縣也，在州西五十里。”

〔今注〕故道又名陳倉道。起自陳倉（今陝西寶雞市東），西南行，出散關，沿故道水谷道至今陝西鳳縣，折而東南入今襃谷，抵漢中。

〔4〕阪　山坡。

〔5〕〔正義〕南陽縣即今鄧州也。

〔今注〕此處指南陽郡，漢南陽郡轄今豫西南及鄂北一部。

〔6〕絕水　上游的尾端。絕，窮盡，末了。

〔7〕〔正義〕无限，言多也。山東，謂河南之東，山南之東及江南、淮南，皆經砥柱（上）運，今并從沔，便於三門之漕也。

〔今注〕限此處似爲阻隔、障礙之意，即从漢水入渭河，可以避開黃河三門峽之險。如《戰國策·秦策一》："南有巫山，黔中之限。"

〔8〕擬　"類似"的意思。

〔9〕〔集解〕徐廣曰："湍，一本作'溲'。"

其後莊熊羆言："臨晋[1]民願穿洛[2]以溉重泉[3]。以東萬餘頃故鹵地。誠得水，可令畝十石。"於是爲發卒萬餘人穿渠，自徵[4]引洛水至商顏山下[5]。岸善崩[6]，乃鑿井[7]，深者四十餘丈。往往[8]爲井，井下相通行水[9]。水穨[10]以絕商顏[11]，東至山嶺十餘里間。井渠之生自此始[12]。穿渠得龍骨[13]，故名曰龍首渠。作之十餘歲，渠頗通[14]，猶未得其饒。

〔1〕〔正義〕《括地志》云："同州本臨晋城也。一名大荔城，亦曰馮翊城。"

〔今注〕臨晋秦置縣，治今陝西大荔東朝邑舊縣東南。

〔2〕〔正義〕洛，漆沮水也。

〔3〕〔正義〕《括地志》云："重泉故城在同州蒲城縣東南四十五里，在同州西北亦四十五里。"

〔4〕〔集解〕應劭曰："徵在馮翊。"

　　〔索隱〕音懲，縣名也。小顏云，即今之澄城也。

〔5〕〔集解〕服虔曰："顏音崖。或曰商顏，山名也。"

〔6〕〔集解〕如淳曰："洛水岸"。

　　〔正義〕言商原之崖岸，土性疏，故善崩毀也。

〔今注〕岸善崩非指洛水岸，應是指渠道穿過商顏山時，如采用明渠，則開挖太深，容易崩塌。

〔7〕井　指爲開挖穿山暗渠而開鑿的竪井，以增加施工斷面，方便出渣和通風。

〔8〕往往　指處處、每間隔一段距離分布的意思。

〔9〕井下相通行水　指水平方向輸水渠道。

〔10〕［集解］瓚曰：“下流曰積。”

〔今注〕積“䅺”的異體字。

〔11〕絶商顔　穿過商顔山。絶，此處爲穿過、穿越之意。

〔12〕井渠　特指采用竪井法施工的暗渠。

〔13〕［正義］《括地志》云：“伏龍祠在同州馮翊縣西北四十里。故老云，漢時自徵穿渠引洛，得龍骨，其後立祠，因以伏龍爲名。今祠頗有靈驗也”。

〔14〕渠頗通　指渠道大體上通流。頗，稍微、大致。

　　自河決瓠子後二十餘歲，歲因以數不登，而梁楚之地[1]尤甚。天子既封禪巡祭山川，其明年[2]，旱，乾封少雨。天子乃使汲仁、郭昌發卒數萬人塞瓠子決。於是天子已用事萬里沙[3]，則還自臨決河，沈白馬玉璧于河，令群臣從官自將軍已下皆負薪寘決河[4]。是時東郡燒草，以故薪柴少，而下淇園之竹[5]以爲楗[6]。

〔1〕梁楚之地　大致包括今豫東、魯西南、皖北和蘇北一帶。

〔2〕明年指元封二年（公元前 109 年）。

〔3〕［正義］《括地志》云：“萬里沙在華州鄭縣東北二十里也。”

〔今注〕《漢書·郊祀志》注：“應劭曰：萬里沙，神祠也，在東萊（郡）曲城（縣）。”在今山東掖縣東北。〔正義〕説誤。

〔4〕負薪寘決河　即搬運柴草，用以堵塞決口。寘，即填。

〔5〕［集解］晋灼曰：“衛之苑也。多竹篠。”

〔6〕［集解］如淳曰：“樹竹塞水決之口，稍稍布插接樹之，水稍弱，補令密，謂之楗。以草塞其裏，乃以土填之；有石，以石爲之。音建。”［索隱］楗音其免反。楗者，樹於水中，稍下竹及土石也。

〔今注〕楗即在決河口門打下的竹木基樁。

天子既臨河決，悼功之不成，乃作歌曰："瓠子決兮將奈何？晧晧旰旰[1]兮閭殫爲河[2]！殫爲河兮地不得寧，功無已時兮吾山平[3]。吾山平兮鉅野溢[4]，魚沸鬱兮柏冬日[5]。延道弛兮離常流[6]，蛟龍騁兮方遠遊。歸舊川兮神哉沛[7]，不封禪兮安知外！爲我謂河伯兮何不仁，泛濫不止兮愁吾人？齧桑浮兮淮、泗滿[8]，久不反兮水維[9]緩。"一曰："河湯湯兮激潺湲，北渡污兮[10]浚流難。搴長茭兮沈美玉[11]，河伯許兮薪不屬[12]。薪不屬兮衞人罪，燒蕭條兮噫乎何以禦水！積林竹兮楗石菑[13]，宣房塞兮萬福來。"於是卒塞瓠子，築宮其上，名曰宣房宮。而道河北行二渠[14]復禹舊迹，而梁、楚之地復寧，無水災。

〔1〕晧晧旰旰 水勢浩大的樣子，晧即皓，旰音 gān。

〔2〕[集解] 如淳曰："殫，盡也。"駰謂州閭盡爲河。

〔3〕[集解] 徐廣曰："東郡東阿有魚山，或者是乎？"駰按：如淳曰"恐水漸山使平也。"韋昭曰"鑿山以填河也。"

〔4〕[集解] 如淳曰："瓠子決，灌鉅野澤使溢也。"

〔5〕[集解] 徐廣曰："柏猶迫也。冬日行天邊，若與水相連矣。"駰按：《漢書音義》曰"鉅野滿溢，則衆魚沸鬱而滋長也。迫冬日乃止。"

〔6〕[集解] 徐廣曰：延一作正。駰案：晋灼曰"河道皆弛壞。"

[今注]《漢書》延亦作正。按此字是延字，因與延字形近而混。《説文》"延，行也，从又，正聲。""行道弛"即河道弛壞。延與征音義俱同，音 zhēng。

〔7〕[集解] 瓚曰："水還舊道，則群害消除，神祐滂沛。"

〔8〕[集解] 張晏曰："齧桑，地名也。"如淳曰："邑名，爲水所浮漂。"

〔9〕維 計度、考慮。指之所以久未堵塞決口，是考慮等待河流水勢較緩的時機。與上文"明年，乾風少雨"相應。《漢書·溝洫志》注："師古曰：水維水之綱維也。"

〔10〕污 水流停積之意。

〔11〕[集解] 如淳曰："搴，取也。茭，草也，音郊。一曰茭，竿也。取長竿樹之，用著石間，以塞決河。"瓚曰："竹葦絙謂之茭，下所以引致土石者也。"《索隱》搴音己免反。茭音交，竹葦絙也。一作"芰"，音廢，鄒氏又

音緋也。

　　〔12〕〔集解〕如淳曰："旱燒，故薪不足。"

　　〔今注〕屬，連接。不屬，指供應不上。

　　〔13〕〔集解〕如淳曰："河決，楗不能禁，故言薔。"韋昭曰："楗，柱也。木立死曰薔。"

　　〔14〕指決口堵塞后，河歸北流，但是二派分流。

　　自是之後，用事者〔1〕爭言水利。朔方、西河、河西、酒泉皆引河及川谷以溉田〔2〕；而關中輔渠、靈軹〔3〕引堵水〔4〕；汝南、九江引淮〔5〕；東海引鉅定〔6〕；泰山下引汶水〔7〕皆穿渠爲溉田，各萬餘頃。佗〔8〕小渠披山通道者，不可勝言。然其著者在宣房〔9〕。

　　〔1〕用事者，指當權的人。

　　〔2〕朔方，郡名，西漢元朔二年（公元前 127 年）置。治所在今內蒙古杭錦旗北。

　　〔3〕〔集解〕如淳曰："《地理志》螯屋有靈軹渠。"

　　　　〔索隱〕按：《溝洫志》兒寬爲左內史，奏請穿六輔渠。小顔云"今尚謂之輔渠，亦曰六渠也"。

　　〔今注〕輔渠　《漢書·兒寬傳》顔師古注："六輔渠，于鄭國渠上流南岸更開六道小渠，以輔助溉灌耳。"

　　〔4〕堵應作諸。《漢書·溝洫志》作："而關中靈軹、成國、湋渠引諸川。"

　　〔5〕汝南　郡名，治上蔡（今河南上蔡西南）。著名水利工程有鴻隙陂。九江，郡名，治壽春（今安徽壽縣）。著名水利工程有芍陂。

　　〔6〕〔集解〕瓚曰："鉅定，澤名。"

　　〔今注〕東海，郡名，治郯（今山東郯城北）。鉅定，又作巨淀，漢時爲一大湖。淄水、時水、女水、濁水、洋水等皆匯于此，北出馬車瀆，東北流入海。

　　〔7〕泰山，郡名，因境內泰山得名。初治博縣（今山東泰安）東南，后移治奉高（今泰安東北）。汶水即今大汶河，源出山東萊蕪縣北，今主流西注東平湖。

　　〔8〕佗　同"他"。

〔9〕宜房　瓠子堵口處。《漢書·溝洫志》作“宜防”。“宣防”成爲後世治河防洪事業的代名詞。

太史公曰：余南登廬山，觀禹疏九江，遂至于會稽太湟〔1〕，上姑蘇，望五湖，東闚洛汭、大邳，迎河，行淮、泗、濟、漯洛渠；西瞻蜀之岷山及離碓〔2〕；北自龍門至于朔方。曰：甚哉，水之爲利害也！余從負薪塞宣房〔3〕，悲《瓠子》之詩而作《河渠書》〔4〕。

〔1〕［集解］徐廣曰：“一作‘濕’。”
〔2〕及離碓　及　到。離碓，即離堆。
〔3〕司馬遷于公元前109年跟隨武帝到瓠子決口現場，參加了搬運柴草堵塞決口的勞動。
〔4〕［索隱述贊］水之利害，自古而然。禹疏溝洫，隨山浚川。爰洎後世，非無聖賢。鴻溝既劃，龍骨斯穿。填閼攸墾，黎蒸有年。宣房在詠，梁楚獲全。

漢書·溝洫志[1]

(《漢書》卷二十九)

《夏書》：禹堙[2]洪水十三年，過家不入門。陸行載車，水行乘[3]舟，泥行乘毳[4]，山行則梮[5]，以別九州[6]；隨山浚川[7]，任土作貢[8]；通九道，陂九澤，度九山[9]。然河災之羨[10]溢，害中國[11]也尤甚。唯是爲務，故道河自積石[12]，歷龍門，南到華陰，東下底柱[13]，及盟[14]津、雒內[15]，至于大伾[16]。於是禹以爲河所從來者高，水湍悍，難以行平地[17]，數爲敗，乃釃[18]二渠以引其河[19]，北載之高地，過洚[20]水，至於大陸，播爲九河[21]，同爲迎河，入于勃海[22]。九川既疏[23]，九澤既陂[24]，諸夏乂安，功施乎三代。

[1] 按：《漢書》，東漢人班固（公元 39—92 年）著。《溝洫志》是其中的一個專篇，是繼《史記·河渠書》之後又一部古代水利通史。約成書於公元 83 年前。全篇共 29 段，1—12 段基本轉述《史記·河渠書》內容，但個別史事有差別（如引漳溉鄴），個別文字也有調整（如首次給李冰冠上"李"姓）。13—28 段系統記述漢元鼎六年至元始四年（公元前 111—公元 4 年）的水利史實。尤其是治河防洪方面，較詳細地記述了《河渠書》之後大量的黃河洪災、治理工程以及規劃方略、治水意見等，是這一時期治水經驗的系統記錄。

[2] 如淳曰："堙，没也。"師古曰："堙，塞也。洪水氾溢，疏通而止塞之。堙音因。"

[今注]《史記·河渠書》"堙"作"抑"。

[3] 乘《史記·河渠書》作"載"。

[4] 孟康曰："毳形如箕，撅行泥上。"如淳曰："毳音茅蕝之蕝。謂以板

置泥上以通行路也。"師古曰:"孟説是也。毳讀如本字。"

〔今注〕《河渠書》"乘"作"蹈"。

〔5〕如淳曰:"橇謂以鐵如錐頭,長半寸,施之履下,以上山,不蹉跌也。"韋昭曰:"橇,木器,如今輿床,人舉以行也。"師古曰:"如説是也。橇音居足反。"

〔今注〕《河渠書》"則橇"作"即橋"。

〔6〕師古曰:"分其界。"

〔7〕師古曰:"順山之高下而深其流。"

〔8〕師古曰:"任其土地所有以定貢賦之差也。"

〔9〕師古曰:"言通九州之道,及障遏其澤,商度其山也。度音大各反。"

〔10〕師古曰:"羑讀與衍同,音弋展反。"

〔今注〕《河渠書》"羑"作"衍"。

〔11〕中國　這裏指國之中央。

〔12〕師古曰:"道,治也,引也。從積石山而治引之令通流也。道讀曰導。"

〔13〕師古曰:"底音之履反。"

〔14〕盟　《河渠書》作"孟"。

〔15〕内　《河渠書》作"汭"。

〔16〕鄭氏曰:"山一成爲伾,在修武、武德界。"張晏曰:"成皋縣山是也。臣瓚以爲今修武、武德無此山也。成皋縣山又不一成也。今黎陽山臨河,豈是乎?"師古曰:"内讀曰汭。伾音皮彼反。解在《地理志》。"

〔17〕師古曰:"急流曰湍。悍,勇也。湍音它端反。"

〔18〕釃《河渠書》作"廝"。

〔19〕孟康曰:"二渠,其一出具丘西南南折者也,其一則漯川也。河自王莽時遂空,唯用漯耳。"

〔20〕涔《河渠书》作"降"。

〔21〕師古曰:"播,布也。"

〔22〕臣瓚以爲"《禹貢》'夾右碣石入于河',則河入海乃在碣石也。武帝元光二年,河移徙東郡,更注勃海。禹時不注也。"師古曰:"解在《地理志》。"

〔23〕師古曰:"疏,分流。"

〔24〕陂　《河集書》作"洒"。

　　自是之後，滎陽下引河東南爲鴻溝，以通宋、鄭、陳、蔡、曹、衛，與濟、汝、淮、泗會。於楚，西方則通渠漢川、雲夢之際[1]，東方則通溝江淮之間。於吴，則通渠三江、五湖。於齊，則通淄濟之間。於蜀，則蜀守李冰[2]鑿離堆[3]，避[4]沫水之害，穿二江成都中。此渠皆可行舟，有餘則用溉[5]，百姓饗其利。至於它[6]，往往引其水[7]，用溉田，溝渠甚多[8]，然莫足数也。

　　[1]《河渠書》"漢川"作"漢水"，"之際"作"之野"。
　　[2]李冰　《河渠書》"冰"前無"李"字。
　　[3]晋灼曰："堆，古堆字也。堆，岸也。"師古曰，"丁回反"。
　　[4]避　《河渠書》作"辟"。
　　[5]溉　《河渠書》后有"浸"字。
　　[6]至于它　《河渠書》作"至於所過"。
　　[7]引其水　《河渠書》作"引其水益"。
　　[8]溝渠甚多　《河渠書》作"田疇之渠"。

　　魏文侯時，西門豹爲鄴令，有令名[1]。至文侯曾孫襄王時，與群臣飲酒，王爲群臣祝曰："令吾臣皆[如]西門豹之爲人臣也！"史起[2]進曰："魏氏之行田也以百畝[3]，鄴獨二百畝，是田惡也。漳水在其旁，西門豹不知用，是不智也。知而不興，是不仁也。仁智豹未之盡，何是法也！"於是以史起爲鄴令，遂引漳水溉鄴，以富魏之河内。民歌之曰："鄴有賢令兮爲史公，決漳水兮灌鄴旁，終古舃鹵兮生稻粱。"[4]

　　[1]師古曰："有善政之稱。"
　　[今注]《河渠書》記引漳灌溉爲西門豹所爲。《溝洫志》首記爲史起事，其根據是《吕氏春秋·樂成》。西晋時期，有人將二説調和，左思在《蜀都賦》中就認爲"西門溉其前，史起灌其后"。近人認爲西門豹引漳説可信度大，史起引漳説疑点多。
　　[2]史起　魏襄王時爲鄴令，在西門豹任鄴令的一百年之後。除《溝洫

志》轉引《吕氏春秋·樂成》的記載外，東漢人崔實作《政論》也説："史起以漳水溉鄴，民以興歌。"但東漢及以前的其他文獻却未見關於史起的生平記載。

〔3〕師古曰："賦田之法，一夫百畝也。"

〔4〕蘇林曰："終古，猶言久古也。《爾雅》曰：'鹵，鹹苦也。'"師古曰："舄即斥鹵也。謂鹹鹵之地也。"

其後韓聞秦之好與事，欲罷之，無令東伐[1]。乃使水工鄭國間説秦[2]，令鑿涇水，自中山西邸瓠口爲渠[3]，并北山，東注洛，三百餘里[4]，欲以溉田。中作而覺[5]，秦欲殺鄭國。鄭國曰："始臣爲間，然渠成亦秦之利也。臣爲韓延數歲之命，而爲秦建萬世之功[6]。"秦以爲然，卒使就渠。渠成而用（溉）注填閼之水，溉舄鹵[7]之地四萬餘頃，收皆畝一鍾[8]。於是關中爲沃野，無凶年，秦以富彊，卒并諸侯，因名曰鄭國渠。

〔1〕如淳曰："息秦滅韓之計也。"師古曰："罷讀曰疲，令其疲勞不能出兵。"

〔2〕師古曰："間音居莧反。其下亦同。"

〔3〕師古曰："中讀曰仲，即今九嵏之東仲山也。邸，至也。"

〔4〕師古曰："并音步浪反。洛水，即馮翊漆沮水。"

〔5〕師古曰："中作，謂用功中道，事未竟也。"

〔6〕《河渠書》無"臣爲韓延數歲之命而爲秦建萬世之功"十六字。

〔7〕舄鹵，《河渠書》作"澤鹵"。

〔8〕師古曰："注，引也，閼讀與淤同，音於據反。填閼謂壅泥也。言引淤濁之水灌鹹鹵之田，更令肥美，故一畝之收至六斛四斗。"

漢興三十有九年，孝文時河決酸棗，東潰金隄[1]，於是東郡大興卒塞之。

〔1〕師古曰："潰，橫決也。金隄，河隄名也，在東郡白馬界。隄音丁

奚反。”

　　〔今注〕：李善注引《倉頡篇》：“潰，旁決也。”

　　其後三十六歲[1]，孝武元光中，河決於瓠子，東南注鉅野[2]，通於淮、泗。上使汲黯、鄭當時興人徒塞之，輒復壞。是時武安侯田蚡爲丞相，其奉邑食鄃。鄃居河北[3]，河決而南則鄃無水災，邑收入多。蚡言於上曰：“江河之決皆天事，未易以人力彊塞，彊塞之未必（順）〔應〕天。”而望氣用數者亦以爲然，是以久不復塞也。

　　〔1〕其後三十六歲　《河渠書》作“其後四十有餘年”，《河渠書》誤。河決酸棗在文帝前元十二年（公元前168年），河決瓠子在武帝元光三年（公元前132年），其間正好三十六年，故《溝洫志》作“其後三十六歲”。
　　〔2〕師古曰：“鉅野，澤名，舊屬兗州界，即今之鄆州鉅野縣。”
　　〔3〕師古曰：“奉音扶用反。鄃音輔，清河之縣也。”

　　時鄭當時爲大司農，言“異時關東漕粟從渭上[1]，度六月罷[2]，而渭水道[3]九百餘里，時有難處。引渭穿渠起長安，旁南山下[4]，至河三百餘里，徑，易漕[5]，度可令三月罷；（罷）而渠下民田萬餘頃又可得以漑。此（捐）〔損〕漕省卒，而益肥關中之地，得穀。”上以爲然，令齊人水工徐伯表[6]，發卒數萬人穿漕渠，三歲而通。以漕，大便利。其後漕稍多，而渠下之民頗得以漑矣。

　　〔1〕師古曰：“異時，往時也。”
　　〔2〕師古曰：“計度其功，六月而後可罷也。度音大各反。”
　　〔3〕渭水道　《河渠書》作“漕水道”。
　　〔4〕師古曰：“旁音步浪反。”
　　〔5〕師古曰：“徑，直也。易音弋豉反。”
　　〔6〕師古曰：“巡行穿渠之處而表記之，今豎標是。”

　　後河東守番係[1]言：“漕從山東西，歲百餘萬石[2]，更底柱之艱[3]，敗亡甚多而煩費。穿渠引汾溉皮氏、汾陰下，引河溉汾陰、蒲坂下[4]，度可得五千頃。故盡河壖棄地[5]，民茭牧其中耳[6]，今溉田之[7]，度可得穀二百萬石以上。穀從渭上，與關中無異[8]，而底柱之東可毋復漕。"上以為然，發卒數萬人作渠田。數歲，河移徙，渠不利，田者不能償種[9]。久之，河東渠田廢，予越人，令少府以為稍入[10]。

〔1〕師古曰："姓番名係也。番音普安反。"
〔2〕師古曰："謂從山東運漕而西入關也。"
〔3〕師古曰："更，歷也，音庚。"
〔今注〕"艱"《河渠書》作"限"。
〔4〕師古曰："引汾水可用溉皮氏及汾陰以下，而引河水可用溉汾陰及蒲坂以下，地形所宜也。"
〔5〕師古曰："謂河岸以下緣河邊地素不耕懇者也。壖音而緣反。"
〔6〕師古曰："茭，乾草也。謂收茭草及牧畜產于其中。茭音交。"
〔7〕師古曰："溉而種之。"
〔8〕師古曰："雖從關外而來，於渭水運上，皆可致之，故曰與關中收穀無異也。"
〔9〕師古曰："言所收之直不足償糧種之費也。種音之勇反。"
〔10〕如淳曰："時越人有徙者，以田與之，其租稅入少府也。"師古曰："越人習於水田，又新至，未有業，故與之也。稍，漸也。其入未多，故謂之稍也。"

其後人有上書，欲通褒斜道及漕[1]，事下御史大夫張湯。湯問之，言"抵蜀從故道，故道多阪，回遠[2]。今穿褒斜道，少阪，近四百里；而褒水通沔，斜水通渭，皆可以行船漕。漕從南陽上沔入褒，褒絕水至斜，間百餘里，以車轉，從斜下渭。如此，漢中穀可致，而山東從沔無限，便於底柱之漕。且褒斜材木竹箭之饒，儗於巴蜀。"[3]上以為然。拜湯子印為漢中守，發數萬人作褒斜道五百餘里。道果便近，而水多湍石，不可漕。

〔1〕師古曰："裹、斜，二谷名，其谷皆各自有水耳。斜音弋奢反。"

〔2〕師古曰："抵，至也。故道屬武都，有蠻夷，故曰道，即今鳳州界也。回音胡内反。"

〔3〕師古曰："儗，比也。"

其後嚴熊[1]言"臨晋民願穿洛以溉重泉以東萬餘頃故惡地[2]。誠即[3]得水，叮令畝十石"。於是爲發卒萬人穿渠，自徵引洛水至商顔下[4]。岸善崩[5]，乃鑿井，深者四十餘丈。往往爲井，井下相通行水。水隤以絶商顔[6]，東至山領十餘里間。井渠之生自此始。穿得龍骨，故名曰龍首渠。作之十餘歲，渠頗通，猶未得其饒。

〔1〕嚴熊 《河渠書》作"莊熊羆。"

〔2〕師古曰："臨晋、重泉皆馮翊之縣也。洛即漆沮水。"

〔3〕誠即 《河渠書》無"即"字。

〔4〕應劭曰："徵在馮翊。商顔，山名也。"師古曰："徵音懲，即今所謂澄城也。商顔，商山之顔也。謂之顔者，譬人之顔額也，亦猶山（額）〔領〕象人之頸領。"

〔5〕如淳曰："洛水岸也。"師古曰："善崩，言熹崩也。"

〔6〕師古曰："下流曰隤。"

自河決瓠子後二十餘歲，歲因以數不登，而梁楚之地尤甚。上既封禪，巡祭山川，其明年，乾封少雨[1]。上乃使汲仁、郭昌發卒數萬人塞瓠子決河[2]。於是上以用事萬里沙，則還自臨決河，湛白馬玉璧[3]，令群臣從官自將軍以下皆負薪寘決河[4]。是時東郡燒草，以故薪柴少，而下淇園之竹以爲揵[5]。上既臨河決，悼功之不成，乃作歌曰：

〔1〕師古曰："乾音干。解在《郊祀志》。"

〔2〕《河渠書》此處無"河"字。

〔3〕師古曰："湛讀曰沈。沈馬及璧以禮水神也。"

〔今注〕《河渠書》作“沈白馬玉璧于河”。

〔4〕師古曰：“寘音大千反。”

〔5〕晋灼曰：“淇園，衛之苑也。”如淳曰：“樹竹塞水決之口，稍稍布插按樹之，水稍弱，補令密，謂之揵。以草塞其中，乃以土填之。有石，以石爲之。”師古曰：“揵音其偃反。”

瓠子決兮將奈何？浩浩洋洋〔1〕，慮〔2〕殫爲河〔3〕。殫爲河兮地不得寧，功無已時兮吾山平〔4〕。吾山平兮鉅野溢〔5〕，魚弗鬱兮柏冬日〔6〕。正〔7〕道弛兮離常流〔8〕，蛟龍騁兮放〔9〕遠游。歸舊川兮神哉沛〔10〕，不封禪兮安知外〔11〕！皇謂河公兮何不仁〔12〕，泛濫不止兮愁吾人！齧桑浮兮淮、泗滿〔13〕，久不反兮水維緩〔14〕。

〔1〕浩浩洋洋　《河渠書》作“晧晧旰旰”。

〔2〕慮　《河渠書》作“閭”。

〔3〕如淳曰：“殫，盡也。”師古曰：“浩浩洋洋，皆水盛貌。慮猶恐也。浩音胡老反。洋音羊。”

〔4〕如淳曰：“恐水漸山使平也。”韋昭曰：“鑿山以填河。”師古曰：“韋説是也。已，止也。言用功多不可畢止也。”

〔5〕如淳曰：“瓠子決，灌鉅野澤使溢也。”

〔6〕孟康曰：“鉅野滿溢，則衆魚弗鬱而滋長，迫冬日乃止也。”師古曰：“孟説非也。弗鬱，憂不樂也。水長涌溢，濊濁不清，故魚不樂，又迫於冬日，將甚困也。柏讀與迫同。弗音佛。”

〔7〕正　《河渠書》作“延”。

〔8〕晋灼曰：“言河道皆弛壞。”

〔9〕放　《河渠書》作“方”。

〔10〕臣瓚曰：“水還舊道，則群害消除，神祐滂沛也。”師古曰：“沛音普大反。”

〔11〕師古曰：“言不因巡（將）〔狩〕封禪而出，則不知關外有此水。”

〔12〕張晏曰：“皇，武帝也。河公，河伯也。”

〔13〕如淳曰：“齧桑，邑名，爲水所浮漂。”

〔14〕師古曰：“水維，水之綱維也。”

一曰：

河湯湯兮激潺湲[1]，北渡回[2]兮迅[3]流難[4]。搴長茭兮湛美玉[5]，河公許兮薪不屬[6]，薪不屬兮衛人罪[7]，燒蕭條兮噫乎何以御水[8]！隤林竹兮揵石菑[9]，宣防塞兮萬福来。

於是卒塞瓠子，築宮其上，名曰宣防[10]。而道河北行二渠，復禹舊迹[11]，而梁、楚之地復寧，無水災。

〔1〕師古曰："歌有二章，自'河湯湯'以下更是其一，故云一曰也。湯湯，疾貌也。潺湲，激流也。湯音傷。潺音仕連反。湲音于權反。"

〔2〕回 《河渠書》作"污"。

〔3〕迅 《河渠書》作"浚"。

〔4〕師古曰："迅，疾也，音訊。"

〔5〕如淳曰："搴，取也。茭，草也，音郊。一曰茭，竿也。取長竿樹之，用著石間以塞決河也。"臣瓚曰："竹葦絙謂之茭也，所以引置土石也。"師古曰："瓚説是也。搴，拔也。絙，索也。湛美玉者，以祭河也。茭字宜從竹。搴音騫。茭音交，又音乂。湛讀曰沈。絙音工登反。"

〔6〕如淳曰："旱燒，故薪不足也。"師古曰："沈玉禮神，見許福祐，但以薪不屬逮，故無功也。屬音之欲反。"

〔7〕師古曰："東郡本衛地，故言此衛（之人）〔人之〕罪也。"

〔8〕師古曰："燒草皆盡，故野蘆條然也。噫呼，嘆醉也。噫音於期反。"

〔9〕師古曰："隤林竹者，即上所説'下棋園之竹以爲揵'也。石菑者謂甾石立之，然后以土就填塞也。菑亦甾耳，音側其反，義與（劃）〔插〕同。"

〔10〕宣防 《河渠書》作"宣房"。

〔11〕師古曰："道讀曰導"。

自是之後，用事者争言水利。朔方、西河、河西、酒泉皆引河及川谷以溉田。而關中靈軹、成國、湋渠[1]引諸川，汝南、九江引淮，東海引鉅定[2]，泰山下引汶水[3]，皆穿渠爲溉田，各萬餘頃。它小渠及陂山通道者，不可勝言也。[4]

〔1〕如淳曰："《地理志》'鳌厔有靈軹渠'。成國，渠名，在陳倉。湋音

韋，水出韋谷。”

　　〔今注〕《河渠書》作“輔渠、靈軹”，無“成國、湋渠”記載。

　　〔2〕臣瓚曰：“鉅定，澤名也。”

　　〔3〕師古曰：“汶音問。”

　　〔4〕師古曰：“陂山，因山之形也。道，引也。陂音彼義反。道讀曰導，一曰，陂山，遏山之流以爲陂也，音彼皮反。”

　　〔今注〕《河渠書》作“披山”。

　　自鄭國渠起，至元鼎六年，百三十六歲，而兒寬[1]爲左内史[2]，奏請穿鑿六輔渠[3]，以益[4]溉鄭國傍高卬之田[5]。上曰：“農，天下之本也。泉流灌寖[6]；所以育五穀也。左、右内史地，名山川原甚衆，細民未知其利，故爲通溝瀆，畜陂澤[7]，所以備旱也。今内史稻田租挈重，不與郡同[8]，其議減。令吏民勉農，盡地利，平繇行水，勿使失時[9]。”

　　〔1〕兒寬，漢武帝時任左内史，于元鼎六年（公元前111年）提議并主持興修六輔渠，對發展關中水利起了重要作用。據《漢書·兒寬傳》記載，他還制定了灌溉用水制度，“定水令，以廣溉田”。

　　〔2〕左内史相當于郡太守，治所在長安，轄境約當今陝西渭河以北、涇河以東、洛河中下游地區。後改稱左馮翊。

　　〔3〕師古曰：“在鄭國渠之裏，今尚謂之輔渠，亦曰六渠也。”

　　〔今注〕近人認爲，六輔渠不一定引用鄭國渠（涇）水，更可能的情況是以鄭國渠北面的冶峪、清峪、濁峪等幾條小河爲水源，可以灌溉鄭國渠北面的高地，因爲當地地形是北高南低。

　　〔4〕益　增加之意。

　　〔5〕師古曰：“素不得鄭國之溉灌者也。卬謂上向也，讀曰仰。”

　　〔6〕師古曰：“寖，古浸字。”

　　〔7〕師古曰：“畜讀曰蓄。”

　　〔8〕師古曰：“租挈，收田租之約令也。郡謂四方諸郡也。挈音苦計反。”

　　〔9〕師古曰：“平繇者，均齊渠堰之力役，謂俱得水利也。繇讀曰徭。”

　　〔今注〕或指根據灌溉用水面積的多少來合理攤派開渠及維修所需的工役

勞力。

後十六歲，太始二年，趙中大夫白公[1]復奏穿渠。引涇水，首起谷口[2]，尾入櫟陽[3]，注渭中，袤二百里[4]，溉田四千五百餘頃，因名曰白渠。民得其饒，歌之曰："田於何所？池陽[5]、谷口。鄭國在前，白渠起後[6]。舉臿爲雲，決渠爲雨[7]。涇水一石，其泥數斗[8]。且溉且糞，長我禾黍[9]。衣食京師，億萬之口。"言此兩渠饒也。

　　〔1〕鄭氏曰："白，姓。公，爵。時人多相謂爲公。"師古曰："此時無公爵也，蓋相呼尊老之稱耳。"
　　〔2〕師古曰："谷口即今雲陽縣治谷是。"
　　〔今注〕歷代對"谷口"的解釋不一。唐司馬貞認爲"瓠口即谷口"，清楊守敬認爲"谷口指縣"。也有人認爲"谷口"是對涇水出山處一帶的統稱，因地在池陽縣境，故曰"池陽谷口"。
　　〔3〕櫟陽　古縣名，秦置，治所在今陝西臨潼北渭水北岸。
　　〔4〕師古曰："袤，長也，音茂。"
　　〔5〕池陽　古縣名，漢惠帝四年（公元前191年）置，因在池水之陽得名。治所在今陝西涇陽縣西北，俗名迎冬城。漢建池陽宮于此。
　　〔6〕師古曰："鄭國興於秦時，故云前。"
　　〔7〕師古曰："臿，鍫也，所以開渠者也。"
　　〔8〕據現代觀測資料統計，涇水多年平均含沙量約爲每立方米一百八十公斤（張家山測站），最大斷面含沙量達約每立方米一千四百三十公斤。故有"涇水一石，其泥數斗"之稱。
　　〔9〕涇水上游從隴東高原帶下來的泥沙含有大量的有機質肥料，不僅可以改良鹽碱地，而且可以有效地提高土壤肥力。故曰"且溉且糞"。

是時方事匈奴，興功利，言便宜者甚衆。齊人延年上書[1]言："河出昆侖，經中國，注勃海，是其地勢西北高而東南下也。可案圖書，觀地形，令水工準高下[2]，開大河上領[3]，出之胡中，東注之海[4]。如此，關東長無水災，北邊不憂匈奴，可以省隄防備塞，士卒轉輸，胡寇侵盜，覆軍殺將，暴骨原野之患。天下常備匈奴而不憂百越者，以其水絶壞斷也。此功壹成，萬世大利。"書奏，上壯之，報曰："延年計議甚深。然河乃大禹之所道也[5]，聖人作事，爲萬世功，通於神明，恐難改更。"

〔1〕師古曰："史不得其姓。"
〔2〕準高下　即進行渠綫測量。高程測量是其主要内容。唐代文獻《太白陰經》中有類似近代水準儀的詳細記載。
〔3〕晋灼曰："上領，山頭也。"
〔4〕上述方案爲歷史上第一次關于黄河人工改道的設想。
〔5〕師古曰"道讀曰導。"

自塞宣房後，河復北決於館陶，分爲屯氏河[1]，東北經魏郡、清河、信都、勃海入海，廣深與大河等，故因其自然，不隄塞也。此開通後，館陶東北四五郡雖時小被水害，而兗州以南六郡無水憂。宣帝地節中，光禄大夫郭昌使行河[2]。北曲三所[3]水流之勢皆邪直貝丘縣[4]。恐水盛，隄防不能禁，乃各更穿渠，直東，經東郡界中，不令北曲[5]。渠通利，百姓安之。元帝永光五年，河決清河靈鳴犢口[6]，而屯氏河絶。

〔1〕師古曰："屯音大門反。而隋室分析州縣，誤以爲毛氏河，乃置毛州，失之甚矣。"
〔今注〕屯氏河大約行經今館陶北、臨清南、清河東、景縣南，至東光縣西復歸大河本流。這是西漢前期黄河下游的一條分汊。直到永光五年（公元前39年），屯氏河才斷流，實際分流達六七十年之久。由于屯氏河輿與大河并流，增加了排洪能力，此期館陶以上河患大爲減少。
〔2〕行河　主持河道治理與防洪工程。當時尚無專官負責。
〔3〕北曲三所　河流折向北面的三處彎曲段地方。
〔4〕師古曰："直，當也。"

〔今注〕邪，通"斜"；直，徑直，直接。貝丘，古地名，或作浿丘、沛丘，在今山東博興東南。此句當指在河流北折彎曲段，有三處地方主流都偏向一側（"水流之勢皆邪"），直接指向貝丘城。

〔5〕這是一段局部人工改道，裁彎取直，使北曲水流改爲順勢直接向東。這一工程約在公元前72—公元前71年（宣帝地節中）。

〔6〕師古曰："清河之靈縣鳴犢河門也。"

〔今注〕清河郡靈縣鳴犢口在今山東高唐縣南。據《漢書·地理志》："河水別出爲鳴犢河，東北至蓨入屯氏河。"

　　成帝初，清河都尉馮逡[1]奏言："郡承河下流，與兗州東郡分水爲界[2]，城郭所居尤卑下，土壤輕脆易傷。頃所以闊無大害者，以屯氏河通，兩川分流也[3]。今屯氏河塞，靈鳴犢口又益不利，獨一川兼受數河之任，雖高增隄防，終不能泄。如有霖雨，旬日不霽，必盈溢[4]。靈鳴犢口在清河東界，所在處下，雖令通利，猶不能爲魏郡、清河減損水害。禹非不愛民力，以地形有勢，故穿九河。今既滅難明，屯氏河不流行七十餘年，新絕未久，其處易浚[5]。又其口所居高[6]，於以分〔流〕殺水力，道里便宜，可復浚以助大河泄暴水，備非常[7]。又地節時郭昌穿直渠，後三歲，河水更從故第二曲間北可六里[8]，復南合。今其曲勢復邪直貝丘，百姓寒心，宜復穿渠東行。不豫[9]修治，北決病四五郡，南決病十餘郡，然後憂之，晚矣。"事下丞相、御史，白博士許商治《尚書》，善爲算，能度功用[10]。遣行視[11]，以爲屯氏河盈溢所爲，方用度不足[12]，可且勿浚。

〔1〕師古曰："逡音七旬反。"

〔2〕清河郡，漢高帝置，治清陽（今河北清河東南）。漢元帝以後境相當今河北清河及棗强、南宮各一部分，山東臨清、夏津、武城及高唐、平原各一部分。東郡，戰國秦王政五年（公元前242年）置，治所在濮陽（今河南濮陽西南），西漢轄境相當今山東東阿、梁山以西，山東鄄城、東明、河南范縣長垣北部以北，河南延津以東，山東茌平、冠縣、河南清豐、濮陽、滑縣以南

地區。兗州，漢武帝置十三刺史部之一，約當含山東省西南部。

〔3〕師古曰："灛，稀也。"

〔今注〕頃，以往的短時間。

〔4〕師古曰："雨止曰霽，音子計反，又音才詣反。"

〔5〕師古曰："浚謂治道之令其深也。浚音峻。"

〔6〕其口所居高　指屯氏河上游與黃河分流處地勢較下游高。因在清河郡上游，故其分流對減少東郡一帶水害大有好處。

〔7〕馮逡上述意見，是黃河史上最早提出人工分流作爲黃河下游防洪的非常措施，即"洩暴水，備非常"。

〔8〕北可六里　往北大約六里。可，大致，差不多。

〔9〕豫通預。

〔10〕師古曰："白，白於天子也。"

〔11〕師古曰："行音下更反。"

〔12〕師古曰："言國家少財役。"

　　後三歲，河果決於館陶及東郡金隄[1]，泛溢兗、豫，入平原、千乘、濟南，凡灌四郡三十二縣，水居地十五萬餘頃[2]，深者三丈，壞敗官亭室廬且四萬所。御史大夫尹忠對方略疏闊，上切責之，忠自殺[3]。遣大司農非調[4]調均錢穀河決所灌之郡[5]，謁者[6]二人發河南以東漕船五百艘[7]，徙民避水居丘陵，九萬七千餘口。河隄使者王延世使塞[8]，以竹落[9]長四丈，大九圍，盛以小石，兩船夾載而下之。三十六日，河隄成。上曰："東郡河決，流漂二州，校尉延世隄防三旬立塞。其以五年爲河平元年。卒治河者爲著外繇六月[10]。惟延世長於計策，功費約省，用力日寡，朕甚嘉之。其以延世爲光祿大夫，秩中二千石，賜爵關內侯，黃金百斤。"

〔1〕金堤　西漢時專指東郡、魏郡、平原郡界內黃河兩岸的大堤，因其高厚堅固，以石護岸，故稱金堤，以喻其穩固。

〔2〕水居地　被洪水淹没的地方。

〔3〕這是治河史上有文獻記載的因治河失職而自殺的第一位大臣。

〔4〕師古曰："大司農名非調也。"

〔5〕師古曰："令其調發均平錢谷遭水之郡，使存給也。調音徒釣反。"

〔6〕謁者　官名，始置于春秋，戰國時爲國君掌管傳達，秦漢沿置。西漢郎中令和少府屬官都有謁者。也有作爲"使者"的別稱。東漢時將"都水使者"改爲"河堤謁者"，主持河防工程。

〔7〕師古曰："一船爲一艘，音先勞反，其字從木。"

〔8〕師古曰："命其爲使而塞河也。《華陽國志》云延世字長叔，犍爲資中人也。"

〔今注〕河堤使者不是治河專職官員，下文稱他爲校尉仍是以其他官職臨時兼職負責。王延世爲今四川資陽人也。"

〔9〕竹落　類似四川都江堰灌區使用的竹籠。王延世係四川人，可能將都江堰工程的經驗使用到黃河上。

〔10〕如淳曰："律説，戍邊一歲當罷，若有急，當留守六月。今以卒治河之故，復留六月。"孟康曰："外繇，戍邊也。治水不復戍邊也。"師古曰："如、孟二説皆非也。以卒治河有勞，雖執役日近，皆得比繇戍六月也。著謂著於簿籍也。著音先竹助反。下云'非受平賈，爲著外繇'，其義亦同。"

後二歲，河復決平原，流入濟南、千乘，所壞敗者半建始時，復遣王延世治之。杜欽説大將軍王鳳，以爲"前河決，丞相史楊焉言延世受焉術以塞之，蔽不肯見。今獨任延世，延世見前塞之易，恐其慮害不深。又審如焉言，延世之巧，反不如焉。且水勢各異，不博議利害而任一人，如使不及今冬成，來春桃華水盛，必羨溢，有填淤反壞之害〔1〕。如此，數郡種不得下〔2〕，民人流散，盜賊將生，雖重誅延世，無益於事。宜遣焉及將作大匠許商、諫大夫乘馬延年雜作〔3〕。延世與焉必相破壞，深論便宜，以相難極〔4〕。商、延年皆明計算，能商功利〔5〕，足以分別是非，擇其善而從之，必有成功。"鳳如欽言，白遣焉等作治，六月乃成。復賜延世黃金百斤。治河卒非受平賈者，爲著外繇六月〔6〕。

〔1〕師古曰："《月令》'仲春之月，始雨水，桃始華'，蓋桃方華時，既有雨水，川谷冰泮，衆流猥集，波瀾盛長，故謂之桃華水耳。而《韓詩傳》

云：‘三月桃華水。’反壤者，水塞不通，故令其土壤反還也。羨音弋繕反。
淤音於庶反。”

　　〔今注〕此句當指，如冬天堵口不能成功，則春汛一到，汛水會危及決口
以下廣大田地，使其不得耕種。

　　〔2〕師古曰：“種，五穀之子也，音之勇反。”

　　〔3〕孟康曰：“乘馬，姓也。”師古曰：“乘音食證反。”

　　〔今注〕雜作，指各種不同意見共商量，共同工作。

　　〔4〕師古曰：“壞，毀也，音怪。極，窮也，音居力反。”

　　〔今注〕相難極，互相辯論、反駁，據理力爭。

　　〔5〕師古曰：“商，度也。”

　　〔6〕蘇林曰：“平賈，以錢取人作卒，顧其時庸之平賈也。”如淳曰：“律
說，平賈一月，得錢二千。”師古曰：“賈音價。”

　　後九歲，鴻嘉四年，楊焉言“從河上下，患底柱隘，可鐫廣
之[1]。”上從其言，使焉鐫之。鐫之裁没水中，不能去，而令水益
湍怒，爲害甚於故[2]。

　　是歲，勃海、清河、信都河水溢溢，灌縣邑三十一[3]，敗官亭
民舍四萬餘所。河隄都尉[4]許商與丞相史孫禁共行視，圖方略[5]。
禁以爲“今河溢之害數倍於前決平原時。今可決平原金隄間，開通
大河，令入故篤馬河[6]。至海五百餘里，水道浚利，又乾三郡水地，
得美田且二十餘萬頃，足以償所開傷民田廬處，又省吏卒治隄救水，
歲三萬人以上。”許商以爲“古説九河之名，有徒駭、胡蘇、鬲津，
今見在成平、東光、鬲界中[7]。自鬲以北至徒駭間，相去二百餘里，
今河雖數移徙，不離此域。孫禁所欲開者，在九河南篤馬河，失水
之迹，處勢平夷，旱則淤絶，水則爲敗，不可許。”公卿皆從商言。
先是，谷永以爲“河，中國之經瀆[8]，聖王興則出圖書[9]，王道廢
則竭絶。今潰溢横流，漂没陵阜，異之大者也。修政以應之，災變
自除。”是時李尋、解光亦言“陰氣盛則水爲之長，故一日之間，
晝減夜增，江河滿溢，所謂水不潤下，雖常於卑下之地，猶日月變

見於朔望，明天道有因而作也。衆庶見王延世蒙重賞，競言便巧，不可用。議者常欲求索九河故迹而穿之，今因其自決，可且勿塞，以觀水勢。河欲居之，當稍自成川[10]，跳出沙土，然後順天心而圖之，必有成功，而用財力寡。”於是遂止不塞。滿昌、師丹等數言百姓可哀，上數遣使者處業振贍之[11]。

〔1〕師古曰：“鐫謂琢鑿之也，音子全反。”

〔2〕此係關于整治三門峽航道工程的最早記載。

〔3〕師古曰：“溢，踊也，音普頓反。”

〔4〕河堤都尉　臨時執行治河任務的官名，不是管任的專官。如當時還有搜粟都尉、協律都尉等。都尉一職始設于戰國，是比將軍略低的武官，秦漢沿襲。

〔5〕師古曰：“圖，謀也。行音下更反。”

〔6〕韋昭曰：“在平原縣。”

〔今注〕《漢書·地理志》平原縣條：“篤馬河，東北入海，五百六十里。”

〔7〕師古曰：“此九河之三也。徒駭在成平，胡蘇在東光，鬲津在鬲。成平、東光屬勃海，鬲屬平原。徒駭者，言禹治此河，用功極衆，故人徒驚駭也。胡蘇，下流急疾之貌也。鬲津，言其陿小，可鬲以爲津而度也。鬲與隔同。”

〔8〕師古曰：“經，常也。”

〔9〕此係“河圖洛書”的典故。古代儒家關于《周易》和《洪範》兩書的來源，據《易·繫辭上》說：“河出圖，洛出書，聖人則之。”傳說伏羲氏時，有龍馬從黃河出現，背負“河圖”，有神龜從洛水出現，背負“洛書”。伏羲根據這種“圖”“書”畫成八卦，就是《周易》的來源。一說《洪範》即《洛書》。

〔10〕稍自成川　逐漸自己沖成河槽，形成一定的河道。稍，漸漸。

〔11〕師古曰：“處業，謂安處之，使得其居業。”

哀帝初，平當使領河隄[1]，奏言“九河令皆寘滅，按經義治水[2]，有決河深川[3]，而無隄防雍塞之文[4]。河從魏郡以東，北多溢決，水迹難以分明。四海之衆不可誣，宜博求能浚川疏河者。"下丞相孔光、大司空何武，奏請部刺史、三輔、三河、弘農太守舉吏民能者，莫有應書。待詔賈讓[5]奏言：

〔1〕師古曰："爲使而领其事。"
〔2〕經義治水　即遵循大禹治水的方法，把疏浚、分流的方法絕對化。"經義治水"在後世治河實踐中常常起消極作用。
〔3〕師古曰："決，分洩也。深，浚治也。"
〔4〕師古曰："雍讀曰壅。"
〔5〕賈讓　西漢末年人，生卒不詳，官居侍詔，以其治理黃河的上、中、下三策而著名。其治河三策爲最早的系統治理黃河的規劃性意見。後世對賈讓的評價不盡一致，但其"三策"內容對治河思想影響較大。

治河有上中下策。古者立國居民，疆理土地，必遺川澤之分，度水勢所不及[1]。大川無防，小水得入[2]，陂障卑下，以爲汙澤[3]，使秋水多，得有所休息[4]，左右游波，寬緩而不迫。夫土之有川，猶人之有口也。治土而防其川，猶止兒啼而塞其口，豈不遽止，然其死可立而待也[5]。故曰："善爲川者，決之使道[6]；善爲民者，宣之使言。"蓋隄防之作，近起戰國，雍防百川，各以自利[7]。齊與趙、魏，以河爲竟[8]。趙、魏瀕山，齊地卑下[9]，作隄去河二十五里。河水東抵齊隄，則西泛趙、魏，趙、魏亦爲隄去河二十五里。雖非其正，水尚有所游盪。時至而去[10]，則填淤肥美，民耕田之。或久無害，稍築室宅，遂成聚落。大水時至漂没，則更起隄防以自救，稍去其城郭，排水澤而居之，湛溺自其宜也[11]。今隄防陜者去水數百步，遠者數里。近黎陽南故大金隄，從河西西北行，至西山南頭，乃折東，與束山相屬[12]。民居金隄東，爲廬舍，(住)〔往〕十餘歲更起隄，從東山南頭直南與故大隄會。又内黄界中有澤，方數十里，環之有隄[13]，往十餘歲太守以賦民[14]，民今起廬舍其中，此臣親所見者也。東郡白馬。故大隄亦復數重，民皆居其間。從黎陽北盡魏界，故大隄去河遠者數十里，内亦數重，此皆前世所排也。河從河内北至黎陽爲石隄，激[15]使東抵東郡平剛；又爲石隄，使西北抵黎陽、觀下[16]；又爲石隄，使東北抵東郡津北；又爲石隄，使西北抵魏郡昭陽；又爲石隄，激使東北。百餘里間，河再西三東，追陀如此，不得安息[17]。

〔1〕師古曰：“遺，留也。度，計也。言川澤水所流聚之處，皆留而置之，不以爲居邑而妄墾殖，必計水所不及，然後居而田之也。分音扶問反。度音大各反。”

〔2〕大河兩岸不築堤防，小的枝流才可能匯入大河。

〔3〕師古曰：“停水曰汙，音一胡反。”

〔今注〕陂障卑下即在低洼地方的周圍築堤是蓄水。

〔4〕這是利用沿河兩岸低注地區滯洪的設想。秋水，伏秋洪水；有所休息，指有地方停蓄。

〔5〕師古曰：“遽，速也，音共庶反。”

〔6〕師古曰：“道讀曰導。導，通引也。”

〔今注〕“決之使道”，指開河分流，以泄其怒。

〔7〕師古曰：“雍讀曰壅。”

〔8〕師古曰：“竟讀曰境。”

〔9〕師古曰：“瀕山，猶言以山爲邊界也。”師古曰：“瀕音頻，又音賓。”

〔10〕時至而去指大水偶爾上灘。時，有時。

〔11〕師古曰：“湛讀曰沈。”

〔12〕師古曰：“屬，連及也，音之欲反。”

〔13〕師古曰：“環，繞也。”

〔14〕師古曰：“以堤中之地給與民。”

〔15〕師古曰：“激者，聚石于堤旁衝要之處，所以激去其水也。激音工歷反。”

〔16〕師古曰：“觀，縣名也，音工唤反。”

〔17〕再西三東，即隄防使河流西折二次，東折三次。迫陀，逼迫、約束、迫使之意。陀，同厄。

今行上策，徒冀州[1]之民當水衝者，決黎陽遮害亭，放河使北入海。河西薄大山，東薄金隄，勢不能遠泛濫，暮月自定[2]。難者將曰："若如此，敗壞城郭田廬冢墓以萬數，百姓怨恨。"昔大禹治水，山陵當路者毀之，故鑿龍門，辟伊闕[3]，析底柱，破碣石[4]，墮斷天地之性[5]。此乃人功所造，何足言也！今瀕河十郡治隄歲費且萬萬，及其大決，所殘無數。如出數年治河之費，以業所徙之民，遵古聖之法，定山川之位，使神人各處其所，而不相奸[6]。且以大漢方制萬里，豈其與水爭咫尺之地哉？此功一立，河定民安，千載無患，故謂之上策。

〔1〕冀州　漢武帝時十三刺史部之一，轄境相當今河北中南部、山東西端及河南北端。
〔2〕遮害亭，在今河南滑縣西南。大山，指遮害亭以下至漳河一段太行山。金堤，指當時魏郡境內的黃河北堤。
〔3〕師古曰："辟讀曰闢。闢，開也。"
〔4〕師古曰："析，分也。"
〔5〕師古曰："墮，毀也，音火規反。"
〔今注〕碣石，山名，在今河北昌黎北。
〔6〕師古曰："奸音干。"

若乃多穿漕渠於冀州地，使民得以溉田，分殺水怒，雖非聖人法，然亦救敗術也。難者將曰："河水高於平地，歲增隄防，猶尚決溢，不可以開渠。"臣竊按視遮亭西十八里，至淇水口，乃有金隄，高一丈。自是東，地稍下，隄稍高，至遮害亭，高四五丈。往六七歲，河水大盛，增丈七尺，壞黎陽南郭門，入至下[1]。水未踰隄二尺所，從隄上北望，河高出民屋[2]，百姓皆走上山。水留十三日，隄潰（二所），吏民塞之。臣循隄上，行視水勢[3]，南七十餘里，至淇口，水適至隄半，計出地上五尺所。今可從淇口以東爲石隄，多張水門。初元中，遮害亭下河去隄足數十步，至今四十餘歲，適

· 33 ·

至隄足。由是言之，其地堅矣。恐議者疑河大川難禁制，滎陽漕渠足以（下）〔卜〕之[4]，其水門但用木與土耳，今據堅地作石隄，勢必完安。冀州渠首盡當卬此水門[5]。治渠非穿地也，但爲東方一隄，北行三百餘里，入漳水中，其西因山足高地，諸渠皆往往股引取之[6]；旱則開東方下水門溉冀州，水則開西方高門分河流[7]。通渠有三利，不通有三害。民常罷於救水，半失作業[8]；水行地上，湊潤上徹，民則病溼氣，木皆立枯，鹵不生穀[9]；決溢有敗，爲魚鼈食：此三害也。若有渠溉，則鹽鹵下溼，填淤加肥[10]；故種禾麥，更爲秔稻，高田五倍，下田十倍[11]；轉漕舟船之便；此三利也。今瀕河隄吏卒郡數千人，伐買薪石之費歲數千萬，足以通渠成水門；又民利其溉灌，相率治渠，雖勞不罷。民田適治，河隄亦成，此誠富國安民，興利除害，支數百歲，故謂之中策。

若乃繕完故隄，增卑倍薄，勞費無已，數逢其害，此最下策也[12]。

[1] 如淳曰："然則堤在郭内也。"臣瓚曰："謂水從郭南門入，北門出，而至堤也。"師古曰："瓚説是也。"

[2] 黎陽城處黃河"高出民屋"，説明西漢時期這一段"懸河"形勢已十分嚴重。

[3] 師古曰："行音下更反。"

[4] 如淳曰："今礫谿口是也。言作水門通水流，不爲害也。"師古曰："礫谿，谿名：即《水經》所云（涷）〔沛〕水東通者礫谿。"

[5] 師古曰："卬音牛向反。"

[6] 如淳曰："股，支別也。"

[7] "東方下水門"與"西方高門"不是指在新改河道的東西兩岸開水間。似乎這一段河堤走向略呈東西向，淇口一端西靠山脚，地勢较高；東至遮害亭，地勢逐漸低下。因此，在這段堤上建水門，西邊（上游側）的自然較高，故稱"高門"；東邊（下游側）的較低，即"下水門"。

[8] 師古曰："此一害也。罷讀曰疲。"

[9] 師古曰："此二害。"

〔10〕師古曰："此一利。"

〔11〕師古曰："此二利也。秔謂稻之不粘者也，音庚。"

〔12〕賈讓認爲修堤防是下策，歷來對此有不同認識。或者賈讓是指在當時不合理堤防而言。

王莽時，徵能治河者以百數，其大略異者，長水校尉平陵關并[1]言："河決率常於平原、東郡左右，其地形下而土疏惡。聞禹治河時，本空此地，以爲水猥[2]，盛則放溢，少稍自索[3]，雖時易處，猶不能離此。上古難識，近察秦漢以來，河決曹、衛之域[4]，其南北不過百八十里者，可空此地，勿以爲官亭民室而已。"大司馬史長安張戎[5]言："水性就下，行疾則自刮除成空而稍深[6]。河水重濁，號爲一石水而六斗泥。今西方諸郡，以至京師東行，民皆引河、渭山川水溉田。春夏乾燥，少水時也，故使河流遲，貯淤而稍淺[7]，雨多水暴至，則溢決。而國家數隄塞之，稍益高於平地，猶築垣而居水也[8]。可各順從其性，毋復灌溉，則百川流行，水道自利，無溢決之害矣。"御史臨淮韓牧[9]以爲"可略於《禹貢》九河處穿之，縱不能爲九，但爲四五，宜有益。"大司空掾王橫[10]言："河入勃海，勃海地高於韓牧所欲穿處。往者天嘗連雨，東北風，海水溢，西南出，寖數百里，九河之地已爲海所漸矣[11]。禹之行河水[12]，本隨西山下東北去。《周譜》云定王五年河徙[13]，則今所行非禹之所穿也。又秦攻魏，決河灌其都，決處遂大，不可復補。宜却徙完平處，更開空[14]，使緣西山足乘高地而東北入海，乃無水災。"沛郡桓譚爲司空掾，典其議，爲甄豐言："凡此數者，必有一是。宜詳考驗，皆可豫見，計定然後舉事，費不過數億萬，亦可以事諸浮食無產業民[15]。空居與行役，同當衣食；衣食縣官，而爲之作，乃兩便[10]，可以上繼禹功，下除民疾。"王莽時，但崇空語，無施行者。

〔1〕師古曰："桓譚《新論》云并字子陽，材智通達也。"

〔2〕師古曰："猥，多也。"

〔今注〕水猥，即今之滯洪區。

〔3〕師古曰："索，盡也，音先各反。"

〔今注〕汛期水大時，放入低洼區滯洪；洪水消退時，滯蓄的洪水會逐漸流回河槽。

〔4〕曹、衛原爲春秋時期的兩個小國。曹在今山東定陶附近，衛在今河南濮陽以南。曹衛之域，當泛指今濮陽以南至山東西南隅這一斜長地帶。關并建議空出這一地帶作爲水猥滯洪。

〔5〕張戎字仲功，西漢末長安人，生卒年不詳。王莽時任大司馬史。桓譚《新論》稱他"習灌溉事"。元始四年（公元4年），在討論治理黃河時首先提出水力刷沙的觀點，并且是提出黃河多沙，應從解決泥沙問題入手來根治黃河的第一人。

〔6〕疾，迅速；刮除，冲走河床底沙。即如果水流速度大，依靠其自身挾沙能力和冲刷力量，就會使淤積的河槽逐漸刷深。

〔7〕遲，水流緩慢；貯淤，水流中的泥沙停積下來。

〔8〕築垣而居水　指黃河變成地上"懸河"後，水面已高于堤外地面。不斷加高堤防的結果，使"懸河"的險象加劇。

〔9〕師古曰："《新論》云字子台，善水事。"

〔10〕師古曰："横字平中，琅邪人。見《儒林傳》。中讀曰仲。"

〔11〕師古曰："漸，寖也，讀如本字，又音子廉反。"

〔12〕師古曰："行謂通流也。"

〔13〕如淳曰："譜音補，世統譜諜也。"

〔今注〕周定王五年（公元前602年）河徙，爲有記載的黃河第一次大改道。

〔14〕師古曰："空猶穿。"

〔15〕師古曰："事謂役使也。"

〔16〕師古曰："言無產業之人，端居無爲，及發行力役，俱須衣食耳。今縣官給其衣食，而使修治河水，是爲公私兩便也。"

贊曰：古人有言："微禹之功，吾其魚乎！"[1]中國川原以百數，莫著於四瀆，而河爲宗。孔子曰："多聞而志之，知之次也。"[2]國之利害，故備論其事。

〔1〕師古曰：“《左氏傳》載周大夫劉定公之辭也。言無禹治水之功，則天下之人皆爲魚鼈耳。”

〔2〕師古曰：“《論語》稱孔子之言曰：‘多聞，擇其善者而從之，多見而志之，知之次也。’志，記也，字亦作識，音式冀反。”

宋史·河渠志[1]

（《宋史》卷九十一至卷九十七）

河 渠 一

（《宋史》卷九十一）

黄 河 上

　　黄河自昔爲中國患，《河渠書》述之詳矣。探厥本源，則博望[2]之説，猶爲未也。大元至元二十七年，我世祖皇帝命學士蒲察篤實西窮河源[3]，始得其詳。今西蕃朵甘思南鄙曰星宿海者，其源也。四山之間，有泉近百泓，匯而爲海，登高望之，若星宿布列，故名。流出復瀦，曰哈剌海[4]，東出曰赤賓河[5]，合忽蘭、也里术二河，東北流爲九渡河，其水猶清，騎可涉也。貫山中行，出西戎之都會，曰闊即、曰闊提者，合納憐河，所謂“細黄河”也，水流已濁。繞昆侖之南，折而東注，合乞里馬出河，復繞昆侖之北，自貴德、西寧之境，至積石，經河州，過臨洮，合洮河，東北流至蘭州，始入中國。北繞朔方、北地、上郡而東，經三受降城、豐、東勝州，折而南，出龍門，過河中，抵潼關。東出三門、集津爲孟津，過虎牢[6]，而後奔放平壤。吞納小水以百數，勢益雄放，無崇山巨礁以防閑之，旁激奔潰，不遵禹蹟。故虎牢迤東距海口三二千里，恆被其害，宋爲特甚。始自滑臺、大伾，嘗兩經汎溢，復禹蹟矣。一時姦臣建議，必欲回之，俾復故流，竭天下之力以塞之。屢塞屢決，至南渡而後，貽其禍於金源氏[7]，由不能順其就下之性以導之故也。

若江，若淮，若洛、汴、衡漳，暨江、淮以南諸水，皆有舟楫溉灌之利者，歷敘其事而分紀之，爲《河渠志》。

〔1〕按：《宋史》共四百九十六卷，元脫脫主持編修，成書于至正五年（1345年）。《河渠志》是其中一篇，共七卷。

〔2〕博望　據《漢書·張騫傳》，張騫曾到過黃河上游，元朔六年（公元前123年）被封爲博望侯。《史記·大宛列傳》對河源的描述是："于寘之西，則水皆西流，注西海；其東，水東流，注鹽澤。鹽澤潛行地下，其南則河源出焉。"誤以鹽澤（今羅布泊）爲黃河之源。

〔3〕蒲察篤實西窮河源　據潘昂霄《河源記》（叢書集成本）蒲察篤實（又譯爲蒲察都實）考察河源的時間是"至元十七年，歲在庚辰"（1280年）。

〔4〕哈喇海　即今鄂陵湖、扎陵湖。

〔5〕赤賓河　即今瑪多一帶的黃河，下合忽闌、也里术二支流，東北流爲九渡河。元代初年對河源的認識已與現代河源概念基本相同。

〔6〕虎牢　古關名，在今河南省滎陽縣氾水鎮。參見《宋會要·方域》十二之一。

〔7〕金源氏　金氏族名。據《金史·地理志上》，金上京（今哈爾濱市東南）附近有金水，"故名金源，建國之號蓋取諸此"。

河入中國，行太行西，曲折山間，不能爲大患。既出大伾，東走赴海，更平地二千餘里，禹迹既湮，河并爲一，特以隄防爲之限。夏秋霖潦[1]，百川衆流所會，不免決溢之憂，然有司所以備河者，亦益工矣。

自周顯德初，大決東平之楊劉，宰相李穀[2]監治隄，自陽穀抵張秋口以遏之，水患少息。然決河不復故道，離而爲赤河。

太祖乾德二年，遣使案行，將治古隄。議者以舊河不可卒復，力役且大，遂止；但詔民治遙隄[3]，以禦衝注之患。其後赤河[4]決東平之竹村，七州之地復罹水災。

三年秋，大雨霖，開封府河決陽武，又孟州水漲，壞中潬橋梁，澶、鄆亦言河決，詔發州兵治之。

四年八月，滑州河決，壞靈河縣大隄，詔殿前都指揮使韓重贇[5]、馬步軍都軍頭王廷義[6]等督士卒丁夫數萬人[7]治之，被泛者蠲其秋租。

五年正月，帝以河堤屢決，分遣便行視，發畿甸丁夫繕治。自是歲以爲常，皆以正月首事，季春而畢。是月，詔開封大名府、鄆、澶、滑、孟濮、齊、淄、滄、棣、濱、德、博、懷、衛、鄭等州長吏，并兼本州河隄使，蓋以謹力役而重水患也。

〔1〕霖潦　大雨成灾。《左傳》魯隱公九年（公元前714年）記“凡雨，自三日以往爲霖”。

〔2〕李穀　字惟真，穎州汝陰（今安徽阜陽）人，《宋史》卷二六二有傳。

〔3〕遥隄　位于臨河大堤之外的攔擋泛濫洪水的堤防。有關的文記載最早見於同光三年（925年）。參見《資治通鑒》。

〔4〕赤河　此處所説經過東平的赤河和下文李垂、歐陽修、韓贊等所説的經過棣州、濱州入海的赤河不是同一條河。

〔5〕韓重贇　磁州武安人，《宋史》卷二五〇有傳。

〔6〕王廷義　萊州掖縣人，《宋史》卷二五二有傳。

〔7〕數萬人　《續資治通鑒長編》（以下简稱《長編》）同。《韓重贇傳》作“督丁壯数十萬塞之”。時間作乾德三年（1965年），與《長編》記載亦不同。

開寶四年十一月，河決澶淵，泛數州。官守不時上言，通判、司封郎中姚恕棄市，知州杜審肇[1]坐免。

五年正月，詔曰：“應緣黄、汴、清、御等河州縣，除準舊制種蓺桑棗外，委長吏課民別樹榆柳及土地所宜之木。仍案户籍高下，定爲五等：第一等歲樹五十本，第二等以下遞减十本。民欲廣樹蓺者聽，其孤、寡、惸、獨者免。”是月，澶州修河卒賜以錢、鞵，役夫給以茶。三月，詔曰："朕每念河渠潰決，頗爲民患，故署使職以總領焉，宜委官聯佐治其事。自今開封等十七州府：各置河堤判官一員，以本州通判充；如通判闕員，即以本州判官充[2]。"

五月，河大決濮陽，又決陽武。詔發諸州兵及丁夫凡五萬人，遣潁州團練使曹翰[3]護其役。翰辭，太祖謂曰："霖雨不止，又聞河決。朕信宿以來，焚香上禱于天，若天災流行，願在朕躬，勿延于民也。"翰頓首對曰："昔宋景公諸侯耳，一發善言，災星退舍。今陛下憂及兆庶，墾禱如是，固當上感天心，必不爲災。"

六月，下詔曰："近者澶、濮等數州，霖雨荐降，洪河爲患。朕以屢經決溢，重困黎元，每閱前書，詳究經瀆。至若夏后所載，但言導河至海，隨山濬川，未聞力制湍流，廣營高岸。自戰國專利，埋塞故道，小以妨大，私而害公，九河之制遂隳，歷代之患弗弭。凡搢紳多士、草澤之倫，有素習河渠之書，深知疏導之策，若爲經久，可免重勞，并許詣闕上書，附驛條奏。朕當親覽，用其所長，勉副詢求，當示甄獎。"時東魯逸人田告者，纂《禹元經》十二篇，帝聞之，召至闕下，詢以治水之道，善其言，將授以官，以親老固辭歸養，從之。翰至河上，親督工徒，未幾，決河皆塞。

〔1〕杜審肇　定州安喜（今河北定州）人，《宋史》卷四六三有傳。本傳載："……未幾，河大決，東匯于鄆、濮數郡，民田罹水害。太祖怒其不即時上言，遣使案鞠。遂論（姚）恕棄市，審肇免官歸私第。"

〔2〕開寶五年三月詔，參見《宋大詔令集》卷一六〇《置河堤判官詔》，《宋會要·方域》十四之一。

〔3〕曹翰　大名人，《宋史》二六〇有傳。

太宗太平興國二年秋七月，河決孟州之溫縣、鄭州之滎澤、澶州之頓丘，皆發緣河諸州丁夫塞之。又遣左衛大將軍李崇矩[1]騎置自陝西至滄、棣，案行水勢。視隄岸之缺，亟繕治之；民被水災者，悉蠲其租。

三年正月，命使十七人分治黄河隄，以備水患。滑州靈河縣河塞復決，命西上閤門使郭守文率塞之[2]。

七年，河大漲，蹙清河，凌鄆州，城將陷，塞其門，急奏以聞。詔殿前承旨劉吉馳往固之。

〔1〕李崇矩　字守則，潞州上黨人，《宋史》卷二五七有傳。

〔2〕三年堵口事《長編》記載相同。《宋史》卷二五九本傳則作“三年，遷西上閤門使。是夏，汴水決于寧陵，發宋、亳丁壯四千五百塞之，命守文董其役”。

八年五月，河大決滑州韓村[1]，泛澶、濮、曹、濟諸州民田，壞居人廬舍，東南流至彭城界入于淮。詔發丁夫塞之。隄久不成，乃命使者按視遥堤舊址[2]。使回條奏，以爲“治遥堤不如分水勢。自孟抵鄆，雖有隄防，唯滑與澶最爲隘狹。於此二州之地，可立分水之制[3]，宜於南北岸各開其一，北入王莽河[4]以通于海，南入靈河[5]以通于淮，節減暴流，一如汴口之法[6]。其分水河[7]，量其遠邇，作爲斗門，啓閉隨時，務乎均濟。通舟運，溉農田，此富庶之資也。”不報。時多陰雨，河久未塞，帝憂之，遣樞密直學士張齊賢[8]乘傳詣白馬津，用太牢加璧以祭。十二月，滑州言決河塞，群臣稱賀。

〔1〕河大決滑州韓村　《長編》卷二四作“五月丙辰朔河大決滑州房村，泛澶、濮、曹、濟諸州民田，壞居人廬舍，東南流至彭城界入于淮。有司議大發丁夫塞之，上曰鄉者發民塞韓村決河水，不能成，俱爲勞擾。乃命出卒數萬人……”。《玉海·地理·河渠》卷二二和《宋史·五行志》卷六一韓村作房村；《宋史·郭守文傳》卷二五九作“八年，滑州房村河決”。《宋史·田重進傳》卷二六〇作“九年，河決滑州韓、房村，重進總護其役”。韓、房二村相鄰，所以混稱。

〔2〕按視遙堤舊址　詳見《長編》卷二四、《宋大詔令集》卷一八一《遣使按行遙堤詔》、《玉海・河渠》卷二二。

〔3〕分水之制　即增開分洪河道以利防洪的辦法。早期關于分水防洪的認識參見《漢書・溝洫志》禹"迺釃二渠以引其河"下之孟康注。"孟康注曰：釃，分也，分其流洩其怒也。"

〔4〕王莽河　《水經・河水注》載："《漢書・溝洫志》曰，河之爲中國害尤甚，故導河自積石，歷龍門，二渠以引河。一則漯川，今所流也；一則北瀆，王莽時空，故世俗名是瀆爲王莽河也。"

〔5〕靈河　流經不詳。滑州屬縣中有靈河縣。《太平寰宇記》卷九靈河縣下載，"縣東北二十五里有延津，又名靈昌津"，或即此處所云靈河。

〔6〕汴口之法　參見《宋史・河渠志・汴河》。

〔7〕分水河　主河道之外的行水河道，用以增加主道的行洪能力。

〔8〕張齊賢　曹州冤句（今山東菏澤西南）人，《宋史》卷二六五有傳。

九年春，滑州復言房村河決，帝曰："近以河決韓村，發民治隄不成，安可重困吾民，當以諸軍代之。"乃發卒五萬，以侍衛步軍都指揮使田重進[1]領其役[2]，又命翰林學士宋白祭白馬津，沈以太牢加璧，未幾役成。

淳化二年三月，詔："長吏以下及巡河主埽使臣[3]，經度行視河堤，勿致壞隳，違者當寘于法。"四年十月，河決澶州，陷北城，壞廬舍七千餘區，詔發卒代民治之。是歲，巡河供奉官梁睿上言："滑州土脉疏，岸善隤，每歲河決南岸，害民田。請於迎陽鑿渠引水，凡四十里，至黎陽合大河，以防暴漲。"帝許之。

五年正月，滑州言新渠成，帝又案圖，命昭宣使羅州刺史杜彥鈞[4]率兵夫，計功十七萬，鑿河開渠，自韓村埽至州西鐵狗廟，凡十五餘里，復合于河，以分水勢。

〔1〕田重進　幽州（治今北京）人，《宋史》卷二六〇有傳。

〔2〕本次堵口事《長編》卷二五作："先是塞房村決河，用丁夫凡十餘萬，自秋踰冬，既塞而復決。上以方春播種，不可重煩民力，乃發卒五萬人，

命步軍都指揮使田重進總督其役。"《宋史·郭守文傳》卷二五九作："八年，滑州房村河決，發卒塞之，命守文董其役。"

　　〔3〕巡河主埽使臣　《宋史·職官志》載：嘉祐三年（1058年）始設都水監專管河渠事。設判監事一人，同判監事一人，丞二人，主簿一人。并輪番派遣都水丞一人"出外治河埽之事"，任期一年或二年，熟悉水利管理者可連任三年。元豐年間於澶州置都水外監，設使者一人，丞二人，主簿一人。"使者掌中外川澤、河渠、津梁、堤堰疏鑿浚治之事。"另設南北外都水丞各一人，都提舉官八人，監埽官一百三十五人。

　　〔4〕杜彥鈞　定州安喜（今河北定州）人，《宋史》卷四六三有傳。

　　真宗咸平三年五月，河決鄆州王陵埽，浮鉅野，入淮、泗，水勢悍激，侵迫州城。命使率諸州丁男二萬人塞之，踰月而畢。始，赤河決，擁濟、泗，鄆州城中常苦水患。至是，霖雨彌月，積潦益甚，乃遣工部郎中陳若拙[1]經度徙城。若拙請徙於東南十五里陽鄉[2]之高原，詔可。是年[3]，詔："緣河官吏，雖秩滿，須水落受代。知州、通判兩月一巡隄，縣令、佐迭巡隄防，轉運使勿委以他職。"又申嚴盜伐河上榆柳之禁。

　　景德元年九月，澶州言河決橫壠埽；

　　四年，又壞王八埽，并詔發兵夫完治之。

　　大中祥符三年十月，判河中府陳堯叟[4]言："白浮圖村河水決溢，爲南風激還故道。"

　　明年，遣使滑州，經度西岸，開減水河[5]。九月，棣州河決聶家口。

　　五年正月，本州請徙城，帝曰："城去決河尚十數里，居民重遷。"命使完塞。既成，又決於州東南李民灣，環城數十里民舍多壞，又請徙於商河。役興踰年，雖扞護完築，裁免決溢，而湍流益暴，壖地益削，河勢高民屋殆踰丈矣，民苦久役，而終憂水患；八年，乃詔徙州於陽信之八方寺。

〔1〕陳若拙　字敏之，幽州盧龍人，《宋史》卷二六一有傳。

〔2〕東南十五里陽鄉　《長編》作東南十五里汶陽鄉。

〔3〕〔標點本原注〕是年據上文，"是年"係指咸平三年。而《長編》卷六一，《宋會要·方域》十四之四都記此事於景德二年，疑此處誤。

〔4〕陳堯叟　字唐夫，閬州閬中（今四川閬中）人，《宋史》卷二八四有傳。

〔5〕減水河　歐陽玄《至正河防記》曰"減水河者，水放曠則以制其狂，水驟突則以殺其怒"。即設于防洪堤上的用以宣泄超過防洪警戒水位洪水的溢流壩及其下之泄水河。其功用有別于常年分水的分水河。

著作佐郎李垂[1]上《導河形勝書》三篇并圖[2]其略曰：

臣請自汲郡東推禹故道，挾御河，較其水勢，出大伾、上陽、太行三山之間，復西河故瀆[3]，北注大名西、館陶南，東北合赤河而至于海。因於魏縣北析一渠，正北稍西逕衡漳直北，下出邢、洺，如《夏書》過洚水，稍東注易水，合百濟、會朝河而至于海。大伾而下，黃、御混流，薄山障隄，勢不能遠。如是，則載之高地而北行，百姓獲利，而契丹不能南侵矣。《禹貢》所謂"夾右碣石入于海"[4]，孔安國曰："河逆上此州界。"[5]

〔1〕李垂　字舜工，聊城人，《宋史》卷二九九有傳。

〔2〕導河形勝書三篇并圖　《玉海·河渠》在《導河形勝書三篇并圖》下注曰"《書目》一卷。考古揆今，欲復河之故道。又有《導河形勝計功畢功圖，今缺》。《宋史·藝文志》也載有《導河形勝書》一卷。

〔3〕西河故瀆　即下文之西大河。參見《史記·河渠書》"乃厮二渠，以引其河"之注釋。

〔4〕〔標點本原注〕禹貢所謂夾右碣石入于海，《尚書·禹貢》作"夾右碣石，入于河"。《禹貢》又作"至于碣石入于海"。

〔5〕孔安國曰河逆上此州界　見《尚書·禹貢》偽孔傳。

其始作自大伾西八十里，曹公所開運渠[1]東五里[2]，引河水正北稍東十里，破伯禹古隄，逕牧馬陂，從禹故道，又東三十里轉大伾西、通利軍北，挾白溝[3]，復西大河，北逕清豐、大名西，歷洹水、魏縣東，暨館陶南，入屯氏故瀆[4]，合赤河而北至于海。既而自大伾西新發故瀆西岸析一渠，正北稍西五里，廣深與汴等，合御河道，逼大伾北，即堅壤析一渠，東西二十里，廣深與汴等，復東大河。兩渠分流，則三四分水，猶得注澶淵舊渠矣。大都河水從西大河故瀆東北，合赤河而達于海。然後於魏縣北發御河西岸析一渠，正北稍西六十里，廣深與御河等，合衡漳水；又冀州北界、深州西南三十里決衡漳西岸，限水爲門，西北注滹沱，潦則塞之，使東漸渤海；旱則決之，使西灌屯田，此中國禦邊之利也。

兩漢而下，言水利者，屢欲求九河故道而疏之。今考《圖志》[5]，九河并在平原而北，且河壞澶、滑，未至平原而上已決矣，則九河奚利哉。漢武捨大伾之故道，發頓丘之暴衝，則濫兗泛齊，流患中土，使河朔平田，膏腴千里，縱容邊寇劫掠其間。今大河盡東，全燕陷北，而禦邊之計，莫大於河。不然，則趙、魏百城，富庶萬億，所謂誨盜而招寇矣。一日伺我饑饉，乘虛入寇，臨時用計者實難；不如因人足財豐之時，成之爲易。

[1] 曹公所開運渠　似指建安九年（204 年）曹操北征袁尚時“遏淇水入白溝，以通糧道”（《三國志·魏書·武帝紀》）的工程。其渠首枋堰位于今淇縣東西衛賢鎮東一里。

[2] 東五里　《長編》作東三十里。

[3] 白溝　《太平寰宇記》卷五十六衛縣下“白溝，《冀州圖》云：白溝起在衛縣，南出大河，北入魏郡”。《元和郡縣圖志》卷十六“白溝水本名白渠，隋煬帝導爲永濟渠，亦名御河，西去（館陶）縣十里”。與河渠四之白溝河無涉。

[4] 屯氏故瀆　參見《漢書·溝洫志》屯氏河。

〔5〕圖志　或爲李吉甫《元和郡縣圖志》。該書卷十七鬲津枯河條下載"禹貢兗州'九河既道'。鬲津即九河之一，鬲津至徒駭二百餘里。今河雖移，不離此域也"。

詔樞密直學士任中正[1]、龍圖閣直學士陳彭年[2]、知制誥王曾[3]詳定。中正等上言："詳垂所述，頗爲周悉。所言起滑臺而下，派之爲六，則緣流就下，湍急難制，恐水勢聚而爲一，不能各依所導。設或必成六派，則是更增六處河口，悠久難於隄防；亦慮入滹沱、漳河，漸至二水淤塞，益爲民患。又築堤七百里，役夫二十一萬七千，工至四十日，侵占民田，頗爲煩費。"其議遂寢。

七年，詔罷葺遥堤，以養民力[4]。八月，河決澶州大吳埽，役徒數千，築新隄，亘二百四十步，水乃順道。

八年，京西轉運使陳堯佐[5]議開滑州小河分水勢，遣使視利害以聞。及還，請規度自三迎陽村北治之，復開汉河於上游，以泄其壅溢。詔可。

〔1〕任中正　字慶之，曹州濟陰（今山東定陶西南）人。《宋史》卷二八八有傳。
〔2〕陳彭年　字永年，撫州南城人。《宋史》卷二八七有傳。
〔3〕王曾　字孝先，青州益都人。《宋史》卷三一〇有傳。
〔4〕七年詔罷葺遥堤以養民力　《長編》載：二月戊寅，"詔如聞濱、棣州葺遥堤，配民重役，多逃亡者，亟罷之"。
〔5〕陳堯佐　字希元，閬州閬中（今四川閬中）人。《宋史》卷二八四有傳。

天禧三年六月乙未夜，滑州河溢城西北天臺山旁，俄復潰于城西南，岸擢七百步，漫溢州城，歷澶、濮、曹、鄆，注梁山泊[1]，又合清水[2]、古汴渠[3]東入于淮，州邑罹患者三十二。即遣使賦諸州薪石、楗橛、芟竹之數千六百萬，發兵夫九萬人治之。

四年二月，河塞，群臣入賀，上親爲文，刻石紀功。

是年，祠部員外郎李垂又言疏河利害，命垂至大名府、滑、衛、德、貝州、通利軍與長吏計度。垂上言：

臣所至，并稱黄河水入王莽沙河與西河故瀆，注金、赤河，必慮水勢浩大，蕩浸民田，難於隄備。臣亦以爲河水所經，不無爲害。今者決河而南，爲害既多，而又陽武埽東、石堰埽西，地形汙下，東河泄水又艱。或者云："今決處漕底坑深，舊渠逆上，若塞之，旁必復壞。"如是，則議塞河者誠以爲難。若決河而北，爲害雖少，一旦河水注御河，蕩易水，逕乾寧軍，入獨流口，遂及契丹之境。或者云："因此搖動邊鄙。"如是，則議疏河者又益爲難。臣於兩難之間，輒畫一計：請自上流引北載之高地，東至大伾，瀉復於澶淵舊道，使南不至滑州，北不出通利軍界。

何以計之？臣請自衛州東界曹公所開運渠東五里，河北岸凸處，就岸實土堅引之，正北稍東十三里，破伯禹古隄，注裴家潭，逕牧馬陂，又正東稍北四十里，鑿大伾西山，釃爲二渠：一逼大伾南足，決古隄正東八里，復澶淵舊道；一逼通利軍城北曲河口，至大禹所導西河故瀆，正北稍東五里[4]，開南北大隄，又東七里，入澶淵舊道，與南渠合。夫如是，則北載之高地，大伾三山胆股之間分酌其勢，浚瀉兩渠，匯注東北，不遠三十里，復合于澶淵舊道，而滑州不治自涸矣。

臣請以兵夫二萬，自來歲二月興作，除三伏半功[5]外，至十月而成。其均厚埤薄，俟次年可也。

疏奏，朝議慮其煩擾，罷之。

[1] 梁山泊　即古鉅野澤，位于山東鄆城東北，因梁山而得名。晋開運元年（944年）"滑州河決，漂注曹、單、濮、鄆等州之境，環梁山，合于汶濟"。（見《五代史·晋紀》）。《宋史·楊戩傳》載："築山濼古鉅野澤，綿

亘數百里，濟、鄆數州，賴其蒲魚之利。"此築山濼殆梁山濼之誤。

〔2〕清水　古泗水的別名，一作清泗，宋以後通稱南清河。清水又爲古濟水的別名，即北清河，1855年黄河銅瓦厢決口後爲黄河所奪。

〔3〕古汴渠　即隋代以前由今徐州入泗之汴渠。參見《水經·汳水注》。

〔4〕五里　《長編》卷九五作十里。

〔5〕三伏半　功沙克什《河防通議·功程》載"按《唐六典》：凡役有輕重，功有短長，法以四、五、六、七月爲長功，二、三、八、九月爲中功，十、十一、十二、正月爲短功。……夏至後至立秋，自巳正至未正兩時放役夫憩息"。《初學記》卷四《伏日》載："《陰陽書》曰：從夏至後第三庚爲初伏，第四庚爲中伏，立秋後初庚爲後伏，謂之三伏。"是三伏爲半功。

初，滑州以天臺決口去水稍遠，聊興葺之，及西南堤成，乃於天臺口旁築月隄[1]。六月望，河復決天臺下，走衛南，浮徐、濟，害如三年而益甚。帝以新經賦率，慮殫困民力，即詔京東西、河北路經水災州軍，勿復科調[2]丁夫，其守扞隄防役兵，仍令長吏存恤而番休之。

五年正月，知滑州陳堯佐以西北水壞，城無外禦，築大提，又叠埽於城北，護州中居民；復就鑿横木，下垂木數條，置水旁以護岸，謂之"木龍"[3]，當時賴焉；復并舊河開枝流，以分導水勢，有詔嘉獎。

説者以黄河隨時漲落，故舉物候爲水勢之名：自立春之後，東風解凍，河邊人候水，初至凡一寸，則夏秋當至一尺，頗爲信驗，故謂之"信水"。二月、三月桃華始開，冰泮雨積，川流猥集，波瀾盛長，謂之"桃華水"。春末蕪菁華開，謂之"菜華水"。四月末壟麥結秀，擢芒變色，謂之"麥黄水"。五月瓜實延蔓，謂之"瓜蔓水"。朔野之地，深山窮谷，固陰沍寒，冰堅晚泮，逮乎盛夏，消釋方盡，而沃蕩山石，水帶礬腥，併流于河，故六月中旬後，謂之"礬山水"。七月菽豆方秀，謂之"豆華水"。八月荻薍華[4]，謂之"荻苗水"。九月以重陽紀節，謂之"登高水"。十月水落安流，復其故道，謂之"復槽水"。十一月、十二月斷冰雜流，乘寒復結，謂之"蹙凌水"。水信有常，率以爲準；非時暴漲，謂之"客水[5]。"

〔1〕月隄　又稱越堤，修築在遥堤或縷堤的危險地段，兩端仍彎接大堤。堤形彎曲如月。類似形式的堤防還有圈堤、套堤等。

〔2〕科調　按地區强行攤派的勞役。

〔3〕木龍　木製護岸設施。元代賈魯主持白茆堵口時，曾"以龍尾大埽密挂於護堤大椿，分析水勢"。也是類似的設施，參見《至正河防記》。清乾隆五年（1740年）李昞撰有《木龍成規》一卷，詳細記述木龍的製作、用料、使用、功能等，和此處木龍不同。

〔4〕菼薍華　菼（tǎn）薍（wèn）即初生蘆葦。菼薍即蘆葦開花時節的洪水。

〔5〕關于水名，參見沙克什《河防通議·釋十二月水名》。

其水勢：凡移猏[1]橫注，岸如刺毀，謂之"劀岸[2]"。漲溢踰防，謂之"抹岸[3]"。埽岸故朽，潛流漱其下，謂之"塌岸[4]"。浪勢旋激，岸土上隤，謂之"淪捲[5]"。水侵岸逆漲，謂之"上展[6]"；順漲，謂之"下展[7]"。或水乍落，直流之中，忽屈曲橫射，謂之"徑崷[8]"。水猛驟移，其將澄處，望之明白，謂之"拽白[9]"，亦謂之"明灘"。湍怒略淳，勢稍汩起，行舟值之多溺，謂之"薦浪水[10]"。水退淤湯澱，夏則膠土肥腴，初秋則黄滅土，頗爲疏壤，深秋則白滅土，霜降後皆沙也。[11]

〔1〕猏　同洪。

〔2〕劀岸　洪水頂衝堤岸，大堤坍塌。

〔3〕抹岸　洪水漫過堤頂。

〔4〕塌岸　埽岸腐朽，下部被掏空，使堤防塌陷。

〔5〕淪捲　水漩浪急，堤岸損壞。

〔6〕上展　河彎處受水頂衝，回溜逆水上壅。

〔7〕下展　顺直河岸受水頂衝，波濤順流下注。

〔8〕徑句　《爾雅·釋水》"直波爲徑"。句（yǎo）同窈。河水驟落，被河心灘所阻，形成斜河，激流横射堤岸。

〔9〕拽白　大水之後，主溜外移，原河槽變爲白色沙灘。

〔10〕薦浪水　洪濤剛過，湧波繼起，危害行船安全。

〔11〕本部分記述的黄河河床横向演變的現代河流動力學解釋，參見錢寧、周文浩《黄河下游河床演變》之第四章河床演變和第七章黄河下游的平面變形。

　　舊制，歲虞河決，有司常以孟秋預調塞治之物，梢芟、薪柴、楗橛、竹石、茭索、竹索凡千餘萬，謂之"春料"。詔下瀕河諸州所産之地，仍遣使會河渠官吏，乘農隙率丁夫水工，收采備用。凡伐蘆荻謂之"芟"，伐山木榆柳葉謂之"梢"，辮竹糾芟爲索。以竹爲巨索，長十尺至百尺，有數等。先擇寬平之所爲埽場。埽之制，密布芟索，鋪梢，梢芟相重，壓之以土，雜以碎石，以巨竹索横貫其中，謂之"心索"。卷而束之，復以大芟索繫其兩端，別以竹索自内旁出，其高至數丈，其長倍之。凡用丁夫數百或千人，雜唱齊挽，積置於卑薄之處，謂之"埽岸"。既下，以橛橜閣之，復以長木貫之，其竹索皆埋巨木於岸以維之，遇河之横決，則復增之，以補其缺。凡埽下非積數叠，亦不能遏其迅湍[4]。又有馬頭[2]、鋸牙[3]、木岸[4]者，以蹙水勢護隄焉。

　　凡緣河諸州，孟州有河南北凡二埽，開封府有陽武埽，滑州有韓房二村、憑管、石堰、州西、魚池、迎陽凡七埽，舊有七里曲埽，後廢。通利軍有齊賈、蘇村凡二埽，澶州有濮陽、大韓、大吳、商胡、王楚、横隴、曹村、依仁、大北、岡孫、陳固、明公、王八凡十三埽，大名府有孫杜、侯村二埽，濮州有任村、東、西、北凡四埽，鄆州有博陵、張秋、關山、子路、王陵、竹口凡六埽[5]，齊州有采金山、史家渦三埽，濱州有平河、安定二埽，棣州有聶家、梭堤、鋸牙、陽成四埽，所費皆有司歲計而無闕焉[6]。

　　〔1〕參見元歐陽玄《至正河防記》“捲埽”“捲埽物色”。
　　〔2〕馬頭　較大型的護堤挑水壩。參見劉天和《問水集·治河之要》。
　　〔3〕鋸牙　連續排列如鋸齒狀的較小型護堤挑水壩。
　　〔4〕木岸　用椿梢等木結構護岸的設施。在汴河上也用來縮窄河床斷面，以提高流速，減少淤積，成爲一種河床整治建築物。
　　〔5〕關于鄆州六埽，可參考楊國順著《北宋鄆州黃河六埽地理位置考》。作者經實地勘察指認：鄆州六埽在今陽穀縣境内，其中博陵埽在緊靠金堤北坡的賈海村附近；張秋埽位于今張秋鎮以南至前莊曹堤口一綫，存有古堤遺跡；關山埽在今東阿縣南界的關山鎮西側，尚有故堤遺跡；子路埽在壽張、范縣之間的子路堤上；王陵埽在今陽穀縣東北二十餘里的壽張鎮（舊稱王陵鎮），北宋黃河自西南而來，經此折而東北流；竹口埽在壽張鎮以西二十里，是逆轉大河流向的一處關鍵工程。相鄰各埽間距約二十里上下。埽工依托大堤，明確埽工位置是確定此段黃河走向，分析北宋東流北流之爭的地理形勢的重要節點。
　　〔6〕關于河防物料儲備，《慶元條法事類·支移折變》載：“諸軍須河防物，并預先約度支系省錢置場或差衙前，許於出産處計會官司收置，如須至科率，即申轉運司相度，於形勢之家及第三等以上户稅租内折納，仍即時具科買折納名數及人户姓名牓示。”《慶元條法事類》八十卷，始修于慶元四年（1198年）九月，完成于嘉泰二年（1202年）八月。爲南宋中央政府頒行的法令總匯。參見《宋史·寧宗本紀》。

　　仁宗天聖元年，以滑州決河未塞，詔募京東、河北、陝西、淮南民輸薪芻，調兵伐瀕河榆柳，賙溺死之家。
　　二年，遣使詣滑、衛行視河勢。
　　五年，發丁夫三萬八千，卒二萬一千，緡錢五十萬，塞決河，轉運使五日一奏河事。十月丙申，塞河成，以其近天臺山麓，名曰天臺埽。宰臣王曾率百官入賀。十二月，濬魚池埽減水河。
　　六年八月，河決于澶州之王楚埽，凡三十步。
　　八年，始詔河北轉運司計塞河之備，良山令陳曜請疏鄆、滑界糜丘河以分水勢，遂遣使行視遙隄。

明道二年，徙大名之朝城縣于杜婆村，廢鄆州之王橋渡、淄州之臨河鎮以避水。

景祐元年七月，河決澶州橫隴埽。

慶曆元年，詔權停修決河。自此久不復塞，而議開分水河以殺其暴。未興工而河流自分，有司以聞，遣使特祠之。三月，命築隄于澶以扞城。

八年六月癸酉，河決商胡埽，決口廣五百五十七步，乃命使行視河隄。

皇祐元年三月，河合永濟渠注乾寧軍。

二年[1]七月辛酉，河復決大名府館陶縣之郭固。

四年正月乙亥，塞郭固而河勢猶壅，議者請開六塔以披其勢。

至和元年，遣使行度故道，且詣銅城鎮[2]海口，約古道高下之勢。

二年，翰林學士歐陽修[3]奏疏曰：

[1] 二年　《仁宗本紀》載：皇祐三年（1051年）七月"辛酉，河決大名府郭固口"。《長編》卷一七〇載：皇祐三年七月辛酉，"河決大名府館陶縣郭固口"。據此，二年應作三年。

[2] 銅城鎮　屬鄆州東阿縣。參見《元豐九域志》卷一。

[3] 歐陽修　字永叔，廬陵（今江西吉安）人。《宋史》卷三一九有傳。

朝廷欲俟秋興大役，塞商胡，開橫隴，回大河於古道[1]。夫動大衆必順天時、量人力，謀於其始而審於其終，然後必行，計其所利者多，乃可無悔。比年以來，興役動衆，勞民費財，不精謀慮於厥初，輕信利害之偏說，舉事之始，既已蒼皇，群議一搖，尋復悔罷。不敢遠引他事，且如河決商胡，是時執政之臣，不慎計慮，遽謀修塞。凡科配[2]梢芟一千八百萬，騷動六路一百餘軍州，官吏催驅，急若星火，民庶愁苦，盈於道塗。

或物已輸官，或人方在路，未及興役，尋已罷修，虛費民財，爲國斂怨，舉事輕脱，爲害若斯。今又聞復有修河之役，三十萬人之衆，開一千餘里之長河，計其所用物力，數倍往年。當此天災歲旱、民困國貧之際，不量人力，不順天時，知其有大不可者五：

蓋自去秋至春半，天下苦旱，京東尤甚，河北次之。國家常務安靜振恤之，猶恐民起爲盜，況於兩路聚大衆、興大役乎？此其必不可者一也。

河北自恩州用兵之後，繼以凶年，人户流亡，十失八九。數年以來，人稍歸復，然死亡之餘，所存者幾，瘡痍未斂，物力未完。又京東自去冬無雨雪，麥不生苗，將踰暮春，粟未布種，農心焦勞，所向無望。若別路差夫，又遠者難爲赴役；一出諸路，則兩路力所不任[3]。此其必不可者二也。

往年議塞滑州決河，時公私之力，未若今日之貧虛；然猶儲積物料，誘率民財，數年之間，始能興役。今國用方乏，民力方疲，且合商胡塞大決之洪流，此一大役也。鑿橫隴開久廢之故道，又一大役也。自橫隴至海千餘里，埽岸久已廢，頓須興緝，又一大役也。往年公私有力之時，興一大役，尚須數年，今猝興三大役於災旱貧虛之際。此其必不可者三也。

[1] 古道 《歐陽文忠公文集》卷一○八《論修河第一狀》（四部叢刊本）作“故道”。即景祐元年（1034年）黄河自橫隴埽改道之前的河道。又稱之爲京東故道。

[2] 科配 又稱科敷、科率。指政府按户口、田畝臨時攤派的雜税，官府低價或無償配買物品，或高價配賣物品也屬科敷。

[3] 〔標點本原注〕一出諸路則兩路力所不任 按《歐陽文忠公文集》卷一○八《論修河第一狀》作“就河近便，則此兩路力所不任”。《長編》卷一七九作“一出諸近，則兩路力所不任”。疑“諸路”爲“諸近”之誤。

就令商胡可塞，故道未必可開[1]。鯀障洪水，九年無功，禹得《洪範》[2]五行之書，知水潤下之性，乃因水之流，疏而就下，水患乃息。然則以大禹之功，不能障塞，但能因勢而疏決爾。今欲逆水之性，障而塞之，奪洪河之正流，使人力斡而回注，此大禹之所不能。此其必不可者四也。

橫隴湮塞已二十年，商胡決又數歲，故道已平而難鑿，安流已久而難回。此其必不可者五也。

臣伏思國家累歲災譴甚多，其於京東，變異尤大。地貴安静而有聲[3]，巨嵎山摧，海水搖蕩，如此不止者僅十年，天地警戒，宜不虛發。臣謂變異所起之方，尤當過慮防懼，今乃欲於凶歉之年，聚三十萬之大衆於變異当最大之方，臣恐災禍自茲而發也。況京東赤地千里，饑饉之民，正苦天災。又聞河役將動，往往伐桑毀屋，無復生計。流亡盗賊之患，不可不虞。宜速止罷，用安人心。

九月，詔：“自商胡之決，大河注金堤，寖[4]爲河北患。其故道又以河北、京東饑，故未與役。今河渠司李仲昌[5]議欲納水入六塔河[6]，使歸橫隴舊河，舒一時之急。其令兩制至待制以上、臺諫官，與河渠司同詳定。”

〔1〕故道未必可開 《歐陽文忠公文集》卷一〇八《論修河第一狀》作“故道未必可回”。

〔2〕洪範 《尚書》的一個篇名。

〔3〕〔標點本原注〕地貴安静而有聲 按《歐陽文忠公文集》卷一〇八《論修河第一狀》、《長編》卷一七九都作“地貴安静，動而有聲”，此處疑脱“動”字。

〔4〕寖 古浸字。

〔5〕李仲昌 李垂之子。《玉海·地理·河渠》卷二十三“祥符導河形勝書”條載，“垂子仲昌，塞河背家學。歐陽修言五不可”。

〔6〕六塔河 因河口位于六塔集（今河南清豐縣東南三十里）附近的分

水河道得名，下入橫隴舊河。

修又上疏曰：

伏見學士院集議修河，未有定論。豈由賈昌朝欲復故道，李仲昌開六塔，互執一說，莫知孰是。臣愚皆謂不然。言故道者，未詳利害之原；述六塔者，近乎欺罔之繆。今謂故道可復者，但見河北水患，而欲還之京東。然不思天禧以來河水屢決之因，所以未知故道有不可復之勢，臣故謂未詳利害之原也。若言六塔之利者，則不待攻而自破矣。今六塔既已開，而恩、冀之患，何爲尚告奔騰之急？此則減水未見其利也。又開六塔者云，可以全回大河，使復橫隴故道。今六塔止是別河下流[1]，已爲濱、棣、德、博之患，若全回大河，顧其害如何？此臣故謂近乎欺罔之繆也。

且河本泥沙，無不淤之理。淤常先下流，下流淤高，水行漸壅，乃決上流之低處，此勢之常也。然避高就下，永之本性，故河流已棄之道，自古難復。臣不敢廣述河源，且以今所欲復之故道，言天禧以來決之因。[2]

初，天禧中，河出京東，水行於今所謂故道者。水既淤澀，乃決天臺埽，尋塞而復故道；未幾，又決於滑州南鐵狗廟，今所謂龍門埽者。其後數年，又塞而復故道。已而又決王楚埽，所決差小，與故道分流，然而故道之水終以壅淤，故又於橫隴大決。是則決河非不能力塞，故道非不能力復，所復不久終必決於上流者，由故道淤而水不能行故也。及橫隴既決，水流就下，所以十餘年間，河未爲患。至慶曆三、四年，橫隴之水，又自海口先淤[3]，凡一百四十餘里；其後游、金、赤三河相次又淤。下流既梗，乃決於上流之商胡口。然則京東、橫隴兩河故道，皆下流淤塞，河水已棄之高地。京東故道，屢復屢決，理不可復，不待言而易知也。

昨議者度京東故道功料，但云銅城已上乃特高爾，其東比銅城以上則稍低，比商胡已上則實高也。若云銅城以東地勢斗下，則當日水流宜決銅城已上，何緣而頓淤橫隴之口，亦何緣而大決也？然則兩河故道，既皆不可爲，則河北水患何爲而可去？臣聞智者之於事，有所不能必，則較其利害之輕重，澤其害少者而爲之，猶愈害多而利少，何況有害而無利，此三者可較而擇也。

又商胡初決之時，欲議修塞，計用梢芟一千八百萬，科配六路一百餘州軍。今欲塞者乃往年之商胡，則必用往年之物數。至於開鑿故道，張奎所計工費甚大，其後李參[4]減損，猶用三十萬人。然欲以五十步之狹，容大河之水，此可笑者；又欲增一夫所開三尺之方，倍爲六尺，且闊厚三尺而長六尺，自一倍之功，在於人力，已爲勢苦。云六尺之方，以開方法算之，乃八倍之功[5]，此豈人力之所勝？是則前功既大而難興，後功雖小而不實。

〔1〕今六塔止是別河下流　似應斷爲："今六塔止是別河，下流……"。

〔2〕錢寧、周文浩《黃河下游河床演變》第三頁，引用歐陽修這一論點之後，又徵引北宋蘇轍和清代靳輔等人的論述加以佐證。

〔3〕其時歐陽修適在河北轉運使任上。參見《歐陽文忠公文集·論修河第二疏》卷一〇九。

〔4〕李參　字清臣，鄲州須城人，其時任河北都轉運使。

〔5〕乃八倍之功　"三尺之方"即長高俱爲三尺的體積，等于二十七立方尺。而"六尺之方"等于二百一十六立方尺。二者之商爲八倍。

大抵塞商胡、開故道，凡二大役，皆困國勞人，所舉如此，而欲開難復屢決已驗之故道，使其虛費，而商胡不可塞，故道不可復，此所謂有害而無利者也。就使幸而暫塞，以紓目前之患，而終於上流必決，如龍門、橫隴之比，此所謂利少而害多也。

若六塔者，於大河有減水之名，而無減患之實。今下流所散，爲患已多，若全回大河以注之，則濱、棣、德、博河北所仰之州，不勝其患，而又故道淤澀，上流必有他決之虞，此直有害而無利耳，是皆智者之不爲也。今若因水所在，增治隄防，疏其下流，浚以入海，則可無決溢散漫之虞。

今河所歷數州之地，誠爲患矣；隄防歲用之夫，誠爲勞矣。與其虛費天下之財，虛舉大衆之役，而不能成功，終不免數州之患，勞歲用之夫，則此所謂害少者，乃智者之所宜擇也。

大約今河之勢，負三決之虞：復故道，上流必決；開六塔，上流亦決；河之下流，若不浚使入海，則上流亦決。臣請選知水利之臣，就其下流，求入海路而浚之；不然，下流梗澀，則終虞上決，爲患無涯。臣非知水者，但以今事可驗者較之耳。願下臣議，裁取其當焉。

預議官翰林學士承旨孫抃[1]等言：開故道，誠久利，然功大難成；六塔下流，可導而東去，以紓恩、冀金堤之患。

[1] 孫抃　字夢得，四川眉山人。《宋史》卷二九二有傳。

十二月，中書上奏曰：“自商胡決，爲大名、恩冀患。先議開銅城道，塞商胡，以功大難卒就，緩之，而憂金堤汎溢不能捍也。願備工費，因六塔水勢入橫隴，宜令河北、京東預完堤埽，上河水所居民田數。”詔下中書奏，以知澶州事李璋[1]爲總管，轉運使周沆[2]權同知潭州[3]，内侍都知鄧保吉爲鈐轄，殿中丞李仲昌提舉河渠，内殿承制張懷恩爲都監。而保吉不行，以内侍押班王從善代之。以龍圖閣直學士施昌言[4]總領其事，提點開封府界縣鎮事[5]蔡挺[6]、勾當河渠事楊緯同修河決。修又奏請罷六塔之役[7]，時宰相富弼尤主仲昌議，疏奏亦不省。

〔1〕李璋　字公明。《宋史》卷四六四有傳。

〔2〕周沆　字子真，青州益都人。《宋史》卷三三一有傳。所記本事曰："李仲昌建六塔河之議，以爲費省而功倍。詔沆行視。沆言：'近計塞商胡，本度五百八十萬工，用薪芻千六百萬，今纔用功一萬，薪芻三百萬，均一河也，而功力不相侔如是，蓋仲昌先爲小計以求興役爾。況所規新渠視河廣不能五之一，安能容受？此役若成，河必汎溢，齊、博、濱、棣之民其魚矣。'既而從初議，河塞復決，如沆言。"

〔3〕〔標點本原注〕權同知潭州　"潭州"，《長編》卷一八一作"澶州"。《溫國文正司馬公集・周沆神道碑》卷七八載："沆先知潭州，調陝西都轉運使，未幾又改河北，奉詔行視六塔渠利害。"與《長編》所記以河北轉運使權同知澶州事合，作"澶州"是。

〔4〕施昌言　字正臣，通州靜海（今江蘇南通）人。《宋史》卷二九九有傳。

〔5〕提點開封府界縣鎮事　係專官名，全稱作提點開封府界諸縣鎮公事，"掌察畿內縣鎮刑獄、盜賊、場務、河渠之事"。參見《宋史・職官志》卷一六七。

〔6〕蔡挺　字子政，宋城（今河南商丘）人。《宋史》卷三二八有傳。

〔7〕修又奏請罷六塔之役　參見《歐陽文忠公文集》卷一〇九《論修河第三狀》（一作論修六塔河），事在至和三年（1056年）。

嘉祐元年四月壬子朔，塞商胡北流，入六塔河，不能容，是夕復決，溺兵夫、漂芻藁不可勝計[1]。命三司鹽鐵判官沈立[2]往行視，而修河官皆謫。宦者劉恢奏："六塔之役，水死者數千萬人，穿土干禁忌；且河口乃趙征村[3]，於國姓、御名前有嫌，而大興畚鍤，非便。"詔御史吳中復[4]內侍鄧守恭置獄宗于澶，劾仲昌等違詔旨，不俟秋冬塞北流而擅進約[5]，以致決潰。懷恩、仲昌仍坐取河材爲器，懷恩流潭州，仲昌流英州，施昌言、李璋以下再謫，蔡挺奪官勒停。仲昌，垂子也。由是議者久不復論河事。

　　五年，河流派別于魏之第六埽，曰二股河，其廣二百尺。自二股河行一百三十里，至魏、恩、德、博之境，曰四界首河。七月，都轉運使韓贄[6]言：“四界首古大河所經，即《溝洫志》所謂‘平原、金堤，開通大河，入篤馬河，至海五百餘里[7]’者也。自春以丁壯三千浚之，可一月而畢。支分河流入金、赤河，使其深六尺，爲利可必。商胡決河自魏至于恩冀、乾寧入于海，今二股河自魏、恩東至于德、滄入于海，分而爲二，則上流不壅，可以無決溢之患。”乃上《四界首二股河圖》[8]。

　　七年七月戊辰，河決大名第五埽。

　　〔1〕北宋時期人工大規模回河東流共計三次。嘉祐元年（1056年）是第一次。
　　〔2〕沈立　字立之，歷陽（今安徽和縣）人，《宋史》卷三三三有傳。慶曆八年（1048年）爲屯田員外郎督塞決河，著《河防通議》。
　　〔3〕趙征村　據《讀史方輿紀要·大名府·開州》卷十六：“趙征村在（開）州（今河南省濮陽縣）東北，即六塔河口。”
　　〔4〕吳中復　字仲庶，興國永興（今湖北陽新）人。《宋史》卷三二二有傳。
　　〔5〕進約　約是一種埽工裹頭。進約是和堵口進占類似的施工過程。上游埽爲上約，下游埽爲下約。
　　〔6〕韓贄　字獻臣，齊州長山（今山東鄒平東）人。《宋史》卷三三一有傳。
　　〔7〕參見《漢書·溝洫志》孫禁改河的主張。
　　〔8〕此事已實行。《宋史·韓贄傳》作：“河決商胡而北，議者欲復之。役將興，贄言：‘北流既安定，驟更之未必能成功。不若開魏金隄，使分注故道，支爲兩河，或可紓水患。’詔遣使相視，如其策。才役三千人，幾月而畢。”

　　英宗治平元年，始命都水監浚二股、五股河，以紓恩、冀之患。初，都水監言：“商胡堙塞，冀州界河淺，房家、武邑二埽由此潰，慮一旦大決，則甚於商胡之患。乃遣判都水監張鞏[1]，户部副使張燾[2]等行視，遂興工役，卒塞之。

神宗熙寧元年六月，河溢恩州烏欄堤，又決冀州棗彊埽，北注瀛。七月，又溢瀛州樂壽埽。帝憂之，顧問近臣司馬光[3]等。都水監丞李立之請於恩、冀、深、瀛等州，創生堤三百六十七里以禦河，而河北都轉運司言："當用夫八萬三千餘人，役一月成。今方災傷，願徐之。"都水監丞宋昌言[4]謂："今二股河門變移，請迎河港進約，籤入河身，以紓四州水患。"遂與屯田都監内侍程昉[5]獻議，開二股以導東流。於是都水監奏："慶曆八年，商胡北流，于今二十餘年，自澶州下至乾寧軍，創堤千有餘里，公私勞擾。近歲冀州而下，河道梗澀，致上下埽岸屢危。今棗彊抹岸，衝奪故道，雖創新堤，終非久計。願相六塔舊口，并二股河導使東流，徐塞北流。"而提舉河渠王亞等謂："黄、御河帶北行入獨流東砦，經乾寧軍、滄州等八砦邊界，直入大海。其近海口闊六七百步，深八九丈，三女砦以西闊三四百步，深五六丈。其勢愈深，其流愈猛，天所以限契丹。議者欲再開二股，漸閉北流，此乃未嘗覩黄河在界河内東流之利也。"

〔1〕張鞏 或係皇祐中曾任河陰發運判官管勾汴口之張鞏。參見《宋史·張君平傳》卷三二六。

〔2〕張燾 字景元。《宋史》卷三三三有傳。

〔3〕司馬光 字君實，陝州夏縣（今山西夏縣）人，《資治通鑒》作者。《宋史》卷三三六有傳。

〔4〕宋昌言 字仲謨，趙州平棘（今河北趙縣）人。《宋史》卷二九一有傳，叙此事稍詳。

〔5〕程昉 開封人。《宋史》卷四六八有傳，叙此事稍詳。

十一月，詔翰林學士司馬光、入内内侍省副都知張茂則[1]乘傳相度四州生堤，回日兼視六塔、二股利害。

二年正月，光入對："請如宋昌言策，於二股之西置上約，擗水令東。俟東流漸深，北流淤淺，即塞北流，放出御河、胡盧河，下紆恩、冀、深、瀛以西之患。"

初，商胡決河自魏之北，至恩、冀、乾寧入于海，是謂北流。嘉祐五年，河流派于魏之第六埽，遂爲二股，自魏、恩東至于德、滄，入于海，是謂東流。時議者多不同，李立之力主生堤，帝不聽，卒用昌言説，置上約。

三月，光奏："治河當因地形水勢，若彊用人力，引使就高，橫立堤防，則逆激旁潰，不惟無成，仍敗舊績。臣慮官吏見東流已及四分，急於見功，遽塞北流。而不知二股分流，十里之内，相去尚近，地勢復東高西下。若河流併東，一遇盛漲，水勢西合入北流，則東流遂絶；或於滄、德堤埽未成之處，決溢橫流。雖除西路之患，而害及東路，非策也。宜專護上約及二股堤岸。若今歲東流止添二分，則此去河勢自東，近者二三年，遺者四五年，候及八分以上，河流衝刷已闊，滄、德堤埽已固，自然北流日減，可以閉塞，兩路俱無害矣。"

會北京留守韓琦[2]言："今歲兵夫數少，而金堤兩埽，修上、下約甚急，深進馬頭，欲奪大河。緣二股及嫩灘舊闊千一百步，是以可容漲水。今截去八百步有餘，則將束大河於二百餘步之間，下流既壅，上流蹙遏湍怒，又無兵夫修護堤岸，其衝決必矣。況自德至滄，皆二股下流，既無堤防，必侵民田。設若河門束狹，不能容納漲水，上、下約隨流而脱，則二股與北流爲一，其患愈大。又恩、深州所創生堤，其東一則大河西來，其西則西山諸水東注，腹背受水，兩難扞禦。望選近臣速至河所，與在外官合議。"帝在經筵以琦奏諭光，命同茂則再往。

[1] 張茂則　字平甫，開封人。《宋史》卷四六七有傳。

〔2〕韓琦　字稚圭，相州安陽人。《宋史》卷三一二有傳。

四月，光與張鞏、李立之、宋昌言、張問〔1〕、呂大防〔2〕、程昉行視上約及方鋸牙，濟河，集議於下約。光等奏："二股河上約并在灘上，不礙河行。但所進方鋸牙已深，致北流河門稍狹，乞減折二十步，令近後，仍作蛾眉埽裹護。其滄、德界有古遙堤，當加葺治。所修二股，本欲疏導河水東去，生堤本欲捍禦河水西來，相爲表裹，未可偏廢。"帝因謂二府曰："韓琦頗疑修二股。"趙抃曰："人多以六塔爲戒。"王安石曰："異議者，皆不考事實故也。"帝又問："程昉、宋昌言同修二股如何？"安石以爲可治。帝曰："欲作籤河〔3〕甚善。"安石曰："誠然。若及時作之，往往河可東，北流可閉。"因言："李立之所築生堤，去河遠者至八九十里，本計以禦漫水，而不可禦河南之向著〔4〕，臣恐漫水亦不可禦也。"帝以爲然。五月丙寅，乃詔立之乘驛赴闕議之。

六月戊申，命司馬光都大提舉修二股工役。呂公著〔5〕言："朝廷遣光相視董役，非所以褒崇近職、待遇儒臣也。"乃罷光行。

七月，二股河通快，北流稍自閉。戊子，張鞏奏："上約累經泛漲，并下約各已無虞，東流勢漸順快，宜塞北流，除恩、冀、深、瀛、永静、乾寧等州軍水患。又使御河、胡盧河下流各還故道，則漕運無壅遏，郵傳無滯留，塘泊無淤淺。復於邊防大計，不失南北之限，歲減費不可勝數，亦使流移歸復，實無窮之利。且黃河所至，古今未無患，較利害輕重而取舍之可也。惟是東流南北隄防未立，閉口修堤，工費甚夥，所當預備。望選習知河事者，與臣等講求，具圖以聞。"乃復詔光、茂則及都水監官、河北轉運使同相度閉塞北流利害，有所不同，各以議上。

〔1〕張問　字昌言，襄陽人。《宋史》卷三三一有傳。
〔2〕呂大防　字微仲，京兆藍田人。《宋史》卷三四〇有傳。

〔3〕簽河 是插入河身，分引水流的河道，常用在分水工程上。

〔4〕向著 標點本標爲地名，實爲河工術語。《河防通議·捲埽》載："凡埽去水近者謂之向著，去水遠者謂之退背。"向著和退背又按其程度各分作三等。本志元豐四年（1081 年）下記有三等向著的規定。

〔5〕呂公著 字晦叔，《宋史》卷三三六有傳。

八月己亥，光入辭，言："鞏等欲塞二股河北流，臣恐勞費未易。或幸而可塞，則東流淺狹，隄防未全，必致決溢，是移恩、冀、深、瀛之患於滄、德等州也。不若俟三二年，東流益深闊，堤防稍固，北流漸淺，薪芻有備，塞之便。"帝曰："東流、北流之患孰輕重？"光曰："兩地皆王民，無輕重；然北流已殘破，東流尚全。"帝曰："今不俟東流順快而塞北流，他日河勢改移，奈何？"光曰："上約固則東流日增，北流日減，何憂改移。若上約流失，其事不可知，惟當併力護上約耳。帝曰："上約安可保？"光曰："今歲創修，誠爲難保，然昨經大水而無虞，來歲地脚已牢，復何慮。且上約居河之側，聽河北流，猶懼不保；今欲橫截使不行，庸可保乎？"帝曰："若河水常分二流，何時當有成功？"光曰："上約苟存，東流必增，北流必減；借使分爲二流，於張鞏等不見成功，於國家亦無所害。何則？西北之水，併於山東，故爲害大，分則害小矣。鞏等亟欲塞北流，皆爲身謀，不顧國力與民患也。"帝曰："防捍兩河，何以供億？"光曰："併爲一則勞費自倍，分二流則費減半。今減北流財力之半，以備東流，不亦可乎？"帝曰："卿等至彼視之。"

時二股河東流及六分，鞏等因欲閉斷北流，帝意嚮之。光以爲須及八分乃可，仍待其自然，不可施功。王安石曰："光議事屢不合，今令視河，後必不從其議，是重使不安職也。"庚子，乃獨遣茂則。茂則奏："二股河東傾已及八分，北流止二分。"張鞏等亦奏："丙午，大河東徙，北流淺小。戊申，北流閉。"詔獎諭司馬光等，仍賜衣、帶、馬。

　　時北流既塞，而河自其南四十里許家港東決，汎濫大名、恩、德、滄、永靜五州軍境[1]。

　　三年二月，命茂則、鞏相度澶、滑州以下至東流河勢、隄防利害。時方濬御河，韓琦言："事有緩急，工有後先，今御河漕運通駛，未至有害，不宜減大河之役。"乃詔輟河夫卒三萬三千，專治東流。

[1] 熙寧二年（1069年）第二次回河東流失敗。

河　渠　二

（《宋史》卷九十二）

黄　河　中

熙寧四年七月辛卯，北京[1]新堤第四、第五埽決，漂溺館陶、永濟、清陽以北，遣茂則乘驛相視。八月，河溢澶州曹村，十月，溢衛州王供。時新堤凡六埽，而決者二，下屬恩、冀，貫御河，奔衝爲一。帝憂之，自秋迄冬，數遣使經營。是時，人爭言導河之利。茂則等謂："二股河地最下，而舊防可因，今堙塞者纔三十餘里，若度河之湍，浚而逆之，又存清水鎮河以析其勢，則悍者可回，決者可塞。"帝然之。

十二月，令河北轉運司開修二股河上流，并修塞第五埽決口。

五年二月甲寅，興役，四月丁卯，二股河成，深十一尺，廣四百尺。方浚河則稍障其決水，至是，水入于河，而決口亦塞。

六月，河溢北京夏津。閏七月辛卯，帝語執政："聞京東調夫修河，有壞產者，河北調急夫尤多；若河復決，奈何？且河決不過占一河之地，或西或東，若利害無所校，聽其所趨，如何？"王安石曰："北流不塞，占公私田至多，又水散漫，久復澱塞。昨修二股，費至少而公私田皆出。向之瀉鹵，俱爲沃壤，庸非利乎。況急夫已減於去歲，若復葺理堤防，則河北歲夫愈減矣。"

[1] 北京　北宋北京治今河北省大名縣，當時屬縣有元城、莘、內黃、成安、魏、館陶、臨清、宗城、夏律、清平、冠氏等。

六年四月，始置疏濬河司[1]。先是，有選人李公義者，獻鐵龍爪揚泥車法以濬河。其法：用鐵數斤爲爪形，以繩繫舟尾而沈之水，篙工急櫂，乘流相繼而下，一再過，水已深數尺。宦官黃懷信以爲可用，而患其太輕。王安石請令懷信、公義同增損，乃別制濬川杷。其法：以巨木長八尺，齒長二尺，列於木下如杷狀，以石壓之；兩旁繫大繩，兩端矴大船，相距八十步，各用滑車絞之，去來挽蕩泥沙，已又移船而濬。或潮水深則杷不能及底，雖數往來無益；水淺則齒礙沙泥，曳之不動，卒反齒向上而曳之。人皆知不可用，惟安石善其法，使懷信先試之以濬二股，又謀鑿直河數里以觀其效。且言於帝曰："開直河則水勢分。其不可開者，以近河，每開數尺即見水，不容施功爾。今第見水郎以杷濬之，水當隨杷改趨直河，苟置數千杷，則諸河淺澱，皆非所患，歲可省開濬之費幾百千萬[2]。"帝曰："果爾，甚善。聞河北小軍壘當起夫五千，計合境之丁，僅及此數，一夫至用錢八緡。故歐陽修嘗謂開河如放火，不開如失火，與其勞人，不如勿開。"安石曰："勞人以除害，所謂毒天下之民而從之者。"帝乃許春首興工，而賞懷信以度僧牒十五道，公義與堂除；以杷法下北京，令虞部員外郎、都大提舉大名府界金堤范子淵與通判、知縣共試驗之，皆言不可用。會子淵以事至京師，安石問其故，子淵意附會，遽曰："法誠善，第同官議不合耳。"安石大悅。至是，乃置濬河司，將自衛州濬至海口，差子淵都大提舉，公義為之屬。許不拘常制，舉使臣等；人船、木鐵、工匠，皆取之諸埽；官吏奉給視都水監丞司；行移與監司敵體。

當是時，北流閉已數年，水或橫決散漫，常虞壅遏。十月，外監丞王令圖獻議，於北京第四、第五埽等處開修直河，使大河還二股故道，乃命范子淵及朱仲立領其事。開直河，深八尺，又用杷疏濬二股及清水鎮河，凡退背魚肋河[3]則塞之。王安石乃盛言用杷之功，若不輟工，雖二股河上流，可使行地中。

〔1〕始置疏濬黄河司 《長編》卷二五二熙寧七年（1071年）四月"庚午，詔置疏浚黄河司，差虞部員外郎提舉大名府界金堤范子淵都大提舉疏浚黄河口，自衛州至海口。又以衛尉寺丞李公義為勾當公事。"《宋會要稿》亦作

熙寧七年（1071年）四月三日。此處繫年有誤。

〔2〕關于浚川杷的施工，《長編》卷二四八有詳細記載。

〔3〕退背魚肋河　主溜遠離堤防謂之退背。魚肋河係漢地串溝，形似魚肋。

七年，都水監丞劉璿言：“自開直河，閉魚肋，水勢增漲，行流湍急，漸塌河岸，而許家港、清水鎮河極淺漫，幾於不流。雖二股深快，而蒲泊已東，下至四界首，退出之田，略無固護，設遇漫水出岸，牽迴河頭，將復成水患。宜候霜降水落，閉清水鎮河，築縷河堤[1]一道以遏漲水，使大河復循故道。又退出良田數萬頃，俾民耕種。而博州界堂邑等退背七埽，歲減修護之費，公私兩濟。”從之。是秋，判大名文彥博[2]言：“河溢壞民田，多者六十村，户至萬七千，少者九村，户至四千六百，願蠲租税。”從之。又命都水詰官吏不以水災聞者。外都水監丞程昉以憂死。

十月，安石去位，吳充[3]爲相。

十年五月，滎澤河堤急，詔判都水監俞光[4]往治之。是歲七月，河復溢衛州王供及汲縣上下埽、懷州黃沁、滑州韓村；己丑，遂大決於澶州曹村，澶淵北流斷絶，河道南徙，東匯于梁山、張澤濼，分爲二派，一合南清河入于淮，一合北清河入于海，凡灌郡縣四十五，而濮、齊、鄆、徐尤甚，壞田逾三十萬頃。遣使修閉[5]。

八月，又決鄭州滎澤。於是文彥博言：“臣正月嘗奏：德州河底淤澱，泄水稽滯，上流必至壅遏。又河勢變移，四散漫流，兩岸俱被水患，若不預爲經制，必溢魏、博、恩、澶等州之境。而都水略無施設，止固護東流北岸而已。適累年河流低下，官吏希省費之賞，未嘗增修堤岸，大名諸埽，皆可憂虞。謂如曹村一埽，自熙寧八年至今三年，雖每計春料當培低怯，而有司未嘗如約，其埽兵又皆給他役，實在者十有七八[6]。今者果大決溢，此非天災，實人力不至也。臣前論此，并乞審擇水官。今河朔、京東州縣，人被患者莫知其数，嗸嗸籲天，上軫聖念，而水官不能自訟，猶汲汲希賞。臣前論所陳，出於至誠，本圖補報，非敢激訐也。”

〔1〕縷河堤　即臨河的縷堤。
〔2〕文彥博　字寬夫，汾州介休人。《宋史》卷三一三有傳。
〔3〕吳充　字沖卿，建州浦城人。《宋史》卷三一二有傳。
〔4〕俞光　似爲俞充之誤。俞充字公達，明州鄞縣人，“熙寧中爲都水丞……召判都水監”。《宋史》卷三三三有傳。
〔5〕其時蘇軾在徐州知府任上，對本次河決危害有詳細記述。參見《集注分類東坡詩》卷八《復河詩》和《欒城集》卷十七《黃樓賦》。
〔6〕參見《宋史・俞充傳》卷三三三。

元豐元年四月丙寅，決口塞，詔改曹村埽曰靈平。五月甲戌，新堤成，閉口斷流，河復歸北[1]。初議塞河也，故道堙而高，水不得下，議者欲自夏津縣東開簽河入董固以護舊河，袤七十里九十步；又自張村埽直東樂堤至鹿家莊古堤，袤五十里二百步。詔樞密都承旨韓縝[2]相視。縝言：“漲水衝刷新河，已成河道。河勢變移無常，雖開河就堤，及於河身刱立生堤，枉費功力。惟增修新河，乃能經久。”詔可。

十一月，都水監言：“自曹村決溢，諸埽無復儲蓄，乞給錢二十萬緡下諸路，以時市梢草封椿。”詔給十萬緡，非朝旨及埽岸危急，毋得擅用。

二年七月戊子，范子淵言：“因護黃河岸畢工，乞中分爲兩埽。”詔以廣武上、下埽爲名。

三年七月，澶州孫村、陳埽及大吳、小吳埽決。詔外監丞司速修閉。初，河決澶州也，北外監丞陳祐甫謂：“商胡決三十餘年，所行河道，填淤漸高，堤防歲增，未免泛濫。今當修者有三：商胡一也，橫壠二也，禹舊迹三也。然商胡、橫壠故道，地勢高平，土性疏惡，皆不可復，復亦不能持久。惟禹故瀆尚存，在大伾、太行之間，地卑而勢固。故祕閣校理李垂與今知深州孫民先皆有修復之議。望召民先同河北漕臣一員，自衛州王供埽按視，訖于海口。"從之。

四年四月，小吳埽復大決，自澶注入御河，恩州危甚。六月戊午，詔："東流已填淤不可復，將來更不修閉小吳決口，候見大河歸納，應合修立堤防，令李立之經畫以聞。"帝謂輔臣曰："河之爲患久矣，後世以事治水，故常有礙。夫水之趨下，乃其性也，以道治水，則無違其性可也。如能順水所向，遷徙城邑以避之，復有何患？雖神禹復生，不過如此。"輔臣皆曰："誠如聖訓。"河北東路提點刑獄劉定言："王莽河一徑水，自大名界下合大流注冀州，及臨清徐曲御河決口、恩州趙村壩子決口兩徑水，亦注冀州城東。若遂成河道，即大流難以西傾，全與李垂、孫民先所論遍背，望早經制。"詔送李立之。

八月壬午，立之言："臣自決口相視河流，至乾寧軍分入東西兩塘，次入界河，於劈地口入海，通流無阻，宜修立東西堤。"詔覆計之。而言者又請："自王供埽上添修南岸，於小吳口北創修遙堤，候將來礬山水下，決王供埽，使直河注東北，於滄州界或南或北，從故道入海。"不從。

九月庚子，立之又言："北京南樂、館陶、宗城、魏縣，淺口、永濟、延安鎮，瀛州景城鎮[3]，在大河兩堤之間，乞相度遷於堤外。"於是用其説，分立東西兩堤五十九埽。定三等向著：河勢正著堤身爲第一，河勢順流堤下爲第二，河離堤一里內爲第三。退背亦三等：堤去河最遠爲第一，次遠者爲第二，次近一里以上爲第三。立之在熙寧初已主立堤，今竟行其言。

〔1〕元豐曹村決口，位置在今河南濮陽西南，堵口過程詳見《皇朝文鑒·澶州靈津廟碑文》，又見《續資治通鑒長編》引司馬光《涑水紀聞》。參見周魁一《元豐黃河曹村堵口及其他》，載《水利學報》1985年1期。楊國順等人曾兩次考察曹村堵口現場遺存。對照文獻記載，古河道決口遺存之大型

沖坑、古河道一側殘存的堵口進佔小堤、上游北岸分減堵口流量之減水河等，指認決口位置在今濮陽縣西南焦二寨以東二三里間，當地至今保留有五個以凌平（靈平音轉）爲名的村莊。

〔2〕韓縝　字玉汝，《宋史》卷三一五有傳。

〔3〕據《元豐九域志》，南樂、館陶、宗城、魏縣均爲北京屬縣。淺口鎮屬館陶。永濟、延安鎮屬臨清。景城鎮屬瀛州樂壽縣。

　　五年正月己丑，詔立之："凡爲小吳決口所立堤防，可按視河勢向背應置埽處，毋虛設巡河官，毋橫費工料。"六月，河溢北京內黃埽。七月，決大吳埽堤，以紓靈平下埽危急。八月，河決鄭州原武埽，溢入利津、陽武溝、刀馬河，歸納梁山濼。詔曰："原武決口已引奪大河四分以上，不大治之，將貽朝廷巨憂。其輟修汴河堤岸司兵五千，并力築堤修閉。"都水復言："兩馬頭墊落，水面闊二十五步，天寒，乞候來春施工。"至臘月竟塞云。九月，河溢滄州南皮上、下埽，又溢清池埽，又溢永靜軍阜城下埽。十月辛亥，提舉汴河堤岸司言："洛口廣武埽大河水漲，塌岸，壞下牐斗門〔1〕，萬一入汴，人力無以枝梧。密邇都城，可不深慮。"詔都水監官速往護之。丙辰，廣武上、下埽危急，詔救護，尋獲安定。

　　七年七月，河溢元城埽，決橫堤，破北京。帥臣王拱辰〔2〕言："河水暴至，數十萬衆號叫求救，而錢穀稟轉運，常平歸提舉，軍器工匠隸提刑，埽岸物料兵卒即屬都水監，逐司在遠，無一得專，倉卒何以濟民？望許不拘常制。"詔："事干機速，奏覆牒稟所屬不及者，如所請。"戊申，命拯護陽武埽。

　　十月，冀州王令圖奏："大河行流散漫，河內殊無緊流，旋生灘磧。宜近澶州相視水勢，使還復故道。"會明年春，宮車晏駕。

　　大抵熙寧初，專欲導東流，閉北流。元豐以後，因河決而北，議者始欲復禹故迹。神宗愛惜民力，思順水性，而水官難其人。王安石力主程昉、范子淵，故二人尤以河事自任；帝雖藉其才，然每抑之。其後，元祐元年，子淵已改司農少卿，御史呂陶[3]劾其“修堤開河，糜費巨萬，護堤壓埽之人，溺死無數。元豐六年興役，至七年功用不成。乞行廢放。”於是黜知兗州，尋降知峽州。其制略曰：“汝以有限之材，興必不可成之役，驅無辜之民，置之必死之地。”中書舍人蘇軾詞也。

〔1〕壞下腷斗門　此下腷爲清汴通黃河渠段上的三座腷門。元豐二年（1079 年）清汴工程施工，“自汜水關北開河五百步，屬于黃河，上下置腷啓閉，以通黃、汴二河船筏”。參見《長編》卷二九七。

〔2〕王拱辰　字君貺，開封咸平人，時任大名府判官。《宋史》卷三一八有傳。

〔3〕呂陶　字元鈞，成都人。《宋史》卷三四六有傳。

八年三月，哲宗即位，宣仁聖烈皇后垂簾。河流雖北，而孫村低下，夏、秋霖雨，漲水往往東出。小吳之決既未塞，十月，又決大名之小張口，河北諸郡皆被水災。知澶州王令圖建議濬迎陽埽舊河，又於孫村金堤置約，復故道。本路轉運使范子奇[1]仍請於大吳北岸修進鋸牙，擗約河勢。於是回河東流之議起。

元祐元年二月乙丑，詔：“未得雨澤，權罷修河，放諸路兵夫。”九月丁丑，部祕書監張問相度河北水事。十月庚寅，又以王令圖領都水，同問行河。

十一月丙子，問言：“臣至滑州決口相視，迎陽埽至大、小吳，水勢低下，舊河淤仰，故道難復。請於南樂大名埽開直河并簽河，分引水勢入孫村口，以解北京向下水患。”令圖亦以爲然，於是減水河之議復起。既從之矣，會北京留守韓絳[2]奏引河近府非是，詔問別相視。

二年二月，令圖、問欲必行前說，朝廷又從之。三月，令圖死，以王孝先代領都水，亦請如令圖議。

　　右司諫王覿[3]言："河北人户轉徙者多，朝廷責郡縣以安集，空倉廩以振濟，又遣專使察視之，恩德厚矣。然耕耘是時，而流轉於道路者不已；二麥將熟，而寓食於四方者未還。其故何也，益亦治其本矣。今河之爲患三：泛濫渟潴，漫無涯涘，吞食民田，未見窮已，一也；緣邊漕運獨賴御河，今御河淤澱，轉輸艱梗，二也；塘泊[4]之設；以限南北，濁水所經，即爲平陸，三也。欲治三患，在遴擇都水、轉運而責成耳。今轉運使范子奇反覆求合，都水使者王孝先暗繆，望別擇人。"

　　時知樞密院事安燾[5]深以東流爲是，兩疏言："朝廷久議回河，獨憚勞費，不顧大患。蓋自小吳未決以前，河入海之地雖屢變移，而盡在中國；故京師恃以北限疆敵，景德澶淵之事可驗也。且河決每西，則河尾每北，河流既益西決，固已北抵境上。若復不止，則南岸遂屬遼界，彼必爲橋梁，守以州郡；如慶曆中因取河南熟户之地，遂築軍以窺河外，已然之效如此。蓋自河而南，地勢平衍，直抵京師，長慮却顧，可爲寒心。又朝廷捐東南之利，半以宿河北重兵，備預之意深矣。使敵能至河南，則邈不相及。今欲便於治河而緩於設險，非計也。"

〔1〕范子奇　字中濟，太原人。《宋史》卷二八八有傳。
〔2〕韓絳　字子華。《宋史》卷三一五有傳。
〔3〕王覿　字明叟，泰州如皋人。《宋史》卷三四四有傳。
〔4〕塘泊　參見《宋史·河渠五》。
〔5〕安燾　字厚卿，開封人。《宋史》卷三二八有傳。

　　王巖叟[1]亦言："朝廷知河流爲北道之患日深，故遣使命水官相視便利，欲順而導之，以拯一路生靈於墊溺，甚大惠也。然昔者專使未還，不知何疑而先罷議；專使反命，不知何所取信而遽復興。既敕都水使者總護役事，調兵起工，有定日矣，已而復罷。數十日間，變議者再三，何以示四方？今有大害七，不可不早爲計。北塞之所恃以爲險者在塘泊，黄河堙之，猝不可濬，浸失北塞險固之利，一也。横遏西山之水，不得順流而下，蹙溢於千里，使百萬生齒，居無廬，耕無田，流散而不復，二也。乾寧孤壘，危絶不足道，而大名、深、冀腹心郡縣，皆有終不自保之勢，三也。滄州扼北敵海道，自河不東流，滄州在河之南，直抵京師，無有限隔，四也。并吞御河，邊城失轉輸之便，五也。河北轉運司歲耗財用，陷租賦以百萬計，六也。六七月之間，河流交漲，占没西路，阻絶遼使，進退不能，兩朝以爲憂，七也。非此七害，委之可，緩而未治可也。且去歲之患，已甚前歲，今歲又甚焉，則奈何？望深詔執政大臣，早決河議而責成之。"太師文彦博、中書侍郎吕大防皆主其説。

中書舍人蘇轍[2]謂右僕射吕公著曰："河決而北，先帝不能回，而諸公欲回之，是自謂智勇勢力過先帝也。蓋因其舊而修其未備乎？"公著唯唯。於是三省奏："自河北決，恩、冀以下數州被患，至今未見開修的確利害，致妨興工。"乃詔河北轉運使、副，限兩月同水官講議聞奏。

十一月，講巖官皆言："令圖、問相度開河，取水入孫村口還復故道處，測量得流分尺寸，取引不過，其説難行。"十二月，張景先[3]復以問説爲善，果欲回河，惟北京已上、滑州而下爲宜，仍於孫村濬治橫河舊堤，止用逐埽人兵、物料，并年例客軍，春天漸爲之可也。朝延是其説。

〔1〕王巖叟　字彦霖，大名清平（今大河北大名東北一百八十里）人。《宋史》卷三四二有傳。

〔2〕蘇轍　字子由，眉州眉山（今四川眉山市）人。《宋史》卷三三九有傳。

〔3〕張景先時爲京東轉運判官。參見《長編》卷四〇七元祐二年（1087年）十二月庚辰條。

三年六月戊戌[1]，乃詔："黃河未復故道，終爲河北之患。王孝先等所議，已嘗興役，不可中罷，宜接續工料，向去決要回復故道。三省、樞密院速與商議施行。"右相范純仁[2]言："聖人有三寶：曰慈，曰儉，曰不敢爲天下先。蓋天下大勢惟人君所向，羣下競趨如川流山摧，小失其道，非一言一力可回，故居上者不可不謹也。今聖意已有所向而爲天下先矣。乞諭執政：前日降出文字，却且進入。免希合之臣，妄測聖意，輕舉大役。"尚書王存[3]等亦言："使大河決可東回，而北流遂斷，何惜勞民費財，以成經久之利。今孝先等自未有必然之論，但僥幸萬一，以冀成功，又預求免責，若遂聽之，將有噬臍之悔。乞望選公正近臣及忠實内侍，覆行按視，審度可否，興工未晚。"

〔1〕三年六月戊戌　《長編》卷四一五將哲宗詔、范純仁和王存等人言論繫于元祐三年（1088 年）十月戊戌修。
〔2〕范純仁　字堯夫，蘇州吳縣人。《宋史》卷三一四有傳。
〔3〕王存　字正仲，潤州丹陽人。《宋史》卷三四一有傳。

庚子，三省、樞密院奏事延和殿。文彥博、吕大防、安燾等謂："河不東，則失中國之險，爲契丹之利。"范純仁、王存、胡宗愈[1]則以虚費勞民爲憂。存謂："今公私財力困匱，惟朝廷未甚知者，賴先帝時封樁錢物[2]可用耳。外路往往空乏，奈何起数千萬物料、兵夫，圖不可必成之功？且御契丹得其道，則自景德至今八九十年，通好如一家，設險何與焉？不然，如石晉末耶律德光犯闕，豈無黃河爲阻[3]，況今河流未必便衝過北界耶？"太后曰："且熟議。"

明日，純仁又畫四不可之説，且曰："北流数年未爲大患，而議者恐失中國之利，先事回改；正如頃西夏本不爲邊患，而好事者以爲不取恐失機會，遂興靈武之師也[4]。臣聞孔子論爲政曰：'先有司。'今水官未嘗保明[5]，而先示決欲回河之旨，他日敗事，是使之得以藉口也。"

存、宗愈亦奏："昨親開德音，更令熟議。然累日猶有未同，或令建議者結罪任責。臣等本謂建議之人，思慮有所未逮，故乞差官覆按。若但使之結罪，彼所見不過如此，後或誤事，加罪何益。臣非不知河決北流，爲患非一。淤沿邊塘泊，斷御河漕運，失中國之險，遏西山之流。若能全回大河，使由孫村故道，豈非上下通願？但恐不能成功，爲患甚於今日。故欲選近臣按視：若孝先之説決可成，則積聚物料，接續興役；如不可爲，則令沿河踏行，自恩、魏以北，塘泊以南，別求可以疏導歸海去處，不必專主孫村。此亦三省共曾商量，望賜詳酌。"存又奏："自古惟有導河并塞河。導河者順水勢，自高導令就下；塞河者爲河堤決溢，修塞令入河身。不聞幹引大河令就高行流也。"於是收回戊戌詔書。

〔1〕胡宗愈　字完夫。《宋史》卷三一八有傳。
〔2〕封樁錢物　即内藏所儲錢物。每年國家財政結餘和額外上供均藏于此庫，用作軍旅、水旱災害等非常開支。參見葉夢得《石林燕語》卷三，王闢之《澠水燕談録》卷一，《宋史·食貨志·會計》卷一七九。
〔3〕此事在晋少帝開運四年（947年），參見《舊五代史》卷八五。
〔4〕此事在元豐四年（1081年），參見《宋史·夏國傳》卷四八五。
〔5〕保明　保証，担保，類似立軍令狀。《長編》作"結罪保明"。下文"結罪任資"也是類似的意思。

户部侍郎蘇轍、中書舍人曾肇[1]各三上疏。轍大略言：

黄河西流[2]，議復故道。事之經歲，役兵二萬，聚梢椿等物三十餘萬。方河朔災傷困弊，而興必不可成之功，吏民竊歎。今回河大議雖寢，然聞議者固執來歲開河分水之策。今小吳決口，入地已深，而孫村所開，丈尺有限，不獨不能回河，亦必不能分水。況黄河之性，急則通流，緩則淤澱，既無東西皆急之勢，安有兩河并行之理？縱使兩河并行，未免各立隄防，其費又倍矣。

今建議者其説有三,臣請折之:一曰御河湮滅,失饋運之利。昔大河在東,御河自懷、衞經北京,漸歷邊郡,饋運既便,商賈通行。自河西流,御河湮滅,失此大利,天實使然。今河自小吳北行,占壓御河故地,雖使自北京以南折而東行,則御河湮滅已一二百里,何由復見? 此御河之説不足聽也。二曰恩、冀以北,漲水爲害,公私損耗。臣聞河之所行,利害相半,蓋水來雖有敗田破税之害,其去亦有淤厚宿麥之利。況故道已退之地,桑麻千里,賦役全復,此漲水之説不足聽也。三曰河徙無常,萬一自契丹界入海,邊防失備。按河昔在東,自河以西郡縣,與契丹接境,無山河之限,邊臣建爲塘水,以捍契丹之衝。今河既西,則西山一帶,契丹可行之地無幾,邊防之利,不言可知。然議者尚恐河復北徙,則海口出契丹界中,造舟爲梁,便於南收。臣聞契丹之河,自北南注以入于海。蓋地形北高,河無北徙之道,而海口深浚,勢無徙移,此邊防之説不足聽也。

臣又聞謝卿材到闕,昌言:"黄河自小吳決口,乘高注北,水勢奔決[3],上流隄防無復決怒[4]之患。朝廷若以河事付臣,不役一夫,不費一金,十年保無河患。"大臣以其異己罷歸,而使王孝先、俞瑾、張景先三人重畫回河之計。蓋由元老大臣重於改過,故假契丹不測之憂,以取必於朝廷。雖已遣百禄等出按利害,然未敢保其不觀望風旨也。願亟回收買梢草指揮,來歲勿調開河役兵,使百禄[5]等明知聖意無所偏係,不至阿附以誤國計。

[1] 曾肇　字子開,建昌南豐(今江西南豐)人,《宋史》卷三一九有傳。

[2] 黄河西流　即北流河道,較之東流,河道偏西。

〔3〕水勢奔決　《長編》卷四一六元祐三年（1088 年）十一月甲辰條蘇
轍奏"奔決"作"奔快"。

〔4〕決怒　《長編》卷四一六作"決溢"。

〔5〕百禄　即范百禄，字子功，成都華陽（今四川成都市）人。《宋史》
卷三三七有傳。

肇之言曰："數年以來，河北、京東、淮南災傷，今歲河北并邊
稍熟，而近南州軍皆旱，京東西、淮南饑殍瘡痍。若來年雖未大興
河役，止令修治舊隄，開減水河，亦須調發丁夫。本路不足，則及
鄰路，鄰路不足，則及淮南，民力果何以堪？民力未堪，則雖有回
河之策，及梢草先具，將安施乎？"

會百禄等行視東西二河，亦以爲東流高仰，北流順下，決不可
回。即奏曰：

往者王令圖、張問欲開引水籤河，導水入孫村口還復散道。
議者疑焉，故置官設屬，使之講議。既開撅井筒，折量地形水
面尺寸高下[1]，顧臨[2]、王孝先、張景先、唐義問[3]、陳祐之
皆謂故道難復。而孝先獨叛其説，初乞先開減水河，俟行流通
快，新河勢緩，人工物料豐備，徐議閉塞北流。已而召赴都堂，
則又請以二年爲期。及朝廷詰其成功，遽云："來年取水入孫村
口，若河流順快，工料有備，便可閉塞，回復故道。"是又不竢
新河勢緩矣。回河事大，寧容異同如此！蓋孝先、俞瑾等知合
用物料五千餘萬，未有指擬，見買數計，經歲未及毫厘，度事
理終不可爲，故爲大言。

又云："若失此時，或河勢移背，豈獨不可減水，即永無回
河之理。"臣等竊謂河流轉徙，迺其常事；水性就下，固無一
定。若假以五年，休養數路民力，沿河積材，漸濬故道，葺舊
隄，一旦流勢改變，審議事理，釃爲二渠，分派行流，均減漲
水之害，則勞費不大，功力易施，安得謂之一失此時，永無回

河之理也？

四年正月癸未，百祿等使回入對，復言：“修減水河，役過兵夫六萬三千餘人，計五百三十萬工，費錢糧三十九萬二千九百餘貫、石、匹、兩，收買物料錢七十五萬三百餘緡，用過物料二百九十餘萬條、束，官員、使臣、軍大將凡一百一十餘員請給不預焉。願罷有害無利之役，那移工料，繕築西堤，以護南決口[4]。”未報。己亥，乃詔罷回河及修減水河。

〔1〕既開撅井筒折量地形水面尺寸高下 《長編》卷四二〇有記述。參見沈括《夢溪筆談》。

〔2〕顧臨 字子敦，會稽（今浙江紹興）人。《宋史》卷三四四有傳。

〔3〕唐義問 字士宣，江陵人。《宋史》卷三一六有傳。

〔4〕以護南決口 《長編》卷四二一辛卯日王存轉述作“以護南宮決口”。

四月戊午，尚書省言：“大河東流，為中國之要險。自大吳決後，由界河[1]入海，不惟淤壞塘濼，兼濁水入界河，向去淺澱，則河必北流。若河尾直注北界入海，則中國全失險阻之限，不可不為深慮。”詔范百祿、趙君錫[2]條畫以聞。

百祿等言：

臣等昨按行黃河獨流口至界河，又東至海口，熟觀河流形勢；并緣界河至海口鋪砦地分使臣各稱：界河未經黃河行流已前，闊一百五十步下至五十步，深一丈五尺下至一丈；自黃河行流之後，今闊至五百四十步，次亦三二百步，深者三丈五尺，次亦二丈。乃知水性就下，行疾則自刮除成空而稍深，與前漢書大司馬史張戎之論正合。

自元豐四年河出大吳，一向就下，衝入界河，行流勢如傾建。經今八年，不捨盡夜，衝刷界河，兩岸日漸開闊，連底成

空，趨海之勢甚迅。雖遇元豐七年八年、元祐元年泛漲非常，
而大吳以上數百里，終無決溢之害，此迺下流歸納處河流深快
之驗也。

塘濼有限遼之名，無禦遼之實。今之塘水，又異昔時，淺
足以褰裳而涉，深足以維舟而濟，冬寒冰堅，尤爲坦途。如滄
州等處，商胡之決即已澱淤，今四十二年，迄無邊警，亦無人
言以爲深憂。自回河之議起，首以此動煩聖聽。殊不思大吳初
決，水未有歸，猶不北去；今入海湍迅，界河益深，尚復何慮？
藉令有此，則中國據上游，契丹豈不慮乘流擾之乎？

自古朝那、蕭關、雲中、朔方、定襄、雁門、上郡、太原、
右北平之間，南北往來之衝，豈塘濼界河之足限哉。臣等竊謂
本朝以來，未有大河安流，合於禹迹，如此之利便者。其界河
向去只有深闊，加以朝夕海潮往來渲蕩，必無淺澱，河尾安得
直注北界，中國亦無全失險阻之理。且河遇平壤灘漫，行流稍
遲，則泥沙留淤；若趨深走下，湍激奔騰，惟有刮除，無由淤
積，不至上煩聖慮。

〔1〕界河　宋遼界河，約當今之大清河。參見《宋史·河渠五·塘濼》。
〔2〕趙君錫　字無愧，河南洛陽人。《宋史》卷二八七有傳。

七月己巳朔，冀州南宮等五埽危急，詔撥提舉修河司物料百萬
與之。甲午，都水監言：“河爲中國患久矣，自小吳決後，汎濫未著
河槽，前後遣官相度非一，終未有定論[1]。以爲北流無患，則前二
年河決南宮下埽，去三年決上埽，今四年決宗城中埽，豈是北流可
保無虞？以爲大河臥東，則南宮、宗城皆在西岸；以爲臥西，則冀
州信都、恩州清河、武邑或決，皆在東岸。要是大河千里[2]，未見
歸納經久之計，所以昨相度第三、第四鋪分決漲水，少紓目前之急。

繼又宗城決溢，向下包蓄不定，雖欲不爲東流之計，不可得也。河勢未可全奪，故爲二股之策。今相視新開第一口[3]，水勢湍猛，發泄不及，已不候工畢，更撥沙河[4]隈第二口泄減漲水，因而二股分行，以紓下流之患。雖未保冬夏常流，已見有可爲之勢。必欲經久，遂作二股，仍較今所修利害孰爲輕重，有司具析保明以聞。”

八月丁未，翰林學士蘇轍言：

夏秋之交，暑雨頻併。河流暴漲出岸，由孫村東行，蓋每歲常事。而李偉與河埽使臣因此張皇，以分水爲名，欲發回河之議，都水監從而和之。河事一興，求無不可，況大臣以其符合己説而樂聞乎。

臣聞河道西行孫村側左，大約入地二丈以來，今所報漲水出岸，由新開口地東入孫村，不過六七尺。欲因六七尺漲水，而奪入地二丈河身，雖三尺童子，知其難矣。然朝廷遂爲之遣都水使者，興兵功，開河道，進鋸牙，欲約之使東。方河水盛漲，其西行河道若不斷流，則遏之東行，實同兒戲

臣願急命有司，徐觀水勢所向，依累年漲水舊例，因其東溢，引入故道，以紓北京朝夕之憂。故道隈防壞決者，第略加修茸，免其決溢而已。至於開河、進約等事，一切毋得興功，俟河勢稍定然後議。不過一月，漲水既落，則西流之勢，決無移理。兼聞孫村出岸漲水，今已斷流，河上官吏未肯奏知耳。

是時，吳安持[5]與李偉力主東流，而謝卿材謂“近歲河流稍行地中，無可回之理”，上《河議》一編。召赴政事堂會議，大臣不以爲然。癸丑，三省、樞密院言：“繼日霖雨，河上之役，恐煩聖慮。”太后曰：“訪之外議，河水已東復故道矣。”

〔1〕終未有定論 《長編》卷四三〇在此句下有“蓋新河堤防與故道金堤殊絶，若”等字句。

〔2〕要是大河千里 《長編》卷四三〇“要”作“顯”。

〔3〕據《長編》卷四三○記載，本次視察由勾當公事李偉主持。

〔4〕沙河　據《元豐九域志》卷二冠氏縣（今河北省冠縣）和武城縣有沙河。安平縣有另一條沙河。

〔5〕吳安持　參見《宋史·吳充傳》卷三一二。

乙丑，李偉言：“已開撥北京南沙河直堤第三鋪，放水入孫村口故道通行。”又言：“大河已分流，即更不須開淘。因昨來一決之後，東流自是順快，渲刷漸成港道。見今已爲二股，約奪大河三分以來，若得夫二萬，於九月興工，至十月寒凍時可畢。因引導河勢，豈止爲二股通行而已，亦將遂爲回奪大河之計。今來既因擗拶東流，修全鋸牙，當迤邐增進埽，而取一埽之利，比至來年春、夏之交，遂可全復故道。朝廷今日當極力必閉北流，乃爲上策。若不明詔有司，即令回河，深恐上下遷延，議終不決，觀望之間，遂失機會。乞復置修河司。”從之。

五年正月丁亥，梁燾[1]言：“朝廷治河，東流北流，本無一偏之私。今東流未成，邊北之州縣未至受患，其役可緩；北流方悍，邊西之州縣，日夕可憂，其備宜急。今傾半天下之力，專事東流，而不加一夫一草於北流之上，得不誤國計乎！去年屢決之害，全由堤防無備。臣願嚴責水官，修治北流埽岸，使二方均被惻隱之恩。”

二月己亥，詔開修減水河。辛丑，乃詔三省、樞密院：“去冬愆雪，今未得雨，外路旱暵闊遠，宜權罷修河。”

戊申，蘇轍言：“臣去年使契丹，過河北，見州縣官吏，訪以河事，皆相視不敢正言。及今年正月，還自契丹，所過吏民，方舉手相慶，皆言近有朝旨罷回河大役，命下之日，北京之人，驩呼鼓舞。惟減水河役遷不止，耗蠹之事，十存四五，民間竊議，意大臣業已爲此，勢難遽回。既爲聖鑒所臨，要當迤邐盡罷。今月六日，果蒙聖旨，以旱災爲名，權罷修黃河，候今秋取旨。大臣覆奏盡罷黃河東、北流及諸河功役，民方憂旱，聞命踊躍，實荷聖恩。然臣竊詳聖旨，上合天意，下合民心。因水之性，功力易就，天語激切，中外聞者或至泣下，而大臣奉行，不得其平〔2〕。由此觀之，則是大臣所欲，雖害物而必行；陛下所爲，雖利民而不聽。至於委曲回避，巧爲之説，僅乃得行，君權已奪，圓勢倒植。臣所謂君臣之間，逆順之際，大爲不便者，此事是也。黃河既不可復回，則先罷修河司，只令河北轉運司盡將一道兵功，修貼北流堤岸；罷吳安持、李偉都水監差遣，正其欺罔之罪，使天下曉然知聖意所在。如此施行，不獨河事就緒，天下臣庶，自此不敢以虛誑欺朝廷，弊事庶幾漸去矣。"

〔1〕梁燾　字况之，鄆州須城（今山東東平）人。《宋史》卷三四二有傳。

〔2〕〔標點本原注〕而大臣奉行不得其平　《欒城集》卷四一《乞罷修河劄子》《長編》卷四三八都作"而大臣奉行不得其半"。

八月甲辰，提舉東流故道李偉言："大河自五月後日益暴漲，始由北京南沙堤第七鋪決口，水出於第三、第四鋪并清豐口一并東流。故道河槽深三丈至一丈以上，比去年尤爲深快，頗減北流橫溢之患。然今已秋深，水當減落，若不稍加措置，慮致斷絶，即東流遂成淤澱。望下所屬官司，經畫沙堤等口分水利害，免淤故道，上誤國事。"詔吳安持與本路監司、北外丞司及李偉按視，具合措置事速書以聞。

九月，中丞蘇轍言："修河司若不罷，李偉若不去，河水終不得順流，河朔生靈終不得安居。乞速罷修河司，及檢下六年四月庚子敕，竄責李偉。"

七年三月，以吏部郎中趙偁權河北轉運使。偁素與安持等議不協，嘗上河議，其略目："自頃有司回河幾三年，功費騷動半天下，復爲分水又四年矣。故所謂分水者，因河流、相地勢導而分之。今乃横截河流，置埽約以扼之，開潴河門，徒爲淵潭，其狀可見。況故道千里，其間又有高處，故累歲漲落輒復自斷。夫河流有逆順，地勢有高下，非朝廷可得而見，職在有司，朝廷任之亦信矣，患有司不自信耳。臣謂當繕大河北流兩堤，復修宗城棄堤，閉宗城口，廢上、下約，開闞村河門，使河流湍直，以成深道。聚三河工費以治河，一二年可以就緒，而河患庶幾息矣。願以河事并都水條例一付轉運司，而總以工部，罷外丞司使，措置歸一，則職事可舉，弊事可去。”

四月，詔：“南北外兩丞司管下河埽，今後令河北京西轉運使、副、判官、府界提點分認界至，内河北仍於銜内帶‘兼管南北外都水公事。’”

十月辛酉，以大河東流，賜都水使者吴安持三品服，北都水監丞李偉再任。

河　渠　三

（《宋史》卷九十三）

黄　河　下

　　元祐八年二月乙卯，三省奉旨："北流軟堰[1]，并依都水監所奏。"門下侍郎蘇轍奏："臣嘗以謂軟堰不可施於北流，利害甚明。蓋東流本人力所開，闊止百餘步，冬月河流斷絕，故軟堰可爲。今北流是大河正溜，比之東流，何止數倍，見今河水行流不絕，軟堰何由能立？蓋水官之意，欲以軟堰爲名，實作硬堰[2]，陰爲回河之計耳。朝廷既已覺其意，則軟堰之請，不宜復從。"趙偁亦上議曰："臣竊謂河事大，利害有三，而言者互進其説，或見近忘遠，徼倖盜功，或取此捨彼，讜張昧理。遂使大利不明，大害不去，上惑朝聽，下滋民患，橫役枉費，殆無窮已，臣切痛之。所謂大利害者：北流全河，患水不能分也；東流分水，患水不能行也；宗城河決，患水不能閉也。是三者，去其患則爲利，未能去則爲害。今不謀此，而議欲專閉北流，止知一日可閉之利，而不知異日既塞之患，止知北流伏槽之水易爲力，而不知闞村方漲之勢，未可併以入東流也。夫欲合河以爲利，而不恤上下壅潰之害，是皆見近忘遠，徼倖盜功之事也。有司欲斷北流而不執其咎，乃引分水爲説，姑爲軟堰；知河衝之不可以軟堰禦，則又爲決堰之計。臣恐枉有工費，而以河爲戲也。請俟漲水伏槽，觀大河之勢，以治東流、北流。"

　　五月，水官卒請進梁村上、下約，束狹河門。既涉漲水，遂壅而潰。南犯德清，西決内黃，東淤梁村，北出闞村，宗城決口復行魏店，北流因淤遂斷，河水四出，壞東郡浮梁。十二月丙寅，監察御史郭知章[3]言："臣比緣使事至河北，自澶州入北京，渡孫村口，見水趨東者，河甚闊而深；又自北京往洺州，過楊家淺口復渡，見水之趨北者，纔十之二三，然後知大河宜閉北行東。乞下都水監相度。”於是吳安持復兼領都水，即建言：“近準朝旨，已堰斷魏店刺子，向下北流一枝斷絕。然東西未有堤岸，若漲水稍大，必披灘漫出，則平流在北京、恩州界，爲害愈甚。乞塞梁村口，縷張包口，開青豐口以東鷄爪河[4]，分殺水勢。”呂大防以其與己意合，向之。詔同北京留守相視。

〔1〕軟堰　用草埽構築的擋水建築物；此處用于堵口截流。
〔2〕硬堰　埽工建成後加築土石成堰，成爲永久性擋水建築物。
〔3〕郭知章　字明叔，吉州龍泉（今江西省遂川縣）人，《宋史》卷三五五有傳。
〔4〕鷄爪河　即後代的川字河。在分水河道上人工預挖數條引水河溝，分流以后，便于河水自行冲深，形成河床。

時范純仁復爲右相，與蘇轍力以爲不可。遂降旨：“令都水監與本路安撫、轉運、提刑司共議，可則行之，有異議速以聞。”紹聖元年正月也。是時，轉運使趙偁深不以爲然，提刑上官均[1]頗助之。偁之言曰：“河自孟津初行平地，必須全流，乃成河道。禹之治水，自冀北抵滄、棣，始播爲九河，以其近海無患也。今河自橫壟、六塔、商胡、小吳，百年之間，皆從西決，蓋河徙之常勢。而有司置埽創約，橫截河流，回河不成，因爲分水。初決南宮，再決宗城，三決內黃，亦皆西決，則地勢西下，較然可見。今欲弭息河患，而逆地勢，戾水性，臣未見其能就功也。請開闞村河門，修平鄉鉅鹿埽、焦家等堤，濬澶淵故道，以備漲水。”大名安撫使許將[2]言：“度今之利，若舍故道，止從北流，則慮河下已湮，而上流橫潰，爲害益廣。若直閉北流，東徙故道，則復受水不盡，而破隄爲患。竊謂宜因梁村之口以行東，因內黃之口以行北，而盡閉諸口，以絕大名諸州之患。俟春夏水大至，乃觀故道，足以受之，則內黃之口可塞；不足以受之，則梁村之役可止。定其成議，則民心固而河之順復有時，可以保其無害。"詔："令吳安持同都水監丞鄭佑，與本路安撫、轉運、提刑司官，具圖、狀保明聞奏，即有未便，亦具利害來上。"

三月癸酉，監察御史郭知章言："河復故道，水之趨東，已不可遏。近日遣使按視，逐司議論未一。臣謂水官朝夕從事河上，望專委之。"乙亥，呂大防罷相。

〔1〕上官均　字彥衡，（福建）邵武人。《宋史》卷三五五有傳。
〔2〕許將　字冲元，福州閩縣（今福建省福州市）人。《宋史》卷三四三有傳。

六月，右正言張商英[1]奏言："元豐間河決南宮口，講議累年，先帝歎曰：'神禹復生，不能回此河矣。'乃勅自今後不得復議回河閉口，蓋采用漢人之論，俟其泛濫自定也[2]。元祐初，文彥博、呂大防以前勑非是，拔吳安持爲都水使者，委以東流之事。京東、河北五百里內差夫，五百里外出錢雇夫，及支借常平倉司錢買梢草，斬伐榆柳。凡八年而無尺寸之效，乃遷安持太僕卿，王宗望[3]代之。宗望至，則劉奉世[4]猶以彥博、大防餘意，力主東流，以梁村口吞納大河。今則梁村口淤澱，而開沙堤兩處決口以泄水矣。前議累七十里堤以障北流。今則云俟霜降水落興工矣。朝廷咫尺，不應九年爲水官蔽欺如此。九年之內，年年巒山水漲，霜降水落，豈獨今年始有漲水，而待水落乃可以興工耶？乞遣使按驗虛實，取索回河以來公私費錢糧、梢草，依仁宗朝六塔河施行。"

會七月辛丑，廣武埽危急，詔王宗望亟往救護。壬寅，帝謂輔臣曰："廣武去洛河不遠，須防漲溢下灌京師，已遣中使視之。"輔臣出圖、狀以奏曰："此由黃河北岸生灘，水趨南岸。今雨止，河必減落，已下水官，與洛口官同行按視，爲簽堤及去北岸嫩灘，令河順直，則無患矣。”

〔1〕張商英　字天覺，蜀州新津人。《宋史》卷三五一有傳。

〔2〕蓋采用漢人之論俟其泛濫自定也　指賈讓上策。又東漢明帝轉述當時人的議論：“左堤强則右堤傷，左右俱强則下方傷，宜任水勢所之，使人隨高而處，公家息壅塞之費，百姓無陷溺之患。”參見《後漢書·明帝紀》卷二。

〔3〕王宗望　字磻叟，光州固始人。《宋史》卷三三〇有傳。

〔4〕劉奉世　字仲馮，臨江新喻（今江西省新余縣）人。《宋史》卷三一九有傳。

八月丙子，權工部侍郎吴安持等言：“廣武埽危急，刷塌堤身二千餘步處，地形稍高。自鞏縣東七里店至見今洛口，約不滿十里，可以别開新河，引導河水近南行流，地步至少，用功甚微。王宗望行視并開井筒[1]，各稱利便外，其南築大堤，工力浩大，乞下合屬官司，躬往相度保明。”從之。

十月丁酉，王宗望言：“大河自元豐潰決以來，東、北兩流，利害極大，頻年紛爭，國論不決，水官無所適從。伏自奉詔凡九月，上稟成算，自闞村下至栲栳堤七節河門，并皆閉塞。築金堤七十里，盡障北流，使全河東還故道，以除河患。又自闞村下至海口，補築新舊堤防，增修疏濬河道之淤淺者，雖盛夏漲潦，不至壅決。望付史官，紀紹聖以來聖明獨斷，致此成績。”詔宗望等具析修閉北流部役官等功力等第以聞[2]。然是時東流堤防未及繕固，瀕河多被水患，流民入京師，往往泊御廊及僧舍。詔給券，諭令還本土，以就振濟。

已酉，安持又言：“準朝旨相度開濬澶州故道，分减漲水。按澶州本是河行舊道，頃年曾乞開修，時以東西地形高仰，未可興工。欲乞且行疏導燕家河，仍令所屬先次計度合增修一十一埽所用工料。”詔：“令都水監候來年將及漲水月分，先具利害以聞。”

　　癸丑，三省、樞密院言："元豐八年，知澶州王令圖議，乞修復大河故道。元祐四年，都水使者吳安持，因紓南宮等埽危急，遂就孫村口爲回河之策。及梁村進約東流，孫村口窄狹，德清軍等處皆被水患。今春，王宗望等雖於内黄下埽閉斷北流，然至漲水之時，猶有三分水勢，而上流諸埽已多危急，下至將陵埽決，壞民田。近又據宗望等奏，大河自閉塞闞村而下，及創築新堤七十餘里，盡閉北流，全河之水，東還故道。今訪聞東流向下，地形已高，水行不快。既閉斷北流，將來盛夏，大河漲水全歸故道，不惟舊堤損缺怯薄，而闞村新堤，亦恐未易枝梧。兼京城上流諸處埽岸，慮有壅滯衝決之患，不可不豫爲經畫。"詔："權工部侍郎吳安持、都水使者王宗望、監丞鄭佑同北外監丞司，自闞村而下直至海口，逐一相視，增修疏濬，不致壅滯衝決。"

　　〔1〕井筒　古代測量地形高程的一種方法，即沿測線開挖一係列水面相通的水坑，并據以比較地面高程及共沿程變化。沈括《夢溪筆談》卷二五《雜志》二記載汴渠地形測量方法，"汴渠堤外皆是出土故溝水，令相通，時爲一堰節其水，候水平……乃量堰之上下水面，相高之數，會之，乃得地勢高下之實"。就是類似的方法。

　　〔2〕紹聖元年（1094 年），北宋第三次大規模人工回河東流。五年後（元符二年，1099 年）河復決内黄口北流。

　　丙辰，張商英又言："今年已閉北流，都水監長貳交章稱賀，或乞付史官，則是河水已歸故道，止宜修緝堤埽，防將來衝決而已。近聞王宗望、李仲却欲開澶州故道以分水，吳安持乞候漲水前相度。緣開澶州故道，若不與今東流底平，則縈經水落，立見淤塞。若與底平，則從初自合閉口回河，何用九年費財動衆？安持稱候漲水相度，乃是悠悠之談。前來漲水并今來漲水，各至澶州、德清軍界，安持首尾九年，豈得不見。更欲延至明年，乃是狡兔三穴，自爲潛身之計，非公心爲國事也。況立春漸近調夫，如是時不早定議，又留後説，邦財民力，何以支持？訪聞先朝水官孫民先、元祐六年水官賈種民各有《河議》，乞取索照會。召前後本路監司及經歷河事之人，與水官詣都堂反覆詰難，務取至當，經久可行，定議歸一，庶免以有限之財，事無涯之功。”

二年七月戊午，詔：“沿黃河州軍，河防決溢，并即申奏。”

元符二年二月乙亥，北外都水丞李偉言：“相度天小河門，乘此水勢衰弱，并先修閉，各立蛾眉埽[1]鎮壓。乞次於河北、京東兩路差正夫三萬人，其他夫數，令修河官和雇。”三月丁巳，偉又乞於澶州之南大河身内，開小河一道，以待漲水，紓解大吳口下注北京一帶向著之患。”并從之。

六月末，河決内黃口，東流遂斷絕。八月甲戌，詔：“大河水勢十分北流，其以河事付轉運司，責州縣共力救護隄岸。”辛丑，左司諫王祖道[2]請正吳安持、鄭佑、李仲、李偉之罪，投之遠方，以明先帝北流之志。詔可。

〔1〕 蛾眉埽　形狀細長如蛾眉的埽工
〔2〕 王祖道　字若愚，福州人。《宋史》卷三四八有傳。

三年正月己卯，徽宗即位。鄭佑、吳安持輩皆用登極大赦，次第牽復。中書舍人張商英繳奏：“佑等昨主回河，皆違神宗北流之意。”不聽。商英又嘗論水官非其人，治河當行其所無事，一用堤障，猶塞兒口止其啼也。三月，乃以商英爲龍圖閣待制、河北都轉運使兼專功提舉河事。商英復陳五事：一曰行古沙河口；二曰復平恩四埽；三曰引大河自古漳河[1]、浮河[2]入海；四曰築御河西堤，而開東堤之積；五曰開木門口，泄徒駭河[3]東流。大要欲隨地勢疏濬入海。會四月，河決蘇村[4]。七月，詔：“商英毋治河，止厘本職，其因河事差辟官吏[5]并罷。"復置北外都水丞司。

　　[1] 古漳河　李吉甫《元和郡縣圖志》記載，在魏縣（今河北省大名市西南）西北十里有舊漳河，在魏縣西北二十里有新漳河。此外，宗城縣（今河北威縣東）、漳南縣（今河北省故城縣南）、長河縣（今山東省德州市東）均有漳河經行。

　　[2] 浮河　據《元豐九域志》記載，在鹽山縣（今河北省鹽山縣西南）有浮水。

　　[3] 徒駭河　據《元豐九域志》記載，在樂壽縣（今河北省獻縣）和清池縣（今河北省滄州市東南）有徒駭河。

　　[4] 蘇村　險工名，位于通利軍（治黎陽縣，今河南浚縣東北）。

　　[5] 差辟官吏　差辟又稱辟差、奏舉，各路安撫司、轉運司、知州等依法薦用官員。

　　建中靖國元年春，尚書省言："自去夏蘇村漲水，後來全河漫流，今已淤高三四尺，宜立西堤。"詔都水使者魯君貺同北外丞司經度之。於是左正言任伯雨[1]奏：

　　　　河爲中國患，二千歲矣。自古竭天下之力以事河者，莫如本朝。而徇衆人偏見，欲屈大河之勢以從人者，莫甚於近世。臣不敢遠引，祇如元祐末年，小吳決溢，議者乃譎謀異計，欲立奇功，以邀厚賞。不顧地勢，不念民力，不惜國用，力建東流之議。當洪流中，立馬頭，設鋸齒[2]，梢芻材木，耗費百倍。力遏水勢，使之東注，陵虛駕空，非特行地上而已。增堤益防，惴惴恐決，澄沙淤泥，久益高仰，一旦決潰，又復北流。此非堤防之不固，亦理勢之必至也。

　　　　昔禹之治水，不獨行其所無事，亦未嘗不因其變以導之。蓋河流混濁，泥沙相半，流行既久，迤邐淤澱，則久而必決者，勢不能變也。或北而東，或東而北，亦安可以人力制哉！

　　　　爲今之策，正宜因其所向，寬立堤防，約欄水勢，使不至大段漫流。若恐北流淤澱塘泊，亦祇宜因塘堤之岸，增設堤防，乃爲長策。風聞近日，又有議者獻東流之計。不獨比年災傷，居民流散，公私匱竭，百無一有，事勢窘急，固不可爲；抑亦自高注下，湍流奔猛，潰決未久，勢不可改。設若興工，公私徒耗，殆非利民之舉，實自困之道也。

崇寧三年十月，臣僚言：“昨奉詔措置大河，即由西路歷沿邊州軍，回至武强縣，循河堤至深州，又北[3]下衡水縣，乃達于冀。又北渡河過遠來鎮[4]，及分遣屬僚相視恩州之北河流次第。大抵水性無有不下，引之就高，決不可得。況西山積水，勢必欲下，各因其勢而順導之，則無壅遏之患。”詔開修直河，以殺水勢。

〔1〕任伯雨　字德翁，眉州眉山人。《宋史》卷三四五有傳。
〔2〕鋸齒　即鋸牙，并列的多座小型挑水壩。
〔3〕又北　以地理位置推測“北”似應爲“南”。
〔4〕遠來鎮　據《元豐九域志·冀州·信都》，遠來鎮應爲來遠鎮。

四年二月，工部言：“乞修蘇村等處運粮河堤爲正堤[1]，以支漲水，較修棄堤[2]直堤[3]，可減工四十四萬，料七十一萬有奇。”從之。閏二月，尚書省言：“大河北流，合西山諸水，在深州武强、瀛州樂壽埽，俯瞰雄、霸、莫州及沿邊塘濼，萬一決溢，爲害甚大。”詔增二埽堤及儲蓄，以備漲水。是歲，大河安流。

五年二月，詔滑州繫浮橋於北岸，仍築城壘，置官兵守護之。八月，葺陽武副堤[4]。

大觀元年二月，詔於陽武上埽第五鋪開修直河[5]至第十五鋪，以分減水勢。有司言：“河身當長三千四百四十步，面闊八十尺，底闊五丈，深七尺，計役十萬七千餘工，用人夫三千五百八十二，凡一月畢。”從之。十二月，工部員外郎趙霆言：“南北兩丞司合開直河者，凡爲里八十有七，用緡錢八九萬。異時成功，可免河防之憂，而省久遠之費。"詔從之。

[1] 正堤　此處黃河的主要堤防。
[2] 棄堤　此河段裁彎取直後廢棄的堤防。
[3] 直堤　裁彎取直後新河段的堤防。
[4] 副堤　此處黃河的輔助性堤防。
[5] 直河　裁彎取直後的新河段。

二年五月，霆上免夫之議，大略謂："黃河調發人夫修築埽岸，每歲春首，騷動數路，常至敗家破產。今春滑州魚池埽合起夫役，嘗令送免夫之直，用以買土，增貼埽岸，比之調夫，反有贏餘。乞詔有司，應堤埽合調春夫，并依此例，立為永法[1]。"詔曰："河防夫工，歲役十萬，濱河之民，困於調發。可上戶出錢免夫，下戶出力充役，其相度條畫以聞。丙申，邢州言河決[2]，陷鉅鹿縣。詔遷縣於高地。又以趙州隆平下濕，亦遷之。

六月己卯，都水使者吳玠言："自元豐間小吳口決，北流入御河，下合西山諸水，至清州獨流砦三叉口入海。雖深得保固形勝之策，而歲月寖久，侵犯塘堤，衝壞道路，齧損城砦。臣奉詔修治隄防，禦捍漲溢。然築八尺之堤，當九河之尾，恐不能敵。若不遇有損缺，逐旋增修，即又至隳壞，使與塘水相通，於邊防非計也。乞降旨修葺。"從之。庚寅，冀州河溢[3]，壞信都、南宮兩縣。

三年八月，詔沈純誠開撩免源河。免源在廣武埽對岸，分減埽下漲水也。

政和四年十一月，都水使者孟昌齡言："今歲夏秋漲水，河流上下并行中道，滑州浮橋不勞解拆，大省歲費。"詔許稱賀，官吏推恩有差。昌齡又獻議導河大伾，可置永遠浮橋，謂："河流自大伾之東而來，直大伾山西，而止數里，方回南，東轉而過，復折北而東，則又直至大伾山之東，亦止不過十里耳。視地形水勢，東西相直徑易，曾不十餘里間，且地勢低下，可以成河，倚山可爲馬頭；又有中潬，正如河陽。若引使穿大伾大山及東北二小山，分爲兩股而過，合於下流，因是三山爲趾，以繫浮梁，省費數十百倍，可寬河朔諸路之役。”朝廷喜而從之。

五年，置提舉修繫永橋所。六月癸丑，降德音于河北、京東、京西路，其略曰：“鑿山醴渠，循九河既道之迹；爲梁跨趾，成萬世永賴之功。役不踰時，慮無愆素。人絶往來之阻，地無南北之殊。靈祇懷柔，黎庶呼舞。眷言朔野，爰暨近畿，畚鍤繁興，薪蒭轉徙，民亦勞止，朕甚憫之。宜推在宥之恩，仍廣蠲除之惠。應開河官吏，令提舉所具功力等第聞奏。”又詔：“居山至大伾山浮橋屬濬州者，賜名天成橋；大伾山至汶子山浮橋屬滑州者，賜名榮光橋。”俄改榮光曰聖功。七月庚辰，御製橋名，磨崖以刻之。方河之開也，水流雖通，然湍激猛暴，遇山稍隘，往往泛溢，近寨民夫多被漂溺，因亦及通利軍，其後遂注成巨瀦云。是月，昌齡遷工部侍郎。

八月己亥，都水監言：“大河以就三山通流，正在通利之東，慮水溢爲患。乞移軍城於大伾山、居山之間，以就高仰。”從之。十月丁巳，中書省言冀州棗强埽決，知州辛昌宗武臣，不諳河事，詔以王仲元代之。

〔1〕關于修河役的徵調，《宋史·食貨志·和糴》卷一七五記載；“初，黄河歲調夫修築埽岸，其不即役者輸免夫錢。熙（寧）、（元）豐間，淮南科黄河夫，夫錢十千，富户有及六十夫者，劉誼蓋嘗論之。及元祐中，呂大方等主回河之議，力役既大，因配夫出錢。大觀中，修滑州魚池埽，始盡令輸錢。帝謂事易集而民不煩，乃詔凡河隄合調春夫，盡輸免夫之直，定爲永法。”

〔2〕丙申邢州言河決 《宋史·徽宗紀》卷二十作“八月辛巳，邢州河水溢，壞民廬舍，復被水者家”。《宋史·五行志》卷六二作“二年秋，黄河決，陷没邢州鉅鹿縣”。

〔3〕庚寅冀州河溢 《宋史·徽宗紀》卷二十作大觀三年六月“庚寅冀州河水溢”。《五行志》未記此事。此事似應繫于三年。

　　十一月丙寅，都水使者孟揆言："大河連經漲淤，灘面已高，致河流傾側東岸。今若修閉棗強上埽決口，其費不資，兼冬深難施人力；縱使極力修閉，東堤上下二百餘里，必須盡行增築，與水爭力，未能全免決溢之患。今漫水行流，多鹹鹵及積水之地，又不犯州軍，止經數縣地分，迤邐纏御河歸納黃河。欲自決口上恩州之地水堤爲始，增補舊堤，接續御河東岸，簽合大河。"從之。乙亥，臣僚言："禹跡湮没於數千載之遠，陛下神智獨運，一旦興復，導河三山。長堤盤固，橫截巨浸，依山爲梁，天造地設。威示南北，度越前古，歲無解繫之費，人無病涉之患。大功既成，願申飭有司，以日繼月，視水向著，隨爲隄防，益加增固，每遇漲水，水官、漕臣不輟巡視。"詔付昌齡。

　　六年四月辛卯，高陽關路安撫使吳玠言冀州棗強縣黃河清，詔許稱賀。七月戊午，太師蔡京[1]請名三山橋銘閣曰纘禹繼文之閣，門曰銘功之門。十月辛卯，蔡京等言："冀州河清，乞拜表稱賀。"

　　七年五月丁巳，臣僚言："恩州寧化鎮大河之側，地勢低下，正當灣流衝激之處。歲久堤岸怯薄，沁水透堤甚多，近鎮居民例皆移避。方秋夏之交，時雨霈然，一失堤防，則不惟東流莫測所向，一隅生靈所係甚大，亦恐妨阻大名、河間諸州往來邊路。乞付有司，貼築固護。"從之。六月癸酉，都水使者孟揚言："舊河陽南北兩河分流，立中潬，繫浮梁。頃緣北河淤澱，水不通行，止於南河修繫一橋。因此河項窄狹，水勢衝激，每遇漲水，多致損壞。欲措置開修北河，如舊修繫南北兩橋。"從之。九月丁未，詔揚專一措置，而令河陽守臣王序營辦錢糧，督其工料。

　　重和元年三月己亥，詔："滑州、濬州界萬年堤，全藉林木固護堤岸，其廣行種植，以壯地勢。"五月甲辰，詔"孟州河陽縣第一埽，自春以來，河勢湍猛，侵齧民田，迫近州城止二三里。其令都水使者同漕臣、河陽守臣措置固護。"是秋雨，廣武埽危急，詔內侍王仍相度措置。

宣和元年九月辛未，蔡京等言："南丞管下三十五埽，今歲漲水之後，岸下一例生灘，河行中道，實由聖德昭格，神祇順助。望宣付史館。"詔送秘書省。十二月，開修兔源河并直河畢工，降詔獎諭。

二年九月己卯，王黼言："昨孟昌齡計議河事，至滑州韓村埽檢視，河流衝至寸金潭，其勢就下，未易禦遏。近降詔旨，令就畫定港灣，對開直河。方議開鑿，忽自成直河一道，寸金潭下，水即安流，在役之人，聚首仰嘆。乞付史館，仍帥百官表賀。"從之。

〔1〕蔡京　字元長，興化仙游人。《宋史》卷四七二有傳。

三年六月，河溢冀州信都。十一月，河決清河埽[1]。是歲，水壞天成、聖功橋，官吏行罰有差。

四年四月壬子，都水使者孟揚言："奉詔修繫三山東橋，凡役工十五萬七千八百，今累經漲水無虞。"詔因橋壞失職降秩者，俱復之，揚自正議大夫轉正奉大夫。

七年，欽宗即位。靖康元年二月乙卯，御史中丞許翰[2]言："保和殿大學士孟昌齡、延康殿學士孟揚、龍圖閣直學士孟揆，父子相繼領職二十年，過惡山積。妄設堤防之功，多張梢樁之數，窮竭民力；聚斂金帛。交結權要，內侍王仍爲之奧主，超付名位，不知紀極。大河浮橋，歲一造舟，京西之民，猶憚其役。而昌齡首建三山之策，回大河之勢，頓取百年浮橋之費，僅爲數歲行路之觀。漂沒生靈，無慮萬計，近輔郡縣，蕭然破殘。所辟官吏，計金叙績，富商大賈，爭注名牒，身不在公，遙分爵賞。每興一役，乾沒無數，省部御史，莫能鉤考。陛下方將澄清朝著，建立事功，不先誅竄昌齡父子，無以昭示天下。望籍其姦贓，以正典刑。"詔并落職：昌齡在外宫觀，揚依舊權領都水監職事，撥候措置橋船畢取旨。翰復請鈎考簿書，發其姦贓。乃詔：昌齡與中大夫，揚、撥與中奉大夫。三月丁丑，京西轉運司言："本路歲科河防夫三萬，溝河夫一萬八千。緣連年不稔，群盜刦掠，民力困弊，乞量數減放。"詔減八千人。

〔1〕十一月河決清河埽 《宋史·徽宗紀》卷二二作"六月，河決恩州清河埽"。

〔2〕許翰 字崧老，拱州襄邑（今河南睢縣）人。《宋史》卷三六有傳。

汴 河 上[1]

汴河[2]，自隋大業初，疏通濟渠，引黃河通淮，至唐，改名廣濟。宋都大梁，以孟州河陰縣南爲汴首受黃河之口，屬于淮、泗。每歲自春及冬，常於河口均調水勢，止深六尺，以通行重載爲準。歲漕江、淮、湖、浙米數百萬，及至東南之産，百物衆寶，不可勝計。又下西山之薪炭，以輸京師之粟，以振河北之急，內外仰給焉。故於諸水，莫此爲重。其淺深有度，置官以司之，都水監總察之。然大河向背不常，故河口歲易；易則度地形，相水勢，爲口以逆之。遇春首輒調數州之民，勞費不貲，役者多溺死。吏又并緣侵漁，而京師常有決溢之虞[3]。

〔1〕本題由注釋者所加。

〔2〕汴河 古代以汴爲名的河道共兩條：《後漢書》所指汴渠與《水經注》所述汳水爲同一條運河，自今鄭州西北黃河引水，經今開封、民權南、商丘北、碭山北、蕭縣南，至徐州入泗水，是當時黃淮間航運的主要通道之一。隋開運河之後，該渠的作用被代替，但仍能通航，稱古汴水。隋開通濟渠，唐宋稱汴渠或汴河，是南北大運河中最重要的一段，其引水與運河的首段

與古汴水同，至開封後，較古汴水向南偏離，經今杞縣北、睢縣南、寧陵南、商丘南、永城南、宿縣南、靈璧南、泗縣南、泗洪西南，經今洪澤湖區，至泗州（今江蘇盱眙淮河對岸）入淮。本志所指爲後者。

〔3〕黄河水量變化大，泥沙多，河勢複雜，因此，汴河引水流量的控制較爲困難，一旦引水過多，會直接影響都城開封的防洪安全。

太祖建隆二年春，導索水自旃然，與須水合入于汴。

三年十月，詔："緣汴河州縣長吏，常以春首課民夾岸植榆柳，以固堤防。"

太宗太平興國二年七月，開封府言："汴水溢壞開封大寧堤，浸民田，害稼。"詔發懷、孟丁夫三千五百人塞之。

三年正月，發軍士千人復汴口。六月，宋州言："寧陵縣河溢，堤決。"詔發宋、亳丁夫四千五百人，分遣使臣護役。

四年八月，又決于宋城縣，以本州諸縣人夫三千五百人塞之。

淳化二年六月，汴水決浚儀縣。帝乘步輦出乾元門，宰相、樞密迎謁。帝曰："東京養甲兵數十萬，居人百萬家，天下轉漕，仰給在此一渠水，朕安得不顧。"車駕入泥淖中，行百餘步，從臣震恐。殿前都指揮使戴興[1]叩頭懇請回馭，遂捧輦出泥淖中。詔興督步卒數千塞之。日未旰[2]，水勢遂定。帝始就次，太官進膳。親王近臣皆泥濘沾衣。知縣宋炎亡匿不敢出，特赦其罪。是月，汴又決于宋城縣，發近縣丁夫二千人塞之。

〔1〕戴興　開封雍邱（今河南省杞縣）人。《宋史》卷二七九有傳。
〔2〕旰　音 gàn，意爲晚。

至道元年九月，帝以汴河歲運江、淮米五七百萬斛，以濟京師，問侍臣汴水疏鑿之由，令參知政事張洎[1]講求其事以聞。其言曰：

禹導河自積石至龍門，南至華陰，東至砥柱；又東至于孟津，東過洛汭，至于大伾，即今成皋是也，或云黎陽山也。禹以大河流泛中國，爲害最甚，乃於貝丘疏二渠，以分水勢：一渠自舞陽縣東，引入漯水[2]，其水東北流，至千乘縣入海，即今黃河是也；一渠疏畎引傍西山，以東北形高敝壞堤，水勢不便流溢，夾右碣石入于渤海。書所謂"北過降水，至于大陸"，降水即濁漳，大陸則邢州鉅鹿澤。"播爲九河，同爲逆河，入于海。"河自魏郡貴鄉縣界分爲九道，下至滄州，今爲一河。言逆河者，謂與河水往復相承受也。齊桓公塞以廣田居，唯一河存焉，今其東界至莽梧河是也[3]。禹又於滎澤下分大河爲陰溝，引注東南，以通淮、泗。至大梁浚儀縣西北，復分爲二渠：一渠元經陽武縣中牟臺下爲官渡水；一渠始皇疏鑿以灌魏郡，謂之鴻溝，莨菪渠自滎陽五出池口來注之。其鴻溝即出河之溝，亦曰莨菪渠[4]。

漢明帝時，樂浪人王景、謁者王吳始作浚儀渠，蓋循河溝故瀆也。渠成流注浚儀，故以浚儀縣爲名。靈帝建寧四年，於敖城西北壘石爲門，以遏渠口，故世謂之石門。渠外東合濟水，濟與河、渠渾濤東注，至敖山北，渠水至此又兼邲之水，即春秋晉、楚戰于邲。邲又音汳，即"汳"字，古人避"反"字，改從"汴"字。渠水又東經滎陽北，旃然水自縣東流入汴水。鄭州滎陽縣西二十里三皇山上，有二廣武城，二城相去百餘步，汴水自兩城間小澗中東流而出，而濟流自茲乃絕。唯汴渠首受旃然水，謂之鴻渠。東晉太和中，桓溫北伐前燕，將通之，不果。義熙十三年，劉裕西征姚秦，復浚此渠，始有湍流奔注，而岸善潰塞，裕更疏繫而漕運焉[5]。隋煬帝大業三年，詔尚書左丞相皇甫誼發河南男女百萬開汴水，起滎澤入淮千餘里，乃爲通濟渠。又大發淮南兵夫十餘萬開邗溝，自山陽淮至于揚子江三百餘里，水面闊四十步，而後行幸焉。自後天下利於轉輸。昔孝文時，賈誼[6]言"漢以江、淮爲奉地"，謂魚、鹽、穀、帛，多出東南。至五鳳中，耿壽昌[7]奏："故事，歲增關東穀四百萬斛以給京師。"亦多自此渠漕運。

〔1〕張洎　滁州全椒（今屬安徽）人，北宋官員。《宋史》卷二六七有傳。

〔2〕〔標點本原注〕一渠自舞陽東引入灅水　按《漢書》卷二八上《地理志》東郡東武縣："禹治灅水，東北至千乘入海。"又《水經·河水注》東武陽下："有灅水出焉，戴延之謂之武水也。"灅水出于漢代東武陽縣，北魏時，改東武陽縣爲武陽縣。此作"舞陽"，誤。

〔3〕〔標點本原注〕今其東界至莽梧河是也　按魏郡貴鄉縣，宋改名大名縣。據《寰宇記》卷五七大名縣："大河故瀆在縣東三里，俗名王莽河。"又《水經·河水注》：大河故瀆"王莽時空，故世俗名是瀆爲王莽河"。此處"至莽梧河"疑是'王莽枯河'之訛。

〔4〕有關漢代以前的黃河及鴻溝的記述，參見《史記·河渠書》《漢書·溝洫志》和《水經注》等。

〔5〕東漢至南北朝間的運河情況請參閱《水經注》。

〔6〕賈誼　西漢思想家、文學家。雒陽人（今河南洛陽人）。《史記》卷八四、《漢書》卷四八有傳。

〔7〕耿壽昌　西漢經濟家、曆算家。《漢書》卷七〇有傳。

　　唐初，改通濟渠爲廣濟渠。開元中，黃門侍郎、平章事裴耀卿[1]言：江、淮租船，自長淮西北沂鴻溝，轉相輪納於河陰、含嘉、太原等倉[2]。凡三年，運米七百萬石，實利涉於此。開元末，河南采訪使、汴州刺史齊澣[3]，以江、淮漕運經淮水波濤有沉損，遂浚廣濟渠下流，自泗州虹縣至楚州淮陰縣北八十里合于淮[4]，踰時畢功。既而水流迅急，行旅艱險，尋乃廢停，却由舊河。

〔1〕裴耀卿　字煥之，絳州稷山（今山西稷山）人，唐開元二十二年（734年）任黃門侍郎、同中門下平章事，充轉運使，改善運河輸管理，使運輸效率提高。《舊唐書》卷九八、《新唐書》卷一二七有傳。

〔2〕河陰含嘉太原等倉　運道沿岸的轉運倉廩。河陰倉在黃河南岸汴河口，含嘉倉在洛陽城内，有運河相通；太原倉在陝州三門峽上游黃河右岸。

〔3〕齊澣　字洗心，定州義豐（今河北安國）人，唐代官員。《舊唐書》
卷一九○、《新唐書》卷一二八有傳。

〔4〕〔標點本原注〕自泗州虹縣至楚州淮陰縣北八十里合于淮　"八十
里"《通典》卷一○食貨、《元和郡縣志》卷九、《新唐書》卷八三地理志、
《太平寰宇記》卷一七，都作"十八里"，疑此處誤。

〔今注〕虹縣，即今安徽泗縣；淮陰縣，在今江蘇淮陰市西南。二者相距
直線距離一百九十里，如果利用一段虹縣以東的汴河，從今江蘇泗洪（也屬
虹縣範圍）起至淮陰縣北也有百二十餘里；與二者所記數字皆不符。推測應
爲運河的局部改线，其位置待考。可參考姚漢源：《中國水利史綱要》第五章
第三節第二段。（水利電力出版社，1987年版）

德宗朝，歲漕運江、淮米四十萬石，以益關中。時叛將李正己、
田悦[1]皆分軍守徐州，臨渦口，梁崇義阻兵襄、鄧，南北漕引皆絕。
於是水陸運使杜佑請改漕路，自浚儀西十里，疏其南涯，引流入琵
琶溝，經蔡河至陳州合潁水，是秦、漢故道，以官漕久不由此，故
填淤不通，若畎流培岸，則功用甚寡；又廬、壽之間有水道，而平
岡亘其中，曰雞鳴山，佑請疏其兩端，皆可通舟，其間登陸四十里
而已[2]，則江、湖、黔、嶺、蜀、漢之粟，可方舟而下。由是白沙
趨東關，經廬、壽，浮潁步蔡，歷琵琶溝入汴河，不復經泝淮之險，
徑於舊路二千里，功寡利博。朝議將行，而徐州順命，淮路乃通。
至國家膺圖受命，以大梁四方所湊，天下之樞，可以臨制四海，故
卜京邑而定都。

〔1〕李正己、田悦　唐代藩鎮官，在《舊唐書》卷一二四、卷一四一，
《新唐書》卷二一三、卷二一○分別有傳。梁崇義，唐代叛將，在《舊唐書》
卷一三一、《新唐書》卷二二四有傳。

〔2〕其間登陸四十里而已　南肥水與東肥水的上源在合肥西北，相距甚
近，但有雞鳴山阻隔，不能直接通航。南北朝時期水軍征戰有經過這一帶水道
的記載。有關二水是否開過所謂"巢肥運河"問題，歷來有爭議，至今未有
定論。此段文字說明唐宋時二者間的運輸是采用"其間登陸四十里"的辦法

解決的。

漢高帝云："吾以羽檄召天下兵未至。"孝文又云："吾初即位，不欲出虎符召郡國兵。"即知兵甲在外也。唯有南北軍、期門郎、羽林孤兒，以備天子扈從藩衛之用。唐承隋制，置十二衛府兵，皆農夫也。及罷府兵，始置神武、神策爲禁軍，不過三數萬人，亦以備扈從藩衛而已。故祿山犯闕，驅市人而戰；德宗蒙塵，扈駕四百餘騎，兵甲皆在郡國。額軍存而可舉者，除河朔三鎮外，太原、青社各十萬人，邠寧、宣武各六萬人，潞、徐、荆、揚各五萬人，襄、宣、壽、鎮海各二萬人，自餘觀察、團練據要害之地者，不下萬人。今天下甲卒數十萬衆，戰馬數十萬匹，并萃京師，悉集七亡國之士民於輦下，比漢、唐京邑，民庶十倍。甸服時有水旱，不至艱歉者，有惠民、金水、五丈、汴水等四渠[1]，派引脉分，咸會天邑，舳艫相接，贍給公私，所以無匱乏。唯汴水橫亘中國，首承大河，漕引江、湖，利盡南海，半天下之財賦，并山澤之百貨，悉由此路而進。然則禹力疏鑿以分水勢，煬帝開甽以奉巡游，雖數湮廢，而通流不絕於百代之下，終爲國家之用者，其上天之意乎。

〔1〕有惠民金水五丈汴水等四渠　爲與開封相通的四條運河，使之成爲全航運綱的中心。各河情況詳下。

真宗景德元年九月，宋州言汴河決，浸民田，壞廬舍。遣使護塞，踰月功就。

三年六月，京城汴水暴漲，詔覘候水勢，并工修補，增起堤岸。工畢，復遣使致祭。

大中祥符二年八月，汴水漲溢，自京至鄭州，浸道路。詔選使乘傳減汴口水勢。既而水減，阻滯漕運，復遣浚汴口。

八年六月，詔：自今後汴水添漲及七尺五寸，即遣禁兵三千，沿河防護。八月，太常少卿馬元方[1]請浚汴河中流，闊五丈，深五尺，可省修堤之費。即詔遣使計度修浚。使還，上言："泗州西至開封府界，岸闊底平，水勢薄，不假開浚。請止自泗州夾岡，用功八十六萬五千四百三十八，以宿、亳丁夫充，計減功七百三十一萬，仍請於沿河作頭踏道擗岸[2]，其淺處爲鋸牙，以束水勢，使其浚成河道，止用河清、下卸卒[3]，就未放春水前，令逐州長吏、令佐督役。自今汴河淤澱，可三五年一浚。又於中牟、滎澤縣各置開減水河。"并從之。

天禧三年十二月，都官員外郎鄭希甫言："汴河兩岸皆是陂水，廣浸民田，堤腳并無流泄之處。今汴河南省自明河接澳入淮[4]，望詔轉運使規度以開。"

[1] 馬元方　字景山，濮州鄄城（今山東鄄城北）人。《宋史》卷三○一有傳。

[2] 頭踏道擗岸　即馬道，供河岸上下交通道路。

[3] 河清下卸卒　在河工中勞作的兵種。

[4] ［標點本原注］今汴河南省自明河接澳入淮　按《水經·睢水注》："睢水出陳留縣西蒗蕩渠。""睢水於（睢陽）城之陽積而爲蓬洪陂，陂之西南有陂，又東合明水。水上承城南大池，池周千步，南流會睢，謂之明水，絕睢注渙。"又《淮水注》："淮水又東經夏丘縣南，又東渙水入焉。""明水"疑即"明河"，"澳"或爲"渙"字之誤。

［今注］按此句有誤字。疑"自明"爲河名，即下"白溝河"段之"白盟河"，《長編》卷三七○即作"自明"，爲汴河南岸主要排水幹道。此句似應作"今汴河南有明河接澳入淮。"原"省"字爲"有"字之誤。"澳"字可能爲"渙"，不敢遽定。

仁宗天聖三年，汴流淺，特遣使疏河注口。

四年，大漲堤危，衆情恟恟憂京城，詔度京城西賈陂岡地，洩之于護龍河。

六年，勾當汴口[1]康德輿[2]言："行視陽武橋萬勝鎮[3]，宜存斗門[4]。其梁固斗門三宜廢去，祥符界北岸請爲別竇，分減溢流。”而勾當汴口王中庸[5]欲增置孫村之石限[6]，悉從其請。

七年，德輿言，修河芟地焉并灘農户所侵。詔限一月使自實，檢括以還縣官。

〔1〕勾當汴口　管理汴口的官員。

〔2〕康德輿　字世基，河南洛陽人，曾多次在水利部門任職。《宋史》卷三二六有傳。

〔3〕萬勝鎮　在中牟縣，東距開封府數十里。

〔4〕斗門　古代水閘的一種稱謂，可分爲節水、進水、壅水、洩水、道航等多種。這裏所指爲防洪用洩水閘門。

〔5〕王中庸　《宋史》卷四八五有其事跡記述。

〔6〕石限　側向溢洪堰，這裏所指爲汴河分洪所用。

皇祐二年，命使詣中牟治堤。

明年八月，河涸，舟不通，令河渠司自口浚治，歲以爲常。舊制，水增七尺五寸，則京師集禁兵、八作、排岸兵[1]，負土列河上以防河。滿五日，賜錢以勞之，曰“特支”；而或數漲數防，又不及五日而罷，則軍士屢疲，而賜予不及。是歲七月，始制防河兵日給錢，薄其數，才比特支十分之一，軍士便之。明年，遣使行河相利害。

嘉祐六年，汴水淺澀，常稽運漕。都水奏：“河自應天府抵泗州，直流湍駛無所阻。惟應天府上至汴口，或岸闊淺漫，宜限以六十步闊，於此則爲木岸狹河，扼束水勢令深駛[2]。梢，伐岸木可足也。遂下詔興役，而衆議以爲未便。宰相蔡京奏：“祖宗時已嘗狹河矣，俗好沮敗事，宜勿聽。”役既半，岸木不足，募民出雜梢。岸成而言者始息。舊曲灘漫流，多稽留覆溺處，悉爲駛直平夷[3]，操舟往來便之。

〔1〕八作排岸兵　八作司屬將作監，掌管京城内外繕修事務。八作兵即京城修繕兵工。排岸司掌管漕船卸運等事務。排岸兵即裝卸兵工。
〔2〕木岸狹河扼束水勢令深駛　用木材密排打入河中，連接爲岸，集中流水於兩岸之間，以使寬淺的河道縮窄，刷深。
〔3〕駛直平夷　河道已裁彎取直，疏浚淺灘。

神宗熙寧四年，創開訾家口[1]，日役夫四萬，饒一月而成。纔三月已淺澱，乃復開舊口，役萬工，四日而水稍順。有應舜臣者，獨謂新口在孤柏嶺下，當河流之衝，其便利可常用勿易，水大則泄以斗門，水小則爲輔渠[2]於下流以益之。安石善其議。

〔1〕訾家口　由于原汴口淤積而另開的引水口，在今河南滎陽北，原汴口上游。
〔2〕輔渠　就是作爲輔助引水口，以備主引水口引水不暢時補充水量。

五年，先是宣徽北院使、中太一宮使張方平[1]嘗論汴河曰："國家漕運，以河渠爲主。國初浚河渠三道，通京城漕運，自後定立上供年額：汴河斛斗六百萬石，廣濟河六十二萬石，惠民河六十萬石。廣濟河所運，止給太康、咸平、尉氏等縣軍糧而已[2]。惟汴河专運粳米，兼以小麥，此乃太倉蓄積之實。今仰食于官廩者，不惟三軍，至于京師士庶以億萬計，太半待飽于軍稍之餘，故國家於漕事，至急至重。然則汴河乃建國之本，非可与區區溝洫水利同言也。近歲已罷廣濟河，而惠民河斛斗不入太倉，大衆之命，惟汴河是賴。今陳説利害，以汴河爲議者多矣。臣恐議者不已，屢作改更，必致汴河日失其舊。國家大計，殊非小事。願陛下特回聖鑒，深賜省察，留神遠慮，以固基本。"方平之言，为王安石[3]發也。

〔1〕張方平　字安道，南京（今河南商丘）人。《宋史》卷三一八有傳。
〔2〕〔標點本原注〕廣濟河所運止給太康、咸平、尉氏等縣軍糧而已。

按《樂全集》卷二七《論汴河利害事》："廣濟河所運多是雜色粟豆，但充口食馬料，惠民河所運止给太康、咸平、尉氏等縣軍糧而已。"此處疑有脱誤。

〔3〕王安石　字介甫，撫州臨川（今江西撫州）人，北宋著名政治家，他所主持的變法在歷史上有較大的影響。變法期間，水利建設有較大進展。《宋史》卷三二七有傳。

六年夏，都水監丞侯叔獻[1]乞引汴水淤府界閑田，安石力主之。水既數放，或至絶流，公私重舟不可邏，有閣折者。帝以人情不安，嘗下都水分析，并詔三司同府界提點官往視。十一月，范子奇建議：冬不閉汴口，以外江網運直入汴至京，廢運般。安石以爲然。詔汴口官吏相視，卒用其説。是後高麗入貢，令泝汴赴闕。

七年春，河水壅溢，積潦敗堤。八月，御史盛陶[2]謂汴河開兩口非便，命同判都水監宋昌言[3]視兩口水勢，檄同提舉汴口官王琮。琮言啻家口水三分，輔渠七分。昌言請塞啻家口，而留輔渠。時韓絳、吕惠卿[4]當國，許之。

〔1〕侯叔獻　字景仁，撫州宜黄（今江西宜黄）人，北宋治水專家，官至都水監，在灌溉、防洪、航運各項事中多有建樹，病逝于揚州光山寺治水任上。

〔2〕盛陶　字仲叔，鄭州人。《宋史》卷三四七有傳。

〔3〕宋昌言　字仲謨，趙州平棘（今河北趙縣）人，曾任都水監。《宋史》卷二九一有傳。

〔4〕吕惠卿　字吉甫，泉州晋江人。《宋史》卷四七一有傳。

八年春，安石再相，叔獻言："昨疏濬汴河，自南京[1]至泗州，概深三尺至五尺。惟虹縣[2]以東，有礓石三十里餘，不可疏浚，乞募民開修。"詔檢計工糧以聞。七月，叔獻又言："歲開汴口作生河，侵民田，調夫役。今惟用啻家口，減人夫、物料各以萬計，乞減河清一指揮。"從之。未幾，汴水大漲，至深一丈二尺，於是復請權閉汴口。

九年十月，詔都水度量疏浚汴河淺深，仍記其地分。

十年，范子淵請用濬川杷^[3]，以六月興工，自謂功利灼然，請"候今冬疏浚畢，將杷具、舟船等分給逐地分。使臣於閉口之後，檢量河道淤澱去處，至春水接續疏導"。大抵皆無甚利。已而清汴之役興。

〔1〕南京　北宋以開封府城開封爲東京，河南府洛陽爲西京，應天府城宋城（今河南商丘南）爲南京，大名府城大名（今河北大名東北）爲北京。政府實際只在東京。

〔2〕虹縣　今安徽泗縣。

〔3〕濬川杷　見《宋史·河渠志二》黃河中。

河 渠 四

(《宋史》卷九十四)

汴河下　洛河　蔡河　廣濟河　金水河　白溝河
京畿溝渠　白河　三白渠　鄧許諸渠附

汴　河　下[1]

元豐元年五月，西頭供奉官張從惠復言："汴口歲開閉，修堤防，通漕纔二百餘日。往時數有建議引洛水入汴，患黃河齧廣武山，須鑿山嶺十數丈，以通汴渠，功大不可爲。去年七月，黃河暴漲，水落而稍北，距廣武山麓七里，退灘高闊，可鑿爲渠，引洛入汴。"范子淵知都水監丞，畫十利以獻。又言："汜水出玉仙山，索水出嵩渚山，合洛水，積其廣深，得二千一百三十六尺，視今汴流尚贏九百七十四尺。以河、洛湍緩不同，得其贏餘，可以相補[2]。猶慮不足，則旁堤爲塘，滲取河水。每百里置木柿一，以限水勢。兩旁溝、湖、陂、濼，皆可引以爲助，禁伊、洛上源私引水者。大約汴舟重載，入水不過四尺，今深五尺，可濟漕運。起鞏縣神尾山，至士家堤，築大堤四十七里，以捍大河。起沙谷至河陰縣十里店，穿渠五十二里，引洛水屬于汴渠。"疏奏，上重其事，遣使行視。

[1] 本題爲注釋者所加。
[2] 這裏的以河流斷面積和水流速度來估計河流流量的概念，在我國水利史上是第一次。

二年正月，使還，以爲工費浩大，不可爲。上復遣入内供奉宋用臣[1]，還奏可爲，請"自任村沙谷口至汴口開河五十里，引伊、洛水入汴河，每二十里置束水一，以芻楗爲之，以節湍急之勢，取水深一丈，以通漕運。引古索河爲源，注房家、黃家、孟家三陂及

三十六陂，高仰處瀦水爲塘[2]，以備洛水不足，則決以入河。又自
汜水關北開河五百五十步，屬于黃河，上下置牐啓閉，以通黃、汴
二河船筏[3]。即洛河舊口置水㴜[4]，通黃河，以泄伊、洛暴漲。古
索河等暴漲，即以魏樓、滎澤、孔固三斗門泄之。計工九十萬七千
有餘。仍乞修護黃河南堤埽，以防侵奪新河。”從之。

三月庚寅，以用臣都大提舉導洛通汴。四月甲子興工，遣禮官
祭告。河道侵民塚墓，給錢徙之，無主者，官爲瘞藏。六月戊申，
清汴成，凡用工四十五日。自任村沙口至河陰縣瓦亭子；并汜水關
北通黃河，接運河，長五十一里。兩岸爲堤，總長一百三里，引洛
水入汴。七月甲子，閉汴口，徙官吏、河清卒於新洛口。戊辰，遣
禮官致祭。十一月辛未，詔差七千人，赴汴口開修河道。

[1] 宋用臣　字正卿，開封人。《宋史》卷四六七有傳。
[2] 引古索河爲源，注房家、黃家、孟家三陂及三十六陂，高仰處瀦水
爲塘　所指爲一山丘水庫羣，就是後代所稱的水櫃。以備運河缺水時作爲補充
水源。
[3] 汜水在汴口上游，原與汴河無關。導洛通汴之後，自洛河的引水渠
與汜水相交并阻斷汜水，則引水渠與黃河間的汜水河道被用作黃河與汴河間的
航運通道。爲解決堵塞舊汴口後的通航問題，在臨黃和臨引水渠處，各建牐一
座。過船時輪流啓牐，既防止了黃河對汴河的干擾，又使船隻得以通過。實際
是一座船牐。
[4] 水㴜，又作水碮、石碮，是古代常用的一種石砌溢流壩，用壩頂高
程控制河湖水位。

三年二月，宋用臣言：“洛水入汴至淮，河道漫闊，多淺澀，乞
狹河六十里[1]，爲二十一萬六千步。”詔四月興役。五月癸亥，罷
草屯浮堰[2]。

五年三月，宋用臣言：“金水河透水槽[3]阻礙上下汴舟，宜廢
撤。”從之。十月，狹河畢工。

六年八月，范子淵又請"於武濟山麓至河岸并嫩灘上修堤及壓埽堤，又新河南岸築新堤，計役兵六千人，二百日成。開展直河[4]，長六十三里，廣一百尺，深一丈，役兵四萬七千有奇，一月成。"從之。十月，都提舉司言："汴水增漲，京西四斗門不能分減，致開決堤岸。今近京惟孔固斗門可以泄水下入黃河；若孫賈斗門雖可泄入廣濟，然下尾窄狹，不能盡吞。宜於萬勝鎮舊減水河、汴河北岸修立斗門，開淘舊河，創開生河一道，下合入刁馬河，役夫一萬三千六百四十三人，一月畢工。"詔從其請，仍作二年開修。

七年四月，武濟河潰。八月，詔罷營閉，縱其分流，止護廣武三埽。

〔1〕〔標點本原注〕乞狹河六十里　"六十里"，《宋會要·方域》一六之一五、《長編》卷三〇二都作六百里。
〔今注〕狹河，指用木岸治理寬淺河道達到通航要求。狹河木岸見本志前注。
〔2〕草屯浮堰　一種臨時性的攔水建築物，用以抬高通航河流的水位。其法以草土構築堰體，橫截河流，待蓄水較高時人工決堰，船隨水行。船過後重新築堰，相當於一種笨重的牐門。
〔3〕金水河透水槽　金水河係引京水和索水至開封的河道，建于建隆二年（961年）。金水河在開封通過橫跨汴水的渡槽，向五丈河供水。該渡槽稱透水槽，即《長編》卷二建隆二年（961年）二月所記載的"架流於汴，東匯於五丈河，以便東北漕運"者。參見下面金水河條。
〔4〕開展直河　即裁彎取直，整理河道。

哲宗元祐元年閏二月辛亥，右司諫蘇轍言："近歲京城外創置水磨，因此汴水淺澀，阻隔官私舟船。其東門外水磨，下流汗漫無歸，浸損民田一二百里，幾敗漢高祖墳。賴陛下仁聖惻怛，親發德音，令執政共議營救。尋詔畿縣於黃河春夫外，更調夫四萬，開自盟河[1]，以疏洩水患，計一月畢工。然以水磨供給京城內外食茶等，其水止得五日閉斷，以此工役重大，民間每夫日顧二百錢，一月之費，計二百四十萬貫。而汴水渾濁，易至填淤，明年又須開淘，民間歲歲不免此費。聞水磨歲入不過四十萬貫，前户部侍郎李定[2]以此課利，惑誤朝聽，依舊存留。且水磨興置未久，自前未有此錢，國計何關？而小人淺陋，妄有靳惜，傷民辱國，不以爲愧。況今水患近在國門，而恬不爲怪，甚非陛下勤卹民物之意。而又減耗汴水，行船不便。乞廢罷官磨，任民磨茶。"

〔1〕自盟河　在北宋東京封城東南，爲排洩汴河南積水及水磨尾水開挖的人工河。因受泥沙淤積，北宋屢次疏浚，其經由不詳。《長編》卷三七〇作自明河。

〔2〕李定　字資深，揚州人，《宋史》卷三二九有傳。

　　三月，轍又乞"令汴口以東州縣，各具水匱[1]所占頃畝，每歲有無除放二税，仍具水匱可與不可廢罷，如決不可廢，當如何給還民田，以免怨望。"八月辛亥，轍又言："昨朝旨令都水監差官，具括中牟、管城等縣水匱，元浸壓者幾何，見今積水所占幾何，退出頃畝幾何。凡退出之地，皆還本主；水占者，以官地還之；無田可還，即給元直。聖恩深厚，棄利與民，所存甚遠。然臣聞水所占地，至今無可對還，而退出之田，亦以迫近水匱，爲雨水浸淫，未得耕鑿。知鄭州岑象求近奏稱：'自宋用臣興置水匱以來，元未曾取以灌注，清汴水流自足，不廢漕運。'乞盡廢水匱，以便失業之民。"十月，遂罷水匱。

〔1〕水匱　即水櫃，古代運河的專用水庫，有兩種形式：一種位于高於運河的山丘地區或高臺上，蓄積泉水或山溪水，向運河自流供水；一種位于運河岸邊洼地，用堤防擋水，與運河有牐門相通，潦時接納運河多餘水量，保護其不決，旱時向運河供水。早期的水櫃屬于前一種，著名的有揚州的陳公塘、丹陽的練湖等，但沒有水櫃的專門稱謂。明清時在山東運河兩岸設置了大量的

水櫃，對保障運河安全，提高運河的效益作用很大。

四年冬，御史中丞梁燾言：

嘗求世務之急，得導洛通汴[1]之實，始聞其説則可喜，及考其事則可懼。竊以廣武山之北，即大河故道，河常往來其間，夏秋漲溢，每抵山下。舊來洛水至此，流入於河。後欲導以趨汴渠，乃乘河未漲，就嫩灘之上，峻起東西堤，闌大河於堤北，攘其地以引洛水，中間缺爲斗門，名通舟楫，其實盜河以助洛之淺涸也。洛水本清，而今汴常黄流，是洛不足以行汴，而所以能行者，附大河之餘波也。增廣武三埽之備，竭京西所有，不足以爲支費，其失無慮數百萬計。從來上下習爲欺罔，朝廷惑於安流之説，税屋之利，恬不爲慮。而不知新沙疏弱，力不能制悍河，水勢一薄，則爛熳潰散，將使怒流循洛而下，直冒京師。是甘以數百萬日增之費，養異時萬一之患，亦已誤矣。夫歲傾重費以坐待其患，何若折其奔衝，以終除其害哉。

爲今之計，宜復爲汴口，仍引大河一支，啓閉以時，還祖宗百年以來潤國養民之賜，誠爲得策。汴口復成：則免廣武傾注，以長爲京師之安；省數百萬之費，以紓京西生靈之困；牽大河水勢，以解河北決溢之災；便東南漕運，以蠲重載留滯之弊；時節啓閉，以除蹙凌打凌之苦；通江、淮八路商賈大舶，以供京師之饒。爲甚大之利者六，此不可忽也。惟拆去兩岸舍屋，盡廢儆錢，爲害者一而甚小，所謂損小費以成大利也。臣之所言，特其大略爾。至於考究本末，措置纖悉，在朝廷擇通習之臣付之，無牽浮議，責其成功。

又言：

臣聞開汴之時，大河曠歲不決，蓋汴口析其三分之水，河流常行七分也。自導洛而後，頻年屢決，雖洛口竊取其水，率不過一分上下，是河流常九分也。猶幸流勢卧北，故潰溢北出。自去歲以來，稍稍卧南，此其可憂，而洛口之作，理須早計。竊以開洛之役，其功甚小，不比大河之上，但闢百餘步，即可以通水三分，既永爲京師之福，又减河北屢決之害；兼水勢既已牽動，在於回河尤爲順便，非獨孫村之功可成，澶州故道[2]，亦有自然可復之理。望出臣前章，面詔大臣，與本監及知水事者，按地形水勢，具圖以聞。

不報。至五年十月癸巳，乃詔導河水入汴。

〔1〕導洛通汴　即清汴工程。汴河原以黄河爲水源，但黄河泥沙含量高，河勢擺動大，给汴河引水和清淤帶來困難。元豐二年（1079 年）遂堵閉引黄汴口，改引洛水接濟汴河，是爲導洛通汴。

〔2〕澶州故道　見本志黄河部分。

紹聖元年，帝親政，復召宋用臣赴闕[1]。七月辛丑，廣武埽危急。壬寅，帝語輔臣："埽去洛河不遠，須防漲溢下灌京師。"明日，乃詔都水監丞馮忱之相度築欄水簽堤。丁巳，帝諭執政曰："河埽久不修，昨日報洛水又大溢，注于河，若廣武埽壞，河、洛爲一，則清汴不通矣，京都漕運殊可憂。宜亟命吴安持、王宗望同力督作，苟得不壞，過此須圖久計。"丙寅，吴安持言："廣武第一埽危急，決口與清汴絶近，緣洛河之南，去廣武山千餘步，地形稍高。自鞏縣東七里店至今洛口不滿十里，可以别開新河，導洛水近南行流，地里至少，用功甚微。"詔安持等再按視之。

十一月，李偉言："清汴導温洛貫京都，下通淮、泗，爲萬世利。自元祐以來屢危急，而今歲特甚。臣相視武濟山以下二十里名神尾山，乃廣武埽首所起，約置刺堰[2]三里餘，就武濟河下尾廢堤、枯河基址，增修疏導，回截河勢東北行，留舊埽作遥堤，可以紓清汴下注京城之患。"詔宋用臣、陳祐甫覆按以聞。

十二月甲午，户部尚書蔡京言："本部歲計，皆藉東南漕運。今年上供物，至者十無二三，而汴口已閉。臣責問提舉汴河堤岸司楊琰，乃稱自元豐二年至元祐初，八年之間，未嘗塞也。"詔依元豐條例。明年正月庚戌，用臣亦言："元豐間，四月導洛通汴，六月放水，四時行流不絶。遇冬有凍，即督沿河官吏，伐冰通流。自元祐二年，冬深輒閉塞，致河流涸竭，殊失開道清汴本意。今欲卜日伐冰，放水歸河，永不閉塞。及凍解，止將京西五斗門減放，以節水勢，如惠民河行流，自無壅遏之患。"從之。

〔1〕闕　古代宫殿、祠廟和陵墓前的建築物，後爲宫門的代稱，這裏是指皇帝召見入宫。
〔2〕刺堰　相當今丁壩。

三年正月戊申，詔提舉河北西路常平李仲罷歸吏部。仲在元祐中提舉汜水輦運，建言："西京[1]、鞏縣、河陽、汜水、河陰縣界，乃沿黄河地分，北有太行、南有廣武二山，自古河流兩山之間，乃緣禹迹。昨自宋用臣創置導洛清汴，於黄河沙灘上，節次創置廣、雄武等堤埽，到今十餘年間，屢經危急。況諸埽在京城之上，若不別爲之計，患起不測，思之寒心。今如棄去諸埽，開展河道，講究興復元豐二年以前防河事，不惟省歲費、寬民力，河流且無壅遏決溢之患。望遣諳河事官相視施行。"又乞復置汴口，依舊以黄河水爲節約之限，罷去清汴腼口。

四年閏二月，楊琰乞依元豐例，減放洛水入京西界大白龍坑及三十六陂，充水匱以助汴河行運。詔賈種民同琰相度合占頃畝，及所用功力以聞。五月乙亥，都提舉汴河堤岸賈種民言："元豐改汴口爲洛口，名汴河爲清汴者，凡以取水於洛也。復匱清水，以備淺澀而助行流。元祐間，却於黄河撥口，分引渾水，令自漲上流入洛口，比之清洛，難以調節。乞依元豐已修狹河身丈尺深淺，檢計物力，以復清汴，立限修濬，通放洛水。及依舊置洛斗門，通放西河[2]官私舟船。"從之。帝嘗謂知樞密院事曾布[3]曰："先帝作清汴，又爲天源河，蓋有深意。元祐中，幾廢。近賈種民奏：'若盡復清汴，不用濁流，乃當世靈長之慶。'"布對曰："先帝以天源河爲國姓福地，此眾人所知，何可慶也。"十二月，詔："京城内汴河兩岸，各留堤面丈有五尺，禁公私侵牟。"

〔1〕西京　指洛陽，位于今河南洛陽東。
〔2〕西河　非專有地名，標點本作專名號，誤。應泛指自黃河西來的舟船。
〔3〕曾布　字子宣，江西南豐人。曾協助王安石變法，後又改變主張。《宋史》卷四七一有傳。

元符三年，徽宗即位，無大改作，汴渠稍湮則浚之。大觀中，言者論："胡師文昨爲發運使，創開泗州直河[1]，及築簽堤阻遏汴水，尋復淤澱，遂行廢拆。然後併役數郡兵夫，其間疾苦竄殍，無慮數千，費錢穀累百萬計。狂妄生事，誣奏罔功，官員冒賞至四十五人。"師文由是自知州降充宮觀。

宣和元年五月，都城無故大水，浸城外官寺、民居，遂破汴堤，汴渠將溢，諸門皆城守。起居郎李綱[2]奏："國家都汴，百有六十餘載，未嘗少有變故。今事起倉猝，遝邐驚駭，誠大異也。臣嘗躬詣郊外，竊見積水之來，自都城以西，漫爲巨浸。東拒汴堤，停蓄深廣，湍悍浚激，東南而流，其勢未艾。然或淹浸旬時，因以風雨，不可不慮。夫變不虛發，必有感召之因。願詔廷臣各具所見，擇其可采者施行之。"詔："都城外積水，緣有司失職，隄防不修，非災異也。"罷綱送吏部，而募人決水下流，由城北注五丈河，下通梁山濼，乃已。七月壬子，都提舉司言："近因野水衝蕩沿汴堤岸，及河道淤淺，若止役河清[3]，功力不勝，望俟農隙顧夫開修。"從之。

五年十二月庚寅，詔："沿汴州縣創添攔河鎖柵[4]歲額，公私不以爲便，其遵元豐舊制。"

〔1〕泗州直河　應爲解決泗州汴河河段航行不便而改道所開挖的新運河，大致作用相當于唐代開挖的廣濟新河（參見《新唐書·地理志》）。此河挖成通水後不久即淤塞，其經由不詳。
〔2〕李綱　字伯紀，福建邵武人。《宋史》卷三五八至三五九有傳。
〔3〕河清　主要從事河道疏浚的專業兵種。
〔4〕攔河鎖柵　運河上的活動攔障，用以攔截船隻以便收稅與管理。

靖康而後，汴河上流爲盜所決者數處，決口有至百步者，塞久不合，乾涸月餘，綱運不通，南京及京師皆乏糧。責都水使者措置，凡二十餘日而水復舊，綱運沓來[1]，兩京糧始足。又擇使臣八員爲沿汴巡檢，每兩員各將兵五百人，自洛口至西水門，分地防察決溢云。

〔1〕沓　應爲"沓（tà）"之誤。意爲多次重復，所謂"紛至沓來"。

洛　　河[1]

洛水貫西京，多暴漲，漂壞橋梁。

建隆二年，留守向拱[2]重修天津橋成。甃巨石爲腳，高數丈，銳其前以疏水勢，石縱縫以鐵鼓[3]絡之，其制甚固。四月，具圖來上，降詔褒美。

開寶九年，郊祀西京，詔發卒五千，自洛城菜市橋鑿渠抵漕口三十五里[4]，饋運便之。其後導以通汴。

〔1〕本題爲注釋者所加。

〔2〕向拱　字星民，懷州河內人（今河南沁陽），五代時後周大將，後轉歸北宋。《宋史》卷二五五有傳。

〔3〕鐵鼓　即鐵錠。爲保證建築物中條石砌築牢固，以　形鐵塊連接水平相鄰的兩塊石料，塊塊相連，形成整體，鐵鼓就是這種鐵塊。鐵鼓在古代水工建築物中應用廣泛。

〔4〕［標點本原注］鑿渠抵漕口三十五里《宋會要·方域》一七之一、《長編》卷一七都作"二十五里"。疑"三"爲"二"之誤。

蔡　河[1]

蔡河貫京師，爲都人所仰，兼閔水、洧水、潩水以通舟。閔水自尉氏歷祥符、開封合于蔡，是爲惠民河。洧水自許田注鄢陵東南，歷扶溝合于蔡。潩水出鄭之大隗山，注臨潁，歷鄢陵、扶溝合于蔡。凡許、鄭諸水合堅白鴈、丈八溝[2]，京、索合西河、褚河、湖河、雙河、欒霸河皆會焉。猶以其淺涸，故植木橫棧；棧爲水之節，啓閉以時[3]。

太祖建隆元年四月，命中使浚蔡河，設斗門節水，自京距通許鎮。

二年，詔發畿甸、陳、許丁夫數萬浚蔡水南入潁川。

乾德二年二月，令陳承昭[4]率丁夫數千鑿渠，自長社引潩水至京師，合閔水。潩水本出密縣大隗山，歷許田。會春夏霖雨，則泛溢民田。至是渠成，無水患，閔河益通漕焉。

太宗淳化二年，以潩水汎溢，浸許州民田，詔自長葛縣開小河，導潩水，分流二十里，合于惠民河。

真宗咸平五年七月，京師霖雨，溝洫壅，惠民河溢，泛道路，壞廬舍，知開封府寇準[5]治丁岡古河泄導之。

大中祥符元年六月，開封府言："尉氏縣惠民河決。"遣使督視完塞。

二年四月，陳州言：“州地洿下，苦積潦，歲有水患，請自許州長葛縣浚減水河及補棗村舊河，以入蔡河。”從之。

九年，知許州石普[6]請於大流堰穿渠，置二斗門，引沙河以漕京師。遣使按視。四月，詔遣中使至惠民河，規畫置壩子，以通舟運。

〔1〕本題爲注釋者所加。

〔2〕［標點本原注〕凡許鄭諸水合堅白鴈丈八溝　按下文和《宋會要·方域》一六之二四記惠民河合白鴈溝事，“白鴈”前都無“堅”字。疑此處“堅”字衍或爲訛字。

〔3〕植木橫棧棧爲水之節啓閉以時　是一種可以啓閉的簡易的木牐。植木就是立木爲墩，橫棧類似叠梁牐門。

〔4〕陳承昭　北宋初官員，習知水利，參加多次水利工程的修建。《宋史》卷二六一有傳。

〔5〕寇準　字平仲，華州下邽（今陝西蒲城南）人。《宋史》卷二八一有傳。

〔6〕石普　北宋名將，《宋史》卷三二四有傳。

仁宗天聖二年二月，崇儀副使、巡護惠民河田承説獻議：重修許州合流鎮大流堰斗門，創開減水河通漕，省迂路五百里[1]。詔遣使按視以聞。五年八月，都大巡護惠民河王克基言：“先準宣惠民、京、索河水淺小，緣出源西京、鄭、許州界，惠民河下合橫溝、白鴈溝，京、索河下合西河、湖河、雙河、欒霸河、丈八溝，各爲民間截水蒔稻灌園，宜令州縣巡察。”七年，王克基言：“按舊制，蔡河斗門棧板[2]須依時啓閉，調停水勢。”

嘉祐三年正月，開京城西葛家岡新河，以有司言：“至和中，大水入京城，請自祥符縣界葛家岡開生河，直城南好草陂，北入惠民河，分注魯溝，以紓京城之患。”

神宗熙寧四年七月，程昉請開宋家等堤，畎水以助漕運。八月，三班借職楊琰請增置上下壩牐，蓄水以備淺涸。詔琰掌其事。

六年九月戊辰，將作監尚宗儒言：“議者請置蔡河木岸，計功頗大。”詔修固土岸。

八年，詔京西運米于河北，於是侯叔獻請因丁字河故道鑿堤置牐，引汴水入于蔡，以通舟運。河成，舟不可行，尋廢。十月，詔都水監展惠民河，欲便修城也。

九年七月，提轄修京城所請引霧澤陂水至咸豐門，合京、索河，由京、索簽入副堤河，下合惠民。都水監謂：“不若於順天門外簽直河身，及於染院後簽入護龍河，至咸豐門南復入京、索河，實爲長利。”從之。

徽宗崇寧元年二月，都水監言：惠民河修簽河次下硬堰畢工。詔立捕獲盜泄賞。大觀元年十二月，開潩河入蔡河，從京畿都轉運使吳擇仁之請也。

政和元年十月己酉，詔差水官同京畿監司視蔡河隄防及淤淺者，來春併工治之。

〔1〕省迂路五百里　由潁水上游水路去東京原需順流直下至蔡河入潁的蔡口鎮（今河南項城北），再溯蔡河上行，路途迴遠。與合流鎮所創開的減水河，實爲由潁水直通蔡河的一段運河，省去了水上的一個大彎道。
〔2〕斗門棧板　即牐門所用叠梁板。

廣　濟　河[1]

廣濟河導菏水，自開封歷陳留、曹、濟、鄆，其廣五丈，歲漕上供米六十二萬石。

太祖建隆二年正月，遣使往定陶規度，發曹、單丁夫數萬浚之。三月，幸新水門觀放水入河。先是，五丈河泥淤，不利行舟。遂詔左監門衞將軍陳承昭於京城之西，夾汴水造斗門，引京、索、蔡河水通城濠入斗門，俾架流汴水之上，東進於五丈河，以便東北漕運。公私咸利。

三年正月，遣右龍武統軍陳承昭護修五丈河役，車駕臨視，賜承昭錢二十萬。

乾德三年，京師引五丈河造西水磑。

太宗太平興國三年正月，命發近縣丁夫浚廣濟河。

真宗景德二年六月，開封府言：“京西沿汴萬勝鎮，先置斗門，以減河水，今汴河分注濁水入廣濟河，埋塞不利。”帝曰：“此斗門本李繼源所造，屢詢利害，以爲始因京、索河遇雨即汛流入汴，遂置斗門，以便通洩。若遽壅塞，復慮決溢。”因令多用巨石，高置斗門，水雖甚大，而餘波亦可減去。

三年，内侍趙守倫建議：自京東分廣濟河由定陶至徐州入清河，以達江、湖漕路[2]。役既成，遣使覆視，繪圖來上。帝以地有隆阜，而水勢極淺，雖置堰埭，又歷呂梁灘磧之險，非可漕運，罷之。

仁宗天聖六年七月，尚書駕部員外郎閻貽慶言：“五丈河下接濟州之合蔡鎮，通利梁山濼。近者天河決蕩，溺民田，壞道路，合蔡而下，漫散不通舟，請治五丈河入夾黃河。”因詔貽慶與水官李守忠規度，計功料以聞。

〔1〕本題爲注釋者所加。
〔2〕以達江湖漕路　廣濟河在定陶分水經由菏水至魚臺入南清河（即泗水），經徐州至淮陰，穿淮河由邗溝通江南，開闢了由東京經五丈河到江南的另一條通路。

神宗熙寧七年，趙濟言：“河淺廢運，自此物賤傷農，宜議興復，以便公私。”詔張士澄、楊琰修治。八月，都提舉汴河堤岸司言：“欲於通津門汴河岸東城裏三十步内開河，下通廣濟，以便行運。"從之。

八年，又遣琰同陳祐甫因汴河置滲水塘，又自孫賈斗門置虛堤八，滲水入西賈陂，由減水河注霧澤陂，皆爲河之上源。

九年，詔依元額漕粟京東，仍修壩牐，爲啟閉之節。九年三月，詔遣官修廣濟河壩牐。

元豐五年三月癸亥，罷廣濟輦運司，移上供物自淮陽軍[1]界入汴，以清河輦運司爲名，命張士澄都大提舉。七月，御史王植言："廣濟安流而上，與清河泝流入汴，遠近險易較然，廢之非是。"詔監司詳議。

七年八月，都大提舉汴河堤岸司言："京東地富，穀粟可漕，獨患河澀。若因修京城，令役兵近汴穴土，使之成渠，就引河水注之廣濟，則漕舟可通，是一舉而兩利也。"從之。

哲宗元祐元年，詔斥祥符霧澤陂募民承佃，增置水匱。又即宣澤門外仍舊引京、索源河，置槽架水，流入咸豐門。皆以爲廣濟淺澀之備。三月，三省言："廣濟河輦運，近因言者廢罷，改置清河輦運，迂遠不便。"詔知棣州王諤措置興復。都水監亦言："廣河濟以京、索河爲源，轉漕京東歲計。今欲依舊，即令於宣澤門外置槽架水，流入咸豐門裏，由舊河道復廣濟河源，以通漕運。"從之。

[1] 淮陽軍　治下邳，今廢黃河道上的古邳，其地界沿泗水兩側直至淮陰。廢廣濟河漕運，而使京東貢物取道泗水經淮陽軍入淮入汴，再至東京，顯然路途比廣濟河迴遠得多，下文對此有議論。

金　水　河[1]

金水河一名天源，本京水，導自滎陽黃堆山，其源曰祝龍泉。

太祖建隆二年春，命左領軍衛上將軍陳承昭率水工鑿渠，引水過中牟，名曰金水河，凡百餘里，抵都城西，架其水橫絕於汴，設斗門，入浚溝，通城濠，東匯于五丈河。公私利焉。

乾德三年，又引貫皇城，歷後苑，內庭池沼，水皆至焉。

開寶九年，帝步自左掖，按地勢，命水工引金水由承天門鑿渠，爲大輪激之，南注晉王[2]第。

真宗大中祥符二年九月，詔供備庫使謝德權[3]決金水，自天波門并皇城至乾元門，歷天街東轉，繚太廟入后廟，皆甃以礲礕，植以芳木，車馬所經，又累石爲間梁。作方井[4]，官寺、民舍皆得汲用。復引東，由城下水竇[5]入于濠。京師便之。

神宗元豐五年，金水河透水槽阻礙上下汴舟[6]，遣宋用臣按視。請自板橋別爲一河，引水北入于汴，後卒不行，乃由副堤河入于蔡。以源流深遠，與永安青龍河相合，故賜名曰天源。先是，舟至啓槽，頗滯舟行。既導洛通汴，遂自城西超字坊引洛水，由咸豐門立堤，凡三千三十步，水遂入禁中，而槽廢。

然舊惟供洒掃，至徽宗政和間，容佐請於七里河開月河一道，分減此水，灌溉內中花竹。命宋昇措置導引，四年十一月，畢工。重和元年六月，復命藍從熙、孟揆等增堤岸，置橋、槽、壩、牐，瀦澄水，道水入內。內庭池籞既多，患水不給，又於西南水磨引索河一派，架以石渠絕汴，南北築堤，導入天源河以助之。

[1] 本題爲注釋者所加。

[2] 晉王　趙光義在繼皇位前的封號。晉王第在開封城內，將金水河水引入庭園是由水車提水供給的。

[3] 謝德權　字士衡，福州人，曾多次參加水利建設。《宋史》卷三一〇有傳。

[4] [標點本原注] 又累石爲間梁作方井　《長編》卷七二、《玉海》卷二二都作"累石爲梁，間作方井"。

[5] 水竇　河渠出入的城牆上的涵洞，又稱水門。其形制爲城牆下作洞，有鐵窗欄封口，只通水，不使人與船通過。

〔6〕金水河與汴河相立交，汴河在下，設斗門。金水河渡槽架于閘墩之上。所以，汴河行舟，如立桅過高，會受渡槽阻擋不得通過。

白　溝　河[1]

白溝[2]無山源，每歲水潦甚則通流，纔勝百斛船，踰月不雨即竭。

至道二年三月，內殿崇班閤光澤、國子博士邢用之上言：“請開白溝，自京師抵彭城呂梁口[3]，凡六百里，以通長淮之漕。”詔發諸州丁夫數萬治之，以光澤護其役。議者非之。會宋州通判王矩上表，極陳其不可，且言：“用之田園在襄邑，歲苦水潦，私幸渠成。”遂罷其役。咸平六年，用之爲度支員外郎，又令自襄邑下流治白溝河，導京師積水，而民田無害。

神宗熙寧六年，都水監丞侯叔獻請儲三十六陂及京、索二水爲源，倣真、楚州開平河置牐[4]，則四時可行舟，因廢汴渠[5]。帝曰：“白溝功料易耳[6]，第汴渠歲運甚廣，河北、陝西資焉。又京畿公私所用良材，皆自汴口而至，何可遽廢。”王安石曰：“此役苟成，亦無窮之利也。當別爲漕河，引黃河一支，乃爲經久。”馮京[7]曰：“若白溝成，與汴、蔡皆通漕，爲利誠大，恐汴終不可廢。”帝然之，詔劉璯同叔獻覆視。八月，都水監言：“白溝自灉河至于淮八百里，乞分三年興修。其廢汴河，俟白溝畢功，別相視。仍請發穀熟淤田司并京東汴河所隸河清兵赴役。”從之。

七年正月，都水監言：“自盟河畎導汴南諸水，近者失於疏浚，爲害甚大。”於是輳夫修治，而白溝之役廢。

初，王安石欲罷白溝、修汴南水利，帝曰：“人多以白溝不可爲，而卿獨見可爲?”安石曰：“果不可爲，罷之誠宜；若可爲，即俟時爲之，何必計校人言也。”

徽宗政和二年十月，都水監丞孟昌齡言開濬含暉門外白溝河，開堰放水，仍舊通流。

〔1〕本題爲注釋者所加。

〔2〕白溝 三國時，曹操曾于黄河北開白溝與海河流域通航。但這里的白溝是指另一條。此溝位于東京東北，汴河北岸，爲城市排水所設，水位高時亦可以通航。

〔3〕吕梁口 在徐州東南泗水上，是河中峽口，水流急湍，與徐州城的徐州洪是泗水航運上的兩道險關。

〔4〕真楚州開平河置牐 指當時出現的類似于現代船牐的複牐。

〔5〕因廢汴渠 汴渠引黄河水爲源，泥沙淤積嚴重，給航運帶來不便。開白溝做牐通航將避免汴河的不便。

〔6〕［標點本原注］白溝功料易耳 《宋會要·方域》一七之一七、《食貨》六一之一〇一、《長編》卷二四六都作“叔獻開白溝河，功料未易辦”。

〔7〕馮京 字當世，鄂州江夏（今湖北武昌）人。《宋史》卷三一七有傳。

京 畿 溝 洫 [1]

京畿溝洫，汴都地廣平，賴溝渠以行水潦。

真宗景德二年五月，詔開京城濠以通舟楫，毁官水磑三所。

三年，分遣入内内侍八人，督京城内外坊里開濬溝渠。先是，京都每歲春濬溝瀆，而勢家豪族，有不即施工者。帝聞之，遣使分視，自是不復有稽遲者，以至雨潦暴集，無所壅遏，都人賴之。

大中祥符三年，遣供備庫使謝德權治溝洫，導太一宫積水抵陳留界，入亳州渦河。

五年三月，帝宣示宰臣曰：“京師所開溝渠，雖屢鈐轄，仍令内侍分察吏擾。”

仁宗天聖元年八月，東西八作司與内殿承制、閤門祗候劉永崇等言："内外八厢創置八字水口，通流兩水[2]入渠甚利，慮所置處豪富及勢要阻抑，乞下令巡察。"從之。

二年七月，内殿崇班、閣門祗候張君平[3]等言："準敕按視開封府界至南京、宿亳諸州溝河形勢，疏決利害凡八事：一、商度地形，高下連屬，開治水勢，依尋古溝洫浚之，州縣計力役均定，置籍以主之。二、施工開治後，按視不如元計狀及水壅不行有害民田者，按官吏之罪，令償其費。三、約束官吏，毋斂取夫衆財貨入己。四、縣令佐、州守倅，有能勸課部民自用工開治不致水害者，叙爲勞績，替日與家便官；功績尤多，別議旌賞。五、民或於古河渠中修築堰堨，截水取魚，漸至澱淤，水潦暴集，河流不通，則致深害，乞嚴禁之。六、開治工畢，按行新舊廣深丈尺，以校工力。以所出土，於溝河岸一步外築爲堤垾。七、凡溝洫上廣一丈，則底廣八尺，其深四尺，地形高處或至五六尺，以此爲率。有廣狹不等處，折計之，則畢工之日，易於覆視。八、古溝洫在民田中，久已淤平，今爲賦籍而須開治者，據所占地步，爲除其賦。"詔令頒行。

神宗熙寧元年三月，都水監言："畿内溝河至多，而諸縣各役人夫開淘，十纔二三，須二三年方可畢工。請令府界提點司選官，與縣官同定緊慢功料，據合差夫數，以五分夫，役十分工，依年分開淘，提點司通行點校。"從之。

二年閏十一月，詔以府界道路積水，妨民輸納，命都水監差官溝畎。

元豐五年，詔開在京城濠，闊五十步，深一丈五尺，地脉不及者，至泉止。

徽宗大觀元年七月，以京城霖雨，水浸居民，道路不通，遣官分督疏導。是月又詔："自京至八角鎮，積水妨行旅。轉運司選官疏導，修治橋梁，毋使病涉。"

二十五史河渠志注釋（修訂本）

〔1〕本題爲注釋者所加。

〔2〕兩水　疑爲“雨水”之誤。

〔3〕張君平　字士衡，磁州滏陽（今河北磁縣）人，習知水利，對修治汴河、黃河做過許多工作。《宋史》卷三二六有傳。

白　河[1]

白河在唐州[2]，南流入漢。

太平興國三年正月，西京轉運使程能獻議，請自南陽下向口置堰，迴水入石塘、沙河，合蔡河達于京師，以通湘潭之漕[3]。詔發唐、鄧、汝、潁、許、蔡、陳、鄭丁夫及諸州兵，凡數萬人，以弓箭庫使王文寶、六宅使李繼隆、内作坊副使李神祐、劉承珪等護其役。塹山陻谷，歷博望、羅渠、少柘山[4]，凡百餘里，月餘，抵方城，地勢高，水不能至。能獻復多役人以致水，然不可通漕運。會山水暴漲，石堰壞，河不克就，卒陻廢焉。

端拱元年，供奉官閤門祇候閻文遜、苗忠俱上言：“開荆南城東漕河，至師子口入漢江，可通荆、峽漕路至襄州；又開古白河，可通襄、漢漕路至京。”詔八作使石全振往視之，遂發丁夫治荆南漕河至漢江，可勝二百斛重載，行旅者頗便，而古白河終不可開。

〔1〕本題爲注釋者所加。

〔2〕白河在唐州　白河主流在鄧州（治今河南鄧州），這裏所指在唐州應是下面所述接通白河和蔡河的新開運河的主要工程所在地唐州（治今河南唐河）。

〔3〕以通湘潭之漕　湘潭不是專指湘潭一縣，而是以湘江和潭州（治長沙）代表的湖南湖北一帶。宋代所開的這條連接白河和蔡河的運河，將把長江和淮河流域聯係起來，以使湖廣地區的貢賦直達都城東京，省去自長江、邗溝、淮河、汴河運輸的迴遠路程。但未成功，遺跡至今可見。運河選擇的路綫合理，至今仍作爲南水北調中綫的參考路綫。

· 126 ·

〔4〕〔標點本原注〕少柘山 《宋會要·方域》一七之一作"小柘山"，《長編》卷一九作"小祐山"。

三 白 渠[1]

三白渠在京兆涇陽縣。

淳化二年秋，縣民杜思淵上書言："涇河內舊有石䂬[2]，以堰水入白渠，溉雍、耀田，歲收三萬斛。其後多歷年所，石䂬壞，三白渠水少，溉田不足，民頗艱食。乾德中，節度判官施繼業率民用梢穰、笆籬、棧木，截河爲堰，壅水入渠。緣渠之民，頗獲其利。然凡遇暑雨，山水暴至，則堰輒壞。至秋治堰，所用復取於民，民煩數役，終不能固。乞依古制，調丁夫修疊石䂬，可得數十年不撓。所謂暫勞永逸矣。"詔從之，遣將作監丞周約己等董其役，以用功尤大，不能就而止。

至道元年正月，度支判官梁鼎[3]、陳堯叟上鄭白渠利害："按舊史，鄭渠元引涇水，自仲山西抵瓠口，并北山東注洛，三百餘里，溉田四萬頃，畝收一鍾。白渠亦引涇水，起谷口，入櫟陽，注渭水，長二百餘里，溉田四千五百頃。兩渠溉田凡四萬四千五百頃，今所存者不及二千頃，皆近代改修渠堰，浸隳舊防，繇是灌漑之利，絕不於古矣。鄭渠難爲興工，今請遣使先詣三白渠行視，復修舊迹。"於是詔大理寺丞皇甫選、光禄寺丞何亮乘傳經度。

選等使還，言：

周覽鄭渠之制，用功最大。并仲山而東，鑿斷岡阜，首尾三百餘里，連亙山足，岸壁頽壞，陻廢已久。度其制置之始，涇河平淺，直入渠口。暨年代浸遠，涇河陡深，水勢漸下，與渠口相懸，水不能至。峻崖之處，渠岸摧毀，荒廢歲久，實難致力。其三白渠溉涇陽、櫟陽、高陵、雲陽、三原、富平六縣田三千八百五十餘頃，此渠衣食之源也，望令增築堤堰，以固護之。舊設節水斗門一百七十有六，皆壞，請悉繕完。渠口舊有六石門，謂之“洪門”，今亦隤圮，若復議興置，則其功甚大，且欲就近度其岸勢，別開渠口，以通水道。歲令渠官行視，岸之缺薄，水之淤填，即時浚治。嚴豪民盜水之禁。

〔1〕本題爲注釋者所加。
〔2〕石䃊　䃊音 shà，壅水石壩，僅見於鄭白渠上的名詞，創於唐代。
〔3〕梁鼎　字凝正，益州華陽（今四川成都）人。《宋史》卷三〇四有傳。

涇河中舊有石堰，修廣皆百步，捍水雄壯，謂之“將軍䃊”，廢壞已久。杜思淵嘗請興修，而功不克就。其後止造木堰，凡用梢椿萬一千三百餘數，歲出於緣渠之民。涉夏水潦，木堰遽壞，漂流散失，至秋，復率民以葺之，數斂重困，無有止息。欲令自今溉田既畢，命水工拆堰木實於岸側，可充二三歲修堰之用。所役緣渠之民，計田出丁，凡調萬三千人。疏渠造堰，各獲其利，固不憚其勞也。選能吏司其事，置署於涇陽縣側，以時行視，往復甚便。

又言：

鄧、許、陳、潁、蔡、宿、亳七州之地[1]，有公私閑田，凡三百五十一處，合二十二萬餘頃，民力不能盡耕。皆漢、魏以來，召信臣、杜詩、杜預、任峻、司馬宣王、鄧艾[2]等立制墾闢之地。内南陽界鑿山開道，疏通河水，散入唐、鄧、襄[3]三州以溉田。又諸處陂塘防埭，大者長三十里至五十里，闊五丈至八丈，高一丈五尺至二丈。其溝渠，大者長五十里至百里，闊三丈至五丈，深一丈至一丈五尺，可行小舟。臣等周行歷覽，若皆增築陂堰，勞費頗甚，欲隄防未壞可興水利者，先耕二萬餘頃，他處漸圖建置。

時著作佐郎孫冕總監三白渠，詔冕依選等奏行之。後自仲山之南，移治涇陽縣。其七州之田，令選於鄧州募民耕墾，皆免賦入。復令選等舉一人，與鄧州通判同掌其事。選與亮分路按察，未幾而罷。

景德三年，鹽鐵副使林特[4]、度支副使馬景盛陳關中河渠之利，請遣官行鄭、白渠，興修古制。乃詔太常博士尚賓乘傳經度，率丁夫治之。賓言："鄭渠久廢不可復，今自介公廟迴白渠洪口直東南，合舊渠以畎涇河，灌富平、櫟陽、高陵等縣，經久可以不竭。"工既畢而水利饒足，民獲數倍。

〔1〕鄧許陳潁蔡宿亳七州之地　北宋鄧州治穰縣（今河南鄧州），許州治長社（今河南許昌），陳州治宛丘（今河南淮陽），潁州治汝陰（今安徽阜陽），蔡州治汝陽（今河南汝南），宿州治符離（今安徽宿州），亳州治譙縣（今安徽亳縣）。這七州所轄地區皆為兩漢三國屯田與水利的地區。

〔2〕召信臣杜詩杜預任峻司馬宣王鄧艾　召信臣，《漢書》卷八九有傳；杜詩，《後漢書》卷六一有傳；杜預，《三國志·魏書》卷一六、《晉書》卷三四有傳；任峻，《後漢書》卷一○六，《三國志·魏書》卷一六有傳；司馬宣王即司馬懿，事在《晉書·宣帝紀》；鄧艾，《三國志·魏書》卷二八有傳。以上六人都主持過南陽和淮潁的水利屯田。

〔3〕襄　襄州治襄陽（今湖北襄陽）

〔4〕林特　字士奇，南劍州順昌（今福建順昌）人，《宋史》卷二八三有傳。

河 渠 五

(《宋史》卷九五)

漳河　滹沱河　御河　塘濼_(緣邊諸水)
河北諸水　岷江

漳　河[1]

漳河源於西山[2]，由磁、洺州南入冀州新河鎮，與胡盧河[3]合流，其後變徙，入于大河。

神宗熙寧三年，詔程昉同河北提點刑獄王廣廉相視。

四年，開修，役兵萬人，袤一百六十里。帝因與大臣論財用，文彥博曰："足財用在乎安百姓，安百姓在乎省力役。且河久不開，不出於東，則出於西，利害一也。今發夫開治，徙東從西，何利之有？"王安石曰："使漳河不由地中行，則或東或西，爲害一也。治之使行地中，則有利而無害。勞民，先王所謹，然以佚道使民，雖勞不可不勉。"會京東、河北大風，三月，詔曰："風變異常，當安靜以應天災。漳河之役妨農，來歲爲之未晚。"中書格詔不下。尋有旨權令罷役，程昉憤恚，遂請休退。朝廷令以都水丞領淤田事於河上。

五月，御史劉摯[4]言："昉等開修漳河，凡用九萬夫。物料本不預備，官私應急，勞費百倍。逼人夫夜役，踐蹂田苗，發掘墳墓，殘壞桑柘，不知其數。愁怨之聲，流播道路，而昉等安奏民間樂於工役。河北厢軍，劃刷都盡，而昉等仍乞於洺州調急夫，又欲令役兵不分番次，其急切擾攘，至於如此。乞重行貶竄，以謝疲民。"中丞楊繪[5]亦以爲言。王安石爲昉辨説甚力，後卒開之。

五年，工畢，昉與大理寺丞李宜之、知洺州黄秉推恩有差。

七年六月，知冀州王慶民言："州有小漳河，向爲黄河北流所壅，今河已東，乞開濬。"詔外都水監相度而已。

〔1〕本小標題爲注釋者所加。

〔2〕西山　即太行山。胡渭《禹貢錐指》引杜佑説："杜佑曰，西山者，太行、恒山也。"

〔3〕胡盧河　《元豐九域志》卷二信都縣（今冀縣）下"有胡盧河"。黃裳《新定九域志》卷二永静軍（今河北省東光縣）下載："胡盧河即衡漳之别名。"參見滹沱河、河北諸水。

〔4〕劉摯　字莘老，東光人。《宋史》卷三四〇有傳。

〔5〕楊繪　字元素，綿竹人。《宋史》卷三二二有傳。

滹　沱　河[1]

滹沱河源於西山，由真定、深州、乾寧，與御河合流。

神宗熙寧元年，河水漲溢，詔都水監、河北轉運司疏治。

六年，深州祁州、永寧軍修新河。

八年正月，發夫五千人，并胡盧河增治之。

元豐四年正月，北外都水丞陳祐甫言："滹沱自熙寧八年以後，汎濫深州諸邑，爲患甚大。諸司累相度不決，謂其下流舊入邊吴[2]、宜子淀，最爲便順。而屯田司懼填淤塘濼，煩文往復，無所適從。昨差官計之，若障入胡盧河，約用工千六百萬，若治程昉新河，約用工六百萬，若依舊入邊吴等淀，約用工二十九萬，其工費固已相遠。乞嚴立期會，定歸一策。"詔河北屯田轉運司同北外都水丞司相視。

五年八月癸酉，前河北轉運副使周革言："熙寧中，程昉於真定府中渡創繫浮梁，增費數倍。既非形勢控扼，請歲八九月易以版橋，至四五月防河即拆去，權用船渡。"從之。

〔1〕本標題爲注釋者所加。

〔2〕邊吴（淀）　《大清一統志·保定府·山川》載："邊吴泊在安州

（今河北省高陽縣東）西南，亦曰邊吳淀，今湮。"

御　河[1]

御河源出衞州共城縣百門泉，自通利、乾寧入界河，達于海。

神宗熙寧二年九月，劉彝[2]、程昉言："二股河北流今已閉塞，然御河水由冀州下流，尚當疏導，以絶河患。"先是，議者欲於恩州武城縣開御河約二十里，入黃河北流故道，下五股河，故命彝、昉相度。而通判冀州王庠謂，第開見行流處，下接胡盧河，尤便近。彝等又奏："如庠言，雖於河流爲順，然其間漫淺沮洳，費工猶多，不若開烏欄堤東北至大、小流港，橫截黃河，入五股河，復故道，尤便。"遂命河北提舉糴便糧草皮公弼、提舉常平王廣廉按視。二人議協，詔調鎮、趙、邢、洺、磁、相州兵夫六萬濬之，以寒食後入役。

〔1〕本標題爲注釋者所加。
〔2〕劉彝　字執中，福州人。《宋史》卷三三四記載："從胡瑗學。瑗稱其善治水。凡所立綱紀規式，彝力居多。"

三年正月，韓琦言："河朔累經災傷，雖得去年夏秋一稔，瘡痍未復。而六州之人，奔走河役，遠者十一二程，近者不下七八程，比常歲勞費過倍。兼鎮、趙兩州，舊以次邊，未嘗差夫，一旦調發，人心不安。又於寒食後入役，比滿一月，正妨農務。"詔河北都轉運使劉庠[1]相度，如可就寒食前入役，即亟興工，仍相度最遠州縣，量減差夫，而輟修塘堤兵[2]千人代其役。二月，琦又奏："御河漕運通流，不宜減大河夫役。"於是止令樞密院調兵三千，并都水監卒二千。三月，又益發壯城兵三千，仍詔提舉官程昉等促迫功限。六月，河成，詔昉赴闕，遷宮苑副使。

四年，命昉爲都大提舉黃、御等河。

八年，昉與劉瑄言："衞州沙河湮没，宜自王供埽開濬，引大河水注之御河，以通江、淮漕運。仍置斗門，以時啓閉。其利有五：王供危急，免河勢變移而別開口地，一也。漕舟出汴，橫絶沙河，免大河風濤之患，二也。沙河引水入于御河，大河漲溢，沙河自有限節，三也。御河漲溢，有斗門啓閉，無衝注淤塞之弊，四也。德、博舟運，免數百里大河之險，五也。一舉而五利附焉。請發卒萬人，一月可成。"從之。

〔1〕劉庠　字希道，彭城（今江蘇省徐州市）人。《宋史》卷三二二有傳。

〔2〕修塘堤兵　修河北塘泊堤岸的士兵。

九年秋，昉奏畢功。中書欲論賞，帝令河北監司案視保明，大名安撫使文彥博覆實。十月，彥博言：

去秋開舊沙河，取黃河行運，欲通江、淮舟檝，徹於河北極邊。自今春開口放水，後來漲落不定，所行舟栿皆輕載，有害無利，枉費功料極多。今御河上源，止是百門泉水，其勢壯猛，至衞州以下，可勝三四百斛之舟，四時行運，未嘗阻滯。隄防不至高厚，亦無水患。今乃取黃河水以益之，大即不能吞納，必至決溢；小則緩漫淺澀，必致淤澱。凡上下千餘里，必難歲歲開濬。況此河穿北京城中，利害易覩。今始初冬，已見阻滯，恐年歲間，反壞久來行運。儻謂通江、淮之漕，即尤不然。自江、浙、淮、汴入黃河，順流而下，又合於御河，大約歲不過一百萬斛。若自汴順流徑入黃河，達于北京，自北京和雇車乘，陸行入倉，約用錢五六千緡，却於御河裝載赴邊城，其省工役、物料及河清衣糧之費，不可勝計[1]。

又去冬，外監丞欲於北京黃河新堤開置水口，以通行運，
其策尤疏。此乃熙寧四年秋黃河下注御河之處，當時朝廷選差
近臣，督役修塞，所費不資。大名、恩冀之人，至今瘡痍未平，
今奈何反欲開口導水耶？都水監雖令所屬相視，而官吏恐忤建
謀之官，止作遷延，回報謂俟修固御河堤防，方議開置河口。
況御河堤道，僅如蔡河之類，若欲吞納河水，須如汴岸增修，
猶恐不能制蓄。乞別委清彊官相視利害，并議可否。

[1] 文彥博關於沿黃河和入御河漕運的優劣比較，《長編》卷二七八有較
清楚的記載："臣勘會前年自汴入黃河運粳米二十二萬五百餘石，至北京下
卸，止用錢四千五百四十餘貫，和雇車乘，般至城中，臨御河倉貯納。若般一
百萬斛至北京，只計陸脚錢一萬五六千貫，若却要於御河裝船，般赴沿邊，無
所不可。用力不多，所費極少。"

又言："今之水官，尤爲不職，容易建言，僥倖恩賞。朝廷
便爲主張，中外莫敢異議，事若不效，都無譴罰。臣謂更當選
擇其人，不宜令狂妄輩橫費生民膏血。"
已而都水監言，運河乞置雙牐[1]，例放舟船實便，與彥博所言
不同。十二月，命知制誥熊本與都水監、河北轉運司官相視。本奏：
河北州軍賞給茶貨，以至應接沿邊権場要用之物，并自黃
河運至黎陽出卸，轉入御河，費用止於客軍數百人添支而已。
向者，朝廷曾賜米河北，亦於黎陽或馬陵道口下卸，倒裝轉致，
費亦不多。昨因程昉等擘畫，於衞州西南，循沙河故迹決口置
牐，鑿堤引河，以通江、淮舟檝，而實邊郡倉廩。自興役至畢，
凡用錢米、功料二百萬有奇。今後每歲用物料一百一十六萬，
厢軍一千七百餘人，約費錢五萬七千餘緡。開河行水，纔百餘
日，所過船栰六百二十五，而衞州界御河淤淺，已及三萬八千
餘步；沙河左右民田，潦浸者幾千頃，所免租稅二千貫石有餘。

有費無利，誠如議者所論。

然尚有大者，衞州居御河上游，而西南當王供向著之會，所以捍黄河之患者，一堤而已。今穴堤引河，而置牐之地，纔及隄身之半。詢之土人云，自慶曆八年後，大水七至，方其盛時，游波有平堤者。今河流安順三年矣，設復夻水暴漲，則河身乃在牐口之上。以湍悍之勢而無隄防之阻，泛濫衝溢，下合御河，臣恐墊溺之禍，不特在乎衞州，而瀕御河郡縣，皆罹其患矣。

夫此河之興，一歲所濟船栰，其數止此，而萌每歲不測之患，積無窮不資之費，豈陛下所以垂世裕民之意哉！臣博采衆論，究極利病，咸以謂葺故堤，堰新口，存新牐而勿治，庶可以銷淤澱決溢之患，而省無窮之費。萬一他日欲由此河轉粟塞下，則暫開亟止，或可紓飛輓之勞。

未幾，河果決衞州。

〔1〕雙牐　即今之單級船牐，有上下兩座牐門，牐門間爲牐室。船牐設于水位有較大變化而不利航行的河段。通過操縱上下牐門和調整牐室水位，以克服水位差，便利船隻航行。我國文字記載的雙門船牐最早見於唐代。宋代在淮南運河和江南運河上建有多座雙門船牐。參見鄭連第《唐宋船牐初探》，載《水利學報》1981 年 2 期。

元豐五年，提舉河北黄河堤防司言：“御河狹隘，堤防不固，不足容大河分水，乞令綱運轉入大河，而閉截徐曲。”既從之矣[1]。

明年，户部侍郎塞周輔復請開撥，以通漕運，及令商旅舟船至邊。是時，每有一議，朝廷輒下水官相度，或作或輟，迄莫能定。大抵自小吳埽決，大河北流，御河數爲漲水所冒，亦或湮没。

哲宗紹聖三年四月，河北都轉運使吳安持始奏，大河東流，御河復出。詔委前都水丞李仲提舉開導。

徽宗崇寧元年冬，詔侯臨同北外都水丞司開臨清縣堨子口，增修御河西堤，高三尺，并計度西堤開置斗門，決北京、恩、冀、滄州、永靜軍積水入御河枯源。

明年秋，黄河漲入御河，行流浸大名府館陶縣，敗廬舍，復用夫七千，役二十一萬餘工修西堤，三月始畢，漲水復壞之。

政和五年閏正月，詔於恩州北增修御河東堤，爲治水隄防，令京西路差借來年分溝河夫千人赴役。於是都水使者孟揆移撥十八埽官兵，分地步修築，又取棗彊上埽水口以下舊堤所管榆柳爲椿木。

〔1〕關於改由大河綱運事，《長編》記載作："提舉河北黄河堤防司言：按視御河隘隘，堤防墊弱，不能通納大河分水，恩州城壁可憂。而回水入大河，即不灌塘濼、御河，綱運惟通恩、滄、永靜、乾寧自可轉入大河，不至回遠，所相度閉截徐曲來水并入大河爲便。從之。"

塘　濼[1]

塘濼，緣邊諸水所聚，因以限遼。河北屯田司、緣邊安撫司皆掌之，而以河北轉運使兼都大制置。凡水之淺深，屯田司季申工部。其水東起滄州界，拒海岸黑龍港，西至乾寧軍，沿永濟河合破船淀、灰淀、方淀[2]爲一水，衡廣一百二十里，縱九十里至一百三十里，其深五尺。東起乾寧軍、西信安軍永濟渠爲一水，西合鵝巢淀、陳人淀、燕丹淀、大光淀、孟宗淀爲一水，衡廣一百二十里，縱三十里或五十里，其深丈餘或六尺。東起信安軍永濟渠，西至霸州莫金口，合水汶淀、得勝淀、下光淀、小蘭淀、李子淀、大蘭淀爲一水，衡廣七十里，或十五里或六里[3]，其深六尺或七尺。東北起霸州莫金口，西南保定軍父母砦，合糧料淀、迴淀爲一水，衡廣二十七里，縱八里，其深六尺，霸州至保定軍并塘岸水最淺，故咸平、景德中，契丹南牧，以霸州、信安軍爲歸路。東南起保安軍[4]，西北雄州，合百世淀、黑羊淀、小蓮花淀爲一水，衡廣六十里，縱二十五里或十里[5]，其深八尺或九尺。東起雄州，西至順安軍，合大蓮花淀、洛陽淀、牛橫淀、康池淀、疇淀、白羊淀爲一水，衡廣七十里，縱三十里或四十五里，其深一丈或六尺或七尺。東起順安軍，西邊吳淀至保州，合齊女淀[6]、勞淀爲一水，衡廣三十餘里，縱百五十里，其深一丈三尺或一丈。起安肅、廣信軍之南，保州西北，畜沈苑河爲塘，衡廣二十里，縱十里，其深五尺，淺或三尺，曰沈苑泊。自保州西合鷄距泉、尚泉爲稻田、方田[7]，衡廣十里，其深五尺至三尺，曰西塘泊。自何承矩[8]以黃懋爲判官，始開置屯田，築堤儲水爲阻固，其後益增廣之。凡并邊諸河，若滹沱、胡盧、永濟等河，皆匯于塘。

[1] 本標題爲注釋者所加。標點本卷題作“塘濼緣邊諸水”，誤。

[2] 破船淀灰淀方淀　《長編》卷一一二作“破船淀、滿淀、灰淀”。

[3] [標點本原注] 或十里或六里　《長編》卷一一二作“縱五十里或六十里”，《武經總要》前集卷一六作“南北約十五里至六里”。按“南北”與“縱”同義，上下文亦“衡廣”與“縱”對稱，“或”疑爲“縱”之誤。

[4] 保安軍　《長編》卷一一二作保定軍。《宋史·地理志》卷八六載：景德元年改平戎軍爲保定軍。宣和七年（1125 年）改爲保定縣，隸莫州。

[5] 十里　《長編》作十五里。

[6] [標點本原注] 齊女淀　《長編》卷一一二、《長編紀事本末》卷四六作“齊安淀”。

[7] 方田　此處所説方田是北宋爲防禦遼朝騎兵突襲，在塘泊地區興建的屯田，田地四周圍以灌溉溝塹。參見本志下文及《宋史·食貨志》卷一七六“屯田”。與熙寧年間制訂的《方田均稅條約并式》的方田不同。參見《宋史·食貨志》卷一七四“方田”。

[8] 何承矩　字正則，河南（今河南省洛陽市）人。《宋史》卷二七三有傳。承矩上疏提議興辦河北塘泊屯田，時在端拱元年（988 年）。

天聖以後，相循而不廢，仍領于沿邊屯田司。而當職之吏，各從其所見，或曰："有兵將在，契丹來，云無所事塘。自邊吳淀西望長城口，尚百餘里，皆山阜高仰，水不能至，契丹騎馳突，得此路足矣，塘雖距海，亦無所用。夫以無用之塘，而廢可耕之田，則邊穀貴，自困之道也。不如勿廣，以息民爲根本。"或者則曰："河朔幅員二千里，地平夷無險阻。契丹從西方入，放兵大掠，由東方而歸，我嬰城之不暇，其何以禦之？自邊吳淀至泥姑海口，綿亘七州軍，屈曲九百里，深不可以舟行，淺不可以徒涉，雖有勁兵，不能度也。東有所阻，則甲兵之備，可以專力于其西矣。孰謂無益？"論者自是分爲兩歧，而朝廷以契丹出沒無常，阻固終不可以廢也。

仁宗明道二年，劉平[1]自雄州徙知成德軍，奏曰[2]："臣嚮爲沿邊安撫使，與安撫都監劉志嘗陳備邊之略。臣今徙真定路，由順安、安肅、保、定州界，自邊吳淀望趙曠川、長城口，乃契丹出入要害之地，東西不及一百五十里。臣竊恨聖朝七十餘年，守邊之臣，何可勝數，皆不能爲朝廷預設深溝高壘，以爲扼塞。臣聞太宗朝，嘗有建請置方田者。今契丹國多事，兵荒相繼，我乘此以引水植稻爲名，開方田，隨田塍四面穿溝渠，縱廣一丈，深二丈，鱗次交錯，兩溝間屈曲爲徑路，才令通步兵。引曹河、鮑河、徐河、雞距泉分注溝中，地高則用水車汲引，灌溉甚便。願以劉志知廣信軍，與楊懷敏共主其事，數年之後，必有成績。"帝遂密敕平與懷敏漸建方田。侍禁劉宗言又奏請種木于西山之麓，以法榆塞，云可以限契丹也。後劉平去真定，懷敏猶領屯田司。塘日益廣，至吞没民田，蕩溺丘墓，百姓始告病，乃有盜決以免水患者，懷敏奏立法依盜決堤防律。

[1] 劉平　字士衡，開封祥符人。《宋史》卷三二五有傳。
[2] 仁宗明道二年（1033年）劉平自雄州徙知成德軍奏曰　據《長編》卷一一二，明道元年（1032年）八月"忻州團練使劉平自雄州徙知成德軍"。

明道二年（1033 年）三月壬午奏開方田。

景祐二年，懷敏知雄州[1]，又請立木爲水則[2]，以限盈縮。

寶元元年十一月己未，河北屯田司言：“欲於石塚口導永濟河水，以注緣邊塘泊，請免所經民田稅。”從之。時歲旱，塘水涸，懷敏慮契丹使至，測知其廣深，乃壅界河水注之，塘復如故。

慶曆二年三月己巳，契丹遣使致書，求關南十縣。且曰：“營築長堤，填塞隘路，開決塘水，添置邊軍，既潛稔於猜嫌，慮難敦於信睦。”四月庚辰，復書曰：“營築堤埭，開決陂塘，昨緣霖潦之餘，大爲衍溢之患，既非疏導，當稍繕防，豈蘊猜嫌，以虧信睦。”遼使劉六符嘗謂賈昌朝曰：“南朝塘濼何爲者哉？一葦可杭，投箠可平。不然，決其堤，十萬土囊，遂可踦矣。”時議者亦請涸其地以養兵。帝問王拱振，對曰：“兵事尚詭，彼誠有謀，不應以語敵，此六符誇言爾。設險守國，先王不廢，且祖宗所以限遼騎也。”帝深然之。

七月，契丹復議和好，約兩界河淀已前開畎者并依舊外，自今已後，各不添展。其見堤堰水口，逐時決洩壅塞，量差兵夫，取便修叠疏導。非時霖潦，別至大段漲溢，并不在關報之限。是歲，劉宗言知順安軍，上言：“屯田司瀦塘水，漂招賢鄉六千户。”

[1] ［標點本原注］懷敏知雄州　據本書卷二八九《葛懷敏傳》和《長編》卷一一七、一二二，景祐間知雄州的是葛懷敏。下文所記兩事，也都是葛懷敏所爲。此處當脱“葛”字。
　　［今注］《玉海・河渠》卷二二亦作葛懷敏。
[2] 水則　測量水位的水尺。

五年七月，初與契丹約，罷廣兩界塘淀。約既定，朝廷重生事，自是每邊臣言利害，雖聽許，必戒之以毋張皇，使契丹有詞。而楊懷敏獨治塘益急[1]，是月，懷敏密奏曰：“前轉運使沈邈[2]開七級口泄塘水，臣已亟塞之。知順安軍劉宗言閉五門幞頭港、下赤大渦柳林口漳河水，不使入塘，臣已復通之，令注白羊淀矣。邈、宗言朋黨沮事如此，不譴誅無以懲後。”詔從懷敏奏，自今有妄乞改水口者，重責之。

嘉祐中，御史中丞韓絳言：“宣祖[3]已上，本籍保州，懷敏廣塘水，侵皇朝遠祖墳。近聞詔旨以錢二百千，賜本宗使易葬，此虧薄國體尤甚，物論駭嘆，願請州縣屏水患而已。”知雄州趙滋[4]言：“屯田司當徐河間築堤斷水，塘堤具存，可覆視也。宜開水實六十尺，修石限以節之。”咸可其奏。

八年，河北提點刑獄張問言：“視八州軍塘，出土爲堤，以畜西山之水，涉夏河溢，而民田無患。”亦施行焉。

神宗熙寧元年正月，復汾州西河濼。濼舊在城東，圍四十里，歲旱以溉民田，雨以潴水，又有蒲魚、菱茨之利，可給貧民。前轉運使王沿[5]廢爲田，人不以爲便。至是，知雜御史劉述[6]請復之。是歲，又遣程昉諭邊臣營治諸濼，以備守禦。

[1]〔標點本原注〕而楊懷敏獨治塘益急 “楊懷敏”原作“葛懷敏”。按本書卷一一仁宗紀，葛懷敏死於慶曆二年（1042年）；《長編》卷一五六記此事作“楊懷敏”；沈括《夢溪筆談》卷一三也說：“慶曆中，內侍楊懷敏復踵爲之。”據改。

[2]沈邈　字子山，信州弋陽人。《宋史》卷三〇二有傳。

[3]宣祖　即宋太祖之父趙弘殷。

[4]趙滋　字子深，開封人。《宋史》卷三二四有傳。

[5]王沿　字聖源，大名館陶人。《宋史》卷三〇〇有傳

[6]劉述　字孝叔，湖州（今浙江省吳興縣）人。《宋史》卷三二一有傳。

五年，東頭供奉官趙忠政言：“界河以南至滄州凡二百里，夏秋

可徒涉，遇冬則冰合，無異平地。請自滄州東接海，西抵西山，植榆柳、桑棗，數年之間，可限契丹。然後施力耕種，益出租賦，以助邊儲。”詔程昉察視利害以聞。

六年五月，帝與王安石論王公設險守國，安石曰：“《周官》亦有掌固之官，但多侵民田，恃以爲國，亦非計也。太祖時未有塘泊，然契丹莫敢侵軼。”他日，樞密院官言：“程昉放滹沱水，大懼填淤塘濼，失險固之利。”安石謂：“滹沱舊入邊吳淀，新入洪城淀，均塘濼也。何昔不言而言乎？”蓋安石方主昉等，故其論如此。

六年十二月癸酉，命河北同提點制置屯田使閻士良專興修樸椿口，增灌東塘淀濼。先是，滄州北三堂等塘濼，爲黃河所注，其後河改而濼塞。程昉嘗請開琵琶灣引河水，而功不成。至是，士良請堰水絶御河，引西塘水灌之，故有是命[1]。

七年六月丁丑，河北沿邊安撫司上《制置沿邊浚陂塘築堤道條式圖》，請付邊郡屯田司。又言於沿邊軍城植柳蒔麻，以備邊用。并從之。

九年六月，高陽關言：“信安、乾寧塘濼，昨因不收獨流決口[2]，至今乾涸。”於是命河北東、西路分遣監司，視廣狹淺深，具圖本上。十年正月甲子，詔：“比修築河北破缺塘堤，收匱水勢。其信安軍等處因塘水減涸，退出田土，已召人耕佃者復取之[3]。”

元豐三年，詔諭邊臣曰：“比者契丹出没不常，不可全恃信約以爲萬世之安。況河朔地勢坦平，略無險阻，殆非前世之比。惟是塘水實爲礙塞，卿等當體朕意，協力增修，自非地勢高仰，人力所不可施者，皆在滋廣，用謹邊防。蓋功利近在目前而不爲，良可惜也。”

六年十二月，定州路安撫使韓絳言：“定州界西自山麓，東接塘淀，綿地百餘里，可瀦水設險。”詔以引水灌田陂爲名。

哲宗元祐中，大臣欲回河東流者，皆以北流壞塘濼爲言，事見前篇。

徽宗大觀二年十二月，詔曰："瀦水爲塘，以備汎濫，留屯營田，以實塞下，國家設官置吏，專總其事。州縣習玩，歲久隳壞。其令屯田司循祖宗以來塘堤故迹修治之，毋得增益生事。"大抵河北塘濼，東距海，西抵廣信、安肅，深不可涉，淺不可舟，故指爲險固之地。其後淤澱乾涸，不復開濬，官司利於稻田，往往洩去積水，自是堤防壞矣。

〔1〕本事《宋會要·食貨》七之二六有詳細記載。
〔2〕[標點本原注]昨因不收獨流決口 "收"，《宋會要·方域》一七之八、《長編》卷二七六都作 "修"。
〔3〕關於河北塘泊屯田的收益，《宋史·食貨志》卷一七六 "屯田" 記載："天禧末，諸州屯田總四千二百餘頃，河北歲收二萬九千四百餘石，而保州最多，逾其半焉。……治平三年，河北屯田三百六十七頃，得穀三萬五千四百六十八石。熙寧初，以內侍押班李若愚同提點制置河北屯田事。"

河　北　諸　水 [1]

河北諸水，有通轉餉者，有爲方田限遼人者。太宗太平興國六年正月，遣八作使郝守濬 [2] 分行河道，抵于遼境者，皆疏導之。又於清苑界開徐河、雞距河五十里入白河。自是關南之漕，悉通濟焉。

端拱二年，以左諫議大夫陳恕 [3] 爲河北東路招置營田使，魏羽 [4] 爲副使；右諫議大夫樊知古 [5] 爲河北西路招置營田使，索湘 [6] 爲副使，欲大興營田也 [7]。

先是，自雄州東際于海，多積水，契丹患之，未嘗敢由此路入，每歲，數擾順安軍。議者以爲宜度地形高下，因水陸之便，建阡陌，濬溝洫，益樹五稼，所以實邊廩而限契丹。雍熙後，數用兵，歧溝、君子館敗衂 [8] 之後，河朔之民，農桑失業，多閑田，且戍兵增倍，故遣恕等經營之。恕密奏："戍卒皆墮游，仰食縣官，一旦使冬被甲兵，春執末耜，恐變生不測。"乃詔止令葺營堡，營田之議遂寢。

淳化二年，從河北轉運使請，自深州新砦鎮開新河，導胡盧河，分爲一派，凡二百里抵常山，以通漕運。胡盧河源於西山，始自冀州新河鎮入深州武彊縣，與滹沱河合流，其後變徙，入大河。至神宗熙寧中，內侍程昉請開決引水入新河故道，詔本路遣官按視。永靜軍判官林伸、東光縣令張言舉言："新河地形高仰，恐害民田。"昉言："地勢最順，宜無不便。"乃復遣劉瑢、李直躬考實，而瑢等卒如昉言，伸等坐貶官。

〔1〕本題爲注釋者所加。
〔2〕郝守濬　《長編》卷一五載，開寶七年（974年）十月八作使郝守濬造浮橋。而《宋史·樊知古傳》記爲八作使郭守濬。
〔3〕陳恕　字仲言，洪州南昌人。《宋史》卷二六七有傳。
〔4〕魏羽　字垂天，歙州婺源人。《宋史》卷二六七有傳。
〔5〕樊知古　字仲師，長安人。《宋史》卷二七六有傳。
〔6〕索湘　字巨川，滄州鹽山人。《宋史》卷二七七有傳。
〔7〕端拱二年（989年）設河北東西路招置營田使事，參見《宋史·食貨志》卷一七六"屯田"。
〔8〕歧溝君子館敗衄　事在雍熙三年（986年）。參見《宋史·太宗紀》卷五。

四年春，詔六宅使何承矩等督戍兵萬八千人，自霸州界引滹沱水灌稻爲屯田，用實軍廩，且爲備禦焉。初，臨津令黃懋上封事，盛稱水田之利，乃以承矩洎內供奉官閻承翰、殿直張從古同制置河北緣邊屯田事，仍以懋爲大理寺丞，充屯田判官，其所經畫，悉如懋奏。

真宗咸平四年，知靜戎軍王能[1]請自姜女廟東決鮑河水，北入閤臺淀，又自靜戎之東引，北注三臺、小李村，其水溢入長城口而南，又壅使北流而東入于雄州。

五年，順安軍兵馬都監馬濟復請自静戎軍東，擁鮑河開渠入順安軍，又自順安軍之西引入威虜軍，置水陸營田於渠側。濟等言："役成，可以達糧漕，隔遼騎。"帝許之，獨鹽臺淀稍高，恐決引非便，不從其議。因詔莫州部署石普并護其役。踰年功畢，帝曰："普引軍壁馬村以西，開鑿深廣，足以張大軍勢。若邊城壕溝悉如此，則遼人倉卒難馳突而易追襲矣。"其年，河北轉運使耿望開鎮州常山鎮南河水入洨河至趙州，有詔褒之。三月，西京左藏庫使舒知白請於泥姑海口、章口復置海作務造舟，令民入海捕魚，因偵平州機事。異日王師征討，亦可由此進兵，以分敵勢。先是，置船務，以近海之民與遼人往還，遼人嘗泛舟直入千乘縣，亦疑有鄉導之者，故廢務。至是，令轉運使條上利害。既而以爲非便，罷之。

景德元年，北面都鈐轄閻承翰[2]自嘉山東引唐河三十二里至定州，釃而爲渠，直蒲陰縣東六十二里會沙河，徑邊吳泊，遂入于界河，以達方舟之漕。又引保州趙彬堰徐河水入雞距泉，以息挽舟之役。自是朔方之民，灌溉饒益，大蒙其利矣。八月，詔滄州、乾寧軍謹視斗門水口，壅潮水入御河東塘堰，以廣溉廕。

四年五月，知雄州李允則[3]決渠爲水田，帝以渠接界河，罷之。因下詔曰："頃修國好，聽其盟約，不欲生事，姑務息民。自今邊城止可修葺城壕，其餘河道，不得輒有濬治。"

〔1〕王能　廣濟定陶人。《宋史》卷二七九有傳。
〔2〕閻承翰　真定（今河北省正定縣）人。《宋史》卷四六六有傳。
〔3〕李允則　字垂範。《宋史》卷三二四有傳。

大中祥符七年四月，涇原都鈐轄曹瑋[1]言："渭北有古池，連帶山麓，今濬爲渠，令民導以溉田。"六月，知永興軍陳堯咨導龍首渠入城[2]，民庶便之。并詔嘉獎。

天禧末，諸州屯田總四千二百餘頃，而河北屯田歲收二萬九千四百餘石，保州最多，逾其半焉。江、淮、兩浙承僞制，皆有屯田，克復後，多賦與民輸租，第存其名。在河北者雖有其實，而歲入無幾，利在畜水以限遼騎而已。仁宗天聖四年閏五月，陝西轉運使王博文[3]等言：“準敕相度開治解州安邑縣至白家場永豐渠[4]，行舟運鹽，經久不至勞民。按此渠自後魏正始二年，都水校尉元清引平坑水西入黃河以運鹽，故號永豐渠。周、齊之間，渠遂廢絕。隋大業中，都水監姚暹決堰濬渠，自陝郊西入解縣，民賴其利。及唐末至五代亂離，迄今湮没，水甚淺涸，舟檝不行。”詔三司相度以聞。

〔1〕曹瑋　字寶臣·真定靈壽人。《宋史》卷二五八有傳。
〔2〕陳堯咨導龍首渠入城　《宋史·陳堯咨傳》卷二八四載：“永興軍長安地斥鹵，無甘泉。堯咨疏龍首渠注城中，民利之。”宋敏求《長安志·長安縣》卷一二載：“龍首渠在縣東北五里，自萬年縣界流入而注于渭。”
〔3〕王博文　字仲明，曹州濟陰（今山東省定陶縣西）人。《宋史》卷二九一有傳。
〔4〕永豐渠　《玉海·河渠》卷二二“天聖復永豐渠”條載：“四年閏五月辛亥詔陝臣漕臣相視修復永豐渠。後魏正始四年（實錄云二年）都水校尉元清引平坑水爲渠，西入黃河以運鹽，名永豐渠。周齊間廢。隋大業中都水監姚暹決堰浚渠，自陝郊西入解縣，民賴其利。唐末湮没，鹽運大艱。至是殿直劉逵請開浚，通舟運鹽（解州安邑至白家場）。漕臣王博文以爲便，命三司計功浚之，公私利焉（志云：是歲卒成之，公私果利）。”

神宗即位，志在富國，故以勔農爲先。熙寧元年六月，詔諸路監司：“比歲所在陂塘堙没，瀕江圩埠浸壞，沃壤不得耕，宜訪其可興者，勸民興之，具所增田畝稅賦以聞。”

二年十月，權三司使吳充言：“前宜城令朱紘，治平間修復木渠，不費公家束薪斗粟，而民樂趨之。渠成，溉田六千餘頃，數邑蒙其利。”詔遷紘大理寺丞，知比陽縣。或云紘之木渠，繞山度溪以行水，數勤民而終無功[1]。

十一月，制置三司條例司具《農田利害條約》[2]，詔頒諸路："凡有能知土地所宜種植之法，及修復陂湖河港，或元無陂塘、圩埠、堤堰、溝洫而可以創修，或水利可及衆而爲人所擅有，或田去河港不遠，爲地界所隔，可以均濟流通者；縣有廢田曠土，可糾合興修，大川溝瀆淺塞荒穢，合行濬導，及陂塘堰埭可以取水灌溉，若廢壞可興治者：各述所見，編爲圖籍，上之有司。其土田迫大川，數經水害，或地勢汙下，雨潦所鍾，要在修築圩埠、堤防之類，以障水潦，或疏導溝洫、畎澮，以泄積水。縣不能辦，州爲遣官，事關數州，具奏取旨。民修水利，許貸常平錢穀給用。"初，條例司奏遣劉彝等八人行天下，相視農田水利，又下諸路轉運司各條上利害，又詔諸路各置相度農田水利官。至是，以《條約》頒焉。

[1] 紹興三十二年（1162年）又曾浚治長渠、木渠。事見《宋史·食貨志》卷一七六"屯田"。
[2] 農田利害條約 又稱"農田水利約束"，內容詳見《宋會要·食貨》一之二七。

秘書丞侯叔獻言："汴岸沃壤千里，而夾河公私廢田，略計二萬餘頃，多用牧馬。計馬而牧，不過用地之半，則是萬有餘頃常爲不耕之地。觀其地勢，利於行水。欲於汴河兩岸置斗門，泄其餘水，分爲支渠，及引京、索河并三十六陂，以灌溉田。"[1]詔叔獻提舉開封府界常平，使行之，而以著作佐郎楊汲[2]同提舉。叔獻又引汴水淤田，而祥符、中牟之民大被水患，都水監或以爲非。

三年三月，帝謂王安石、韓絳曰："都水沮壞淤田者，以侵其職事爾。"安石曰："必欲任屬，當以楊汲爲都水監。今每事稟於沈立、張鞏，何能辦集。"七月，帝聞淤田多浸民田稼、屋宇，令內侍馮宗道往視，宗道以說者爲妄。八月，叔獻、汲并權都水監丞、提舉沿汴淤田。

九月戊申，遣殿中丞陳世修乘驛經度陳、潁州八丈溝故迹。初，世修言：“陳州項城縣界蔡河東岸有八丈溝，或斷或續，迤邐東去，由潁及壽，綿亙三百五十餘里，乞因其故道。量加濬治。興復大江、次河、射虎、流龍、百尺等陂塘，導水行溝中，棊布灌溉，俾數百里復爲稻田，則其利百倍。”繪圖來上，帝意向之。王安石曰：“世修言引水事即可試，八丈溝新河則不然。昔鄧艾不賴蔡河漕運，故能并水東下，大興水田。厥後既分水以注蔡河，又有新修牐以限之，與昔不同。惟無所用水，即水可并而溝可復矣。”故先命世修相度。

〔1〕關於引汴河放淤的考慮，《宋會要・食貨》七之一九補充說：“叔獻言：汴河歲漕東南六百萬斛，浮江泝淮更數千里，計其所費，率數石而致一碩，……矧京師帝居，天下輻臻，人物之富，兵甲之饒，不知幾百里數。夫以數百萬之衆而仰給於東南千里之外，此未爲策之得也。”

〔2〕楊汲　字潛古，泉州晋江人。《宋史・楊汲傳》載：“（楊汲）主管開封府界常平權都水丞，與侯叔獻行汴水淤田法，遂釃汴流漲潦，以漑西部瘠土，皆爲良田，神宗嘉之，賜以所淤田千畝。”

四年三月，帝語侍臣：“中人視麥者，言淤田甚佳，有未淤不可耕之地，一望數百里。獨樞密院以淤田無益，謂其薄如餅。”安石曰：“就令薄，固可再淤，厚而後止。”是月，帝以慶州軍亂，召執政對資政殿。馮京[1]曰：“府界既淤田，又行免役，作保甲，人極勞弊。”帝曰：“淤田於百姓何苦？聞土細如麵。”王安石曰：“慶卒之變，陛下旰食。大臣宜於此時共圖消弭，乃合爲浮議，歸咎淤田、保甲，了不相關，此非待至明而後察也。”十月，前知襄州光禄卿史炤言：“開修古淳河一百六里，灌田六千六百餘頃，修治陂堰，民已獲利，慮州縣遽欲增稅。”詔三司應興修水利，墾開荒梗，毋增稅。

五年二月，侯叔獻等言：“民願買官淤田者七十餘户，已分赤淤、花淤等，及定其直各有差，仍於次年起稅。若願增錢者，不以投狀先後給之。”五月，御史張商英言：“嘗聞獻議者請開鄧州穰縣永國渠，引湍河水灌溉民田，失邵信臣故道，鑿焦家莊，地勢偏仰，水不通流。”詔京西路覆實，遣程昉領其事。昉刲河去疏土，築爲巨堰。水行再歲，會霖雨，谿谷合流大漲，堰下土疏惡，莫能禦，由此廢不復治。閏七月，程昉奏引漳、洺河淤地，凡二千四百餘頃。帝曰：“灌溉之利，農事大本，但陝西、河東民素不習此，苟享其利，後必樂趨。三白渠爲利尤大，有舊跡，可極力修治。凡疏積水，須自下流開導，則畎澮易治。《書》所謂‘濬畎澮距川[2]’是也。”

時人人爭言水利。提舉京西常平陳世修乞於唐州引淮水入東西邵渠，灌注九子等十五陂，溉田二百里[3]。提舉陝西常平沈披乞復京兆府武功縣古迹六門堰[4]，於石渠南二百步傍爲土洞，以木爲門，回改河流，溉田三百四十里。大抵迂闊少效。披坐前爲兩浙提舉，開常州五瀉堰不當，法寺論之，至是，降一官。十一月，陝西提舉常平楊蟠議修鄭、白渠，詔都水丞周良孺相視。乃自石門堰涇水開新渠，至三限口以合白渠。王安石請捐常平息錢，助民興作，帝曰：“縱用內帑錢，亦何惜也。”[5]

[1] 馮京　字當世，鄂州江夏（今湖北省武漢市）人。《宋史》卷三一七有傳。

[2] 書所謂濬畎澮距川見《尚書·禹貢》。

[3] 此事詳見《宋會要·食貨》七之二四。該工程以有大型渡槽著稱：“乞於唐州石橋南北岸疊石爲馬頭，造虹橋，架過河道，於橋梁下柱透槽橫絕過河，引水入東邵渠，灌注九子等十五陂，則二百里之間終冬水利均浹。詔知唐州蘇涓覆視如實。即委世修提舉創造。”

[4] 六門堰　參見《長安志·興平》卷一四“成國渠”條。

[5] 《宋會要·食貨》七之二四對此事有詳細記載。

六年三月，程昉言：“得共城縣舊河槽，若疏導入三渡河，可灌西垸稻田。"從之。五月，詔："諸創置水磑碾硙妨灌溉民田者，以違制論。"命贊善大夫蔡朦修永興軍白渠[1]。八月，程昉欲引水淤漳旁地，王安石以爲長利，洎及冬乃可經畫。九月丙辰，賜侯叔獻、楊汲府界淤田各十頃。十月，命叔獻理提點刑獄資序，周良孺與升一任，皆賞淤田之勞也。陽武縣民邢晏等三百六十四户言："田沙鹹瘠薄，乞淤溉，候淤深一尺，計畝輸錢，以助興修。"詔與淤溉，勿輸錢。

十二月，河北提舉常平韓宗師[2]論程昉十六罪，盛陶亦言昉。帝以問安石，安石請令昉、宗師及京東轉運司各差官同考實以聞。還奏得良田萬頃，又淤四千餘頃。於是進呈。宗師疏至言："昉奏百姓乞淤田，實未嘗乞。"帝曰："此小失，何罪，但不知淤田如何爾？"安石曰："今檢到好田萬頃，又淤田四千餘頃，陛下以爲不知，臣實未喻。"帝曰："昉修漳河，漳河歲決；修滹沱，又無下尾。"安石力爲辨説。已而宗師與昉皆放罪。他日，帝論唐太宗能受諫，安石因言："陛下判功罪不及太宗。如程昉開閉四河，除漳河、黄河外，尚有溉淤及退出田四萬餘頃。自秦以來，水利之功，未有及此。止轉一官，又令與韓宗師同放罪，臣恐後世有以議聖德。"安石佑昉，大率類此。

是時，原武等縣民因淤田壞廬舍墳墓，妨秋稼，相率詣闕訴。使者聞之，急責縣令追呼，將杖之。民謬云："詣闕謝耳。"使者因爲民謝表，遣二吏詣鼓院投之，安石大喜。久之，帝始知雍丘等縣淤田清水頗害民田，詔提舉常平官視民耕地，蠲税一料。樞密院奏："淤田役兵多死，每一指揮[3]，僅存軍員數人。"下提點司密究其事，提點司言："死事者數不及三厘。"

[1] 據《長編》載，本次施工于熙寧七年（1074年）十二月動工，蔡朦此時任永興軍轉運判官。又據《宋會要·食貨》七之三一，本次施工失利，元豐三年（1080年）有關官員因此受到處分。其中將蔡朦誤作察朦。

〔2〕韓宗師　字傳道。《宋史》卷三一五有傳（附韓絳傳）。

〔3〕指揮　宋代軍隊的一級建置，每指揮轄五百人。

七年正月，程昉言："滄州增修西流河堤，引黃河水淤田種稻，增灌塘泊，并深州開引滹沱水淤田，及開回胡盧河，并回滹沱河下尾。"六月，金州西城縣民葛德出私財修長樂堰，引水灌溉鄉户土田，授本州司士參軍。八月甲戌，詔司農寺具所興修農田水利次第。九月，又詔："籍所興水利，自今遣使體訪，其不實不當者，案驗以聞。"從侍御史張琥請也。十一月壬寅，知諫院鄧潤甫[1]言："淤田司引河水淤酸棗、陽武縣田，已役夫四五十萬，後以地下難淤而止。相度官吏初不審議，妄興夫役，乞加絀罰"。詔開封劾元檢計按覆官。丁未，同知諫院范百禄言："向者都水監丞王孝先獻議，於同州朝邑縣界畎黃河，淤安昌等處鹵地。及放河水，而鹹地高原不能及，乃灌注朝邑縣長豐鄉永豐等十社千九百户秋苗田三百六十餘頃。"詔蠲被水户夏稅。是歲，知耀州閻充國募流民治漆水堤。

八年正月，程昉言："開滹沱、胡盧河直河淤田等部役官吏勞績，別爲三等，乞推恩。"從之。三月庚戌，發京東常平米，募饑民修水利。四月，管轄京東淤田李孝寬言："礬山漲水甚濁，乞開四斗門，引以淤田，權罷漕運再旬。"從之。深州静安令任迪，乞俟來年刈麥畢，全放滹沱、胡盧兩河，又引永静軍雙陵口河水，淤溉南北岸田二萬七千餘頃；河北安撫副使沈披，請治保州東南沿邊陸地爲水田：皆從之。閏四月丁未，提點秦鳳等路刑獄鄭民憲，請於熙州南關以南開渠堰，堰引洮水并東山直北通下至北關[2]，并自通遠軍熟羊砦導渭河至軍溉田。詔民憲經度，如可作陂，即募京西、江南陂匠以往。

五月乙酉，右班殿直、幹當修内司楊琰言："開封、陳留、咸平三縣種稻，乞於陳留界舊汴河下口，因新舊二堤之間修築水塘，用碎甓築虛堤五步以來，取汴河清水入塘灌溉。"從之。七月，江寧府上元縣主薄韓宗厚，引水溉田二千七百餘頃，遷光祿寺丞。太原府草澤史守一，修晉祠水利，溉田六百餘頃。八月，知河中府陸經奏，管下淤官私田約二千餘頃，下司農覆實。九月癸未，提舉出賣解鹽張景溫言："陳留等八縣鹼地，可引黃、汴河水淤溉。"詔次年差夫。十二月癸丑，侯叔獻言："劉瑾[3]相度淮南合興修水利，僅十萬餘頃，皆并運河，乞候開河畢工，以水利司錢募民修築圩埠。"

〔1〕鄧潤甫　字溫伯，建昌（今江西省永修縣北）人。《宋史》卷三四三有傳。

〔2〕堰引洮水并東山直北通下至北關　《長編》卷二六三作"堰引洮水并東山直北通流，下至北關"。

〔3〕劉瑾　字元忠，吉州（今江西省吉安市）人。時任淮南轉運副使。

九年八月，程師孟[1]言："河東多土山高下，旁有川谷，每春夏大雨，衆水合流，濁如黃河攀山水，俗謂之天河水，可以淤田。絳州正平縣南董村旁有馬壁谷水，嘗誘民置地開渠，淤瘠田五百餘頃。其餘州縣有天河水及泉源處，亦開渠。築堰凡九州二十六縣，新舊之田，皆爲沃壤[2]。嘉祐五年畢功，纘成《水利圖經》二卷，迨今十七年矣。聞南董村田畝舊直三兩千，收穀五七斗。自灌淤後，其直三倍，所收至三兩石。今臣權領都水淤田，竊見累歲淤京東、西鹼鹵之地，盡成膏腴，爲利極大。尚慮河東猶有荒瘠之田，可引天河淤溉者。"於是遣都水監丞耿琬淤河東路田。

十年六月，師孟、琬引河水淤京東、西沿汴田九千餘頃；七月，前權提點開封府界劉淑奏淤田八千七百餘頃；三人皆減磨勘年以賞之。九月，入內內侍省都知張茂則言："河北東、西路夏秋霖雨，諸河決溢，占壓民田。"詔委官開畎。

元豐元年二月，都大提舉淤田司言："京東、西淤官私瘠地五千八百餘頃，乞差使臣管幹。"許之。四月，詔："闢廢田、興水利、建立堤防、修貼圩埠之類，民力不給者，許貸常平錢穀。"六月，京東路體量安撫黃廉[3]言："梁山、張澤兩濼，十數年來淤澱，每歲汛浸近城民田，乞自張澤濼下流濬至濱州，可泄壅滯。"從之。十二月壬申，二府奏事，語及淤田之利。帝曰："大河源深流長，皆山川膏腴滲漉，故灌溉民田，可以變斥鹵而爲肥沃。朕取淤土親嘗，極爲潤膩。"二年，導洛通汴。六月，罷沿汴淤田司。十二月辛酉，置提舉定州路水利司。三年，知濰州楊采開白浪河。

哲宗元祐以後，朝廷方務省事，水利亦浸緩矣。四年二月甲辰，詔："瀕河州縣，積水占田，在任官能爲民溝畎疏導，退出良田百頃至千頃以上者，遞賞之，功利大者取特旨。"四年六月乙丑，知陳州胡宗愈言："本州地勢卑下，秋夏之間，許、蔡、汝、鄧、西京及開封諸處大雨，則諸河之水，并由陳州沙河、蔡河同入潁河，不能容受，故境内瀦爲陂澤。今沙河合入潁河處，有古八丈溝，可以開濬，分決蔡河之水，自爲一支，由潁、壽界直入于淮，則沙河之水雖甚洶湧，不能壅遏。"詔可。

徽宗建中靖國元年十一月庚辰，赦書略曰："熙寧、元豐中，諸路專置提舉官，兼領農田水利，應民田堤防灌溉之利，莫不修舉。近多因循廢弛，慮歲久日更隳壞，命典者以時檢舉推行。"

[1] 程師孟　字公闢，吳（今江蘇省蘇州市）人。《宋史》卷三三一有傳。

[2]《程師孟傳》記載當年放淤效益爲"淤良田萬八千頃。"

[3] 黃廉　字夷仲，洪州分寧（今江西省修水縣）人。《宋史》卷三四七有傳。

崇寧二年三月，宰臣蔡京言："熙寧初，修水土之政，元祐例多廢弛。紹復先烈，當在今日。如荒閑可耕，瘠鹵可腴，陸可爲水，水可爲陸，陂塘可修，灌溉可復，積潦可洩，圩埠[1]可與，許民具陳利害。或官爲借貸，或自備工力，或從官辦集。如能興修，依格酬奬，事功顯著，優與推恩。”從之。

三年十月，臣僚言：“元豐官制[2]水之政令，詳立法之意，非徒爲穿塞開導、修舉目前而已，凡天下水利，皆在所掌。在今尤急者，如浙右積水，比連震澤，未有歸宿，此最宜講明而未之及者也。願推廣元豐修明水政，條具以聞。”從之。

〔1〕圩埠　泛指小型堤防。
〔2〕元豐官制　元豐三年（1080年）開始修訂中央政府官制，至元豐六年（1083年）陸續完成和實行。參見《宋史·職官志》卷一六一。

岷　江[1]

岷江水發源處古導江，今爲永康軍，漢史所謂秦蜀守李冰始鑿離堆，辟沫水之害，是也。

沫水出蜀西徼外，今陽山江、大皂江皆爲沫水，入于西川。始，嘉、眉、蜀、益間，夏潦洋溢，必有潰暴衝[2]決可畏之患。自鑿離堆以分其勢，一派南流于成都以合岷江，一派由永康至瀘州以合大江，一派入東川，而後西川沫水之害減，而耕桑之利博矣。

〔1〕本題爲注釋者所加。
〔2〕衝　標點本作“衡”，誤，據改。

皂江支流迤北曰都江口，置大堰，疏北流爲三：曰外應，溉永康之導江、成都之新繁，而達于懷安之金堂；東北曰三石洞，溉導江與彭之九隴、崇寧、濛陽，而達于漢之雒；東南曰馬騎，溉導江與彭之崇寧、成都之郫、温江、新都、新繁、成都、華陽。三流而下，派別支分，不可悉紀，其大者十有四：自外應而分，曰保堂，曰倉門；自三石洞曰將軍橋，曰灌田，曰雒源；自馬騎曰石址，曰豉甗，曰道溪，曰東穴，曰投龍，曰北，曰樽下，曰玉徙。而石渠之水，則自離堆別而東，與上下馬騎、乾溪合。凡爲堰九：曰李光，曰膺村，曰百丈，曰石門，曰廣濟，曰顔上，曰弱水，曰濟，曰導，皆以隄攝北流，注之東而防其決。離堆之南，實支流故道，以竹籠石[1]爲大隄[2]，凡七壘，如象鼻狀以捍之。離堆之趾，舊鐫石爲水則，則盈一尺，至十而止。水及六則，流始足用，過則從侍郎堰[3]減水河泄而歸于江。歲作侍郎堰，必以竹爲繩，自北引而南，準水則第四以爲高下之度。江道既分，水復湍暴，沙石填委，多成灘磧。歲暮水落，築隄壅水上流，春正月則役工濬治，謂之"穿淘"。

元祐間，差憲臣提舉，守臣提督，通判提轄。縣各置籍，凡堰高下、闊狹、淺深，以至灌溉頃畝、夫役工料及監臨官吏，皆注於籍，歲終計效，賞如格。政和四年，又因臣僚之請，檢計修作不能如式以致決壞者，罰亦如之。大觀二年七月，詔曰："蜀江之利，置堰溉田，旱則引灌，澇則疏導，故無水旱。然歲計修堰之費，敷調於民，工作之人，并緣爲姦，濱江之民，困於騷動。自今如敢妄有檢計，大爲工費，所剩坐贓論，入己準自盜法，許人告。"

〔1〕竹籠石　即竹絡。以竹篾編籠，内裝大石塊，用以築堰。
〔2〕大隄　即後代的分水魚嘴。
〔3〕侍郎堰　建于分水魚嘴之上，用于分洩内江洪水入外江的建築物，後代又稱作飛沙堰等。

興元府褒斜谷口，古有六堰[1]，澆溉民田，頃畝浩瀚。每春首，隨食水户田畝多寡，均出夫力修葺。後經靖康之亂，民力不足，夏月暴水，衝損堰身。紹興二十二年，利州東路帥臣楊庚奏謂："若全資水户修理，農忙之時，恐致重困。欲過夏月，於見屯將兵内差不入隊人，併力修治，庶幾便民。"從之。

興元府山河堰灌溉甚廣，世傳爲漢蕭何所作。嘉祐中，提舉常平史炤奏上堰法，獲降敕書，刻石堰上。中興以來，户口凋疏，堰事荒廢，累曾修葺，旋即決壞。乾道七年，遂委御前諸軍統制吴拱經理，發卒萬人助役，盡修六堰，濬大小渠六十五，復見古跡，并用水工準法[2]修定。凡溉南鄭、褒城田二十三萬餘畝，昔之瘠薄，今爲膏腴。四川宣撫王炎，表稱拱宣力最多，詔書褒美焉。

〔1〕六堰　即下文所説之山河堰。《宋會要・食貨》七之四六載："興元府楊政言：契勘本府山河六堰澆溉民田頃畝浩瀚……"，《宋會要・食貨》八之九載："興元府褒城縣山河六堰灌溉褒城、南鄭兩縣田八萬餘畝……"，均作山河六堰。

〔2〕水工準法　用静水水面水平的原理實測地形高程的方法。《莊子集解・天道》載"水静則明燭鬚眉，平中准，大匠取法焉"，是利用水准原理測量的最早文字記載。唐代杜佑《通典》卷一六〇"水平"，記載了古代水准器的規制和施測方法。宋代水利工程建設中常用水准測量。

河 渠 六

（《宋史》卷九十六）

東南諸水上

開寶間，議征江南。詔用京西轉運使李符[1]之策，發和州丁夫及鄉兵凡數萬人，鑿橫江渠於歷陽，令符督其役。渠成，以通漕運，而軍用無闕。

八年，知瓊州李易上言：“州南五里有度靈塘，開修渠堰，溉水田三百餘頃，居民賴之。”

初，楚州北山陽灣尤迅急，多有沈溺之患。雍熙中，轉運使劉蟠[2]議開沙河，以避淮水之險，未克而受代。喬維岳繼之，開河自楚州至淮陰，凡六十里[3]，舟行便之。

天禧元年，知昇州丁謂言：“城北有後湖，往時歲旱水竭，給爲民田，凡七十六頃，出租錢數百萬，蔭溉之利遂廢。令欲改田除租[4]，迹舊制，復治岸畔，疏爲塘陂以畜水，使負郭無旱歲，廣植蒲茭，養魚鱉，縱貧民漁采。”又明州請免濠池及慈溪、鄞縣陂湖年課，許民射利。詔并從之[5]。

〔1〕李符　字德昌，大名内黄人。《宋史》卷二七〇有傳。
〔2〕劉蟠　字士龍，濱州渤海人（今山東濱縣）。《宋史》卷二七六有傳。
〔3〕凡六十里　分爲兩段。自楚州至磨盤三十里，磨盤至淮陰三十里。開河事在雍熙元年（984年），新河名沙河或烏沙河。
〔4〕[標點本原注] 令欲改田除租按《宋會要·食貨》七之五、六一之九一：“今請依前畜水種植菱蓮，或遇亢旱，決以溉田，仍用蒲魚之利旁濟飢民，望量遣軍士開修，其租錢特與減放。”《長編》卷九〇同。“令”字當爲“今”字之訛。
〔5〕據《宋會要·食貨》七之六：丁謂言在“六月十一日”，明州請免

事在十二日。

二年，江淮發運使賈宗言：“諸路歲漕，自真、揚入淮、汴，歷堰者五[1]，糧載煩於剥卸[2]，民力罷於牽挽，官私船艦，由此速壞。今議開揚州古河，繚城南接運渠，毀龍舟、新興、茱萸三堰，鑿近堰漕路，以均水勢。歲省官費十數萬，功利甚厚。”詔屯田郎中梁楚、閤門祇候[3]李居中按視，以爲當然。

明年，役既成，而水注新河，與三堰平，漕船無阻，公私大便。

四年，淮南勸農使王貫之導海州石闥堰水入漣水軍，溉民田；知定遠縣江澤、知江陰軍崔立率民修廢塘，濬古港，以灌高仰之地。并賜詔獎焉。

[1] 歷堰者五 除下文所述三堰外，還有邵伯、北神二堰保留。
[2] 剥卸 即船隻過堰，卸糧盤駁。
[3] 閤門祇候 官名。閤門司掌朝會、游幸、宴享贊相禮儀，文武官員朝見等。設東、西閤門使、副使、宣贊舍人、閤門祇候等，皆爲武臣清要之選。

神宗熙寧元年十月，詔：“杭之長安、秀之杉青、常之望亭三堰，監護使臣并以‘管幹河塘’繫銜，常同所屬令佐，巡視修固，以時啓閉。”從提舉兩浙開修河渠胡淮之請也。

二年三月甲申，先是，凌民瞻建議廢吕城堰[1]，又即望亭堰置牐而不用。及因濬河，墮敗古涇函[2]、石牐、石礎，河流益阻，百姓勞弊。至是，民瞻等貶降有差。

六年五月，杭州於潛縣令郟亶[3]言：“蘇州環湖地卑多水，沿海地高多旱，故古人治水之迹，縱則有浦，橫則有塘，又有門堰、涇瀝而棊布之。今總二百六十餘所[4]。欲略循古人之法，七里爲一縱浦，十里爲一橫塘，又因出土，以爲堤岸，度用夫二十萬。水治高田，旱治下澤，不過三年，蘇之田畢治矣。"十一月，命宣興修水利。然措置乖方，民多愁怨，僅及一年，遂罷兩浙工役。又數月，中書檢正沈括[5]復言："湖西涇浜淺涸，當濬；湖東堤防川瀆堙没，當修。請下司農貸緡募役。"從之，仍命括相度兩浙水利。

九年正月壬午，劉瑾言："揚州江都縣古鹽河，高郵縣陳公塘等湖，天長縣白馬塘、沛塘，楚州寶應縣泥港、射馬港，山陽縣渡塘溝、龍興浦，淮陰縣青州澗，宿州虹縣萬安湖、小河，壽州安豐縣芍陂等，可興置，欲令逐路轉運司選官覆按。"從之。

〔1〕呂城堰　位於今江蘇省丹陽縣呂城鎮。至熙寧五年（1072 年）已廢，元祐間曾修復。

〔2〕涇函　運河的一些河段，在河底建涵洞，運河西部的來水經由涵洞向東排出。這些涵洞叫涇函。

〔3〕郟亶　水利家。以熙寧年間提出太湖流域全面治理規劃著稱。參見《三吳水利錄》。

〔4〕今總二百六十餘所　其中水田塘浦的遺迹共四項一百三十餘所，旱田塘浦遺迹三項一百三十餘所。

〔5〕沈括　字存中，錢塘（今杭州市）人。北宋科學家、政治家。熙寧間兩次赴兩浙考察水利、差役。撰《夢溪筆談》。《宋史》卷三三一有傳。

元豐五年九月，淮南監司言："舒州近城有大澤，出灊山[1]，注北門外。比者，暴水漂居民，知州楊希元築捍水堤千一百五十丈，置洩水斗門二，遂免淫潦入城之患。"并璽書獎諭。

六年正月戊辰，開龜山運河[2]，二月乙未告成，長五十七里，闊十五丈，深一丈五尺。初，發運使許元[3]自淮陰開新河，屬之洪澤，避長淮之險，凡四十九里。久而淺澀，熙寧四年，皮公弼請復濬治，起十一月壬演，盡明年正月丁酉而畢，人便之。至是，發運使羅拯[4]復欲自洪澤而上，鑿龜山裏河以達于淮，帝深然之。會發運使蔣之奇[5]入對，建言："上有清汴，下有洪澤，而風浪之險止百里淮，邇歲溺公私之載不可計。凡諸道轉輸，涉湖行江，已數千里，而覆敗於此百里間，良爲可惜。宜自龜山蛇浦下屬洪澤，鑿左肋爲複河，取淮爲源，不置堰牐，可免風濤覆溺之患。"帝遣都水監丞陳祐甫經度。祐甫言："往年田棐任淮南提刑，嘗言開河之利。其後淮陰至洪澤，竟開新河[6]，獨洪澤以上，未克興役。今既不用牐蓄水，惟隨淮面高下，開深河底，引淮通流，形勢爲便。但工費浩大。"帝曰："費雖大，利亦博矣。"祐甫曰："異時，淮中歲失百七十艘。若捐數年所損之費，足濟此役。"帝曰："損費尚小，如人命何。"乃調夫十萬開治，既成，命之奇撰記，刻石龜山。後至建中靖國初，之奇同知樞密院，奏："淮水浸淫，衝刷堤岸，漸成墊缺，請下發運司及時修築。"自是，歲以爲常。

是年，將作監主簿李湜言："鼎、澧等州，宜開溝洫，置斗門，以便民田。"詔措置以聞。

七年十月，濬真楚運河[7]。

〔1〕灊　山在今安徽霍山縣東北，即霍山。灊字後常和"潛"字通用。
〔2〕龜山運河　起自龜山蛇浦（今江蘇盱眙縣東北）至洪澤鎮與洪澤河接。長五十七里。
〔3〕許元　字子春，宣州宣城（今屬安徽）人。《宋史》卷二九九有傳。
〔4〕羅拯　字道濟，祥符人。《宋史》卷三三一有傳。
〔5〕蔣之奇　字穎叔，常州宜興人。《宋史》卷三四三有傳。
〔6〕新河　又稱洪澤河。皇祐中（1049—1054年）始開，長六十里。
〔7〕真楚運河　真州（治今儀徵）至楚州（治今淮安）間運河，通稱淮揚運河。

哲宗元祐四年，知潤州林希奏復呂城堰，置上下牐，以時啓閉。其後，京口、瓜洲、犇牛皆置牐。是歲，知杭州蘇軾[1]濬茆山、鹽橋二河，分受江潮及西湖水，造堰牐，以時啓閉。初，杭近海，患水泉鹹苦，唐刺史李泌始導西湖，作六井[2]，民以足用。及白居易復濬西湖[3]，引水入運河，復引漑田千頃。湖水多葑[4]，自唐及錢氏後廢而不理。至是，葑積二十五萬餘丈，而水無幾。運河失湖水之利，取給於江潮，潮水淤河，泛溢閭閻，三年一濬，爲市井大患，故六井亦幾廢。軾既濬二河，復以餘力全六井，民獲其利。

十二月，京東轉運司言：“清河與江、浙、淮南諸路相通，因徐州呂梁、百步兩洪湍淺險惡，多壞舟楫，由是水手、牛驢、捧户、盤剥人等，邀阻百端，商賈不行。朝廷已委齊州通判滕希靖、知常州晋陵縣趙竦度地勢穿鑿。今若開修月河石堤，上下置牐，以時開閉，通放舟船，實爲長利。乞遣使監督興修。”從之。

[1] 蘇軾　字子瞻，眉州眉山（今屬四川）人。元祐四年（1089年）出知杭州，六年（1091年）召爲翰林學士承旨。濬河事參見《東坡集奏議集》卷七。《宋史》卷三三八有傳。

[2] 李泌始導西湖作六井　唐代宗時（763—779年）李泌爲杭州刺史，引西湖水供民用，作相國井、西井、金牛池、方井、白龜池和小方井共六座，均位于西湖附近。

[3] 白居易復濬西湖　《新唐書·白居易傳》：“爲杭州刺史，始築堤捍錢塘湖，鍾泄其水，漑田千頃；復浚李泌六井，民賴其汲。”白居易撰《錢塘湖石記》，記述工程及管理制度較詳。

[4] 葑　菰根，即茭白根。《晋書音義》“菰草叢生，其根盤結。名曰葑。”葑的生長能力極强，不及時清除將嚴重影響蓄水。

紹聖二年，詔“武進、丹陽、丹徒縣界沿河堤岸及石磑、石木溝，并委令佐檢察修護，勸誘食利人户修葺。任滿，稱其勤惰而賞罰之。”從工部之請也。

四年四月，水部員外郎趙竦請濬十八里河，令賈種民相度呂梁、百步洪，添移水磨。詔發運并轉運司同視利害以聞。

元符元年正月，知潤州王念建言：“吕城牐常宜車水入澳[1]，灌注牐身以濟舟。若舟沓至而力不給，許量差牽駕兵卒，併力爲之。

監官任滿，水無走泄者賞，水未應而輒開牐者罰，守貳、令佐，常覺察之。”詔可。

三月甲寅，工部言：“淮南開河所開修楚州支家河，導漣水與淮通。”賜名通漣河。

二年閏九月，潤州京口、常州犇牛澳牐畢工。先是，兩浙轉運判官曾孝蘊獻《澳牐利害》，因命孝蘊提舉興修，仍相度立啓閉日限之法[2]。

三年二月，詔：“蘇、湖、秀州，凡開治運河、港浦、溝瀆，修疊堤岸，開置斗門、水堰等，許役開江兵卒。”

[1] 車水入澳　澳爲牐旁蓄水池，一般高於牐室，爲“澳牐”補給水源。當來水不足或水源高程較低時，需用人工提水補充，故有“車水入澳”之舉。
[2] 啓閉日限之法　澳牐管理運用法規。

徽宗崇寧元年十二月，置提舉淮、浙澳牐司官一員，掌杭州至揚州瓜洲澳牐，凡常、潤、杭、秀、揚州新舊等牐，通治之。

崇寧二年初，通直郎陳仲方別議濬吳松江，自大通浦入海，計工二百二十二萬七千有奇，爲緡錢、糧斛十八萬三千六百，乞置幹當官十員。朝廷下兩浙監司詳議，監司以爲可行。時又開青龍江[1]，役夫不勝其勞，而提舉常平徐確謂：“三州開江兵卒千四百人，使臣二人，請就令護察已開之江，遇潮沙淤澱，隨即開淘；若他役者，以違制論。”確與監司往往被賞，人以爲濫。

十二月，詔淮南開修遇明河，自真州宣化鎮江口至泗州淮河口，五年畢工。

明年三月，詔曰：“昨二浙水災，委官調夫開江，而總領無法，役人暴露，飲食失所，疾病死亡者衆。水仍爲害，未嘗究實按罪，反蒙推賞，何以厭塞百姓怨咨。”乃下本路提刑司體量。提刑司言：“開濬吳松、青龍江，役夫五萬，死者千一百六十二人，費錢米十六萬九千三百四十一貫石，積水至今未退。”於是元相度官轉運副使劉何等皆坐貶降。

四年正月，以倉部員外郎沈延嗣提舉開修青草、洞庭直河。

〔1〕青龍江　在今上海市青浦縣東北，上流接大盈浦，東接顧會浦，北流入吳淞江。今已多湮塞。

大觀元年五月，中書舍人許光凝奏：“臣向在姑蘇，徧詢民吏，皆謂欲去水患，莫若開江濬浦。蓋太湖在諸郡間，必導之海，然後水有所歸。自太湖距海，有三江，有諸浦，能疏滌江、浦，除水患猶反掌耳。今境内積水，視去歲損二尺，視前歲損四尺，良由初開吳松江，繼濬八浦之力也。吳人謂開一江有一江之利，濬一浦和一浦之利。願委本路監司，與諳曉水勢精彊之吏，遍詣江、浦，詳究利害，假以歲月，先爲之備。然後興夫調役，可使公無費財，而歲供常足；人不告勞，而民食不匱，是一舉而獲萬世之利也。”詔吳擇仁相度以聞，開江之議復興矣。

十一月，詔曰：“《禹貢》：‘三江既導，震澤底定。’今三江之名，既失其所，水不趨海，故蘇、湖被患。其委本路監司，選擇能臣，檢按古迹，循導使之趨下，并相度圩岸〔1〕以聞。”於是復詔陳仲方爲發運司屬官，再相度蘇州積水。

二年八月，詔：“常、潤歲旱河淺，留滯運船，監司督責濬治。”

三年，兩浙監司言：“承詔案古迹，導積水，今請開淘吳松江，復置十二㘓。其餘浦㘓、溝港、運河之類，以次增修。若田被水圍，勸民自行修治。”章下工部，工部謂：“今所具三江，或非禹迹；又吳松江散漫，不可開淘泄水。”遂命諸司再相度以開。

四年八月，臣僚言：“有司以練湖賜茅山道觀，緣潤州田多高仰，及運渠、夾岡水淺易涸，賴湖以濟，請別用天荒江漲沙田賜之，仍令提舉常平官考求前人規畫修築。"從之。十月，户部言："乞如兩浙常平司奏，專委守、令籍古瀦水之地，立堤防之限，俾公私毋得侵佔。凡民田不近水者，略做《周官·遂人·稻人》[2]溝防之制，使合衆力而爲之。"詔可。

〔1〕圩岸　即圩堤，又稱圍岸。是抵御圩田外水入侵，逼使外水由浦達江的堤防設施。元代圩岸規模按田面與水面高程差分爲五等。
〔2〕周官遂人稻人　《周官》即《周禮》，該書成於戰國，講述周代典章制度。《遂人》《稻人》是其中篇名，談及土地劃分和灌溉渠道制度等。標點本未標出篇名號。

政和元年，知陳州霍端友言："陳地汙下，久雨則積潦害稼。比疏新河八百里，而去淮尚遠，水不時洩。請益開二百里，起西華，循宛丘，入項城，以達于淮。"從之。

政和元年十月，詔蘇、湖、秀三州治水，創立圩岸，其工費許給越州鑑湖[1]租賦。已而升蘇州爲平江府，潤州爲鎮江府。

二年七月，兵部尚書張閣[2]言："臣昨守杭州，聞錢塘江自元豐六年泛溢之後，潮汛往來，率無寧歲。而比年水勢秒改，自海門過赭山，即回薄巖門、白石一帶北岸，壞民田及鹽亭、監地，東西三十餘里，南北二十餘里。江東距仁和監止及三里，北趣赤岸甌[3]口二十里。運河正出臨平下塘，西入蘇、秀，若失障禦，恐他日數十里膏腴平陸，皆潰于江，下塘田廬，莫能自保，運河中絶，有害漕運。"詔亟修築之。

四年二月，工部言："前太平州判官盧宗原請開修自江州至真州古來河道湮塞者凡七處，以成運河，入浙西一百五十里，可避一千六百里大江風濤之患；又可就土興築自古江水浸没膏腴田，自三百頃至萬頃者凡九所，計四萬二千餘頃，其三百頃以下者又過之。乞依宗原任太平州判官日已興政和圩田例，召人户自備財力興修。"詔沈鱗等相度措置。

〔1〕鑑湖　位于今浙江紹興城南，又名鏡湖、長湖。東漢永和五年（140年）會稽太守馬臻主持修築，灌田九千頃。

〔2〕張閣　字臺卿，河陽（今河南孟縣）人。《宋史》卷三五三有傳。

〔3〕瓵　同瓺，音tōng。

六年閏正月，知杭州李偃言：“湯村、巖門、白石等處并錢塘江通大海，日受兩潮，漸致侵囓。乞依六和寺岸，用石砌叠。”乃命劉既濟修治。

八月，詔：“鎮江府傍臨大江，無港澳以容舟檝，三年間覆溺五百餘艘。聞西有舊河，可避風濤，歲久湮廢，宜令發運司濬治。”

是年，詔曰：“聞平江三十六浦内，自昔置牐，隨潮啓閉，歲久埋塞，致積水爲患。其令守臣莊徽專委户曹趙霖講究利害，導歸江海，依舊置牐。”於是，發運副使應安道言：“凡港浦非要切者，皆可徐議。惟當先開崑山縣界茜涇塘等六所；秀之華亭縣，欲并循古法，盡去諸堰，各置小斗門；常州、鎮江府、望亭鎮，仍舊置牐。”八月，詔户曹趙霖相度役興，而兩浙擾甚。

七年四月己未，尚書省言：“盧宗原濬江，盧成搔擾。”詔權罷其役，趙霖別與差遣。

重和元年二月，前發運副使柳庭俊言：“真、揚、楚、泗、高郵運河堤岸，舊有斗門水牐等七十九座，限則水勢，常得其平，比多損壞。”詔檢計修復。六月，詔：“兩浙霖雨，積水多浸民田，平江尤甚，由未濬港浦故也。其復以趙霖爲提舉常平，措置救護民田，振恤人户，毋令流移失所。”八月，詔加霖直秘閣。

宣和元年二月，臣僚言：“江、淮、荆、漢間，荒瘠彌望，率古人一畝十鍾之地，其堤閼[1]、水門、溝澮之跡猶存。近絳州民吕平等詣御史臺訴，乞開濬熙寧舊渠，以廣浸灌，願加稅一等。則是近世陂池之利且廢矣，何暇復古哉。願詔常平官，有興修水利功効明白者，亟以名聞，特與褒除，以勵能者。"從之。

八月，提舉專切措置水利農田所奏："漊西諸縣各有陂湖、溝港、涇浜、湖漵，自來蓄水灌溉，及通舟楫，望令打量官按其地名、丈尺、四至，并鐫之石。"[2]從之。

三月[3]，趙霖坐增修水利不當，降兩官。六月，詔曰："趙霖興修水利，能募被水艱食之民，凡役工二百七十八萬二千四百有奇，開一江、一港、四浦、五十八瀆，已見成績，進直徽猷閣，仍復所降兩官。"

宣和二年九月，以真、揚等州運河淺澀，委陳亨伯措置。

三年春，詔發運副使趙億以車畎水運河，限三月中三十綱到京。宦者李琮言："真州乃外江綱運會集要口，以運河淺澀，故不能速發。按南岸有泄水斗門八，去江不滿一里。欲開斗門河身，去江十丈築軟壩，引江潮入河，然後倍用人工車畎，以助運水。"從之。

四月，詔曰："江、淮漕運尚矣。春秋時，吳穿邗溝，東北通射陽湖，西北至末口。漢吳王濞開邗溝，通運海陵。隋開邗溝，自山陽至揚子入江。雍熙中，轉運使劉蟠以山陽灣迅急，始開沙河以避險阻。天禧中，發運使賈宗始開揚州古河，繚城南接運渠，毀三堰以均水勢。今運河歲淺澀，當詢訪故道，及今河形勢與陂塘瀦水之地，講究措置悠久之利，以濟不通。可令發運使陳亨伯、內侍譚稹條具措置以聞。"

[1] 堤閼　又作"提閼"。閼，音è，又音yān，音爲堰。《漢書·召信臣傳》："開通溝瀆，起水門提閼，凡數十處。"

[2] 所奏內容爲抵制廢湖爲田的措施。

[3] 三月　此段文字应排在上段八月之前。

六月，臣僚言："比緣淮南運河水澀逾半歲，禁綱舟篙工附載私物，今河水增漲，其令如舊。"

初，淮南運歲旱，漕運不通，揚州尤甚，詔中使按視，欲濬運河與江、淮平。會兩浙有方臘之亂[1]，内侍童貫[2]為宣撫使，譚積為制置使，貫欲海運陸輦，積欲開一河，自盱眙出宣化。朝廷下發運司相度，陳亨伯遣其屬向子諲[3]視之。子諲曰："運河高江、淮數丈，自江至淮，凡數百里，人力難濬。昔唐李吉甫廢埇置堰，治陂塘，泄有餘，防不足，漕運通流。發運使曾孝蘊嚴三日一啓之制，復作歸水澳[4]，惜水如金。比年行直達之法，走茶鹽之利，且應奉權倖，朝夕經由，或啓或閉，不暇歸水。又頃毁朝宗埇，自洪澤至召伯數百里，不為之節，故山陽上下不通。欲救其弊，宜於真州太子港作一壩，以復懷子河故道，於瓜洲河口作一壩，以復龍舟堰，於海陵河口作一壩，以復茱萸、待賢堰，使諸塘水不為瓜洲、真、泰三河所分；於北神相近作一壩，權閉滿浦埇，復朝宗埇，則上下無壅矣。"亨伯用其言，是後滯舟皆通利云。

〔1〕方臘之亂　舊史書對方臘領導的農民起義的譏稱。方臘，睦州青溪（今浙江淳安西淳城鎮）人。《宋史》卷四六八有傳。
〔2〕童貫　朝廷派出鎮壓農民起義的官員，任江浙淮南宣撫使。《宋史》卷四六八有傳。
〔3〕向子諲　詳見胡宏《五峯集》卷三《向子諲行狀》。
〔4〕歸水澳　又稱下澳，其水位與閘室水位相平或更低。借助提水工具可將歸水澳中的水提至積水澳（又稱上澳）中使用。

三年二月，詔："越之鑑湖，明之廣德湖[1]，自措置為田，下流埋塞，有妨灌溉，致失常賦，又多為權勢所占，兩州被害，民以流徙。宜令陳亨伯究實，如租稅過重，即裁為中制；應妨下流灌溉者，并弛以予民。"

五年三月，詔："呂城至鎮江運河淺澀狹隘，監司坐視，無所施設。兩淛專委王復，淮南專委向子諲，同發運使呂淙措置車水，通濟舟運。"

四月，又命王仲閎同廉訪劉仲元、漕臣孟庾，專往來措置常、潤運河。又詔："東南六路諸牐，啓閉有時。比聞綱舟及命官妄稱專承指揮，抑令非時啓版，走泄河水，妨滯綱運，誤中都[2]歲計，其禁止之。"

五月，詔："以運河淺涸，官吏互執所見，州縣莫知所從。其令發運司提舉等官同廉訪使者，參訂經久利便列奏。"是月，臣僚言："鎮江府練湖，與新豐塘地理相接，八百餘頃，灌溉四縣民田。又湖水一寸，益漕河一尺，其來久矣。今堤岸損缺，不能貯水，乞候農隙次第補葺。"詔本路漕臣并本州縣官詳度利害，檢計工料以聞。

六年九月，慮宗原復言："池州大江，乃上流綱運所經，其東岸皆暗石，多至二十餘處；西岸則沙洲，廣二百餘里。諺云'拆船灣'，言舟至此，必毀拆也。今東岸有車軸河口沙地四百餘里[3]，若開通入杜湖，使舟經平水，徑池口，可避二百里風濤拆船之險，請措置開修。"從之。

七年九月丙子，又詔宗原措置開潴江東古河，自蕪湖由宣溪、溧水至鎮江，渡揚子，趨淮、汴，免六百里江行之險，并從之。

〔1〕廣德湖　位于今浙江寧波市鄞縣西十二里。始建于唐大曆八年（773年），縣令儲仙舟就原鶯脰湖修治而成。至宋政和七年（1117年）廢湖爲田。
〔2〕中都　指首都。
〔3〕〔標點本原注〕今東岸有車軸河口沙地四百餘里　《宋會要·方域》一七之一五作"沙地四里餘"。

靖康元年三月丁卯，臣僚言："東南瀕江海，水易泄而多旱，歷代皆有陂湖蓄水。祥符、慶曆間，民始盜陂湖爲田，後復田爲湖。近年以來，復廢爲田，雨則澇，旱則涸。民久承佃，所收租稅，無計可脱，悉歸御前，而漕司之常賦有虧，民之失業無算。可乞盡括東南廢湖爲田者，復以爲湖，庶幾凋瘵之民，稍復故業。”詔相度利害聞奏。

八月辛丑，戶部言：“命官在任興修農田水利，依元豐賞格，千頃以上，該第一等，轉一官，下至百頃，皆等第酬獎；紹聖亦如之。緣政和續附常平格，千頃增立轉兩官，減磨勘[1]三年，實爲太優。”詔依元豐、紹聖舊格。

[1] 磨勘　宋代復核財務帳籍，檢驗收支數額稱爲磨勘。又宋代實行寄禄官遷轉皆有定年，任内每年勘驗其勞績過失，吏部復查後決定遷轉禄官階，亦稱磨勘。

河 渠 七

（《宋史》卷九十七）

東南諸水下

淮郡諸水：紹興初，以金兵蹂踐淮南，猶未退師。四年，詔燒毀揚州灣頭港口牐、泰州姜堰、通州白莆堰，其餘諸堰，并令守臣開決焚毀，務要不通敵船；又詔宣撫司毀拆真、揚堰牐及真州陳公塘，無令走入運河，以資敵用

五年正月，詔淮南宣撫司，募民開濬瓜洲至淮口運河淺澀之處。

乾道二年，以和州守臣言，開鑿姥下河[1]，東接大江，防捍敵人，檢制盜賊。

六年，淮東提舉徐子寅言：“淮東鹽課，全仰河流通快。近運河淺澀，自揚州灣頭港口至鎮西山光寺前橋垛頭，計四百八十五丈，乞發五千餘卒開濬。”從之。

七年二月，詔令淮南漕臣，自洪澤至龜山淺澀之處，如法開撩。

淳熙三年四月，詔築泰州月堰[2]，以遏潮水。從守臣張子正請也。

八年，提舉淮南東路常平茶鹽趙伯昌言：“通州、楚州沿海，舊有捍海堰[3]，東距大海，北接鹽城，袤一百四十二里。始自唐黜陟使李承實所建，遮護民田，屏蔽鹽竈，其功甚大。歷時既久，頹圮不存。至本朝天聖改元，范仲淹[4]爲泰州西溪鹽官日，風潮泛溢，渰没田產，毀壞亭竈，有請于朝，調四萬餘夫修築，三旬畢工。遂使海瀕沮洳潟鹵之地，化爲良田，民得奠居，至今賴之。自後寖失修治，纔遇風潮怒盛，即有衝決之患。自宣和、紹興以來，屢被其害。阡陌洗蕩，廬舍漂流，人畜喪亡，不可勝數。每一修築，必請朝廷大興工役，然後可辦。望令淮東常平茶鹽司：今後捍海堰如有塌損，隨時修葺，務要堅固，可以經久。”從之。

〔1〕姥下河　位于姥下鎮，今安徽和縣西南老橋。

〔2〕月堰　彎曲形防海潮堤，以形如新月命名。

〔3〕捍海堰　即常豐堰，唐大歷間爲李承實主持修筑，在今江蘇鹽城、大豐縣境串場河東岸。《新唐書·地理志》及兩《唐書》均作李承，無“實”字。《續資治通鑒》又作李承寶。

〔4〕范仲淹　字希文，蘇州吴縣人。所修堤岸，後人稱“范公堤”，《宋史》卷三一四有傳。

　　九年，淮南漕臣錢沖之言：“真州之東二十里，有陳公塘，乃漢陳登濬源爲塘，用救旱飢。大中祥符間，江、淮制置發運置司真州，歲藉此塘灌注長河，流通漕運。其塘周回百里，東、西、北三面，倚山爲岸，其南帶東，則係前人築叠成堤，以受啓閉。廢壞歲久，見有古來基趾，可以修築，爲旱乾溉田之備。凡諸場鹽綱、糧食漕運、使命往還，舟艦皆仰之以通濟，其利甚博。本司自發卒貼築周回塘岸，建置斗門、石礎各一所。乞於揚子縣尉階銜内帶‘兼主管陳公塘’六字，或有損壞，隨時補築，庶幾久遠，責有所歸。”

　　十二年，和州守臣請於千秋澗置斗門，以防麻澧湖水洩入大江，遇歲旱灌溉田疇，實爲民利。

　　十四年，揚州守臣熊飛言：“揚州運河，惟藉瓜洲、真州兩腢潴積。今河水走泄，緣瓜洲上、中二腢久不修治，獨潮腢一坐，轉運、提鹽及本州共行修整，然迫近江潮，水勢衝激，易致損壞；真州二腢，亦復損漏。令有司葺理上、下二腢，以防走泄。”從之。

　　紹熙五年，淮東提舉陳損之言：“高郵、楚州之間，陂湖渺漫，茭葑彌滿，宜創立堤堰，以爲潴泄，庶幾水不至於泛溢，旱不至於乾涸。乞興築自揚州江都縣至楚州淮陰縣三百六十里，又自高郵、興化至鹽城縣二百四十里，其隄岸傍開一新河，以通舟船。仍存舊堤以捍風浪，栽柳十餘萬株，數年後隄岸亦牢，其木亦可備修補之用。兼揚州柴墟鎮[1]舊有隄腢，乃泰州泄水之處，其腢壞久，亦於此創立斗門。西引盱眙、天長以來眾湖之水，起自揚州江都，經由高郵及楚州寶應、山陽，北至淮陰，西達于淮；又自高郵入興化，東至鹽城而極於海；又泰州海陵南至揚州泰興而徹于江：共爲石礶十三，斗門七。乞以紹熙堰爲名，鑱諸堅石。”淮田多沮洳，因損之築隄捍之，得良田數百萬頃。奏聞，除直秘閣、淮東轉運判官。

〔1〕柴墟鎮　北宋屬泰興縣，即今江蘇泰興市西北口岸鎮。

浙江：通大海，日受兩潮。梁開平中，錢武肅王始築捍海塘[1]，在候潮門外。潮水晝夜衝激，版築不就，因命彊弩數百以射潮頭，又致禱胥山祠。既而潮避錢塘，東擊西陵，遂造竹器，積巨石，植以大木。堤岸既固，民居乃奠。

逮宋大中祥符五年，杭州言浙江擊西北岸益壞，稍逼州城，居民危之。即遣使者同知杭州戚綸[2]轉運使陳堯佐畫防捍之策。綸等因率兵力，籍梢樁以護其衝[3]。

七年，綸等既罷去，發運使李溥、内供奉官盧守懃經度，以爲非便。請復用錢氏舊法，實石於竹籠，倚叠爲岸，固以椿木，環亘可七里。斬材役工，凡數百萬，踰年乃成；而鈎末壁立，以捍潮勢，雖湍湧數丈，不能爲害。

至景祐中，以浙江石塘積久不治，人患墊弱，工部郎中張夏出使，因置捍江兵士五指揮[4]，專采石修塘[5]，隨損隨治，衆賴以安。邦人爲之立祠，朝廷嘉其功，封寧江侯。

及高宗紹興末，以錢塘石岸毀裂，潮水漂漲，民不安居，令轉運司同臨安府修築。

孝宗乾道九年，錢塘廟子灣一帶石岸，復毀於怒潮。詔令臨安府築填江岸，增砌石塘。

淳熙改元，復令有司：“自今江岸衝損，以乾道修治爲法。”

理宗寶祐二年十二月，監察御史兼崇政殿説書陳大方言：“江潮侵齧堤岸，乞戒飭殿、步兩司[6]帥臣，同天府守臣措置修築，留心任責，或有潰決，咎有攸歸。”

三年十一月，監察御史兼崇政殿説書李衡言：“國家駐蹕錢塘，今踰十紀。惟是浙江東接海門，胥濤澎湃，稍越故道，則衝齧堤岸，蕩析民居，前後不知其幾。慶曆中，造捍江五指揮，兵士每指揮以四百人爲額。今所管纔三百人，乞下臨安府拘收，不許占破。及從本府收買椿石，沿江置場椿管，不得移易他用。仍選武臣一人習於修江者，隨其資格，或以副將，或以路分鈐轄繫衔，專一鈐束修江軍兵，值有摧損，隨即修補；或不勝任，以致江潮衝損堤岸，即與責罰。”

〔1〕錢武肅王始築捍海塘　即吳越王錢鏐在梁開平四年（910 年）所築防海大堤，詳見《吳越備史》。

〔2〕咸綸　字仲言，應天楚邱（今河南商丘市北）人。《宋史》卷三〇六有傳。

〔3〕籍梢椔以護其衝　即用薪土築海塘，創立“柴塘”制。參見宋《咸淳臨安志》。

〔4〕捍江兵士五指揮　管理海塘專門軍事機構。“每指揮以四百人爲額。”詳下文。

〔5〕采石修塘　是爲石塘建築之始。

〔6〕殿步兩司　殿司爲殿前都指揮使司的簡稱；步司爲步軍都指揮使司的簡稱，都屬侍衛親軍。

臨安西湖：周回三十里，源出於武林泉[1]。錢氏有國，始置撩湖兵士千人，專一開濬。至宋以來，稍廢不治，水涸草生，漸成葑田。

元祐中，知杭州蘇軾奏[2]謂：“杭之爲州，本江海故地，水泉鹹苦，居民零落。自唐李泌始引湖水作六井，然後民足於水，井邑日富，百萬生聚，待此而食。今湖狹水淺，六井盡壞，若二十年後，盡爲葑田，則舉城之人，復飲鹹水，其勢必耗散。又放水溉田，瀕湖千頃，可無凶歲。今雖不及千頃，而下湖數十里間，茭菱穀米，所護不資。又西湖深闊，則運河可以取足於湖水，若湖水不足，則必取足於江潮。潮之所過，泥沙渾濁，一石五斗，不出三載，輒調兵夫十餘萬開濬。又天下酒官之盛，如杭歲課二十餘萬緡，而水泉之用，仰給於湖。若湖漸淺狹，少不應溝，則當勞人遠取山泉，歲不下二十萬工。”因請降度牒減價出賣，募民開治。禁自今不得請射、侵占、種植及釃葑爲界。以新舊菱蕩課利錢送錢塘縣收掌，謂之開湖司公使庫，以備逐年雇人開葑撩淺。縣尉以“管勾開湖司公事”繫銜。軾既開湖，因積葑草爲堤，相去數里，橫跨南、北兩山，夾道植柳，林希榜曰：“蘇公堤”[3]，行人便之，因爲軾立祠堤上。

紹興九年，以張澄奏請，命臨安府招置廂軍兵士二百人，委錢塘縣尉兼領其事，專一濬湖；若包占種田，沃以糞土，重寘于法。

十九年，守臣湯鵬舉奏請重開。

乾道五年，守臣周淙言：“西湖水面唯務深闊，不容填溢，并引入城內諸井，一城汲用，尤在涓潔。舊招軍士止有三十餘人，今宜增置撩湖軍兵，以百人爲額，專一開撩。或有種植茭菱，因而包占，增疊堤岸，坐以違制。”

九年，臨安守臣言：“西湖冒佃侵多，葑菱蔓延，西南一帶，已成平陸。而瀕湖之民，每以葑草圍裹，種植荷花，駸駸不已。恐數十年後，西湖遂廢，將如越之鑑湖，不可復矣。乞一切芟除，務令净盡，禁約居民，不得再有圍裹。”從之。

〔1〕武林泉　又稱武林水，即今浙江杭州市西澗水，源出靈隱山，東流入西湖。
〔2〕蘇軾奏　奏文詳見《東坡集奏議集》卷七《乞開杭州西湖狀》。
〔3〕蘇公堤　即今西湖蘇堤。

臨安運河：在城中者，日納潮水，沙泥渾濁，一汛一淤，比屋之民，委棄草壤，因循填塞。元祐中，守臣蘇軾奏[1]謂：“熙寧中，通判杭州時，父老皆云苦運河淤塞，率三五年常一開濬。不獨勞役兵民，而運河自州前至北郭，穿闤闠中蓋十四五里，每將興工，市肆洶動，公私騷然。自胥吏、壕砦兵級等，皆能恐喝人户，或云當於某處置土、某處過泥水，則居者皆有失業之憂。既得重賂，又轉而之他。及工役既畢，則房廊、邸舍，作踐狼籍，園圃隙地，例成丘阜，積雨蕩濯，復入河中，居民患厭，未易悉數。若三五年失開，則公私壅滯，以尺寸水行數百斛舟，人牛力盡，跬步千里，雖監司使命，有數日不能出郭者。詢其所以頻開屢塞之由，皆云龍山、浙江兩閘，泥沙渾濁，積日稍久，便及四五尺，其勢當然，不足怪也。尋刬刷捍江兵士及諸色廂軍，得一千人，七月之間，開濬茆山、鹽橋二河，各十餘里，皆有水八尺。自是公私舟船通利，三十年以來，開河未有若此深快者。然潮水日至，淤塞猶昔，則三五年間，前功復棄。今於鈐轄司前置一牐，每過潮上，則暫閉此牐，候潮平水清復開，則河過闉闍中者，永無潮水淤塞、開淘騷擾之患。”詔從其請，民甚便之。

紹興三年十一月，宰臣奏開修運河淺澀，帝曰：“可發旁郡廂軍、壯城、捍江之兵，至於廩給之費，則不當吝。”宰臣朱勝非[2]等曰：“開河非今急務，而餽餉艱難，爲害甚大。時方盛寒，役者良苦；臨流居人，侵塞河道者，悉當遷避；至於畚牐所經，沙泥所積，當預空其處，則居人及富家以僦屋取資者皆非便，恐議者以爲言。”帝曰：“禹卑宮室而盡力於溝洫，浮言何恤焉！”

八年，又命守臣張澄發廂軍、壯城兵千人，開濬運河堙塞，以通往來舟楫。

[1] 蘇軾奏　奏文詳見前注。
[2] 朱勝非　字藏一，蔡州（今河南汝南）人。《宋史》卷三六二有傳。

隆興二年，守臣吳芾言：“城裏運河，先已措置北梅家橋、仁和倉、斜橋三所作壩，取西湖六處水口通流灌入。府河[1]積水，至望仙橋以南至都亭驛一帶，河道地勢，自昔高峻。今欲先於望仙橋城外保安牐兩頭作壩，却於竹車門河南開掘水道，車戽運水，引入保安門通流入城，遂自望仙橋以南開至都亭驛橋，可以通徹積水，以備緩急。計用工四萬。”從之。

乾道三年六月，知荆南府王炎言：“臨安居民繁夥，河港堙塞，雖屢開導，緣裁減工費，不能迄功。臣嘗措置開河錢十萬緡，乞候農暇，特詔有司，用此專充開河支費，庶幾河渠復通，公私爲利。”上俞其請。

四年，守臣周淙出公帑錢招集游民，開濬城內外河，疏通淤塞[2]，人以治辦稱之。

淳熙二年，兩淛漕臣趙磻老言：“臨安府長安牐至許村巡檢司一帶，漕河淺澀，請出錢米，發兩岸人户出力開濬。”又言：“欲於通江橋置板牐，遇城中河水淺涸，啓板納潮，繼即下板，固護水勢，不得通舟；若河水不乏，即收牐板，聽舟楫往還爲便。”

七年，守臣吳淵言：“萬松嶺兩旁古渠，多被權勢及百司公吏之家造屋侵占，及內砦前石橋、都亭驛橋南北河道，居民多拋糞土瓦礫，以致填塞，流水不通。今欲分委兩通判監督，地分廂巡，逐時點檢，勿令侵占并拋颺糞土。秩滿，若不淤塞，各減一年磨勘；違，展一年：以示勸懲。”

十四年七月，不雨，臣僚言：“竊見奉口至北新橋三十六里，斷港絕潢，莫此爲甚。今宜開濬，使通客船，以平穀直。”從之。

〔1〕府河　杭州城內運道。
〔2〕開濬城內外河疏通淤塞　據《咸淳臨安志》：“（乾道中）大浚治城內外河凡六千二百五十丈。又置巡河鋪屋三十所，撩河船三十隻。”

鹽官海水：嘉定十二年，臣僚言：“鹽官去海三十餘里，舊無海患，縣以鹽竈頗盛，課利易登。去歲海水泛漲，湍激橫衝，沙岸每一潰裂，常數十丈。日復一日，浸入鹵地，蘆洲港瀆，蕩爲一壑。今開潮勢深入，逼近居民。萬一春水驟漲，怒濤犇湧，海風佐之，則呼吸蕩出，百里之民，寧不俱葬魚腹乎？況京畿赤縣[1]，密邇都城。内有二十五里塘，直通長安壩，上徹臨平，下接崇德，漕運往來，客船絡繹，兩岸田畝，無北沃壤。若海水徑入于塘，不惟民田有鹹水漶没之患，而裏河堤岸，亦將有潰裂之憂。乞下淛西諸司，條具築捺之策，務使捍堤堅壯，土脈充實，不爲怒潮所衝。"從之。

十五年，都省言：鹽官縣海塘衝決，命淛西提舉劉壆專任其事。既而壆言：

> 縣東接海鹽，西距仁和，北抵崇德、德清，境連平江、嘉興、湖州；南瀕大海，元與縣治相去四十餘里。數年以來，水失故道，早晚兩潮，奔衝向北，遂致縣南四十餘里盡淪爲海。近縣之南，元有捍海古塘亘二十里。今東西兩段，并已淪毁，侵入縣兩旁又各三四里，止存中間古塘十餘里。萬一水勢衝激不已，不惟鹽官一縣不可復存，而向北地勢卑下，所慮鹹流入蘇、秀、湖三州等處，則田畝不可種植，大爲利害。

> 詳今日之患，大概有二：一曰陸地淪毁，二曰鹹潮泛溢。陸地淪毁者，固無力可施；鹹潮泛溢者，乃因捍海古塘衝損，遇大潮必盤越流注北向，宜築土塘以捍鹹潮。所築塘基址，南北各有兩處：在縣東近南則爲六十里鹹塘[2]，近北則爲袁花塘；在縣西近南亦曰鹹塘，近北則爲淡塘[3]。

> 亦嘗驗兩處土色虛實，則袁花塘、淡塘差勝鹹塘，且各近裏，未至與海潮爲敵。勢當東就袁花塘、西就淡塘修築，則可以禦縣東鹹潮盤溢之患。其縣西一帶淡塘，連縣治左右，共五十餘里，合先修築。兼縣南去海一里餘，幸而古塘尚存，縣治民居，盡在其中，未可棄之度外。今將見管椿石，就古塘稍加工築叠一里許，爲防護縣治之計。其縣東民户，且築六十里鹹塘。萬一又爲海潮衝損，當計用椿木修築袁花塘以捍之。

> 上以爲然。

〔1〕京畿赤縣　唐宋元各代將都城及附近所治的縣稱赤縣。
〔2〕鹹塘　因塘築在海岸，主要作用是抵御苦鹹海水入侵，故稱之爲鹹

塘。如海鹽東南的六十里鹹塘。

〔3〕淡塘　主要作用是防禦因潮汐頂托江河引起的涌浪的土石塘，故稱之爲淡塘。而海鹽縣東近北的袁花塘。因海潮涌浪較小，故規模不如鹹塘，故有以下"袁花塘淡塘差勝鹹塘"之文。

明州水：紹興五年，明州守臣李光奏："明、越陂湖，專漑農田。自慶曆中，始有盗湖爲田者，三司使切責漕臣，嚴立法禁。宣和以來，王仲嶷守越，樓异[1]守明，創爲應奉[2]，始廢湖爲田，自是歲有水旱之患。乞行廢罷，盡復爲湖。如江東、西之圩田，蘇、秀之圍田，皆當講究興復。"詔逐路轉運司相度聞奏。

乾道五年，守臣張津言："東錢湖容受七十二溪，方圓廣闊八百頃，傍山爲固，疊石爲塘八十里。自唐天寶三年，縣令陸南金開廣之。國朝天禧元年，郡守李夷庚重修之。中有四牐七堰[3]，凡遇旱涸，開牐放水，漑田五十萬畝。比因豪民於湖塘淺岸漸次包占，種植菱荷，障塞湖水。紹興十八年，雖曾檢舉約束，盡罷請佃。歲久菱根蔓延，滲塞水脉，致妨蓄水；兼塘岸間有低塌處，若不淘濬修築，不惟寖失水利，兼恐塘埭相繼摧毁。乞候農隙趁時開鑿，因得土修治埭岸，實爲兩便。"從之。

〔1〕樓异　字試可，明州奉化人。《宋史》卷三五四有傳。
〔2〕[標點本原注] 宣和以來王仲嶷守越樓异守明創爲應奉　按本書卷一七三《食貨志》："政和以來，創爲應奉"；《宋會要·食貨》七之四一："自政和以來，樓异知明州，王仲嶷知越州，内交權臣，專務應奉。"又《嘉泰會稽志》卷二載王知越州，《乾道四明圖經》卷一二載樓知明州，都在政和。此處"宣和"當作"政和"。
〔3〕中有四牐七堰　據《東錢湖志》，四牐爲梅湖碶、莫枝碶、大堰碶、錢堰碶；七堰爲莫枝堰、平水堰、大堰、高湫堰、錢堰、梅湖堰、栗木堰。

鄞縣水：嘉定十四年，慶元府言："鄞縣水自四明諸山溪澗會至他山[1]，置堰小徑[2]，下江入河。所入上河之水，專溉民田，其利甚博。比因淤塞，堰上山觜少有溪水流入上河。自春徂夏不雨，令官吏發卒開淘沙觜及濬港汊，又於堰上壘叠沙石，逼使溪流盡入上河。其他山水入府城南門一帶，有碶牐三所：曰烏金，曰積瀆，曰行春[3]。烏金碶又名上水碶，昔因倒損，遂捺爲壩，以致淤沙在河，或遇溪流聚湧，時復衝倒所捺壩，走泄水源。行春橋[4]又名南石碶，碶面石板之下，歲久損壞空虛，每受潮水，演溢奔突，出於石縫，以致鹹潮衮入上河。其縣東管有道土堰，至白鶴橋一帶，河港堙塞；又有朱賴堰，與行春等碶相連，堰下江流通徹大海。今春闕雨，上河乾淺，堰身塌損，以致鹹潮透入上河，使農民不敢車注溉田。乞修砌上水、烏金諸處壩堰，仍選清彊能幹職官，專一提督。”

〔1〕［標點本原注〕他山　按《乾道四明圖經》《寶慶四明志》《四明它山水利備覽》諸書都作“它山”。

［今注］：標點本排印“校勘記”中，將上述第三種書誤排爲《四明它水水利備覽》，今改正。

〔2〕置堰小涇　小涇，又稱章溪。它山堰位于今浙江寧波市鄞州區鄞江橋鎮，堰址尚存，爲全國重點文物保護單位。

〔3〕沿渠修建烏金、積瀆、行春三堨的作用是，當上河引入水量過多時，可以溢流泄入原江中，保證下游城市安全。當潮水上湧，可關閘防鹹水倒灌。

〔4〕行春橋　據《四明它山水利備覽》及本書上下文意，疑橋字爲“碶”之誤，下文有“行春等碶”之句可證。

潤州水：紹興七年，兩淛轉運使向子諲言：“鎮江府呂城、夾岡，形勢高仰，因春夏不雨，官漕艱勤。尋遣官屬李潤詢究練湖本末，始知此湖在唐永泰間已廢而復興。今堤岸弛禁，致有侵佃冒決，故湖水不能瀦蓄，舟楫不通，公私告病。若夏秋霖潦，則丹陽、金壇、延陵一帶良田，亦被潛没。臣已令丹陽知縣朱穆等增置二斗門、一石磏，及修補隄防，盡復舊蹟，庶爲永久之利。”

乾道七年，以臣僚言：“丹陽練湖幅員四十里，納長山諸水，漕渠資之，故古語云：'湖水寸，渠水尺。'在唐之禁甚嚴，盜決者罪比殺人。本朝寢緩其禁以惠民，然修築嚴甚。春夏多雨之際，瀦蓄盈滿，雖秋無雨，漕渠或淺，但泄湖水一寸，則爲河一尺矣。兵變以後，多廢不治，堤岸圮闕，不能貯水；彊家因而專利，耕以爲田，遂致淤澱。歲月既久，其害滋廣。望責長吏濬治堙塞，立爲盜決侵耕之法，著於令。庶幾練湖漸復其舊，民田獲灌溉之利，漕渠無淺涸之患。"詔兩淛漕臣沈度專一措置修築。

慶元五年，兩淛轉運、淛西提舉言："以鎮江府守臣重修吕城兩牐畢，再造一新牐以固隄防，庶爲便利。"從之。

淛西運河[1]：自臨安府北郭務至鎮江江口牐，六百四十一里。

淳熙七年，帝因輔臣奏金使往來事，曰："運河有淺狹處，可令守臣以漸開濬，庶不擾民。"

至十一年冬，臣僚言："運河之濬，自北關至秀州杉青，各有堰牐，自可瀦水。惟沿河上塘有小堰數處，積久低陷，無以防遏水勢，當以時加修治。兼沿河下岸涇港極多，其水入長水塘、海鹽塘、華亭塘[2]，由六里堰下，私港散漫，悉入江湖，以私港深、運河淺也。若修固運河下岸一帶涇港，自無走泄。又自秀州杉青至平江府盤門，在太湖之際，與湖水相連；而平江閶門至常州，有楓橋、許墅、烏角溪、新安溪、將軍堰，亦各通太湖。如遇西風，湖水由港而入，皆不必濬。惟無錫五瀉牐損壞累年，常是開堰，徹底放舟；更江陰軍河港勢低，水易走泄。若從舊修築，不獨瀦水可以通舟，而無錫、晉陵間所有陽湖，亦當積水，而四傍田畝，皆無旱暵之患。獨自常州至丹陽縣，地勢高仰，雖有犇牛、吕城二牐，別無湖港瀦水；自丹陽至鎮江，地形尤高，雖有練湖，緣湖水日淺，不能濟遠，雨晴未幾，便覺乾涸，運河淺狹，莫此爲甚，所當先濬。"上以爲然。

至嘉定間，臣僚又言："國家駐蹕錢塘，綱運糧餉，仰給諸道，所繫不輕。水運之程，自大江而下至鎮江則入牐，經行運河，如履平地，川、廣巨艦，直抵都城，蓋甚便也。比年以來，鎮江牐口河道淤塞，不復通舟，乞令漕臣同淮東總領及本府守臣，公共措置開撩。”

〔1〕瀨西運河　即後稱之爲“江南運河”段。
〔2〕長水塘海鹽塘華亭塘　以上諸塘均爲海塘分段的名稱。

越州水：鑑湖之廣，周迴三百五十八里，環山三十六源。自漢永和五年，會稽太守馬臻始築塘，溉田九千餘頃，至宋初八百年間，民受其利。歲月寖遠，濬治不時，日久堙廢。瀕湖之民，侵耕爲田。

熙寧中，盜爲田九百餘頃。嘗遣廬州觀察推官江衍經度其宜，凡爲湖田者兩存之，立碑石爲界，内者爲田，外者爲湖。

政和末，爲郡守者務爲進奉之計，遂廢湖爲田，賦輸京師。自時姦民私占，爲田益衆，湖之存者亡幾矣。

紹興二十九年十月，帝諭樞密院事王綸曰：“往年宰執嘗欲盡乾鑑湖，云可得十萬斛米。朕謂若遇歲旱，無湖水引灌，則所損未必不過之。凡事須遠慮可也。”

隆興元年，紹興府守臣吳芾言：“鑑湖自江衍所立碑石之外，今爲民田者，又一百六十五頃，湖盡堙廢。今欲發四百九十萬工，於農隙接續開鑿。又移壯城百人，以備撩漉濬治，差彊幹使臣一人，以‘巡轄鑑湖隄岸’爲名。”

二年，芾又言：“修鑑湖，全藉斗門、堰牐蓄水，都泗堰牐尤爲要害。凡遇綱運及監司使命舟船經過，堰兵避免車拽，必欲開牐通放，以致啓閉無時，失泄湖水。且都泗堰因高麗使往來，宣和間方置牐，今乞廢罷。”其後芾爲刑部侍郎，復奏：“自開鑑湖，溉廢田二百七十頃，復湖之舊。又修治斗門、堰牐十三所。夏秋以來，時雨雖多，亦無泛溢之患，民田九千餘頃，悉獲倍收，其爲利較然可見。乞將江衍原立禁牌，別定界至，則隄岸自然牢固，永無盜決之虞。”

紹興初，高宗次越，以上虞縣梁湖堰東運河[1]淺澀，令發六千五百餘工，委本縣令、佐監督濬治。既而都省言，餘姚縣境內運河淺澀，壩堨隳壞，阻滯綱運，遂命漕臣發一萬七千餘卒，自都泗堰至曹娥塔橋，開撩河身、夾塘，詔漕司給錢米。

蕭山縣西興鎮通江兩堨，近爲江沙壅塞，舟楫不通。乾道三年，守臣言：“募人自西興至大江，疏沙河二十里，并濬堨裏運河十三里，通便綱運，民旅皆利。復恐潮水不定，復有填淤，且通江六堰，綱運至多，宜差注指使一人，專以‘開撩西興沙河’繫銜，及發捍江兵士五十名，專充開撩沙浦，不得雜役，仍從本府起立營屋居之。”

〔1〕運河 指浙東運河。西起杭州蕭山西興鎮，東經蕭山、紹興、上虞、餘姚至寧波止。下文“餘姚縣境內運河”亦指此。

常州水：隆興二年，常州守臣劉唐稽言：“申、利二港，上自運河發流，經營回復，至下流析爲二道，一自利港，一自申港，以達于江。緣江口每日潮汐帶沙填塞，上流游泥淤積，流洩不通；而申港又以江陰軍釘立標楬[1]，拘攔稅船，每潮來，則沙泥爲木標所壅，淤塞益甚。今若相度開此二河，但下流申、利二港，并隸江陰軍，若議定深闊丈尺，各於本界開淘，庶協力皆辦。又孟瀆一港在犇牛鎮西，唐孟簡[2]所開，并宜興縣界沿湖舊百瀆，皆通宜興之水，藉以疏洩。近歲阻於吳江石塘[3]，流行不快，而沿湖河港所謂百瀆，存者無幾。今若開通，委爲公私之便。”至乾道二年，以漕臣姜詵等請，造蔡涇堨及開申港上流橫石，次濬利港以洩水勢。

六年三月，又命兩淛運副劉敏士、淛西提舉芮輝於新涇塘置堨堰，以捍海潮；楊家港東開河置堨，通行鹽船。仍差堨官一人，兵級十五人，以時啓閉挑撩。五月，又以兩淛轉運司并常州守臣言，填築五瀉上、下兩堨，及修築堨裏堤岸。仍於郭瀆港口舜郎廟側水聚會處，築捺硬壩，以防走泄運水。委無錫知縣主掌鑰匣，遇水深六尺，方許開堨，通放客舟。

淳熙五年，以漕臣陳峴言，於十月募工開濬無錫縣以西橫林、小井及犇牛、吕城一帶地高水淺之處，以通漕舟。

〔1〕標楬　楬，杙也；物有标榜皆谓之楬，作標志的小木椿。標楬即專門的標志。
〔2〕孟簡　字幾道，德州平昌人。《新唐書》卷一六〇有傳。
〔3〕吴江石塘　又稱"吴江塘路"。始建于唐元和五年（810年），爲解決太湖出水口處的風濤之險和縴路問題，修築了自平望經吴江至蘇州的塘堤。

九年，知常州章沖奏：

常州東北曰深港、利港、黄田港、夏港、五斗港，其西曰竈子港、孟瀆、泰伯瀆、烈塘，江陰之東曰趙港、白沙港、石頭港、陳港、蔡港、私港、令節港[1]，皆古人開導以爲溉田無窮之利者也；今所在堙塞，不能灌溉。

臣嘗講求其説，抑欲不勞民，不費財，而漕渠旱不乾，水不溢，用力省而見功速，可以爲悠久之利者：在州之西南曰白鶴溪，自金壇縣洮湖而下，今淺狹特七十餘里，若用工濬治，則漕渠一帶，無乾涸之患；其南曰西蠡河，自宜興太湖而下，止開濬二十餘里，若更令深遠，則太湖水來，漕渠一百七十餘里，可免濬治之擾。至若望亭堰牐，置於唐之至德，而徹於本朝之嘉祐；至元祐七年復置，未幾又毁之。臣謂設此堰牐，有三利焉：陽羨諸瀆之水犇趨而下，有以節之，則當潦歲，平江三邑必無下流淫溢之患，一也。自常州至望亭一百三十五里，運河一有所節，則沿河之田，旱歲資以灌溉，二也。每歲冬春之交，重綱[2]及使命往來，多苦淺涸；今啓閉以時，足通舟楫，後免車畎灌注之勞，三也。

詔令相度開濬。

〔1〕以上諸港，詳見單鍔《吳中水利書》。
〔2〕重綱　重載的綱船。

嘉泰元年，守臣李珏言：

州境北邊揚子大江，南并太湖，東連震澤，西據滆湖，而漕渠界乎其間。漕渠兩傍，曰白鶴溪、西蠡河、南戚氏、北戚氏、直湖州港，通于二湖；曰利浦、孟瀆、烈塘、橫河、五瀉諸港，通于大江，而中間又各自爲支溝斷汊，曲繞參錯，不以數計。水利之源，多於他郡，而常苦易旱之患，何哉？

臣嘗詢訪其故：漕渠東起望亭，西上呂城，一百八十餘里，形勢西高東下。加以歲久淺淤，自河岸至底，其深不滿四五尺。常年春雨連綿、江湖泛漲之時，河流忽盈驟減；連歲雨澤愆闕，江湖退縮，渠形尤兀；間雖得雨，水無所受，旋即走泄，南入于湖，北歸大江，東徑注于吳江；晴未旬日，又復乾涸，此其易旱一也。至若兩傍諸港，如白鶴溪、西蠡河、直湖、烈塘、五瀉堰，日爲沙土淤漲，遇潮高水泛之時，尚可通行舟楫；若值小汐久晴，則俱不能通。應自餘支溝別港，皆已堙塞，故雖有江湖之浸，不見其利，此其易旱二也。況漕渠一帶，綱運於是經由，使客於此往返。每遇水澀，綱運便阻；一入冬月，津送使客，作塊車水，科役百姓，不堪其擾；豈特溉田缺事而已。

望委轉運、提興常平官同本州相視漕渠，并徹江湖之處，如法濬治，盡還昔人遺跡，及於望亭修建上、下二牐，固護水源。

從之。

昇州水：乾道五年，建康守臣張孝祥[1]言："秦淮之水流入府城，別爲兩派：正河自鎮淮新橋直注大江；其爲青溪，自天津橋出栅㟁門，亦入於江。緣栅㟁門地，近爲有力者所得，遂築斷青溪水口，創爲花圃。每水流暴至，則泛溢浸蕩，城内居民，尤被其害。若訪古而求，使青溪直道大江，則建康永無水患矣。"既而汪澈[2]奏於西園依異時河道開濬，使水通栅門入。從之。

先是，孝祥又言："秦淮水三源，一自華山由句容，一自廬山由溧水，一自溧水由赤山湖[3]，至府城東南，合而爲一，縈迴綿亘三百餘里，溪、港、溝、澮之水盡歸焉。流上水門，由府城入大江。舊上、下水門展闊，自兵變後，砌叠稍狹，雖便於一時防守，實遏水源，流通不快。兼兩岸居民填築河岸，添造屋宇。若禁民不許侵占，秦淮既復故道，則水不泛溢矣。又府東門號陳二渡，有順聖河，正分秦淮之水，每遇春夏天雨連綿，上源犇湧，則分一派之水，自南門外直入於江，故秦淮無泛濫之患。今一半淤塞爲田，水流不通，若不惜數畝之田，疏導之以復古跡，則其利尤倍。"

其後汪澈言："水潦之害，大抵緣建康地勢稍低，秦淮既泛，又大江湍漲，其勢溢溢，非由水門窄狹、居民侵築所致。且上水門砌叠處正不可闊，闊則春水入城益多。自今指定上、下水門砌叠處不動，夾河居民之屋亦不毁除，止去兩岸積壞，使河流通快。況城中繫行宮東南王方，不宜開鑿。"從之。

嘉定五年，守臣黃度言："府境北據大江，是爲天險。上自采石，下達瓜步，千有餘里，共置六渡：一曰烈山渡，籍于常平司，歲有河渡錢額；五曰南浦渡、龍灣渡、東陽渡、大城堙渡、岡沙渡，籍于府司，亦有河渡錢額。六渡歲爲錢萬餘緡。歷時最久，舟楫廢壞，官吏、篙工，初無廩給，民始病濟，而官漫不省。遂至姦豪冒法，別置私渡，左右旁午。由是官渡濟者絶少，乃聽吏卒苛取以充課。徒手者猶憚往來，而車檐牛馬幾不敢行，甚者扼之中流，以邀索錢物。竊以爲南北津渡，務在利涉，不容簡忽而但求征課。臣已爲之繕治舟艦，選募篙梢，使遠處巡檢兼監渡官。於諸渡月解錢則例，量江面闊狹，計物貨重輕，斟酌裁減，率三之一或四之一；自人車牛馬，皆有定數，雕牓約束，不得過收邀阻。乞覓衰一歲之入，除烈山渡常平錢如額解送，其餘諸渡，以二分充修船之費，而以其餘給官吏、篙梢、水手食錢。令監渡官逐月照數支散，有餘則解送府司，然後盡絕私渡，不使姦民踰禁。"從之。

〔1〕張孝祥　字安國，歷陽烏江（今安徽和縣東北烏江鎮）人。《宋史》卷三八九有傳。

〔2〕汪澈　字明遠，饒州浮梁（今景德鎮北）人。《宋史》卷三八四有傳。

〔3〕赤山湖　又名赤山塘。在今江蘇句容西南，因湖近赤山得名。南齊時沈瑀始加修治，不久堙廢。唐大曆十二年（777年）王昕立二斗門調節蓄泄，湖周百餘里，灌田萬頃。參見《新唐書·地理志》。

秀州水：秀州境內有四湖：一曰柘湖，二曰澱山湖，三曰當湖，四曰陳湖。東南則柘湖，自金山浦、小官浦入于海。西南則澱山湖，自蘆歷浦入于海。西北則陳湖，自大姚港、朱里浦入于吳松江。其南則當湖，自月河、南浦口、澉浦口亦達于海。支港相貫。

乾道二年，守臣孫大雅奏請，於諸港浦分作牐或斗門，及張涇堰兩岸創築月河，置一牐，其兩柱金口基址，并以石為之，啓閉以時，民賴其利。

十三年[1]，兩淛轉運副使張叔獻言："華亭東南枕海，西連太湖，北接松江，江北復控大海。地形東南最高，西北稍下。柘湖十有八港，正在其南，故古來築堰以禦鹹潮。元祐中，於新涇塘置牐，後因沙淤廢毀。今除十五處築堰及置石磉外，獨有新涇塘、招賢港、徐浦塘三處，見有鹹潮奔衝，淤塞民田。今依新涇塘置牐一所，又於兩旁貼築鹹塘，以防海潮透入民田。其相近徐浦塘，元係小派，自合築堰。又欲於招賢港更置一石磉。兼楊湖[2]歲久，今稍淺澱，自當開濬。"上曰："此牐須當為之。方今邊事寧息，惟當以民事為急。民事以農爲重，朕觀漢文帝詔書，多爲農而下。今置㘰，其利久遠，不可憚一時之勞。”

十五年，以兩淛路轉運判官吳坰奏請，命淛西常平司措置錢穀，勸諭人户，於農隙併力開濬華亭等處沿海三十六浦堙塞，決泄水勢，爲永久利。

〔1〕［標點本原注］十三年按“十三年”及下文“十五年”所記，據《繫年要録》卷一四八、一五四和《宋會要·方域》一七之二二均爲紹興年間事，此處失書紀元，并誤置於乾道二年（1166 年）之後。

〔2〕［標點本原注］楊湖按上文秀州境内四湖，無“楊湖”之名；陽湖，又在常州的晋陵、無錫縣界，疑此是“柘湖”之誤。

乾道七年，秀州守臣丘崈[1]奏：“華亭縣東南大海，古有十八堰，捍禦鹹潮。其十七久皆捺斷，不通裹河；獨有新涇塘一所不曾築捺，海水往來，遂害一縣民田。緣新涇舊堰迫近大海，潮勢湍急，其港面闊，難以施工，設或築捺，決不經久。運港在涇塘向裹二十里，比之新涇，水勢稍緩。若就此築堰，決可永久，堰外凡管民田，皆無鹹潮之害。其運港止可捺堰，不可置㘰。不惟瀕海土性虛燥，難以建置；兼一日兩潮，通放鹽運，不減數十百艘，先後不齊，比至通放盡絶，勢必晝夜啓而不閉，則鹹潮無緣斷絶。運港堰外别有港汊大小十六，亦合興修。”從之。

八年，崈又言：“興築捍海塘堰，今已畢工，地理闊遠，全藉人力固護。乞令本縣知、佐兼帶‘主管塘堰職事’繫銜，秩滿，視有無損壞以爲殿最。仍令巡尉據地分巡察。”詔特轉丘崈左承議郎，令所築華亭捍海塘堰，趁時栽種蘆葦，不許樵采。

九年，又命華亭縣作監㘰官，招收土軍五十人，巡邏堤堰，專一禁戢，將卑薄處時加修捺。令知縣、縣尉并帶‘主管堰事’，則上下協心，不致廢壞。

淳熙九年，又命守臣趙善悉發一萬工，修治海鹽縣常豐㡉[2]及八十一堰堨，務令高牢，以固護水勢，遇旱可以瀦積。十年，以浙西提舉司言，命秀州發卒濬治華亭鄉魚祈塘，使接松江太湖之水；遇旱，即開西㡉堰放水入泖湖，爲一縣之利。

〔1〕丘崈　字宗卿，江陰軍（今江蘇江陰縣）人。《宋史》卷三九八有傳。崈，古崇字，音chóng。

〔2〕常豐㡉　據《浙江通志》卷五四水利三："常豐㡉，在縣（海鹽）北四十里，宋嘉祐元年縣令李維幾，植木爲㡉，元祐四年何執中爲令，易以石。淳熙十五年縣令李直養蓋㡉屋，易㡉板，自是農被㡉堰之利，頻歲得稔。後以舟楫通行不便，㡉竟廢。今俗呼其地爲橫塘㡉是也。"

蘇州水：乾道初，平江守臣沈度、兩浙漕臣陳彌作言："疏濬崑山、常熟縣界白茆等十浦，約用三百萬餘工。其所開港浦，并通徹大海。遇潮，則海內細沙，隨泛以入；潮退，則沙泥沉墜，漸致淤塞。今依舊招置闕額開江兵卒，次第開濬，不數月，諸浦可以漸次通徹。又用兵卒駕船，遇潮退，搖蕩隨之，常使沙泥隨潮退落，不致停積，實爲久利。"從之。

淳熙元年，詔平江府守臣與許浦駐劄戚世明，同措置開濬許浦港。三旬訖工。

黃巖縣水：淳熙十二年，浙東提舉勾昌泰言："黃巖縣舊有官河[1]，自縣前至溫嶺，凡九十里。其支流九百三十六處，皆以溉田。元有五㡉，久廢不修。今欲建一㡉，約費二萬餘緡，乞詔兩浙運司於窠名錢內支撥。"

明年六月，昌泰復言："黃巖縣東地名東浦，紹興中開鑿，置常豐㡉。名爲決水入江，其實縣道欲令舟船取徑通過，每船納錢，以充官費。一日兩潮，一潮一淤，纔遇旱乾，更無灌溉之備。已將此牐築爲平陸，乞戒自今永不得開鑿放入江湖，遮絶後患。"

〔1〕官河　據《浙江通志》卷五〇八水利七："官河，在縣東南一里。《赤城志》：'自南浮橋南至温嶺一百三十里，廣一百五十步。又别爲九河，各二十里。支爲九百三十六涇，以丈計者七十五萬，分爲二百餘堻……溉田七十一萬有奇，建牐十有一，以時啓閉。'"

荆、襄諸水：紹興二十八年，監察御史都民望言："荆南江陵縣東三十里，沿江北岸古隄一處，地名黄潭。建炎間，邑官開決，放入江水，設以爲險阻以禦盗。既而夏潦漲溢，荆南、復州千餘里，皆被其害。去年因民訴，始塞之。乞令知縣遇農隙隨力修補，勿致損壞。"從之。

淳熙八年，襄陽府守臣郭杲言："本府有木渠，在中廬縣界，擁滮水東流四十五里，入宜城縣。後漢南郡太守王寵，嘗鑿之以引蠻水，謂之木里溝[1]，可溉田六千餘頃。歲久堙塞，乞行修治[2]。"既而杲又修護城隄以捍江流，繼築救生堤爲二牐，一通于江，一達于濠。當水涸時，導之入濠；水漲時，放之于江。自是水雖至隄，無湍悍泛濫之患焉。

十年五月，詔疏木渠，以渠傍地爲屯田。尋詔民間侵耕者就給之，毋復取。

慶元二年，襄陽守臣程九萬言："募工修作鄧城永豐堰，可防金兵衝突之患，且爲農田灌溉之利。"

三年，臣僚言："江陵府去城十餘里，有沙市鎮，據水陸之衝，熙寧中，鄭獬作守，始築長隄捍水。緣地本沙渚，當蜀江下流，每遇漲潦奔衝，沙水相蕩，摧圮動輒數十丈，見存民屋，岌岌危懼。乞下江陵府同駐劄副都統制司發卒修築，庶幾遠民安堵，免被墊溺。"從之。

〔1〕木里溝　《水經·沔水注》載："木里溝是漢南郡太守王寵所鑿，故渠引鄀水也，灌田七百頃"。

〔2〕歲久湮塞乞行修治　據《宋會要稿·食貨》六一，紹興三十二年（1162年）曾對木渠進行大規模修治，距此已二十年。關于木渠又參見鄭獬《鄖溪集》卷二六《木渠詩》，曾鞏《元豐類稿》卷一九《襄州宜城縣長渠記》。

廣西水：靈渠[1]源即離水，在桂州興安縣之北，經縣郭而南。其初乃秦史禄所鑿，以下兵於南越者。至漢，歸義侯嚴出零陵離水[2]，即此渠也；馬伏波南征之師[3]，饟道亦出於此。唐寶曆初，觀察使李渤立斗門以通漕舟[4]。

宋初，計使邊詡始修之。嘉祐四年，提刑李師中[5]領河渠事重闢，發近縣夫千四百人，作三十四日，乃成。

紹興二十九年，臣僚言："廣西舊有靈渠，抵接全州大江，其渠近百餘里，自靜江府經靈川、興安兩縣。昔年并令兩知縣繫銜'兼管靈渠'，遇堙塞以時疏導，秩滿無闕，例減舉員。兵興以來，縣道苟且，不加之意；吏部差注，亦不復繫銜，渠日淺澀，不勝重載。乞令廣西轉運司措置修復，俾通漕運，仍俾兩邑令繫銜兼管，務要修治。"從之。

〔1〕靈渠　位于今廣西興安縣境，秦始皇二十八年（公元前219年）開鑿，溝通湘江和灕江的人工運河。

〔2〕歸義侯嚴出零陵離水　事在漢武帝元鼎五年（公元前112年）秋，見《史記·南越列傳》。

〔3〕馬伏波南征之師　馬伏波即伏波將軍馬援，修整靈渠事見唐魚孟威《桂州重修靈渠記》《太平御覽》卷六五和《資治通鑒》卷四三，唯《後漢書·馬援傳》未記載。

〔4〕觀察使李渤立斗門以通漕舟　原記載見唐魚孟威《桂州重修靈渠記》。

〔5〕李師中　字誠之，楚丘（今山東曹縣東南）人。《宋史》卷三三二有傳。修靈渠事詳見李師中《重修靈渠志》。

金史·河渠志[1]

（《金史》卷二十七）

黄河　漕渠　盧溝河　滹沱河　漳河

黄　　河

　　金始克宋，兩河悉畀劉豫[2]。豫亡，河遂盡入金境。數十年間，或決或塞，遷徙無定。金人設官置屬，以主其事。沿河上下凡二十五埽，六在河南，十九在河北，埽設散巡河官一員。雄武、滎澤、原武、陽武、延津五埽則兼汴河事，設黄汴都巡河官[3]一員於河陰以蒞之。懷州、孟津、孟州及城北之四埽則兼沁水事，設黄沁都巡河官一員於懷州以臨之。崇福上下、衛南、淇上四埽屬衛南都巡河官，則居新鄉。武城、白馬、書城、教城四埽屬濬滑都巡河官，則處教城。曹甸都巡河官則總東明、西佳、孟華、凌城四埽。曹濟都巡河官則司定陶、濟北、寒山、金山四埽者也。故都巡河官凡六員。後又特設崇福上下埽都巡河官兼石橋使。凡巡河官，皆從都水監廉舉，總統埽兵萬二千人，歲用薪百一十一萬三千餘束，草百八十三萬七百餘束，椿杙[4]之木不與，此備河之恒制也。

　　〔1〕《金史·河渠志》　元脱脱等撰，成書於元至正四年（1344 年）。《金史》共 135 卷，所據資料主要依靠《金朝實錄》、王鶚《金史》、劉祁《歸潛志》等。《河渠志》是其中一篇。
　　〔2〕劉豫　字彦遊，宋景州阜城（今屬河北）人。金天會七年（1129年）降金，次年立爲“子皇帝”。《金史》卷七七有傳。

〔3〕都巡河官　金代河官名，隸都水監，"從七品，掌巡視河道、修完堤堰、栽植榆柳，凡河防之事"。下設有散巡河官，"於諸局及丞簿廉舉人，并見勾當人六十以下者充"。俱見《金史·百官志》。

〔4〕椿杙　杙指小木椿，帶尖的小木條。椿杙泛指河工所用木椿。

大定八年六月，河決李固渡〔1〕，水潰曹州城〔2〕，分流于單州之境。

九年正月，朝廷遣都水監梁肅〔3〕往視之。河南統軍使〔4〕宗室宗叙〔5〕言："大河所以決溢者，以河道積淤，不能受水故也。今曹、單雖被其患，而兩州本以水利爲生，所害農田無幾。今欲河復故道，不惟大費工役，又卒難成功。縱能塞之，他日霖潦，亦將潰決，則山東河患又非曹、單比也。又沿河數州之地，驟興大役，人心動搖，恐宋人乘間構爲邊患。"而肅亦言："新河水六分，舊河水四分，今若塞新河，則二水復合爲一。如遇漲溢，南決則害於南京〔6〕，北決則山東、河北皆被其害。不若李固南築隄以防決溢爲便。"尚書省以聞，上從之。

十年三月，拜宗叙爲參知政事〔7〕，上諭之曰："卿昨爲河南統軍時，嘗言黃河堤埽利害，甚合朕意。朕每念百姓凡有差調，吏互爲姦，若不早計而迫期徵歛，則民增十倍之費。然其所徵之物，或委積經年，至腐朽不可復用，使吾民數十萬之財，皆爲棄物，此害非細。卿既參朝政，凡類此者皆當革其弊，擇所利而行之。"

〔1〕李固渡　位于滑州南四十五里。
〔2〕曹州城　因水潰城，移曹州治于古乘氏縣。
〔3〕梁肅　《金史》卷八九有傳。大定七年（1167年）任都水監。《傳》中有關于此次視察決河的記載。
〔4〕統軍使　金於河南、山西、陝西、益都四路設統軍司，督領軍馬，鎮守一方。統軍司設統軍使一員，正三品。
〔5〕宗叙　即完顏宗叙。本名德壽，闍母第四子，大定五年（1165

年）“除河南路統軍使”。《金史》卷七一有傳，其中記有關於此次決河的議論。

〔6〕南京　北宋故都開封府于金貞元元年（1153 年）改稱南京，今河南開封市。

〔7〕參知政事　簡稱參政。金尚書省置參知政事二員，從二品，與左、右丞合稱執政官，佐治省事。

十一年，河決王村〔1〕，南京孟、衞州界多被其害。

十二年正月，尚書省奏：“檢視官言，水東南行，其勢甚大。可自河陰廣武山循河而東，至原武、陽武、東明等縣孟、衞等州增築堤岸，日役夫萬一千，期以六十日畢。”詔遣太府少監張九思〔2〕、同知南京留守事紇石烈邀小字阿補孫監護工作。

十三年三月，以尚書省請修孟津、滎澤、崇福埽堤以備水患，上乃命雄武以下八埽并以類從事。

十七年秋七月，大雨，河決白溝〔3〕。十二月，尚書省奏：“修築河堤，日役夫一萬一千五百，以六十日畢工。”詔以十八年二月一日發六百里内軍夫，并取職官人力之半，餘聽發民夫，以尚書工部郎中張大節〔4〕、同知南京留守事高蘇董役。

先是，祥符縣陳橋鎮之東至陳留潘崗，黄河堤道四十餘里以縣官攝其事，南京有司言，乞專設埽官。十九年九月，乃設京埽巡河官一員。

二十年，河決衞州及延津京東埽，瀰漫至于歸德府。檢視官南京副留守石抹輝者言：“河水因今秋霖潦暴漲，遂失故道，勢益南行。”宰臣以聞。乃自衞州埽下接歸德府南北兩岸增築堤以捍湍怒，計工一百七十九萬六千餘，日役夫二萬四千餘，期以七十日畢工。遂于歸德府創設巡河官一員，埽兵二百人，且詔頻役夫之地與免今年稅賦。

〔1〕 王村　《金史·本紀》作"河決原武縣王村"。
〔2〕 張九思　字全行,錦州(今遼寧錦州市)人,《金史》卷九〇有傳。
〔3〕 白溝　《金史·本紀》作"河決陽武白溝"。又見元好問《中州集》。
〔4〕 張大節　字信之,山西五臺人,《金史》卷九七有傳。

二十一年十月,以河移故道[1],命築堤以備。

二十六年八月,河決衞州堤,壞其城。上命户部侍郎王寂、都水少監王汝嘉馳傳措畫備禦。而寂視被災之民不爲拯救,乃專集衆以網魚取官物爲事,民甚怨嫉。上聞而惡之。既而,河勢泛濫及大名。上於是遣户部尚書劉瑋[2]往行工部事,從宜規畫,黜寂爲蔡州防禦使。

冬十月,上謂宰臣曰:"朕聞亡宋河防一步置一人,可添設河防軍數。"它日,又曰:"比聞河水泛溢,民罹其害者,資産皆空。今復遣官於被災路分推排[3],何耶?"右丞張汝霖[4]曰:"今推排者皆非被災之處。"上曰:"雖然,必其鄰道也。既鄰水而居,豈無驚擾遷避者乎,計其資産,豈有餘哉,尚何推排爲。"十一月,又謂宰臣曰:"河未決衞州時嘗有言者,既決之後,有司何故不令朕知。"命詢其故[5]。

二十七年春正月,尚書省言:"鄭州河陰縣聖后廟,前代河水爲患,屢禱有應,嘗加封號廟額。今因禱祈,河遂安流,乞加褒贈。"上從其請,特加號曰昭應順濟聖后,廟曰靈德善利之廟。

〔1〕 據《金史·食貨志》,"黄河八月已移故道"。
〔2〕 劉瑋　字德玉,咸平(今遼寧開平)人。劉瑋規畫事見《金史》卷九五本傳。
〔3〕 推排　推算人户家産,編排户等。宋代鄉村三年一推排,編造五等丁産簿,隨産進減升降其户等。金代"按民户之貧富而籍之,以應科差,謂之推排物力,亦謂之通檢"。(《廿二史劄記》卷二八)
〔4〕 張汝霖　字仲澤。參見《金史》卷八三本傳。

〔5〕大定二十六年（1186 年）決河事　又見《金史·本紀》《五行志》《康元弼傳》《張大節傳》。

　　二月，以衞州新鄉縣令張簴[1]、丞唐括唐古出、主簿温敦偎喝，以河水入城閉塞救護有功，皆遷賞有差。御史臺言：“自來沿河京、府、州、縣官坐視管内河防缺壞，特不介意。若令沿河京、府、州、縣長貳官皆於名銜管勾[2]河防事，如任内規措有方能禦大患，或守護不謹以致疏虞，臨時聞奏，以議賞罰。”上從之，仍命每歲將泛之時，令工部官一員沿河檢視。於是以南京府及所屬延津、封丘、祥符、開封、陳留、胙城、杞縣、長垣[3]，歸德府及所屬宋城、寧陵、虞城，河南府及孟津，河中府及河東，懷州河内、武陟，同州朝邑，衞州汲、新鄉、獲嘉，徐州彭城、蕭、豐，孟州河陽、温，鄭州河陰、滎澤、原武、氾水，濬州衞，陝州閺鄉、湖城、靈寶，曹州濟陰，滑州白馬，睢州襄邑，滕州沛，單州單父，解州平陸，開州濮陽，濟州嘉祥、金鄉、鄆城，四府、十六州之長貳皆提舉河防事，四十四縣之令佐皆管勾河防事。

　　初，衞州爲河水所壞，乃命增築蘇門，遷其州治。至二十八年，水息，居民稍還，皆不樂遷。於是遣大理少卿康元弼[4]按視之。元弼還奏：“舊州民復業者甚衆，且南使驛道館舍所在，向以不爲水備，以故被害。若但修其堤之薄缺者，可以無虞，比之遷治，所省數倍，不若從其民情，修治舊城爲便。”乃不遷州，仍勑自今河防官司怠慢失備者，皆重抵以罪。

〔1〕簴　音巨（jù）。
〔2〕管勾　金、元官名，各職司多置。此處爲辦理的意思。
〔3〕[標點本原注] 於是以南京府及所屬延津封丘祥符開封陳留胙城杞縣長垣　按金代無“南京府”之建置。本書卷二五《地理志》，南京路開封府屬縣十五，與此相較，僅無胙城。而衞州胙城下云，“本隸南京，海陵時割隸滑

州，泰和七年復隸南京，八年以限河來屬"。蓋金人習慣稱開封府爲南京。此
處"府"字當是衍文。

〔4〕康元弼　字輔之，山西大同雲中人。《金史》卷九七"本傳"中記
有決河事。

二十九年五月，河溢于曹州小堤之北。六月，上諭旨有司曰：
"比聞五月二十八日河溢，而所報文字如此稽滯。水事最急，功不可
緩，稍緩時頃，則難固護矣。"十二月，工部言："營築河堤，用工
六百八萬餘，就用埽兵軍夫外，有四百三十餘萬工當用民夫。"遂詔
命去役所五百里州、府差顧，於不差夫之地均徵顧錢[2]，驗物力科
之。每工錢百五十文外，日支官錢五十文，米升半。仍命彰化軍節
度使內接族裔、都水少監大齡壽提控五百人往來彈壓。

先是，河南路提刑司言："沿河居民多困乏逃移，蓋以河防差役
煩重故也。竊惟禦水患者，不過堤埽，若土功從實計料，薪藁椿杙
以時徵斂，亦復何難。今春築堤，都水監初料取土甚近，及其興工
乃遠數倍，人夫懼不及程，貴價買土，一隊之間多至千貫。又許州
初科薪藁十八萬餘束，既而又配四萬四千，是皆常歲必用之物，農
隙均科則易輸納。自今堤埽興工，乞令本監以實計度，量一歲所用
物料，驗數折稅，或令和買[1]，於冬月分爲三限輸納爲便。"詔尚
書省詳議以聞[2]。

〔1〕和買　又稱和市，官府强行以低價購買民間貨物的措施。自唐前期
産生，至宋盛行，實爲以購買爲名掠奪民財的一種變相賦稅。
〔2〕大定二十九年（1139年）河溢事，又見《金史·本紀》《五行志》
《食貨志》。

明昌元年春正月，尚書省奏："臣等以爲，自今凡興工役，先量
負土遠近，增築高卑，定功立限，牓諭使人先知，無令增加力役。
并河防所用物色，委都水監每歲於八月以前，先拘籍舊貯物外實闕

之數，及次年春工多寡，移報轉運司計置，於冬三月分限輸納。如水勢不常，夏秋暴漲危急，則用相鄰埽分防備之物，不足，則復於所近州縣和買。然復慮人户道塗泥淖，艱于運納，止依稅内科折他物，更爲增價，當官支付，違者并論如律，仍令所屬提刑司正官一員馳驛監視體究，如此則役作有程，而河不失備。"制可之。

四年十一月[1]，尚書省奏："河平軍節度使王汝嘉等言：'大河南岸舊有分流河口，如可疏導，足泄其勢，及長堤以北恐亦有可以歸納排淪之處，乞委官視之。濟北埽以北宜創起月堤。'臣等以爲宜從所言。其本監官皆以諳練河防故注以是職，當使從汝嘉等同往相視，庶免異議。如大河南北必不能開挑歸納，其月堤宜依所料興修。"上從之。

十二月，勅都水監官提控修築黄河堤，及令大名府差正千户一員，部甲軍二百人彈壓勾當。

[1] 據《金史·五行志》：四年"五月霖雨"，"六月河決衞州，魏、清、滄皆被害"。

五年春正月，尚書省奏："都水監丞田櫟同本監官講議黄河利害，嘗以狀上言，前代每遇古堤南決，多經南、北清河分流，南清河北下有枯河數道，河水流其中者長至七八分，北清河乃濟水故道，可容三二分而已。今河水趨北，齧長堤面流者十餘處，而堤外率多積水，恐難依元料增修長堤與創築月堤也。可於北岸牆村決河入梁山濼故道，依舊作南、北兩清河分流。然北清河舊堤歲久不完，當立年限增築大堤，而梁山故道多有屯田軍户，亦宜遷徙。今擬先於南岸王村、宜村兩處決堤導水，使長堤可以固護，姑宜仍舊，如不能疏導，即依上開決，分爲四道，俟見水勢隨宜料理。"尚書省以櫟等所言與明昌二年劉瑋等所案視利害不同，及令陳言人馮德輿與櫟面對，亦有不合者，送工部議。復言"若遽於牆村疏決，緣瀕北清河州縣二十餘處，兩岸連亘千有餘里，其堤防素不修備，恐所屯軍戶亦卒難徙。今歲先於南岸延津縣堤決堤洩水，其北岸長堤自白馬[1]以下，定陶以上，并宜加功築護，庶可以遏將來之患。若定陶以東三埽棄堤則不必修，止決舊壓河口，引導積水東南行，流堤北張彪、白塔兩河間，礙水軍戶可使遷徙，及梁山濼故道分屯者，亦當預爲安置"。宰臣奏曰："若遽從櫟等所擬，恐既更張，利害非細。比召河平軍節度使王汝嘉同計議，先差幹濟官兩員行戶工部事覆視之，同則就令計實用工物、量州縣遠近以調丁夫，其督趣春工官即充今歲守漲，及與本監官同議經久之利。"詔以知大名府事內族裔、尚書戶部郎中李敬義充行戶工部事，以參知政事胥持國都提控。又奏差德州防禦使李獻可、尚書戶部郎中焦旭於山東當水所經州縣築護城堤，及北清河兩岸舊有堤處別率丁夫修築，亦就令講究河防之計。

〔1〕白馬　古黃河津渡名，今河南滑縣東北，在金代黃河南徙以前，爲歷代軍事要地。

他日，上以宋閤士良所述《黃河利害》一帙付參知政事馬琪[1]曰："此書所言亦有可用者，今以賜卿。"

二月，上諭平章政事守貞[2]曰："王汝嘉、田櫟專管河防，此國家之重事也。朕比問其曾於南岸行視否？乃稱'未也'。又問水決能行南岸乎？又云'不可知'。且水趨北久矣，自去歲便當經畫，今不稱職如是耶？可諭旨令往盡心固護，無致失備，及講究所以經久之計。稍涉違慢，當併治罪。"

三月，行省并行戶工部及都水監官各言河防利害事。都水監元擬於南岸王村、宜村兩處開導河勢，緣比來水勢去宜村堤稍緩，唯王村岸向上數里卧捲[3]，可以開決作一河，且無所犯之城市村落。又擬於北岸牆村疏決，依舊分作兩清河入梁山故道，北清河兩岸素有小堤不完，後當築大堤。尚書省謂："以黄河之水勢，若於牆村決注，則山東州縣膏腴之地及諸鹽場必被淪溺。設使修築壞堤，而又吞納不盡，功役至重，虚困山東之民，非徒無益，而又害之也。況長堤已加固護，復於南岸疏決水勢，已寢決河入梁山濼之議，水所經城邑已勸率作護城堤矣，先所修清河舊堤已遣罷之。監丞田櫟言定陶以東三埽棄堤不當修，止言'決舊壓河口以導漸水入堤北張彪、白塔兩河之間，凡當水衝屯田户須令遷徙'。臣等所見，止當堤前作木岸[4]以備之，其間居人未當遷徙，至夏秋水勢泛溢，權令避之，水落則當各復業，此亦户工部之所言也。"上曰："地之相去如此其遠，彼中利害，安得悉知？惟委行省盡心措畫可也。"

〔1〕馬琪　字德玉，大興寶坻（今河北）人，《金史》卷九五 "本傳"記有明昌五年（1194 年）決河事。

〔2〕守貞　即完顔守貞，本名左靨，《金史》卷七三有傳。

〔3〕卧捲　又作 "淪捲"，《宋史·河渠志》："浪勢旋激，岸土上隤，謂之'淪捲'。"

〔4〕木岸　詳見《宋史·河渠志》注釋。

四月，以田櫟言河防事，上諭旨參知政事持國[1]曰："此事不惟責卿，要卿等同心規畫，不勞朕心爾。如櫟所言，築堤用二十萬工，歲役五十日，五年可畢，此役之大，古所未有。況其成否未可知，就使可成，恐難行也。遷徙軍户四千則不爲難，然其水特決，尚不知所歸，儻有潰走，若何枝梧。如令南岸兩處疏決，使其水趨南，或可分殺其勢。然水之形勢，朕不親見，難爲條畫，雖卿亦然。丞相、左丞皆不熟此，可集百官詳議以行。"百官咸謂："櫟所言棄長堤，無起新堤，放河入梁山故道，使南北兩清河分流，爲省費息民長久之計。臣等以爲黃河水勢非常，變易無定，非人力可以斟酌，可以指使也。況梁山濼淤填已高，而北清河窄狹不能吞伏，兼所經州縣農民廬井非一，使大河北入清河，山東必被其害。櫟又言乞許都水監符下州府運司，專其用度，委其任責，一切同於軍期，仍委執政提控。緣今監官已經添設，又於外監署司多以沿河州府長官兼領之，及令佐管勾河防，其或怠慢已有同軍期斷罪的決之法，凡櫟所言無可用。"遂寢其議[2]。

八月，以河決陽武故堤，灌封丘而東，尚書省奏，都水監、行部官有失固護。詔命同知都轉運使高旭、武衛軍副都指揮使女奚列奕小字韓家奴同往規措。尚書省奏："都水監官前來有犯，已經戒諭，使之常切固護。今王汝嘉等殊不加意，既見水勢趨南，不預經畫，承留守司累報，輒爲遷延，以至害民。即是故違制旨，私罪當的決。"詔汝嘉等各削官兩階，杖七十罷職。

〔1〕持國　即胥持國，字秉鈞，請督河役事見《金史》卷一二九"本傳"。

〔2〕遂寢其議　根本原因是金代河防的方針是重北輕南。只要北岸不出問題即不必執行兩清河分流方案。從下文可見，該年六月已開導南岸王村河口分水。

上謂宰臣曰："李愈[1]論河決事，謂宜遣大臣往，以慰人心，其言良是。嚮慮河北決，措畫堤防，猶嘗置行省，況今方橫潰爲害，而止差小官，恐失衆望。自國家觀之，雖山東之地重於河南，然民皆赤子，何彼此之間。"乃命參知政事馬琪往，仍許便宜從事。上曰："李愈不得爲無罪，雖都水監官非提刑司統攝，若與留守司以便宜率民固護，或申聞省部，亦何不可使朕聞之。徒能張皇水勢而無經畫，及其已決，乃與王汝嘉一往視之而還，亦未嘗有所施行。問王村河口開導之月，則對以四月終，其實六月也，月日尚不知，提刑司官當如是乎。"尋命户部員外郎何格賑濟被浸之民。

時行省參知政事胥持國、馬琪言："已至光禄村周視堤口。以其河水浸漫，堤岸陷潰，至十餘里外乃能取土。而堤面窄狹，僅可數步，人力不可施，雖窮力可以暫成，終當復毀。而中道淤澱，地有高低，流不得泄，且水退，新灘亦難開鑿。其孟華等四埽與孟陽堤道，沿汴河東岸，但可施功者，即悉力修護，將於農隙興役，及凍畢工，則京城不至爲害。"

參知政事馬琪言："都水外監員數冗多，每事相倚，或復邀功，議論紛紜不一，隳廢官事。擬罷都水監掾，設勾當官二員。又自昔選用都、散巡河官，止由監官辟舉，皆諸司人，或有老疾，避倉庫之繁，行賄請托，以致多不稱職。擬升都巡河作從七品，於應入縣令廉舉人内選注外，散巡河依舊，亦於諸司及丞簿廉舉人内選注，并取年六十以下有精力能幹者。到任一年，委提刑司體察，若不稱職，即日罷之。如守禦有方，致河水安流，任滿，從本監及提刑司保申，量與升除。凡河橋司使副亦擬同此選注[2]。"繼而胥持國亦以爲言，乃從其請。

〔1〕李愈　字景韓，山西正平人，論決河事參見本書卷九六"本傳"。
〔2〕馬琪所言官員情況亦參見《金史・百官志》。

閏十月，平章政事守貞曰："馬琪措畫河防事，未見功役之數[1]，加之積歲興功，民力將困，今持國復病，請別遣有材幹者往議之。"上曰："堤防救護若能成功，則財力固不敢惜。第恐財殫力屈，成而復毀，如重困何。"宰臣對曰："如盡力固護，縱爲害亦輕，若恬然不顧，則爲害滋甚。"上曰："無乃因是致盜賊乎？"守貞曰："宋以河決興役，亦嘗致盜賊，然多生於凶歉。今時平歲豐，少有差役，未必至此。且河防之役，理所當然，今之當役者猶爲可耳。至於科徵薪芻，不問有無，督輸迫切則破產業以易之，恐民益困耳。"上曰："役夫須近地差取，若遠調之，民益艱苦，但使津濟可也。然當俟馬琪至而後議之。"庚辰，琪自行省還，入見，言："孟陽河堤及汴堤已填築補修，水不能犯汴城。自今河勢趨北，來歲春首擬於中道疏決，以解南北兩岸之危。凡計工八百七十餘萬，可於正月終興工。臣乞前期再往河上監視。"上以所言付尚書省，而治檢覆河堤并守漲官等罪有差。

他日，尚書省奏事，上語及河防事，馬琪奏言："臣非敢不盡心，然恐智力有所不及。若別差官相度，儻有奇畫，亦未可知。如適與臣策同，方來興功，亦庶幾稍寬朝廷憂顧。"上然之，命翰林待制奧屯忠孝[2]權尚書戶部侍郎[3]、太府少監溫昉權尚書工部侍郎，行戶、工部事，修治河防，且諭之曰："汝二人皆朕所素識，以故委任，冀副朕意。如有錯失，亦不汝容。"[4]

承安元年七月，勑自今沿河傍側州、府、縣官雖部除者皆勿令員闕[5]。

泰和二年九月，勑御史臺官："河防利害初不與卿等事，然臺官無所不問，應體究者亦體究之。"

[1][標點本原注] 未見功役之數 "數"疑是"效"字之誤。
[今注] "數"字不誤，是說未見需要役夫多少及用工若干之數。馬琪未估算上報。
[2] 奧屯忠孝 字全道懿州（今遼寧省阜新市東北）胡士虎猛安人。《金史》卷一〇四有傳。
[3] 權尚書戶部侍郎 此處應接逗號，以區別下句。
[4] 據《金史·本紀》，明昌六年（1195年）正月興工治河，四月完工，胥持國以下九十六人受賞，河道有遷移。
[5] 承安末至泰和初年，都水監遣官于東明境之馬蹄埽河，改東北入梁山泊，河道改向東流，至徐州入泗入淮河道，大體恢復曹單故道。詳見元好問《遺山集》。

五年二月，以崔守真言，"黄河危急，芻藁物料雖云折税，每年不下五六次，或名爲和買，而未嘗還其直"，勅委右三部司正郭澥、御史中丞孟鑄講究以聞。澥等言"大名府、鄭州等處自承安二年以來，所科芻藁未給價者，計錢二十一萬九千餘貫"。遂命以各處見錢差能幹官同各州縣清强官一一酬之，續令按察司體究。

宣宗貞祐三年十一月壬申[1]，上遣參知政事侯摯[2]祭河神於宜村。

三年四月，單州刺史顏盞天澤言："守禦之道，當決大河使北流德、博、觀、滄之境[3]。今其故堤宛然猶在，工役不勞，水就下必無漂没之患。而難者若不以犯滄鹽場損國利爲説，必以浸没河北良田爲解。臣嘗聞河側故老言，水勢散漫，則淺不可以馬涉，深不可以舟濟，此守禦之大計也。若曰浸民田，則河徙之後，淤爲沃壤，正宜耕墾，收倍于常，利孰大焉。若失此計，則河南一路兵食不足，而河北、山東之民皆瓦解矣。"詔命議之。

四年三月，延州刺史溫撒可喜言："近世河離故道，自衛東南而流，由徐、邳入海，以此，河南之地爲狹。臣竊見新鄉縣西河水可決使東北，其南有舊堤，水不能溢，行五十餘里與清河合，則由濬州、大名、觀州、清州、柳口入海，此河之故道也，皆有舊堤，補其缺罅足矣。如此則山東、大名等路，皆在河南，而河北諸郡亦得其半，退足以爲禦備之計，進足以壯恢復之基。"又言："南岸居民，既已籍其河夫修築河堰，營作戍屋，又使轉輸芻糧，賦役繁殷，倍於他所，夏秋租税，猶所未論，乞減其稍緩者，以寬民力。"事下尚書省，宰臣謂："河流東南舊矣。一旦決之，恐故道不容，衍溢而出，分爲數河，不復可收。水分則淺狹易渡，天寒輒凍，禦備愈難，此甚不可。"詔但令量宜減南岸郡縣居民之賦役。

五年夏四月，勅樞密院，沿河要害之地，可壘石岸，仍置撒星椿、陷馬塹以備敵。

〔1〕［標點本原注〕宣宗貞祐三年十一月壬申　原脱"十一月"三字。據《本紀》、《侯摯傳》補。又此事依年月順序當在下段"三年四月"之後。

〔2〕侯摯　字莘卿，山東東阿人。《金史》卷一○八有傳。

〔3〕守禦之道當決大河使北流德博觀滄之境　金朝於貞祐二年（1214年）五月開始遷都南京（今河南省開封市），爲防禦蒙古兵，欲仿效北宋河北塘泊政策，而有引黃河北流之議。

漕　渠

金都於燕[1]，東去潞水五十里，故爲牐以節高良河、白蓮潭諸水，以通山東、河北之粟。凡諸路瀕河之城，則置倉以貯傍郡之税，若恩州之臨清、歷亭，景州之將陵、東光，清州之興濟、會州，獻州及深州之武强，是六州諸縣皆置倉之地也[2]。其通漕之水，舊黃河行滑州、大名、恩州、景州、滄州、會川之境，漳水東北爲御河，則通蘇門、獲嘉、新鄉、衛州、濬州、黎陽、衛縣、彰德、磁州、洺州之餽，衡水則經深州會于滹沱，以來獻州、清州之餉，皆合于信安[3]海壖，泝流而至通州，由通州入牐，十餘日而後至于京師。其它若霸州之巨馬河，雄州之沙河，山東之北清河，皆其灌輸之路也。然自通州而上，地峻而水不留，其勢易淺，舟膠不行，故常從事陸輓，人頗艱之。世宗之世，言者請開盧溝金口以通漕運，役衆數年，竟無成功，事見《盧溝河》。其後亦以牐河或通或塞，而但以車輓矣[4]。

〔1〕燕　即燕京，金貞元元年（1153年）定都于此，改稱中都。位于北京老城西南。

〔2〕［標點本原注］按上文僅叙恩、景、清、獻、深五州，與"六州"之數不合，"獻州"下無縣名，當有脱文。

〔3〕信安　據《金史·地理志》"霸州……信安，國初因宋爲信安軍，大

定七年降爲信安縣，隸霸。元光元年四月升爲鎮安府……"。位于今河北霸縣東北信安鎮。

〔4〕以上一段爲金代漕渠的綜述。下面隔一段自"初"字起，才是按時間叙述各漕渠情況。

其制，春運以冰消行，暑雨畢。秋運以八月行，冰凝畢。其綱[1]將發也，乃合衆，以所載之粟苴而封之，先以付所卸之地，視與所封樣同則受。凡綱船以前期三日修治，日裝一綱，裝畢以三日啓行。計道里分泝流、沿流爲限，至所受之倉，以三日卸，又三日給收付。凡輓漕脚直[2]，水運鹽每石百里四十八文，米五十文一分二厘七毫，粟四十文一分三毫，錢則每貫一文七分二厘八毫。陸運傭直，米每石百里百一十二文一分五毫，粟五十七文六分八厘四毫，錢每貫三文九厘六毫。餘物每百斤行百里，平路則春冬百三十一文五分，夏秋百五十七文八分，山路則春冬百四十九文，夏秋二百一文。凡使司院務納課傭直，春冬九十文三分，夏秋百一十四文。諸民戶射賃官船漕運者，其脚直以十分爲率，初年剋二分，二年剋一分八厘，三年剋一分七厘，四年剋一分五厘，五年以上剋一分。

〔1〕綱 係綱運。唐以後，大量貨物分批起運，每批編立字號，分爲若干組，一組稱一綱。漕糧、食鹽多用綱運。

〔2〕脚直 同脚值，即運費。下文"傭直"亦同。

初，世宗大定四年八月，以山東大熟，詔移其粟以實京帥。十月，上出近郊，見運河湮塞，召問其故。主者云戶部不爲經畫所致。上召戶部侍郎曹望之[1]，責曰："有河不加濬，使百姓陸運勞甚，罪在汝等。朕不欲即加罪，宜悉力使漕渠通也。"

五年正月，尚書省奏，可調夫數萬，上曰："方春不可勞民，令宫籍監户、東宫親王人從、及五百里内軍夫，濬治。"[2]

二十一年，以八月京城儲積不廣，詔沿河恩、獻等六州粟百萬餘石運至通州，輦入京師。

明昌三年四月，尚書省奏：“遼東、北京路米粟素饒，宜航海以達山東。昨以按視東京近海之地，自大務清口并咸平銅善館皆可置倉貯粟以通漕運，若山東、河北荒歉，即可運以相濟。”制可。

承安五年，邊河倉州縣，可令折納菽二十萬石，漕以入京，驗品級養馬於俸內帶支，仍漕麥十萬石，各支本色[3]。乃命都水監丞田櫟相視運糧河道。

泰和元年，尚書省以景州漕運司所管六河倉，歲稅不下六萬餘石，其科州縣近者不下二百里，官吏取賄延阻，人不勝苦，雖近官監之亦然。遂命監察御史一員往來糾察之。

五年，上至霸州，以故漕河淺澀，勑尚書省發山東、河北、河東、中都、北京軍夫六千[4]，改鑿之[5]。犯屯田戶地者，官對給之。民田則多酬其價。

〔1〕曹望之　字景蕭，祖臨潢（今内蒙古巴林左旗）人，《金史》卷九二有傳，記有疏濬運河事。
〔2〕此次濬治當爲金漕渠，即元代壩河路線之運河。
〔3〕本色　古代政府賦稅中征收原定的實物爲本色。改征其他實物或貨幣稱“折色”。
〔4〕軍夫六千　動員地區很廣，人數不多，疑千字或是萬字之誤。
〔5〕泰和五年（1205年）鑿河事實始于泰和四年（1204年），見《金史》卷一〇一卷《烏古論慶壽傳》和卷一一〇《韓玉傳》。漕河正式名稱爲通濟河，通稱閘河。參見《金史·百官志》。

六年，尚書省以凡漕河所經之地，州縣官以爲無與於己，多致淺滯，使綱戶以盤淺剝載爲名，姦弊百出。於是遂定制，凡漕河所經之地，州府官銜内皆帶“提控漕河事”，縣官則帶“管勾漕河事”，俾催檢綱運，營護堤岸。爲府三：大興、大名、彰德。州十

二：恩、景、滄、清、獻、深、衛、濬、滑、磁、洺、通。縣三十
三[1]：大名、元城、館陶、夏津、武城、歷亭、臨清、吳橋、將陵、
東光、南皮、清池、靖海、興濟、會川、交河、樂壽、武強、安陽、
湯陰、臨漳、成安、滏陽、内黄、黎陽、衛、蘇門、獲嘉、新鄉、
汲、潞、武清、香河、漷陰。

十二月，通濟河創設巡河官一員，與天津河同爲一司，通管漕
河堋岸，止名天津河巡河官[2]，隸都水監。

八年六月，通州刺史張行信言，“船自通州入堋[3]，凡十餘日
方至京師，而官支五日轉脚之費[4]”，遂增給之。

貞祐三年，既遷于汴[5]，以陳、潁二州瀕水，欲借民船以漕，
不便。遂依觀州漕運司設提舉官，募船户而籍之，命户部勾當官往
來巡督。

四年，從右丞侯摯言，開沁水以便餽運。上又念京師轉輸之勞，
命出尚厩牛及官車，以助其力。

[1]［標點本原注］縣三十三　按下文列名者實得三十四縣。
[2] 止名天津河巡河官　“止”字或作“上”，上字解作上一段亦可通。
[3] 船自通州入堋　有的版本“入堋”訛爲“八堋”，致使有人誤爲堋
河上共建有堋八座。以元代郭守敬開通惠河規劃“十里置一堋”推測，金代
此段亦可能置五堋，日行一堋，故有下文“官支五日轉脚之費”的規定。
[4] 官支五日轉脚之費，是因運河長五十里，原定日行十里過一堋，原
定需五日，每卒閘前需等蓄水足量，約一日過一堋。此次因運河水少，需行十
日，故“增給之”。
[5] 貞祐三年（1215 年）既遷於汴　指金朝廷遷都於汴（今河南省開
封市）。

興定四年十月，諭皇太子曰：“中京運糧護送官，當擇其人，萬
有一失，樞密官亦有罪矣。其船當用毛花輦[1]所造兩首尾者，仍張
幟如渡軍之狀，勿令敵知爲糧也。”

陝西行省把胡魯言："陝西歲運糧以助關東，民力浸困，若以舟自渭入河，順流而下，可以紓民力。"遂命嚴其偵候，如有警，則皆維於南岸。

時朝廷以邳、徐、宿、泗軍儲，京東縣輓運者歲十餘萬石，民甚苦之。元光元年，遂於歸德府置通濟倉，設都監一員，以受東郡之粟。

定國軍節度使李復亨[2]言："河南駐蹕，兵不可闕，糧不厭多。比年，少有匱乏即仰給陝西，陝西地腴歲豐，十萬石之助不難。但以車運之費先去其半，民何以堪。宜造大船二十，由大慶關渡入河，東抵湖城，往還不過數日，篙工不過百人，使舟皆容三百五十斛，則是百人以數日運七千斛矣。自夏抵秋可漕三（千）[十]餘萬斛[3]，且無稽滯之患。"上從之。

時又於靈璧縣潼郡鎮設倉都監及監支納，以方開長直溝，將由萬安湖舟運入汴至泗，以貯粟也。

〔1〕毛花輦　即蒲察毛花輦。據卷一一〇《李獻甫傳》，時為都水監使。又據《本紀》正大二年（1225年）"秋七月，都水蒲察毛花輦殺人，免死除名"。

〔2〕李復亨　字仲修，滎州河津人。《金史》卷一〇〇有傳。

〔3〕[標點本原注] 自夏抵秋可漕三千餘萬斛按上文言"百人以數日運七千斛"，則"自夏抵秋"可漕三十餘萬斛。"千"當是"十"字之誤。

盧　溝　河

大定十年，議決盧溝以通京師漕運，上忻然曰："如此，則諸路之物可徑達京師，利孰大焉。"命計之，當役千里內民夫，上命免被災之地，以百官從人助役。已而，勑宰臣曰："山東歲飢，工役興則妨農作，能無怨乎。開河本欲利民，而反取怨，不可。其姑罷之。"

十一年十二月，省臣奏復開之，自金口^[1]疏導至京城北入壕，而東至通州之北入潞水，計工可八十日。

十二年三月，上令人覆按，還奏"止可五十日"。上召宰臣責曰："所餘三十日徒妨農費工，卿等何爲慮不及此。"及渠成，以地勢高峻，水性渾濁。峻則奔流漩洄，齧岸善崩，濁則泥淖淤塞，積滓成淺，不能勝舟。其後，上謂宰臣曰："分盧溝爲漕渠，竟未見功，若果能行，南路諸貨皆至京師，而價賤矣。"平章政事駙馬元忠曰："請求識河道者，按視其地。"竟不能行而罷。

二十五年五月^[2]，盧溝決於上陽村。先是，決顯通寨，詔發中都三百里內民夫塞之，至是復決，朝廷恐枉費工物，遂令且勿治^[3]。

〔1〕 金口　與下文"孟家山金口牐"指同一處。孟家山當是今石景山或其西北之鬼子山。今稱"地形缺口"處當是金口所在。據文獻金口始鑿於三國修車箱渠時。金元兩代均於此建牐，控制永定河的引水量。

〔2〕 ［標點本原注］二十五年五月　按本書卷八《世宗紀》作大定二十六年五月"戊子，盧溝決於上陽村"。相差一年。

〔3〕 遂令且勿治　按《金史》卷八《世宗紀》："戊子，盧溝決於上陽村，湍流成河，遂因之。"

二十七年三月，宰臣以"孟家山金口牐下視都城，高一百四十餘尺^[1]，止以射糧軍守之，恐不足恃。儻遇暴漲，人或爲姦，其害非細。若固塞之，則所灌稻田俱爲陸地，種植禾麥亦非曠土。不然則更立重牐^[2]，仍於岸上置埽官廨署，及埽兵之室，庶幾可以無虞也"。上是其言，遣使塞之。

夏四月丙子，詔封盧溝水神爲安平侯。

二十八年五月，詔盧溝河使旅往來之津要，令建石橋。未行而世宗崩^[3]。

章宗大定二十九年六月，復以涉者病河流湍急，詔命造舟，既而更命建石橋。

明昌三年三月成，勅命名曰廣利[4]。有司謂車駕之所經行，使客商旅之要路，請官建東西廊，令人居之。上曰："何必然，民間自應爲耳。"左丞守貞言："但恐爲豪右所占，況罔利之人多止東岸，若官築則東西兩岸俱稱，亦便於觀望也。"遂從之。

六月，盧溝堤決，詔速遏塞之，無令泛溢爲害。右拾遺路鐸[5]上疏言，當從水勢分流以行，不必補修玄同口以下、丁村以上舊堤。上命宰臣議之，遂命工部尚書胥持國及路鐸同檢視其堤道。

〔1〕高一百四十餘尺　以每尺約合0.30米，估算爲42米，金口至金中都城址以20公里估算，則金口河的平均比降約爲千分之二。以《順直水利委員會測地形圖》核亦同。

〔2〕重牐　因地勢重要所建之牐不同一般，故重牐或是前後二座，或是指工程牢固，十分重要之牐，以確保安全。

〔3〕未行而世宗崩　世宗逝於二十九年（1189年）正月癸巳。

〔4〕名曰廣利　此橋即今之盧溝橋。

〔5〕路鐸　字宣叔，《金史》卷一〇〇有傳。

滹沱河

大定八年六月，滹沱犯真定，命發河北西路及河間、太原、冀州民夫二萬八千，繕完其堤岸。

十年二月，滹沱河創設巡河官二員。

十七年，滹沱決白馬崗，有司以聞，詔遣使固塞，發真定五百里內民夫，以十八年二月一日興役，命同知真定尹鶻沙虎、同知河北西路轉運使徐偉監護。

漳　河

大定二十年春正月，詔有司修護漳河堋，所須工物一切并從官給，毋令擾民。

明昌二年六月，漳河及盧溝堤皆決，詔命速塞之。

四年春正月癸未，有司言修漳河堤埽計三十八萬餘工，詔依盧溝河例，招被水闕食人充夫，官支錢米，不足則調礙水人戶，依上支給。

元史·河渠志[1]

（《元史》卷六十四至卷六十六）

河　渠　一

（《元史》卷六十四）

　　水爲中國患，尚矣。知其所以爲患，則知其所以爲利，因其患之不可測，而能先事而爲之備，或後事而有其功，斯可謂善治水而能通其利者也。昔者，禹堙洪水，疏九河，陂九澤，以開萬世之利。而《周禮·地官》[2]之屬，所載瀦防溝遂之法甚詳。當是之時，天下蓋無適而非水利也。自先王疆理井田之制壞，而後水利之説興。魏史起鑿漳河[3]，秦鄭國引涇水，漢鄭當時、王安世[4]輩，或獻議穿漕渠，或建策防水決，是數君子者，皆嘗試其術而卒有成功，太史公《河渠》一書猶可考。自時厥後，凡好事喜功之徒，率多爲興利之言，而其患顧有不可勝言者矣。夫潤下，水之性也，而欲爲之防，以殺其怒，遏其衝，不亦甚難矣哉。惟能因其勢而導之，可蓄則儲水以備旱暵之災，可洩則瀉水以防水潦之溢，則水之患息，而於是蓋有無窮之利焉。

　　〔1〕《元史》　宋濂等撰，明洪武三年（1370 年）完成。《河渠志》是其中一篇，共三卷。因全書分兩次修成，《志》中記載事件多分爲兩部分。記事時間上起元太宗七年（1235 年），下迄至正二十年（1360 年）。
　　〔2〕周禮地官　即《地官·司徒》，是《周禮》中的一篇。

〔3〕史起　鑿漳河事見《漢書·溝洫志》。《史記·河渠書》記載與此説不同。

〔4〕王安世　《漢書·溝洫志》作王延世。

元有天下，内立都水監[1]，外設各處河渠司[2]，以興舉水利、修理河隄爲務。決雙塔、白浮諸水[3]爲通惠河，以濟漕運，而京師無轉餉之勞。導渾河，疏灤水，而武清、平灤無墊溺之虞。浚冶河，障滹沱，而真定免決齧之患。開會通河於臨清，以通南北之貨。疏陝西之三白，以溉關中之田。泄江湖之淫潦，立捍海之横塘，而浙右之民得免於水患。當時之善言水利，如太史郭守敬[4]等，蓋亦未嘗無其人焉。一代之事功，所以爲不可泯也。今故著其開修之歲月、工役之次第，歷叙其事而分紀之，作《河渠志》。

〔1〕都水監　隋代始建的全國水政管理機構名稱。元至元二年（1265年）立都水監，至元十三年（1276年）併入工部。至元二十八年（1291年）爲修建通惠河又予恢復，直隸中書省。設都水監二人，都水少監一人。掌管全國河渠并隄防、水利、橋梁、牐堰之事。至正年間河南、山東及濟寧路鄆城設行都水監。

〔2〕河渠司　都水監駐各路派出機構，又稱河道提舉司。如大都河道提舉司，秩從五品。至正年間設河防提舉司，隸行都水監。詳見《元史·百官志》。

〔3〕雙塔白浮諸水　今北京昌平區有雙塔村、白浮村，當時這一帶有很多泉水出流，現已乾涸。

〔4〕郭守敬　順德邢臺（今河北邢臺）人，字若思。至元元年（1264年）以河渠使赴西夏修復古灌渠，八年（1271年）升任都水監。十三年（1276年）參加制定《授時曆》，二十三年（1286年）任太史令。二十八年（1291年）復任都水監，成功地修建通惠河工程，標致京杭大運河全綫貫通。俱見《元文類》齊履謙：《知太史院事郭公行狀》及《元史·郭守敬傳》。

通 惠 河

通惠河，其源出於白浮甕山[1]諸泉水也。

世祖至元二十八年，都水監郭守敬奉詔興舉水利，因建言："疏鑿通州至［大］都河。改引渾水溉田，於舊牐河[2]蹤跡導清水，上自昌平縣白浮村引神山泉[3]，西折南轉，過雙塔、榆河、一畝、玉泉諸水[4]，至西［水］門入都城，南匯爲積水潭，東南出文明門[5]，東至通州高麗莊入白河。總長一百六十四里一百四步。塞清水口[6]一十二處，共長三百一十步。壩牐一十處，共二十座[7]，節水以通漕運，誠爲便益。"從之。首事於至元二十九年之春，告成於三十年之秋，賜名曰通惠。凡役軍一萬九千一百二十九，工匠五百四十二，水手三百一十九，没官囚隷百七十二，計二百八十五萬工，用楮幣[8]百五十二萬錠，糧三萬八千七百石，木石等物稱是。役興之日，命丞相以下皆親操畚鍤爲之倡。置牐之處，往往於地中得舊時磚木[9]，時人爲之感服。船既通行，公私兩便。先時通州至大都五十里，陸輓官糧，歲若干萬，民不勝其悴，至是皆罷之。

〔1〕白浮甕山　此爲引水河名稱，標點本在"白浮"與"甕山"中間加頓號，不確，詳見下文專條。

〔2〕舊牐河　指金代所建牐河。

〔3〕神山泉　位于今北京昌平白浮村北龍山北麓，又稱白浮泉。

〔4〕諸水　關于諸泉名稱的記載詳見《元一統志》："上自昌平白浮村之神山泉，下流有王家山泉、昌平西虎眼泉、孟村一畝泉、西來馬眼泉、侯家莊石河泉、灌石村南泉、榆河溫湯龍泉、冷水泉、玉泉諸水畢合。"

〔5〕文明門　大都城南牆東門，位于今北京崇文門北一里。

〔6〕清水口　詳見以下"白浮甕山"條

〔7〕據下文及《元一統志》等元代資料，設牐十一處，共二十四座。

〔8〕楮幣　楮（chǔ）皮可製桑皮紙，因此成爲紙的代稱。楮幣又稱楮

券，爲宋以來發行的紙幣代稱。

〔9〕舊時磚木　當是金代牐河所建之牐的牐基材料。

　　其壩牐之名曰：廣源牐[1]；西城牐二，上牐在和義門外西北一里，下牐在和義水門西三步；海子牐[2]，在都城内；文明牐二，上牐在麗正門外水門東南，下牐在文明門西南一里；魏村牐二，上牐在文明門東南一里，下牐西至上閘一里；籍東牐二，在都城東南王家莊[3]；郊亭牐二[4]，在都城東南二十五里銀王莊；通州牐二，上牐在通州西門外，下牐在通州南門外；楊尹牐二，在都城東南三十里[5]；朝宗牐二，上牐在萬億庫[6]南百步，下牐去上閘百步。

　　成宗元貞元年四月，中書省[7]臣言："新開運河牐，宜用軍一千五百，以守護兼巡防往來船内姦宄之人。"從之。七月，工部言："通惠河創造牐壩，所費不資，雖已成功，全籍主守之人，上下照略修治，今擬設提領三員，管領人夫，專一巡護，降印給俸。其西城牐改名會川，海子牐改名澄清，文明牐仍用舊名，魏村牐改名惠和，籍東牐改名慶豐，郊亭牐改名平津，通州牐改名通流，河門牐改名廣利，楊尹牐改名溥濟[8]。"

　　〔1〕廣源牐　此處有缺文，《元一統志》："護國仁王寺西廣源牐二。"上牐遺址今存，下牐位置據《水部備考》在今北京白石橋處。以下諸牐位置詳考見蔡蕃：《北京古運河與城市供水研究》，北京出版社，1987年。

　　〔2〕海子牐　此處有缺文，《元一統志》："海子東澄清牐三。"《析津志》詳記三牐名稱和位置。

　　〔3〕王家莊　當在今北京朝陽區慶豐閘村附近。

　　〔4〕郊亭牐二　據《元一統志》"郊亭北平津牐三"，此處"二"當爲"三"之誤。

　　〔5〕楊尹牐　後改名爲溥濟，又作普濟，位于今北京朝陽楊閘村南。

　　〔6〕萬億庫　據考證，當位于大都西城牆與和義北水門内。朝宗牐又見《析津志》，其記述位置應前移至"西城牐"後。

　　〔7〕中書省　元朝中央最高行政機關。中統元年（1260年）忽必烈即位

後，設立中書省，又稱都省，以總理全國政務。

〔8〕據改名記載，此處當缺“廣源牐、朝宗牐仍用原名”等字。以上記載諸牐次序混亂，自上游而下的十一處牐更改名稱後順序應是：廣源、會川、朝宗、澄清、文明、惠和、慶豐、平津、溥濟、通流、廣利。

武宗至大四年六月，省臣言：“通州至大都運糧河牐，始務速成，故皆用木，歲久木朽，一旦俱敗，然後致力，將見不勝其勞。今爲永固計，宜用磚石，以次修治。”從之。後至泰定四年，始修完焉〔1〕。

文宗天曆三年三月，中書省臣言：“世祖時開挑通惠河，安置牐座，全藉上源白浮、一畝等泉之水以通漕運。今各枝及諸寺觀權勢，私決隄堰，澆灌稻田、水碾、園圃，致河淺妨漕事，乞禁之。”奉旨：白浮甕山直抵大都運糧河隄堰泉水，諸人毋挾勢偷決，大司農司〔2〕、都水監可嚴禁之。

〔1〕始修完焉　不確。宋褧《燕石集・都水監改修慶豐牐記》有至順元年“以木易石”記載。

〔2〕大司農司　元朝掌管農桑、水利、學校、義倉諸事的中央官署。至元七年（1270年）二月，始置司農司，同年十二月改爲大司農司，并撥都水監歸其管轄。十四年（1277年）罷大司農司，以按察司兼領，十八年（1281年）立農政院，專管武衛屯田。二十一年（1284年）改立務農司。二十三年（1286年）復立大司農司，掌全國農桑事，分設六道勸農司。大司農司秩正二品。

壩　河

壩河，亦名阜通七壩〔1〕。

成宗大德六年三月，京畿漕運司〔2〕言：“歲漕米百萬〔3〕，全藉船壩夫力。自冰開發運至河凍時止，計二百四十日，日運糧四千六百餘石，所轄船夫一千三百餘人，壩夫七百三十，占役俱盡，晝夜不息。今歲水漲[4]，衝決壩隄六十餘處，雖已修畢，恐霖雨衝圮，走泄運水，以此點視河隄淺澀低薄去處，請加修理。”自五月四日入役，六月十二日畢。深溝壩[5]九處，計一萬五千一百五十三工。王村壩[6]二處，計七百十三工。鄭村壩[7]一處，計一千一百二十五工。西陽壩[8]三處，計一千二百六十二工。郭村壩[9]三處，計一千九百八十七工。千斯壩[10]下一處，計一萬工。總用工三萬二百四十。

[1] 阜通七壩　宋本《都水監事記》七壩名稱是“阜通之千斯、常慶、西陽、郭村、鄭村、王村、深溝七壩”。修建時間據《元史·王思誠傳》《元史·百官志》爲至元十六年（1279年）。這是大都至通州的最早運河。

[2] 京畿漕運司　全稱京畿都漕運使司，總掌京畿漕運事。至元二十四年（1287年）分立内外兩運司，而京畿都漕運司只領在京糧倉出納，及新運糧提舉司（至元十六年設，專管壩河糧運）站車攢運公事。

[3] 歲漕米百萬　當時通惠河已通航，可見壩河地位仍十分重要。

[4] 今歲水漲　疑漲水事在去年。因當時才三月，而從“冲決壩堤六十餘處，雖已修畢”看，所需時間當比下文修補十九處時間長得多，則漲水應在元月以前。

[5] 深溝壩　位于壩河入榆河河口處，今北京通州城北。以下諸壩位置考証，詳見蔡蕃：《北京古運河與城市供水研究》一書。

[6] 王村壩　在今北京壩河沙窩牐上游不遠處。

[7] 鄭村壩　即今北京朝陽區東壩，据《析津志》元時已有東壩之稱。

[8] 西陽壩　在今北京朝陽區西壩村附近，今北崗子牐上游。

[9] 郭村壩　在西壩村之西，今酒仙橋牐之東。明代稱“火（澋）村壩”，清又稱“果村壩”。

[10] 千斯壩　据元虞集《京畿都漕運使善政記》，位于元大都東牆北門光熙門附近，這是壩河最西的一座壩。

金 水 河

金水河，其源出於宛平縣玉泉山，流至（義和）〔和義〕門南水門[1]入京城，故得金水之名。

至元二十九年二月，中書右丞[2]馬速忽等言：“金水河所經運石大河[3]及高良河[4]、西河[5]俱有跨河跳槽[6]，今已損壞，請新之。”是年六月興工，明年二月工畢。

至大四年七月，奉旨引金水河水注之光天殿[7]西花園石山前舊池，置牐四以節水。閏七月興工，九月成，凡役夫匠二十九，爲工二千七百二十三，除妨工，實役六十五日。

〔1〕南水門　據《元大都的勘查和發掘》（載《文物》1972年1月）其遺址在西直門南一百二十米城牆下。

〔2〕中書右丞　位于平章政事之後，左丞之前，執掌中書省政務。

〔3〕運石大河　准確流經不可考。疑爲至元初年郭守敬所開“運西山木石”的金口河向北的一條支流。此時還有水通流，至大德年間才堵塞上源。如此才可能與東西流向的金水河相交。

〔4〕高良河　即高梁河。這裏似指高梁河通流永定河的上支水道。

〔5〕西河　疑爲積水潭西岸引出向太液池供水河道，金代用來沟通白莲潭和中都城的河道，清代北京地圖上還有此水道存在，大約今北京赵登禹路位置。

〔6〕跨河跳槽　输水渠道與河流立體交叉工程，即現代的渡槽。

〔7〕光天殿　位于元大内（皇城）太液池西岸北部的主要建築，詳見陶宗儀《南村輟耕錄》。

隆福宮前河[1]

隆福宮前河，其水與太液池[2]通。

英宗至治二年五月，奉敕云："昔在世祖時，金水河濯手有禁，今則洗馬者有之，比至秋疏滌，禁諸人毋得污穢。"[3]於是會計修浚，三年四月興工，五月工畢，凡役軍八百，爲工五千六百三十五。

〔1〕隆福宫前河　隆福宫爲元大内太液池西岸南部的宫殿組，又稱東宫，或皇太子宫。後爲皇太后居處。此河爲金水河流入大内的南支水道。
〔2〕太液池　元大内水域，包括今北海和中海。
〔3〕關於保護金水河"毋得污穢"的記載，又見《析津志》："金水[河]入大内，敢有浴者、澣衣者、棄土石瓴甋其中、驅馬牛往飲者，皆執而笞之。"

海 子 岸

海（水）〔子〕岸，上接龍王堂，以石甃其四周。海子一名積水潭[1]，聚西北諸泉之水，流行入都城而匯于此，汪洋如海，都人因名焉。

仁宗延祐六年二月，都水監計會前後，與元修舊石岸相接。凡用石三百五，各長四尺，闊二尺五寸，厚一尺，石灰三千斤，該三百五工，丁夫五十，石工十，九月五日興工，十一日工畢。

至治三年三月，大都河道提舉司[2]言："海子南岸東西道路[3]，當兩城要衝，金水河浸潤於其上，海子風浪衝齧於其下，且道狹，不時潰陷泥濘，車馬艱於往來。如以石砌之，實永久之計也。"

泰定元年四月，工部應副工物，七月興工，八月工畢，凡用夫匠二百八十七人。

〔1〕海子一名積水潭　《元史·地理志》作"海子在皇城之北、萬壽山之陰，舊名積水潭"。
〔2〕大都河道提舉司　隸都水監，秩從五品。設提舉一員，從五品；同

提舉一員，從六品；副提舉一員，從七品。負責通惠河、金水河、盧溝河、白溝、御河、會通河、壩河、積水潭及都城內一百五十六座橋的管理。

〔3〕海子南岸東西道路　相當今地安門西大街。

雙　塔　河

雙塔河，源出昌平縣孟村一畝泉[1]，經雙塔店[2]而東，至豐善村，入榆河。

至元三年四月六日，巡河官言："雙塔河時將泛溢，不早爲備，恐至潰決，臨期卒艱措手。乃計會閉水口[3]工物，開申都水監，創開雙塔河[4]，未及堅久。今已及水漲之時，倘或決壞，走泄水勢，悞運船不便。"省準制國用司[5]給所需，都水監差夫修治焉。凡合閉水口五處，用工二千一百五十五。

〔1〕孟村一畝泉　据考証當在今辛莊附近（雙塔村之西）。又見《析津志》。

〔2〕雙塔店　今昌平區有雙塔村，位于北沙河南岸。

〔3〕水口　運河與山溪交叉處工程。又称清水口、笆口。當地習用的一種用荆笆编笼石工建筑的臨時堰，發洪水時被冲毁，汛後可迅速修復。

〔4〕創開雙塔河　據《元史·本紀》："至元元年二月壬子，發北京都元帥阿海所領軍疏雙塔漕渠。"

〔5〕制國用司　據《元史·百官志》全稱爲"制國用使司"，設于至元三年（1266年），總理全國財政，以後一度成爲與中書省、御史臺、樞密院并立的最重要國務機構。至元七年（1270年）罷制國用使司，立尚書省，統六部。

盧　溝·河

盧溝河[1]，其源出於代地，名曰小黄河，以流濁故也。自奉聖州界，流入宛平縣境，至都城四十里東麻谷[2]，分爲二派。

太宗七年歲乙未[3]八月敕："近劉冲禄言：'率水工二百餘人，已依期築閉盧溝河元破牙梳口[4]，若不修隄固護，恐不時漲水衝壞，或貪利之人盜決溉灌，請令禁之。'劉冲禄可就主領，毋致衝塌盜決。犯者以違制論，徒二年，決杖七十。如遇修築時，所用丁夫器具，應差處調發之。其舊有水手人夫内，五十人差官存留不妨。已委管領，常切巡視體究，歲一交番，所司有不應副者罪之。"

〔1〕盧溝河　今永定河，元又稱渾河。此段應移到下面渾河節，《元史》編撰者將其分作兩段，誤。
〔2〕東麻谷　在今石景山北之麻峪村。
〔3〕太宗七年歲乙未　當爲公元1235年，即南宋端平二年。
〔4〕破牙梳口　堤防決口處。

白　浮　甕　山

白浮甕山[1]，即通惠河上源之所出也。白浮泉[2]水在昌平縣界，西折而南，經甕山泊[3]，自西水門入都城焉。

成宗大德七年六月，甕山等處看牐提領[4]言："自閏五月二十九日始，晝夜雨不止，六月九日夜半，山水暴漲，漫流隄上，衝決水口。"於是都水監委官督軍夫，自九月二十一日入役，至是月終輟工，實役軍夫九百九十三人。

十一年三月，都水監言："巡視白浮甕山河隄，崩三十餘里，宜編荆笆爲水口，以泄水勢。"計修笆口[5]十一處，四月興工，十月工畢。

仁宗皇慶元年正月，都水監言："白浮甕山隄，多低薄崩陷處，宜修治。"來春二月入役，八月修完，總修長三十七里二百十五步，計七萬三千七百七十三工。

延祐元年四月，都水監言：“自白浮甕山下至廣源牐隄隁，多淤澱淺塞，源泉微細，不能通流，擬疏滌。”由是會計工程，差軍千人疏治。

泰定四年八月，都水監言：“八月三日至六日，霖雨不止，山水泛溢，衝壞甕山諸處笆口，浸没民田。”計料工物，移文工部關支修治。自八月二十六日興工，九月十三日工畢，役軍夫二千名，實役九萬工，四十五日。

〔1〕白浮甕山　此處專列一節，所指即白浮甕山河，以該河起迄地稱呼。遍檢《元史》所記“白浮甕山”均爲此河，中間不可加標點符號分開。

〔2〕白浮泉　即前述神山泉。

〔3〕甕山泊　元代又稱七里泊、大泊湖和西湖，今北京頤和園昆明湖前身。

〔4〕看牐提領　隸大都河道提舉司的牐官。

〔5〕笆口　以荆笆裝石修築而成的水口。在白浮甕山河堤上起自潰壩作用。這種建築即前述“清水口”，總數爲十二處，此次修治了十一處。

渾　　河

渾河，本盧溝水，從大興縣流至東安州、武清縣，入漷州界[1]。

至大二年十月，渾河水決左都威衛營西大隄，泛溢南流，没左右二翊及後衛屯田[2]麥，由是左都威衛言：“十月五日，水決武清縣王甫村隄，闊五十餘步，深五尺許，水西南漫平地流，環圓營倉局，水不没者無幾。恐來春冰消，夏雨水作，衝決成渠，軍民被害，或遷置營司，或多差軍民修塞，庶免墊溺。”

三年二月十二日，省準下左右翊及後衛、大都路委官督工修治，至五月二十日工畢。

皇慶元年二月十七日，東安州言："渾河水溢，決黃堈隄一十七所。"都水監計工物移文工部。二十七日，樞密知院[3]塔失帖木兒奏："左衛[4]言渾河決隄口二處，屯田浸不耕種，已發軍五百修治。臣等議，治水有司職耳，宜令中書戒所屬用心修治。"從之。七月，省委工部員外郎張彬言："巡視渾河，六月三十日霖雨，水漲及丈餘，決隄口二百餘步，漂民廬，没禾稼，乞委官修治，發民丁刈雜草興築。"

〔1〕入漷州界　元代漷州轄武清、香河兩縣，治所在北京通州區東南漷縣鎮。上文至"武清縣"實已入漷州界。

〔2〕後衛屯田　據《元史》卷一百《兵志》："置立歲月，與前衛同（至元十五年九月），後以永清等處田畝低下，遷昌平縣之太平莊。泰定三年五月……遂罷之，上於舊立屯所，耕作如故。屯軍與左衛同（二千名），爲田一千四百二十八頃一十四畝。"

〔3〕樞密知院　樞密院爲元朝掌全國兵甲機密的最高機構，秩從一品。至大三年（1310年）設知院七員，同知二員、副樞二員……。詳見《元史》卷八六《百官二》。

〔4〕左衛　據《元史》卷一百《兵志三》："樞密院所轄左衛屯田：世祖中統三年三月調樞密院二千人，於東安州南、永清縣東荒土，及本衛元占牧地、立屯開耕，分置左右手屯田千户所，爲軍二千名，爲田一千三百一十頃六十五畝。"

延祐元年六月十七日，左衛言："六月十四日，渾河決武清縣劉家莊隄口，差軍七百與東安州民夫協力同修之。"

三年三月，省議："渾河決隄隈，没田禾，軍民蒙害，既已奏聞。差官相視，上自石徑山金口[1]，下至武清縣界舊隄，長計三百四十八里，中間因舊修築者大小四十七處，漲水所害合修補者一十九處，無隄創修者八處，宜疏通者二處，計工三十八萬一百，役軍夫三萬五千，九十六日可畢。如通築則役大難成，就令分作三年爲之，省院差官先發軍民夫匠萬人，興工以修其要處。”是月二十日，樞府奏撥軍三千，委中衛[2]僉事督修治之。

七年五月，營田提舉司[3]言：“去歲十二月二十一日，屯戶巡視廣（賦）［武］屯北渾河隄二百餘步將崩，恐春首土解水漲，浸沒爲患，乞修治。”都水監委濠寨，會營田提舉司官、武清縣官，督夫修完廣武屯北陷薄隄一處，計二千五百工；永興屯北隄低薄一處，計四千一百六十六工；落垈村西衝圮一處，計三千七百三十三工；永興屯北崩圮一處，計六千五百十八工；北王村莊西河東岸至白墳兒，南至韓村西道口，計六千九十三工；劉邢莊西河東岸北至寶僧百戶屯，南至白墳兒，計三萬七百十二工。總用工五萬三千七百二十二。

泰定四年四月，省議：“三年六月內霖雨，山水暴漲，泛沒大興縣諸鄉桑棗田園。移文樞府，於七衛屯田及見有軍內，差三千人修治。”

〔1〕石徑山金口　石徑山即今石景山，金口在其北麓，詳《金史·河渠志》。

〔2〕中衛　據《元史》卷一百《兵志》“中衛屯田，世祖至元四年，於武清、香河等縣置立。十一年……遷於河西務、荒莊、楊家口、青臺、楊家白等處。其屯軍之數與左衛同（二千名），爲田一千三十七頃八十二畝。”

〔3〕營田提舉司　據《元史》卷一百《兵志》：“大司農司所轄。營田提舉司：不詳其建置之始，其設（立處所）在大都漷州之武清縣……爲田三千五百二頃九十三畝。”

白　河

白河，在漷州東四里，北出通州潞縣，南入于通州境，又東南至香河縣界，又流入于武清縣境，達于靜海縣界。

至元三十年九月，漕司言："通州運糧河全仰白、榆、渾三河之水，合流名曰潞河，舟楫之行有年矣。今歲新開㵮河[1]，分引渾、榆二河上源之水，故自李二寺[2]至通州三十餘里，河道淺澀。今春夏天旱，有止深二尺處，糧船不通，改用小料船搬載，淹延歲月，致虧糧數。先是，都水監相視白河，自東岸吳家莊前，就大河西南，斜開小河二里許，引榆河合流至深溝壩[3]下，以通漕舟。今丈量，自深溝榆河上灣[4]，至吳家莊龍王廟前白河，西南至壩河八百步。及巡視，知榆河上源築閉，其水盡趨通惠河，止有白佛、靈溝、一子母[5]三小河水入榆河，泉脉微[6]，不能勝舟。擬自吳家莊就龍王廟前閉白河，於西南開小渠，引水自壩河上灣入榆河，庶可漕運。又深溝、樂歲五倉[7]，積貯新舊糧七十餘萬石，站車輓運艱緩，由是訪視通州城北通惠河積水[8]，至深溝村西水渠，去樂歲、廣儲等倉甚近，擬自積水處由舊渠北開四百步，至樂歲倉西北，以小料船運載甚便。"都省准焉。通惠河自通州城北，至樂歲西北，水陸共長五百步[9]，計役八萬六百五十工。

[1] 今歲新開㵮河　㵮河即指通惠河，竣工于至元三十年（1293年）七月。

[2] 李二寺位于今北京通州里二泗村，是元代通惠河入白河的河口處。

[3] 深溝壩　為"阜通七壩"（壩河）最東端的壩，詳見《壩河》篇。

[4] 自深溝榆河上灣　"深溝榆河上灣"是一个河道灣，標點本在"深溝""榆河"中間加頓號，誤。

[5] 白佛靈溝一子母　白佛即白浮泉下流河道，今稱東沙河水道；靈溝，今稱藺溝，北沙河的一條支流；一子母，疑爲今孟祖河。

[6] 泉脉微　因榆河上源白浮等泉水引入白浮瓮山河，故下游水量減少。

[7] 深溝樂歲五倉　元初为壩河在通州城北修筑五仓，此处深溝、樂歲是其中两个倉，應該加頓号。

[8] 通州城北通惠河積水　位置爲今北京通州區燃燈塔北，即清代通惠

河的"葫蘆頭"水面。金代潞河從城北入白河,元代修通惠河時築堰截斷城北水道,改由城南高麗莊入白河,因此這裏形成積水。

〔9〕水陸共長五百步　以此推算,深溝壩至通州城不過五百步左右。

大德二年五月,中書省劄付都水監:運糧河隄自楊村至河西務三十五處,用葦一萬九千一百四十束,軍夫二千六百四十九名,度三十日畢。於是本監分官率濠寨至楊村歷視壞隄,督巡河夫修理,以霖雨水溢,故工役倍元料,自寺洘口北至蔡村、清口、孫家務、辛莊、河西務隄,就用元料葦草,修補卑薄,創築月隄,頗有成功。其楊村兩岸相對出水河口四處,葦草不敷,就令軍夫采刈,至九月住役。楊村河[1]上接通惠諸河,下通溏沱入江淮,使官民舟楫直達都邑,利國便民。奈楊村隄岸,隨修隨圮,蓋為用力不固,徒煩工役,其未修者,候來春水涸土乾,調軍夫修治。

延祐六年十月,省臣言:"漕運糧儲及南來諸物商賈舟楫,皆由直沽[2]達通惠河,今岸崩泥淺,不早疏浚,有礙舟行,必致物價翔湧。都水監職專水利,宜分官一員,以時巡視,遇有頹圮淺澀,隨宜修築,如工力不敷,有司差夫助役,怠事者究治。"從之。

至治元年正月十一日,漕司言:"夏運海糧一百八十九萬餘石[3],轉漕往返,全藉河道通便,今小直沽汊河口潮汐往來,淤泥壅積七十餘處,漕運不能通行,宜移文都水監疏滌。"工部議:"時農作方興,兼民多艱食,若不差軍助役,民力有所不逮。"樞密院言:"軍人不敷。"省議:"若差民丁,方今東作[4]之時,恐妨歲事。其令大都募民夫三千,日給傭鈔一兩、糙粳米一升,委正官提調,驗日支給,令都水監暨漕司官同督其事。"四月十一日入役,五月十日工畢。

〔1〕楊村河　當為北運河的一部分或即指北運河。
〔2〕直沽　金元時稱潞(今北運河)、衛(今南運河)會合處為直沽,

今天津舊三岔口一帶。

〔3〕夏運海糧一百八十九萬餘石　上年（延祐七年）海運量據《食貨志》爲“三百二十四萬七千九百二十八石（至者）”。漕司所言夏運數只及全年一半左右。

〔4〕東作　歲起於東，東作即春耕之謂。

泰定元年二月，（福）〔樞〕府臣奏：“臨清萬户府[1]言，至治元年霖雨，決壞運糧河岸，宜差軍修築。臣等議，誠利益事，令本府差軍三百執役。”從之。

三年三月，都水監言：“河西務菜市灣水勢衝嚙，與倉相近，將來爲患，宜於劉二總管營相對河東岸，截河築隄，改水道與舊河合，可杜後患。”

四年正月，省臣奏准，樞府差軍五千，大都路募夫五千人，日支糙米五升、中統鈔一兩[2]，本監工部委官與前衞董指揮同監役，是年三月十八日興工，六月十一日工畢。

致和元年六月六日，臨清御河萬户府言：“泰定四年八月二日，河溢，壞營北門隄約五十步，漂舊椿木百餘，崩圮猶未已。”工部議：“河岸崩摧，理宜修治，既都水監會計工物，各處支給，其役夫三千人，若擬差民，方春恐妨農務，宜移文樞密院撥軍。”省准修舊隄岸，展闊新河口東岸，計工五萬九千九百三十七，用軍三千、木匠十人。

天曆二年三月，漕司言：“元開劉二總管營相對河，比舊河運糧迂遠，乞委官相視，復開舊河便。”四月九日，奏准，差軍七千，委兵部員外郎鄧衡、都水監丞阿里、漕使太不花等督工修浚。後以冬寒，候凍解興役。

三年，工部移文大都，於近甸募民夫三千，日支糙粳米三升、中統鈔一兩，兵部改委辛侍郎暨元委官修闢。

至順元年六月，都水監言：“二十三日夜，白河水驟漲丈餘，觀音寺新修護倉隄，已督有司差夫救護，今水落尺餘，宜候伏槽[3]興作。"

〔1〕臨清萬户府　下文有臨清御河萬户府，疑此處缺"御河"二字。

〔2〕中統鈔一兩　中統元年（1260年）十月發行中統元寶交鈔，簡稱中統寶鈔或中統鈔，不限年月通用，與銀并行流轉。中統鈔幣面值分十文、一百文、一貫文等十等。當時習慣稱鈔一貫爲一兩，五十貫爲一錠，百文爲一錢，十文爲一分。

〔3〕伏槽　漲水後水回復河槽内，即復槽水。《宋史・河渠志》："十月水落安流，復其故道，謂之復槽水。"

御　　河

御河[1]，自大名路魏縣界，經元城縣泉源鄉于村渡，南北約十里，東北流至包家渡，下接（管）〔館〕陶縣界三口。御河上從交河縣，下入清池縣界。又永濟河在清池縣西三十里，自南皮縣來，入清州，今呼爲御河也。

至元三年七月六日，都水監言："運河二千餘里，漕公私物貨，爲利甚大。自兵興以來，失於修治，清州之南，景州以北，頹闕岸口三十餘處，淤塞河流十五里。至癸巳年[2]，朝廷役夫四千，修築浚滌，乃復行舟。今又三十餘年，無官主領。滄州地分，水面高於平地，全藉隄隄防護。其園圃之家掘隄作井，深至丈餘，或二丈，引水以溉蔬花。復有瀕河人民就隄取土，漸至闕破，走洩水勢，不惟澀行舟，妨運糧，或致漂民居，没禾稼。其長蘆[3]以北，索家馬頭之南，水内暗藏樁橛，破舟船，壞糧物。"部議以濱河州縣佐貳之官兼河防事，於各地分巡視，如有闕破，即率衆修治，拔去樁橛，仍禁園圃之家毋穿隄作井，栽樹取土。都省准議。

七年，省臣言："御河水泛武清縣，計疏浚役夫一十[4]，工八十日可畢。"從之。

[1] 御河 元代御河指今河南、河北境内的衛河和南運河。從下文"御河水泛武清縣"看，御河也包括北運河下段。

[2] 癸巳年 當爲公元 1233 年（元太宗窩闊台汗五年），距至元三年（1266 年）爲三十三年，正如下文所説："今又三十餘年。"

[3] 長蘆 元爲滄州清池縣治所，今滄州市。

[4] ［標點本原注］計疏浚役夫一十 按疏浚河道，當非十人之工役。疑此處史文有誤。

［今注］十或爲千字之誤。

至大元年六月二十九日，左翼屯田萬户府[1]呈："五月十八日申時，水決會川縣孫家口岸約二十餘步，南流灌本管屯田，已移文河間路、武清縣、清州有司，多發丁夫，管領修治。"由是樞密院檄河間路、左翊屯田萬户府，差軍併工築塞。十月，大名路濬州言："七月十一日連雨至十七日，清、石二河水溢李家道[2]，東南橫流。詢社長高良輩，稱水源自衛輝路汲縣東北，連本州淇門西舊黑蕩泊，溢流出岸，漫黄河古隄，東北流入本州齊賈泊，復入御河，漂及門民舍。竊計今歲水勢逆行，及下流漳水漲溢，遏絶不能通，以致若此，實非人力可勝。又西關水手佐聚稱，七月十二日卯時，御河水驟漲三尺，十八日復添四尺，其水逆流，明是下流漲水壅逆，擬差官巡治。"

延祐三年七月，滄州言："清池縣民告，往年景州吳［橋］縣諸處御河水溢，衝決隄岸，萬户千奴爲恐傷（淇）［其］屯田，差軍築塞舊洩水郎兒口[3]，故水無所洩，浸民廬及已熟田數萬頃，乞遣官疏鬧，引水入海。及七月四日，決吳橋縣柳斜口東岸三十餘步，千户移僧又遣軍閉塞郎兒口，水壅不得洩，必致漂蕩張管、許河、孟村[4]三十餘村黍穀廬舍，故本州摘官相視，移文約會開鬧，不從。"

　　四年五月，都水監遣官與河間路官相視元塞郎兒口，東西長二十五步，南北闊二十尺，及隄南高一丈四尺，北高二丈餘，復按視郎兒口下流故河，至滄州約三十餘里，上下古跡寬闊，及減水故道，名曰盤河。今爲開闢郎兒口，增濬故河，決積水，由滄州城北達滹沱河，以入于海。

　　泰定元年九月，都水監遣官督丁夫五千八百九十八人，是月二十八日興工，十月二日工畢。

〔1〕左翼屯田萬户府　據《元史·百官二》："左右翼屯田萬户府二，秩從三品。分掌斡端、別十八里迴還漢軍，及大名、衛輝新附之軍，并迤東迴軍，合爲屯田。……隸樞密院。"《兵志三》："左翼屯田萬户府：世祖至元二十六年二月……設。遂於大都路霸州及河間等處立屯開耕，置漢軍左右手二千户、新附軍六千户，爲軍二千五十一名，爲田一千三百九十九頃五十二畝。"
〔2〕李家道　位于今河南滑縣西北。
〔3〕郎兒口　位于今河北滄州南四十餘里。
〔4〕孟村　今河北省孟村回族自治縣。

灤　　河

　　灤河，源出金蓮川中，由松亭北，經遷安東、平州西，瀕灤州入海也。王曾《北行錄》云："自偏槍嶺四十里，過烏灤河，東有灤州，因河爲名。"

　　至元二十八年八月，省臣奏："姚演言，奉敕疏濬灤河，漕運上都，乞應副沿河蓋露囤[1]工匠什物，仍預備來歲所用漕船五百艘，水手一萬，牽船夫二萬四千。臣等集議，近歲東南荒歉，民力凋弊，造舟調夫，其事非輕，一時并行，必致重困。請先造舟十艘，量撥水手試行之，如果便，續增益。"制可其奏，先以五十艘行之，仍選能人同事。

　　大德五年八月十三日，平灤路[2]言："六月九日霖雨，至十五日夜，灤河與泄、洳三河并溢，衝圮城東西二處舊護城隄、東西南三面城牆，橫流入城，漂郭外三關瀕河及在城官民屋廬糧物，没田苗，溺人畜，死者甚衆，而雨猶不止。至二十四日夜，灤、漆、泄、洳諸河水復漲入城，餘屋漂蕩殆盡。"乃委吏部馬員外同都水監官修之。東西二隄，計用工三十一萬一千五十，鈔八千八十七錠十五兩，糙粳米三千一百一十石五斗，椿木等價鈔二百七十四錠二十六兩四錢。

　　〔1〕露囷　圓形的糧倉稱"囷"。露囷爲露天設置的圓形糧倉。
　　〔2〕平灤路　據《元史·地理志》："永平路……中統元年升平灤路，置總管府，設録事司。大德四年以水患改永平路。"此處大德五年（1301年）仍稱平灤路。而《成宗紀》記爲大德"七年冬十月……改平灤爲永平路"。可知《地理志》所記"四年"當爲"七年"之誤。所謂"水患"，即指五年大水所成災害。

　　延祐四年六月十六日，上都留守司言[1]："正月一日，城南御河西北岸爲水衝嚙，漸至頹圮，若不修治，恐來春水泛漲，漂没民居。又開平縣言，四月二十六日霖雨，至二十八日夜，東關灤河水漲，衝損北岸，宜擬修築。本司議，即目仲夏霖雨，其水復溢，必大爲害。乃委官督夫匠興役。開平發民夫，幼小不任役，請調軍供作，庶可速成。"五月二十一日，留守司言："灤河水漲決隄，計修築用軍六百，宜令樞密院差調，官給其食。"制曰："今維其時，移文樞密院發軍速爲之。"虎賁司[2]發軍三百治焉。

　　泰定二年三月十三日，永平路屯田總管府[3]言："國家經費咸出於民，民之所生，無過農作。本屯闢田收糧，以供億內府之用，不爲不重。訪馬城[4]東北五里許張家莊龍灣頭，在昔有司差夫築隄，以防灤水，西南連清水河，至公安橋，皆本屯地分。去歲霖雨，水溢，衝盪皆盡，浸死屯民田苗，終歲無收。方今農隙，若不預修，必致爲害。"工部移文都水監，差濠寨泪本屯官及灤州官親詣相視，督令有司差夫補築。

三年五月十日，上都留守司及本路總管府言："巡視大西關南馬市口灤河遞北隄，侵嚙漸崩，不預治，恐夏霖雨水泛，貽害居民。"於是送都城所丈量，計用物修治，工部移文上都分部施行。七月二日，右丞相塔失帖木兒等奏："斡耳朵思住冬營盤，爲灤河走凌河水衝壞，將築護水隄，宜令樞密院發軍千二百人以供役。"從之。樞密院請遣軍千二百人。

〔1〕〔標點本原注〕延祐四年六月十六日上都留守司言　按"六月十六日，上都留守司言"，不應列在"五月二十一日，留守司言"之前。且下文言"即目仲夏霖雨"，倘作"六月"，即非"仲夏"。"六月"疑當作"五月"。

〔今注〕：《地理志》："上都路……至元二年置留守司……十八年升上都留守司，兼行本路總管府事。"

〔2〕虎賁司　全稱"虎賁親軍都指揮使司"。元京城侍衛軍中一支的指揮機構。世祖至元十六年（1279年）立虎賁軍，成宗改爲虎賁司，秩正三品。

〔3〕永平路屯田總管府　據《元史》卷一百《兵志》"大司農司所轄永平屯田總管府：世祖至元二十四年八月，以北京采取材木百姓三千餘戶，於灤州立屯，設官署以領其事，爲戶三千二百九十，爲田一萬一千六百一十四頃四十九畝。"

〔4〕馬城　據《地理志》金代屬灤州下四縣之一，元至元四年（1267年）馬城省縣入州。

河　間　河

河間河在河間路界。

泰定三年三月，都水監言："河間路水患，古儉河，自北門外始，依舊疏通，至大成縣界，以洩上源水勢，引入鹽河[1]；古陳玉帶河[2]，自軍司口浚治，至雄州歸信縣界，以導淀瀦積潦，注之易河[3]；黃龍港，自鎖井口開鑿，至文安縣玳瑁口，以通瀦水，經火燒淀[4]，轉流入海。計河宜疏者三十處，總役夫三萬，三十日可畢。"是月省臣奏准，遣斷事官定住，同元委都水孫監丞泊本處有司官，於旁近州縣發丁夫三萬，日給鈔一兩、米一升，先詣古陳玉帶河。尋以歲旱民饑，役興人勞罷，候年登爲之。

〔1〕鹽河　即子牙河下流。《嘉慶重修一統志·天津府·山川》載："子牙河即滹沱河下流，自河間府獻縣西南分流入靜海縣，與大城分界，以經子牙村得名。又東北流入天津府城北，與南北二運河會爲三岔河，入海河歸海。《舊志》一名鹽河，又名沿河。"

〔2〕玉帶河　即唐河下流。《嘉慶重修一統志·河間府·山川》載："玉帶河在肅寧縣東，即唐河下流，舊自蠡縣流入，與河間縣界接界，又東北接任丘縣界爲鏡河。"

〔3〕易河　即易水。《嘉慶重修一統志·保定府·山川》載："易水在定興縣西南，自易州流入，與巨馬河合，即中易也。"

〔4〕火燒淀　在今河北文安縣東文安注。

冶　河

冶河在真定路平山縣西門外，經井陘縣流來本縣東北十里，入滹沱河。

元貞元年正月十八日，丞相完澤[1]等言："往年先帝嘗命開真定冶河，已發丁夫入役，適值先帝昇遐，以聚衆罷之。今請遵舊制，俾卒其事。"從之。

皇慶元年七月二日，真定路言："龍花、判官莊諸處壞隉，計工物，申請省委都水監及本路官，自平山縣西北，歷視滹沱、冶河合流，急注真定西南關，由是再議，照冶河故道，自平山縣西北河內，改修滾水石隄，下修龍塘隄，東南至水碾村^[2]，改引河道一里，蒲吾橋西，改闢河道一里。上至平山縣西北，下至寧晉縣，疏其淤澱，築隄分其上源入舊河，以殺其勢。復有程同、程章二石橋阻咽水勢，擬開減水月河二道，可久且便。下相欒城縣，南視趙州寧晉縣，諸河北之下源，地形低下，恐水泛，經欒城、趙州，壞石橋^[3]，阻河流爲害。由是議於欒城縣北，聖母堂東冶河東岸，開減水河，可去真定之患。”省准，於二年二月，都水監委官與本路及廉訪司^[4]官，同詣平山縣相視，會計修治，總計冶河，始自平山縣北關西龍神廟北獨石，通長五千八百六步，共役夫五千，爲工十八萬八百七，無風雨妨工，三十六日可畢。

〔1〕 完澤　土別燕氏。世祖時特拜爲中書右丞相。《元史》卷一百三十有傳。

〔2〕 水碾村　位于今河北靈壽縣西南。

〔3〕 壞石橋　石橋爲隋開皇中期（591—599 年）李春設計的安濟橋，位于今河北趙縣洨河之上，是我國現存最早大型石拱橋之一。

〔4〕 廉訪司　全稱肅政廉訪司，真定路廉訪司屬燕南河北道，隸御史臺。

滹 沱 河

滹沱河，源出於西山^[1]，在真定路真定縣南一里，經藁城縣北一里，經平山縣北十里。《寰宇記》載經靈壽縣西南二十里。此河連貫真定諸郡，經流去處，皆曰滹沱水也。

延祐七年十一月，真定路言：“真定縣城南滹沱河，北決隄，寖近城，每歲修築。聞其源本微，與冶河不相通，後二水合，其勢遂猛，屢壞金大隄爲患。本路達魯花赤^[2]哈散於至元三十年言，准引闢冶河自作一流，滹沱河水十退三四。至大元年七月，水漂南關百餘家，淤塞冶河口，其水復漷河。自後歲有潰決之患，略舉大德十年至皇慶元年，節次修隄，用捲掃葦草二百餘萬，官給夫糧備直百餘萬錠。及延祐元年三月至五月，修隄二百七十餘步，其明堂、判官、勉村三處，就用橋木爲椿，徵夫五百餘人，執役月餘不能畢。近年米價翔貴，民匱於食，有丁者正身應役，單丁者必須募人，人日備直不下三五貫，前工未畢，後役迭至。至七月八日，又衝塌李玉飛等莊及木方、胡營等村三處隄，長一千二百四十步，申請委官相視，差夫築月隄。延祐二年，本路前總管馬思忽嘗闕冶河，已復湮塞。今歲霖雨，水溢北岸數處，浸没田禾。其河元經康家莊村南流，不記歲月，徙於村北。數年修築，皆於隄北取土，故南高北低，水愈就下侵齧。西至木方村，東至護城隄，數約二千餘步，比來春，必須修治。用椿梢築土隄，亦非永久之計。若濬木方村南舊湮枯河，引水南流，牐閉北岸河口，於南岸取土築隄，下至合頭村北與本河合，如此去城稍遠，庶可無患。"都水監差官相視，截河築隄，闊千餘步，新開古岸，止闊六十步，恐不能制禦千步之勢。若於北岸闕破低薄處，比元料，增夫力，葦草捲掃補築，便計葦草丁夫，若令責辦民間，緣今歲旱澇相仍，民食匱乏，擬均料各州縣上中户，價錢及食米於官錢内支給。限二月二十日興工，役夫五千，爲工十六萬七百一十九，度三十二日可畢。總計補築滹沱河北岸防水隄十處，長一千九百一十步，高闊不一，計三百四十萬七千七百五十尺，用推掃梯二十五，每梯用大樏三、小樏三，計大小樏一百五十，草三十五萬八百束，葦二十八萬六百四十束，梢柴七千二百束。

〔1〕西山　即太行山。胡謂《禹貢錐指》："杜佑曰，西山者，太行，恒山也。"

〔2〕達魯花赤　蒙古語"鎮守者"的音譯，是蒙古和元朝的官名，爲所在地方、軍隊和官衙的最高監治長官，位於當地官員之上，掌握最後裁定的權力，以保障蒙古大汗和貴族的統治。

至治元年三月，真定路言："真定縣滹沱河，每遇水泛，衝隄岸，浸没民田，已差募丁夫修築，與廉訪司官相視講究，如將木方村南舊堙河道疏闢，導水東南行，牐閉北岸，却於河南取土，修築至合頭村，合入本河，似望可以民安。"都水監與真定路官相視議："夫治水者，行其所無事，蓋以順其性也。牐閉滹沱河口，截河築隄一千餘步，開掘故河老岸，闊六十步，長三十餘里，改水東南行流，霖雨之時，水拍兩岸，截河隄隘，阻逆水性，新開故河，止闊六十步，焉能吞授千步之勢？上嗌下滯，必致潰決，徒糜官錢，空勞民力。若順其自然，將河北岸舊隄比之元料，增添工物，如法捲掃，堅固修築，誠爲官民便益。"省准補築滹沱河北岸縷水隄一十處，通長一千九百一十步，役夫五百名，計一十六萬七百三十九工。

泰定四年八月七日，省臣奏："真定路言，滹沱河水連年泛溢爲害，都水監、廉訪司、真定路及瀕河州縣官泊耆老會議，其源自五臺諸山來，至平山縣王母村[1]山口下，與平定州娘子廟石泉冶河合。夏秋霖雨水漲，瀰漫城郭，每年勞民築隄，莫能除害，宜自王子村、辛安村鑿河，長四里餘，接魯家灣舊澗，復開二百餘步，合入冶河，以分殺其勢。又木方村滹沱河南岸故道，疏滌三十里，北岸下椿捲掃，築隄捍水，令東流。今歲儲材，九月興役，期十一月功成。所用石、鐵、石灰諸物，夫匠工糧，官爲供給，力省功多，可永無害。工部議，若從所請，二河并治，役大民勞，擬先開冶河，其真定路徵民夫，如不敷，可於鄰郡順德路差募人夫，日給中統鈔一兩五錢，如侵礙民田，官酬其直。中書省、都水監差官，率知水利濠寨，督本路及當該州縣用工，廉訪司添力咸就，滹河近後再議。"從之。九月，委都水監官泊本道廉訪司真定路同監督有司併工修治。後真定路言："閏九月五日爲始興工間，據趙州臨城諸縣申，天寒地凍，難於用工，候春暖開闢便，已於十月七日放散人民。"部議，人夫既散，宜准所擬。凡已給夫鈔二萬六千八百三十二錠，地價錢六百三十錠。

〔1〕平山縣王母村　在今河北平山縣東南約二十公里處。

會 通 河

會通河[1]，起東昌路須城縣安山之西南[2]，由壽張西北至東昌，又西北至于臨清，以逾于御河。

至元二十六年，壽張縣尹韓仲暉、太史院令史邊源相繼建言[3]，開河置牐，引汶水達舟于御河，以便公私漕販。省遣漕副馬之貞[4]與源等按視地勢，商度工用，於是圖上可開之狀。詔出楮幣一百五十萬緡、米四（百）［萬］石、鹽五萬斤，以爲傭直，備器用，徵旁郡丁夫三萬，驛遣斷事官忙速兒、禮部尚書張孔孫[5]、兵部尚書李處巽等董其役。首事於是年正月己亥，起於須城安山之西南，止於臨清之御河，其長二百五十餘里，中建牐三十有一[6]，度高低，分遠邇，以節蓄洩。六月辛亥成[7]，凡役工二百五十一萬七百四十有八，賜名曰會通河。

二十七年，省以馬之貞言霖雨岸崩，河道淤淺，宜加修濬，奏撥放罷輪運站戶[8]三千，專供其役，仍俾采伐木石等以充用。是後，歲委都水監官一員，佩分監印，率令史、奏差、濠寨官往職巡視，且督工，易牐以石，而視所損緩急爲後先。至泰定二年，始克畢事。

〔1〕會通河　元代開始將安山以北至臨清稱爲會通河，將安山以南至濟州（今山東濟寧市）稱爲濟州河。後來將濟州河和會通河混稱爲會通河。明代更很少提及濟州河。此節所述實爲混稱。
〔2〕東昌路須城縣安山之西南　即今山東省東平縣安山鎮。
〔3〕建言開會通河事，見《元史·本紀》至元二十五年（1288年）十月桑哥的建議。這一建議當時被批准。

〔4〕馬之貞　據《析津志輯佚·名宦》："初江南既平，欲引水通舟楫於京師。（商瑭）與大府掾馬之貞友善，薦於丞相伯顏曰：此人知水利，家故有書。言宋人都汴時，僧應言錢塘範金佛舟載以歸，東河其蹟故在，是知復泗水，可南達於河、於淮海、於江，北入漳濟，引而可通於白澥入海之渠。（沂）〔沂〕而至於潞縣，達於京師，則輪販漕運之利，不待車輦矣。丞相以聞，即命之貞由通州而南，相其原隰，集量穿渠。二十六年成，便利甚大，賜名會通河，召實始之。"

〔5〕張孔孫　字夢符，《元史》卷一七四有傳。

〔6〕中建牐三十有一　開會通河前濟州河上已有六座牐，開會通河後又增二十五座，兩河共計三十一座，實際包括汶水、泗水上的牐。

〔7〕六月辛亥成　《元史·本紀》作："七月辛巳，開安山渠成，賜名會通河。"

〔8〕站戶　在站赤（驛站）系統服役的人戶。元代由官府在民間強制簽發，總數不下三十萬戶。主要承担站役，包括養馬或備船，出馬夫或船夫，供應往來官員飲食等。

　　會通鎮牐三、土壩二，在臨清縣北。頭牐長一百尺，闊八十尺，兩直身[1]各長四十尺，兩雁翅[2]各斜長三十尺，高二丈，牐空[3]闊二丈，自至元三十年正月一日興工，凡役夫匠六百六十名，至十月二十九日工畢。中牐南至隘船牐[4]三里，元貞二年七月二十三日興工，至大德二年三月十三日工畢，夫匠四百四十三，長廣與上牐同。隘船〔牐〕南至李海務牐一百五十二里，延祐元年八月十五日興工，九月二十五日工畢，夫匠五百，牐空闊九尺，長廣同上。土壩二。

　　李海務牐南至周家店牐一十二里，元貞二年二月二日興工，五月二十日工畢，夫匠五百二十七名，長廣與會通鎮牐同。

　　周家店牐南至七級牐一十二里，大德四年正月二十一日興工，八月二十日工畢，夫匠四百四十二，長廣與上同。

　　七級牐二：北牐南至南牐三里，大德元年五月一日興工，十月六日工畢，夫匠四百四十三名，長廣如周家店牐；南牐南至阿城牐一十二里，元貞二年正月二十日興工，十月五日工畢，夫匠四百五十名，長廣同北牐。

阿城牐二：北牐南至南牐三里，大德三年三月五日興工，七月二十八日工畢，夫匠四百四十一名，長廣上同；南牐南至荆門北牐一十里，大德二年正月二十五日興工，十月一日工畢，夫匠四百四十六名，長廣上同。

〔1〕直身　古代石牐中間直長的一段，又稱由身、正身。現代稱作"牐室""胸牆"。

〔2〕兩雁翅　即雁翅，分爲上迎水雁翅，下分水燕尾，指緊接直身的上下游牐牆部分。

〔3〕牐空　即牐口，又有金門、龍門、金口之稱。元代會通河、通惠河等純人工开凿的运河牐口寬度一般爲二丈左右。

〔4〕隘船牐　比一般牐口尺寸隘窄，爲限制大船采取的措施。此牐的牐口寬僅九尺，其他尺寸同。

荆門牐二：北牐南至荆門南牐二里半，大德三年六月初一日興工，至十月二十五日工畢，役夫三百一十名，長廣同；南牐南至壽張牐六十五里，大德六年正月二十三日興工，六月二十九日工畢，長廣同北牐。

壽張牐南至安山牐八里，至元三十一年正月一日興工，五月二十日工畢。

安山牐南至開河牐八十五里，至元二十六年建。

開河牐南至濟州牐一百二十四里。

濟州牐三：上牐南至中牐三里，大德五年三月十二日興工，七月二十八日工畢，中牐南至下牐二里，至治元年三月一日興工，六月六日工畢；下牐南至趙村牐六里，大德七年二月十三日興工，五月二十一日工畢。

趙村牐南至石佛牐七里，泰定四年二月十八日興工，五月二十日工畢。

石佛牐南至辛店牐一十三里，延祐六年二月十日興工，四月二十九日工畢。

辛店牐南至師家店牐二十四里，大德元年正月二十七日興工，四月一日工畢。

師家店牐南至棗林牐一十五里，大德二年二月三日興工，五月二十三日工畢。

棗林牐南至孟陽泊牐九十五里，延祐五年二月四日興工，五月二十二日工畢。

孟陽泊牐南至金溝牐九十里，大德八年正月四日興工，五月十七日工畢。

金溝牐南至隘船牐[1]一十二里，大德十年閏正月二十五日興工，四月二十三工畢。

〔1〕南至隘船牐　此隘船牐是沽頭北隘船牐，與會通鎮下隘船牐相對，起控制超寬大船進入運河作用。

沽頭牐二：北隘船牐南至下牐二里，延祐二年二月六日興工，五月十五日工畢；南牐南至徐州一百二十里，大德十一年二月興工，五月十四日工畢。

三汊口牐入鹽河，南至土山牐[1]一十八里，泰定二年正月十九日興工，四月十三日工畢。

土山牐南至三汊口牐二十五里，入鹽河。

兗州牐[2]。

堌城牐[3]。

延祐元年二月二十日，省臣言："江南行省起運諸物，皆由會通河以達于都，為其河淺澀，大船充塞於其中，阻礙餘船不得來往。

每歲省臺差人巡視，其所差官言，始開河時，止許行百五十料船[4]，近年權勢之人，并富商大賈，貪嗜貨利，造三四百料或五百料船，於此河行駕，以致阻滯官民舟楫，如於沽頭置小石牐一，止許行百五十料船便。臣等議，宜依所言，中書及都水監差官於沽頭置小牐一，及於臨清相視宜置牐處，亦置小牐一，禁約二百料之上船，不許入河行運。"從之。

〔1〕南至土山牐 "土山"爲"安山"之誤，下同。土山牐在三汉口北。

〔2〕兖州牐 下缺距離及尺寸，兖州牐在兖州城東五里，泗水上。

〔3〕堈城牐 即堽城牐，位于堽城鎮西北汶水上，原爲攔河臨時草土堰，由南岸斗門分水入洸河。會通河開通後增建兩門，後又合爲一牐。

〔4〕止許行百五十料船 料是宋代以後計算船舶載貨量（容積）單位，元代一料約六十斤（見《河防通議》）。一百五十料船是較小的運河船。因水源缺少，只得限制航船尺寸。元代通惠河亦有此規定。

　　至治三年四月十日，都水分監言："會通河沛縣東金溝、沽頭諸處，地形高峻，旱則水淺舟澀，省部已准置二滾水隄。近延祐二年，沽頭牐上增置隘牐一，以限巨舟，每經霖雨，則三牐月河[1]、截河土隄，盡爲衝決。自秋摘夫刈薪，至冬水落，或來歲春首修治，工夫浩大，動用丁夫千百，束薪十萬之餘，數月方完，勞費萬倍。又況延祐六年雨多水溢，月河、土堰及石牐雁翅日被衝嚙，土石相離，深及數丈，其工倍多，至今未完。今若運金溝、沽頭并隘牐三處見有石，於沽頭月河內修隘牐一所，更將隘牐移置金溝牐月河、或沽頭牐月河內，水大則大牐俱開，使水得通流，水小則閉金溝大牐，上[2]開隘牐，沽頭則閉隘牐，而啓正牐行舟，如此歲省修治之費，亦可免丁夫冬寒入水之苦，誠爲一勞永逸。"

　　〔1〕三牐月河 由于建牐後河道斷面減小，而汛期行洪使運河岸常決溢，爲增加泄洪能力，在牐前修月河繞到牐下游。也便于檢修牐門，還可以平緩牐

上下游水位，以便舟船過牐。

　　〔2〕上　據文意應爲“止”字之誤。

　　移文工部，令委官與有司同議。於是差濠寨約會濟寧路官相視，就問金溝牐提領周德興，言每歲夏秋霖雨，衝失牐隄，必候水落，役夫采薪修治，不下三兩月方畢，冬寒水作，苦不勝言。會驗監察御史言，延祐初，元省臣亦嘗請置隘牐以限巨舟，臣等議，其言當，請從之。於是議：梭板等船[1]乃御河、江、淮可行之物，宜遣出，任其所之[2]。於金溝、沽頭兩牐中置隘牐二，各闊一丈，以限大船。若欲於通惠、會通河行運者，止許一百五十料，違者罪之，仍没其船。其大都、江南權勢紅頭花船，一體不許來往。准擬拆移沽頭隘牐，置於金溝大牐之南，仍作運環牐[3]，其間空地北作滾水石堰，水漲即開大小三牐，水落即鎖閉大牐，止於隘牐通舟。果有小料船及官用巨物，許申禀上司，權開大牐，仍添金溝隘板積水，以便行舟。其沽頭截河土隄，依例改修石隄，盡除舊有土隄三道。金溝牐月河內創建滾水石隄，長一百七十尺，高一丈，闊一丈。沽頭牐自河內修截河隄，長一百八十尺，高一丈一尺，底闊二丈，上闊一丈。

　　〔1〕梭板等船　梭船因船呈梭形，航行速度快，寬一丈五尺至一丈九尺不等。

　　〔2〕宜遣出，任其所之　應標點本爲“宜遣出任其所之”誤。

　　〔3〕運環牐　疑爲連環牐之誤。

　　泰定四年四月，御史臺臣言：“巡視河道，自通州至真、揚，會集都水分監及瀕河州縣官民，詢考利病，不出兩端，一曰壅決，二曰經行。卑職參詳，自古立國，引漕皆有成式。自世祖屈群策，濟萬民，疏河渠，引清、濟、汶、泗，立牐節水，以通燕薊、江淮，舟楫萬里，振古所無。後人篤守成規，苟能舉其廢墜而已，實萬世無窮之利也。蓋水性流變不常，久廢不修，舊規漸壞，雖有智者，不能善後。以故詳歷考視，酌古准今，參會眾議，輒有管見，倘蒙采錄，責任水監，謹守勿失，能事畢矣。不窮利疾之源，頻歲差人，具文巡視，徒爲煩擾，無益於事。都水監元立南北隘牐，各闊九尺，二百料下船梁頭[1]八尺五寸，可以入牐。愚民嗜利無厭，爲隘牐所限，改造減舷添倉長船至八九十尺，甚至百尺，皆五六百料，入至牐內，不能回轉，動輒淺閣，阻礙餘舟，蓋緣隘牐之法，不能限其長短。今卑職至真州，問得造船作頭，稱過牐船梁八尺五寸船，該長六丈五尺，計二百料。由是參詳，宜於隘牐下岸立石則，遇船入牐，必須驗量，長不過則，然後放入，違者罪之。牐內舊有長船，立限遣出。"省下都水監，委濠寨官約會濟寧路委官同歷親議擬，隘牐下約八十步河北立二石則，中間相離六十五尺，如舟至彼，驗量如式，方許入牐，有長者罪遣退之。又與東昌路官親詣議擬，於元立隘牐西約一里，依已定丈尺，置石則驗量行舟，有不依元料者罪之。

[1] 船梁頭　指漕船的寬度。

天曆三年三月，詔諭中外："都水監言：世祖費國家財用，開闢會通河，以通漕運。往來使臣、下番百姓，及隨從使臣、各枝幹脫[1]權勢之人，到牐不候水則，恃勢捶撻看牐人等，頻頻啓放。又漕運糧船，凡遇水淺，於河內築土壩，積水以漸行舟，以故壞牐。乞禁治事。命後諸王駙馬各枝往來使臣，及幹脫權勢之人、下番使臣等，并運官糧船，如到牐，依舊定例啓閉，若似前不候水則，恃勢捶拷守牐人等，勒令啓牐，及河內用土築壩壞牐之人，治其罪。如守牐之人，恃有聖旨，合啓牐時，故意遲延，阻滯使臣客旅，欺要錢物，乃不畏常憲也。"仍令監察御史、廉訪司常加體察。

〔1〕 斡脱　蒙古語 "合伙" 的音譯，蒙元經營高利貸、商業的官商，爲蒙古貴族謀取巨利。

兗　州　牐

兗州牐已見前。

至元二十七年四月，都漕運副使馬之真言：

准山東東西道宣慰使司牒文，相視兗州牐隄事。先於至元十二年，蒙丞相伯顏[1]訪問自江淮達大都河道，之貞乃言，宋、金以來，汶、泗相通河道，郭都水按視[2]，可以通漕。於二十年中書省奏准，委兵部李尚書等開鑿，擬修石牐十四。二十一年省委之貞與尚監察等同相視，擬修石牐八、石隄二，除已修畢外，有石牐一、石隄一、堽城石隄一，至今未修。據濟州以南，徐、邳沿河縴道橋梁，二十三年添立邳州水站，移文沿河州縣，修治已完。二十三年調之貞充漕運副使，委管牐接放綱船。沿河縴道，元無崩損去處，在前年例，當麻麥盛時，差官修理縴道，督責地主割刈麻麥，并滕州開決稻隄，泗源磨隄，差人於呂梁、百步等礛，及濟州牐監督江淮綱運船隻，過礛出牐，不令阻滯客旅，苟取錢物。據新開會通并濟州汶、泗相通河，非自然長流河道，於兗州立牐隄，約泗水西流，堽城立牐隄，分汶水入河，南會于濟州，以六牐搏節水勢，啟閉通放舟楫，南通淮、泗，以入新開會通河，至於通州。

〔1〕 丞相伯顏　元蒙古八鄰部人，至元十二年（1275年）攻宋，下建康（今江蘇南京），進兵臨安。當時曾考察河道，《元史》卷一二七有傳。

〔2〕 郭都水按視　郭都水指當時任都水監的郭守敬。詳見《元史·郭守敬傳》。

近去歲四月，江淮都漕運使司言，本司糧運，經濟河至東阿交割，前者濟州運司，不時移文瀕河官司，修治縴道，若有緩急處所，正官取招呈省，路徑歷、縣達魯花赤以下就便斷罪。今濟州漕司革罷[1]，其河道撥屬都漕運司管領，本司糧運未到東阿，凡有阻滯，并是本司遲慢，迤南河道，從此無人管領，不時水勢泛溢，隄岸摧塌，澀滯河道。又濟州牐，前濟州運司正官親臨監視，其押綱船户不敢分争。即目各處官司差人管領，與綱官船户各無統攝，争要水勢，及攙越遇牐，互相毆打，以致損壞船隻，浸没官糧。擬將東阿河道撥付江淮都漕運司提調管領，庶幾不誤糧運。都省准焉。

又准江淮都漕運司副使言，除委官看管牐隄外，據汶、泗、堽城二牐一隄、泗河兗州牐隄、濟州城南牐，乃會通河上源之喉衿，去歲流水衝壞堽城汶河土隄、兗州泗河土隄，必須移文兗州、泰安州差夫修閉。又被漲水衝破梁山一帶隄隄，走洩水勢，通入舊河，以致新河水小，澀糧船，乞移文斷事等官，轉下東平路修閉。上流撥屬江淮漕運司，下流屬之貞管領。若已後新河水小，直下濟州監牐官，并泰安、兗州、東平修理。據兗州石牐一所、石隄一道，堽城石牐一道，合用材物已行措置完備，必須修理，雖初經之貞相視會計，即今不隸管領，乞移文江淮漕司修治。其泰安州堽城安、梁山一帶隄岸，濟州牐等處，雖是撥屬江淮漕司，今後倘若水漲，衝壞隄隄，亦乞照會東平、濟寧、泰安，如承文字，亦仰奉行。又東阿、須城界安山牐，爲糧船不由舊河來往，江淮所委監牐官已去，目今無人看管，必須之貞修理，以此權委人守焉。

〔1〕今濟州漕司革罷　據《元史·本紀》，至元十三年（1276年）正月朝廷批准穿濟州漕渠，置漕司，至元二十五年（1288年）二月改濟州漕運司爲都漕運。至元二十六年（1289年）九月罷濟州漕運使司。

河 渠 二

(《元史》卷六十五)

黃 河

黃河之水，其源遠而高，其流大而疾，其爲患於中國者莫甚焉。前史載河決之患詳矣。

世祖至元九年七月，衞輝路新鄉縣廣盈倉南河北岸決五十餘步。八月，又崩一百八十三步，其勢未已，去倉止三十步。於是委都水監丞馬良弼與本路官同詣相視，差丁夫併力修完之。

二十五年，汴梁路陽武縣諸處，河決二十二所，漂蕩麥禾房舍，委宣慰司督本路差夫修治。

成宗大德三年五月，河南省言："河決蒲口兒等處[1]，浸歸德府數郡，百姓被災。差官修築計料，合修七隄二十五處，共長三萬九千九十二步，總用葦四十萬四千束，徑尺橢二萬四千七百二十株，役夫七千九百二人。"

武宗至大三年十一月，河北河南道廉訪司言：

> 黃河決溢，千里蒙害。浸城郭，漂室廬，壞禾稼，百姓已罹其毒。然後訪求修治之方，而且衆議紛紜，互陳利害，當事者疑惑不決，必須上請朝省，比至議定，其害滋大，所謂不預已然之弊。大抵黃河伏槽之時，水勢似緩，觀之不足爲害，一遇霖潦，湍浪迅猛。自孟津以東，土性疏薄，兼帶沙滷，又失導洩之方，崩潰決溢，可翹足而待。

> 近歲亳、潁之民，幸河北徙，有司不能遠慮，失於規劃，使陂濼悉爲陸地。東至杞縣三汊口，播河爲三，分殺其勢，蓋亦有年。往歲歸德、太康建言，相次湮塞南北二汊，遂使三河之水合而爲一。下流既不通暢，自然上溢爲災。由是觀之，是自奪分泄之利，故其上下決溢，至今莫

除。即今水勢趨下，有復鉅野、梁山之意[2]。蓋河性遷徙無常，苟不爲遠計預防，不出數年，曹、濮、濟、鄆蒙害必矣。

今之所謂治水者，徒爾議論紛紜，咸無良策。水監之官，既非精選，知河之利害者，百無一二。雖每年累驛而至，名爲巡河，徒應故事。問地形之高下，則懵不知；訪水勢之利病，則非所習。既無實才，又不經練。乃或妄興事端，勞民動衆，阻逆水性，翻爲後患。

〔1〕河決蒲口兒等處　據《元史》卷十九《成宗紀》"大德元年秋七月……河決杞縣蒲口。"大德二年（1298年）六月河決蒲口九十六處。蒲口兒即杞縣蒲口，在縣北四十里，舊汴水東流處。

〔2〕有復鉅野梁山之意　梁山即指梁山濼，本爲鉅野澤一部分（參見《宋史·河渠志》注）。從五代到北宋多次被潰決的黃河水灌入，面積逐漸擴大，熙寧以後周圍達八百里。入金後黃河遷徙改道，漸涸爲平地。自此時又開始爲黃河決入，漸成大泊，但不久又干涸。

爲今之計，莫若於汴梁置都水分監[1]，妙選廉幹、深知水利之人，專職其任，量存員數，頻爲巡視，謹其防護。可疏者疏之，可堙者堙之，可防者防之。職掌既專，則事功可立。較之河已決溢，民已被害，然後鹵莽修治以勞民者，烏可同日而語哉。

於是省令都水監議，檢照大德十年正月省臣奏準，昨都水監升正三品[2]，添官二員，鑄分監印，巡視御河，修缺潰，疏淺澀，禁民船越次亂行者，令擬就令分巡提點修治。本監議："黃河泛漲，止是一事，難與會通河有壩牐漕運分監守治爲比。先爲御河添官降印，兼提點黃河，若使專一，分監在彼，則有妨御河公事。況黃河已有拘該有司正官提調，自今莫若分監官吏以十月往，與各處官司巡視缺破，會計工物督治，比年終完，來春分監新官至，則一一交割，然後代遷，庶不相誤。”

工部照大德九年黃河決徙，逼近汴梁，幾至浸沒。本處官司權宜開闢董盆口[3]，分入巴河[4]，以殺其勢，遂使正河水緩，併趨支流。緣巴河舊隘，不足吞伏，明年急遣蕭都水等閉塞，而其勢愈大，卒無成功，致連年爲害，南至歸德諸處，北至濟寧地分，至今不息。本部議：“黃河爲害，難同餘水。欲爲經遠之計，非用通知古今水利之人專任其事，終無補益。河南憲司所言詳悉，今都水監別無他見，止依舊例議擬未當。如量設官，精選廉幹奉公、深知地形水勢者，專任河防之職，往來巡視，以時疏塞，庶可除害。”省準令都水分監官專治河患，任滿交代。

〔1〕於汴梁置都水分監　至元二十八年（1291年）始置，處理河決事務。

〔2〕昨都水監升正三品　據《元史》卷九十《百官志》：“都水監，秩從三品。……大德六年，升正三品。延祐七年，仍從三品。”

〔3〕董盆口　在祥符縣。

〔4〕巴河　又名白河。河道自陽武、封丘，經開封城東，陳留東北，蘭陽（今河南蘭考）城南，儀封（在今河南蘭考東北三十里）城南，杞縣，睢州城，寧陵城北，商丘城南匯入蒲口決口的黃河（約1305—1312年）。

仁宗延祐元年八月，河南等處行中書省言：“黃河涸露舊水泊汙池，多爲勢家所據，忽遇泛溢，水無所歸，遂致爲害。由此觀之，非河犯人，人自犯之。擬差知水利都水監官，與行省廉訪司同相視，可以疏闢隄障，比至泛溢，先加修治，用力少而成功多。又汴梁路睢州諸處，決破河口數十，內開封縣小黃村[1]計會月隄一道，都水分監修築障水隄隩，所擬不一，宜委請行省官與本道憲司、汴梁路都水分監官及州縣正官，親歷按驗，從長講議。”由是委太常丞郭奉政、前都水監丞邊承務、都水監卿朵兒只、河南行省石右丞、本道廉訪副使站木赤、汴梁判官張承直，上自河陰，下至陳州，與拘該州縣官一同沿河相視。開封縣小黄村河口，測量比舊淺減六尺。陳留、通許、太康舊有蒲葦之地，後因閉塞西河、塔河諸水口，以便種蒔，故他處連年潰決。

各官公議："治水之道，惟當順其性之自然。嘗聞大河自陽武、胙城，由白馬、河間，東北入海。歷年既久，遷徙不常。每歲泛溢兩岸，時有衝決，强爲閉塞，正及農忙，科椿梢，發丁夫，動至數萬，所費不可勝紀，其弊多端，郡縣嗷嗷，民不聊生。蓋黄河善遷徙，惟宜順下疏泄。今相視上自河陰，下抵歸德，經夏水漲，甚於常年，以小黄口分洩之故，并無衝決，此其明驗也。詳視陳州，最爲低窪，瀕河之地，今歲麥禾不收，民饑特甚。欲爲拯救，奈下流無可疏之處。若將小黄村河口閉塞，必移患隣郡。決上流南岸。則汴梁被害；決下流北岸，則山東可憂。事難兩全，當遺小就大。如免陳村差税，賑其饑民，陳留、通許、太康縣被災之家，依例取勘賑恤，其小黄村河口仍舊通流外，據修築月隄，并障水隄，閉河口，别難擬議。"於是凡汴梁所轄州縣河隄，或已修治，及當疏通與補築者，條列具備。

[1] 開封縣小黄村　在今河南開封市陳留東北三十五里，黄河南岸。

至五年正月，河北河南道廉訪副使奥屯言："近年河決杞縣小黄村口[1]，滔滔南流，莫能禦遏，陳、潁瀕河膏腴之地浸没，百姓流散。今水迫汴城，遠無數里，儻值霖雨水溢，倉卒何以防禦。方今農隙，宜爲講究，使水歸故道，達于江、淮，不惟陳、潁之民得遂其生，竊恐將來浸灌汴城，其害匪輕。"於是大司農司下都水監移文汴梁分監修治，自六年二月十一日興工，至三月九日工畢，總計北至槐疙疸兩舊隄，南至窑務汴隄，通長二十里二百四十三步。創修護城隄一道，長七千四百四十三步。下地修隄，下廣十六步，上廣四步，高一丈，六十尺爲一工[2]。隄東二十步外取土，内河溝七處，深淺高下闊狹不一，計工二十五萬三千六百八十，用夫八千四百五十三，除風雨妨工，三十日畢。内流水河溝[3]，南北闊二十步，水深五尺。河内修隄，底闊二十四步，上廣八步，高一丈五尺，積十二萬尺，取土稍遠，四十尺爲一工，計三萬工，用夫百人。每步用大樁二，計四十，各長一丈二尺，徑四寸。每步雜草千束，計二萬。每步簽樁四，計八十，各長八尺，徑三寸。水手二十，木匠二，大船二艘，梯钁一副，繩索畢備。

〔1〕杞縣小黄村口　即前述開封縣小黄村，在今河南杞縣西北。
〔2〕六十尺爲一工　關於計方法，詳元沙克什《河防通議》中“歷步減土法”等。
〔3〕流水河溝　即小黄村口決河溝。

七年七月，汴梁路言：“滎澤縣六月十一日河決塔海莊東隄十步餘，横隄兩重，又缺數處。二十三日夜，開封縣蘇村及七里寺復決二處。”本省平章站馬赤親率本路及都水監官，併工修築，於至治元年正月興工，修隄岸四十六處，該役一百二十五萬六千四百九十四工，凡用夫三萬一千四百一十三人。

文宗至順元年六月，曹州濟陰縣河防官本縣尹郝承務言：“六月五日，魏家道口黄河舊隄將決，不可修築，以此差募民夫，創修護水月隄，東西長三百九步，下闊六步，高一丈。又緣水勢瀚漫，復於近北築月隄，東西長一千餘步，下廣九步，其功未竟。至二十一日，水忽泛溢，新舊三隄一時咸決，明日外隄復壞，急率民閉塞，而湍流迅猛，有蛇時出没於中，所下樁土，一掃無遺。又舊隄歲久，多有缺壞，差夫併工築成二十餘步。其魏家道口缺隄，東西五百餘步，深二丈餘，外隄缺口，東西長四百餘步。又磨子口護水隄，低薄不足禦水，東西長一千五百步。魏家道口卒未易修，先差夫補築。

磨子口七月十六日興工，二十八日工畢。二十二日，按視至朱從馬頭西，舊隄缺壞，東西長一百七十餘步，計料隄外貼築五步，增高一丈二尺，與舊隄等，上廣二步。於磨子口修隄夫內，摘差三百一十人，於是月二十三日入役，至閏七月四日工畢。”

郝承務又言：“魏家道口塼堈等村，缺破隄隈，累下樁土，衝洗不存，若復閉築，緣缺隄周回皆泥淖，人不可居，兼無取土之處。又沛郡安樂等保，去歲旱災，今復水潦，漂禾稼，壞室廬，民皆缺食，難於差倩。其不經水害村保民人，先已遍差補築黃家橋、磨子口諸處隄隈，似難重役。如候秋涼水退，倩夫[1]修理，庶蘇民力。今衝破新舊隄七處，共長一萬二千二百二十八步，下廣十二步，上廣四步，高一丈二尺，計用夫六千三百四人，樁九百九十，葦箔一千三百二十，草一萬六千五束。六十尺爲一工，無風雨妨工，度五十日可畢。”本縣準言，至八月三十日差夫二千四百二十，關請郝承務督役。

郝承務又言：“九月三日興工修築，至十八日大風，十九日雨，二十四日復雨，緣此辛馬頭、孫家道口障水隄隈又壞，計工役倍於元數，移文本縣，添差二千人同築。二十六日，元與（武成）[成武]、定陶二縣分築魏家道口八百二十步修完。十月二日，至辛馬頭、孫家道口，從實丈量元缺隄，南北闊一百四十步，內水地五十步，深者至二丈，淺者不下八九尺，依元料用樁箔補築，至七日完。又於本處創築月隄一道，西北東南斜長一千六百二十七步，內（武成）[成武]、定陶分築一百五十步，實築一千四百七十七步，外有元料堈頭魏家道口外隄未築。即欲興工，緣冬塞土凍，擬候來春，併工修理，官民兩便。”

[1] 倩夫 臨時代替或暫雇曰倩，倩夫指臨時僱用人去承擔勞役。

濟 州 河

濟州河者，新開以通漕運也。

世祖至元十七年七月，耿參政[1]、阿里尚書奏："爲姚演[2]言開河事，令阿合馬與耆舊臣集議，以鈔萬錠爲傭直，仍給糧食。"世祖從之。

十八年九月，中書丞相火魯火孫[3]等奏："姚總管等言，請免益都、淄萊、寧海三州一歲賦，入折傭直，以爲開河之用。平章阿合馬與諸老臣議，以爲一歲民賦雖多，較之官給傭直，行之甚便。"遂從之。十月，火魯火孫等奏："阿八失所開河[4]，經濟州，而其地又有一河，傍有民田，開之甚便。臣等議，若開此河，阿八失所管一方屯田，宜移之他處，不阻水勢。"世祖令移之。

十二月[5]，差奧魯赤、劉都水及精算數者一人，給宣差印，往濟州，定開河夫役。令大名、衛州新附軍亦往助工。

三十一年，御史臺言："膠、萊海道淺澀，不能行舟。"臺官玉速帖木兒奏："阿八失所開河，省遣牙亦速失來，謂漕船泛河則失少，泛海則損多。"既而漕臣囊加觖、萬戶孫偉又言："漕海舟疾且便。"右丞麥术丁又奏："斡奴兀奴觖凡三移文，言阿八失所開河，益少損多，不便轉漕。水手軍人二萬，舟千艘，見閑不用，如得之，可歲漕百萬石。昨奉旨，候忙古觖[6]來共議，海道便，則阿八失河可廢。今忙古觖已自海道運糧回，有一二南人，自願運糧萬石，已許之。"囊加觖、孫萬戶復請用軍驗試海運。省院官暨衆議："阿八失河所用水手五千、軍五千、船千艘，畀揚州省教習漕運。今擬以此水手軍人，就用平灤船，從利津海漕運。"世祖從之。阿八失所開河遂廢[7]。

〔1〕耿參政　據《元史》卷九《世祖紀》記，"（至元十四年十二月）以參議中書省事耿仁參知政事"。卷十一"至元十七年秋七月，戊午，從阿合馬言，以參知政事郝禎、耿仁并爲中書左丞。用姚演言，開膠東河及收集逃民屯田漣、海。"

〔2〕姚演　據《元史》卷一一一《世祖本紀》："至元十八年六月癸未，命中書省會計姚演所領漣、海屯田官給之資與歲入之數，便則行之，否則罷去。""（至元二十年秋七月）以開神山橋渠侵用官鈔議罪"。

〔3〕火魯火孫　即和禮霍孫，又作火魯霍孫等。

〔4〕阿八失所開河　阿八失即來阿八赤，又作阿八赤，清代译作阿巴齐。寧夏人。《元史》卷一二九列傳記載："至元十八年，佩三珠虎符，授通奉大夫、益都等路宣慰使、都元帥。發兵萬人開運河，阿八赤往來督視，寒暑不輟。"這裏記載的所開河，不在濟州，必須改爲句號斷開，實際指膠萊運河，《元史》撰寫者誤記在《濟州河》下。

〔5〕十二月　此段從開始記載是開濟州河事，而下一段又寫膠萊運河事。

〔6〕忙古䚟　《元史》卷九三《食貨志》記爲忙兀䚟。

〔7〕所開河遂廢　罷阿八失河，興海運在至元二十年至二十一年（1283—1284年）。《元史》卷十三《世祖本紀》："至元二十一年二月，罷阿八赤開河之役，以其軍及水手各萬人運海道糧。"

滏　　河

滏河者，引滏水以通洺州[1]城濠者也。

至元五年十月，洺磁路言："洺州城中，井泉鹹苦，居民食民，多作疾，且死者眾。請疏滌舊渠，置壩牐，引滏水分灌洺州城濠，以濟民用。計會河渠東西長九百步，闊六尺，深三尺，二尺爲工，役工四百七十五，民自備用器，歲二次放牐，且不妨漕事。"中書省準其言。

〔1〕洺州　北周宣政元年（578年）置，治所在廣年，隋改永年（今河北邯鄲永年區）。元憲宗二年（1252年）爲洺磁路，止領磁、威二州。至元十

五年（1278 年）升廣平路總管。

廣 濟 渠

廣濟渠[1]在懷孟路，引沁水以達于河。

世祖中統二年，提舉王允中、大使楊端仁奉詔開河渠，凡募夫千六百五十一人，內有相合爲夫者，通計使水之家六千七百餘户，一百三十餘日工畢。所修石隄，長一百餘步，闊三十餘步，高一丈三尺。石斗門橋，高二丈，長十步，闊六步。渠四道，長闊不一，計六百七十七里，經濟源、河內、河陽、温、武陟五縣，村坊計四百六十三處。渠成甚益於民，名曰廣濟[2]。

三年八月，中書省臣忽魯不花等奏：“廣濟渠司言，沁水渠成，今已驗工分水，恐久遠權豪侵奪。”乃下詔依本司所定水分，已後諸人毋得侵奪[3]。

[1] 廣濟渠　據《元一統志》卷一：“懷孟路，山川，枋口：……今王寨村司馬孚古堰尚存。隋盧賁、唐節度使温造俱嘗開渠溉民田，名曰廣濟渠。國朝己未歲（1259 年）勸農官楊端仁、王允中奉詔旨復開枋口，引水溉濟源、武陟、河內、河陽、温五縣民田。亦云廣濟渠。”
[2]《元史》卷四《世祖本紀》：“中統二年六月庚申……懷孟廣濟渠提舉王允中、大使楊端仁鑿沁河渠成，溉田四百六十餘所。”
[3]《元史》卷五《世祖本紀》：“中統三年八月己丑，郭守敬請開玉泉水以通漕運；廣濟河渠司王允中請開邢、洺等處漳、滏、（澧）[灄] 河、達泉以溉民田。并從之。”另《郭守敬傳》有開發懷孟沁河等建議記載。

至文宗天曆三年三月，懷慶路同知阿合馬言：“天久亢旱，夏麥枯槁，秋穀種不入土，民匱於食。近因訪問耆老，咸稱（舟）[丹]水澆溉近山田土，居民深得其利，有沁水亦可溉田，中統間王學士亦爲天旱，奉詔開此渠，募自願人户，於太行山下沁口古蹟[1]，置分水渠口，開濬大河四道，歷温、陟入黄河，約五百餘里，渠成名曰廣濟。設官提調，遇旱則官爲斟酌，驗工多寡，分水澆溉，濟源、河内、河陽、温、武陟五縣民田三千餘頃咸受其賜。二十餘年後，因豪家截河起隄，立碾磨，壅遏水勢。又經霖雨，渠口淤塞，隄隖頹圮。河渠司尋亦革罷，有司不爲整治，因致廢壞。今五十餘年，分水渠口及舊渠迹，俱有可考，若蒙依前浚治，引水溉田，於民大便。可令河陽、河内、濟源、温、武陟五縣使水人户，自備工力，疏通分水渠口，立牐起隖，仍委諳知水利之人，多方區畫。遇旱，視水緩急，撤牐通流，驗工分水以灌溉；若霖雨泛漲，閉牐退還正流。禁治不得截水置碾磨，栽種稻田。如此，則澇旱有備，民樂趨利。請移文孟州、河内、武陟縣委官講議。"

尋據孟州等處申，親詣沁口，諮詢耆老，言舊日沁水正河内築土隖，遮水入廣濟渠，岸北雖有減水河道，不能吞伏，後值霖雨，蕩没田禾，以此堵閉。今若枋口上連土岸[2]，及於浸水正河置立石隖，與枋口相平，如遇水溢，閉塞牐口，使水漫流石隖，復還本河，又從減水河分殺其勢，如此庶不爲害。約會河陽、武陟縣尹與耆老等議，若將舊廣濟渠依前開濬，減水河亦增開深闊，禁安磨碾，設立牐隖，自下使水，遇旱放牐澆田，值澇閉牐退水，公私便益。懷慶路備申工部牒，都水監回文本路，委官相視施行[3]。

〔1〕沁口古蹟　位于今河南省濟源市東北五龍口。
〔2〕今若枋口上連土岸　枋口堰上游爲孔山，相接應是石岸，下游才可能與土岸相連。疑原文"上"爲"下"之誤。
〔3〕據《讀史方輿紀要》卷十九河内縣枋口水條："天曆中復議，疏濬不果。"因元代無實施記載，雖然已批準，可能未建成。

三 白 渠

京兆舊有三白渠,自元伐金以來[1],渠隄缺壞,土地荒蕪。陝西之人雖欲種蒔,不獲水利,賦稅不足,軍興乏用。

太宗之十二年,梁泰奏:"請差撥人户牛具一切種蒔等物,修成渠隄,比之旱地,其收數倍,所得糧米,可以供軍。"太宗準奏,就令梁泰佩元降金牌,充宣差規措三白渠使,郭時中副之,直隸朝廷,置司於雲陽縣。所用種田户及牛畜,別降旨,付塔海紺不於軍前應副。是月,敕喻塔海紺不:"近梁泰奏修三白渠事,可於汝軍前所獲有妻少壯新民,量撥二千户,及木工二十人,官牛内選肥腯齒小者一千頭,内乳牛三百,以畀梁泰等。如不敷,於各千户、百户[2]内貼補,限今歲十一月内交付數足,趁十二月入工。其耕種之人,所收之米,正爲接濟軍糧。如發遣人户之時,或闕少衣裝,於各千户、百户内約量支給,差軍護送出境,沿途經過之處,亦爲防送,毋致在逃走逸。驗路程給以行糧,大口一升,小者半之。"

〔1〕《金史》關於三白渠僅有一處記載。《金史》卷一二八《傳慎微傳》皇統中(1141—1149年)改同知京兆尹,權陝西諸路轉運使。復修三白、龍首等渠以溉田。"……民賴其利。"

〔2〕千户百户 金朝始置,为世襲軍職,元代沿用。蒙古成吉思汗建國封功臣共九十五千户。千户又稱千夫長,爲世襲軍職。元軍制,千户統屬於萬户,各路設千户所,隸萬户府。元千户下基層軍官爲百户。上百户所置百户二員,下百户所置百户一員。

洪 口 渠

洪口渠[1]在奉元路。

英宗至治元年十月，陝西屯田府言：

自秦、漢至唐、宋，年例八月差使水户，自涇陽縣西仲山下截河築洪隄，改涇水入白渠，下至涇陽縣北白公斗[2]，分爲三限，并平石限[3]，蓋五縣分水之要所。北限入三原、櫟陽、雲陽，中限入高陵，南限入涇陽，澆溉官民田七萬餘畝。近至大三年，陝西行臺御史王承德[4]言，涇陽洪口展修石渠，爲萬世之利。由是會集奉元路三原、涇陽、臨潼、高陵諸縣，泊涇陽、渭南、櫟陽諸屯官及耆老議，如準所言，展修石渠八十五步，計四百二十五尺，深二丈，廣一丈五尺。計用石十二萬七千五百尺，人日采石積方一尺，工價二兩五錢，石工二百，丁夫三百，金火匠二，用火焚水淬，日可鑿石五百尺，二百五十五日工畢。官給其糧食用具，丁夫就役使水之家，顧匠傭直使水户均出。

陝西省議，計所用錢糧，不及二年之費，可謂一勞永逸，準所言便。都省準委屯田府達魯花赤只里赤督工，自延祐元年二月十日發夫匠入役，至六月十九日委官言，石性堅厚，鑿僅一丈，水泉湧出，近前續展一十七步，石積二萬五千五百尺，添夫匠百人，日鑿六百尺，二百四十二日可畢。

文宗天曆二年三月，屯田總管兼管河渠司事郭嘉議言：“去歲六月三日驟雨，涇水泛漲，元修洪隄及小龍口盡圮。水歸涇，白渠內水淺。爲此計用十四萬九千五百十一工，役丁夫一千六百，度九十三日畢。於使水户內差撥，每夫就持麻一斤，鐵一斤，繫囤、取泥索各一，長四十尺，草苫一，長七尺，厚二寸。”

陝西省準屯田府照，洪口自秦至宋一百二十激[5]，經由三限，自涇陽下至臨潼五縣，分流澆溉民田七萬餘頃，驗田出夫千六百人，自八月一日修隄，至十月放水溉田，以爲年例。近因奉元元旱，五載失稔，人皆相食，流移疫死者十七八。今差夫又令就出用物，實不能辦集。竊詳涇陽水利，雖分三限引水溉田，緣三原等縣地理遙遠，不能依時周遍，涇陽北近，俱在上限，并南限中限，用水最便。今次修隄，除見在户依例差役，其逃亡之家合出夫數，宜令涇陽縣近限水利户添差一人，官日給米一升，併工修治。省準出鈔八百錠，委耀州同知李承事，泊本府總管郭嘉議及各處正官，計工役，照時直糴米給散。李承事督夫修築，至十一月十六日畢。

〔1〕洪口渠　即前三白渠，以渠首堰洪口堰稱之。
〔2〕白公斗　在陝西涇陽縣東北，上距洪口堰七十里，建三限閘。
〔3〕平石限　上距三限閘二十里，有彭城閘，當地讀音訛爲平石閘。
〔4〕陝西行臺御史王承德　王琚當時官階是"承德郎"，元代文牘中常稱呼官吏的官階而不説名字。因此後來有人將王琚、王承德誤爲二人。
〔5〕激　應即古代計算渠道流量的單位"徼"（音 jiǎo）之誤。《長安志圖·涇渠圖説》："凡水廣尺深尺爲一徼"。以徼爲單位的水量叫水程或水直。

揚 州 運 河

運河在揚州之北。宋時嘗設軍疏滌，世祖取宋之後，河漸壅塞。至元末年，江淮行省嘗以爲言，雖有旨濬治，有司奉行，未見實效。

仁宗延祐四年十一月，兩淮運司言："鹽課甚重，運河淺澀無源，止仰天雨，請加修治。"明年二月，中書移文河南省，選官泊運司有司官相視，會計工程費用。於是河南行省委都事張奉政及淮東道宣慰司官、運司官，會州縣倉場官，徧歷巡視集議：河長二千三百五十里，有司差瀕河有田之家，顧倩丁夫，開修一千八百六十九里；倉場鹽司不妨辦課，協濟有司，開修四百八十二里。

運司言："近歲課額增多，而船竈户日益貧苦，宜令有司通行修治，省減官錢。"省臣奏準：諸色户内顧募丁夫萬人，日支鹽糧錢二兩，計用鈔二萬錠，於運司鹽課及減駁船錢内支用。差官與都水監、河南行省、淮東宣慰司官專董其事，廉訪司體察，樞密院遣官鎮遏，乘農隙併工疏治。

練　湖

練湖在鎮江。元有江南之後，豪勢之家於湖中築隄圍田耕種，侵占既廣，不足受水，遂致泛溢。世祖末年，參政暗都刺奏請依宋例，委人提調疏治，其侵占者驗畝加賦[1]。

至治三年十二月，省臣奏："江浙行省言，鎮江運河全藉練湖之水爲上源，官司漕運，供億京師，及商賈販載，農民來往，其舟楫莫不由此。宋時專設人夫，以時修濬。練湖瀦蓄潦水，若運河淺阻，開放湖水一寸，則可添河水一尺。近年淤淺，舟楫不通，凡有官物，差民運遞，甚爲不便。委官相視，疏治運河，自鎮江路至呂城壩[2]，長百三十一里，計役夫萬五百十三人，六十日可畢。又用三千餘人浚滌練湖，九十日可完。人日支糧三升、中統鈔一兩。行省、行臺分官監督。所用船物，今歲預備，來春興工。合行事宜。依江浙行省所擬。"既得旨，都省移文江浙行省，委參政董中奉率合屬正官，視臨督役[3]。

於是董中奉言："所委前都水少監崇明州知州任奉政[4]、鎮江路總管毛中議[5]等議：練湖、運河此非一事，宜依假山諸湖農民取泥之法，用船千艘，船三人，用竹籠[6]撈取淤泥，日可三載，月計九萬載，三月之間，通取二十七萬載，就用所取泥增築湖岸。自鎮江在城程公壩，至常州武進縣呂城壩，河長百三十一里一百四十六步，擬開河面闊五丈，底闊三丈，深四尺，與見有水二尺，可積深六尺。所役夫於平江、鎮江、常州、江陰州及建康路所轄溧陽州田多上戶內差倩。若濬湖開河，二役并興，卒難辦集。宜趁農隙，先開運河，工畢就濬練湖。"省準所言，與都事王徵事等於泰定元年正月至鎮江丹陽縣，洎各監工官沿湖相視，上湖沙岡黃土，下湖茭根叢雜，泥亦堅硬，不可籄取。又議兩役并興，相離三百餘里，往來監督，供給爲難，願以所督夫一萬三千五百十二人，先開運河，期四十七日畢，次濬練湖，二十日可完。繼有江南行臺侍御史及浙西廉訪司副使俱至，乃議首事運河，備文咨稟，遂於是月十七日入役。

〔1〕按：時在至元三十一年（1294 年），參見張國維《吳中水利書》卷十。

〔2〕呂城壩　北宋初廢閘爲堰，後又廢堰。元祐四年（1089 年）復呂城堰，建上下閘，後又改爲澳閘。元代改爲壩。位于今江蘇常州武進區呂城鎮。

〔3〕按：《元史》卷二九《泰定帝本紀》："至治三年十二月壬戌，濬鎮江路漕河及練湖，役丁萬三千五百人"。參見張國維《吳中水利書》卷十五《毛莊濬築練湖申》和《馬榮祖修築練湖呈》。

〔4〕任奉政　即任仁發，字子明，《新元史》有傳。

〔5〕毛中議　即毛莊。

〔6〕竹籄　籄（音 nǎn，又讀 lǎn），同罱，竹罱，兩根竹杆製成撈取河底淤泥作肥料的工具。錢載《罱泥》詩："兩竹手分握，力與河底争。……罱如蜆壳閉，張吐隨船盈。"

二月十八日，省臣奏："開濬運河、練湖，重役也，宜依行省所議，仍令便宜從事。"後各監工官言："已分運河作三壩，依元料深闊丈尺開濬，至三月四日工畢。數内平江崑山、嘉定二州，實役二十六日，常熟、吳江二州，長洲、吳縣，實役二十八日，餘皆役三十日，已於三月七日積水行舟。"又監修練湖官言："任奉議指劃元料，增築隄隈及舊有土基，共增闊一丈二尺，平面至高底灘脚，增築共量斜高二丈五尺。依中隈西石磋[1]東舊隄卧羊灘修築，如舊隄高闊已及所料之上者，遇有崩缺，修築令完。中隈西石磋至五百婆隄西上增高土一尺，有缺亦補之。五百婆隄至馬林橋隄水勢稍緩，不須修治，其隄底間有滲漏者，窒塞之。三月六日破土，九日入役，至十一日工畢，實役三日。歸勘任少監元料，開運河夫萬五百十三人，六十日畢，濬練湖夫三千人，九十日畢，人日支鈔一兩、米三升，共該鈔萬八千一十四錠二十兩，米二萬七千二十一石六斗，實徵夫萬三千五百十二人，共役三十三日，支鈔八千六百七十九錠三十六兩，糧萬三千十九石五斗八升。比附元料，省鈔九千三百三十四錠三十四兩，糧萬四千二石二升。其練湖未畢，相視地形水勢再議。"

參政董中奉又言："練湖舊有湖兵四十三人，添補五十七名，共百人，於本路州縣苗糧三石之下、二石之上差充，專任修築湖岸。設提領二員、壕寨二人、司吏三人，於有出身人内選用。"工部議："練湖所設提領人等印信，即同湖兵，宜咨本省遍行議擬。"又鎮江路言："運河、練湖今已開濬，若不設法關防，徒勞民力。除關本路達魯花赤兀魯失海牙總治其事，同知哈散、知事程郇專管啓閉斗門。"行省從之。

〔1〕石碴　是洩水用的側向溢流堰。爲保持運河中一定的水深，以滿足通航的需要，又不致在來水過多時出現河水漫堤的危險，常在運河堤上設置溢洪的石碴。

吴　松　江

浙西諸山之水受之太湖，下爲吴松江，東匯澱山湖以入海，而潮汐來往，逆湧濁沙，上湮河口，是以宋時設置撩洗軍人[1]，專掌修治。元既平宋，軍士罷散，有司不以爲務，勢豪租占爲蕩爲田，州縣不得其人，輒行許準，以致湮塞不通，公私俱失其利久矣[2]。

至治三年，江浙省臣方以爲言，就委嘉興路治中高朝列、湖州路知事丁將仕同本處正官，體究舊曾疏濬通海故道，及新生沙漲礙水處所，商度開滌圖呈。據丁知事等官按視講究，合開濬河道五十五處。內常熟州九處，十三段，該工百三十二萬一千五百六十二，崑山州十一處，九十五里，用工二萬七千四，日役夫四百五十六，宜於本州有田一頃之上戶內，驗田多寡，算量里步均派，自備糧赴功疏濬。正月上旬興工，限六十日工畢，二年一次舉行。嘉定州三十五處，五百三十八里，該工百二十六萬七千五十九，日支糧一升，計米萬二千六百七十石五斗九升，日役夫二萬一千一百一十七，六十日畢。工程浩大，米糧數多，乞依年例，勸率附河有田用水之家，自備口糧，佃戶備力開濬。奈本州連年被災，今歲尤甚，力有不逮，宜從上司區處。

〔1〕撩洗軍人　又稱撈淺軍，即疏浚河道的專業人員。
〔2〕元大德八年（1304年）十一月由都水監任仁發負責施工，濬吳松江三十八里餘，用工一百六十五萬餘。參見張國維《吳中水利書》卷十。

高治中會集松江府各州縣官按視，議合濬河渠，華亭縣九處，計五百二十八里，該工九百六十八萬四千八百八十二，役夫十六萬一千四百一十四，人日支糧二升，計米十九萬三千六百九十七石六斗四升。上海縣十四處，計四百七十一里，該工千二百三十六萬八千五十二，日役夫二萬六千一百三十四，人日支糧二升，計二十四萬七千三百六十一石四升，六十日工畢。官給之糧，備民疏治。如下年豐稔，勸率有田之家，五十畝出夫一人，十畝之上驗數合出，止於本保開濬。其權勢之家，置立魚斷[1]并沙塗栽葦者，依上出夫。

其上海、嘉定連年旱澇，皆緣河口湮塞，旱則無以灌溉，澇則不能流洩，累致凶歉，官民俱病。至元三十年以後，兩經疏闢，稍得豐稔。比年又復壅閉，勢家愈加租占，雖得徵賦，實失大利。上海縣歲收官糧一十七萬石，民糧三萬餘石，略舉似延祐七年災傷五萬八千七百餘石，至治元年災傷四萬九千餘石，二年十萬七千餘石，水旱連年，殆無虛歲，不惟虧欠官糧，復有賑貸之費。近委官相視地形，講議疏濬，其通海大江，未易遽治；舊有河港聯絡官民田土之間、藉以灌溉者，今皆填塞，必須疏通，以利耕種。欲令有田人戶自爲開濬，而工役浩繁，民力不能獨成。由是議，上海、嘉定河港，宜令本處所管軍民、站竈、僧道諸色有田者，以多寡出夫，自備糧（作）[修]治，州縣正官督役。其豪勢租占蕩田、妨水利者，并與除闢。本處民田稅糧全免一年，官租減半。今秋收成，下年農隙舉行。行省、行臺、廉訪司官巡鎮。外據華亭、崑山、常熟州河港，比上海、嘉定緩急不同，難爲一體，從各處勸農正官督有田之家，備糧併工修治。若遽興工，陰陽家言癸亥年[2]動土有忌，預爲咨稟可否

至泰定元年十月十九日，右丞相旭邁傑[3]等奏：“江浙省言，吳松江等處河道壅塞，宜爲疏滌，仍立牐以節水勢。計用四萬餘人，今歲十二月爲始，至正月終，六十日可畢，用二萬餘人，二年可畢。其丁夫於旁郡諸色戶內均差，依練湖例，給傭直糧食。行省、行臺、廉訪司并有司官同提調。臣等議，此事官民兩便，宜從其請。若丁夫有餘，止令一年畢。命脫歡答剌罕諸臣同提調，專委左丞朶兒只班及前都水任少監董役。”得旨，移文行省，準擬疏治。江浙省下各路發夫入役，至二年閏正月四日工畢。

〔1〕置立魚斷　設置爲捕魚而截斷河流的器具。
〔2〕癸亥年　即元至治三年（1323年）。
〔3〕旭邁傑　據《元史》卷一一二《宰相年表》：“右丞相，泰定元年，旭邁傑。二年正月至八月，旭邁傑。”又作旭滅傑。

澱　山　湖

太湖爲浙西巨浸，上受杭、湖諸山之水，潴蓄之餘，分匯爲澱

山湖，東流入海。

世祖末年，參政暗都剌[1]言：“此湖在宋時委官差軍守之，湖旁餘地，不許侵占，常疏其壅塞，以洩水勢。今既無人管領，遂爲勢豪絶水築隄，繞湖爲田。湖狹不足瀦蓄，每遇霖潦，泛溢爲害。昨本省官忙古觰等興言疏治，因受曹總管金而止。張參議、潘應武等相繼建言，識者咸以爲便。臣等議，此事可行無疑。然雖軍民相參，選委廉幹官提督，行省山住子、行院董八都兒子、行臺哈剌觰令親詣相視，會計合用軍夫擬稟。”世祖曰：“利益美事，舉行已晚，其行之。”既而平章鐵哥[2]言：“委官相視，計用夫十二萬，百日可畢。昨奏軍民共役，今民丁數多，不須調軍。”世祖曰：“有損有益，咸令均齊，毋自疑惑，其均科之。”

至元三十一年，世祖崩，成宗即位。平章鐵哥奏：“太湖、澱山湖昨嘗奏過先帝，差倩民夫二十萬疏掘已畢。今諸河日受兩潮，漸致沙漲，若不依舊宋例，令軍屯守，必致坐隳成功。臣等議，常時工役撥軍，樞府猶且悋惜[3]，屯守河道用軍八千，必辭不遣。澱山湖圍田賦糧二萬石，就以募民夫四千，調軍士四千與同屯守。立都水防田使司，職掌收捕海賊，修治河渠圍田。”命伯顏察兒暨樞密院議畢聞奏。於是樞府言：“嘗奏澱山湖在宋時設軍屯守，范殿帥、朱、張輩必知其故，擬與省官集議定稟奏，有旨從之。乃集樞府官及范殿帥等（兵）[共]議。朱、張言：‘宋時屯守河道，用手號軍，大處千人，小處不下三四百，隸巡檢司管領。’范殿師言：‘差夫四千，非動搖四十萬户不可，若令五千軍屯守，就委萬户一員提調，事或可行。’臣等亦以爲然，與都水巡防萬户府職名，俾隸行院。”樞府官又言：“若與知源委之人詢其詳，候至都定議。”從之。

〔1〕暗都剌　即梁德珪，字伯温，大興良鄉（今北京市）人，《元史》卷一七〇有傳，至元三十一年（1294 年）拜參知政事。

〔2〕平章鐵哥　姓伽乃氏，西域人。《元史》卷一二五有傳，至元二十九

年（1292年）進榮禄大夫、中書平章政事。

　　〔3〕惉懘　惉是音的异體字，即音嗇。

鹽官州海塘

　　鹽官州去海岸三十里，舊有捍海塘二，後又添築鹹塘，在宋時亦嘗崩陷。成宗大德三年，塘岸崩，都省委禮部郎中游中順，泊本省官相視。虛沙復漲，難於施力。至仁宗延祐己未、庚申間，海汛失度，累壞民居，陷地三十餘里。其時省憲官共議，宜於州後北門添築土塘，然後築石塘，東西長四十三里，後以潮汐沙漲而止。

　　至泰定即位之四年二月間，風潮大作，衝捍海小塘，壞州郭四里。杭州路言：“與都水庸田司[1]議，欲於北地築塘四十餘里，而工費浩大，莫若先修鹹塘，增其高闊，填塞溝港，且濬深近北備塘濠塹[2]，用椿密釘，庶可護禦。”江浙省準下本路修治。都水庸田司又言：“宜速差丁夫，當水入衝堵閉，其不敷工役，於仁和、錢塘及嘉興附近州縣諸色人户内斟酌差倩，即目淪没不已，旦夕誠爲可慮。”工部議：“海岸崩摧重事也，宜移文江浙行省，督催庸田使司、鹽運司及有司發丁夫修治，毋致侵犯城郭，貽害居民。”五月五日，平章禿滿迭兒、茶乃、史參政等奏：“江浙省四月内，潮水衝破鹽官州海岸，令庸田司官徵夫修堵，又令僧人誦經，復差人令天師致祭。臣等集議，世祖時海岸嘗崩，遣使命天師祈祀，潮即退，今可令直省舍人伯顏奉御香，令天師依前例祈祀。”制曰“可”。既而杭州路又言：“八月以來，秋潮洶湧，水勢愈大，見築沙地塘岸，東西八十餘步，造木櫃、石囤[3]以塞其要處。本省左丞相脱歡等議，安置石囤四千九百六十[4]，抵禦鏐齧，以救其急，擬比浙江立石塘，可爲久遠。計工物，用鈔七十九萬四千餘錠，糧四萬六千三百餘石，接續興修。”

〔1〕都水庸田司　即都水庸田使司。《元史》卷九二《百官志》：“（順帝）至元二年正月，置都水庸田使司于平江（今蘇州）。”據《元史・成宗本紀》卷一九：“（大德二年二月）乙丑，立浙西都水庸田司，專主水利。”又據顧炎武《天下郡國利病書》泰定元年（1324年）“復立都水庸田使司，命行省左丞朵兒只班知水利”。參見周魁一《元代水利家任仁發及其治水實踐》，載《水利水電科學研究院論文集》第二十五集。

〔2〕備塘濠塹　又稱備塘河，在塘身背水面之外，開修的排水河溝。

〔3〕造木櫃石囤　爲防止在松軟地基上修築的海塘傾復和坍塌，用木櫃裝石和石囤築塘。《元史》卷六二《地理志》：“泰定四年春，其害尤甚，命都水少監張仲仁往治之。沿海三十餘里下石囤四十四萬三千三百有奇，木櫃四百七十餘，工役萬人”。

〔4〕安置石囤四千九百六十　依下文“用鈔七十九萬四千餘錠”，此數疑有誤。

致和元年三月，省臣奏：“江浙省并庸田司官修築海塘，作竹籧篨[1]，內實以石，鱗次壘叠以禦潮勢，今又淪陷入海，見圖修治，儻得堅久之策，移文具報。臣等集議，此重事也，且夕駕幸上都，分官扈從，不得圓議。今差戶部尚書李家奴、工部尚書李嘉賓、樞密院屬衛指揮青山、副使洪灝、宣政僉院南哥班與行省左丞相脫歡及行臺、行宣政院、庸田使司諸臣，會議修治之方。合用軍夫，除戍守州縣關津外，酌量差撥，從便添支口糧。合役丁力，附近有田之民，及僧、道、也里可溫[2]、答失蠻[3]等戶內點倩。凡工役之時，諸人毋或沮壞，違者罪之。合行事務，提調官移文稟奏施行。”有旨從之。四月二十八日，朝廷所委官，泊行省臺院及庸田司等官議：“大德、延祐欲建石塘未就。泰定四年春，潮水異常，增築土塘，不能抵禦，議置板塘，以水湧難施工，遂作籧篨木櫃，間有漂沉，欲踵前議，叠石塘以圖久遠。爲地脉虛浮，比定海、浙江、海鹽地形水勢不同，由是造石囤於其壞處叠之，以救目前之急。已置石囤二十九里餘，不曾崩陷，略見成效。”庸田司與各路官同議，東西接壘石囤十里，其六十里塘下舊河，就取土築塘，鑿東山之石以備崩損。

文宗天曆元年十一月，都水庸田司言："八月十日至十九日，正當大汛，潮勢不高，風平水穩。十四日，祈請天妃入廟，自本州嶽廟東海北護岸鱗鱗相接。十五日至十九日，海岸沙漲，東西長七里餘，南北廣或三十步、或數十百步，漸見南北相接。西至石囤，已及五都，修築捍海塘與鹽塘相連，直抵巖門，障禦石囤。東至十一都六十里塘，東至東大尖山、嘉興、平湖三路所修處海口。自八月一日至二日，探海二丈五尺。至十九日、二十日探之，先二丈者今一丈五尺，先一丈五尺者今一丈。西自六都仁和縣界赭山、雷山爲首，添漲沙塗，已過五都四都，鹽官州廊東西二都，沙土流行，水勢俱淺。二十日，復巡視自東至西岸脚漲沙，比之八月十七日漸增高闊。二十七日至九月四日大汛，本州嶽廟東西，水勢俱淺，漲沙東過錢家橋海岸，元下石囤木植[4]，并無頹圮，水息民安。"於是改鹽官州曰海寧州。

〔1〕竹籧篨　籧篨亦作籧蒢（音 qūchú），原爲用竹編制簍囤等日常生活用品，後爲水工建築使用。修築方法：先在沙灘或淺水處用竹木粗篛樹立兩排牆，中間實以石塊等，形成臨時性禦潮護岸工程。沈括《夢溪筆談》中有用籧蒢施工法修築至和塘的記載。

〔2〕也里可温　又譯作也里克温、也立喬。元代對基督教徒和教士的通稱。

〔3〕答失蠻　也作達失蠻。元代對伊斯蘭教士的通稱。

〔4〕元下石囤木植　疑"木植"乃前文"木櫃"之誤。

龍 山 河 道

龍山河[1]在杭州城外，歲久淤塞。武宗至大元年，江浙省令史裴堅言：“杭州錢塘江，近年以來，爲沙塗壅漲，潮水遠去，離北岸十五里，舟楫不能到岸。商旅往來，募夫搬運十七八里，使諸物翔湧，生民失所，遞運官物，甚爲煩擾。訪問宋時并江岸有南北古河一道，名龍山河，今浙江亭南至龍山牐約一十五里，糞壤填塞，兩岸居民間有侵占。迹其形勢，宜改修運河，開掘沙土，對牐搬載，直抵浙江，轉入兩處市河，免擔負之勞，生民獲惠。”省下杭州路相視，錢塘縣城南上隅龍山河至橫河橋，委係舊河，居民侵占，起建房屋，若疏闢以接運河，公私大便。計工十五萬七千五百六十六，日役夫五千二百五十二，度可三十日畢。所役夫於本路録事司、仁和、錢塘縣富實之家差借，就持筐檐鍬鑺應役。人日支官糧二升，該米三千一百五十一石三斗二升。河長九里三百六十二步，造石橋八，立上下二牐，計用鈔一百六十三錠二十三兩四錢七分七厘。省準咨請丞相脱脱總治其事，於仁宗延祐三年三月七日興工，至四月十八日工畢。

〔1〕龍山河　在錢塘縣南，自鳳山水門至龍山閘，接錢塘江，舊有河，長十二里，置牐以限潮水。

河渠三

(《元史》卷六十六)

黄河

至正四年夏五月，大雨二十餘日，黄河暴溢，水平地深二丈許，北決白茅隄[1]。六月，又北決金隄。并河郡邑濟寧、單州、虞城、碭山、金鄉、魚臺、豐、沛、定陶、楚丘、武城[2]，以至曹州、東明、鉅野、鄆城、嘉祥、汶上、任城等處皆罹水患，民老弱昏墊，壯者流離四方。水勢北侵安山，沿入會通運河[3]，延袤濟南、河間，將壞兩漕司鹽場，妨國計甚重。省臣以聞，朝廷患之，遣使體量，仍督大臣訪求治何方略。

九年冬，脫脫既復爲丞相，慨然有志於事功，論及河決，即言于帝，請躬任其事，帝嘉納之。乃命集羣臣議廷中，而言人人殊[4]，唯都漕運使賈魯[5]，昌方必當治。先是，魯嘗爲山東道奉使宣撫首領官，循行被水郡邑，具得修捍成策，後又爲都水使者，奉旨詣河上相視，驗狀爲圖，以二策進獻。一議修築北隄以制橫潰，其用功省；一議疏塞并舉，挽河使東行以復故道，其功費甚大。至是復以二策對，脫脫趨其後策。議定，乃薦魯于帝，大稱旨。

〔1〕白茅隄　位于今山東曹縣西北七十里。
〔2〕[標點本原注] 武城疑爲"成武"之倒誤，而又訛"成"爲"城"。
〔3〕入會通運河　標點本在會通後加頓號，遂誤爲二條運河。
〔4〕而言人人殊　反對挽河回東行故道以工部尚書成遵爲代表，參見《元史》卷一八六《成遵傳》。
〔5〕賈魯　字友恒，河東（今山西）高平人。曾"爲《宋史》局官。書成，選燕南山東道奉使宣撫幕官，考績居最，遷中書省檢校官、山北廉訪副使，復召爲工部郎中"。詳見《元史》卷一八七本傳。

十一年四月初四日，下詔中外，命魯以工部尚書爲總治河防使，進秩二品，授以銀印。發汴梁、大名十有三路民十五萬人，廬州等戍十有八翼軍二萬人供役，一切從事大小軍民，咸稟節度，便宜興繕。是月二十二日鳩工，七月疏鑿成，八月決水故河，九月舟楫通行，十一月水土工畢，諸埽諸隄成。河乃復故道，南匯于淮，又東入于海。帝遣貴臣報祭河伯，召魯還京師，論功超拜榮禄大夫、集賢大學士，其宣力諸臣遷賞有差。賜丞相脱脱世襲答剌罕[1]之號，特命翰林學士承旨歐陽玄[2]製河平碑文，以旌勞績。

玄既爲河平之碑，又自以爲司馬遷、班固記《河渠》《溝洫》，僅載治水之道，不言其方，使後世任斯事者無所考則，乃從魯訪問方略，及詢過客，質吏牘，作《至正河防記》，欲使來世罹河患者按而求之。其言曰：

治河一也，有疏、有濬、有塞，三者異焉。醲河之流，因而導之，謂之疏。去河之淤，因而深之，謂之濬。抑河之暴，因而扼之，謂之塞。疏濬之別有四：曰生地[3]，曰故道[4]，曰河身[5]，曰減水河[6]。生地有直有紆，因直而鑿之，可就故道。故道有高有卑，高者平之以趨卑，高卑相就，則高不壅，卑不潴，慮夫壅生潰，潴生埋也。河身者，水雖通行，身有廣狹。狹難受水，水（溢）［益］悍，故狹者以計闊之；廣難爲岸，岸善崩，故廣者以計禦之。減水河者，水放曠則以制其狂，水隳突則以殺其怒。

〔1〕答剌罕　蒙元特權封號，源於突厥語，意爲“自在”。享有特權，免除一般封臣賦役義務。
〔2〕歐陽玄　字原功，湖南瀏陽人。致和元年（1328年），遷翰林待制，兼國史院編修官。文宗時纂修《經世大典》。至正初復爲翰林學士修遼、金、宋三史，召爲總裁官。《元史》卷一八二有傳。
〔3〕生地　疏生地，即開鑿新河道，一般用于裁灣取直。

〔4〕故道　疏濬舊河道，使之高低均勻平整，利於行水。

〔5〕河身　使河道寬窄合理，防止狹窄處壅水。

〔6〕減水河　當河床不能容納過量洪水時，部分洪水經溢流壩進入另設之洩水河，回流到下游。元初郭守敬開金口河爲確保安全，在“金口西預開減水口（河），西南還大河（永定河），令其深廣，以防漲水突入之患。”

　　治隄一也，有創築、修築、補築之名，有刺水隄〔1〕，有截河隄〔2〕，有護岸隄〔3〕，有縷水隄〔4〕，有石船隄〔5〕。

　　治埽一也，有岸埽、水埽，有龍尾〔6〕、欄頭〔7〕、馬頭〔8〕等埽。其爲埽臺〔9〕及推卷、牽制、薶掛之法，有用土、用石、用鐵、用草、用木、用杙、用絙〔10〕之方。

〔1〕刺水隄　即挑水壩。

〔2〕截河隄　即堵塞正河攔河壩。

〔3〕護岸隄　即護岸工，與越堤作用相同。

〔4〕縷水隄　即束水縷隄，位于河濱。

〔5〕石船隄　用裝石沉船法築成的挑水壩。詳見下文。

〔6〕龍尾　即掛柳。作法是將有枝葉柳樹倒掛於河岸，用繩纜繫於隄頂椿上。在樹冠墜壓重物數處，使其入水。一般要數株或數十株并爲一排使用，以殺水勢。

〔7〕欄頭　位于頂冲處的埽。

〔8〕馬頭　參見《宋史·河渠志》馬頭埽注釋。

〔9〕埽臺　捆埽需要較大場面，在現場預先修築的土臺稱埽臺。

〔10〕絙亦作“緪”，音gēng，粗索也。

　　塞河一也，有缺口，有豁口，有龍口。缺口者，已成川。豁口者，舊常爲水所豁，水退則口下於隄，水漲則溢出於口。龍口者，水之所會，自新河入故道之濠〔1〕也。

　　此外不能悉書，因其用功之次第，而就述於其下焉。

　　其濬故道，深廣不等，通長二百八十里百五十四步而強。

功始自白茅，長百八十二里。繼自黃陵岡[2]至南白茅，闢生地十里。口初受，廣百八十步，深二丈有二尺，已下停廣百步，高下不等，相折深二丈及泉。曰停、曰折者，用古算法，因此推彼，知其勢之低昂，相準折而取勻停也。南白茅至劉莊村，接入故道十里，通折墾廣八十步，深九尺。劉莊至專固，百有二里二百八十步，通折停廣六十步，深五尺。專固至黃固，墾生地八里，面廣百步，底廣九十步，高下相折，深丈有五尺。黃固至哈只口，長五十一里八十步，相折停廣墾六十步，深五尺。乃濬凹里減水河，通長九十八里百五十四步。凹里村缺河口生地，長三里四十步，面廣六十步，底廣四十步，深一丈四尺。自凹里生地以下舊河身至張贊店，長八十二里五十四步。上三十六里，墾廣二十步，深五尺；中三十五里，墾廣二十八步，深五尺；下十里二百四十步，墾廣二十六步，深五尺。張贊店至楊青村，接入故道，墾生地十有三里六十步，面廣六十步，底廣四十步，深一丈四尺。

〔1〕濇　水流會合之處，讀音從。
〔2〕黃陵岡　今河南蘭考東北五十里。

　　其塞專固缺口，修隄三重，并補築凹里減水河南岸豁口，通長二十里三百十有七步。其創築河口前第一重西隄，南北長三百三十步，面廣二十五步，底廣三十三步，樹置椿橛，實以土牛[1]、草葦、雜梢相兼，高丈有三尺，隄前置龍尾大埽[2]。言龍尾者，伐大樹連梢繫之隄旁，隨水上下，以破囓岸浪者也。築第二重正隄，并補兩端舊隄，通長十有一里三百步。缺口正隄長四里。兩隄相接舊隄，置椿堵閉河身，長百四十五步，用土牛、草葦、梢土相兼修築，底廣三十步，修高二丈。其岸上土工修築者，長三里二百十有五步有奇，高廣不等，通高一丈五尺。補築舊隄者，長七里三百步，表裏倍薄七步，增卑六尺，計高一丈。築第三種東後隄，并接修舊隄，高廣不等，通長八里。補築凹里減水河南岸豁口四處，置樁木，草土相兼，長四十七步。

於是塞黃陵全河，水中及岸上修隄長三十六里百三十六步。其修大隄刺水者二，長十有四里七十步。其西復作大隄刺水者一，長十有二里百三十步。内創築岸上土隄，西北起李八宅西隄，東南至舊河岸，長十里百五十步，顛廣[3]四步，趾廣三之[4]，高丈有五尺。仍築舊河岸至入水隄。長四百三十步，趾廣三十步，顛殺其六之一[5]，接修入水。

[1] 土牛　在隄頂預先儲存的土堆，以備大汛搶險之用。
[2] 龍尾大埽　規模巨大的龍尾埽，今名“掛柳”。
[3] 顛廣　即頂廣，指隄頂寬度。
[4] 趾廣三之　趾廣即底廣，“三之”即“三倍”之意。
[5] 顛殺其六之一　頂寬收縮爲去掉“趾廣”的六分之一。

兩岸埽隄并行。作西埽者夏人，水工徵自靈武；作東埽者漢人，水工徵自近畿[1]。其法以竹絡實以小石，每埽不等，以蒲葦綿腰索徑寸許者從鋪，廣可一二十步，長可二三十步。又以曳埽索綯[2]徑三寸或四寸、長二百餘尺者衡鋪之。相間復以竹葦麻葢大緶，長三百尺者爲管心索，就繫綿腰索之端於其上，以草數千束，多至萬餘，勻布厚鋪於綿腰索之上，橐[3]而納之，丁夫數千，以足踏實，推卷稍高，即以水工二人立其上，而號於衆，衆聲力舉，用小大推梯，推卷成埽，高下長短不等，大者高二丈，小者不下丈餘。又用大索（或）[四]五爲腰索[4]，轉致河濱，選健丁操管心索，順埽臺立踏，或掛之臺中鐵貓[5]

大橛之上，以漸縋之下水。埽後掘地爲渠，陷管心索渠中，以散草厚覆，築之以土，其上復以土牛、雜草、小埽、梢土，多寡厚薄，先後隨宜。修叠爲埽臺，務使牽制上下，縝密堅壯，互爲掎角，埽不動搖。日力不足，火以繼之。積累既畢，復施前法，卷埽以壓先下之埽，量水淺深，制埽厚薄，叠之多至四埽而止。兩埽之間置竹絡，高二丈或三丈，圍四丈五尺，實以小石、土牛。既滿，繫以竹纜，其兩旁并埽，密下大椿，就以竹絡上大竹腰索繫於椿上。東西兩埽及其中竹絡之上，以草土等物築爲埽臺，約長五十步或百步，再下埽，即以竹索或麻索長八百尺或五百尺者一二，雜厠其餘管心索之間，俟埽入水之後，其餘管心索如前薶掛，隨以管心長索，遠置五七十步之外，或鐵貓，或大椿，曳而繫之，通管束累日所下之埽，再以草土等物通修成隄。又以龍尾大埽密掛於護隄大椿，分析水勢。其隄長二百七十步，北廣四十二步，中廣五十五步，南廣四十二步，自顛至趾，通高三丈八尺。

〔1〕近畿　指都城附近，元大都近郊水工應來自永定河。元代永定河亦名小黄河。

〔2〕索綯　綯音táo，繩索。《詩·豳風·七月》：“宵而索綯。”

〔3〕橐　音hūn。《説文》“束也，从束，圂聲。”

〔4〕〔標點本原注〕又用大索或五爲腰索　王圻《續文獻通考》卷七引《至正河防記》“或”作“四”，語義始通。腰索，《類編》卷一五引《至正河防記》作“接索”。按上文稱綑埽之索爲“腰索”；此拉埽之索疑當另稱“接索”。

〔5〕鐵貓　即鐵錨。與下文“大橛”（大椿）應用頓號隔開，下文有“或鐵貓，或大椿”。

其截河大隄，高廣不等，長十有九里百七十七步。其在黄陵北岸者，長十里四十一步。築岸上土隄，西北起東西故隄，東南至河口，長七里九十七步，顛廣六步，趾倍之而强二步，高丈有五尺，接修入水。施土牛、小埽、梢草、雜土，多寡厚薄隨宜修叠，及下竹絡，安大椿，繫龍尾埽，如前兩隄法。唯修叠埽臺，增用白闌、小石。并埽上及前（洊）[游]修埽隄一，長百餘步，直抵龍口。稍北，欄頭三埽并行，埽大隄廣與刺水二隄不同，通前列四埽，間以竹絡，成一大隄，長二百八十步，北廣百一十步，其顛至水面高丈有五尺，水面至澤腹高二丈五尺，通高三丈五尺；中流廣八十步，其顛至水面高丈有五尺，水面至澤腹高五丈五尺，通高七丈。并創築縷水橫隄一，東起北截河大隄，西抵西刺水大隄。又一隄東起中刺水大隄，西抵西刺水大隄，通長二里四十二步，亦顛廣四步，趾三之，高丈有二尺。修黄陵南岸，長九里百六十步，内創岸土隄，東北起新補白茅故隄，西南至舊河口，高廣不等，長八里二百五十步。

乃入水作石船大隄。蓋由是秋八月二十九日乙巳道故河流，先所修北岸西中刺水及截河三隄猶短，約水尚少，力未足恃。決河勢大，南北廣四百餘步，中流深三丈餘，益以秋漲，水多故河十之八。兩河爭流，近故河口，水刷岸北行，洄漩湍激，難以下埽。且埽行或遲，恐水盡湧入決河，因淤故河，前功遂隳。魯乃精思障水入故河之方，以九月七日癸丑，逆流排大船二十七艘，前後連以大桅或長椿，用大麻索、竹絚絞縛，綴爲方舟。又用大麻索、竹絚（用）[周]船身繳繞上下，令牢不可破，乃以鐵猫於上流硾之水中。又以竹絚絶長七八百尺者，繫兩岸大橛上，每絚或硾二舟或三舟，使不得下，船腹略鋪散草，滿貯小石，以合子板釘合之，復以埽密布合子板上，或二重，或三重，以大麻索縛之急，復縛橫木三道於頭桅，皆以索維之。用竹編笆，夾以草石，立之桅前，約長丈餘，名曰水簾梜。復以木榰拄[1]，使簾不偃仆，然後選水工便捷者，每船各二人，執斧鑿，立船首尾，岸上搥鼓爲號，鼓鳴，一時齊鑿，須臾舟穴，水入，舟沉，遏決河。水怒溢，故河水暴增，即重樹水簾，令後復布小埽、土牛、白闌、長梢[2]，雜以草土等物，隨宜填垛以繼之。石船下詣實地，出水基趾漸高，復卷大埽以壓之。前船勢略定，尋用前法，沉餘船以竟後功。昏曉百刻，役夫分番（甚）[任]勞[3]，無少間斷。

[1] 木榰拄　榰音 zhī，柱子的根腿，引申爲支柱、支撐。通作"搘"。
[2] 令後復布小埽土牛白闌長梢　標點本此處無標點斷開，據文意改。下同。
[3] 甚勞　意不通，據王圻《續通考》七《黄河考》改。

船隄之後，草埽三道并舉，中置竹絡盛石，并埽置椿，繫纜四埽及絡，一如修北截水隄之法。第以中流水深數丈，用物之多，施功之大，數倍他隄。船隄距北岸纔四五十步，勢迫東河，流峻若自天降，深淺叵測。於是先卷下大埽約高二丈者，或四或五，始出水面。修至河口一二十步，用工尤艱。薄龍口，喧豗猛疾，勢撼埽基，陷裂欹傾，俄遠故所，觀者股弁，衆議騰沸，以爲難合，然勢不容已。魯神色不動，機解捷出，進官吏工徒十餘萬人，日加獎諭，辭旨懇至，衆皆感激赴功。十一月十一日丁巳，龍口遂合，決河絕流，故道復通。又於隄前通卷欄頭埽各一道，多者或三或四，前埽出水，管心大索繫前埽，碙後闌頭埽之後，後埽管心大索亦繫小埽，碙前闌頭埽之前，後先羈縻，以錮其勢。又於所交索上及兩埽之間，壓以小石、白闌、土牛，草土相半，厚薄多寡，相勢措置。

埽隄之後，自南岸復修一隄，抵已閉之龍口，長二百七十步。船隄四道成隄，用農家場圃之具曰轆軸[1]者，穴石立木如比櫛，薶前埽之旁，每步置一轆軸，以橫木貫其後，又穴石，以徑二寸餘麻索貫之，繫橫木上，密掛龍尾大埽，使夏秋潦水、冬春凌簰[2]，不得肆力於岸。此隄接北岸截河大隄，長二百七十步，南廣百二十步，顛至水面高丈有七尺，水面至澤腹高四丈二尺；中流廣八十步，顛至水面高丈有五尺，水面至澤腹高五丈五尺；通高七丈。仍治南岸護隄埽一道，通長百三十步，南岸護岸馬頭埽三道，通長九十五步。修築北岸隄防，高廣不等，通長二百五十四里七十一步。白茅河口至板城，補築舊隄，長二十五里二百八十五步。曹州板城至英賢村等處，高廣不等，長一百三十三里二百步。稍岡至碭山縣，增培舊隄，長八十五里二十步。歸德府哈只口至徐州路三百餘里，修完缺口一百七處，高廣不等，積修計三里二百五十六步。亦思剌店縷水月隄，高廣不等，長六里三十步。

〔1〕轆軸　今作“碌碡”。農具名，圓柱形，用石頭作成，用來壓脱穀粒或者壓平場院。
〔2〕凌簰　簰同箄，音pái，大筏。凌簰即凌汛時的大冰排。

其用物之凡，椿木大者二萬七千，榆柳雜梢六十六萬六千，帶梢連根株者三千六百，葦秸蒲葦雜草以束計者七百三十三萬五千有奇，竹竿六十二萬五千，葦蓆十有七萬二千，小石二千艘，繩索小大不等五萬七千，所沉大船百有二十，鐵纜[1]三十有二，鐵貓三百三十有四，竹篾以斤計者十有五萬，硾石三千塊，鐵鑽萬四千二百有奇，大釘三萬三千二百三十有二。其餘若木龍、蠶椽木、麥稭、扶椿鐵叉、鐵吊枝、麻搭、火鈎[2]、汲水、貯水等具皆有成數。官吏俸給，軍民衣糧工錢，醫藥、祭祀、賑恤、驛置馬乘及運竹木、沉船、渡船、下椿等工，鐵、石、竹、木、繩索等匠傭資，兼以和買民地爲河，併應用雜物等價，通計中統鈔百八十四萬五千六百三十六錠有奇。

魯嘗有言："水工之功，視土工之功爲難；中流之功，視河濱之功爲難；決河口視中流又難；北岸之功視南岸爲難。用物之效，草雖至柔，柔能狎水，水漬之生泥，泥與草并，力重如碇。然維持夾輔纜索之功實多。"蓋由魯習知河事，故其功之所就如此。

玄之言曰："是役也，朝廷不惜重費，不吝高爵，爲民辟害。脱脱能體上意，不憚焦勞，不恤浮議，爲國拯民。魯能竭其心思智計之巧，乘其精神膽氣之壯，不惜劬瘁，不畏譏評，以報君相知人之明。宜悉書之，使職史氏者有所考證也。"

先是歲庚寅，河南北童謠云："石人一隻眼，挑動黃河天下反。"及魯治河，果於黃陵岡得石人一眼，而汝、潁之妖寇[3]乘時而起。議者往往以謂天下之亂，皆由買魯治河之役，勞民動衆之所致。殊不知元之所以亡者，實基於上下因循，狃於宴安之習，紀綱廢弛，風俗偷薄，其致亂之階，非一朝一夕之故，所由來久矣。不此之察，乃獨歸咎於是役，是徒以成敗論事，非通論也。設使買魯不興是役，天下之亂，詎無從而起乎？今故具録玄所記，庶來者得以詳焉。

〔1〕鐵纜　以鐵絲擰成，作提腦揪艄之用。
〔2〕以上器具名稱，標點本標識多有不當，據改。
〔3〕妖寇　對農民起義軍的誣稱。

蜀　隄[1]

江水出蜀西南徼外，東至于岷山，而禹導之。秦昭王時，蜀太守李冰鑿離堆，分其江以灌川蜀，民用以饒。歷千數百年，所過衝薄蕩囓，又大爲民患。有司以故事，歲治隄防，凡一百三十有三所，役兵民多者萬餘人，少者千人，其下猶數百人。役凡七十日，不及七十日，雖事治，不得休息。不役者，日出三緡爲庸錢。由是富者屈於資，貧者屈於力，上下交病，會其費，歲不下七萬緡。大抵出於民者，十九藏于吏，而利之所及，不足以償其費矣。

元統二年，僉四川肅政廉訪司事吉當普巡行周視，得要害之處三十有二，餘悉罷之。召灌州判官張弘，計曰：“若甃之以石，則歲役可罷，民力可蘇矣。”弘曰：“公慮及此，生民之福，國家之幸，萬世之利也。”弘遂出私錢，試爲小隄。隄成，水暴漲而隄不動。乃具文書，會行省及蒙古軍七翼之長、郡縣守宰，下及鄉里之老，各陳利害，咸以爲便。復禱于冰祠，卜之吉。於是徵工發徒，以仍改至元元年十有一月朔日，肇事于都江隄，即禹鑿之處，分水之源也。鹽井關[2]限其西北，水西關[3]據其西南。江南北皆東行。北舊無江，冰鑿以辟沫水之害，中爲都江隄，少東爲大、小釣魚[4]，又東跨二江爲石門，以節北江之水，又東爲利民臺[5]，臺之東南爲侍郎、楊柳二隄[6]，其水自離堆分流入于南江。

　　〔1〕蜀隄　本篇内容全部取材於揭傒斯（後）至元元年（1335年）所撰《大元勑賜修堰碑》文，載《揭文安集》卷一二。
　　〔2〕鹽井關　約在白沙河匯入岷江處，今重慶鹽井灘附近。
　　〔3〕水西關　今四川都江堰紫坪鋪水文站相對之岷江南岸。
　　〔4〕大小釣魚　相當於後代内外金剛隄（緊接魚嘴處）。
　　〔5〕利民臺　相當於後代金剛隄之間形成的小島。
　　〔6〕侍郎楊柳二堰　相當於後代飛沙堰及人字隄溢流堰。

　　南江[1]東至鹿角[2]，又東至金馬口，又東（道）[過]大安橋，入于成都，俗稱大皁江，江之正源也。北江少東爲虎頭山[3]，爲鬭鷄臺[4]。臺有水則，以尺畫之，凡十有一。水及其九，其民喜，過則憂，没其則則困。又書"深淘灘，低作隁[5]"六字其旁，爲治水之法，皆冰所爲也。又東爲離堆，又東過凌虚、步雲二橋，又東至三石洞，釃爲二渠。其一自上馬騎[6]東流，過（郫）[郫]，入于成都，[古謂之内江，今府江是也；其一自三石洞北流，過將軍橋，又北過四石洞，折而東流，過新繁，入於成都，][7]古謂之外江。此冰所穿二江也。

南江自利民臺有支流，東南出萬工隁，又東爲駱駝，又東爲碓口，繞青城而東，鹿角之北涯，有渠曰馬灞，東流至成都，入于南江。渠東行二十餘里，水決其南涯四十有九，每歲疲民力以塞之。乃自其北涯鑿二渠，與楊柳渠合，東行數十里，復與馬灞渠會，而渠成安流。自金馬口之西鑿二渠，合金馬渠，東南入于新津江，罷藍淀、黄水、千金、白水、新興至三利十二隁。

[1] 南江　即岷江的外江，相對北江（内江）而言。又稱正南江，在今四川都江堰青城大橋下，稱金馬河。

[2] 鹿角　今四川都江堰外江左岸六角堰，青城大橋下游。

[3] 虎頭山　今四川都江堰玉壘關下虎頭岩，又稱頭道岩。

[4] 鬪鷄臺　今四川成都郫都區三道岩頂平臺，又稱斗犀臺。

[5] [標點本原注] 深淘灘低作隁　按《修隁碑》"高"作"低"，《新編》從改，疑是。

[今注]：據《修隁碑》改。

[6] 上馬騎　或爲今四川成都走馬河口處。

[7] 方括號内文字爲標點本據《修隁碑》補。

北江三石洞之東爲外應、顔上、五斗諸隁[1]，外應、顔上之水皆東北流，入于外江。五斗之水，南入馬灞渠，皆内江之支流也。外江東至崇寧，亦爲萬工隁。隁之支流，自北而東，爲三十六洞，過清白隁東入于彭、漢之間。而清白隁水潰其南涯，延袤三里餘，有司因潰以爲隁。隁輒壞，乃疏其北涯舊渠，直流而東，罷其隁及三十六洞之役。

嘉定之青神[2]，有隄曰鴻化，則授成其長吏，應期而功畢。若成都之九里隄，崇寧之萬工隄，彭之珊口、豐潤、千江、石洞、濟民、羅［江、馬］脚諸隄，工未及施，則召長吏勉諭，使及農隙爲之。諸堰都江及利民臺之役最大，侍郎、楊（林）［柳］、外應、顏上、五斗次之，鹿角、萬工、駱駝、碓口、三利又次之。而都江又居大江中流，故以鐵萬六千斤，鑄爲大龜，貫以鐵柱，而鎮其源，然後即工。

諸堰皆甃以石，範鐵以關其中[3]，取桐實之油，和石灰，雜麻絲，而搗之使熟，以苴罅漏。岸善崩者，密築江石以護之，上植楊柳，旁種蔓荆，櫛比鱗次，賴以爲固，蓋以數百萬計。所至或疏舊渠以導其流，或鑿新渠以殺其勢。遇水之會，則爲石門，以時啓閉而泄蓄之，用以節民力而資民利，凡智力所及，無不爲也。初，郡縣及兵家共掌都江之政，延祐七年，其兵官奏請獨任郡縣，民不堪其役，至是復合焉。常歲獲水之利僅數月，隄輒壞，至是，雖緣渠所置碓磑紡績之處以千萬計，四時流轉而無窮。

〔1〕爲外應顏上五斗諸隄　此三隄當爲内江依次三條引水渠口之分水隄。
〔2〕嘉定之青神　元嘉定府路治今四川樂山，青神今縣名同。
〔3〕範鐵以關其中　元代石隄的砌石之間均用鐵錠、鐵錮相連，以保証整體性。

其始至都江，水深廣莫可測，忽有大洲湧出其西南，方可數里，人得用事其間。入山伐石，崩石已滿，隨取而足。蜀故多雨，自初役至工畢，無雨雪，故力省而功倍，若有相之者。五越月，功告成，而吉當普以監察御史召，省臺上其功，詔揭（揆）〔侯〕斯製文立碑以旌之。

是役也，凡石工、金工皆七百人，木工二百五十人，役徒三千九百人，而蒙古軍居其二千。糧爲石千有奇，石之材取于山者百萬有奇，石之灰以斤計者六萬有奇，油半之，鐵六萬五千斤，麻五千斤。最其工之直、物之價，以緡計者四萬九千有奇，皆出於民之庸，而在官之積者，尚餘二十萬一千八百緡，責灌守以貸于民，歲取其息，以備祭祀及淘灘修隄之費。仍蠲灌之兵民所常徭役，俾專其力於隄事。

涇　　渠

涇渠者，在秦時韓使水工鄭國説秦，鑿涇水，自仲山西抵瓠口爲渠，并北山，東注于洛三百餘里以溉田，蓋欲以罷秦之力，使無東伐。秦覺其謀，欲殺之，鄭曰："臣爲韓延數年之命，而爲秦建萬世之利。"秦以爲然，使迄成之，號鄭渠。漢時有白公者，奏穿渠引涇水，起谷口，入櫟陽，注渭中，袤二百里，溉田四千五百餘頃，因名曰白渠。歷代因之，皆享其利。至宋時，水衝齧，失其故蹟。熙寧間，詔賜常平息錢，助民興作，自仲山旁開鑿石渠，從高瀉水，名豐利渠。

元至元間，立屯田府督治之[1]。

大德八年，涇水暴漲，毀隄塞渠，陝西行省命屯田府總管夾谷伯顏帖木兒及涇陽尹王琚疏導之。起涇陽、高陵、三原、櫟陽用水人户及渭南、櫟陽、涇陽三屯所人夫，共三千餘人興作，水通流如舊。其制編荆爲囤，貯之以石，復填以草以土爲隄，歲時葺理，未嘗廢止。

至大元年，王琚爲西臺御史[2]，建言於豐利渠上更開石渠五十一丈。闊一丈，深五尺，積一十五萬三千工，每方一尺爲一工。自延祐元年興工，至五年渠成。是年秋，改隄至新口。

泰定間，言者謂石渠歲久，水流漸穿逾下，去岸益高。

至正三年，御史宋秉亮相視其隩，謂渠積年坎取淤土，叠壘於岸，極爲高崇，力難送土於上，因請就岸高處開通鹿巷[3]，以便夫行，廷議允可。

四年，屯田同知牙八胡、涇尹李克忠發丁夫開鹿巷八十四處，削平土壘四百五十餘步。

二十年，陝西行省左丞相帖里帖木兒遣都事楊欽修治，凡溉農田四萬五千餘頃[4]。

〔1〕元至元間立屯田府督治之　據《元史》卷一百《兵志》：“陝西屯田總管府：世祖至元十一年正月，以安西王府所管編民二千户，立櫟（楊）〔陽〕、涇陽、終南、渭南屯田。……三十年復更爲民屯……櫟陽七百八十六户，後存六百五十户；涇陽六百九十六户；後存六百五十八户。”

〔2〕王琚　爲西臺御史，參見“洪口渠”條注〔4〕。

〔3〕鹿巷　渠道疏浚最初棄土於兩岸，日久形成沿渠的高聳上堤，造成後面棄土的困難。爲改善運輸條件，于是沿堤隔一定距離開一缺口，以便人工棄土于堤外，這種缺口謂之鹿巷。

〔4〕本條內容應與前“洪口渠”合併。

金 口 河

至正二年正月，中書參議[1]孛羅帖木兒、都水傅佐建言，起自通州南高麗莊，直至西山石峽鐵板開水古金口一百二十餘里[2]，創開新河一道，深五丈，廣十五丈，放西山金口水東流至高麗莊，合御河，接引海運至大都城內輸納。是時，脫脫爲中書右丞相，以其言奏而行之。廷臣多言其不可，而左丞許有壬[3]言尤力，脫脫排羣議不納，務於必行。有壬因條陳其利害，略曰：

大德二年，渾河水發爲民害，大都路都水監將金口下閉閘板。五年間，渾河水勢浩大，郭太史恐衝没田薛二村、南北二城[4]，又將金口已上河身，用砂石雜土盡行堵閉。至順元年，因行都水監郭道壽言，金口引水過京城至通州，其利無窮，工部官并河道提舉司、大都路及合屬官員耆老等相視議擬，水由二城中間窒礙。又盧溝河自橋[5]至合流處，自來未嘗有漁舟上下，此乃不可行船之明驗也。且通州去京城四十里，盧溝止二十里，此時若可行船，當時何不於盧溝立馬頭，百事近便，却於四十里外通州爲之？

[1] 中書參議　據《元史·百官志》"參議中書省事，秩正四品。典左右司文牘，爲六曹之管轄，軍國重事咸預决焉。"

[2] 直至西山石峽鐵板開水古金口一百二十餘里　此句不可讀，文字似有錯亂。據文意可調整爲"直至西山石峽鐵板開古金口水一百二十餘里"。據《北平圖經志書》記載："元至正二年重興工役，自三家店分水入金口，下至李二寺，通長一百三十里，合入白潞河"（引自《順天府志》卷一一）。可知此次開河取水口在北京市三家店。爲區别金代所開金口河，此次所開一般稱金口新河。

[3] 許有壬　字可用，湯陰人。《元史》卷一八二有傳。

[4] 南北二城　南城指金中都城，北城指元大都城。因金口河從中都城北通過，正位于兩城之間。

[5] 又盧溝河自橋　此橋指今盧溝橋，建于金大定中。

又西山水勢高峻，亡金時，在都城之北流入郊野，縱有衝决，爲害亦輕。今則在都城西南[1]，與昔不同。此水性本湍急，若加以夏秋霖潦漲溢，則不敢必其無虞，宗廟社稷之所在，豈容僥幸於萬一。若一時成功，亦不能保其永無衝决之患。且亡金時此河未必通行，今所有河道遺迹，安知非作而復輟之地乎？又地形高下不同，若不作閘，必致走水淺澀，若作閘以節之，則沙泥渾濁，必致淤塞，每年每月專人挑洗，蓋無窮盡之時也。

　　且郭太史初作通惠河時，何不用此水，而遠取白浮之水，引入都城，以供閘壩之用？蓋白浮之水澄清，而此水渾濁不可用也。此議方興，傳聞於外，萬口一辭，以爲不可。若以爲成大功者不謀於衆，人言不足聽，則是商鞅、王安石之法，當今不宜有此。

　　議既上，丞相終不從。遂以正月興工，至四月功畢[2]。起閘放金口水，流湍勢急，沙泥壅塞，船不可行[3]。而開挑之際，毀民廬舍墳塋，夫丁死傷甚衆。又費用不資，卒以無功。繼而御史糾劾建言者，孛羅帖木兒、傅佐俱伏誅。今附載其事于此，用爲妄言水利者之戒。

　　[1] 今則在都城西南　因元大都城位于金中都城東北方向，原來從金中都城“北流入郊野”成爲在元大都城西南。

　　[2] 遂以正月興工至四月功畢　據《析津志》開工時間在二月，而至“十月畢竣”。另據吳師道《九月二十三日城外記遊作》詩“杪秋暇日休弘歌，五門城外觀新河。斗門決水已數日……監官督役猶揮訶。”等句可知，四月并未功畢，竣工時間應爲十月。四或因與十音近而誤。

　　[3] 關於金口新河提閘放水時情況，《析津志》有詳細記載：“命許右丞詣金口，用夫起所鑄銅閘版二。水至所挑河道，波漲潺淘，冲崩堤岸。居民徬徨，官爲失措，漫注支岸，卒不可遏，勢如建瓴。河道浮土壅塞，深淺停灘不一，難于舟楫。其居民近於河者，幾不可容。始議下銅閘以遏，則無補事功矣。”（《順天府志》卷一一）。

明史・河渠志[1]

（《明史》卷八十三至八十八）

河 渠 一

（《明史》卷八十三）

黄 河 上

　　黄河，自唐以前，皆北入海。宋熙寧中，始分趨東南，一合泗入淮，一合濟入海[2]。金明昌中，北流絶，全河皆入淮[3]。元潰溢不時，至正中受害尤甚，濟寧、曹、鄆間，漂没千餘里。賈魯爲總制，導使南，匯淮入海。

　　〔1〕《明史》　清張廷玉等撰，共三百三十二卷，成書於乾隆四年（1739年）。第八十三至八十七卷爲《河渠志》，記述了洪武元年至崇禎十六年（1368—1644年）全國範圍内的重要水利史料。
　　〔2〕《宋史》卷九十二記載："熙寧十年，河大決於澶州曹村，澶淵北流斷决，河道南徙，東匯于梁山張澤濼，分爲二派：一合南清河入于淮；一合北清河入于海。"
　　〔3〕〔標點本原注〕金明昌中北流絶全河皆入淮　按《禹貢錐指》卷十三下謂，明昌五年，河徙自陽武而東，分爲二派；北派由北清河入海，南派由南清河入淮。又謂"蓋自金明昌甲寅之徙，河水大半入淮，而北清河之流，猶未絶也。"

明洪武元年，決曹州雙河口[1]，入魚臺。徐達方北征，乃開塌場口[2]，引河入泗以濟運，而徙曹州治於安陵。塌場者，濟寧以西、耐牢坡以南直抵魚臺南陽道也。

八年，河決開封太黄寺堤。詔河南參政安然發民夫三萬人塞之。

十四年，決原武、祥符、中牟，有司請興築。帝以爲天災，令護舊堤而已。

十五年春，決朝邑。七月決榮澤、陽武。

十七年，決開封東月堤[3]，自陳橋[4]至陳留橫流數十里。又決杞縣，入巴河[5]。遣官塞河，蠲被災租税。

二十二年，河没儀封，徙其治於白樓村。

二十三年春，決歸德州東南鳳池口[6]，逕夏邑、永城。發興武等十衛士卒，與歸德民併力築之。罪有司不以聞者。其秋，決開封西華諸縣，漂没民舍。遣使振萬五千七百餘户。

二十四年四月，河水暴溢，決原武黑洋山[7]，東經開封城北五里，又東南由陳州、項城、太和、潁州、潁上，東至壽州正陽鎮，全入於淮。而賈魯河故道[8]遂淤。又由舊曹州、鄆城兩河口[9]漫東平之安山[10]，元會通河亦淤。

明年，復決陽武，汜陳州、中牟、原武、封丘、祥符、蘭陽、陳留、通許、太康、扶溝、杞十一州縣，有司具圖以聞。發民丁及安吉等十七衛軍士修築。其冬，大寒，役遂罷。

三十年八月，決開封，城三面受水。詔改作倉庫於滎陽高阜，以備不虞。冬，蔡河徙陳州。先是，河決，由開封北東行，至是下流淤，又決而之南。

〔1〕曹州雙河口　在今山東菏澤東。明初，黄河決水在此分爲二支：一支向北，至東平入運；一支向東，經魚臺入運。

〔2〕塌場口　黄河決水經魚臺東注入運河（會通河）的地方。

〔3〕月堤　建在大堤險要地段，兩頭彎接大堤，起保護大堤或險要地段

的作用。有時又稱越堤。

〔4〕陳橋　在今河南開封東北四十五里，宋太祖趙匡胤發動兵變處。

〔5〕巴河　大致自今河南開封東、蘭考南、寧陵南至商邱西的一段古河道，明後湮没。

〔6〕鳳池口　在今河南商丘市東南，明初黄河一支由此入古汴水。

〔7〕黑洋山　古地名，係小土山，在今河南原陽縣西北，明代前期黄河在此多次決口。

〔8〕賈魯河故道　指元末賈魯堵塞白茅決口後，黄河下游行經的一段河道。據《河防一覽》記載，這段河道行經今河南虞城、安徽碭山、安徽蕭縣，至江蘇徐州，在明清黄河故道稍南。

〔9〕鄆城兩河口　在今山東鄆城南。

〔10〕安山　在今山東東平縣境，會通河畔，有安山閘遺址。

永樂三年，河決温縣堤四十丈，濟、濘二水交溢，淹民田四十餘里，命修堤防。

四年，修陽武黄河決岸。

八年秋，河決開封，壞城二百餘丈。民被患者萬四千餘户，没田七千五百餘頃。帝以國家藩屏地，特遣侍郎張信往視。信言："祥符魚王口[1]至中灤下二十餘里，有舊黄河岸，與今河面平。濬而通之，使循故道，則水勢可殺。"因繪圖以進。時尚書宋禮[2]、侍郎金純[3]方開會通河。帝乃發民丁十萬，命興安伯徐亨、侍郎蔣廷瓚偕純相治，併令禮總其役。

九年七月，河復故道，自封丘金龍口[4]，下魚臺塌場，會汶水，經徐、吕二洪[5]南入於淮。是時，會通河已開，黄河與之合[6]，漕道大通，遂議罷海運，而河南水患亦稍息。已而決陽武中鹽堤，漫中牟、祥符、尉氏。工部主事藺芳[7]按視，言："堤當急流之衝，夏秋泛漲，勢不可驟殺。宜捲土樹椿以資捍禦，無令重爲民患而已。"又言："中灤導河分流，使由故道北入海，誠萬世利。但緣河堤埽，止用蒲繩泥草，不能持久。宜編木爲囤，填石其中，則水可殺，堤可固。”詔皆從其議。

十四年，決開封州縣十四，經懷遠，由渦河入於淮。

二十年，工部以開封土城堤數潰，請濬其東故道。報可。

〔1〕祥符魚王口　在今河南開封城北。

〔2〕宋禮　字大本，河南永寧人。永樂二年（1404 年）出任工部尚書，九年（1411 年）奉命重開會通河，爲整治、恢復京杭運河作出重要貢獻。《明史》卷一五三有傳。

〔3〕金純　字德修，泗州人，刑部左侍郎。永樂九年（1411 年）與宋禮同治會通河，又同徐亨、蔣廷瓚濬魚王口黃河故道。《明史》卷一五七有傳。

〔4〕封丘金龍口　又作荊隆口，在河南封丘縣南，黃河北岸。

〔5〕徐呂二洪　即徐州洪和呂梁洪，前者在今徐州城東，後者在今徐州城東南，是古泗水徐州至宿遷河段上的兩處險灘，是南北運道上的兩處障礙。徐州洪又稱百步洪。呂梁洪又分上、中、下三洪。

〔6〕黃河與之合　當時黃河主流經安徽碭山到江蘇徐州，再折而東，由古泗水入淮入海，會通河由昭陽湖西面，經茶城到徐州也注入古泗水，故謂“黃河與之合”。

〔7〕藺芳　山西夏縣人，從宋禮治會通河，又任工部都水主事十年。《明史》卷一五三有傳。

宣德元年，霪雨，溢開封州縣十。

三年，以河患，徙靈州千户所於城東。

六年，從河南布政使言，濬祥符抵儀封黃陵岡[1]淤道四百五十里。是時，金龍口漸淤，而河復屢溢開封。

十年，從御史李懋言，濬金龍口。

正統二年，築陽武、原武、滎澤決岸。又決濮州、范縣。

三年，河復決陽武及邳州[2]，灌魚臺、金鄉、嘉祥。

越數年，又決金龍口、陽穀堤及張家黑龍廟口，而徐、呂二洪亦漸淺，太黃寺巴河分水處，水脉微細。

十三年，方從都督同知武興言，發卒疏濬。而陳留水夏漲，決金村堤及黑潭南岸。築垂竣，復決。其秋，新鄉八柳樹口亦決，漫曹、濮，抵東昌，衝張秋[3]，潰壽張沙灣[4]，壞運道，東入海。徐、呂二洪遂淺澀。命工部侍郎王永和往理其事。永和至山東，修沙灣未成，以冬寒停役。且言河決自衛輝，宜敕河南守臣修塞。帝切責之，令山東三司築沙灣，趣永和塞河南八柳樹，疏金龍口，使河由故道。

明年正月，河復決聊城。至三月，永和濬黑洋山西灣，引其水由太黃寺以資運河。修築沙灣堤大半，而不敢盡塞，置分水閘，設三空放水，自大清河入海。且設分水閘二空於沙灣西岸，以泄上流[5]，而請停八柳樹工。從之。是時，河勢方橫溢，而分流大清，不尚向徐、呂。徐、呂益膠淺，且自臨清以南，運道艱阻。

〔1〕黃陵崗　在今山東曹縣西南，黃河故道北岸。元明時黃河多次在此決口。元代賈魯、明代劉大夏治河，都以堵塞黃陵岡決口爲工程重點。這段河道常稱爲黃陵岡故道。

〔2〕邳州　古地名，治今江蘇邳州市古邳鎮。在黃河（古泗水）東岸，明代是漕運要道。清康熙間毀於洪水。

〔3〕張秋　古鎮名，即今山東陽穀縣張秋鎮，明代是會通河與大清河（今黃河）交會處，多次受黃河決水破壞，爲明代前期治河的重點地段。

〔4〕沙灣　緊鄰張秋南，舊屬壽張縣，今屬山東陽穀縣，係明代運道要衝。明代前常受黃河決水破壞，屢興工程。

〔5〕以泄上流　沙灣運道東岸設三座減水閘，係建在運河堤岸上；而沙灣西岸二座分水閘爲引黃入運的控制閘。

景泰二年，特敕山東、河南巡撫都御史洪英、王暹協力合治，務令水歸漕河。暹言：“黃河自陝州以西，有山峽，不能爲害；陝州以東，則地勢平緩，水易泛溢，故爲害甚多。洪武二十四年改流，從汴梁北五里許，由鳳陽入淮者爲大黃河。其支流出徐州以南者爲小黃河，以通漕運。自正統十三年以來，河復故道，從黑洋山後徑

趨沙灣入海，但存小黃河從徐州出。岸高水低，隨濬隨塞，以是徐
州之南不得飽水。臣自黑洋山東南抵徐州，督河南三司疏濬。臨清
以南，請以責英。"未幾，給事中張文質劾遷、英治水無績，請引塌
場水濟徐、呂二洪，濬潘家渡以北支流，殺沙灣水勢。且開沙灣浮
橋以西河口，築閘引水，以灌臨清，而別命官以責其成。詔不允，
仍命遷、英調度

時議者謂："沙灣以南地高，水不得南入運河。請引耐牢坡[1]
水以灌運，而勿使經沙灣，別開河以避其衝決之勢。"或又言："引
耐牢坡水南去，則自此以北枯澀矣。"甚者言："沙灣水湍急，石鐵
沉下若羽，非人力可爲。宜設齊醮符咒以禳之。"帝心甚憂念，命工
部尚書石璞[2]往治，而加河神封號[3]。

璞至，濬黑洋山至徐州以通漕，而沙灣決口如故。乃命中官黎
賢、阮洛，御史彭誼協治。璞等築石堤於沙灣，以御決河，開月
河[4]二，引水以益運河，且殺其決勢。

三年五月，河流漸微細，沙灣堤始成。乃加璞太子太保，而於
黑洋山、沙灣建河神二新廟，歲春秋二祭。六月，大雨浹旬，復決
沙灣北岸，掣運河之水以東，近河地皆没。命英督有司修築。復敕
中官黎賢、武艮，工部侍郎趙榮往治。

四年正月，河復決新塞口之南，詔復加河神封號。至四月，決
口乃塞。五月，大雷雨，復決沙灣北岸，掣運河水入鹽河，漕舟盡
阻。帝復命璞往。乃鑿一河[5]，長三里，以避決口，上下通運河，
而決口亦築壩截之，令新河、運河俱可行舟。工畢奏聞。帝恐不能
久，令璞且留處置，而命諭德徐有貞[6]爲僉都御史崇治沙灣。

〔1〕耐牢坡　地名，在山東濟寧西二十里。
〔2〕石璞　字仲玉　河北臨漳人。正統十三年（1448年）任工部尚書，景
泰三年（1452年）奉命治理沙灣決河。《明史》卷一六〇有傳。
〔3〕加河神封號　古代爲祈求神靈護佑，以求河定民安而常采用的辦法，

一種祈福儀式。

〔4〕月河 在運河堤岸決口的上下游間另開一河，避開決口，兩端仍與運河相連，船隻由其中通行，不妨礙堵口施工。

〔5〕乃鑿一河 即上述作用的月河。

〔6〕徐有貞 字元玉，初名珵，江蘇吳縣人。景泰三年（1452年）以左僉都御史治理沙灣決河，上置水閘、開支河、濬運河三策，有治績。《明史》卷一七一有傳。

時河南水患方甚，原武、西華皆遷縣治以避水。巡撫暹言："黃河舊從開封北轉流東南入淮，不爲害。自正統十三年改流爲二。一自新鄉八柳樹[1]，由故道東經延津、封丘入沙灣。一決滎澤，漫流原武，抵開封、祥符、扶溝、通許、洧川、尉氏、臨潁、郾城、陳州、商水、西華、項城、太康。没田數十萬頃，而開封患特甚。雖嘗築大小堤於城西，皆三十餘里，然沙土易壞，隨築隨決，小堤已没，大堤復壞其半。請起軍民夫協築，以防後患。"帝可其奏。太僕少卿黃仕儁亦言："河分兩派，一自滎澤南流入項城，一自新鄉八柳樹北流，入張秋會通河，并經六七州縣，約二千餘里。民皆蕩析離居，而有司猶徵其稅。乞敕所司覆視免徵。"帝亦可其奏。巡撫河南御史張瀾又言："原武黃河東岸嘗開二河，合黑洋山舊河道引水濟徐、吕。今河改決而北，二河淤塞不通，恐徐、吕乏水，必妨漕運，黑洋山北，河流稍紆廻，請因決口改挑一河以接舊道，灌徐、吕。"帝亦從之。

〔1〕〔標點本原注〕一自新鄉八柳樹 《明史稿》志二三《河渠志》、《英宗實錄》卷二三〇景泰四年（1453年）六月己丑條"樹"字下有"決"字。

有貞至沙灣，上治河三策："一置水閘門。臣聞水之性可使通流，不可使堙塞。禹鑿龍門，辟伊闕，爲疏導計也。故漢武堙瓠子終弗成功[1]，漢明疏汴河逾年著績[2]。今談治水者甚衆，獨樂浪王景[3]所述制水門之法可取。蓋沙灣地土皆沙，易致坍決，故作壩作閘皆非善計。請依景法損益其間，置閘門於水，而實其底，令高常水五尺。小則拘之以濟運，大則疏之使趨海，則有通流之利，無埋塞之患矣。一開分水河。凡水勢大者宜分，小者宜合。今黄河勢大恒衝決，運河勢小恒乾淺，必分黄水合運河，則有利無害。請度黄河可分之地，開廣濟河一道，下穿濮陽、博陵及舊沙河二十餘里，上連東、西影塘及小嶺等地又數十餘里，其内則有古大金堤可倚以爲固，其外有八百里梁山泊可恃以爲泄。至新置二閘亦頗堅牢，可以宣節，使黄河水大不至泛溢爲害，小亦不至乾淺以阻漕運。其一挑深運河。"帝諭有貞，如其議行之。

有貞乃踰濟、汶，沿衛、沁，循大河，道濮、范，相度地形水勢，上言："河自雍而豫，出險固而之夷斥，水勢既肆。由豫而兗，土益疏，水益肆。而沙灣之東，所謂大洪口者，適當其衝，於是決焉，而奪濟、汶入海之路以去。諸水從之而洩，堤以潰，渠以淤，潦則溢，旱則涸，漕道由此阻。然驟而堰之，則潰者益潰，淤者益淤。今請先疏其水，水勢平乃治其決，決止乃濬其淤。"於是設渠以疏之，起張秋金堤之首，西南行九里至濮陽濼，又九里至博陵陂，又六里至壽張之沙河，又八里至東、西影塘，又十有五里至白嶺灣，又三里至李罕，凡五十里。由李罕而上二十里至竹口蓮花池，又三十里至大伾潭，乃踰范暨濮，又上而西，凡數百里，經澶淵以接河、沁，築九堰以禦河流旁出者[4]，長各萬丈，實之石而鍵以鐵[5]。六年七月，功成，賜渠名廣濟。沙灣之決垂十年，至是始塞。亦會黄河南流入淮，有貞乃克奏功。凡費木鐵竹石累數萬，夫五萬八千有奇，工五百五十餘日。自此河水北出濟漕，而阿、鄄、曹、鄆間田出沮洳[6]者，百數十萬頃。乃濬漕渠，由沙灣北至臨清，南抵濟寧，復建八閘於東昌[7]，用王景制水門法以平水道，而山東河患息矣。

〔1〕元封二年（公元前109年），漢武帝主持堵塞瓠子決口，但不久，黃河又在下游館陶決口，分爲屯氏河。故此處説"終弗成功"。

〔2〕漢明疏汴河　指漢明帝時的王景、王吳治河、治汴工程。

〔3〕王景　東漢水利家。字仲通，祖籍琅邪不其（今山東即墨西南）。永平十二年（公元69年）主持治理黃河和汴渠，取得顯著成效。《後漢書》卷七六有傳。

〔4〕築九堰以禦河流旁出者　在河堤上修築側向溢流堰，即前述"小者拘之以濟運，大者疏之以趨海。"

〔5〕實之石而鍵以鐵　堰由條石砌成，石間用鐵鍵或鐵椿連接。

〔6〕沮洳　低濕之地。

〔7〕復建八閘於東昌　此八閘爲運河東岸泄水閘，在龍灣、魏灣等處，泄水由古河道入海。

七年夏，河南大雨，河決開封、河南、彰德。其秋，畿輔、山東大雨，諸水并溢，高地丈餘，堤岸多衝決。仍敕有貞修築。未幾，事竣，還京入見。獎勞甚至，擢副都御史。

天順元年，修祥符護城大堤。

五年七月，河決汴梁土城，又決磚城，城中水丈餘，壞官民舍過半。周王府宮人及諸守土官皆乘舟筏以避，軍民溺死無算。襄城亦決縣城。命工部侍郎薛遠往視，恤災户、蠲田租，公廨民居以次修理。

明年二月，開祥符曹家溜，河勢稍平。

七年春，河南布政司照磨金景輝考滿至京，上言："國初，黃河在封丘，後徙康王馬頭，去城北三十里，復有二支河：一由沙門注運河，一由金龍口達徐、吕入海。正統戊辰，決滎澤，轉趨城南，并流入淮，舊河、支河俱堙，漕河因而淺澀。景泰癸酉，因水迫城，築堤四十里，勞費過甚，而水發輒潰，然尚未至決城壕爲人害也。至天順辛巳，水暴至，土城磚城并圮，七郡財力所築之堤，俱委諸無用，人心惶惶，未知所底。夫河不循故道，併流入淮，是爲妄行。

今急宜疏導以殺其勢。若止委之一淮，而以堤防爲長策，恐開封終爲魚鱉之區。乞敕部檄所司，先疏金龍口寬闊以接漕河，然後相度舊河或別求泄水之地，挑濬以平水患，爲經久計。"命如其説行之。

成化七年，命王恕[1]爲工部侍郎，奉敕總理河道[2]。總河侍郎之設，自恕始也。時黄河不爲患，恕峕力漕河而已。

十四年，河決開封，壞護城堤五十丈。巡撫河南都御史李衍言："河南累有河患，皆下流壅塞所致。宜疏開封西南新城地，下抵梁家淺舊河口七里壅塞，以洩杏花營上流[3]。又自八角河口直抵南頓，分導散漫，以免祥符、鄢陵、睢、陳、歸德之災。乃敕衍酌行之。

明年正月，遷滎澤縣治以避水，而開封堤不久即塞。

[1] 王恕　字宗貫，陝西三原人，成化七年（1471年）總理河道。《明史》卷一八二有傳。
[2] 總理河道　明代主持治河的最高官員，始設于成化七年（1471年），一般以各部侍郎或尚書兼都察院僉都御史、都御史等任，正二品至正一品。到清代改爲河道總督。
[3] 以洩杏花營上流　據《明實録》《河南通志》，此年四月，河決杏花營，七月決延津西，九月決開封。

弘治二年五月，河決開封及金龍口，入張秋運河，又決埽頭五所入沁[1]。郡邑多被害，汴梁尤甚，議者至請遷開封城以避其患。布政司徐恪持不可，乃止。命所司大發卒築之。九月命白昂[2]爲户部侍郎，修治河道，賜以特敕，令會山東、河南、北直隸三巡撫，自上源決口至運河，相機修築。

三年正月，昂上言："臣自淮河相度水勢，抵河南中牟等縣，見上源決口，水入南岸者十三，入北岸者十七。南決者，自中牟楊橋至祥符界析爲二支：一經尉氏等縣，合潁水，下塗山[3]，入於淮；一經通許等縣，入渦河，下荆山[4]，入於淮。又一支自歸德州通鳳陽之亳縣，亦合渦河入於淮。北決者，自原武經陽武、祥符、封丘、蘭陽、儀封、考城，其一支決入金龍等口，至山東曹州，衝入張秋漕河。去冬，水消沙積，決口已淤，因併爲一大支，由祥符翟家口合沁河，出丁家道口，下徐州。此河流南北分行大勢也。合潁、渦二水入淮者，各有灘磧，水脉頗微，宜疏濬以殺河勢。合沁水入徐者，則以河道淺隘不能受，方有漂没之虞。況上流金龍諸口雖暫淤，久將復決，宜於北流所經七縣，築爲堤岸，以衛張秋。但原敕治山東、河南、北直隸，而南直隸淮、徐境，實河所經行要地，尚無所統。"於是，併以命昂。

昂舉郎中婁性協治，乃役夫二十五萬，築陽武長堤，以防張秋。引中牟決河出滎澤陽橋以達淮，濬宿州古汴河[5]以入泗，又濬睢河自歸德飲馬池，經符離橋至宿遷以會漕河[6]，上築長堤，下修減水閘。又疏月河十餘以洩水，塞決口三十六，使河流入汴，汴入睢，睢入泗，泗入淮，以達海。水患稍寧。昂又以河南入淮非正道，恐卒不能容，復於魚臺、德州、吳橋修古長堤；又自東平北至興濟鑿小河十二道，入大清河及古黃河以入海[7]。河口各建石堰，以時啓閉。蓋南北分治，而東南則以疏爲主云。

〔1〕據《明實録》弘治二年（1489年）條，五月決開封黃沙崗，蘇村野場至洛里堤之蓮池、高門、康王碼頭、紅船灣六處。又決埽頭五處入沁河。

〔2〕白昂　字廷儀，江蘇武進人，官至刑部尚書。弘治二年（1489年）主持治理黃河，采取"南北分治，而東南則以疏爲主"的方策。是明代前期主張黃河分流的代表人物之一。

〔3〕塗山　相傳爲夏禹娶塗山氏及會諸侯處，其地説法不一。此處是指今安徽蚌埠市西淮河東岸，又名當塗山，與荆山隔岸相對。《左傳》哀公七年："禹合諸侯于塗山。"相傳塗山與荆山本爲一山，禹鑿爲二以通淮水。

〔4〕荆山　在安徽懷遠西南。《水經・淮水注》："淮出於荆山之左，當塗之右，奔流二山間。"參見上條注釋。

〔5〕古汴河　此處是指隋唐時期的通濟渠故道。

〔6〕漕河　此處指古泗水宿遷段。

〔7〕入大清河及古黄河以入海　大清河約即今黄河所行經的河槽；古黄河指唐宋時期的黄河舊道。

　　六年二月，以劉大夏[1]爲副都御史，治張秋決河。先是，河決張秋戴家廟，挈漕河與汶水合而北行，遣工部侍郎陳政督治。政言：“河之故道有二：一在滎澤孫家渡口，經朱仙鎮直抵陳州；一在歸德州飲馬池，與亳州地相屬。舊俱入淮，今已淤塞，因致上流衝激，勢盡北趨。自祥符孫家口、楊家口、車船口，蘭陽銅瓦厢決爲數道，俱入運河。於是張秋上下勢甚危急，自堂邑至濟寧堤岸多崩圮，而戴家廟減水閘淺隘不能洩水，亦有衝決。請濬舊河以殺上流之勢，塞決河以防下流之患。”政方漸次修舉，未幾卒官。帝深以爲憂，命廷臣會薦才識堪任者。僉舉大夏，遂賜敕以往。

　　十二月，巡按河南御史涂昇言：“黄河爲患，南決病河南，北決病山東。昔漢決酸棗，復決瓠子；宋決館陶，復決澶州；元決汴梁，復決蒲口。然漢都關中，宋都大梁，河決爲患，不過瀕河數郡而已。今京師專藉會通河歲漕粟數百萬石[2]河決而北，則大爲漕憂。臣博采輿論，治河之策有四：

　　“一曰疏濬。滎、鄭之東，五河之西，飲馬、白露等河皆黄河由渦入淮之故道。其後南流日久，或河口以淤高不洩，或河身狹隘難容，水勢無所分殺，遂泛濫北決。今惟躐上流東南之故道，相度疏濬，則正流歸道，餘波就壑，下流無奔潰之害，北岸無衝決之患矣。二曰扼塞。既殺水勢於東南，必須築堤岸於西北。黄陵岡上下舊堤缺壞，當度下流東北形勢，去水遠近，補築無遺，排障百川悉歸東南，由淮入海，則張秋無患，而漕河可保矣。三曰用人，薦河南僉事張鼐。四曰久任，則請專信大夏，且於歸德或東昌建公廨，令居中裁決也。”[3]帝以爲然。

〔1〕劉大夏　字時雍，湖南華容人，官至兵部尚書。弘治六年（1493年）主持治河，實行北堵南分的方略，爲明代前期主張黃河分流的主要代表人物之一。《明史》卷一八二有傳。

〔2〕歲漕粟數百萬石　據《明史・食貨志》成化、弘治以後，每年從南方漕運到京師的糧食已成定額，約四百萬石。

〔3〕此括號標點本誤置於"二曰"之後。

七年五月，命太監李興、平江伯陳鋭往同大夏共治張秋。十二月築塞張秋決口工成。初，河流湍悍，決口闊九十餘丈，大夏行視之，曰："是下流未可治，當治上流。"於是即決口西南開越河三里許，使糧運可濟，乃濬儀封黃陵岡南賈魯舊河四十餘里，由曹出徐，以殺水勢。又濬孫家渡口，別鑿新河七十餘里，導使南行，由中牟、潁川東入淮。又濬祥符四府營淤河，由陳留至歸德分爲二。一由宿遷小河口，一由亳渦河，俱會於淮。然後沿張秋兩岸，東西築臺，立表貫索[1]，聯巨艦穴而窒之[2]，實以土。至決口，去窒沉艦，壓以大埽，且合且決，隨決隨築，連晝夜不息。決既塞，繚以石堤，隱若長虹，功乃成。帝遣行人齎羊酒往勞之，改張秋名爲安平鎮。

大夏等言："安平鎮決口已塞，河下流北入東昌、臨清至天津入海，運道已通，然必築黃陵岡河口，導河上流南下徐、淮，庶可爲運道久安之計。"廷議如其言。乃以八年正月築塞黃陵岡及荊隆等口七處，旬有五日而畢。蓋黃陵岡居安平鎮之上流，其廣九十餘丈，荊隆等口又居黃陵岡之上流，其廣四百三十餘丈。河流至此寬漫奔放，皆喉襟重地。諸口既塞，於是上流河勢復歸蘭陽、考城，分流逕徐州、歸德、宿遷，南入運河，會淮水，東注於海，南流故道以復。而大名府之長堤，起胙城，歷滑縣、長垣、東明、曹州、曹縣抵虞城，凡三百六十里。其西南荊隆等口新堤起于家店[3]，歷銅瓦廂、東橋抵小宋集，凡百六十里[4]。大小二堤相翼，而石壩俱培築堅厚，潰決之患於是息矣。帝以黃陵岡河口功成，敕建黃河神祠以鎮之，賜額曰昭應。其秋，召大夏等還京。荆隆即金龍也。

〔1〕立表貫索　樹立志椿，以繩索相聯。

〔2〕聯巨艦穴而窒之　將大船并排相聯，船底鑽成洞，再用木楔堵塞。

〔3〕〔標點本原注〕于家店，原作“於家店”，據《明史稿》志二三《河渠志》《孝宗實録》卷九七“弘治八年二月己卯”條改。又，“東橋”，《孝宗實録》作“陳橋”。

〔4〕關於這兩道堤防的長度，文獻記載不一。據《明經世文編》載劉健：《黃陵岡塞河功完之碑》記爲荆隆口東西各二百里，黃陵岡之東西各三百里。潘季馴《河防一覽》卷三也記爲：“都御史到劉忠宣公（大夏）築有長堤一道，荆隆口之東西各二百餘里，黃陵岡之東西各三百餘里，自武陟縣詹家店起直抵碭沛一千餘里，名曰太行堤。”明代黃河北岸太行堤初成于劉大夏時期，這是阻止黃河北流的主要屏障。

十一年，河決歸德[1]。管河工部員外郎謝緝言：“黃河一支，先自徐州城東小浮橋[2]流入漕河，南抵邳州、宿遷。今黃河上流於歸德州小壩子等處衝決，與黃河別支會流，經宿州、睢寧，由宿遷小河口流入漕河。於是小河口北抵徐州水流漸細，河道淺阻。且徐、呂二洪，惟賴沁水接濟[3]，自沁源、河内、歸德至徐州小浮橋流出，雖與黃河異源，而比年河、沁之流合而爲一。今黃河自歸德南決，恐牽引沁水俱往南流，則徐、呂二洪必至淺阻。請亟塞歸德決口，遏黃水入徐以濟漕，而挑沁水之淤，使入徐以濟徐、呂，則水深廣而漕便利矣。”帝從其請。

未幾，河南管河副使張鼐言：“臣嘗請修築侯家潭口[4]決河，以濟徐、呂二洪。今自六月以來，河流四溢，潭口決齧彌深，工費浩大，卒難成功。臣嘗行視水勢，荆隆口堤内舊河通賈魯河，由丁家道口下徐、淮，其迹尚在。若於上源武陟木樂店別鑿一渠，下接荆隆口舊河，俟河流南遷，則引之入渠，庶沛然之勢可接二洪，而糧運無所阻矣。"帝爲下其議於總漕都御史李蕙。

越二歲，兗州知府龔弘上言："副使霈見河勢南行，欲自荆隆口分沁水入賈魯河[5]，又自歸德西王牌口上下分水亦入賈魯河，俱由丁家道口入徐州。但今秋水從王牌口東行，不由丁家口而南，顧逆流東北至黃陵岡，又自曹縣入單，南連虞城。乞令守臣亟建疏濬修築之策。"於是河南巡撫都御史鄭齡言："徐、呂二洪藉河、沁二水合流東下，以相接濟。今丁家道口上下河決堤岸者十有二處，共闊三百餘丈，而河淤三十餘里。上源奔放，則曹、單受害，而安平可虞；下流散溢，則蕭、碭被患，而漕流有阻。濬築誠急務也。"部覆從之，乃修丁家口上下堤岸。

〔1〕河決歸德　據《孝宗實錄》，秋，河決歸德小壩子（歸德西北）。
〔2〕小浮橋　故址在今江蘇徐州城東，明代黃河與泗水故道會合處。城北還有"大浮橋"。
〔3〕且徐呂二洪惟賴沁水接濟　明代前期，由于黃河在鄭州以東、徐州以西之間擺動頻繁，黃、沁、汴三者相對位置很亂。據弘治九年（1496年）成書的王瓊《漕河圖志》記載，當時三者位置是"河居中、汴居南、沁居北"，且三者"分合無定"。此處謂徐、呂二洪惟賴沁水接濟，是指黃河主流南徙或與沁河局部分離的時期。王瓊更以黃河北決，衝張秋時，爲黃正流。
〔4〕侯家潭口　在河南祥符縣（今河南開封市祥符區）。
〔5〕賈魯河　明人所說賈魯河非今賈魯河，而是指黃陵岡以下至徐州的元末賈魯維持的黃河故道。據《河防一覽》，這一故道由曹縣新集而西，"歷夏邑、丁家道口、馬牧集、韓家道口、司家道口至蕭縣薊門出小浮橋"。

初，黃河自原武、滎陽分而爲三：一自亳州、鳳陽至清河口，通淮入海[1]；一自歸德州過丁家道口[1]，抵徐州小浮橋；一自窪泥河過黃陵岡，亦抵徐州小浮橋，即賈魯河也。迨河決黃陵岡，犯張秋，北流奪漕，劉大夏往塞之，仍出清河口。

十八年，河忽北徙三百里，至宿遷小河口。

正德三年，又北徙三百里，至徐州小浮橋。

四年六月，又北徙一百二十里，至沛縣飛雲橋[2]，俱入漕河[3]。

是時，南河故道淤塞，水惟北趨，單、豐之間河窄水溢，決黃陵岡、尚家等口，曹、單田廬多没，至圍豐縣城郭，兩岸闊百餘里。督漕及山東鎮巡官恐經鉅野、陽穀故道，則奪濟寧、安平運河，各陳所見以請。議未定。

明年九月，河復衝黃陵岡，入賈魯河，汎溢橫流，直抵豐、沛。御史林茂達亦以北決安平鎮爲虞，而請濬儀封、考城上流故道，引河南流以分其勢，然後塞決口，築故堤。

工部侍郎崔巖奉命修理黃河，濬祥符董盆口、滎澤孫家渡，又濬賈魯河及亳州故河各數十里，且築長垣諸縣決口及曹縣外堤、梁靖決口。功未就而驟雨，堤潰。巖上疏言：“河勢衝盪益甚，且流入王子河，亦河故道，若非上流多殺水勢，決口恐難卒塞。莫若於曹、單、豐、沛增築堤防，毋令北徙，庶可護漕。”且請別命大臣知水利者共議。於是帝責巖治河無方，而以侍郎李堂代之。堂言：“蘭陽、儀封、考城故道淤塞，故河流俱入賈魯河，經黃陵岡至曹縣，決梁靖、楊家二口。侍郎巖亦嘗修濬，緣地高河澀，隨濬隨淤，水殺不多，而決口又難築塞。今觀梁靖以下地勢最卑，故衆流奔注成河，直抵沛縣，藉令其口築成，而容受全流無地，必致迴激黃陵岡堤岸，而運道妨矣。至河流故道，埋者不可復疏，請起大名三春柳至沛縣飛雲橋，築堤三百餘里，以障河北徙。”從之。

六年二月，功未竣，堂言：“陳橋集、銅瓦厢俱應增築，請設副使一人崇理。”會河南盜起，召堂還京，命姑已其不急者。遂委其事於副使，而堤役由此罷。

八年六月，河復決黃陵岡。部議以其地界大名、山東、河南，守土官事權不一，請崇遣重臣，乃命管河副都御史劉愷兼理其事。愷奏，率衆祭告河神，越二日，河已南徙。尚書李鐩因請祭河，且賜愷羊酒。愷於治河束手無策，特歸功於神。曹、單間被害日甚。

[1] 清河口　即清口，在今江蘇淮陰楊莊附近。原為淮河與古泗水交會處，明代成為黃河、淮河、運河交會地。黃濁淮清，故稱清河口。

[2] 飛雲橋　在江蘇沛縣城南。

[3] 漕河　即運河。明代前期，沛縣一帶的運河尚在昭陽湖西岸；嘉靖末開南陽新河後，始改在昭陽湖東岸，避開了黃河決水對這段運道的干擾。

世宗初，總河副都御史龔弘言："黃河自正德初載，變遷不常，日漸北徙。大河之水合成一派，歸入黃陵岡前乃折而南，出徐州以入運河。黃陵歲初築三埽，先已決去其二，懼山、陝諸水橫發，加以霖潦，決而趨張秋，復由故道入海。臣嘗築堤，起長垣，由黃陵岡抵山東楊家口，延袤二百餘里。今擬距堤十里許再築一堤，延袤高廣如之。即河水溢舊堤，流至十里外，性緩勢平，可無大決。"從之。自黃陵岡決，開封以南無河患，而河北徐、沛諸州縣河徙不常。

嘉靖五年，督漕都御史[1]高友璣請濬山東賈魯河、河南駕鵞口，分洩水勢，毋偏害一方。部議恐害山東、河南，不允。其冬，以章拯為工部侍郎兼僉都御史治河。

先是，大學士費宏[2]言："河入汴梁以東分為三支，雖有衝決，可無大害。正德末，渦河等河日就淤淺，黃河大股南趨之勢既無所殺，乃從蘭陽、考城、曹、濮奔赴沛縣飛雲橋及徐州之溜溝，悉入漕河，泛溢彌漫，此前數年河患也。近者，沙河至沛縣浮沙湧塞，官民舟楫悉取道昭陽湖。春夏之交，湖面淺涸，運道必阻，渦河等河必宜亟濬。"御史戴金言："黃河入淮之道有三：自中牟至荊山合長淮曰渦河；自開封經葛岡小壩、丁家道口、馬牧集駕鵞口至徐州小浮橋口曰汴河；自小壩經歸德城南飲馬池抵文家集，經夏邑至宿遷曰白河。弘治間，渦、白上源堙塞，而徐州獨受其害。宜自小壩至宿遷小河併賈魯河、駕鵞口、文家集壅塞之處，盡行疏通，則趨淮之水不止一道，而徐州水患殺矣。”御史劉纞言：“曹縣梁靖口南岸，舊有賈魯河，南至武家口十三里，黃沙淤平，必宜開濬。武家口下至馬牧集鴛鴦口百十七里，即小黃河[3]舊通徐州故道，水尚不涸，亦宜疏通。”督漕總兵官楊宏亦請疏歸德小壩、丁家道口、亳州渦河、宿遷小河。友璣及拯亦屢以爲言。俱下工部議，以爲濬賈魯故道，開渦河上源，功大難成，未可輕舉，但議築堤障水，俾入正河而已。

是年，黃河上流驟溢，東北至沛縣廟道口，截運河，注雞鳴臺口，入昭陽湖[4]。汶、泗南下之水從而東，而河之出飛雲橋者漫而北，淤數十里，河水没豐縣，徙治避之。

〔1〕督漕都御史　明代專掌漕運的官職，又稱總督漕運大臣。據明《神宗實錄》記：“國家特設總督漕運大臣，則凡有關於運務，皆其責也。”此官職一般由都御史兼任，秩爲正一品。

〔2〕費宏　字子充。《明史》卷一九三有傳。

〔3〕小黃河　洪武二十四年（1391年）河決黑洋山，黃河主流改行它道，元末賈魯所濬自黃陵岡東出徐州的故道雖未斷流，但水脉細微，故稱“小黃河”，也即是當年的“賈魯河”。嘉靖後淤廢。

〔4〕昭陽湖　在今山東魚臺縣東，明清時期部份水域在江蘇沛縣境。由于長期受黃河泥沙的淤墊，西邊湖岸線東移。

明年，拯言：“滎澤北孫家渡、蘭陽北趙皮寨，皆可引水南流，但二河通渦，東入淮，又東至鳳陽長淮衛，經壽春王諸園寢[1]，爲患叵測。惟寧陵北垡河一道，通飲馬池，抵文家集，又經夏邑至宿州符離橋，出宿遷小河口，自趙皮寨至文家集，凡二百餘里，濬而通之，水勢易殺，而園寢無患。”乃爲圖説以聞。命刻期舉工。而河決曹、單、城武楊家、梁靖二口、吳士舉莊，衝入雞鳴臺，奪運河，沛地淤填七八里，糧艘阻不進。御史吳仲以聞，因劾拯不能辦河事，乞擇能者往代。其冬，以盛應期[2]爲總督河道右都御史。

是時，光禄少卿黄綰[3]、詹事霍韜[4]、左都御史胡世寧[5]、兵部尚書李承勛各獻治河之議。綰言：

漕河資山東泉水，不必資黄河，莫若濬兗、冀間兩高中低之地，道河使北，至直沽入海。

韜言：

議者欲引河自蘭陽注宿遷。夫水溢徐、沛，猶有二洪爲之束捍，東北諸山亘列如垣，有所底極，若道蘭陽，則歸德、鳳陽平地千里，河勢奔放，數郡皆鑿，患不獨徐、沛矣。按衛河自衛輝汲縣至天津入海，猶古黄河也。今宜於河陰、原武、懷、孟間，審視地形，引河水注於衛河，至臨清、天津，則徐、沛水勢可殺其半。且元人漕舟涉江入淮，至封丘北，陸運百八十里至淇門，入御河達京師。御河即衛河也。今導河注衛，冬春泝衛河沿臨清至天津，夏秋則由徐、沛，此一舉而運道兩得也。

世寧言：

河自汴以來，南分二道：一出汴城西滎澤，經中牟、陳、潁，至壽州入淮；一出汴城東祥符，經陳留、亳州，至懷遠入淮。其東南一道自歸德、宿州，經虹縣、睢寧，至宿遷出。其東分五道：一自長垣、曹、鄆至陽穀出；一自曹州雙河口至魚臺塌場口出；一自儀封、歸德至徐州小浮橋出；一自沛縣南飛雲橋出；一自徐、沛之中境山、北溜溝出。六道皆入漕河，而南會於淮。今諸道皆塞，惟沛縣一道僅存。合流則水勢既大，河身亦狹不能容，故溢出爲患。近又漫入昭陽湖，以致流緩沙壅。宜因故道而分其勢，汴西則濬孫家渡抵壽州以殺上流，汴東南出懷遠、宿遷及正東小浮橋、溜溝諸道，各宜擇其利便者，開濬一道，以洩下流。或修武城南廢堤，抵豐、單接沛北廟道口，以防北流。此皆治河急務也。至爲運道計，則當於湖東滕、沛、魚臺、鄒縣間獨山、新安社地別鑿一渠，南接留城，北接沙河，不過百餘里。厚築西岸以爲湖障，令水不得漫，而以一湖爲河流散漫之區，乃上策也。

承勛言：

黃河入運支流有六。自渦河源塞，則北出小黃河、溜溝等處，不數年諸處皆塞，北併出飛雲橋，於是豐、沛受患，而金溝運道遂淤。然幸東面皆山，猶有所障，故昭陽湖得通舟。若益徙而北，則徑奔入海，安平鎮故道可慮，單縣、穀亭百萬生靈之命可虞。又益北，則自濟寧至臨清運道諸水俱相隨入海，運何由通？臣愚以爲相六道分流之勢，導引使南，可免衝決，此下流不可不疏濬也。欲保豐、沛、單縣、穀亭之民，必因舊堤築之，堤其西北使毋溢出，此上流不可不堤防也。

其論昭陽湖東引水爲運道，與世寧同。乃下總督大臣會議。

〔1〕壽春王諸園寢　朱元璋叔父的坟墓所在地，在今安徽壽縣。明皇室陵寢問題是明代後期制約治河方策的一個重要因素，章拯是首先提出這一問題的人。

〔2〕盛應期　字思徵，吳江人。嘉靖六年（1527年）主持治河，首先主持在昭陽湖東開鑿運河新道，後稱南陽新河，工未竟而罷。三十年後朱衡主持完成其未竟工程。《明史》卷二二三有傳。

〔3〕黃綰　字宗賢，黃巖人。《明史》卷一九七有傳。

〔4〕霍韜　字渭先，南海人。《明史》卷一九七有傳。

〔5〕胡世寧　字永清，仁和人。《明史》卷一九九有傳。

七年正月，應期奏上，如世寧策，請於昭陽湖東改爲運河。會河決，淤廟道口三十餘里，乃別遣官濬趙皮寨，孫家渡，南、北溜溝以殺上流，堤武城迤西至沛縣南，以防北潰。會旱災修省，言者請罷新河之役，乃召應期還京，以工部侍郎潘希曾代。希曾抵官，言：“邇因趙皮寨開濬未通，疏孫家渡口以殺河勢，請敕河南巡撫潘塤督管河副使，刻期成功。”帝從其奏。希曾又言：“漕渠廟道口以下忽淤數十里者，由決河西來橫衝口上，并掣閘河之水東入昭陽湖，致閘水不南，而飛雲橋之水時復北漫故也。今宜於濟、沛間加築東堤，以遏入湖之路，更築西堤以防黃河之衝，則水不散緩，而廟道口可永無淤塞之虞。"帝亦從之。

八年六月，單、豐、沛三縣長堤成。

九年五月，孫家渡河堤成。逾月，河決曹縣。一自胡村寺東，東南至賈家壩入古黃河，由丁家道口至小浮橋入運河。一自胡村寺東北，分二支：一東南經虞城至碭山，合古黃河出徐州；一東北經單縣長堤抵魚臺，漫為坡水，傍穀亭入運河。單、豐、沛三縣長堤障之，不為害。希曾上言："黃由歸德至徐入漕，故道也。永樂間，濬開封支河達魚臺入漕以濟淺。自弘治時，黃河改由單、豐出沛之飛雲橋，而歸德故道始塞，魚臺支河亦塞。今全河復其故道，則患害已遠，支流達於魚臺，則淺涸無虞，此漕運之利，國家之福也。"帝悅，下所司知之，乃召希曾還京。自是，豐、沛漸無患，而魚臺數溢。

十一年，總河僉都御史戴時宗請委魚臺為受水之地，言："河東北岸與運道鄰，惟西南流者，一由孫家渡出壽州，一由渦河口出懷遠，一由趙皮寨出桃源，一由梁靖口出徐州小浮橋。往年四道俱塞，全河南奔，故豐、沛、曹、單、魚臺以次受害。今患獨鐘於魚臺，宜棄以受水，因而道之，使入昭陽湖，過新開河[1]，出留城、金溝、境山，乃易為力。至塞河四道，惟渦河經祖陵[2]，未敢輕舉，其三支河頗存故迹，宜乘魚臺壅塞，令開封河夫捲埽填堤，逼使河水分流，則魚臺水勢漸減，俟水落畢工，并前三河共為四道，以分洩之，河患可已。

明年，都御史朱裳[3]代時宗，條上治河二事，大略言："三大支河宜開如時宗計，而請塞梁靖口迤東由魚臺入運河之岔口，以捍黃河，則穀亭鎮迤南二百餘里淤者可濬，是謂塞黃河之口以開運河。

黃河自穀亭轉入運河，順流而南，二日抵徐州，徐州逆流而北，四日乃抵穀亭，黃水之利莫大於此。恐河流北趨，或由魚臺、金鄉、濟寧漫安平鎮，則運河堤岸衝決；或三支一有壅淤，則穀亭南運河亦且衝決。宜繕築堤岸，束黃入運，是謂借黃河之水以資運河。”詔裳相度處置。

〔1〕新開河　即根據胡世寧的建議，由盛應期首先主持在昭陽湖東岸開鑿的新運河，但只完成了部份河段。嘉靖末年，由朱衡和潘季馴主持完工，取名南陽新河，至此，昭陽湖西的運道改行湖東。

〔2〕祖陵　朱元璋祖父等人的坟墓，在泗州（今江蘇泗洪東南，盱眙對岸），清康熙時沉入洪澤潮。這是明代在討論治河方策時第二次提出皇室陵寢問題。

1963年以後明祖陵逐漸露出水面。1997年以後幾經修復，現周圍已築起防洪大堤。

〔3〕朱裳　字公垂，沙河人。曾于嘉靖十二年（1533年）、十八年（1539年）兩次任總理河道。《明史》卷二〇三有傳。

十三年正月，裳復言：

今梁靖口、趙皮寨已通，孫家渡方濬。惟渦河一支，因趙皮寨下流睢州野雞岡淤正河五十餘里，漫於平地，注入渦河。宜挑濬深廣，引導漫水歸入正河，而於睢州張見口築長堤至歸德郭村，凡百餘里，以防汎溢。更時疏梁　靖口下流，且挑儀封月河入之，達於小浮橋，則北岸水勢殺矣。

夫河過魚臺，其流漸北，將有越濟寧、趨安平、東入於海之漸。嘗議塞岔河之口以安運河，而水勢洶湧，恐難遽塞。塞亦不能無横決，黃陵岡、李居莊諸處不能無患。徐州迤上至魯橋泥沙停滯，山東諸泉水微，運道必澀。請創築城武至濟寧縷水大堤百五十餘里，以防北溢。而自魯橋至沛縣東堤百五十餘里修築堅厚，固之以石。自魚臺至穀亭開通淤河，引水入漕，以殺魚臺、城武之患，此順水之性不與水爭地者也。

孫家渡、渦河二支俱出懷遠，會淮流至鳳陽，經皇陵[1]及壽春王陵至泗州，經祖陵。皇陵地高無慮，祖陵則三面距河，壽春王陵尤迫近。祖陵宜築土堤，壽春王陵宜砌石岸，然事體重大，不敢輕舉也。清江浦口正當黃、淮會合之衝，二河水漲漫入河口，以致淤塞滯運，宜濬深廣而又築堤，以防水漲，築壩以護行舟，皆不可緩。往時，淮水獨流入海[2]，而海口又有套流，安東上下又有澗河、馬邏諸港以分水入海。今黃河匯入於淮，水勢已非其舊，而諸港套俱已埋塞，不能速洩，下壅上溢，梗塞運道。宜將溝港次第開濬，海口套沙，多置龍爪船往來爬盪，以廣入海之路，此所謂殺其下流者也。

河出魚臺雖藉以利漕，然未有數十年不變者也。一旦他徙，則徐、沛必涸。宜大濬山東諸泉以匯於汶河，則徐、沛之渠不患乾涸，雖岔河口塞亦無虞矣。

工部覆如其議，帝允行之。未幾，裳憂去，命劉天和[3]爲總河副都御史，代裳。

是歲，河決趙皮寨入淮，穀亭流絕，廟道口復淤。天和役夫十四萬濬之。已而，河忽自夏邑大丘、回村等集衝數口，轉向東北，流經蕭縣，下徐州小浮橋。天和言："黃河自魚、沛入漕河，運舟通利者數十年，而淤塞河道、廢壞閘座、阻隔泉流、衝廣河身，爲害亦大。今黃河既改衝從虞城、蕭、碭，下小浮橋，而榆林集、侯家林二河分流入運者，俱淤塞斷流，利去而害獨存。宜濬魯橋至徐州二百餘里之淤塞。"制可。

[1] 皇陵　朱元璋父親等的墳墓，在今安徽鳳陽，淮河南岸。這是明代第三次提出皇室陵寢問題。

[2] 淮水獨流入海　南宋建炎二年（金太宗天會六年，1128 年）杜充開黃河大堤，黃河主流奪泗、奪淮入海。此後，淮河便改變了獨流入海局面。

金、元兩代及明初黃河有時尚南、北分流，但主流在南。明代中期以後，北流斷絕，全黃入淮。

〔3〕劉天和　字養和，湖北麻城人，官至兵部尚書。嘉靖十四年（1535年）主持治河，提出"黃河之當防者惟北岸爲重"，又總結"植柳六法"，對黃河水沙特點和決溢規律多有中肯分析，著有《問水集》。《明史》卷二〇〇有傳。

　　十四年，從天和言，自曹縣梁靖口東岔河口築壩口縷水堤，復築曹縣八里灣至單縣侯家林長堤各一道。是年冬，天和條上治河數事，中言："魯橋至沛縣東堤，舊議築石以禦橫流，今黃河既南徙，可不必築。孫家渡自正統時全河從此南徙，弘治間淤塞，屢開屢淤，卒不能通。今趙皮寨河日漸衝廣，若再開渡口，併入渦河，不惟二洪水澀，恐亦有陵寢之虞，宜仍其舊勿治。舊議祥符盤石、蘭陽銅瓦厢、考城蔡家口各添築月堤。臣以爲黃河之當防者惟北岸爲重[1]，當擇其去河遠者大堤、中堤各一道[2]，修補完築，使北岸七八百里間聯屬高厚，則前勘應築諸堤舉在其中，皆可罷不築。"帝亦從之。

　　十五年，督漕都御史周金[3]言："自嘉靖六年後，河流益南，其一由渦河直下長淮，而梁靖口、趙皮寨二支各入清河，匯於新莊閘，遂灌裏河。水退沙存，日就淤塞。故老皆言河自汴來本濁，而渦、淮、泗清，新莊閘正當二水之口，河、淮既合，昔之爲沛縣患者，今移淮安矣。因請於新莊更置一渠，立閘以資蓄洩。"[4]從之。

　　十六年冬，從總河副都御史于湛言，開地丘店、野雞岡諸口上流四十餘里，由桃源集、丁家道口入舊黃河，截渦河水入河濟洪。

　　十八年，總河都御史胡纘宗開考城孫繼口、孫祿口黃河支流，以殺歸、睢水患，且灌徐、呂，因於二口築長堤，及修築馬牧集決口。

　　〔1〕黃河之當防者惟北岸爲重　這一方針自白昂、劉大夏起就在實施。

劉天和進一步明確總結了這一原則，基本目的在于保証漕運。

〔2〕大堤、中堤各一道　原標點本在"大堤"後未斷開，今加頓號。劉天和《問水集》中對選擇大堤、中堤的條件稍詳："擇諸堤去河最遠且大者及去河稍遠者各一道，內缺者補完，薄者幫厚，低者增高，斷絕者連接創築。"

〔3〕周金　字子庚，江蘇武進人。嘉靖中以右都御史總督漕運。《明史》卷二○一有傳。

〔4〕於新莊更置一渠立閘以資蓄洩　新莊，鎮名，在今江蘇淮陰城西，係明代淮揚運河入黃河（淮河故道）處。永樂十三年（1415年），陳瑄鑿清江浦，入淮處即在新莊附近，故稱新莊運口。此處所議"於新莊更置一渠"，即稍後於嘉靖三十年（1551年）所開之三里溝，在新莊南。

二十年五月，命兵部侍郎王以旂[1]督理河道，協總河副都御史郭持平計議[2]。先一歲，黃河南徙，決野雞岡，由渦河經亳州入淮，舊決口俱塞。其由孫繼口及考城至丁家道口，虞城入徐、呂者，亦僅十之二。持平久治弗效，降俸戴罪。以旂至，上言："國初，漕河惟通諸泉及汶、泗，黃河勢猛水濁，遷徙不常，故徐有貞、白昂、劉大夏力排之，不資以濟運也。今幸黃河南徙，諸閘復舊，宜濬山東諸泉入野雞岡新開河道[3]，以濟徐、呂；而築長堤沛縣以南，聚水如閘河制，務利漕運而已。"明年春，持平請濬孫繼口及扈運口、李景高口三河，使東由蕭、碭入徐濟運。其秋，從以旂言，於孫繼口外別開一渠洩水，以濟徐、呂。凡八月，三口工成，以旂、持平皆被獎，遂召以旂還。未幾，李景高口復淤。

先是，河決豐縣，遷縣治於華山，久之始復其故治。河決孟津、夏邑，皆遷其城。及野雞岡之決也，鳳陽沿淮州縣多水患，乃議徙五河、蒙城避之。而臨淮當祖陵形勝不可徙，乃用巡按御史賈太亨言，敕河撫二臣亟濬碭山河道，引入二洪，以殺南注之勢。

二十六年秋，河決曹縣，水入城二尺，漫金鄉、魚臺、定陶、城武，衝穀亭。總河都御史詹瀚請於趙皮寨[4]諸口多穿支河，以分水勢。詔可。

三十一年九月，河決徐州房村集至邳州新安，運道淤阻五十里。總河副都御史曾鈞[5]上治河方略，乃濬房村至雙溝、曲頭，築徐州高廟至邳州沂河。又言："劉伶臺至赤晏廟凡八十里，乃黃河下流，淤沙壅塞，疏濬宜先。次則草灣老黃河口[6]，衝激淹没安東一縣，亦當急築，更築長堤磯嘴[7]以備衝激。又三里溝新河口視舊口水高六尺，開舊口有沙淤之患，而爲害稍輕；開新口未免淹没之虞，而漕舟頗便。宜暫閉新口，建置閘座，且增築高家堰長堤，而新莊諸閘甃石以遏橫流。"帝命侍郎吳鵬振災户，而悉從鈞奏。

三里溝新河者，督漕都御史應檟以先年開清河口通黃河之水以濟運。今黃河入海，下流澗口、安東俱漲塞，河流壅而漸高，瀉入清河口，沙停易淤，屢濬屢塞。溝在淮水下流黃河未合之上，故閉清河口而開之，使船由通濟橋溯溝出淮，以達黃河者也。

時濬徐、邳將訖工，一夕，水湧復淤。帝用嚴嵩言，遣官祭河神。而鵬、鈞復共奏請急築濬草灣、劉伶臺，建閘三里溝，迎納泗水清流；且於徐州以上至開封濬支河一二，令水分殺。其冬，漕河工竣，進鈞秩侍郎。

〔1〕王以旂　字士招，江寧（今南京）人，官至兵部尚書。嘉靖二十五年（1546年）總理河漕。《明史》卷一九九有傳。

〔2〕〔標點本原注〕：副都御史，《世宗實録》卷二四九、卷二五三嘉靖二十年（1546年）五月丁亥條、九月壬子條作"都御史"。

〔3〕野雞岡新開河道　野雞岡在黃河南岸考城西南、睢州之北。據《明史·河渠志三》：嘉靖"十九年七月，河決野雞岡，二洪涸。""新開河道"是因此次決口正流南去，開新河向東濟二洪，"濬山東諸泉"匯入此新開河道。

〔4〕趙皮寨　在蘭陽（今河南蘭考）縣境，是嘉靖後期黃河南岸決溢、分流的主要口子之一。

〔5〕曾鈞　字廷和，進賢人。嘉靖三十一年（1552年）以右副都御史總理河道，主持治河四年。《明史》卷二〇三有傳。

〔6〕草灣老黃河口　泗水故道在桃園以下原分爲二支，北支爲大清河，

南支爲小清河。大清河會淮處在淮安城北，爲古泗口；小清河會淮處在清河縣城南，即明清時期著名的清口。黃河奪淮後，先是由大清河會淮，嘉靖初改由小清河會淮。大清河遂被稱爲老黃河，大清河口地名草灣，故稱草灣老黃河口。見《明史·河渠二》。

〔7〕磯嘴　小型挑水壩。

三十七年七月，曹縣新集淤。新集地接梁靖口，歷夏邑、丁家道口、馬牧集、韓家道口、司家道口至蕭縣薊門出小浮橋，此賈魯河故道也。自河患亟，別開支河出小河以殺水勢，而本河漸澀。至是遂決，趨東北段家口，析而爲六，曰大溜溝、小溜溝、秦溝、濁河、胭脂溝、飛雲橋，俱由運河至徐洪[1]。又分一支由碭山堅城集下郭貫樓，析而爲五，曰龍溝、母河、梁樓溝、楊氏溝、胡店溝，亦由小浮橋會徐洪，而新集至小浮橋故道二百五十餘里遂淤不可復矣。自後，河忽東忽西，靡有定向，水得分瀉者數年，不至壅潰。然分多勢弱，淺者僅二尺，識者知其必淤。

至四十四年七月，河決沛縣，上下二百餘里運道俱淤。全河逆流，自沙河至徐州以北，至曹縣棠林集而下，北分二支：南流者繞沛縣戚山楊家集，入秦溝至徐；北流者繞豐縣華山東北由三教堂出飛雲橋。又分而爲十三支，或橫絕，或逆流入漕河，至湖陵城口，散漫湖坡，達於徐州，浩渺無際，而河變極矣。乃命朱衡[2]爲工部尚書兼理河漕，又以潘季馴[3]爲僉都御史總理河道。明年二月，復遣工科給事中何起鳴往勘河工。

衡巡行決口，舊渠已成陸，而盛應期所鑿新河故跡尚在，地高，河決至昭陽湖不能復東，乃定計開濬。而季馴則以新河土淺泉湧，勞費不資，留城以上故道初淤可復也。由是二人有隙[4]。起鳴至沛，還，上言：“舊河之難復有五。黃河全徙必殺上流，新集、龐家屯、趙家圈皆上流也，以不資之財，投於河流已棄之故道，勢必不能，一也。自留城至沛，莽爲巨浸，無所施工，二也。橫亘數十里，褰

· 311 ·

裳無路，十萬之衆何所棲身，三也。挑濬則淖陷，築岸則無土，且南塞則北奔，四也。夏秋淫潦，難保不淤，五也。新河開鑿費省，且可絶後來潰決之患。宜用衡言開新河，而兼采季馴言，不全棄舊河[5]。"廷臣議定，衡乃決開新河。

[1] 徐洪　即徐州洪。

[2] 朱衡　字士南，萬安人，官至工部尚書，嘉靖末總理河漕，主持開南陽新河，對治理河漕多有見地。《明史》卷二二三有傳。

[3] 潘季馴　字時良，號印川，浙江烏程（今浙江湖州市吳興區）人。從嘉靖末年至萬曆二十年間，四次出任總理河道，主持治河。著有《河防一覽》等。《明史》卷二二三有傳。

[4] 由是二人有隙　潘氏主張復故道，朱衡主張開新河，但當時潘氏受朱衡節制。清代河臣康基田在《河渠紀聞》中評論説："衡以治漕爲先，季馴以治河爲急"，"衡所見在近，季馴所見在遠"。

[5] 不全棄舊河　舊運河保留了從留城到境山一段共五十三里，由潘季馴主持挑復。

時季馴持復故道之議，廷臣又多以爲然。遂勘議新集、郭貫樓諸上源地。衡言：

河出境山[1]以北，則閘河淤；出徐州以南，則二洪涸；惟出境山至小浮橋四十餘里間，乃兩利而無害。自黄河横流，碭山郭貫樓支河皆已淤塞，改從華山分爲南北二支：南出秦溝，正在境山南五里許，運河可資其利；惟北出沛縣西及飛雲橋，逆上魚臺，爲患甚大。

朝廷不忍民罹水災，拳拳故道，命勘上源[2]。但臣參考地形有五不可。自新集至兩河口皆平原高阜，無尺寸故道可因，郭貫樓抵龍溝頗有河形，又係新淤，無可駐足，其不可一也。黄河所經，鮮不爲患，由新集則商、虞、夏邑受之，由郭貫樓則蕭、碭受之，今改復故道，則魚、沛之禍復移蕭、碭，其不可二也。河西注華山，勢若建瓴，欲從中鑿渠，挽水南向，必當築壩橫截，遏其東奔，於狂瀾巨浸之中，築壩數里，爲力甚難，其不可三也。役夫三十萬，曠日持久，騷動三省，其不可四也。大役踵興，工費數百萬，一有不繼，前功盡隳，其不可五也。惟當開廣秦溝，使下流通行，修築南岸長堤以防奔潰，可以甦魚、沛昏墊之民。

從之。衡乃開魚臺南陽抵沛縣留城百四十餘里，而濬舊河自留城以下，抵境山、茶城五十餘里，由此與黃河會。又築馬家橋堤三萬五千二百八十丈，石堤三十里，遏河之出飛雲橋者，趨秦溝以入洪。於是黃水不東侵，漕道通而沛流斷矣。方工未成，河復決沛縣，敗馬家橋堤[3]。論者交章請罷衡。未幾，工竣。帝大喜，賦詩四章志喜，以示在直諸臣。

隆慶元年五月，加衡太子少保[4]。始河之決也，支流散漫遍陸地，既而南趨濁河。迨新河成，則盡趨秦溝，而南北諸支河悉并流焉。然河勢益大漲。

三年七月，決沛縣，自考城、虞城、曹、單、豐、沛抵徐州俱受其害，茶城淤塞，漕船阻邳州不能進。已雖少通，而黃河水橫溢沛地，秦溝、濁河口淤沙旋疏旋壅。朱衡已召還，工部及總河都御史翁大立[5]皆請於梁山[6]之南別開一河以漕，避秦溝、濁河之險，後所謂泇河[7]者也。詔令相度地勢，未果行。

[1] 境山 在徐州北面約四十里，運河東岸。
[2] 拳拳故道命勘上源 據潘氏《總理河漕奏疏》卷一，潘季馴主持對賈魯故道進行勘查，并向朝廷奏報了《查勘上源疏》，提出了"開導上源與疏浚下流"的方案。
[3] 馬家橋堤 在江蘇沛縣飛雲橋東，留城稍北。
[4] 加衡太子少保 同年六月，也擢昇潘季馴爲都察院右副都御史，當時潘氏因母喪在家守制。

〔5〕翁大立　浙江餘姚人。隆慶中任總河，首倡開泇河之議，論述開新河有"五利"。《明史》卷二二三有傳。

〔6〕梁山　在境山東，離運河很近，有梁境閘。

〔7〕泇河　翁大立所建議開鑿的運河，到萬曆三十二年（1604 年）由河督李化龍主持施工實現，起自夏鎮（今山東微山）李家口，東南合彭河、丞河至泇口會泇河。于是運河在徐州到直河口段避開了黃河風險。

四年秋，黃河暴至，茶城復淤，而山東沙、薛、汶、泗諸水驟溢，決仲家淺運道，由梁山出戚家港，合於黃河。大立復請因其勢而濬之。是時，淮水亦大溢，自泰山廟至七里溝淤十餘里，而水從諸家溝傍出，至清河縣河南鎮以合於黃河。大立又言："開新莊閘以通回船，復陳瑄故道，則淮可無虞。獨黃河在睢寧、宿遷之間遷徙未知所定，泗州陵寢可虞。請濬古睢河，由宿遷歷宿州，出小浮橋以洩二洪之水。且規復清河、魚溝分河一道，下草灣，以免衝激之患，則南北運道庶幾可保。"時大立已內遷，方受代，而季馴以都御史復起總理河道[1]。部議令區畫。

九月，河復決邳州，自睢寧白浪淺至宿遷小河口，淤百八十里，糧艘阻不進。大立言："比來河患不在山東、河南、豐、沛，而專在徐、邳，故先欲開泇河口以遠河勢、開蕭縣河以殺河流者，正謂浮沙壅聚，河面增高，爲異日慮耳。今秋水洊至，橫溢爲災。權宜之計，在棄故道而就新衝；經久之策，在開泇河以避洪水。乞決擇於二者"。部議主塞決口，而令大立條利害以聞。大立遂以開泇口、就新衝、復故道三策并進，且言其利害各相參。會罷去，策未決，而季馴則主復故道[2]。

時茶城至呂梁，黃水爲兩崖所束，不能下，又不得決。

至五年四月，乃自靈璧雙溝而下，北決三口，南決八口，支流散溢，大勢下睢寧出小河，而匙頭灣[3]八十里正河悉淤。季馴役丁夫五萬，盡塞十一口，且濬匙頭灣，築縷堤三萬餘丈，匙頭灣故道以復。旋以漕船行新溜中，多漂没，季馴罷去[4]。

〔1〕而季馴以都御史復起總理河道　據潘氏《總理河漕奏疏》卷二，二任總河時官職爲右副都御史。

〔2〕季馴則主復故道　潘氏二任總河時基本方針已不是“復故道”，而是强調築堤固槽。《總理河漕奏疏》卷二《議築長堤疏》中提出：黄河要長治久安必須築遠近兩重堤防，“以近堤束河流，以遥堤防潰決。”所要復之故道也是決口前主流行經的河槽。

〔3〕匙頭灣　在古邳州附近。

〔4〕季馴罷去　潘氏此次去職，據張居正《張太岳集》卷二八《答河道潘印川》，張居正事後曾致信潘氏，暗示歉意。信中說：“昔者河上之事，鄙心獨知其枉。”

六年春，復命尚書衡經理河工，以兵部侍郎萬恭[1]總理河道。二人至，罷洳河議，專事徐、邳河，修築長堤，自徐州至宿遷小河口三百七十里，併繕豐、沛大黄堤，正河安流，運道大通。衡乃上言：“河南屢被河患，大爲堤防，今幸有數十年之安者，以防守嚴而備禦素也。徐、邳爲糧運正道，既多方以築之，則宜多方以守之。請用夫每里十人以防，三里一舖[2]，四舖一老人[3]巡視。伏秋水發時，五月十五日上堤，九月十五日下堤，願攜家居住者聽。”詔如議。六月，徐、邳河堤工竣，遂命衡回部，賞衡及總理河道都御史萬恭等銀幣有差。

是歲，御史吴從憲言：“淮安而上清河而下，正淮、泗、河、海衝流之會。河潦内出，海潮逆流，停蓄移時，沙泥旋聚，以故日就雍塞。宜以春夏時濬治，則下流疏暢，汎溢自平。”帝即命衡與漕臣勘議。而督理河道署郎中事陳應薦挑乞海口新河，長十里有奇，闊五丈五尺，深一丈七尺，用夫六千四百餘人。

衡之被召將還也，上疏言：“國家治河，不過濬淺、築堤二策。濬淺之法，或爬或撈，或逼水而衝，或引水而避，此可人力勝者。

然茶城與淮水會則在清河，茶城、清河無水不淺。蓋二水互爲勝負，黃河水勝則壅沙而淤，及其消也，淮漕水勝，則衝沙而通。水力蓋居七八，非專用人力也。築堤則有截水、縷水之異，截水可施於閘河，不可施於黃河。蓋黃河湍悍，挾川潦之勢，何堅不瑕，安可以一堤當之。縷水則兩岸築堤，不使旁潰，始得遂其就下入海之性。蓋以順爲治，非以人力勝水性，故至今百五六十年爲永賴焉。清河之淺，應視茶城，遇黃河漲落時，輒挑河、漬，導淮水衝刷，雖遇漲而塞，必遇落而通，無足慮也。惟清江浦水勢最弱，出口處所適與黃河相值。宜於黃水盛發時，嚴閉各閘，毋使沙淤。若海口則自隆慶三年海嘯，壅水倒灌低窪之地，積瀦難洩。宜時加疏濬，毋使積塞。至築黃河兩岸堤，第當縷水，不得以攔截爲名。"疏上，報聞而已。

〔1〕萬恭　字肅卿，江西南昌人。隆慶六年（1572年）被任命爲兵部左侍郎兼右僉都御史，總理河道，提督軍務，主持治理黃河運河二年有餘。他主張以堤束水，以水攻沙，是"束水攻沙"論的代表人物之一，著有《治水筌蹄》《明史》卷二二三有傳。

〔2〕鋪　明代守堤組織最基本的單位。守堤人員稱爲鋪夫。每鋪管轄堤段的長短和鋪夫的多少因堤防的重要性不同而異。據萬恭《治水筌蹄》："每里三鋪，每鋪三夫"，據潘季馴《河防一覽》："每堤三里，原設鋪一座。每鋪夫三十名，計每夫分守堤一十八丈"

〔3〕老人　據《日知録》卷八，明太祖"令天下州縣設立老人，必選年老有德，衆所信服者，使勸民爲善，鄉間爭訟亦使理斷"。此處指管理堤防的最基層的負責人。

河 渠 二

（《明史》卷八十四）

黃 河 下

萬曆元年，河決房村[1]，築堤窪子頭至秦溝口。

明年，給事中鄭岳言："運道自茶城至淮安五百餘里，自嘉靖四十四年河水大發，淮口出水之際，海沙漸淤，今且高與山等。自淮而上，河流不迅，泥水愈淤。於是邳州淺，房村決，呂、梁二洪平，茶城倒流，皆坐此也。今不治海口之沙，乃日築徐、沛間堤岸，桃、宿而下，聽其所之。民之爲魚，未有已時也。"因獻宋李公義、王令圖濬川爬法。命河臣勘奏，從其所言。而是年秋，淮、河并溢。

明年八月，河決碭山及邵家口、曹家莊、韓登家口而北，淮亦決高家堰[2]而東，徐、邳、淮南北漂沒千里。自此桃、清上下河道淤塞，漕艘梗阻者數年，淮、揚多水患矣。總河都御史傅希摯[3]改築碭山月堤，暫留三口爲洩水之路。其冬，并塞之。

四年二月，督漕侍郎吳桂芳[4]言："淮、揚洪潦奔衝，蓋緣海濱汊港久堙，入海止雲梯一徑，致海擁橫沙，河流汎溢，而鹽、安、高、寶不可收拾。國家轉運，惟知急漕，而不暇急民，故朝廷設官，亦主治河，而不知治海。請設水利僉事一員，專疏海道，審度地利，如草灣及老黃河皆可趨海，何必專事雲梯哉？"帝優詔報可。

桂芳復言："黃水抵清河與淮合流，經清江浦外河，東至草灣，又折而西南，過淮安、新城外河，轉入安東縣前，直下雲梯關入海。近年關口多壅，河流日淺，惟草灣地低下，黃河衝決，駸駸欲奪安東入海，以縣治所關，屢決屢塞。去歲，草灣迤東自決一口，宜於決口之西開挑新口，以迎埽灣之溜，而於金城至五港岸築堤束水。語云："'救一路哭，不當復計一家哭。'"今淮、揚、鳳、泗、邳、徐不啻一路矣。安東自衆流匯圍，祇文廟、縣署僅存椽瓦，其勢垂陷，不如委之，以拯全淮。”帝不欲棄安東，而命開草灣如所請[5]。八月，工竣，長萬一千一百餘丈，塞決口二十二，役夫四萬四千。帝以海口開濬，水患漸平，賚桂芳等有差。

〔1〕房村　在江蘇徐州東南。

〔2〕高家堰　洪澤湖東岸大堤，又稱高堰。《河防一覽》卷二：“高堰居淮安之西南隅，去郡城四十里而近，堰東爲山陽縣之西北鄉……堰西爲阜陵、泥墩、范家諸湖，西南爲洪澤湖。”“史稱漢陳登築堰禦淮，至我朝平江伯陳瑄復大葺之，淮揚恃以爲安者。”隆慶以後，高家堰大堤大規模興築，形成今日洪澤湖大堤基礎。

〔3〕傅希摯　衡水人，歷任南京戶部、兵部尚書，萬曆二年（1574年）任總理河道。《明史》卷二二三有傳。

〔4〕吳桂芳　字子實，（江西）新建人，官至工部尚書。萬曆三年（1575年）總督漕運，五年（1577年）總理河漕，六年（1578年）二月卒。《明史》卷二二三有傳。

〔5〕〔標點本原注〕：《神宗實錄》卷四九萬曆四年（1576年）四月庚午條、《行水金鑑》卷二八均作“工部覆言：‘委一垂陷之安東，以拯全淮之胥溺，漕臣言可聽。’報曰‘可’。”與“不欲棄安東”説，有所不同。

未幾，河決韋家樓[1]，又決沛縣縷水堤，豐、曹二縣長堤，豐、沛、徐州、睢寧、金鄉、魚臺、單、曹田廬漂溺無算，河流齧宿遷城。帝從桂芳請，遷縣治、築土城避之。於是御史陳世寶請復老黃河故道，言：“河自桃源三義鎮歷清河縣北，至大河口會淮入海。運道自淮安天妃廟亂淮而下，十里至大河口，從三義鎮出口向桃源大河而去，凡七十餘里，是爲老黃河[2]。至嘉靖初，三義鎮口淤，而黃河改趨清河縣南與淮會，自此運道不由大河口而徑由清河北上矣。近者，崔鎮屢決，河勢漸趨故道。若仍開三義鎮口引河入清河北，或令出大河口與淮流合，或從清河西別開一河，引淮出河上游，則運道無恐，而淮、泗之水不爲黃流所漲。”部覆允行。

桂芳言：“淮水向經清河會黃河趨海。自去秋河決崔鎮，清江正河淤澱，淮口梗塞。於是淮弱河强，不能奪草灣入海之途，而全淮南徙，横灌山陽、高、寶間，向來湖水不踰五尺，堤僅七尺，今堤加丈二，而水更過之。宜急護湖堤以殺水勢。"部議以爲必淮有所歸，而後堤可保，請令桂芳等熟計。報可。

開河、護堤二説未定，而河復決崔鎮，宿、沛、清、桃兩岸多壞，黄河日淤墊，淮水爲河所迫，徙而南，時五年八月也。希摯議塞決口，束水歸漕。桂芳欲衝刷成河，以爲老黄河入海之路。帝令急塞決口，而俟水勢稍定，乃從桂芳言。時給事中湯聘尹議導淮入江以避黄，會桂芳言："黄水向老黄河故道而去，下奔如駛，淮遂乘虚湧入清口故道，淮、揚水勢漸消。"部議行勘，以河、淮既合，乃寝其議。

管理南河工部郎中施天麟言：

淮、泗之水不下清口而下山陽，從黄浦口入海。浦口不能盡洩，浸淫高、寶、邵伯諸湖，而湖堤盡没，則以淮、泗本不入湖，而今入湖故也。淮、泗之入湖者，又緣清口向未淤塞，而今淤塞故也。清口之淤塞者，又緣黄河淤塞日高，淮水不得不讓河而南徙也。蓋淮水併力敵黄，勝負或亦相半，自高家堰廢壞，而清口内通濟橋[3]、朱家等口淮水内灌，於是淮、泗之力分，而黄河得以全力制其敝，此清口所以獨淤於今歲也。下流既淤，則上流不得不決。

每歲糧艘以四五月畢運，而堤以六七月壞。水發之時不能爲力，水落之後方圖堵塞。甫及春初，運事又迫，僅完堤工，於河身無與。河身不挑則來年益高。上流之決，必及於徐、吕，而不止於邳、遷；下流之涸，將盡乎邳、遷，而不止於清、桃。須不惜一年糧運，不惜數萬帑藏，開挑正河，寛限責成，乃爲一勞永逸。

至高家堰、朱家等口，宜及時築塞，使淮、泗併力足以敵

黄，則淮水之故道可復，高、寶之大患可減。若興、鹽海口堙
塞，亦宜大加疏濬。而湖堤多建減水大閘，堤下多開支河。要
未有不先黄河而可以治淮，亦未有不疏通淮水而可以固堤者也。
事下河漕諸臣會議。

淮之出清口也，以黄水由老黄河奔注，而老黄河久淤，未幾復
塞，淮水仍漲溢。給事中劉鉉請疏開通海口，而簡大臣會同河漕諸
臣往治。乃命桂芳爲工部尚書兼理河漕，而裁總河都御史官[4]。桂
芳甫受命而卒。

[1] 韋家樓　在山東曹縣境。
[2] 老黄河　即古泗水入淮的北支，名大清河。其入淮口係古泗口，在
草灣附近，又稱"大河口"。
[3] [標點本原注] 通濟橋《明史稿》志二四《河渠志》作"通濟閘"。
[4] 裁總河都御史官　當時河、漕官員意見不一，張居正主持朝政，起
初試圖協調各方意見。據《張江陵全集》卷二二《答河道傳后川》："河、漕
意見不同，此中亦聞之。竊謂河、漕如左右手，當同心協力"。但問題尚不能
解決，調換河官也無濟於事。最後便命吳桂芳統管河、漕，裁總河一職。

六年夏，潘季馴代[1]。時給事中李淶請多濬海口，以導衆水之
歸。給事中王道成則請塞崔鎮決口，築桃、宿長堤，修理高家堰，
開復老黄河。并下河臣議。季馴與督漕侍郎江一麟相度水勢，言：
　海口自雲梯關四套以下，闊七八里至十餘里，深三四丈。
欲別議開鑿，必須深闊相類，方可注放，工力甚難。且未至海
口，乾地猶可施工，其將入海之地，潮汐往來，與舊口等耳。
舊口皆係積沙，人力雖不可濬，水力自能衝刷，海無可濬之理。
惟當導河歸海，則以水治水，即濬海之策也。河亦非可以人力
導，惟當繕治堤防，俾無旁決，則水由地中，沙隨水去，即導
河之策也。
　頻年以來，日以繕堤爲事，顧卑薄而不能支，迫近而不能

容，雜以浮沙而不能久。是以河決崔鎮，水多北潰，爲無堤也。淮決高家堰、黄浦口，水多東潰，堤弗固也。不咎制之未備，而咎築堤爲下策，豈通論哉！上流既旁潰，又岐下流而分之，其趨雲梯入海口者，譬猶强弩之末耳。水勢益分則力益弱，安能導積沙以注海。

故今日濬海急務，必先塞決以導河，尤當固堤以杜決，而欲堤之不決，必真土而勿雜浮沙，高厚而勿惜鉅費，讓遠而勿與爭地，則堤乃可固也。沿河堤固，而崔鎮口塞，則黄不旁決而衝漕力專。高家堰築，朱家口塞，則淮不旁決而會黄力專。淮、黄既合，自有控海之勢。又懼其分而力弱也，必暫塞清江浦河，而嚴司啓閉以防其内奔。姑置草灣河，而專復雲梯以還其故道。仍接築淮安新城長堤，以防其末流。使黄、淮力全，涓滴悉趨於海，則力强且專，下流之積沙自去，海不濬而闢，河不挑而深，所謂固堤即以導河，導河即以濬海也。

又言：

黄水入徐，歷邳、宿、桃、清，至清口會淮而東入海。淮水自洛及鳳，歷盱、泗，至清口會河而東入海。此兩河故道也。元漕江南粟，則由揚州直北廟灣入海，未嘗溯淮。陳瑄始堤管家諸湖，通淮爲運道。慮淮水漲溢，則築高家堰堤以捍之，起武家墩，經大、小澗至阜寧湖，而淮不東侵。又慮黄河漲溢，則堤新城北以捍之，起清江浦，沿鉢池山、柳浦灣迆東，而黄不南侵。

其後，堤岸漸傾，水從高堰決入，淮郡遂同魚鱉。而當事者未考其故，謂海口壅閉，宜亟穿支渠。詎知草灣一開，西橋以上正河遂至淤阻。夫新河闊二十餘丈，深僅丈許，較故道僅三十之一，豈能受全河之水？下流既壅，上流自潰，此崔鎮諸口所由決也。今新河復塞，故河漸已通流，雖深闊未及原河十

一，而兩河全下，沙隨水刷，欲其全復河身不難也。河身既復，
闊者七八里，狹亦不下三四百丈，滔滔東下，何水不容？匪惟
不必別鑿他所，即草灣亦可置勿濬矣。

故爲今計，惟修復陳瑄故蹟，高築南北兩堤，以斷兩河之
内灌，則淮、揚昏墊可免。塞黃浦口，築寶應堤，濬東關等淺，
修五閘，復五壩，則淮南運道無虞。堅塞桃源以下崔鎮口諸決，
則全河可歸故道。黃、淮既無旁決，并驅入海，則沙隨水刷，
海口自復，而桃、清淺阻，又不足言。此以水治水之法也。若
夫爬撈之説，僅可行諸閘河，前入屢試無功，徒費工料。

於是條上六議[2]：曰塞決口以挽正河，曰築堤防以杜潰決，
曰復閘壩以防外河，曰創滾水壩以固堤岸，曰止濬海工程以省
縻費，曰寢開老黃河之議以仍利涉。帝悉從其請。

〔1〕六年夏潘季馴代　此係潘氏第三次出任總理河道。據《河防一覽》
卷一載萬曆六年（1578年）三月初十，朝廷給潘氏的諭旨稱："爾諳習河道，
素有才望，特兹重任。"
〔2〕於是條上六議　據潘季馴《河防一覽》卷七，"六議"即《兩河經
略疏》之内容。

七年十月，兩河工成，賚季馴、一麟銀幣，而遣給事中尹瑾
勘實[1]。

八年春，進季馴太子太保工部尚書，廕一子。一麟等遷擢有差。
是役也，築高家堰堤六十餘里，歸仁集堤四十餘里，柳浦灣堤東西
七十餘里，塞崔鎮等決口百三十，築徐、睢、邳、宿、桃、清兩岸
遙堤五萬六千餘丈，碭、豐大壩各一道，徐、沛、豐、碭縷堤百四
十餘里，建崔鎮、徐昇、季泰、三義減水石壩四座，遷通濟閘於甘
羅城南，淮、揚間堤壩無不修築，費帑金五十六萬有奇。其秋擢季
馴南京兵部尚書。季馴又請復新集至小浮橋故道，給事中王道成、

河南巡撫周鑑等不可而止。自桂芳、季馴時罷總河不設，其後但以督漕兼理河道。高堰初築，清口方暢，流連數年，河道無大患。

至十五年，封丘、偃師、東明、長垣屢被衝決。大學士申時行言：“河所決地在三省，守臣畫地分修，易推委。河道未大壞，不必設都御史，宜遣風力老成給事中一人行河。”乃命工科都給事中常居敬往。居敬請修築大社集東至白茅集長堤百里。從之。

初，黃河由徐州小浮橋入運，其河深且近洪，能刷洪以深河，利於運道。後漸徙沛縣飛雲橋及徐州大、小溜溝。至嘉靖末，決邵家口，出秦溝，由濁河口入運，河淺，迫茶城，茶城歲淤，運道數害。萬曆五年冬，河復南趨，出小浮橋故道，未幾復埋。潘季馴之塞崔鎮也，厚築堤岸，束水歸漕。嗣後水發，河臣輒加堤，而河身日高矣。於是督漕僉都御史楊一魁欲復黃河故道，請自歸德以下丁家道口濬至石將軍廟，令河仍自小浮橋出。又言：“善治水者，以疏不以障。年來堤上加堤，水高凌空，不嗇過顙。濱河城郭，決水可灌。宜測河身深淺，隨處挑濬，而於黃河分流故道，設減水石門以洩暴漲。”給事中王士性則請復老黃河故道[2]。大略言：

自徐而下，河身日高，而爲堤以束之，堤與徐州城等。束益急，流益迅，委全力於淮而淮不任。故昔之黃、淮合，今黃強而淮益縮，不複合矣。黃強而一啓天妃、通濟諸閘，則灌運河如建瓴。高、寶一梗，江南之運坐廢。淮縮則退而侵泗。爲祖陵計，不得不建石堤護之。堤增河益高，根本大可虞也。河至清河凡四折而後入海。淮安、高、寶、鹽、興數百萬生靈之命托之一丸泥，決則盡成魚蝦矣。

紛紛之議，有欲增堤泗州者，有欲開顏家、灌口、永濟三河，南甃高家堰、北築滾水壩者。總不如復河故道，爲一勞永逸之計也。河故道由三義鎮達葉家衝與淮合，在清河縣北別有濟運河，在縣南蓋支河耳。河强奪支河，直趨縣南，而自棄北流之道，然河形固在也。自桃源至瓦子灘凡九十里，窪下不耕，無室廬墳墓之礙，雖開河費鉅，而故道一復，爲利無窮。

議皆未定。居敬及御史喬璧星皆請復專設總理大臣。乃復命潘季馴爲右都御史總督河道[3]。

〔1〕尹瑾勘實　據《明神宗實錄》萬曆七年（1579年）條，尹瑾勘實河工後上疏説：“觀今日之順軌，當思昔日之橫流；觀土工之艱巨，當思修守之不易。”對潘氏治績肯定。

〔2〕王士性請復老黄河故道　即前述古泗水入淮北支大清河。非潘季馴主張恢復之故道。

〔3〕乃復命潘季馴爲右都御史總督河道　潘氏在三任總河後，萬曆八年（1580年）遷升南京兵部尚書，十一年（1583年）改刑部尚書，十二年（1584年）七月十七日，因“黨庇張居正”罪被削職爲民。直到十六年（1588年）五月十一日，第四次出任總河。

時帝從居敬言，罷老黄河議，而季馴抵官，言：“新集故道[1]，故老言‘銅幫鐵底’[2]，當開，但歲儉費繁，未能遽行。”又言：“黄水濁而强，汶、泗清且弱，交會茶城。伏秋黄水發，則倒灌入漕，沙停而淤，勢所必至。然黄水一落，漕即從之，沙隨水去，不濬自通，縱有淺阻，不過旬日。往時建古洪、内華二閘，黄漲則閉閘以遏濁流，黄退則啓閘以縱泉水。近者居敬復增建鎮口閘，去河愈近，則吐納愈易。但當嚴閘禁如清江浦三閘之法，則河渠永賴矣。”帝方委季馴，即從其言，罷故道之議。未幾，水患益甚。

十七年六月，黄水暴漲，決獸醫口[3]月堤，漫李景高口[4]新堤，衝入夏鎮内河，壞田廬，没人民無算。十月，決口塞。

十八年，大溢，徐州水積城中者逾年。衆議遷城改河。季馴濬魁山支河[5]以通之，起蘇伯湖[6]至小河口，積水乃消。

十九年九月，泗州大水，州治淹三尺，居民沉溺十九，浸及祖陵。而山陽復河決，江都、邵伯又因湖水下注，田廬浸傷。工部尚書曾同亨上其事，議者紛起。乃命工科給事中張貞觀往泗州勘視水勢，而從給事中楊其休言，放季馴歸，用舒應龍爲工部尚書總督河道。

二十年三月，季馴將去，條上辨惑者六事，力言河不兩行，新河不當開，支渠不當濬。又著書曰《河防一覽》[7]，大旨在築堤障河，束水歸漕；築堰障淮，逼淮注黃。以清刷濁，沙隨水去。合則流急，急則蕩滌而河深；分則流緩，緩則停滯而沙積。上流既急，則海口自闢而無待於開。其治堤之法，有縷堤以束其流，有遙堤以寬其勢，有滾水壩以洩其怒。法甚詳，言甚辨。然當是時，水勢橫潰，徐、泗、淮、揚間無歲不受患，祖陵被水。季馴謂當自消，已而不驗。於是季馴言詘，而分黃導淮之議[8]由此起矣。

貞觀抵泗州言：“臣謁祖陵，見泗城如水上浮盂，盂中之水復滿。祖陵自神路至三橋、丹墀，無一不被水。且高堰危如累卵，又高、寶隱禍也。今欲洩淮，當以闢海口積沙爲第一義。然洩淮不若殺黃，而殺黃於淮流之既合，不若殺於未合。但殺於既合者與運無妨，殺於未合者與運稍礙。別標本，究利害，必當殺於未合之先。至於廣入海之途，則自鮑家口、黃家營至魚溝、金城左右，地勢頗下，似當因而利導之。”貞觀又會應龍及總漕陳于陛等言：“淮、黃同趨者惟海，而淮之由黃達海者惟清口。自海沙開濬無期，因而河身日高；自河流倒灌無已，因而清口日塞。以致淮水上浸祖陵，漫及高、寶，而興、泰運堤亦衝決矣。今議闢清口沙，且分黃河之流於清口上流十里地，去口不遠，不至爲運道梗。分於上，複合於下，則衝海之力專。合必於草灣之下，恐其復衝正河，爲淮城患也。塞鮑家口、黃家營二決，恐橫衝新河，散溢無歸。兩岸俱堤，則東北清、沭、海、安窪下地不虞潰決。計費凡三十六萬有奇。若海口之塞，則潮汐莫窺其涯，難施畚鍤。惟淮、黃合流東下，河身滌而漸深，海口刷而漸闢，亦事理之可必者。”帝悉從其請。乃議於清口上流北岸，開腰舖支河達於草灣。

既而，淮水自決張福堤[9]。直隸巡按彭應參言："祖陵度可無虞，且方東備倭警，宜暫停河工。"部議令河臣熟計。應龍、貞觀言："爲祖陵久遠計，支河實必不容已之工，請候明春倭警寧息舉行。"其事遂寢。

〔1〕新集故道　即賈魯故道，東距徐州小浮橋二百五十里。新集，在歸德（今河南商丘）正北面黃河南岸，下游緊鄰丁家道口。

〔2〕銅幫鐵底　幫，河岸；底，河底。言河床比較穩固，不易坍塌衝刷。

〔3〕獸醫口　在今河南開封西北，隔岸與荊隆口相對，是明代黃河往南決口的口門之一。

〔4〕李景高口　黃河南岸決口，在趙皮寨下游，地處蘭陽與儀封之間。

〔5〕魁山支河　萬曆十九年（1591年）潘季馴主持開鑿。據《總理河漕奏疏》卷四《徐州支河工完疏》，魁山（又稱奎山）支河首起徐州護城堤涵洞，歷魁山蘇伯湖、史家村、陳家林、晁夏二湖、馬蘭田湖、楊二莊、闕疃，至符離集東小河入睢水。主要用于分泄徐州城內積水。

〔6〕蘇伯湖　又稱石狗湖，即今江蘇徐州城內的雲龍湖。

〔7〕河防一覽　據《河防一覽》潘季馴自序，該書成稿於萬曆十八年（1590年）。

〔8〕分黃導淮之議　即於清口以上分黃河水東入海，分淮河水南入江的議論。有多種具體方案。

〔9〕張福堤　洪澤湖北岸大堤，約束黃河南射，北面隔河與清河縣相對。

二十一年春，貞觀報命[1]，議開歸、徐達小河口[2]，以救徐、邳之溢；導濁河[3]入小浮橋故道，以紓鎮口之患。下總河會官集議，未定。五月，大雨，河決單縣黃堌口，一由徐州出小浮橋，一由舊河達鎮口閘。邳城陷水中，高、寶諸湖堤[4]決口無算。

明年，湖堤盡築塞，而黃水大漲，清口沙墊，淮水不能東下，於是挾上源阜陵諸湖與山溪之水，暴浸祖陵，泗城淹沒。

二十三年，又決高郵中堤及高家堰、高良澗[5]，而水患益急矣。

　　先是，御史陳邦科言："固堤束水未收刷沙之利，而反致衝決。法當用濬，其方有三。冬春水涸，令沿河淺夫乘時撈淺，則沙不停而去，一也。官民船往來，船尾悉繫鈀犁，乘風搜滌，則沙不寧而去，二也。倣水磨、水碓之法，置爲木機，乘水滾盪，則沙不留而去，三也。至淮必不可不會黃，故高堰斷不可棄。湖溢必傷堤，故周家橋[6]潰處斷不可開。已棄之道必淤滿，故老黃河、草灣等處斷不可復。"疏下所司議。户部郎中華存禮則請復黃河故道，并濬草灣。而是時，腰舖猶未開，工部侍郎沈節甫言："復黃河未可輕議，至諸策皆第補偏救弊而已，宜概停罷。"乃召應龍還工部，時二十二年九月也。

　　〔1〕報命 覆命。奉命辦事完畢，回來報告。書信中亦用作謙詞。報，音"aò"。
　　〔2〕議開歸、徐達小河口 指由商丘經徐州南達小河口，避開徐州至邳州一段河道。
　　〔3〕濁河 在徐州城北，黃河的一支，萬曆中期後淤塞。
　　〔4〕高、寶諸湖堤 運河以西，在寶應、高郵地界自北而南分布着一些淺水湖，如：寶應湖、氾光湖、界首湖、高郵湖、邵伯湖。爲防禦湖水影響運道，沿湖多築有堤岸。
　　〔5〕高良澗 即今江蘇淮安市洪澤區所在地。
　　〔6〕周家橋 又稱周橋，在洪澤湖大堤南端，設有減水壩，是明清洪澤湖的溢洪道口。

　　既而，給事中吳應明言："先因黃河遷徙無常，設遙、縷二堤束水歸漕，及水過沙停，河身日高，徐、邳以下居民盡在水底。今清口外則黃流阻遏，清口內則淤沙橫截，强河橫灌上流約百里許，淮水僅出沙上之浮流，而瀦蓄於盱、泗者遂爲祖陵患矣。張貞觀所議腰舖支河歸之草灣，或從清河南岸別開小河至駱家營、馬廠等地，出會大河，建閘啓閉，一遇運淺，即行此河，亦策之便者。至治泗水，則有議開老子山，引淮水入江者。宜置閘以時啓閉，拆張福堤而堤清口，使河水無南向。"部議下河漕諸臣會勘。直隸巡按牛應元因謁祖陵，目擊河患，繪圖以進，因上疏言：

黃高淮壅，起於嘉靖末年河臣鑿徐、呂二洪巨石，而沙日停，河身日高，潰決由此起。當事者計無復之，兩岸築長堤以束，曰縷堤。縷堤復決，更於數里外築重堤以防，曰遥堤。雖歲決歲補，而莫可誰何矣。

黃、淮交會，本自清河北二十里駱家營，折而東至大河口會淮，所稱老黃河是也。陳瑄以其迂曲，從駱家營開一支河，爲見今河道，而老黃河淤矣。萬曆間，復開草灣支河，黃舍故道而趨，以致清口交會之地，二水相持，淮不勝黃，則竄入各閘口，淮安士民於各閘口築一土埝以防之。嗣後黃、淮暴漲，水退沙停，清口遂淤，今稱門限沙[1]是也。當事者不思挑門限沙，乃傍土埝築高堰，橫亘六十里，置全淮正流之口不事，復將從旁入黃之張福口一幷築堤塞之，遂倒流而爲泗陵患矣。前歲，科臣貞觀議闢門限沙，裁張福堤，其所重又在支河腰舖之開。

總之，全口淤沙未盡挑闢，即腰舖工成，淮水未能出也，況下流鮑、王諸口已決，難以施工。豈若復黃河故道，盡闢清口淤沙之爲要乎？且疏上流，不若科臣應明所議，就草灣下流濬諸決口，俾由安東歸五港[2]，或於周家橋量爲疏通，而急塞黃堌口，挑蕭、碭渠道，濬符離淺阻。至宿遷小河爲淮水入黃正路，急宜挑闢，使有所歸。

應龍言："張福堤已決百餘丈，清口方挑沙，而腰舖之開尤不可廢。"工部侍郎沈思孝因言："老黃河自三義鎮至葉衝僅八千餘丈，河形尚存。宜亟開濬，則河分爲二，一從故道抵顔家河入海，一從清口會淮，患當自弭。請遣風力科臣一人，與河漕諸臣定畫一之

計。”乃命禮科給事中張企程往勘。而以水患累年，迄無成畫，遷延
糜費，罷應龍職爲民，常居敬、張貞觀、彭應參等皆譴責有差。

〔1〕門限沙　淮水入黃處（清口）由于受黃河頂托，在入口處淤積的一
道沙埂。又稱攔門沙。由外向內沙埂不斷加寬，它對淮水（尤其是小水季
節）匯入黃水起着限制、障礙作用。
〔2〕五港　在安東縣（今江蘇淮安市漣水縣）東北，明代爲黃河入海汊
河之一。

　　御史高舉請“疏周家橋，裁張福堤，闢門限沙，建滾水石壩於
周家橋、大小澗口、武家墩、綠楊溝上下，而壩外濬河築岸，使行
地中。改塘埝十二閘爲壩，灌閘外十二河，以闢入海之路。濬芒稻
河，且多建濱江水閘，以廣入江之途。然海口日壅，則河沙日積，
河身日高，而淮亦不能安流。有灌口[1]者，視諸口頗大，而近日所
決蔣家、鮑家、畀家三口直與相射，宜挑濬成河，俾由此入海。”工
部主事樊兆程亦議闢海口，而言：“舊海口決不可濬，當自鮑家營至
五港口挑濬成河，令從灌口入海。”俱下工部。請并委企程勘議。
　　是時，總河工部尚書楊一魁被論，乞罷，因言：“清口宜濬，黃
河故道宜復，高堰不必修，石堤不必砌，減水閘壩不必用。”帝不允
辭，而詔以盡心任事。御史夏之臣則言：“海口沙不可劈，草灣河不
必濬，腰舖新河四十里不必開，雲梯關不必闢，惟當急開高堰，以
救祖陵。”且言：“歷年以來，高良澗土堤每遇伏秋即衝決，大澗口
石堤每遇洶湧即崩潰。是高堰在，爲高、寶之利小；而高堰決，則
爲高、寶之害大也。孰若明議而明開之，使知趨避乎？”給事中黃運
泰則又言：“黃河下流未泄，而遽開高堰、周橋以洩淮水，則淮流南
下，黃必乘之，高、寶間盡爲沼，而運道月河必衝決矣。不如濬五
港口，達灌口門，以入於海之爲得也。”詔并行勘議。
　　企程乃上言：“前此河不爲陵患，自隆慶末年高、寶、淮、揚告

急，當事狃於目前，清口既淤，又築高堰以遏之，堤張福以束之，障全淮之水與黄角勝，不虞其勢不敵也。迨後甃石加築，堙塞愈堅，舉七十二溪之水匯於泗者，僅留數丈一口出之，出者什一，停者什九。河身日高，流日壅，淮日益不得出，而瀦蓄日益深，安得不倒流旁溢爲泗陵患乎？今議疏淮以安陵，疏黄以導淮者，言人人殊。而謂高堰當決者，臣以爲屏翰淮、揚，殆不可少。莫若於其南五十里開周家橋注草子湖，大加開濬，一由金家灣入芒稻河注之江，一由子嬰溝入廣洋湖達之海，則淮水上流半有宣洩矣。於其北十五里開武家墩，注永濟河，由窑灣閘出口直達涇河，從射陽湖入海，則淮水下流半有歸宿矣。此急救祖陵第一義也。"會是時，祖陵積水稍退，一魁以聞，帝大悦，仍諭諸臣急協議宣洩。

於是，企程、一魁共議欲分殺黄流以縱淮，別疏海口以導黄。而督漕尚書褚鈇則以江北歲祲，民不堪大役，欲先洩淮而徐議分黄。御史應元折衷其説，言："導淮勢便而功易，分黄功大而利遠。顧河臣所請亦第六十八萬金，國家亦何靳於此？"御史陳煃嘗令寶應，慮周家橋既開，則以高郵、邵伯爲壑，運道、民産、鹽場交受其害，上疏爭之，語甚激，大旨，分黄爲先，而淮不必深治。且欲多開入海之路，令高、寶諸湖之水皆東，而後周家橋、武家墩之水可注。而淮安知府馬化龍復進分黄五難之説。潁州兵備道李弘道又謂宜開高堰。鈇遂據以上聞。給事中林熙春駁之，言："淮猶昔日之淮，而河非昔日之河，先是河身未高，而淮尚安流，今則河身既高，而淮受倒灌，此導淮固以爲淮，分黄亦以爲淮。"工部乃覆奏云："先議開腰舖支河以分黄流，以倭徼、災傷停寢，遂貽今日之患。今黄家壩分黄之工若復沮格，淮壅爲害，誰職其咎？請令治河諸臣導淮分黄，亟行興舉。"報可。

〔1〕灌口　在今江蘇響水附近，係明代黄河自雲梯關以下向北的一個分

支的入海口。

二十四年八月，一魁興工未竣，復條上分淮導黃事宜十事[1]。十月，河工告成，直隸巡按御史蔣春芳以聞，復條上善後事宜十六事。乃賞賚一魁等有差。是役也，役夫二十萬，開桃源黃河壩新河，起黃家嘴，至安東五港、灌口，長三百餘里，分洩黃水入海，以抑黃强。闢清口沙七里，建武家墩、高良澗、周家橋石閘，洩淮水三道入海[2]，且引其支流入江。於是泗陵水患平，而淮、揚安矣。

然是時，一魁專力桃、清、淮、泗間，而上流單縣黃堌口之決，以爲不必塞。鈇及春芳皆請塞之。給事中李應策言：“漕臣主運，河臣主工，各自爲見。宜再令析議。”一魁言：“黃堌口一支由虞城、夏邑接碭山、蕭縣、宿州至宿遷，出白洋河，一小支分蕭縣兩河口，出徐州小浮橋，相距不滿四十里。當疏濬與正河會，更通鎮口閘裏湖之水，與小浮橋二水會，則黃堌口不必塞，而運道無滯矣。”從之。於是議濬小浮橋、沂河口、小河口以濟徐、邳運道，以洩碭、蕭漫流，培歸仁堤以護陵寢。

是時，徐、邳復見清、泗運道不利，鈇終以爲憂。

二十五年正月，復極言黃堌口不塞，則全河南徙，害且立見。議者亦多恐下齧歸仁，爲二陵患。三月，小浮橋等口工垂竣，一魁言：

運道通利，河徙不相妨，已有明驗。惟議者以祖陵爲慮，請徵往事折之。洪武二十四年，河決原武，東南至壽州入淮。永樂九年，河北入魚臺。未幾，復南決，由渦河經懷遠入淮。時兩河合流，歷鳳、泗以出清口，未聞爲祖陵患。正統十三年，河北衝張秋。景泰中，徐有貞塞之，復由渦河入淮。弘治二年，河又北衝，白昂、劉大夏塞之，復南流，一由中牟至潁、壽，一由亳州至渦河入淮，一由宿遷小河口會泗。全河大勢縱橫潁、亳、鳳、泗間，下溢符離、睢、宿，未聞爲祖陵慮，亦不聞堤及歸仁也。

正德三年後，河漸北徙，由小浮橋、飛雲橋、穀亭三道入漕，盡趨徐、邳，出二洪，運道雖濟，而泛溢實甚。嘉靖十一年，朱裳始有渦河一支中經鳳陽祖陵未敢輕舉之説。然當時，猶時濬祥符之董盆口、寧陵之五里舖、滎澤之孫家渡、蘭陽之趙皮寨，又或決睢州之地丘店、界牌口、野雞岡，寧陵之楊村舖，俱入舊河，從亳、鳳入淮，南流未絶，亦何嘗爲祖陵患。

嘉靖二十五年後，南流故道始盡塞，或由秦溝入漕，或由濁河入漕。五十年來全河盡出徐、邳，奪泗入淮。而當事者方認客作主，日築堤而窘之，以致河流日壅，淮不敵黃，退而内瀦，遂貽盱、泗祖陵之患。此實由内水之停壅，不由外水之衝射也。萬曆七年，潘季馴始慮黃流倒灌小河、白洋等口，挾諸河水衝射祖陵，乃作歸仁堤爲保障計，復張大其説，謂祖陵命脉全賴此堤。

習聞其説者，遂疑黃堌之決，下齧歸仁，不知黃堌一決，下流易洩，必無上灌之虞。況今小河不日竣工，引河復歸故道，去歸仁益遠，奚煩過計爲？"

報可。

〔1〕分淮導黃事宜十事　據《行水金鑑》卷三八，其要旨爲：展河岸以固堤防；置長夫以時修守；設專官以便責成；裁新堤以免壅淮；修祖陵以培國脉；立河官以理淮泗；設官兵以嚴稽察；放湖水以疏漕渠；建廟宇以答靈貺；備錢糧以儲歲用；關清口以導淮流；浚海口以免内漲。實際列了十二事。

〔2〕洩淮水三道入海　即前面張企程所説："一由金家灣入芒稻河注之江，一由子嬰溝入廣洋湖達之海……開武家墩，注永濟河……從射陽湖入海。"

一魁既開小浮橋，築義安山，濬小河口，引武沂泉濟運。及是年四月，河復大決黃堌口，溢夏邑、永城，由宿州符離橋出宿遷新河口入大河，其半由徐州入舊河濟運。上源水枯，而義安束水橫壩復衝二十餘丈，小浮橋水脉微細，二洪告涸，運道阻澀。一魁因議挑黃堌口迤上埽灣、淤嘴二處，且大挑其下李吉口北下濁河，救小浮橋上流數十里之涸。復上言："黃河南旋至韓家道、盤岔河、丁家莊，俱岸闊百丈，深踰二丈，乃銅幫鐵底故道也。至劉家窪，始強半南流，得山西坡、永涸湖以爲壑，出溪口入符離河，亦故道也。惟徐、邳運道淺涸，所以首議開小浮橋，再加挑闢，必大爲運道之利。乃欲自黃堌挽回全河，必須挑四百里淤高之河身，築三百里南岸之長堤，不惟所費不資，竊恐後患無已。"御史楊光訓等亦議挑埽灣直渠，展濟濁河，及築山西坡歸仁堤，與一魁合，獨鈇異議。帝命從一魁言。

一魁復言："歸仁在西北，泗州在東南，相距百九十里，中隔重岡叠嶂。且歸仁之北有白洋河、朱家溝、周家溝、胡家溝、小河口洩入運河，勢如建瓴，即無歸仁，祖陵無足慮。濁河淤墊，高出地上，曹、單間闊一二百丈，深二三丈，尚不免橫流，徐、邳間僅百丈，深止丈餘，徐西有淺至二三尺者，而夏、永、韓家道口至符離，河闊深視曹、單，避高就下，水之本性，河流所棄，自古難復。且運河本籍山東諸泉，不資黃水，惟當倣正統間二洪南北口建閘之制，於鎮口之下，大浮橋之上，呂梁之下洪，邳州之沙坊，各建石閘，節宣汶、泗，而以小浮橋、沂河口二水助之，更於鎮口西築壩截黃，開唐家口而注之龍溝，會小浮橋入運，以杜灌淤鎮口之害，實萬全計也。"報可。

二十六年春，從楊光訓等議，撤鈇，命一魁兼管漕運。六月，召一魁掌部事，命劉東星[1]爲工部侍郎，總理河漕。

二十七年春，東星上言："河自商、虞而下，由丁家道口抵韓家道口、趙家圈、石將軍廟、兩河口，出小浮橋下二洪，乃賈魯故道也。自元及我朝行之甚利。嘉靖三十七年，北徙濁河，而此河遂淤。

潘季馴議復開之，以工費浩繁而止。今河東決黄堌，由韓家道口至趙家圈百餘里，衝刷成河，即季馴議復之故道也。由趙家圈至兩河口，直接三仙臺新渠，長僅四十里，募夫五萬濬之，踰月當竣，而大挑運河，小挑濁河，俱可節省。惟李吉口故道嘗挑復淤，去冬已挑數里，前功難棄，然至鎮口三百里而遥，不若趙家圈至兩河口四十里而近。況大浮橋已建閘蓄汶、泗之水，則鎮口濟運亦無藉黄流。"報可。十月，功成，加東星工部尚書，一魁及餘官賞賚有差。

　　初，給事中楊廷蘭因黄堌之決，請開泇河，給事中楊應文亦主其説。既而直隸巡按御史佴祺復言之。東星既開趙家圈，復采衆説，鑿泇河，以地多沙石，工未就而東星病。河既南徙，李吉口淤澱日高，北流遂絶，而趙家圈亦日就淤塞，徐、邳間三百里，河水尺餘，糧艘阻塞。

　　〔1〕劉東星　字子明，山西沁水人，官至工部尚書。萬曆二十六年（1598 年）總理河漕，主持治河。萬曆二十八年（1600 年）主持開泇河，完成十分之三，二十九年（1601 年）病逝。《明史》卷二二三有傳。

　　二十九年秋，工科給事中張問達疏論之。會開、歸大水，河漲商丘，決蕭家口，全河盡南注。河身變爲平沙，商賈舟膠沙上。南岸蒙墻寺[1]忽徙置北岸，商、虞多被淹没，河勢盡趨東南，而黄堌斷流。河南巡撫曾如春以聞，曰："此河徙，非決也。"問達復言："蕭家口在黄堌上流，未有商舟不能行於蕭家口而能行於黄堌以東者，運艘大可慮。"帝從其言，方命東星勘議，而東星卒矣。問達復言："運道之壞，一因黄堌口之決，不早杜塞；更因并力泇河，以致趙家圈淤塞斷流，河身日高，河水日淺，而蕭家口遂決，全河奔潰入淮，勢及陵寢。東星已逝，宜急補河臣，早定長策。"大學士沈一貫、給事中桂有根皆趣簡河臣[2]。
　　御史高舉獻三策。請濬黄堌口以下舊河，引黄水注之東，遂塞黄堌口，而遏其南，俟舊河衝刷深，則并塞新決之口。其二則請開泇河及膠萊河，而言河、漕不宜并於一人，當選擇分任其事。江北巡按御史吳崇禮則請自蒙墻寺西北黄河灣曲之所，開濬直河，引水東流。且濬李吉口至堅城集淤道三十餘里，而盡塞黄堌以南決口，使河流盡歸正漕。工部尚書一魁酌舉崇禮之議，以開直河、塞黄堌口、濬淤道爲正策，而以泇河爲旁策，膠萊爲備策。帝命急挑舊河，塞決口，且兼挑泇河以備用。下山東撫按勘視膠萊河。

三十年春，一魁覆河撫如春疏言："黄河勢趨邳、宿，請築汴堤自歸德至靈、虹，以障南徙。且疏小河口，使黄流盡歸之，則彌漫自消，祖陵可無患。"帝嘉納之。已而言者再疏攻一魁。帝以一魁不塞黄堌口，致衝祖陵，斥爲民。復用崇禮議，分設河漕二臣，命如春爲工部侍郎，總理河道。如春議開虞城王家口，挽全河東歸，須費六十萬。

三十一年春，山東巡撫黄克纘言："王家口爲蒙墻上源，上流既達，則下流不可旁洩，宜遂塞蒙墻口。"從之。時蒙墻決口廣八十餘丈，如春所開新河未及其半，塞而注之，慮不任受。有獻策者言："河流既回，勢若雷霆，藉其勢衝之，淺者可深也。"如春遂令放水，水皆泥沙，流少緩，旋淤。夏四月，水暴漲，衝魚、單、豐、沛間，如春以憂卒。乃命李化龍[3]爲工部侍郎，代其任。

給事中宋一韓言："黄河故道已復，陵、運無虞。決口懼難塞，宜深濬堅城以上淺阻，而增築徐、邳兩岸，使下流有所容，則舊河可塞。"給事中孟成己言："塞舊河急，而濬新河尤急。"化龍甫至，河大決單縣蘇家莊及曹縣縷堤，又決沛縣四舖口太行堤，灌昭陽湖，入夏鎮，橫衝運道。化龍議開泇河，屬之邳州直河，以避河險。給事中侯慶遠因言："泇河成，則他工可徐圖，第毋縱河入淮。淮利則洪澤水減，而陵自安矣。"

三十二年正月，部覆化龍疏，大略言："河自歸德而下，合運入海，其路有三：由蘭陽道考城，至李吉口，過堅城集，入六座樓，出茶城而向徐、邳，是名濁河，爲中路；由曹、單經豐、沛，出飛雲橋，汎昭陽湖，入龍塘，出秦溝而向徐、邳，是名銀河，爲北路；由潘家口過司家道口，至何家堤，經符離，道睢寧，入宿遷，出小河口入運，是名符離河，爲南路。南路近陵，北路近運，惟中路既遠於陵，且可濟運，前河臣興役未竣，而河形尚在。"因奏開泇有六善。帝從其議。

工部尚書姚繼可言："黃河衝徙，河臣議於堅城集以上開渠引河，使下流疏通，復分六座樓、苑家樓二路殺其水勢，既可移豐、沛之患，又不至沼碭山之城。開泇分黃，兩工并舉，乞速發帑以濟。"允之。八月，化龍奏分水河成。事具《泇河志》中。加化龍太子少保兵部尚書。會化龍丁艱候代，命曹時聘爲工部侍郎，總理河道。是秋，河決豐縣，由昭陽湖穿李家港口，出鎮口，上灌南陽，而單縣決口復潰，魚臺、濟寧間平地成湖。

〔1〕蒙牆寺　在今河南商丘境内。
〔2〕趣簡河臣　催促選拔治河大臣。趣，音 cù，催促；簡，挑選。
〔3〕李化龍　字于田，河南長垣人。官至兵部尚書。萬曆三十一年（1603 年）任總河，主持泇河直至竣工。《明史》卷二二八有傳。

三十三年春，化龍言："豐之失，由巡守不嚴，單之失，由下埽不早，而皆由蘇家莊之決。南直、山東相推諉，請各罰防河守臣。至年來緩堤防而急挑濬，堤壞水溢，不咎守堤之不力，惟委濬河之不深。夫河北岸自曹縣以下無入張秋之路，南岸自虞城以下無入淮之路，惟由徐、邳達鎮口爲運道。故河北決曹、鄆、豐、沛間，則由昭陽湖出李家口，而運道溢；南決虞、夏、徐、邳間，則由小河口及白洋河，而運道涸。今泇河既成，起直隸至夏鎮[1]，與黃河隔絕，山東、直隸間，河不能制運道之命。獨朱旺口以上，決單則單沼，決曹則曹魚，及豐、沛、徐、邳、魚、碭皆命懸一綫堤防，何可緩也。至中州荊隆口、銅瓦廂皆入張秋之路，孫家渡、野雞岡、蒙墻寺皆入淮之路，一不守，則北壞運，南犯陵，其害甚大。請西自開、歸，東至徐、邳，無不守之地，上自司道，下至府縣，無不守之人，庶幾可息河患。”乃敕時聘申飭焉。

其秋，時聘言：“自蘇莊一決，全河北注者三年。初泛豐、沛，繼沼單、魚，陳燦之塞不成，南陽之堤盡壞。今且上灌全濟，旁侵運道矣。臣親詣曹、單，上視王家口新築之壩，下視朱旺口北潰之流，知河之大可憂者三，而機之不可失者二。河決行堤，泛溢平地，昭陽日墊，下流日淤，水出李家口者日漸微緩，勢不得不退而上溢。溢於南，則孫家渡、野雞岡皆入淮故道，毋謂蒙墻已塞，而無憂於陵。溢於北，則芝蔴莊、荊隆口皆入張秋故道，毋謂泇役已成，而無憂於運。且南之夏、商，北之曹、濮，其地益卑，其禍益烈，其挽回益不易，毋謂災止魚、濟，而無憂於民。顧自王家口以達朱旺，新導之河在焉。疏其下流以出小浮橋，則三百里長河暢流，機可乘者一。自徐而下，清黃并行，沙隨水刷，此數十年所未有，因而導水歸徐，容受有地，機可乘者二。臣與諸臣熟計，河之中路有南北二支：北出濁河，嘗再疏再壅；惟南出小浮橋，地形卑下，其勢甚順，度長三萬丈有奇，估銀八十萬兩。公儲虛耗，乞多方處給。”疏上留中。時聘乃大挑朱旺口。十一月興工，用夫五十萬。

三十四年四月，工成，自朱旺達小浮橋延袤百七十里，渠廣堤厚，河歸故道。

六月，河決蕭縣郭燻樓人字口，北支至茶城、鎮口。

三十五年，決單縣。

三十九年六月，決徐州狼矢溝。

四十年九月，決徐州三山，衝縷堤二百八十丈，遙堤百七十餘丈，梨林舖以下二十里正河悉爲平陸，邳、睢河水耗竭。總河都御史劉士忠開韓家壩外小渠引水，由是壩以東始通舟楫。

四十二年，決靈璧陳舖。

四十四年五月，復決狼矢溝，由蛤鰻、周柳諸湖入泇河，出直口，復與黃會。六月，決開封陶家店、張家灣，由會城大堤下陳留，入亳州渦河。

四十七年九月，決陽武脾沙堽，由封丘、曹、單至考城，復入舊河。時朝政日弛，河臣奏報多不省。四十二年，劉士忠卒，總河閱三年不補。四十六年閏四月，始命工部侍郎王佐督河道。河防日以廢壞，當事者不能有爲。

〔1〕起直隸至夏鎮　〔標點本原注〕“直隸”，原作“直河”，依據《神宗實錄》卷四〇五、《行水金鑑》卷四二將原本中的“直河”改爲“直隸”。

〔今注〕誤。今據《明史·河渠三》，“三十二年，總河侍郎李化龍始大開泇河，自直河至李家港二百六十餘里，避黃河之險”；《行水金鑑》卷四二萬曆三十三年條下“今泇河一成，自直隸以至夏鎮，以三百六十里之淤途，易而爲二百六十里之捷徑”。“三百六十里之淤途”當指直河至夏鎮原河道的運輸里程。而二百六十里之捷徑指新開泇河航運里程，故原文“直河”是正確的，不可改。

天啓元年，河決靈璧雙溝、黃舖，由永姬湖出白洋、小河口，仍與黃會，故道淤涸。總河侍郎陳道亨[21]役夫築塞。時淮安霪雨連旬，黃、淮暴漲數尺，而山陽里外河及清河決口匯成巨浸，水灌淮城，民蟻城以居，舟行街市。久之始塞。

三年，決徐州青田大龍口，徐、邳、靈、睢河并淤，呂梁城南隅陷，沙高平地丈許，雙溝決口亦滿，上下百五十里悉成平陸。

四年六月，決徐州魁山堤，東北灌州城，城中水深一丈三尺，一自南門至雲龍山西北大安橋入石狗湖，一由舊支河南流至鄧二莊，歷租溝東南以達小河，出白洋，仍與黃會。徐民苦淹溺，議集資遷城。給事中陸文獻上徐城不可遷六議。而勢不得已，遂遷州治於雲龍[2]，河事置不講矣。

六年七月，河決淮安，逆入駱馬湖，灌邳、宿。

崇禎二年春，河決曹縣十四舖口。四月，決睢寧，至七月中，城盡圮。總河侍郎李若星[3]請遷城避之，而開邳州壩洩水入故道，且塞曹家口匙頭灣，逼水北注，以減睢寧之患。從之。

四年夏，河決原武湖村舖，又決封丘荆隆口，敗曹縣塔兒灣大行堤。六月黃、淮交漲，海口壅塞，河決建義諸口，下灌興化、鹽城，水深二丈，村落盡漂沒。逾巡踰年，始議築塞。興工未幾，伏秋水發，黃、淮奔注，興、鹽爲壑，而海潮復逆衝，壞范公堤[4]。軍民及商竈戶死者無算，少壯轉徙，丐江、儀、通、泰間，盜賊千百嘯聚。

至六年，鹽城民徐瑞等言其狀。帝憫之，命議罰河曹官。而是時，總河朱光祚方議開高堰三閘[5]。淮、揚在朝者合疏言："建義諸口未塞，民田盡沉水底。三閘一開，高、寶諸邑蕩爲湖海，而漕糧鹽課皆害矣。高堰建閘始於萬曆二十三年，未幾全塞。今高堰日壞，方當急議修築，可輕言開濬乎？"帝是其言，事遂寢。又從御史吳振纓請，修宿、寧上下西北舊堤，以捍歸仁。

七年二月，建義決口工成，賜督漕尚書楊一鵬、總河尚書劉榮嗣銀幣。

八年九月，榮嗣得罪。初，榮嗣以駱馬湖運道潰淤，創挽河之議，起宿遷至徐州，別鑿新河，分黃水注其中，以通漕運。計工二百餘里，金錢五十萬。而其所鑿邳州上下，悉黃河故道，濬尺許，其下皆沙，挑掘成河，經宿沙落，河坎復平，如此者數四。迨引黃水入其中，波流迅急，沙隨水下，率淤淺不可以舟。及漕舟將至，而駱馬湖之潰決適平，舟人皆不願由新河。榮嗣自往督之，欲繩以軍法。有人者輒苦淤淺，弁卒多怨。巡漕御史倪于義劾其欺罔誤工，南京給事中曹景參復重劾之，逮問，坐贓，父子皆瘐死。郎中胡璉分工獨多，亦坐死。其後駱馬湖復潰，舟行新河，無不思榮嗣功者。

當是時，河患日棘，而帝又重法懲下，李若星以修濬不力罷官，朱光祚以建議蘇嘴決口逮繫。六年之中，河臣三易。給事中王家彥嘗切言之。光祚亦竟瘐死。而繼榮嗣者周鼎修泇利運頗有功，在事五年，竟坐漕舟阻淺，用故決河防例，遣戍煙瘴。給事中沈允培、刑部侍郎惠世揚、總河侍郎張國維[6]各疏請寬之，乃獲宥免云。

〔1〕陳道亨　字孟起，（江西）新建人，官至南京兵部尚書。泰昌元年（萬曆四十八年，1620 年）以工部右侍郎總理河道。《明史》卷二四一有傳

〔2〕遷州治於雲龍　雲龍，即雲龍山，在徐州市城南，東鄰奎（魁）山，西靠雲龍湖（石狗湖）。

〔3〕李若星　字紫垣，河南息縣人。崇禎元年（1628 年）總理河道。明末死於戰亂中。《明史》卷二四八有傳。

〔4〕范公堤　北宋天聖中泰州知州張綸根據范仲淹倡議，在唐代捍海堰遺址基礎上重修的海堤，後世續有修建。北起今江蘇阜寧，歷建湖、鹽城、大豐、東臺、海安、如東、南通，抵啓東之呂四，長五百八十餘里。明代由于海岸線外伸，堤已遠離海岸百餘里。

〔5〕高堰三閘　即武家墩、高良澗、周家橋三座減水石閘。

〔6〕張國維　字玉笥，浙江東陽人。崇禎十三年至十五年（1640—1642 年）任總理河道。主要著作有《吳中水利書》。《明史》卷二七六有傳。

十五年，流賊圍開封久，守臣謀引黃河灌之。賊偵知，預爲備。乘水漲，令其黨決河灌城，民盡溺死[1]。總河侍郎張國維方奉詔赴京，奏其狀。山東巡撫王永吉上言："黃河決汴城，直走睢陽，東南注鄢陵、鹿邑，必害亳、泗，侵祖陵，而邳、宿運河必涸。"帝令總河侍郎黃希憲急往捍禦，希憲以身居濟寧不能攝汴，請特設重臣督理。命工部侍郎周堪賡督修汴河。

十六年二月，堪賡上言："河之決口有二：一爲朱家寨，寬二里許，居河下流，水面寬而水勢緩；一爲馬家口，寬一里餘，居河上流，水勢猛，深不可測。兩口相距三十里，至汴堤之外，合爲一流，

决一大口，直衝汴城以去，而河之故道則涸爲平地。怒濤千頃，工力難施，必廣濬舊渠，遠數十里，分殺水勢，然後畚鍤可措。顧築濬并舉，需夫三萬。河北荒旱，兗西兵火，竭力以供，不滿萬人，河南萬死一生之餘，未審能應募否？是不得不藉助於撫鎮之兵也。"乃敕兵部速議，而令堪赓刻期興工。至四月，塞朱家寨決口，修堤四百餘丈。馬家口工未就，忽衝東岸，諸埽盡漂没。堪赓請停東岸而專事西岸。帝令急竣工。

六月，堪赓言："馬家決口百二十丈，兩岸皆築四之一，中間七十餘丈，水深流急，難以措手，請俟霜降後興工。"已而言："五月伏水大漲，故道沙灘壅涸者刷深數丈，河之大勢盡歸於東，運道已通，陵園無恙。"疏甫上，決口再潰。帝趣鳩工，未奏績而明亡。

〔1〕民盡溺死　明末黃河在開封被人爲決口，釀成巨大災難。據《行水金鑑》卷四五引《静志居詩話》："崇禎壬午，寇（指李自成農民起義軍）圍大梁，汴人死守不降。有獻策高巡撫名衡者曰：賊營附大堤，決河灌之，盡爲魚鼈矣。……援兵決朱家砦口。賊黨覺，移營高岸，多儲大舫巨筏，反決馬家口以灌城。河驟決，聲震百里，排城北門入，穿東南門出，流入渦水。渦忽高二丈，士民溺死數十萬。"另據《明史》卷二四《莊烈帝紀二》："九月壬午，賊決河灌開封。癸未，城圮，士民溺死者數十萬。"

河 渠 三

(《明史》卷八五)

運 河 上

明成祖肇建北京，轉漕東南，水陸兼輓，仍元人之舊，參用海運。逮會通河開，海陸并罷。南極江口[1]，北盡大通橋[2]，運道三千餘里[3]。綜而計之，自昌平神山泉諸水，匯貫都城，過大通橋，東至通州入白河者，大通河也。自通州而南至直沽，會衛河入海者，白河也。自臨清而北至直沽，會白河入海者，衛水也。自汶上南旺分流，北經張秋至臨清，會衛河，南至濟寧天井閘，會泗、沂、洸三水者，汶水也。自濟寧出天井閘，與汶合流，至南陽新河，舊出茶城，會黃、沁後出夏鎮，循迦河達直口，入黃濟運者，泗、洸、小沂河及山東泉水也。自茶城秦溝，南歷徐、呂，浮邳，會大沂河，至清河縣入淮後，從直河口抵清口者，黃河水也。自清口而南，至於瓜、儀者，淮、揚諸湖水也。過此則長江矣。長江以南，則松、蘇、浙江運道也。淮、揚至京口以南之河，通謂之轉運河，而由瓜、儀達淮安者，又謂之南河，由黃河達豐、沛曰中河，由山東達天津曰北河，由天津達張家灣曰通濟河，而總名曰漕河。其踰京師而東若薊州，西北若昌平，皆嘗有河通，轉漕餉軍。

[1] 江口 係指杭州錢塘江口。
[2] 大通橋 在北京東便門外，是明代京杭運河北端的碼頭。
[3] 運道三千餘里 據今人測量京杭運河全長約一千七百多公里。

漕河之別，曰白漕、衛漕、閘漕、河漕、湖漕、江漕、浙漕。因地爲號，流俗所通稱也。淮、揚諸水所匯，徐、兗河流所經，疏瀹決排，繁人力是繫，故閘、河、湖於轉漕尤急。

　　閘漕者，即會通河。北至臨清，與衛河會，南出茶城口，與黃河會，資汶、洸、泗水及山東泉源。泉源之派有五。曰分水[1]者，汶水派也，泉百四十有五。曰天井[2]者，濟河派也，泉九十有六。曰魯橋[3]者，泗河派也，泉二十有六。曰沙河[4]者，新河派也，泉二十有八。曰邳州者，沂河派也，泉十有六。諸泉所匯爲湖，其浸十五。曰南旺，東西二湖，周百五十餘里，運渠貫其中。北曰馬蹋，南曰蜀山，曰蘇魯。又南曰馬場。又南八十里曰南陽，亦曰獨山，周七十餘里。北曰安山，周八十三里。南曰大、小昭陽，大湖袤十八里，小湖殺三之一，周八十餘里。由馬家橋留城閘[5]而南，曰武家，曰赤山，曰微山，曰呂孟，曰張王諸湖，連注八十里，引薛河由地浜溝出，會於赤龍潭，并趨茶城。自南旺分水北至臨清三百里，地降九十尺，爲閘二十有一；南至鎮口[6]三百九十里，地降百十有六尺，爲閘二十有七。其外又有積水、進水、減水、平水之閘五十有四。又爲壩二十有一，所以防運河之洩，佐閘以爲用者也。其後開迦河二百六十里，爲閘十一，爲壩四。運舟不出鎮口，與黃河會於董溝[7]。

　　[1] 分水　即會通河南旺樞紐，地處會通河最高處。南旺樞紐由南旺四湖及南北分水閘構成。由戴村壩引汶河至南旺諸湖濟運，由南北閘啟閉控制分流南北水量，該處有南旺分司、分水龍王廟。

　　[2] 天井　即天井閘，元代名會源閘，在山東濟寧城南，是元會通河納汶、泗二河入運河的分水樞紐，洸河、府（泗）河亦在此入運河。

　　[3] 魯橋　在山東濟寧市東南，南有黃良、蘆溝、托基、馬陵、三角灣、白馬河等泉河入運河。

　　[4] 沙河　即山東滕縣之北沙河和南沙河的合稱。北沙河注入運河水櫃昭陽湖，南沙河與薛河匯合後自金溝口閘入運河。

　　[5] 留城閘　嘉靖初黃河決入沛縣，運河壅阻，盛應期開新河，自昭陽湖東至留城。新河有楊莊、夏鎮、馬家橋、留城等閘，工程中途停領，至嘉靖末朱衡重開，隆慶元年（1567年）工成，名南陽新河。

〔6〕鎮口　在徐州北，萬曆以來運河入黃口門之一，有鎮口閘。自南旺分水北至臨清"地降九十尺"，"南至鎮口地降百十有六尺"，俱本志之誤。九十及一百一十六尺爲元代會源閘至臨清及沽頭的高程差。《宋禮傳》又作"自南旺分水至臨清地降九十尺，南至沽頭地降百十有六尺"，亦是相同錯訛。可參考姚漢源：《明清時期京杭運河的南旺樞紐》，載《水利水電科學研究院科學研究論文集》第 22 集，水利電力出版社，1985 年。

〔7〕董溝　又名董家溝口，在駱馬湖西五里，距宿遷二十里，爲泇運河入黃河口門之一。

河漕者，即黃河。上自茶城與會通河會，下至清口與淮河會。其道有三：中路曰濁河，北路曰銀河，南路曰符離河。南近陵，北近運，惟中路去陵遠，於運有濟。而河流遷徙不常，上流苦潰，下流苦淤。運道自南而北，出清口，經桃、宿，溯二洪，入鎮口，陟險五百餘里。自二洪以上，河與漕不相涉也。至泇河開而二洪避，董溝闢而直河淤，運道之資河者二百六十里而止，董溝以上，河又無病於漕也。

湖漕者，由淮安抵揚州三百七十里，地卑積水，匯爲澤國。山陽則有管家、射陽，寶應則有白馬、氾光，高郵則有石臼、甓社、武安、邵伯諸湖。仰受上流之水，傍接諸山之源，巨浸連亘，由五塘[1]以達於江。慮淮東侵，築高家堰拒其上流，築王簡、張福二堤禦其分洩。慮淮侵而漕敗，開淮安永濟、高郵康濟、寶應弘濟三月河以通舟。至揚子灣東，則分二道：一由儀真通江口，以漕上江湖廣、江西；一由瓜洲通西江嘴，以漕下江兩浙。本非河道，專取諸湖之水，故曰湖漕。

〔1〕五塘　即揚州五塘，包括陳公塘、勾城塘、上下雷塘和小新塘。是主要的濟運水櫃，也有灌溉效益。

太祖初起大軍北伐，開蹋場口、耐牢坡，通漕以餉梁、晉。定都應天，運道通利：江西、湖廣之粟，浮江直下；浙西、吳中之粟，由轉運河；鳳、泗之粟，浮淮；河南、山東之粟，下黃河。嘗由開封運粟，泝河達渭，以給陝西，用海運以餉遼卒，有事於西北者甚鮮。淮、揚之間，築高郵湖堤二十餘里，開寶應倚湖直渠四十里，築堤護之。他小修築，無大利害也。

永樂四年，成祖命平江伯陳瑄[1]督轉運，一仍由海，而一則浮淮入河，至陽武，陸輓百七十里抵衛輝，浮於衛，所謂陸海兼運者也。海運多險，陸輓亦艱。

九年二月，乃用濟寧州同知潘叔正言，命尚書宋禮、侍郎金純、都督周長濬會通河。會通河者，元轉漕故道也，元末已廢不用。洪武二十四年，河決原武，漫安山湖而東，會通盡淤，至是復之。由濟寧至臨清三百八十五里，引汶、泗入其中。泗出泗水陪尾山，四泉并發，西流至兗州城東，合於沂。汶河有二：小汶河出新泰宮山下。大汶河出泰安仙臺嶺南，又出萊蕪原山陰及寨子村俱至靜豐鎮合流，遶徂徠山陽，而小汶河來會。經寧陽北堈城[2]，西南流百餘里，至汶上。其支流曰洸河，出堈城西南，流三十里，會寧陽諸泉，經濟寧東，與泗合。元初，畢輔國始於堈城左汶水陰作斗門，導汶入洸。至元中，又分流北入濟，由壽張至臨清，通漳、御入海。

[1] 陳瑄　字彥純，安徽合肥人，封平江伯。永樂元年（1403年）任總兵官，總督漕運。以理漕有功，死後立祠清河縣。《明史》卷一五三有傳。
[2] 堈城　又作堽城，在山東寧陽東北三十五里。元憲宗七年（1257年）前後濟州掾吏畢輔國在此建壩，即堽城壩，分汶水入洸河至濟寧會源閘，由會源閘南北分水濟運。

南旺[1]者，南北之脊也。自左而南，距濟寧九十里，合沂、泗以濟；自右而北，距臨清三百餘里，無他水，獨賴汶。禮用汶上老人白英[2]策，築壩東平之戴村，遏汶使無入洸，而盡出南旺，南北置閘三十八。又開新河，自汶上袁家口左徙五十里至壽張之沙灣，以接舊河。其秋，禮還，又請疏東平東境沙河淤沙三里，築堰障之，合馬常泊之流入會通濟運。又於汶上、東平、濟寧、沛縣并湖地設水櫃、陡門。在漕河西者曰水櫃，東者曰陡門，櫃以蓄泉，門以洩漲。純復濬賈魯河故道，引黃水至塌場口會汶，經徐、呂入淮[3]。運道以定。

其後，宣宗時，嘗發軍民十二萬，濬濟寧以北自長溝至棗林閘[4]百二十里，置閘諸淺，濬湖塘以引山泉。正統時，濬滕、沛淤河，又於濟寧、勝三州縣疏泉置閘，易金口堰[5]土壩爲石，蓄水以資會通。景帝時，增置濟寧抵臨清減水閘。天順時，拓臨清舊閘，移五十丈。憲宗時，築汶上、濟寧決堤百餘里，增南旺上、下及安山三閘。命工部侍郎杜謙勘治汶、泗、洸諸泉。武宗時，增置汶上袁家口及寺前舖石閘，濬南旺淤八十里，而閘漕之治詳。惟河決則挾漕而去，爲大害。

〔1〕南旺　鎮名，在山東汶上縣西南，會通河南旺分水樞紐所在有南旺湖，運河橫貫其中。南旺分水樞紐參見姚漢源《中國水利史綱要》水利水電出版社，1987 年。

〔2〕白英　字節之，山東汶上縣人，南旺鎮有白英廟。

〔3〕純復濬賈魯河故道引黃水至塌場口會汶經徐呂入淮　參見本志《河渠一》。

〔4〕棗林閘　在山東魚臺縣東北運河上，元延祐五年（1318 年）建，初爲木牐，後改爲石閘。

〔5〕金口堰　原係隋時豐兗渠渠首，後廢。元開濟州河時修復。在山東兗州城東，遏泗水至濟寧城東折入洸河，至會源閘入運河濟運。

陳瑄之督運也，於湖廣、江西造平底淺船三千艘。二省及江、浙之米皆由江以入，至淮安新城，盤五壩[1]過淮。仁、義二壩在東門外東北，禮、智、信三壩在西門外西北，皆自城南引水抵壩口，

其外即淮河。清江浦者，直淮城西，永樂二年嘗一修閘。其口淤塞，
則漕船由二壩，官民商船由三壩入淮，輓輸甚勞苦。瑄訪之故老，
言："淮城西管家湖西北，距淮河鴨陳口僅二十里，與清江口相值，
宜鑿爲河，引湖水通漕，宋喬維嶽所開沙河舊渠[2]也。"瑄乃鑿清
江浦，導水由管家湖入鴨陳口達淮。十三年五月，工成。緣西湖築
堤亘十里以引舟。淮口置四閘，曰移風、清江、福興、新莊[3]。以
時啓閉，嚴其禁。并濬儀真、瓜洲河以通江湖，鑿吕梁、百步二洪
石以平水勢，開泰州白塔河以達大江。築高郵河堤，堤内鑿渠四十
里。久之，復置吕梁石閘，并築寶應、氾光、白馬諸湖堤，堤皆置
涵洞，互相灌注。

　是時淮上、徐州、濟寧、臨清、德州皆建倉轉輸。濱河置舍五
百六十八所，舍置淺夫。水澀舟膠，俾之導行。增置淺船三千餘艘。
設徐沛沽頭、金溝、山東穀亭、魯橋等閘[4]。自是漕運直達通州，
而海陸運俱廢。

　[1] 五壩　統稱淮安五壩。原有一壩，陳瑄增建四壩，分別以仁、義、
禮、智、信命名。
　[2] 沙河　舊渠參見《宋史·河渠志》。
　[3] 淮口置四閘曰移風清江福興新莊　四閘均在淮安城西，其中新莊閘
因正當清口南岸運口，最爲著名，又稱頭閘、大閘、通濟、天妃，始建于元
代，明代几經改建。陳瑄督運時規定：平時漕船過閘，民船盤壩出入清口，
汛期閘口築軟壩閉閘，漕船、民船盤壩入淮。但未嚴格執行。
　[4] 設徐沛沽頭金溝山東穀亭魯橋等閘　標點本作"設徐、沛、沽頭、
金溝、山東穀亭、魯橋等閘"，標點誤。沽頭閘係沽頭上閘、沽頭中閘、沽頭
下閘統稱，爲運河水道節制閘。上閘（一名臨船閘）元延祐二年（1315
年）建，明初改建；中閘成化二十年（1484年）建；下閘，元大德十一年
（1307年）建，成化時已在使用。金溝閘在薛河、昭陽湖與運河相通處，旱閉
閘積水，澇開閘泄水，元大德十年（1306年）建，永樂十四年（1416年）改
修。沽頭、金溝均在徐州沛縣境内。穀亭閘，運河水道節制閘，在山東魚臺縣
境内，元至順二年（1331年）建。魯橋閘，運河水道節制閘，在山東濟寧境

內，永樂十三年（1415年）建。

宣德六年，用御史白圭言，濬金龍口，引河水達徐州以便漕。末年至英宗初，再濬，并及鳳池口水，徐、呂二洪，西小河，而會通安流，自永、宣至正統間凡數十載。

至十三年，河決滎陽，東衝張秋，潰沙灣，運道始壞。命廷臣塞之。

景泰三年五月，堤工乃完。未匝月而北馬頭復決，掣漕流以東。清河訓導唐學成言："河決沙灣，臨清告涸。地卑堤薄，黃河勢急，故甫完堤而復決也。臨清至沙灣十二閘，有水之日，其勢甚陡。請於臨清以南濬月河通舟，直抵沙灣，不復由閘，則水勢緩而漕運通矣。"帝即命學成與山東巡撫洪英相度。工部侍郎趙榮[1]則言："沙灣抵張秋岸薄，故數決。請於決處置減水石壩，使東入鹽河[2]，則運河之水可蓄。然後厚堤岸，填決口，庶無後患。"

明年四月，決口方畢工，而減水壩及南分水墩先敗，已復盡衝墩岸橋梁，決北馬頭，掣漕水入鹽河，運舟悉阻。教諭彭埙請立閘以制水勢，開河以分上流。御史練綱[3]上其策。詔下尚書石璞。璞乃鑿河三里，以避決口，上下與運河通。是歲，漕舟不前者，命漕運總兵官徐恭姑輸東昌、濟寧倉。

及明年，運河膠淺如故。恭與都御史王竑[4]言："漕舟蟻聚臨清上下，請亟敕都御史徐有貞築塞沙灣決河。"有貞不可，而獻上三策，請置水閘，開分水河，挑運河。

[1] 趙榮　字孟仁，其先西域人，元時入中國，家閩縣（今福建福州市）。景泰元年（1450年）擢任工部右侍郎，《明史》卷一七一有傳。
[2] 鹽河　明清時大清河之別名，在張秋鎮東與運河交，東北流至利津入海，其河道在1855年黃河銅瓦廂決口後被黃河所奪。

〔3〕練綱　字從道，長洲人，正統時授御史，《明史》卷一六四有傳。

〔4〕王竑　字公度，江夏（今湖北武漢市）人，景泰二年至天順元年（1451—1457 年）、天順七年至八年（1463—1464 年）兩次任總督漕運，《明史》卷一七七有傳。

六年三月，詔羣臣集議方略。工部尚書江淵等請用官軍五萬以濬運。有貞恐役軍費重，請復陳瑄舊制，置撈淺夫〔1〕，用沿河州縣民，免其役。五月，濬漕工竣。七月，沙灣決口工亦竣，會通復安。都御史陳泰一濬淮揚漕河，築口置壩。黃河嘗灌新莊閘至清江浦三十餘里，淤淺阻漕，稍稍濬治，即復其舊。英宗初，命官督漕，分濟寧南北爲二〔2〕，侍郎鄭辰治其南，副都御史賈諒治其北。

成化七年，又因廷議，分漕河沛縣以南、德州以北及山東爲三道，各委曹郎及監司專理，且請簡風力大臣總理其事。始命侍郎王恕〔3〕爲總河。二十一年敕工部侍郎杜謙浚運道，自通州至淮、揚，會山東、河南撫按相度經理。

弘治二年，河復決張秋，衝會通河，命戶部侍郎白昂相治。昂奏金龍口決口已淤，河并爲一大支，由祥符合沁下徐州而去。其間河道淺隘，宜於所經七縣，築堤岸以衛張秋。下工部議，從其請。昂又以漕船經高郵氂社湖多溺，請於堤東開複河西四十里以通舟。

〔1〕撈淺夫　從事運河河道工程管理的工種之一，主要從事運河河道，以及濟運湖、塘、河、泉的疏濬。

〔2〕英宗初命官督漕分濟寧南北爲二　成化七年（1471 年）運河始分段設官管理，時共分三段：通州至德州、德州至沛縣、沛縣至儀真瓜洲。成化十三年（1477 年）改分兩段；以山東濟寧爲界，各段設工部都水郎中一員。萬曆時又分四段，分別稱南河（淮揚運河）、中河（泇運河）、北河（會通河、通惠河），各段設都水分司管理。此種分司之制沿用至清代，但各分司分合頻繁。

〔3〕王恕　字宗貫，陝西三原人，成化七年（1471 年）始設總理河道，王恕爲首任。總理河漕期間，作《漕河通志》，弘治九年（1496 年）管理河

道工部郎中王瓊在該書基礎上修改增删而成《漕河圖志》，爲京杭運河第一部專志。

越四年，河復決數道入運河，壞張秋東堤，奪汶水入海，漕流絕。時工部侍郎陳政[1]總理河道，集夫十五萬，治未效而卒。

六年春，副都御史劉大夏奉敕往治決河。夏半，漕舟鱗集，乃先自決口西岸鑿月河以通漕。經營二年，張秋決口就塞，復築黄陵岡上流。於是河復南下，運道無阻。乃改張秋曰安平鎮，建廟賜額曰顯惠神祠，命大學士王鏊紀其事，勒於石[2]。而白昂所開高郵複河[3]亦成，賜名康濟，其西岸以石甃之。又甃高郵堤，自杭家閘至張家鎮凡三十里。高郵堤者，洪武時所築也。陳瑄因舊增築，延及寶應，土人相沿謂之老堤。正統三年易土以石。成化時，遣官築重堤於高郵、邵伯、寶應、白馬四湖老堤之東。而王恕爲總河，修淮安以南諸決堤，且濬淮揚漕河。重湖壖民盜決溉田之罰，造閘礎以儲湖水。及大夏塞張秋，而昂又開康濟，漕河上下無大患者二十餘年。

[1] 陳政　江西新昌人，弘治五年（1492年）八月任工部右侍郎，總理河道兼右僉都御史，當年卒。
[2] 命大學士王鏊紀其事勒於石　參見王鏊：《安平鎮治水功完之碑》，載《明經世文編》卷一二〇，引《王文恪公文集》。
[3] 高郵複河　又名康濟月河，在江蘇高郵城北。

十六年，巡撫徐源言："濟寧地最高，必引上源洸水以濟，其口在堈城石瀨之上。元時治閘作堰，使水盡入南旺，分濟南北運。成化間，易土以石。夫土堰之利，水小則遏以入洸，水大則閉閘以防沙壅，聽其漫堰西流。自石堰成，水遂橫溢，石堰既壞，民田亦衝。洸河沙塞，雖有閘門，壓不能啓。乞毀石復土，疏洸口壅塞以至濟寧，而築堈城迤西春城口子決岸。"帝命侍郎李鐩往勘，言："堈城石堰，一可遏淤沙，不爲南旺湖之害，一可殺水勢，不慮戴村壩[1]之衝，不宜毀。近堰積沙，宜濬。堈城稍東有元時舊閘，引洸水入濟寧，下接徐吕漕河。東平州戴村，則汶水入海故道也。自永樂初，橫築一壩，遏汶入南旺湖，漕河始通。今自分水龍王廟至天井閘九十里，水高三丈有奇，若洸河更濬而深，則汶流盡向濟寧而南，臨清河道必涸。洸口不可濬。堈城口至柳泉九十里，無關運道，可弗事。柳泉至濟寧，汶、泗諸水會流處，宜疏者二十餘里。春城口，外障汶水，内防民田，堤卑岸薄，宜與戴村壩并修築。"從之。

正德四年十月，河決沛縣飛雲橋，入運。尋塞。

[1] 戴村壩　南旺分水樞紐引汶濟運主要工程之一，在東平州東六十里。永樂時宋禮納汶上老人白英建議而設。初，壩長五里十三步，有沙河引水渠道和坎河溢洪口等設施。爲會通河主要引水工程之一。

世宗之初，河數壞漕。嘉靖六年，光禄少卿黄綰論泉源之利，言："漕河泉源皆發山東南旺、馬場、樊村、安山諸湖。泉水所鐘，亟宜修濬，且引他泉并蓄，則漕不竭。南旺、馬場堤外孫村地窪，若瀦爲湖，改作漕道，尤可免濟寧高原淺澀之苦。"帝命總河侍郎章拯議。而拯以黄水入運，運船阻沛上，方爲御史吳仲所劾。拯言："河塞難遽通，惟金溝口迤北新衝一渠，可令運船由此入昭陽湖，出沙河板橋。其先阻淺者，則西歷雞塚寺，出廟道北口通行。下部併議，未決。給事中張嵩言："昭陽湖地庫，河勢高，引河灌湖，必致瀰漫，使湖道復阻。請罷拯，別推大臣。"部議如嵩言。拯再疏自劾，乞罷，不許。卒引運船道湖中。其冬，詔拯還京別敍，而命擇大臣督理。

諸大臣多進治河議。詹事霍韜謂："前議役山東、河南丁夫數萬，疏濬淤沙以通運。然沙隨水下，旋濬旋淤。今運舟由昭陽湖入雞鳴臺至沙河，迂迴不過百里。若沿湖築堤，濬爲小河，河口爲閘，以待蓄洩，水溢可避風濤，水涸易爲疏濬。三月而土堤成，一年而石堤成，用力少，取效速。黃河愈溢，運道愈利，較之役丁夫以浚淤土，勞逸大不侔也。”尚書李承勛謂：“於昭陽湖左別開一河，引諸泉爲運道，自留城沙河爲尤便。”與都御史胡世寧議合。

七年正月，總河都御史盛應期奏如世寧策，請於昭陽湖東鑿新河，自汪家口南出留城口，長百四十里，刻期六月畢工。工未半，而應期罷去，役遂已。其後三十年，朱衡始循其遺迹，濬而成之。是年冬，總河侍郎潘希曾加築濟、沛間東西兩堤，以拒黃河。

十九年七月，河決野雞岡，二洪涸。督理河漕侍郎王以旂請濬山東諸泉以濟運，且築長堤聚水，如閘河制。遂清舊泉百七十八，開新泉三十一。

以旂復奏四事。一請以諸泉分隸守土官兼理其事，毋使堙塞。一請於境山鎮、徐、呂二洪之下，各建石閘，蓄水數尺以行舟，旁留月河以洩暴汛；築四木閘於武家溝、小河口、石城、匙頭灣，而置方船於沙坊等淺，以備撈濬。一言漕河兩岸有南旺、安山、馬場、昭陽四湖，名爲水櫃，所以匯諸泉濟漕河也。豪強侵佔，蓄水不多，而昭陽一湖淤成高地，大非國初設湖初意。宜委官清理，添置閘、壩、斗門，培築堤岸，多開溝渠，濬深河底，以復四櫃。一言黃河南徙，舊閘口俱塞，惟孫繼一口獨存。導河出徐州小浮橋，下徐、呂二洪，此濟運之大者。請於孫繼口多開一溝，及時疏瀹，庶二洪得濟。帝可其奏，而以管泉專責之部曹。

徐、呂二洪者，河漕咽喉也。自陳瑄鑿石疏渠，正統初，復濬洪西小河。漕運參將湯節[1]又以洪迅敗舟，於上流築堰，逼水歸月河，河南建閘以蓄水勢。成化四年，管河主簿郭昇以大石築兩堤，錮以鐵錠，鑿外洪敗船惡石三百，而平築裏洪堤岸，又甃石岸東西四百餘丈。十六年增甃呂梁洪石堤、石壩二百餘丈，以資牽挽。及是建閘，行者益便之。

四十四年七月，河大決沛縣，漫昭陽湖，由沙河至二洪，浩渺無際，運道淤塞百餘里。督理河漕尚書朱衡循覽盛應期所鑿新河遺迹，請開南陽、留城上下。總河都御史潘季馴不可。衡言："是河直秦溝，有所束隘。伏秋黃水盛，昭陽受之，不爲壑也。"乃決計開濬，身自督工，重懲不用命者。給事中鄭欽劾衡故興難成之役，虐民倖功。朝廷遣官勘新舊河孰利。給事中何起鳴勘河還，言："舊河難復有五，而新河之難成者亦有三。顧新河多舊堤高阜，黃水難侵，濬而通之，運道必利。所謂三難者，一以夏村迤北地高，恐難接水，然地勢高低，大約不過二丈，一視水平加深，何患水淺。一以三河口積沙深厚，水勢湍急，不無阻塞，然建壩攔截，歲一挑濬之，何患沙壅。一以馬家橋築堤，微山取土不便，又恐水口投埽，勢必不堅，然使委任得人，培築高厚，無必不可措力之理。開新河便。"下廷臣集議，言新河已有次第，不可止。況百中橋至留城白洋淺，出境山，疏濬補築，亦不全棄舊河，羣議俱合。帝意乃決。時大雨，黃水驟發，決馬家橋，壞新築東西二堤。給事中王元春、御史黃襄皆劾衡欺誤，起鳴亦變其說。會衡奏新舊河百九十四里俱已流通，漕船至南陽出口無滯。詔留衡與季馴詳議開上源、築長堤之便。

〔1〕湯節　正統六年至八年（1442—1444 年）任漕運右參將都指揮同知。

隆慶元年正月，衡請罷上源議，惟開廣秦溝，堅築南長堤。五月，新河成[1]，西去舊河三十里。舊河自留城以北，經謝溝、下沽頭、中沽頭、金溝四閘，過沛縣，又經廟道口、湖陵城、孟陽、八里灣、穀亭五閘，而至南陽閘。新河自留城而北，經馬家橋、西柳莊、滿家橋、夏鎮、楊莊、硃梅、利建七閘，至南陽閘合舊河，凡百四十里有奇。又引鮎魚諸泉及薛河、沙河注其中，而設壩於三河之口，築馬家橋堤，遏黃水入秦溝，運道乃大通。未幾，鮎魚口山水暴決，没漕艘。帝從衡請，自東邵開支河三道以分洩之，又開支河於東邵之上，歷東滄橋以達百中橋，鑿豕裏溝諸處爲渠，使水入赤山湖[2]，由之以歸吕孟湖，下境山而去。

衡召入爲工部尚書，都御史翁大立代，上言[3]：“漕河資泉水，而地形東高西下，非湖瀦之則涸，故漕河以東皆有櫃；非湖洩之則潰，故漕河以西皆有壑。黃流逆奔，則以昭陽湖爲散漫之區；山水東突，則以南陽湖爲瀦蓄之地。宜由回回墓開通以達鴻溝，令穀亭、湖陵之水皆入昭陽湖，即濬鴻溝廢渠，引昭陽湖水沿渠東出留城。其湖地退灘者，又可得田數千頃。”大立又言：“薛河水湍悍，今盡注赤山湖，入微山湖以達吕孟湖，此尚書衡成績也。惟吕孟之南爲邵家嶺，黃流填淤，地形高仰，秋水時至，翕納者小，浸淫平野，奪民田之利。微山之西爲馬家橋，比草創一堤以開運道，土未及堅而時爲積水所撼，以尋丈之址，二流夾攻，慮有傾圮。宜鑿邵家嶺，令水由地浜溝出境山以入漕河，則湖地可耕，河堤不潰。更於馬家橋建减水閘，視旱澇爲啓閉，乃通漕長策也。”并從之。

[1] 新河　即南陽新河。
[2] 〔標點本原注〕赤山湖　《明經世文編》卷二九七，頁三一二七。翁大立：《論河道疏》《行水金鑒》卷一一八均作“郗山湖”。“赤”“郗”同音，郗山湖即赤山湖。《明史》卷八七《河渠志》有“郗山堤”，字亦作“郗”。
[3] 上言　參見《明經世文編》卷二九七翁大立《論河道疏》。

三年七月，河決沛縣，茶城淤塞，糧艘二千餘皆阻邳州。大立言：“臣按行徐州，循子房山，過梁山，至境山，入地浜溝，直趨馬家橋，上下八十里間，可别開一河以漕。即所謂洳河也。請集廷議，”上即命行之。未幾，黃落漕通，前議遂寢。時淮水漲溢，自清河至淮安城西淤三十餘里，決禮、信二壩出海，寶應湖堤多壞。山東諸水從直河出邳州。大立以聞。其冬，自淮安板閘至清河西湖嘴開濬垂成，而裏口復塞。督漕侍郎趙孔昭[1]言：“清江一帶黃河五十里，宜築堰以防河溢；淮河高良澗一帶七十餘里，宜築堰以防淮漲。”帝令亟濬裏口，與大立商築堰事宜，并議海口築塞及寶應月河二事。

〔1〕趙孔昭　隆慶三年至四年（1569—1570 年）分別以戶部左侍郎、右僉都御史任總督漕運，巡撫鳳陽。

四年六月，淮河及鴻溝境山疏濬工竣。大立方奏聞，諸水忽驟溢，決仲家淺，與黃河合，茶城復淤。未幾，自泰山廟至七里溝，淮河淤十餘里，其水從朱家溝旁出，至清河縣河南鎮以合於黃河。大立請開新莊閘以通回船，兼濬古睢河，洩二洪水，且分河自魚溝下草灣，保南北運道。帝命新任總河都御史潘季馴區畫。頃之，河大決邳州，睢寧運道淤百餘里。大立請開洳口、蕭縣二河。會季馴築塞諸決，河水歸正流，漕船獲通。大立、孔昭皆以遲悞漕糧削籍，開洳之議不果行。

五年四月，河復決邳州王家口，自雙溝而下，南北決口十餘，損漕船運軍千計，没糧四十萬餘石，而匙頭灣以下八十里皆淤。於是膠萊海運之議紛起。會季馴奏邳河功成。帝以漕運遲，遣給事中雒遵往勘。總漕陳炌[1]及季馴俱罷官。

〔1〕陳炌　隆慶四年至五年（1570—1571 年）以右僉都御史任右副總漕。

六年，從雒遵言，修築茶城至清河長堤五百五十里，三里一舖，舖十夫，設官畫地而守。又接築茶城至開封兩岸堤。

從朱衡言，繕豐、沛大黄堤。衡又言：“漕河起儀真訖張家灣二千八百餘里，河勢凡四段，各不相同。清江浦以南，臨清以北，皆遠隔黄河，不煩用力。惟茶城至臨清，則閘諸泉爲河，與黄相近。清河至茶城，則黄河即運河也。茶城以北，當防黄河之決而入；茶城以南，當防黄河之決而出。防黄河即所以保運河，故自茶城至邳、遷，高築兩堤，宿遷至清河，盡塞缺口，蓋以防黄水之出，則正河必淤，昨歲徐、邳之患是也。自茶城秦溝口至豐、沛、曹、單，創築增築以接縷水舊堤，蓋以防黄水之入，則正河必決，往年曹、沛之患是也。二處告竣，故河深水束，無旁決中潰之虞。沛縣之窰子頭至秦溝口，應築堤七十里，接古北堤。徐、邳之間，堤逼河身，宜於新堤外別築遙堤。”詔如其議，以命總河侍郎萬恭。

萬曆元年，恭言：“祖宗時造淺船近萬，非不知滿載省舟之便，以閘河流淺，故不敢過四百石也。其制底平、倉淺，底平則入水不深，倉淺則負載不滿。又限淺船用水不得過六搩，伸大指與食指相距爲一搩，六搩不過三尺許，明受水淺也。今不務遵行，而競雇船搭運。雇船有三害，搭運有五害，皆病河道。請悉遵舊制。”從之。

恭又請復淮南平水諸閘，上言[1]：“高、寶諸湖周遭數百里，西受天長七十餘河，徒恃百里長堤，若障之使無疏洩，是潰堤也。以故祖宗之法，偏置數十小閘於長堤之間，又爲令曰：“但許深湖，不許高堤”，故設淺船淺夫取湖之淤以厚堤。夫閘多則水易落而堤堅，濬勤則湖愈深而堤厚，意至深遠也。比年畏修閘之勞，每壞一閘即堙一閘，歲月既久，諸閘盡堙，而長堤爲死障矣。畏濬淺之苦，每湖淺一尺則加堤一尺，歲月既久，湖水捧起，而高、寶爲盂城矣。且湖漕勿堤與無漕同，湖堤勿閘與無堤同。陳瑄大置減水閘數十，湖水溢則瀉以利堤，水落則閉以利漕，最爲完計。積久而減水故迹不可復得，湖且沉堤。請復建平水閘，閘欲密，密則水疏，無漲瀦患；閘欲狹，狹則勢緩，無齧決虞。”尚書衡覆奏如其請。於是儀真、江都、高郵、寶應、山陽設閘二十三，濬淺凡五十一處，各設撈淺船二，淺夫十。

[1] 恭又請復淮南平水諸閘上言　參見《明經世文編》卷三五一。亦載萬恭：《治水筌蹄·萬恭文輯·創復諸閘以保運道疏》，朱更翎整編，水利電力出版社，1985年。

恭又言："清江浦河六十里，陳瑄濬至天妃祠，東注於黃河[1]。運艘出天妃口入黃穿清，特半餉耳。後黃漲，逆注入口，浦遂多淤。議者不制天妃口而遽塞之，令淮水勿與黃值。開新河以接淮河，曰"接清流勿接濁流，可不淤也"。不知黃河非安流之水，伏秋盛發，則西擁淮流數十里，并灌新開河。彼天妃口，一黃水之淤耳。今淮、黃會於新開河口，是二淤也。防一淤，生二淤，又生淮、黃交會之淺。歲役丁夫千百，濬治方畢，水過複合。又使運艘迂八里淺滯而始達於清河，孰與出天妃口者之便且利？請建天妃閘，俾漕船直達清河。運盡而黃水盛發，則閉閘絶黃，水落則啓天妃閘以利商船。新河口勿濬可也。"。乃建天妃廟口石閘。

[1] 陳瑄濬至天妃祠東注於黃河　據朱更翎整編：《治水筌蹄·萬恭治水文輯·復創諸閘以保運道疏》，標點應作"陳瑄濬至天妃閘東，注於黃河"。

恭又言："由黃河入閘河爲茶城，出臨清板閘[1]七百餘里，舊有七十二淺[2]。自創開新河，汶流平衍，地勢高下不甚相懸，七十淺悉爲通渠。惟茶、黃交會間，運盛之時，正值黃河水落之候，高下不相接，是以有茶城黃家閘之淺，連年患之。祖宗時，嘗建境山閘，自新河水平，閘没泥淖且丈餘。其閘上距黃家閘二十里，下接茶城十里，因故基累石爲之，可留黃家閘外二十里之上流，接茶城內十里之下流，且挾二十里水勢，衝十里之狹流，蔑不勝矣。"乃復境山舊閘。

恭建三議，尚書衡覆行之，爲運道永利。而是時，茶城歲淤，恭方報正河安流，回空船速出。給事中朱南雍以回空多阻，劾恭隱蔽溺職。帝切責恭，罷去。

〔1〕臨清板閘　在臨清州治西北，運河月河上。該處係衛河入運處，置閘以調節運河水量。

〔2〕淺　河道淤積航深不足或淺灘處的簡稱，也是運河河道基層管理組織專稱，一淺設一淺舖，由若干人常駐，專事疏濬和導引船隻，每舖有老人或總甲負責。

三年二月，總河都御史傅希摯請開迦河以避黃險，不果行。希摯又請濬梁山以下，與茶城互用，淤舊則通新而挑舊，淤新則通舊而挑新，築壩斷流，常通其一以備不虞。詔從所請。工未成，而河決崔鎮[1]，淮決高家堰，高郵湖決清水潭、丁志等口，淮城幾没。知府邵元哲開菊花潭，以洩淮安、高、寶三城之水，東方芻米少通。

明年春，督漕侍郎張翀[2]以築清水潭堤工鉅不克就，欲令糧船暫由圈子田以行。巡按御史陳功不可。河漕侍郎吳桂芳言：“高郵湖老堤，陳瑄所建。後白昂開月河，距湖數里，中爲土堤，東爲石堤，首尾建閘，名爲康濟河。其中堤之西，老堤之東，民田數萬畝，所謂圈子田也。河湖相去太遠，老堤缺壞不修，遂至水入圈田，又成一湖。而中堤潰壞，東堤獨受數百里湖濤，清水潭之決，勢所必至。宜遵弘治間王恕之議，就老堤爲月河，但修東西二堤，費省而工易舉。”帝命如所請行之。是年，元哲修築淮安長堤，又疏鹽城石礶口下流入海。

〔1〕崔鎮　在今江蘇泗陽縣西北，明代黃河北岸著名險工，萬曆初黃河屢決。潘季馴築遥隄障之。清康熙時改爲縷隄，外築遥隄。

〔2〕張翀　字子儀，廣西柳州人，萬曆二年至三年（1574—1575年）任

總督漕運。《明史》卷二一〇有傳。

五年二月，高郵石堤將成，桂芳請傍老堤十數丈開挑月河。因言："白昂康濟月河去老堤太遠，人心狃月河之安，忘老堤外捍之力。年復一年，不加省視，老、中二堤俱壞，而東堤不能獨存。今河與老堤近，則易於管攝。"御史陳世寶論江北河道，請於寶應湖堤補石堤以固其外，而於石堤之東復築一堤，以通月河，漕舟行其中。并議行。其冬，高郵湖土石二堤、新開漕河南北二閘及老堤加石、增護堤木城各工竣事。桂芳又與元哲增築山陽長堤，自板閘至黃浦亘七十里，閉通濟閘不用，而建興文閘，且新莊諸閘，築清江浦南堤，創板閘漕堤，南北與新舊堤接。板閘即故移風閘也。堤、閘并修，淮揚漕道漸固。

六年，總理河漕都御史潘季馴築高家堰，及清江浦柳浦灣以東加築禮、智二壩，修寶應、黃浦等八淺堤，高、寶減水閘四，又拆新莊閘而改建通濟閘於甘羅城[1]南。明初運糧，自瓜、儀至淮安謂之裏河，自五壩轉黃河謂之外河，不相通。及開清江浦，設閘天妃口，春夏之交重運畢，即閉以拒黃。歲久法弛，閘不封而黃水入。

嘉靖末，塞天妃口，於浦南三里溝開新河，設通濟閘以就淮水[2]。已又從萬恭言，復天妃閘。未幾，又從御史劉光國言，增築通濟，自仲夏至季秋，隔日一放回空漕船。既而啓閉不時，淤塞日甚，開朱家口引清水灌之，僅通舟。至是改建甘羅城南，專向淮水，使河不得直射。

[1] 甘羅城　在淮安西，係清江浦與黃河相交運口，城北有惠濟祠。

[2] 於浦南三里溝開新河設通濟閘以就淮水　三里溝南通洪澤湖，北接黃河，通濟閘在溝的南段。

十年，督漕尚書凌雲翼[1]以運船由清江浦出口多艱險，乃自浦西開永濟河[2]四十五里，起城南窰灣，歷龍江閘，至楊家澗出武家墩，折而東，合通濟閘出口。更置閘三，以備清江浦之險。是時漕河就治，淮、揚免水災者十餘年。初，黃河之害漕也，自金龍口而東，則會通以淤。迨塞沙灣、張秋閘，漕以安，則徐、沛間數被其害。至崔鎮高堰之決，黃、淮交漲而害漕，乃在淮、揚間，湖潰則敗漕。季馴以高堰障洪澤，俾堰東四湖勿受淮侵，漕始無敗。而河漕諸臣懼湖害，日夜常惴惴。

十三年，從總漕都御史李世達[3]議，開寶應月河。寶應氾光湖[4]，諸湖中最湍險者也，廣百二十餘里。槐角樓當其中，形曲如箕，瓦店翼其南，秤鈎灣翼其北。西風鼓浪，往往覆舟。陳瑄築堤湖東，蓄水爲運道。上有所受，下無所宣，遂決爲八淺，匯爲六潭，興、鹽諸場皆沒。而淮水又從周家橋漫入，溺人民，害漕運。武宗末年，郎中楊最請開月河，部覆不從。嘉靖中，工部郎中陳毓賢、戶部員外范韶、御史聞人詮、運糧千戶李顯皆以爲言，議行未果。至是，工部郎中許應逵建議，世達用其言以奏，乃決行之。濬河千七百餘丈，置石閘三，減水閘二，築堤九千餘丈，石堤三之一，子堤五千餘丈。工成，賜名弘濟。尋改石閘爲平水閘。應逵又築高郵護城堤。其後，弘濟南北閘，夏秋淮漲，吞吐不及，舟多覆者。神宗季年，督漕侍郎陳荐[5]於南北各開月河以殺河怒，而溜始平。

〔1〕凌雲翼　字洋山，（江蘇）太倉人，萬曆八年至十一年（1580—1583年）任總理河漕。《明史》卷二二二有傳。

〔2〕永濟河　參見《淮系年表》（武同舉編）淮系歷史分圖六十三。

〔3〕李世達　字子成，陝西涇陽人，萬曆十一年至十二年（1583—1584年）任總理河漕，《明史》卷二二〇有傳。

〔4〕氾光湖　標點本誤，應爲“氾光湖”，或作“范光湖”。

〔5〕陳荐　萬曆四十年至四十五年（1612—1617年）任總督漕運。

十五年，督漕侍郎楊一魁請修高家堰以保上流，砌范家口以制旁決，疏草灣以殺河勢，修禮壩以保新城。詔如其議。一魁又改建古洪閘。先是，汶、泗之水由茶城會黃河。隆慶間，濁流倒灌，稽阻運船，郎中陳瑛移黃河口於茶城東八里，建古洪、內華二閘[1]，漕河從古洪出口。後黃水發，淤益甚。一魁既改古洪，帝又從給事中常居敬言，令增築鎮口閘於古洪外，距河僅八十丈，吐納益易，糧運利之。

工部尚書石星議季馴、居敬條上善後事宜，請分地責成：接築塔山縷堤，清江浦草壩，創築寶應西堤，石砌邵伯湖堤，疏濬里河淤淺，當在淮、揚興舉；察復南旺、馬踏、蜀山、馬場四湖，建築坎河滾水壩[2]，加建通濟、永通二閘[3]，察復安山湖地，當在山東興舉。帝從其議。未幾，眾工皆成。

十九年，季馴言：“宿遷以南，地形西窪，請開縷堤放水。沙隨水入，地隨沙高，庶水患消而費可省。”又請易高家堰土堤爲石，築滿家閘西攔河壩，使汶、泗盡歸新河。設減水閘於李家口，以洩沛縣積水。從之。十月，淮湖大漲，江都淳家灣石堤、邵伯南壩、高郵中堤、朱家墩、清水潭皆決。郎中黃日謹築塞僅竣，而山陽堤亦決。

[1] 古洪內華二閘　萬曆年間開羊山新河，運口東移茶城東至鎮口入黃河，梁山至運河間建此二攔河閘。

[2] 坎河滾水壩　戴村壩引水樞紐之溢洪壩。

[3] 通濟永通二閘　在南旺湖以南嘉祥境內會通河上。

二十一年五月，恒雨。漕河汎溢，潰濟寧及淮河諸堤岸。總河尚書舒應龍議：築埕城壩，遏汶水之南，開馬踏湖月河口，導汶水之北。開通濟閘，放月河土壩以殺洶湧之勢。從其奏。數年之間，會通上下無阻，而黃、淮并漲，高堰及高郵堤數決害漕。應龍卒罷去。建議者紛紛，未有所定。

楊一魁代應龍爲總河尚書，力主分黃導淮。治逾年，工將竣，又請決湖水以疏漕渠，言："高、寶諸湖本沃壤也，自淮、黃逆壅，遂成昏墊。今入江入海之路即澹，宜開治涇河[1]、子嬰溝[2]、金灣河[3]諸閘及瓜、儀二閘，大放湖水，就湖疏渠，與高、寶月河相接。既避運道風波之險，而水涸成田，給民耕種，漸議起科，可充河費。"命如議行。時下流既疏，淮水漸帖，而河方決黃堌口。督漕都御史褚鈇[4]恐洩太多，徐、邳淤阻，力請塞之。一魁持不可，澹兩河口至小浮橋故道以通漕。然河大勢南徙，二洪漕屢涸，復大挑黃堌下之李吉口，挽黃以濟之，非久輒淤。

〔1〕涇河　在淮安縣南五十里，西通運河，河口有閘，東入射陽湖。
〔2〕子嬰溝　在寶應界首鎮南，西通運河，溝口有閘，東北入廣洋湖。
〔3〕金灣河　又名金灣閘河，在揚州邵伯鎮南，西與運河通，河口有金灣閘，東南入運鹽河。
〔4〕褚鈇　萬曆二十二年至二十五年（1594—1597 年）任總督漕運。

一魁入掌部事。二十六年，劉東星繼之，守一魁舊議，李吉口淤益高。歲冬月，即其地開一小河，春夏引水入徐州，如是者三年，大抵至秋即淤。乃復開趙家圈以接黃，開泇河以濟運。趙家圈旋淤，泇河未復，而東星卒。於是鳳陽巡撫都御史李三才建議自鎮口閘至磨兒莊傚閘河制，三十里一閘，凡建六閘於河中，節宣汶、濟之水，聊以通漕。漕舟至京，不復能如期矣。東星在事，開邵伯月河[1]，長十八里，闊十八丈有奇，以避湖險。又開界首月河[2]，長千八百餘丈。各建金門石閘二，漕舟利焉。

三十二年，總河侍郎李化龍始大開泇河，自直河至李家港二百六十餘里，盡避黃河之險。化龍憂去，總河侍郎曹時聘終其事，疏敘泇河之功，言："舒應龍創開韓家莊以洩湖水，而路始通。劉東星大開良城、侯家莊以試行運，而路漸廣。李化龍上開李家港，鑿都水石，下開直河口，挑田家莊，殫力經營，行運過半，而路始開，故臣得接踵告竣。”因條上善後六事，運道由此大通。其後，每年三月開迦河壩，由直河口進，九月開召公壩入黃河，糧艘及官民船悉以爲準。

〔1〕邵伯月河　南自揚州邵伯鎮，北至露筋鎮，在運河西側，倚邵伯湖爲渠。

〔2〕界首月河　在高郵界首鎮境內，在運河西側，倚界首湖爲渠。

四十四年，巡漕御史朱階請修復泉湖，言：“宋禮築壩戴村，奪二汶入海之路，灌以成河，復導洙、泗、洸、沂諸水以佐之。汶雖率衆流出全力以奉漕，然行遠而竭，已自難支。至南旺，又分其四以南迎淮，六以北赴衛，力分益薄。況此水夏秋則漲，冬春而涸，無雨即夏秋亦涸。禮逆慮其不可恃，乃於沿河昭陽、南旺、馬踏、蜀山、安山諸湖設立斗門，名曰水櫃。漕河水漲，則瀦其溢出者於湖，水消則決而注之漕。積泄有法，盜決有罪，故旱澇恃以無恐。及歲久禁弛，湖淺可耕，多爲勢豪所占，昭陽一湖已作籓田。比來山東半年不雨，泉欲斷流，按圖而索水櫃，茫無知者。乞敕河臣清核，亟築堤壩斗門以廣蓄儲。”帝從其請。

方議濬泉湖，而河決徐州狼矢溝，由蛤鰻諸湖入迦河，出直口，運船迎溜艱險。督漕侍郎陳荐開武河等口，洩水平溜。後二年，決口長淤沙，河始復故道。總河侍郎王佐加築月壩以障之。至泰昌元年冬，佐言：“諸湖水櫃已復，安山湖且復五十五里，誠可利漕。請以水櫃之廢興爲河官殿最。”從之。

天啓元年，淮、黃漲溢，決裏河[1]王公祠，淮安知府宋統殷、山陽知縣練國事力塞之。

三年秋，外河復決數口，尋塞。

是年冬，濬永濟新河。自凌雲翼開是河，未幾而閉。總河都御史劉士忠嘗開壩以濟運，已復塞。而淮安正河三十年未濬。故議先挑新河，通運船回空，乃濬正河，自許家閘至惠濟祠長千四百餘丈，復建通濟月河小閘，運船皆由正河，新河復閉。時王家集、磨兒莊湍溜日甚，漕儲參政朱國盛[2]謀改濬一河以爲漕計，令同知宋士中自洳口迤東抵宿遷陳溝口，復泝駱馬湖，上至馬頰河，往迴相度。乃議開馬家洲，且疏馬頰河口淤塞，上接洳流，下避劉口之險，又疏三汊河流沙十三里，開滔莊河百餘丈，濬深小河二十里，開王能莊二十里，以通駱馬湖口，築塞張家等溝數十道，束水歸漕。計河五十七里，名通濟新河。

五年四月，工成，運道從新河，無劉口、磨兒莊諸險之患。

明年，總河侍郎李從心開陳溝地十里，以竟前工。

〔1〕裏河　即淮安至揚州運河，或稱裏運河、轉運河、淮揚運河。
〔2〕朱國盛　字敬韜，華亭（今上海松江縣）人，天啓時曾任南河郎中，任上主持編輯《南河志》，是明後期黃運兩河專志的代表作。

崇禎二年，淮安蘇家嘴、新溝大壩并決，没山、鹽、高、泰民田。

五年，又決建義北壩。總河尚書朱光祚濬駱馬湖，避河險十三處，名順濟河[1]。

六年，良城至徐塘淤爲平陸，漕運愆期，奪光祚官，劉榮嗣[2]繼之。

八年，駱馬湖淤阻，榮嗣開河徐、宿，引注黃水，被劾，得重罪。侍郎周鼎[3]繼之，乃專力於洳河，濬麥河支河，築王母山前後壩、勝陽山東堤、馬蹄匡十字河攔水壩，挑良城閘抵徐塘口六千餘丈。

九年夏，洳河復通，由宿遷陳溝口合大河。鼎又修高家堰及

新溝漾田營堤，增築天妃閘石工，去南旺湖彭口沙磧，濬劉呂莊
至黃林莊百六十里。而是時，黃、淮漲溢日甚，倒灌害漕。鼎在
事五年，卒以運阻削職。繼之者侍郎張國維，甫莅任，即以漕涸
被責。

    〔1〕順濟河 在駱馬湖南，西在馬頰口與泇河通，東迄宿遷，與黃河大
致平行。沿河有皁河口、董口、直河口、陳口等口與黃河通。
    〔2〕劉榮嗣 字敬仲，直隸曲周人，崇禎六年至八年（1633 —1635
年）任總理河道。
    〔3〕周鼎 直隸宜興人，崇禎八年至十三年（1635 —1640 年）任總理河
道，在官五年，因漕舟阻淺遭遣戍。

    十四年，國維言："濟寧運道自棗林閘溯師家莊、仲家淺二閘，
歲患淤淺，每引泗河由魯橋入運以濟之。伏秋水長，足資利涉。而
挾沙注河，水退沙積，利害參半。旁自白馬河匯鄒縣諸泉，與泗合
流而出魯橋，力弱不能敵泗，河身半淤，不爲漕用。然其上源寬處
正與仲家淺閘相對，導令由此入運，較魯橋高下懸殊，且易細流爲
洪流，又減沙滲之患，而濟仲家淺及師莊、棗林，有三便。"又言：
"南旺水本地脊，惟藉泰安、新泰、萊蕪、寧陽、汶上、東平、平
陰、肥城八州縣泉源，由汶入運，故運河得通。今東平、平陰、肥
城淤沙中斷，請亟濬之。"
    復上疏運六策：一復安山湖水櫃以濟北閘，一改挑滄浪河從萬
年倉出口以利四閘，一展濬汶河、陶河上源以濟邳派，一改道沂河
出徐塘口以并利邳、宿，其二即開三州縣淤沙及改挑白馬湖也。皆
命酌行。
    國維又濬淮揚漕河三百餘里。當是時，河臣竭力補苴，南河稍
寧，北河數淺阻。而河南守臣壅黃河以灌賊。河大決開封[1]，下流
日淤，河事益壞，未幾而明亡矣。

〔1〕河大決開封 事在崇禎十五年（1642 年）九月，時李自成圍開封，明守臣於朱家寨決黃河灌起義軍。起義軍又決其上游馬家口，二股決河合流，洪水入開封，溺死居民數十萬，決河經鄢陵、鹿邑，自亳州入渦河。參見《明史·河渠二》。

河 渠 四

（《明史》卷八十六）

運 河 下

江南運河，自杭州北郭務至謝村北，爲十二里洋，爲塘棲，德清之水入之。逾北陸橋入崇德界，過松老抵高新橋，海鹽支河通之。繞崇德城南，轉東北，至小高陽橋東，過石門塘，折而東，爲王灣。至阜林，水深者及丈。過永新，入秀水界，踰陡門鎮，北爲分鄉舖，稍東爲繡塔。北由嘉興城西轉而北，出杉青三閘，至王江涇鎮，松江運艘自東來會之。北爲平望驛，東通鶯脰湖，湖州運艘自西出新興橋會之。北至松陵驛，由吳江至三里橋，北有震澤，南有黃天蕩，水勢瀰湃，夾浦橋屢建。北經蘇州城東鮎魚口，水由鱟塘入之。北至楓橋，由射瀆經滸墅關，過白鶴舖，長洲、無錫兩邑之界也。錫山驛水僅浮瓦礫。過黃埠，至洛社橋，江陰九里河之水通之。西北爲常州，漕河舊貫城，入東水門，由西水門出。嘉靖末防倭，改從南城壕。江陰，順塘河水由城東通丁堰，沙子湖在其西南，宜興鐘溪之水入之。又西，直瀆水入之，又西爲奔牛、呂城二閘[1]，常、鎮界其中，皆有月河以佐節宣，後并廢。其南爲金壇河，溧陽、高淳之水出焉。丹陽南二十里爲陵口，北二十五里爲黃泥壩，舊皆置閘。練湖水高漕河數丈，一由三思橋，一由仁智橋，皆入運。北過丹徒鎮，有猪婆灘多軟沙。丹徒以上運道，視江潮爲盈涸。過鎮江，出京口閘[2]，閘外沙堵延袤二十丈，可藏舟避風，由此浮於江，與瓜步對。自北郭至京口首尾八百餘里，皆平流。歷嘉而蘇，眾水所聚，至常州以西，地漸高仰，水淺易洩，盈涸不恒，時濬時壅，往往兼取孟瀆、德勝兩河[3]，東浮大江，以達揚、泰。

[1] 奔牛呂城二閘　二閘在常州、丹陽間，係江南運河著名船閘。參見

陸游《入蜀記》。

〔2〕京口閘　在鎮江江口。唐代名京口埭，後廢堰爲閘。

〔3〕孟瀆得勝兩河　均在今江蘇武進境内，南接運河，北通江，是明代經常使用的運道。

　　洪武二十六年，嘗命崇山侯李新開溧水胭脂河[1]，以通浙漕，免丹陽輸輓及大江風濤之險。而三吳之粟，必由常、鎮。

　　三十一年，濬奔牛、吕城二壩河道。

　　永樂間，修練湖[2]堤。即命通政張璉發民丁十萬，濬常州孟瀆河，又濬蘭陵溝，北至孟瀆河閘，六千餘丈，南至奔牛鎮，千二百餘丈。已復濬鎮江京口、新港及甘露三港，以達於江。漕舟自奔牛溯京口，水涸則改從孟瀆右趨瓜洲，抵白塔，以爲常。

　　宣德六年，從武進民請，疏德勝新河四十里。八年，工竣。漕舟自德勝北入江，直泰興之北新河。由泰州壩抵揚子灣入漕河，視白塔尤便。於是漕河及孟瀆、德勝三河并通，皆可濟運矣。

　　正統元年，廷臣上言："自新港至奔牛，漕河百五十里，舊有水車捲江潮灌注，通舟溉田。請支官錢置車。"詔可。然三河之入江口，皆自卑而高，其水亦更迭盈縮。

　　八年，武進民請濬德勝及北新河。浙江都司蕭華則請濬孟瀆。巡撫周忱定議濬兩河，而罷北新築壩。白塔河之大橋閘以時啓閉，而常鎮漕河亦疏濬焉。

　　〔1〕胭脂河　在溧水縣西十里，其地有胭脂岡，因名。洪武二十六年（1393年）議通蘇浙糧運，命崇山侯李新鑿開胭脂岡，引石白湖水會於秦淮以爲運河。永樂初廢。

　　〔2〕練湖　江南運河的濟運水櫃，在今江蘇丹陽市境内。有關練湖的記載始見唐《元和郡縣圖志》，參見該書卷二五。清末練湖逐漸圍墾爲田。

　　景泰間，漕河復淤，遂引漕舟盡由孟瀆。

三年，御史練綱言："漕舟從夏港及孟瀆出江，逆行三百里，始達瓜洲。德勝直北新，而白塔又與孟瀆斜直，由此兩岸橫渡甚近，宜大疏淤塞。"帝命尚書石璞措置。會有請鑿鎮江七里港，引金山[1]上流通丹陽，以避孟瀆險者。鎮江知府林鶚以爲迂道多石，壞民田墓多，宜濬京口閘、甘露壩，道里近，功力省。乃從鶚議。浙江參政胡清又欲去新港、奔牛等壩，置石閘以蓄泉。亦從其請。而濬德勝河與鑿港之議俱寢。然石閘雖建，蓄水不能多，漕舟仍入孟瀆。

天順元年，尚寶少卿凌信言，糧艘從鎮江裏河爲便。帝以爲然，命糧儲河道都御史李秉通七里港口，引江水注之，且濬奔牛、新港之淤。巡撫崔恭又請增置五閘。至成化四年，閘工始成。於是漕舟盡由裏河，其入二河者，回空之艘及他舟而已。定制，孟瀆河口與瓜、儀諸港俱三年一濬。孟瀆寬廣不甚淤，裏河不久輒涸，則又改從孟瀆。

弘治十七年，部臣復陳夏港、孟瀆遠浮大江之害，請亟濬京口淤，而引練湖灌之。詔速行。

正德二年，復開白塔河及江口、大橋、潘家、通江四閘。

十四年，從督漕都御史臧鳳[2]言，濬常州上下裏河，漕舟無阻者五十餘載。

萬曆元年，又漸涸，復一濬之。歲貢生許汝愚上言："國初置四閘：曰京口，曰丹徒，防三江之涸；曰呂城，曰奔牛，防五湖之洩。自丹陽至鎮江蓄爲湖者三：曰練湖，曰焦子，曰杜墅。歲久，居民侵種，焦、杜二湖俱涸，僅存練湖，猶有侵者。而四閘俱空設矣。請濬三湖故址通漕。"總河傅希摯言："練湖已濬，而焦子、杜墅源少無益。"其議遂寢。未幾，練湖復淤淺。

[1] 金山　在江蘇鎮江京口西北。

〔2〕臧鳳　正德十三年至十六年（1518—1521年）任總督漕運。

　　五年，御史郭思極、陳世寶先後請復練湖，濬孟瀆。而給事中湯聘尹則請於京口旁別建一閘，引江流内注，潮長則開，縮則閉。御史尹良任又言：“孟瀆渡江入黃家港，水面雖闊，江流甚平，由此抵泰興以達灣頭、高郵僅二百餘里，可免瓜、儀不測之患。，至如京口北渡金山而下，中流遇風有漂溺患，宜挑甘露港夾岸洲田十餘里，以便回泊。”御史林應訓又言：“自萬緣橋抵孟瀆，兩厓陡峻，雨潦易圮，且江潮湧沙，淤塞難免。宜於萬緣橋、黃連樹各建閘以資蓄洩。”又言：“練湖自西晉陳敏[1]遏馬林溪，引長山八十四溪之水以溉雲陽，堤名練塘，又曰練河，凡四十里許。環湖立涵洞十三。宋紹興時，中置橫埂，分上下湖，立上、中、下三閘。八十四溪之水始經辰溪衝入上湖，復由三閘轉入下湖。洪武間，因運道澀，依下湖東堤建三閘，借湖水以濟運，後乃漸埋。今當盡革侵佔，復濬爲湖。上湖四際夾阜，下湖東北臨河，原埂完固，惟應補中間缺口，且增築西南，與東北相應。至三閘，惟臨湖上閘如故，宜增建中、下二閘，更設減水閘二座，界中、下二閘間。共革田五千畝有奇，塞沿堤私設涵洞，止存其舊十三處，以宣洩湖水。冬春即閉塞，毋得私啓。蓋練湖無源，惟借瀦蓄，增堤啓閘，水常有餘，然後可以濟運。臣親驗上湖地仰，八十四溪之水所由來，懼其易洩；下湖地平衍，僅高漕河數尺，又常懼不盈。誠使水裕堤堅，則應時注之，河有全力矣。”皆下所司酌議。

　　〔1〕陳敏　字令通，廬江人，《晉書》卷一〇〇有傳。陳敏開練湖事，參見唐《元和郡縣圖志》卷二五。

　　十三年，鎮江知府吳撝謙復言：“練湖中堤宜飭有司春初即修，以防衝決，且禁勢豪侵占。”從之。

十七年，濬武進橫林[1]漕河。

崇禎元年，濬京口漕河。

五年，太常少卿姜志禮[2]建《漕河議》，言："神廟初，先臣竇著《漕河議》，當事采行，不開河而濟運者二十餘年。後復佃湖妨運，歲累畚鍤。故老有言，"京口閘底與虎丘塔頂平"，是可知挑河無益，蓄湖爲要也。今當革佃修閘，而高築上下湖圍埂，蓄水使深。且漕河閘座非僅京口、呂城、新閘、奔牛數處而已，陵口、尹公橋、黃泥壩、新豐、大犢山節節有閘，皆廢去，并宜修建。而運道支流如武進洞子河、連江橋河、扁擔河，丹陽簡橋河、陳家橋河、七里橋河、丁議河、越瀆河，滕村溪之大壩頭，丹陽甘露港南之小閘口，皆應急修整。至奔牛、呂城之北，各設減水閘。歲十月實以土，商民船盡令盤壩。此皆舊章所當率由。近有欲開九曲河，使運船竟從泡港閘出江，直達揚子橋，以免瓜洲啓閘稽遲者，試而後行可也。回空糧艘及官舫，宜由江行，而於河莊設閘啓閉。數役并行，漕事乃大善矣。"議不果行。

[1] 橫林　鎮名，又名東橫林，在今江蘇常州東南，鎮沿運河兩岸東西延伸。

[2] 姜志禮　字立之，江蘇丹陽人，天啓三年（1623年）由浙江副使入爲尚寶少卿，尋進卿。《明史》卷二三七有傳。

江漕者，湖廣漕舟由漢、沔下潯陽，江西漕舟出章江、鄱陽而會於湖口，暨南直隸寧、太、池、安、江寧、廣德之舟，同浮大江，入儀真通江閘[1]，以溯淮揚入閘河。瓜、儀之間，運道之咽喉也。洪武中，餉遼卒者，從儀真上淮安，由鹽城汎海[2]；餉梁、晉者，亦從儀真赴淮安，盤壩入淮。江口則設壩置閘，凡十有三。濬揚子橋河至黃泥灣九千餘丈。

永樂間，濬儀真清江壩、下水港及夾港河，修沿江堤岸。

洪熙元年濬儀真壩河，後定制儀真壩下黃泥灘、直河口二港及瓜洲二港、常州之孟瀆河皆三年一濬。

宣德間，從侍郎趙新、御史陳祚請，濬黃泥灘、清江閘。

成化中，建閘於儀真通江河港者三，江都之留潮通江者二。已而通江港塞。

弘治初，復開之，既又於總港口建閘蓄水。儀真、江都二縣間，有官塘五區，築閘蓄水，以溉民田，豪民占以爲業，真、揚之間運道阻梗。

嘉靖二年，御史秦鉞請復五塘。從之。

萬曆五年，御史陳世寶言：“儀真江口，去閘太遠，請於上下十數丈許增建二閘，隨湖啓閉，以截出江之船，盡令入閘，庶免遲滯。”疏上，議行。

〔1〕通江閘　在儀真東南瓜洲運河通江之處。參見明王瓊《漕河圖志》圖一一。

〔2〕洪武中餉遼卒者從儀真上淮安由鹽城汎海　該運道西自揚州城東十五里彎頭，東至泰州折而北，經鹽城至廟灣鎮通海，又爲當時運鹽河的一支。

白塔河者，在泰州。上通邵伯，下接大江，斜對常州孟瀆河與泰興北新河，皆浙漕間道也。自陳瑄始開。

宣德間，從趙新、陳祚請，命瑄役夫四萬五千餘人濬之，建新閘、潘家莊、大橋、江口四閘。

正統四年，水潰閘塞，都督武興因閉不用，仍自瓜洲盤壩。瓜洲之壩，洪武中置，凡十五，列東西二港間[1]。

永樂間，廢東壩爲廠，以貯材木，止存西港七壩。漕舟失泊，屢遭風險。英宗初年，乃復濬東港。既而，巡撫周忱築壩白塔河之大橋閘，以時啓閉，漕舟稍分行。自鎮江裏河開濬，漕舟出甘露、新港，徑渡瓜洲；而白塔、北新，皆以江路險遠，捨而不由矣。

〔1〕列東西二港間　即東港、西港，皆在瓜洲運河與長江相通之處，中爲通江閘。參見明王瓊：《漕河圖志》圖一一。

衛漕者，即衛河。源出河南輝縣，至臨清與會通河合，北達天津。自臨清以北皆稱衛河。詳具本志。

白漕者，即通濟河。源出塞地，經密雲縣霧靈山，爲潮河川〔1〕。而富河、曾口河、七渡河、桑乾河、三里河俱會於此，名曰白河。南流經通州，合通惠及榆、渾諸河，亦名潞河。三百六十里，至直沽會衛河入海，賴以通漕。楊村以北，勢若建瓴，底多淤沙。夏秋水漲苦潦，冬春水微苦澀。衝潰徙改頗與黃河同。要兒渡者，在武清、通州間，尤其要害處也。

自永樂至成化初年，凡八決，輒發民夫築堤。而正統元年之決，爲害尤甚，特敕太監沐敬、安遠侯柳溥、尚書李友直隨宜區畫，發五軍營卒五萬及民夫一萬築決堤。又命武進伯朱冕、尚書吳中役五萬人，去河西務二十里鑿河一道，導白水入其中。二工并竣，人甚便之，賜河名曰通濟，封河神曰通濟河神。先是，永樂二十一年築通州抵直沽河岸，有衝決者，隨時修築以爲常。迨通濟河成，決岸修築者亦且數四。

萬曆三十一年，從工部議，挑通州至天津白河，深四尺五寸，所挑沙土即築堤兩岸，著爲令。

大通河者，元郭守敬所鑿。由大通橋東下，抵通州高麗莊，與白河合，至直沽，會衛河入海，長百六十里有奇。十里一閘，蓄水濟運，名曰通惠。又以白河、榆河、渾河合流，亦名潞河。洪武中漸廢。

永樂四年八月，北京行部言：“宛平、昌平、西湖景〔2〕東牛欄莊及青龍、華家、甕山三閘，水衝決岸。”命發軍民修治。明年復言：“自西湖景東至通流〔3〕，凡七閘，河道淤塞。自昌平東南白浮

村至西湖景東流水河口一百里^[4]，宜增置十二閘。”從之。未幾，
閘俱堙，不復通舟。

[1] 潮河川　今名潮河，與白河匯合後又名潮白河。
[2] 西湖景　今北京頤和園昆明湖前身。標點本誤作：“宛平昌平西湖、
景東牛欄莊及青龍、華家、甕山三閘。”誤，今改。
[3] 標點本誤作“自西湖、景東至通流，”誤，今改。
[4] 標點本作：“自昌平東南白浮村至西湖、景東流水河口一百里”，誤，
今改。

　　成化中，漕運總兵官楊茂言：“每歲自張家灣^[1]舍舟，車轉至
都下，雇值不資。舊通惠河石閘尚存，深二尺許，修閘瀦水，用小
舟剝運便。”又有議於三里河從張家灣烟墩橋以西疏河泊舟者。下廷
臣集議，遣尚書楊鼎、侍郎喬毅相度。上言：“舊閘二十四座，通水
行舟。但元時水在宮牆外，舟得入城内海子灣^[2]。今水從皇城金水
河出，故道不可復行。且元引白浮泉往西逆流，今經山陵，恐妨地
脉。又一畝泉過白羊口山溝，兩水冲截難引。若城南三里河舊無河
源，正統間修城壕，恐雨多水溢，乃穿正陽橋東南窪下地，開壕口
以泄之，始有三里河名。自壕口八里，始接渾河舊渠兩岸多廬墓^[3]，
水淺河窄，又須增引別流相濟。如西湖草橋源出玉匠局、馬跑等地，
泉不深遠。元人曾用金口水^[4]，洶涌没民舍，以故隨廢。惟玉泉、
龍泉及月兒、柳沙等泉，皆出西北，循山麓而行，可導入西湖。請
濬西湖之源，閉分水清龍閘^[5]，引諸泉水從高梁河，分其半由金水
河出，餘則從都城外壕流轉，會於正陽門東。城壕且閉，令勿入三
里河併流。大通橋閘河隨旱澇啓閉，則舟獲近倉，甚便。”帝從其
議。方發軍夫九萬修濬，會以災异，詔罷諸役。所司以漕事大，乃
命四萬人濬城壕，而西山、玉泉及抵張家灣河道，則以漸及焉。
　　越五年，乃敕平江伯陳鋭，副都御史李裕，侍郎翁世資、王詔

督漕卒濬通惠河，如鼎、毅前議。

明年六月，工成，自大通橋至張家灣渾河口六十餘里，濬泉三，增閘四，漕舟稍通。然元時所引昌平三泉俱遏不行，獨引一西湖，又僅分其半，河窄易盈涸。不二載，澀滯如舊。

正德二年，嘗一濬之，且修大通橋至通州閘十有二，壩四十有一。

〔1〕張家灣　鎮名，在今北京通州南，係明代北運河與通惠河的交接段。明永樂十六年（1418年）在此地始建倉廠，又漸次興建了上、中、下碼頭，成爲京杭運河重要中轉樞紐之一。

〔2〕海子灣　即北京積水潭，元代通惠河最北端碼頭，運船可直達。參見蔡蕃：《北京古運河與城市供水研究》第二章，北京出版社，1987年。

〔3〕自壩口八里始接渾河舊渠兩岸多廬墓　標點本作"自壩口八里，始接渾河，"有誤。自壩口八里地方沒有渾河，只有故道，因此是接渾河舊渠。今改。

〔4〕金口水　又名金口河，金大定十二年（1172年）開，二十七年（1187年）爲都城防洪安全計堵塞不用。元至元三年（1266年）郭守敬重開，引水以濟運。元末开金口新河，自今北京石景山西北三家店永定河引水，東南流入北京西玉淵潭，經北京東南至通州南高麗莊入北運河，長約一百二十里。

〔5〕清龍閘　據《長安客話》等記載，均作"青龍閘"。

嘉靖六年，御史吳仲言："通惠河屢經修復，皆爲權勢所撓。顧通流等八閘遺跡俱存，因而成之，爲力甚易，歲可省車費資二十餘萬。且歷代漕運皆達京師，未有貯國儲於五十里外者。"帝心以爲然，命侍郎王軏、何詔及仲偕相度。軏等言："大通橋地形高白河六丈餘，若濬至七丈，引白河達京城，諸閘可盡罷，然未易議也。計獨濬治河閘，但通流閘在通州舊城中，經二水門，南浦、土橋、廣利三閘[1]皆闤闠衢市，不便轉輓。惟白河濱舊小河廢壩西[2]不一里至堰水小壩，宜修築之，使通普濟閘，可省四閘兩關轉搬力。"而尚書桂萼言不便，請改修三里河。帝下其疏於大學士楊一清[2]、張璁[3]。一清言："因舊閘行轉搬法，省運軍勞費，宜斷行之。"璁亦言："此一勞永逸之計，蕚所論費廣功難。"帝乃却蕚議。

[1] 南浦土橋廣利三閘　南浦閘在今北京通州城南門外；土橋閘在今北京通州張家灣北土橋村；廣利閘有上下二閘，一在張家灣北，一在張家灣東，元代始建。

[2] 惟白河濱舊小河廢壩西不一里至堰水小壩　"堰水小壩"指元代郭守敬爲了堵塞金代入白河舊道在通州西門附近修建擋水小壩，而"白河濱舊小河廢壩"則指堰水小壩下游入白河位置的廢壩。故標點應該斷在小壩處。

[3] 楊一清　字應寧，雲南安寧人，《明史》卷一九八有傳。

[4] 張璁　字秉用，浙江永嘉人，《明史》卷一九六有傳。

明年六月，仲報河成，因疏五事，言："大通橋至通州石壩[1]，地勢高四丈，流沙易淤，宜時加濬治。管河主事宜專委任，毋令兼他務。官吏、閘夫以罷運裁減，宜復舊額。慶豐上閘、平津中閘[2]今已不用，宜改建通州西水關外。剝船造費及遞歲修艁，俱宜酌處。"帝以先朝屢勘行未即功，仲等四閱月工成，詔予賞，悉從其所請。仲又請留督工郎中何棟專理其事，爲經久計。從之。九年擢棟右通政，仍管通惠河道。是時，仲出爲處州知府，進所編通惠河志[3]。帝命送史館，采入會典，且頒工部刊行。自此漕艘直達京師，迄於明末。人思仲德，建祠通州祀之。

[1] 通州石壩　位于北京通州北門外，此次新建成，爲北運河與通惠河啣接的漕運碼頭。

[2] 慶豐上閘平津中閘　俱在通惠河上，慶豐閘原是木閘，至順元年（1330年）改爲石閘，有上下二閘，相距五里，此時上閘仍在使用。平津閘原有上、中、下三閘，後中閘廢。

[3]《通惠河志》　明吳仲主持編輯，明嘉靖十二年（1533年）成書。有上、下二卷。吳仲，字亞甫，武進人，官至處州知府。

薊州河者[1]，運薊州官軍餉道也。明初，海運餉薊州。

天順二年，大河衛百户閔恭言："南京并直隸各衛，歲用旗軍運糧三萬石至薊州等衛倉，越大海七十餘里，風濤險惡。新開沽河，北望薊州，正與水套、沽河直，衺四十餘里而徑，且水深，其間阻隔者僅四之一，若穿渠以運，可無海患。"下總兵都督宋勝、巡按御史李敏行視可否。勝等言便，遂開直沽河。闊五丈，深丈五尺。

成化二年一濬，二十年再濬，并濬鴉鴻橋河道，造豐潤縣海運糧儲倉。

正德十六年，運糧指揮王瓚言："直沽東北新河，轉運薊州，河流淺，潮至方可行舟。邊關每匱餉，宜濬使深廣。"從之。

初，新河三歲一濬。嘉靖元年易二歲，以爲常。

十七年，濬殷留莊大口至舊倉店百十六里。

[1] 薊州河　北起薊州（治今天津薊州區）南合潮河，下至天津北塘通海。

豐潤環香河[1]者，濬自成化間，運粟十餘萬石以餉薊州東路者也。後堙廢，餉改薊州給，大不便。嘉靖四十五年從御史鮑承蔭請，復之，且建三閘於北濟、張官屯、鴉鴻橋以瀦水[2]。

[1] 環香河　北自今河北唐山豐潤區西南入潮河。
[2]〔標點本原注〕：且建三閘於北濟、張官屯、鴉鴻橋以瀦水。北濟，《世宗實錄》卷五六三"嘉靖四十五年十月己未"條作"北齊莊"。

昌平河，運諸陵官軍餉道也。起鞏華城[1]外安濟橋，抵通州渡口。衺百四十五里，其中淤淺三十里難行。隆慶六年大濬，運給長陵等八衛官軍月糧四萬石，遂成流通。萬曆元年復疏鞏華城外舊河。

〔1〕鞏華城 位于昌平縣沙河鎮。

海 運[1]

海運，始於元至元中。伯顔用朱清、張瑄運糧輸京師，僅四萬餘石。其後日增，至三百萬餘石。初，海道萬三千餘里，最險惡，既而開生道，稍徑直。後殷明略又開新道，尤便。然皆出大洋，風利，自浙西抵京不過旬日，而漂失甚多。

洪武元年，太祖命湯和[2]造海舟，餉北征士卒。天下既定，募水工運萊州洋海倉粟以給永平。後遼左及迤北數用兵，於是靖海侯吳禎[3]、延安侯唐勝宗[4]、航海侯張赫[5]、舳艫侯朱壽[6]先後轉遼餉，以爲常。督江、浙邊海衛軍大舟百餘艘，運糧數十萬。賜將校以下綺帛、胡椒、蘇木、錢鈔有差，民夫則復其家一年，溺死者厚恤。

三十年，以遼東軍餉贏羨，第令遼軍屯種其地，而罷海運。

〔1〕本標題爲注釋者所加。
〔2〕湯和 字鼎臣，安徽鳳陽人，《明史》卷一二六有傳。
〔3〕吳禎初 名國寶，賜名禎，洪武元年（1368年）封靖海侯。《明史》卷一三一有傳。
〔4〕唐勝宗 安徽鳳陽人，洪武三年（1370年）封延安侯。《明史》卷一三一有傳。
〔5〕張赫 臨淮人，洪武督海運，封航海侯。《明史》卷一三〇有傳。
〔6〕朱壽 與張赫督漕運有功，洪武二十年（1387年）封舳艫侯。

永樂元年，平江伯陳瑄督海運糧四十九萬餘石，餉北京、遼東。

二年，以海運但抵直沽，別用小船轉運至京，命於天津置露囤千四百所，以廣儲蓄。

四年，定海陸兼運。瑄每歲運糧百萬，建百萬倉於直沽尹兒灣城。天津衛籍兵萬人戍守。至是，命江南糧一由海運，一由淮、黃，陸運赴衛河，入通州，以爲常。陳瑄上言：“嘉定瀕海，當江流之衝，地平衍，無大山高嶼。海舟停泊，或值風濤，觸堅膠淺輒敗。宜於青浦築土爲山，立堠表識，使舟人知所避，而海險不爲患。”詔從之。

十年九月，工成。方百丈，高三十餘丈。賜名寶山。御制碑文紀之[1]。

十三年五月，復罷海運，惟存遮洋一總，運遼、薊糧。

正統十三年，減登州衛海船百艘爲十八艘，以五艘運青、萊、登布花鈔錠十二萬餘觔，歲賞遼軍。

成化二十三年，侍郎丘濬進《大學衍義補[2]》，請尋海運故道與河漕并行，大略言：“海舟一載千石，可當河舟三，用卒大減。河漕視陸運費省什三，海運視陸省什七，雖有漂溺患，然省牽卒之勞、駁淺之費、挨次之守，利害亦相當。宜訪素知海道者，講求勘視。”其説未行。

弘治五年，河決金龍口，有請復海運者，朝議弗是。

〔1〕御製碑文紀之　參見《四部叢刊初編》《皇明文衡》卷七七楊士奇：《奉天翊衛推誠宣力武臣特進榮禄大夫柱國追封平江侯謚恭襄陳公神道碑銘》。

〔2〕大學衍義補　丘濬撰，共一百六十卷。文中力主海運，涉及明初海運史實，收入《四庫全書》。

嘉靖二年，遮洋總漂糧二萬石，溺死官軍五十餘人。

五年，停登州造船。

二十年，總河王以旂以河道梗澀，言：“海運雖難行，然中間平度州東南有南北新河一道[1]，元時建閘直達安東，南北悉由內洋而行，路捷無險，所當講求。”帝以海道迂遠，却其議。

　　三十八年，遼東巡撫侯汝諒言："天津入遼之路，自海口至右屯河通堡不及二百里，其中曹泊店、月坨桑、姜女墳、桃花島皆可灣泊。"部覆行之。

　　四十五年，順天巡撫耿隨朝勘海道，自永平西下海，百四十五里至紀各莊，又四百二十六里至天津，皆傍岸行舟。其間開洋百二十里，有建河、糧河、小沽、大沽河可避風。初允其議，尋以御史劉翾疏沮而罷。

　　是年，從給事中胡應嘉言，革遮洋總。

　　隆慶五年，徐、邳河淤，從給事中宋良佐言，復設遮洋總，存海運遺意。山東巡撫梁夢龍[2]極論海運之利，言："海道南自淮安至膠州，北自天津至海倉，島人商賈所出入。臣遣卒自淮、膠各運米麥至天津，無不利者。淮安至天津三千三百里，風便，兩旬可達。舟由近洋，島嶼聯絡，雖風可依，視殷明略故道甚安便。五月前風順而柔，此時出海可保無虞。"命量撥近地漕糧十二萬石，俾夢龍行之。

　　〔1〕平度州東南有南北新河一道　即膠萊運河，參見《元史·河渠志》。
　　〔2〕梁夢龍　字乾吉，真定人。隆慶四年（1570年）二月巡撫山東，次年十一月改撫河南，隆慶六年（1572年）以復海運功升俸一級。著有《海運新考》。《明史》卷二二五有傳。

　　六年，王宗沐[1]督漕，請行海運。詔令運十二萬石自淮入海。其道，由雲梯關東北歷鷹游山、安東衛、石臼所、夏河所、齊堂島、靈山衛、古鎮、膠州、鰲山衛、大嵩衛、行村寨，皆海面。自海洋所歷竹島、寧津所、靖海衛，東北轉成山衛、劉公島、威海衛，西歷寧海衛，皆海面。自福山之罘島至登州城北新海口沙門等島，西歷桑島、崓矶島，自崓矶西歷三山島、芙蓉島、萊州大洋、海倉口；自海倉西歷淮河海口、魚兒舖，西北歷侯鎮店、唐頭寨；自侯鎮西北大清河、小清河海口，乞溝河入直沽，抵天津衛。凡三千三百九十里。

萬曆元年，即墨福山島壞糧運七艘，漂米數千石，溺軍丁十五人。給事、御史交章論其失，罷不復行。

二十五年，倭寇作，自登州運糧給朝鮮軍。山東副使于仁廉復言："餉遼莫如海運，海運莫如登、萊。蓋登、萊度金州六七百里，至旅順口僅五百餘里，順風揚帆一二日可至。又有沙門、鼉磯、皇城等島居其中，天設水遞，止宿避風。惟皇城至旅順二百里差遠，得便風不半日可度也。若天津至遼，則大洋無泊；淮安至膠州，雖僅三百里，而由膠至登千里而遙，礁磧難行。惟登、萊濟遼，勢便而事易。"時頗以其議爲然，而未行也。

〔1〕王宗沐　字新甫，浙江臨海人，隆慶五年至萬曆二年（1571—1574年）任總督漕運，著有《海運詳考》一卷、《海運志》二卷。《明史》卷二二三有傳。

四十六年，山東巡撫李長庚〔1〕奏行海運，特設户部侍郎一人督之，事具《長庚傳》。

崇禎十二年，崇明人沈廷揚〔2〕爲内閣中書，復陳海運之便，且輯《海運書》五卷進呈。命造海舟試之。廷揚乘二舟，載米數百石，十三年六月朔，由淮安出海，望日抵天津。守風者五日，行僅一旬。帝大喜，加廷揚户部郎中，命往登州與巡撫徐人龍計度。山東副總兵黄蜃恩亦上《海運九議》，帝即令督海運。先是，寧遠軍餉率用天津船赴登州，候東南風轉粟至天津，又候西南風轉至寧遠。廷揚自登州直輸寧遠，省費多。尋命赴淮安經理海運，爲督漕侍郎朱大典〔3〕所沮，乃命易駐登州，領寧遠餉務。十六年加光禄少卿。福王時，命廷揚以海舟防江，尋命兼理糧務。南都既失，廷揚崎嶇唐、魯二王間以死。

　　當嘉靖中，廷臣紛紛議復海運，漕運總兵官萬表[4]言："在昔海運，歲溺不止十萬。載米之舟，駕船之卒，統卒之官，皆所不免。今人策海運輒主丘濬之論，非達於事者也。"

　　〔1〕李長庚　字酉卿，湖北麻城人，萬曆四十四年至四十七年（1616—1619年）任山東巡撫，《明史》卷二五六有傳。

　　〔2〕沈廷揚　字季明，今上海崇明人，《明史》卷二七七有傳。

　　〔3〕朱大典　字延之，浙江金華人，崇禎八年至十四年（1635—1641年）任總督漕運。《明史》卷二七六有傳。

　　〔4〕萬表　字民望，安徽定遠人，嘉靖十九年（1540年）任漕運參將，後升總兵官，著有《漕河論》。

河 渠 五

（《明史》卷八十七）

淮河　汭河　衛河　漳河　沁河
滹沱河　桑乾河　膠萊河

淮　河[1]

　　淮河，出河南平氏胎簪山。經桐伯，其流始大。東至固始，入南畿潁州境，東合汝、潁諸水。經壽州北，肥水入焉。至懷遠城東，渦水入焉。東經鳳陽、臨淮，濠水入焉。又經五河縣南，而納澮、沱、漴、潼諸水，勢盛流疾。經泗州城南，稍東則汴水入焉。過龜山麓，益折而北，會洪澤、阜陵、泥墩、萬家諸湖。東北至清河南，會於大河[2]，即古泗口也，亦曰清口，是謂黃、淮交會之衝。淮之南岸，漕河流入焉，所謂清江浦口。又東經淮安北、安東南而達於海。

　　永樂七年，決壽州，泛中都。

　　正統三年，溢清河。

　　天順四年，溢鳳陽。皆隨時修築，無鉅害也。

　　正德十二年，復決漕堤，灌泗州。泗州，祖陵在焉，其地最下。初，淮自安東雲梯關入海，無旁溢患。迨與黃會，黃水勢盛，奪淮入海之路，淮不能與黃敵，往往避而東。陳瑄鑿清江浦，因築高家堰舊堤以障之。淮、揚恃以無恐，而鳳、泗間數爲害。

　　嘉靖十四年，用總河都御史劉天和言，築堤衛陵，而高堰方固，淮暢流出清口，鳳，泗之患弭。

　　隆慶四年，總河都御史翁大立復奏濬淮工竣，淮益無事。

[1] 本題由注釋者所加。
[2] 東北至清河南會於大河　標點本作“東北至清河南，會於大河”。

至萬曆三年三月，高家堰決，高、寶、興、鹽爲巨浸。而黄水蹑淮，且漸逼鳳、泗。乃命建泗陵護城石堤二百餘丈，泗得石堤稍寧。於是，總漕侍郎吳桂芳言："河決崔鎮，清河路淤。黄强淮弱，南徙而灌山陽、高、寶，請急護湖堤。"帝令熟計其便。給事中湯聘尹議請導淮入江。會河從老黄河奔入海，淮得乘虚出清口。桂芳以聞，議遂寢。

六年，總河都御史潘季馴言："高堰，淮、揚之門户，而黄、淮之關鍵也。欲導河以入海，必藉淮以刷沙。淮水南決，則濁流停滯，清口亦堙。河必決溢，上流，水行平地[1]，而邳、徐、鳳、泗皆爲巨浸。是淮病而黄病，黄病而漕亦病，相因之勢也。"於是築高堰堤，起武家墩，經大小澗、阜陵湖、周橋、翟壩，長八十里，使淮不得東。又以淮水北岸有王簡、張福二口洩入黄河，水力分，清口易淤淺，且黄水多由此倒灌入淮，乃築堤捍之。使淮無所出，黄無所入，全淮畢趨清口，會大河入海。然淮水雖出清口，亦西淫鳳、泗。

〔1〕河必決溢上流水行平地　標點本作："河必決溢上流水行平地"，誤。河決溢後是下游"水行平地"，應是"河必決溢上流，水行平地"。

八年，雨潦，淮薄泗城，且至祖陵墀中。御史陳用賓以聞。給事中王道成因言："黄河未漲，淮、泗間霖雨偶集，而清口已不容洩。宜令河臣疏導堵塞之。"季馴言："黄、淮合流東注，甚迅駛。泗州岡阜盤旋，雨潦不及宣洩，因此漲溢。欲疏鑿，則下流已深，無可疏；欲堵塞，則上流不可逆堵。"乃令季馴相度，卒聽之而已。

十六年，季馴復爲總河，加泗州護堤數千丈，皆用石。

十九年九月，淮水溢泗州，高於城壕，因塞水關以防内灌。於是，城中積水不洩，居民十九淹没，侵及祖陵。疏洩之議不一，季

馴謂當聽其自消。會嘔血乞歸，言者因請允其去。而帝遣給事中張
貞觀往勘，會總河尚書舒應龍等詳議以上，計未有所定。連數歲，
淮東決高良澗，西灌泗陵。帝怒，奪應龍官，遣給事中張企程往勘。
議者多請拆高堰，總河尚書楊一魁與企程不從，而力請分黃導淮。
乃建武家墩經河閘，泄淮水由永濟河[1]達涇河，下射陽湖入海。又
建高良澗及周橋減水石閘[2]，以洩淮水，一由岔河入涇河，一由草
子湖、寶應湖下子嬰溝，俱下廣洋湖入海。又挑高郵茆塘港，通邵
伯湖，開金家灣，下芒稻河[3]入江，以疏淮漲，而淮水以平。其後
三閘漸塞。

　　崇禎間，黃、淮漲溢，議者復請開高堰。淮、揚在朝者公疏力
爭，議遂寢。然是時，建義諸口數決，下灌興、鹽，淮患日棘矣。

　　[1] 永濟河　洪澤湖減水河，河口在清口南武家墩。河口有減水閘，名
經河閘。
　　[2] 高良澗及周橋減水石閘　均在今江蘇洪澤縣高良澗鎮境內。高良澗
減水閘，爲高家堰中部主要泄洪水道。周橋閘在高良澗閘南約二十里。
　　[3] 芒稻河　是運河入長江的主要水道之一。北與金家灣河相通，河口
處與東西流向的運鹽河平交，南直入長江。

泇　　河[1]

　　泇河，二源。一出費縣南山谷中，循沂州西南流，一出嶧縣君
山，東南與費泇合，謂之東、西二泇河。南會彭河水，從馬家橋東，
過微山、赤山、呂孟等湖，踰葛墟嶺，而南經侯家灣、良城，至泇
口鎮，合蛤鰻、連汪諸湖。東會沂水，從周湖、柳湖，接邳州東直
河。東南達宿遷之黃墩湖、駱馬湖，從董、陳二溝入黃河。引泗合
沂濟運道，以避黃河之險，其議始於翁大立，繼之者傅希摯，而成

於李化龍、曹時聘。

隆慶四年九月，河決邳州，自睢寧至宿遷淤百八十里。總河侍郎翁大立請開泇河以避黃水，未決而罷。明年四月，河復決邳州，命給事中雒遵勘驗。工部尚書朱衡請以開泇口河之説下諸臣熟計。帝即命遵會勘。遵言："泇口河取道雖捷，施工實難。葛墟嶺高出河底六丈餘，開鑿僅至二丈，硼石中水泉湧出。侯家灣、良城雖有河形，水中多伏石，難鑿，縱鑿之，湍激不可通漕。且蛤鰻、周柳諸湖，築堤水中，功費無算。微山、赤山、吕孟等湖雖可築堤，然須鑿葛墟嶺以洩正派，開地浜溝以散餘波，乃可施工。"請罷其議。詔尚書朱衡會總河都御史萬恭等覆勘。衡奏有三難，大略如遵指。且言漕河已通，徐、邳間堤高水深，不煩別建置。乃罷。

〔1〕本題爲注釋者所加。

萬曆三年，總河都御史傅希摯言："泇河之議嘗建而中止，謂有三難。而臣遣錐手、步弓、水平、畫匠，於三難處核勘。起自上泉河口，開向東南，則起處低窪，下流趨高之難可避也。南經性義村東，則葛墟嶺高堅之難可避也。從陡溝河經郭村西之平坦，則良城侯家灣之伏石可避也。至泇口上下，河渠深淺不一，湖塘聯絡相因，間有砂礓，無礙挑挖。大較上起泉河口，水所從入也，下至大河口，水所從出也。自西北至東南，長五百三十里，比之黃河近八十里，河渠、河塘十居八九，源頭活水，脉絡貫通，此天子所以資漕也。誠能捐十年治河之費，以成泇河，則黃河無慮壅決，茶城無慮填淤，二洪無慮艱險，運艘無慮漂損，洋山之支河可無開，境山之閘座可無建，徐、吕之洪夫可盡省，馬家橋之堤工可中輟。今日不資之費，他日所省抵有餘者也。臣以爲開泇河便。"乃命都給事中侯於趙往會希摯及巡漕御史劉光國[1]，確議以聞。於趙勘上泇河事宜："自泉河口至大河口五百三十里内，自直河至清河三百餘里，無賴於泇，事在可已。惟徐、吕至直河上下二百餘里，河衝蕭、碭則涸二洪，衝睢寧則淤邳河，宜開以避其害，約費百五十餘萬金。特良城伏石長五百五十丈，開鑿之力難以逆料。性義嶺及南禹陵俱限隔河流，二處既開，則豐、沛河决，必至灌入。宜先鑿良城石，預修豐、沛堤防，可徐議興功也。"部覆如其言，而謂開泇非數年不成，當以治河爲急。帝不悦，責于趙阻擾，然議亦遂寢。

[1] 劉光國　字賓卿；河南上蔡人，萬曆三年（1575 年）任巡漕御史。

二十年，總河尚書舒應龍開韓莊以洩湖水，泇河之路始通[1]。

至二十五年，黄河决黄堌口南徙，徐、吕而下幾斷流。方議開李吉口、小浮橋及鎮口以下，建閘引水以通漕，而論者謂非永久之計。於是，工科給事中楊應文、吏科給事中楊廷蘭皆謂當開泇河，工部覆議允行。帝命河漕官勘報，不果。

二十八年，御史佴祺復請開泇河。工部覆奏雲："用黄河爲漕，利與害參用；泇河爲漕，有利無害。但泇河之外，由微山、吕孟、周柳諸湖，伏秋水發虞風波，冬春水涸虞淺阻，須上下别鑿漕渠，建閘節水。"從之。總河尚書劉東星董其事，以地多沙石，工艱未就。工科給事中張問達以爲言。御史張養志復陳開泇河之説有四[2]：

一曰開黄泥灣以通入泇之徑。邳州沂河口，入泇河門户也。進口六七里，有湖名連二汪，其水淺而闊，下多淤泥。欲挑濬則無岸可修，欲爲壩埽則無基可築。湖外有黄泥灣，離湖不遠，地頗低。自沂口至湖北崖約二十餘里，於此開一河以接泇口，引湖水灌之，運舟可直達泇口矣。

一曰鑿萬家莊以接泇口之源。萬家莊，泇口迤北地也。與臺家莊、侯家灣、良城諸處，皆山岡高阜，多砂礓石塊，極難爲工。東星力鑿成河。但河身尚淺，水止二三尺，宜更鑿四五尺，俾韓莊之水下接洳口，則運舟無論大小，皆沛然可達矣。

一曰濬支河以避微口之險。微山湖在韓莊西，上下三十餘里，水深丈餘。必探深淺，立標爲嚮導，風正帆懸，頃刻可過，突遇狂飆，未免敗没。今已傍湖開支河四十五里，上通西柳莊，下接韓莊，牽挽有路。當再疏濬，庶無漂溺之患。

〔1〕總河尚書舒應龍開韓莊以洩湖水洳河之路始通　新河北起微山東岸韓莊閘，東南至臺莊南接洳河，名韓莊渠。

〔2〕開洳河之説有四　下文只有三條，似有缺文。

其一則以萬莊一帶勢高，北水南下，至此必速。請即其地建閘數座，以時蓄洩。詔速勘行。而東星病卒。御史高舉[1]獻河漕三策，復及洳河。工部尚書楊一魁覆言：“洳河經良城、彭河、葛墟嶺，石礓難鑿，故口僅丈六尺，淺亦如之，當大加疏鑿。其韓莊渠上接微山、呂孟，宜多方疏導，俾無淤淺。順流入馬家橋、夏鎮，以爲運道接濟之資。”帝以洳河既有成績，命河臣更挑濬。

三十年，工部尚書姚繼可言洳河之役宜罷，乃止不治。未幾，總河侍郎李化龍復議開洳河，屬之直河[2]，以避河險。工科給事中侯慶遠力主其説，而以估費太少，責期太速，請專任而責成之。

三十二年正月，工部覆化龍疏，言：“開洳有六善，其不疑有二。洳河開而運不借河，河水有無聽之，善一。以二百六十里之洳河，避三百三十里之黄河，善二。運不借河，則我爲政得以熟察機宜而治之，善三。估費二十萬金，開河二百六十里，視朱衡新河事半功倍，善四。開河必行召募，春荒役興，麥熟人散，富民不擾，窮民得以養，善五。糧船過洪，必約春盡，實畏河漲，運入洳河，朝暮無妨，善六。爲陵捍患，爲民禦災，無疑者一。徐州向苦洪水，洳河既開，則徐民之爲魚者亦少，無疑者二。”帝深善之，令速鳩工爲久遠之計。八月，化龍報分水河成，糧艘由洳者三之二。會化龍丁艱去，總河侍郎曹時聘代，上言頌化龍功。然是時，導河、濬洳，兩工并興，役未能竟。而黃河數溢壞漕渠。給事中宋一韓遂詆化龍開洳之誤，化龍憤，上章自辨。時聘亦力言洳可賴，因畫善後六事以聞。部覆皆從其議。且言：“洳開於梗漕之日，固不可因洳而廢黃；漕利於洳成之後，亦不可因黃而廢洳。兩利俱存，庶幾緩急可賴。”因請築郗山堤，削頓莊嘴，平大泛口湍溜，濬貓兒窩等處之淺，建鉅梁吳衝閘，增三市徐塘壩，以終洳河未就之功。詔如議。越數年，洳工未竟，督漕者復舍洳由黃。舟有覆者，遷徙黃、洳間，運期久踰限。

〔1〕高舉　字鵬程，山東淄川人，萬曆三十七年至四十一年（1609—1613 年）巡撫浙江。

〔2〕總河侍郎李化龍復議開洳河屬之直河　是爲洳運河。洳運河北起韓莊，東南經臺兒莊至洳河口，循原洳河河道至直河與黃河通，全長約二百四十里，有韓莊、得勝、張莊、萬年、丁廟、頓莊、侯遷、臺莊等閘。

三十八年，御史蘇惟霖疏陳黃、洳利害，請專力於洳，略言：“黃河自清河經桃源，北達直河口，長二百四十里。此在洳下流，水平身廣，運舟日行僅十里。然無他道，故必用之。自直河口而上，歷邳、徐達鎮口，長二百八十餘里，是謂黃河。又百二十里，方抵夏鎮。其東自貓窩、洳溝達夏鎮，止二百六十餘里，是謂洳河。東西相對，舍此則彼。黃河三四月間淺與洳同。五月初，其流洶湧，自天而下，一步難行。由其水挾沙而來，河口日高。至七月初，則淺涸十倍。統而計之，無一時可由者。溺人損舟，其害甚劇。洳河計日可達，終鮮風波，但得實心任事之臣，不三五年缺略悉補，數百年之利也。”工科給事中何士晉亦言：“運道最險無如黃河。先年水出昭陽湖，夏鎮以南運道衝阻，開泇之議始決。避淺澀急溜二洪之險，聚諸泉水，以時啓閉，通行無滯者六年。乃今忽欲舍泇由黃，致倉皇損壞糧艘。或改由大浮橋，河道淤塞，復還由泇。以故運抵灣遲，汲汲有守凍之慮，由黃之害略可見矣。顧泇工未竟，闊狹深淺不齊。宜拓廣濬深，與會通河相等。重運空回，往來不相礙，迴旋不相避，水常充盛，舟無留行。歲捐水衡數萬金，督以廉能之吏，三年可竣工。然後循駱馬湖北岸，東達宿遷，大興畚鍤，盡避黃河之險，則泇河之事訖矣。或謂泉脉細微，太闊太深，水不能有。不知泇源遠自蒙、沂，近挾徐塘、許池、文武諸泉河，大率視濟寧泉河略相等。呂公堂口既塞，則山東諸水總合全收，加以閘壩堤防，何憂不足？或謂直抵宿遷，此功迂而難竟，是在任用得人，綜理有法耳。"疏入，不報。

明年，部覆總河都御史劉士忠[1]《泇黃便宜疏》，言："泇渠春夏間，沂、武、京河山水衝發，沙淤潰決，歲終當如南旺例修治。顧別無置水之地，勢不得不塞泇河壩，令水復歸黃流。故每年三月初，則開泇河壩，令糧艘及官民船由直河進。至九月內，則開召公壩，入黃河，以便空回及官民船往來。至次年二月中塞之。半年由泇，半年由黃，此兩利之道也。"因請增驛設官。又覆惟霖疏，言："直隸猫窩淺，爲沂下流，河廣沙淤，不可以閘，最爲泇患。宜西開一月河，以通沂口。凡水挾沙來，沙性直走，有月河以分之，則聚於迴伏之處，撈刷較易，而泇患少減矣。"俱報可，其後，泇河遂爲永利，但需補葺而已。然泇勢狹窄，冬春糧艘回空仍由黃河焉。

四十八年，巡漕御史毛一鷺[2]言："泇河屬夏鎮者有閘九座，屬中河者止借草壩。分司官議於直口等處建閘，請舉行之。"詔從其議。

崇禎四年，總漕尚書楊一鵬[3]濬泇河。

九年，總河侍郎周鼎奏重濬泇河成。久之，鼎坐決河防遠戍。

給事中沈胤培訟其修洳利運之功，得減論。

　　〔1〕劉士忠　陝西華州人，萬曆三十八年至四十一年（1610—1613年）總督河道。
　　〔2〕毛一鷺　嚴州遂安（今浙江建德）人，天啓五年至六年（1625—1626年）巡撫應天。
　　〔3〕楊一鵬　臨湘（今湖南長沙）人，崇禎六年（1633年）以兵部左侍郎拜戶部尚書兼右僉都御史總督漕運，巡撫江北四府。

衛　　河[1]

　　衛河，源出河南輝縣蘇門山百門泉。經新鄉、汲縣而東，至畿南濬縣境，淇水入焉，謂之白溝[2]，亦曰宿胥瀆[3]。宋、元時名曰御河。由內黃東出，至山東館陶西，漳水合焉。東北至臨清，與會通河合。北歷德、滄諸州，至青縣南，合滹沱河。北達天津，會白河入海。所謂衛漕[4]也其河流濁勢盛，運道得之，始無淺澀虞。然自德州下漸與海近，卑窄易衝潰。

　　初，永樂元年，瀋陽軍士唐順言："衛河抵直沽入海，南距黃河陸路纔五十里。若開衛河，而距黃河百步置倉廠，受南運糧餉，至衛河交運，公私兩便。"乃命廷臣議，未行。其冬，命都督僉事陳俊[5]運淮安、儀真倉糧百五十萬餘石赴陽武，由衛河轉輸北京。

　　五年，自臨清抵渡口驛決堤七處，發卒塞之。後宋禮開會通河，衛河與之合。時方數決堤岸，遂命禮并治之。禮言："衛輝至直沽，河岸多低薄，若不究源析流，但務堤築，恐復潰決，勞費益甚。會通河抵魏家灣，與土河連，其處可穿二小渠以洩於土河。雖遇水漲，下流衛河，自無橫溢患。德州城西北亦可穿一小渠。蓋自衛河岸東北至舊黃河十有二里，而中間五里故有溝渠，宜開道七里，洩水入舊黄河，至海豐大沽河入海。"詔從之。

〔1〕本題爲注釋者所加。
〔2〕白溝　東漢末建安九年（204年）曹操所開，在淇水入黄河處建枋堰，遏淇水會清水而入白溝。白溝下入宿胥瀆故道。參見《水經·淇水注》。
〔3〕宿胥瀆　黄河故道名，在宿胥口向北分出。參見《水經·淇水注》。
〔4〕衛漕　又名南運河，南自臨清，北至天津。臨清以上仍稱衛河。
〔5〕陳俊　字時英，福建莆田人，《明史》卷一五七有傳。

英宗初，永平縣丞李祐請閉漳河以防患，疏衛河以通舟。從之。

正統四年，築青縣衛河堤岸。

十三年，從御史林廷舉請，引漳入衛。

十四年，黄河決臨清四閘，御史錢清請濬其南撞圈灣河以達衛。從之。

景泰四年，運艘阻張秋之決。河南參議豐慶請自衛輝、胙城泊於沙門，陸挽三十里入衛，舟運抵京師。命漕運都督徐恭覆報，如其策。山東僉事江良材嘗言："通河於衛有三便。古黄河自孟津至懷慶東北入海。今衛河自汲縣至臨清、天津入海，則猶古黄河道也，便一。三代前，黄河東北入海，宇宙全氣所鍾。河南徙，氣遂遷轉。今於河陰、原武、懷、孟間導河入衛，以達天津，不獨徐、沛患息，而京師形勝百倍，便二。元漕舟至封丘，陸運抵淇門入衛。今導河注衛，冬春水平，漕舟至河陰，順流達衛。夏秋水迅，仍從徐、沛達臨清，以北抵京師。且修其溝洫，擇良有司任之，可以備旱澇，捍戎馬，益起直隸、河南富强之勢，便三。"詹事霍韜大然其畫，具奏以聞。不行。

萬曆十六年，總督河漕楊一魁議引沁水入衛，命給事中常居敬勘酌可否。居敬言："衛小沁大，衛清沁濁，恐利少害多。"乃止。

泰昌元年十二月，總河侍郎王佐[1]言："衛河流塞，惟挽漳、引沁、闢丹三策。挽漳難，而引沁多患。丹水則雖勢與沁同，而丹口既闢，自修武而下皆成安流，建閘築堰，可垂永利。"制可，亦未能行也。

崇禎十三年，總河侍郎張國維言："衛河合漳、沁、淇、洹諸水，北流抵臨清，會閘河以濟運。自漳河他徙，衛流遂弱，挽漳引沁之議，建而未行。宜導輝縣泉源，且酌引漳、沁，闢丹水，疏通滏、洹、淇三水之利害得失，命河南撫、按勘議以聞。"不果行。

〔1〕王佐　字翼卿，浙江鄞縣人，萬曆四十一年至四十六年（1613—1618年）以工部侍郎任總理河道，四十六年（1618年）升工部尚書。

漳　河[1]

漳河，出山西長子曰濁漳，樂平曰清漳，俱東經河南臨漳縣，由畿南真定、河間趨天津入海。其分流至山東館陶西南五十里，與衛河合。

洪武十七年，河決臨漳，敕守臣防護。復諭工部，凡堤塘堰壩可禦水患者，皆預修治。有司以黃、沁、漳、衛、沙五河所決堤岸丈尺，具圖計工以聞。詔以軍民兼築之。

永樂七年，決固安縣賀家口[2]。

九年，決西南張固村河口，與滏陽河合流，下田不可耕[3]。臨漳主簿趙永中乞令災戶於漳河旁墾高阜荒地。從之。是年築沁州及大名等府決堤。

十三年，漳、滏并溢，漂没磁州田稼。

二十二年，溢廣宗。

洪熙元年，漳、滏并溢，決臨漳三塚村等堤岸二十四處，發軍民修築。

宣德八年，復築三塚村堤口。

正統元年，漳、滏幷溢，壞臨漳杜村西南堤。

〔1〕本題注釋者所加。

〔2〕永樂七年決固安縣賀家口　《明史·五行志》卷二八作永樂七年
（1409 年）"渾河決固安"。《明太宗實錄》卷九三作："永樂七年六月癸卯"
順天府固安縣言："渾河決賀家口，傷禾稼。命工部亟遣官修築"。固安縣無
漳河，應爲渾河決。

〔3〕九年決西南張固村河口與滏陽河合流下田不可耕　永樂九年（1411
年）河決事，《明史·五行志》卷二八作："八月，漳衛二水決堤淹田"。《明
太宗實錄》亦作漳衛二水決堤。

三年，漳決廣平、順德。

四年，又決彰德。皆命修築。

十三年，御史林廷舉言："漳河自沁州發源，七十餘溝會而爲
一，至肥鄉，堤岸逼隘，水勢激湍，故爲民患。元時分支流入衛河，
以殺其勢。永樂間堙塞，舊迹尚存，去廣平大留村十八里。宜發丁
夫鑿通，置閘，遏水轉入之，而疏廣肥鄉水道。則漳河水減，免居
民患，而衛河水增，便漕。"從之。漳水遂通於衛。

正德元年，濬滏陽河。河舊在任縣新店村東北，源出磁州。經
永年、曲周、平鄉，至穆家口，會百泉等河北流。永樂間，漳河決
而與合，二水每幷爲患。至景泰間，又合漳，衝曲周諸縣，沿河之
地皆築堤備之。成化間，舊河淤，衝新店西南爲新河，合沙、洺等
河入穆家口，亦築堤備之。英宗時，漳已通衛。弘治初，益徙入御
河，遂棄滏堤不理。其後，漳水復入新河，兩岸地皆没。任縣民高
暘等以爲言，下巡撫官勘奏，言："穆家口乃衆河之委，當從此先，
而併濬新舊河，令分流。漳、滏缺堤，以漸而築。"從之。自此漳、
滏匯流，而入衛之道漸堙矣。

萬曆二十八年，給事中王德完言："漳河決小屯，東經魏縣、元

城，抵館陶入衛，爲一變，其害小。決高家口，析二流於臨漳之南北，俱至成安東呂彪河合流，經廣平、肥鄉、永年，至曲周入滏水，同流至青縣口方入漕河，爲再變，其害大。滏水不勝漳，而今納漳，則狹小不能束巨浪，病溢而患在民。衛水昔仰漳，而今舍漳，則細緩不能捲沙泥，病涸而患在運。塞高家河口，導入小屯河，費少利多，爲上策。仍回龍鎮至小灘入衛，費鉅害少，爲中策。築呂彪河口，固堤漳水，運道不資利，地方不罹害，爲下策。"命河漕督臣集議行之。直隸巡按侔祺亦請引漳河。并下督臣，急引漳會衛，以圖永濟。不果行。

沁　　河[1]

沁河，出山西沁源縣綿山東谷。穿太行山，東南流三十里入河南境。遶河內縣東北，又東南至武陟縣，與黃河會而東注，達徐州以濟漕。其支流自武陟紅荊口，經衛輝入衛河。元郭守敬言："沁餘水引至武陟，北流合御河灌田。"此沁入衛之故跡也。

明初，黃河自滎澤趨陳、潁，徑入於淮，不與沁合。乃鑿渠引之，令河仍入沁。久之，沁水盡入黃河，而入衛之故道堙矣。武陟者，沁、黃交會處也。永樂間，再決再築。

宣德九年，沁水決馬曲灣，經獲嘉至新鄉，水深成河，城北又匯爲澤。築堤以防，猶不能遏。新鄉知縣許宣請堅築決口，俾由故道。遣官相度，從之。沁水稍定，而其支流復入於衛。

正統三、四年間，武陟沁堤復再決再築。

十三年，黃河決滎澤，背沁而去。乃從武陟東寶家灣開渠三十里，引河入沁，以達淮。自後，沁、河益大合，而沁之入衛者漸淤。

景泰三年，僉事劉清言："自沁決馬曲灣入衛，沁、黃、衛三水相通，轉輸頗利。今決口已塞，衛河膠淺。運舟悉從黃河，嘗遇險阻。宜遣官濬沁資衛，軍民運船視遠近之便而轉輸之。"詔下巡撫集議。

明年，清復言："東南漕舟，水淺弗能進。請自滎澤入沁河，濬岡頭百二十里以通衛河。且張秋之決，由沁合黃，勢遂奔急。若引沁入衛，則張秋無患。"行人王晏亦言："開岡頭置閘，分沁水，使南入黃，北達衛。遇漲則閉閘，漕可永無患。"并下督漕都御史王竑等覈實以聞。

明年，給事中何陞言："沁河有漏港已成河。臨清屯聚膠淺之舟，宜使從此入黃，度二旬可達淮。"詔竑及都御史徐有貞閱之。既而罷引沁河議。初，王晏請漕沁，有司多言弗利。晏固爭。吏部尚書王直請遣官行河，命侍郎趙榮同晏往。榮亦言不利，議乃寢。

天順八年，都察院都事金景輝復請濬陳橋集古河，分引沁水，北通長垣、曹州、鉅野，以達漕河。詔按實以聞，未能行也。

〔1〕本題爲注釋者所加。

弘治二年夏，黃河決垾頭五處，入沁河。其冬，又決祥符翟家口，合沁河，出丁家道口[1]。

十一年，員外郎謝緝以黃河南決，恐牽沁水南流，徐、呂二洪必涸。請遏黃河，堤沁水，使俱入徐州。方下所司勘議，明年漕運總兵官郭鋐上副使張鼐《引沁河議》，請於武陟木欒店鑿渠抵荊隆口[2]，分沁水入賈魯河，由丁家道口以下徐、淮。倘河或南徙，即引沁水入渠，以濟二洪之運。帝即令鼐理之。而曹縣知縣鄒魯又駁鼐議，謂引沁必塞沁入河之口，沁水無歸，必漫田廬。若俟下流既通而始塞之，水勢撝虛，千里不折，其患更大，甚於黃陵[3]。且起木欒店至飛雲橋，地以千里計，用夫百萬，積功十年，未能必其成也。兗州知府龔弘主其説，因上言："臣見河勢南行，故建此議。但今秋水逆流東北，亟宜濬築。"乃從河臣撫臣議，修丁家口上下堤岸，而臣議卒罷。

〔1〕丁家道口　在河南商丘東北黄河南岸。
〔2〕荆隆口　在今河南封丘西南黄河北岸。
〔3〕若俟下流即通而始塞之水勢擣虚千里不折其患更大甚於黄陵　事指黄陵岡決口，《河防一覽》卷五載："弘治五年，黄河復決金龍口，潰黄陵岡，再犯張秋。"黄陵岡在今山東曹縣西南。

至萬曆十五年，沁水決武陟東岸蓮花池、金屹嵦，新鄉、獲嘉盡淹没。廷議築堤障之。都御史楊一魁言："黄河從沁入衛，此故道也。自河徙，而沁與俱南，衛水每涸。宜引沁入衛，不使助河爲虐。"部覆言："沁入黄，衛入漕，其來已久。頃沁水決木樂蓮花口而東，一魁因建此議。而科臣常居敬往勘，言：'衛輝府治卑於河，恐有衝激。且沁水多沙，入漕反爲患，不如堅築決口，廣闢河身'。"乃罷其議。

三十三年，茶陵知州范守己復言："嘉靖六年，河決豐、沛。胡世寧言：'沁水自紅荆口分流入衛，近年始塞。宜擇武陟、陽武地開一河，北達衛水，以備徐、沛之塞。'會盛應期主開新渠[1]，議遂不行。近者十年前，河沙淤塞沁口，沁水不得入河，自木樂店東決岸，奔流入衛，則世寧紅荆口之説信矣。彼時守土諸臣塞其決口，築以堅堤，仍導沁水入河。而堤外河形直抵衛滸，至今存也。請建石閘於堤，分引一支，由所決河道東流入衛。漕舟自邳溯河而上，因沁入衛，東達臨清，則會通河可廢。"帝命總河及撫、按勘議，不行。

〔1〕盛應期主開新渠　參見本志《黄河》嘉靖七年（1528年）記事。

滹沱河[1]

滹沱河，出山西繁峙泰戲山[2]。循太行，掠晉、冀，逶迤而東，至武邑合漳。東北至青縣岔河口入衛，下直沽。或云九河中所稱徒駭是也

明初，故道由藁城、晉州抵寧晉入衛，其後遷徙不一。河身不甚深，而水勢洪大。左右旁近地大率平漫，夏秋雨潦，挾衆流而潰，往往成巨浸。水落，則因其淺淤以爲功。修堤濬流，隨時補救，不能大治也。洪武間一濬。建文、永樂間，修武強、真定決岸者三。

至洪熙元年夏，霪雨，河水大漲，晉、定、深三州，藁城、無極、饒陽、新樂、寧晉五縣，低田盡没，而滹沱遂久淤矣。

宣德六年，山水復暴泛，衝壞堤岸，發軍民濬之。

正統元年，溢獻縣，決大郭黿窩口堤。

四年，溢饒陽，決醜女堤及獻縣郭家口堤，淹深州田百餘里，皆命有司修築。

十一年，復疏晉州故道。

[1] 本題爲注釋者所加。
[2] 泰戲山　一名大戲山、武夫山、平山、戊夫山、派山，在山西繁峙縣東。

成化七年，巡撫都御史楊璿[1]言：“霸州、固安、東安、大城、香河、寶坻、新安、任丘、河間、肅寧、饒陽諸州縣屢被水患，由地勢平衍，水易瀦積。而唐、滹沱、白溝三河上源堤岸率皆低薄，遇雨輒潰。官吏東西決放，以鄰爲壑。宜求故迹，隨宜濬之。”帝即命璿董其事，水患稍寧。

至十八年，衛、漳、滹沱并溢，潰漕河岸，自清平抵天津決口

八十六。因循者久之。

弘治二年，修真定縣白馬口及近城堤三千九百餘丈。

五年，又築護城堤二道。後複比年大水，真定城內外俱浸。改挑新河，水患始息。

嘉靖元年，築束鹿城西決口修晋州紫城口堤。未幾，復連歲被水。

十年冬，巡按御史傅漢臣言："滹沱流經大名，故所築二堤衝敗，宜修復如舊。"乃命撫、按官會議。其明年，敕太僕卿何棟往治之，棟言："河發渾源州，會諸山之水，東趨真定，由晋州紫城口之南入寧晋泊，會衛河入海，此故道也。晋州西高南下，因衝紫城東溢，而束鹿、深州諸處遂爲巨浸。今宜起藁城張村至晋州故堤，築十八里，高三丈，廣十之，植椿榆諸樹。乃濬河身三十餘里，導之南行，使歸故道，則順天、真、保諸郡水患俱平矣。"又用郎中徐元祉言，於真定濬滹沱河以保城池，又導束鹿、武强、河間、獻縣諸水，循滹沱以出。皆從之。自後數十年，水頗戢，無大害。

萬曆九年，給事中顧問言："臣令任丘，見滹沱水漲，漂没民田不可勝紀。請自饒陽、河間以下水占之地，悉捐爲河，而募夫深濬河身，堅築堤岸，以圖永久。"命下撫、按官勘議。增築雄縣橫堤八里，任丘東堤二十里。

〔1〕楊璿，江蘇無錫人，成化八年至十年（1472—1474 年）任河南巡撫。

桑 乾 河[1]

桑乾河，盧溝[2]上源也。發源太原之天池，伏流至朔州馬邑雷山之陽，有金龍池者渾泉溢出，是爲桑乾。東下大同古定橋，抵宣府保安州，雁門、應州、雲中諸水皆會。穿西山，入宛平界。東南至看舟口，分爲二。其一東由通州高麗莊入白河。其一南流霸州，合易水，南至天津丁字沽入漕河，曰盧溝河，亦曰渾河。河初過懷來，束兩山間，不得肆。至都城西四十里石景山之東，地平土疏，衝激震盪，遷徙弗常。《元史》名盧溝曰小黃河，以其流濁也。上流在西山後者，盈涸無定，不爲害。

嘉靖三十三年，御史宋儀望嘗請疏鑿，以漕宣、大糧[3]。

〔1〕本題爲注釋者所加。
〔2〕盧溝　即永定河，又有濕水、渾河、無定河等名。
〔3〕御史宋儀望請通漕運事，詳見《明世宗實錄》嘉靖三十三年（1554年）五月戊午條，《行水金鑑》卷一一六。宋儀望，字望之，吉安永豐人。《明史》卷二二七有傳。

三十九年，都御史李文進以大同缺邊儲，亦請“開桑乾河以通運道。自古定橋至盧溝橋務里村水運五節，七百餘里，陸運二節，八十八里。春秋二運，可得米二萬五千餘石。且造淺船由盧溝達天津，而建倉務里村、青白口八處，以備撥運。”皆不能行[1]。下流在西山前者，泛溢害稼，畿封病之，堤防急焉。

洪武十六年，濬桑乾河，自固安至高家莊八十里，霸州西支河二十里，南支河三十五里。

永樂七年，決固安賀家口。

十年，壞盧溝橋及堤岸，没官田民廬，溺死人畜。

洪熙元年，決東狼窩口。

宣德三年，潰盧溝堤。皆發卒治之。

六年，順天府尹李庸言：“永樂中，運河決新城，高從周口遂致淤塞。霸州桑圓里上下，每年水漲無所洩，漫湧倒流，北灌海子凹、牛欄佃，請亟修築。”從之。

七年，侍郎王佐言：“通州至河西務河道淺狹，張家灣西舊有渾河，請疏濬。”帝以役重止之。

九年，決東狼窩口，命都督鄭銘往築。

正統元年，復命侍郎李庸修築，并及盧溝橋小屯廠潰岸，明年工竣。

越三年，白溝、運河二水俱溢，決保定縣安州堤五十餘處。復命庸治之，築龍王廟南石堤。

〔1〕李文進請通漕運事，詳見《明世宗實錄》嘉靖三十九年（1560年）九月壬辰條，《行水金鑑》卷一一六。這二次建議，三十三年（1554年）因工部反對未成行；三十九年雖曾開工，但因地形條件不好而失敗。

七年築渾河口。

八年築固安決口。

成化七年，霸州知州蔣愷言：“城北草橋界河，上接渾河，下至小直沽注於海。永樂間，渾河改流，西南經固安、新城、雄縣抵州，屢決爲害。近決孫家口，東流入河，又東抵三角淀。小直沽乃其故道，請因其自然之勢，修築堤岸。”詔順天府官相度行之。

十九年，命侍郎杜謙督理盧溝河堤岸。

弘治二年，決楊木廠堤，命新寧伯譚祐、侍郎陳政、內官李興等督官軍二萬人築之。

正德元年，築狼窩決口。久之，下流支渠盡淤。

嘉靖十年，從郎中陸時雍言，發卒濬導。

三十四年，修柳林至草橋大河。

四十一年，命尚書雷禮修盧溝河岸。禮言：“盧溝東南有大河，從麗莊園入直沽下海，沙澱十餘里。稍東岔河，從固安抵直沽，勢高。今當先濬大河，令水歸故道，然後築長堤以固之。決口地下水急，人力難驟施。西岸故堤綿亘八百丈，遺址可按，宜併築。”詔從其請。明年訖工，東西岸石堤凡九百六十丈。

萬曆十五年九月[1]，神宗幸石景山，臨觀渾河。召輔臣申時行至幄次，諭曰："朕每聞黃河衝決，爲患不常，欲觀渾河以知水勢。今見河流洶湧如此，知黃河經理倍難。宜飭所司加慎，勿以勞民傷財爲故事。至選用務得人，吏、工二部宜明喻朕意。"

〔1〕萬曆十五年九月　據《明實錄》此事在萬曆十六年（1588 年）九月。另《長安客話》也記在十六年九月。

膠　萊　河[1]

膠萊河，在山東平度州東南，膠州東北。源出高密縣，分南北流。南流自膠州麻灣口入海，北流經平度州至掖縣海倉口入海。議海運者所必講也。

元至元十七年，萊人姚演獻議開新河，鑿地三百餘里，起膠西縣東陳村海口，西北達膠河，出海倉口，謂之膠萊新河。尋以勞費難成而罷。

明正統六年，昌邑民王坦上言："漕河水淺，軍卒窮年不休。往者江南常海運，自太倉抵膠州。州有河故道接掖縣，宜濬通之。由掖浮海抵直沽，可避東北海險數千里，較漕河爲近。"部覆寢其議。

嘉靖十一年，御史方遠宜等復議開新河。以馬家墩數里皆石岡，議復寢。

十七年，山東巡撫胡纘宗[2]言："元時新河石座舊跡猶在，惟馬壕未通。已募夫鑿治，請復濬淤道三十餘里。"命從其議。

〔1〕本題为注釋者所加。
〔2〕胡纘宗　陝西秦安人，《明史》卷二〇二有傳。

　　至十九年，副使王獻言：“勞山之西有薛島、陳島，石砑林立，橫伏海中，最險。元人避之，故放洋走成山正東，踰登抵萊，然後出直沽。考膠萊地圖，薛島西有山曰小竺，兩峯夾峙。中有石岡曰馬壕，其麓南北皆接海崖，而北即麻灣，又稍北即新河，又西北即萊州海倉。由麻灣抵海倉纔三百三十里，由淮安踰馬壕抵直沽，纔一千五百里，可免遶海之險。元人嘗鑿此道，遇石而止。今鑿馬壕以趨麻灣，濬新河以出海倉，誠便。”獻乃於舊所鑿地迤西七丈許鑿之。其初土石相半，下則皆石，又下石頑如鐵。焚以烈火，用水沃之，石爛化爲爐。海波流匯，麻灣以通，長十有四里，廣六丈有奇，深半之。由是江、淮之舟達於膠萊。

　　踰年，復濬新河，水泉旁溢，其勢深闊，設九閘，置浮梁，建官署以守。而中間分水嶺難通者三十餘里。時總河王以旂議復海運，請先開平度新河。帝謂妄議生擾，而獻亦適遷去，於是工未就而罷。

　　三十一年，給事中李用敬言：“膠萊新河在海運舊道西，王獻鑿馬家壕，導張魯、白、現諸河水益之。今淮舟直抵麻灣，即新河南口也，從海倉直抵天津，即新河北口也。南北三百餘里，潮水深入。中有九穴湖、大沽河，皆可引濟。其當疏濬者百餘里耳，宜急開通。”給事中賀涇、御史何廷鈺亦以爲請。詔廷鈺會山東撫、按官行視。既而以估費浩繁，報罷。

　　隆慶五年，給事中李貴和復請開濬，詔遣給事中胡檟會山東撫、按官議。檟言：“獻所鑿渠，流沙善崩，所引白河細流不足灌注。他若現河、小膠河、張魯河、九穴、都泊皆潢汙不深廣。膠河雖有微源，地勢東下，不能北引。諸水皆不足資。上源則水泉枯涸，無可仰給；下流則浮沙易潰，不能持久。擾費無益。”巡撫梁夢龍亦言：“獻悞執元人廢渠爲海運故道，不知渠身太長，春夏泉涸無所引注，秋冬暴漲無可蓄洩。南北海沙易塞，舟行滯而不通。”乃復報罷。

　　萬曆三年，南京工部尚書劉應節、侍郎徐栻復議海運，言：“難海運者以放洋之險，覆溺之患。今欲去此二患，惟自膠州以北，楊家圈以南，濬地百里，無高山長坂之隔，楊家圈北悉通海潮矣。綜而計之，開創者什五，通濬者什三，量濬者什二。以錐探之，上下皆無石，可開無疑。」乃命栻任其事。應節議主通海。而栻往相度，則膠州旁地高峻，不能通潮。惟引泉源可成河，然其道二百五十餘里，鑿山引水，築堤建閘，估費百萬。詔切責栻，謂其以難詞沮成事。會給事中光懋疏論之，且請令應節往勘。應節至，謂南北海口水俱深闊，舟可乘潮，條悉其便以聞。

山東巡撫李世達上言：

「南海麻灣以北，應節謂沙積難除，徙古路溝十三里以避之。又慮南接鴨綠港，東連龍家屯，沙積甚高，渠口一開，沙隨潮入，故復有建閘障沙之議。臣以爲閘閉則潮安從入？閘啓則沙又安從障也？北海倉口以南至新河閘，大率沙淤潮淺。應節挑東岸二里，僅去沙二尺，大潮一來，沙壅如故，故復有築堤約水障沙之議。臣以爲障兩岸之沙則可耳，若潮自中流衝激，安能障也？分水嶺高峻，一工止二十丈，而費千五百金。下多礑砑石，掣水甚難。故復有改挑王家丘之議。臣以爲吳家口至亭口高峻者共五十里，大概多礑砑石，費當若何？而舍此則又無河可行也。夫潮信有常，大潮稍遠，亦止及陳村閘、楊家圈，不能更進。況日止二潮乎？此潮水之難恃也。河道紆曲二百里，張魯、白、膠三水微細，都泊行潦，業已乾涸。設遇亢旱，何泉可引？引泉亦難恃也。元人開濬此河，史臣謂其勞費不資，終無成功，足爲前鑒。」巡按御史商爲正亦言：「挑分水嶺下，方廣十丈，用夫千名。纔下數尺爲礑砑石，又下皆沙，又下盡黑沙，又下水泉湧出，甫挑即淤，止深丈二尺。必欲通海行舟，更須挑深一丈。雖二百餘萬，未足了此。」

給事中王道成亦論其失。工部尚書郭朝賓覆請停罷。遂召應節、栻還京，罷其役。嗣是中書程守訓，御史高舉、顏思忠，尚書楊一魁相繼議及之，皆不果行。

　　崇禎十四年，山東巡撫曾櫻、户部主事邢國璽復申王獻、劉應節之説。給內帑十萬金，工未舉，櫻去官。

　　十六年夏，尚書倪元璐[1]請截漕糧由膠萊河轉餉，自膠河口用小船抵分水嶺，車盤嶺脊四十里達於萊河，復用小船出海，可無島礁漂損之患。山東副總兵黄廕恩獻議略同。皆未及行。

〔1〕倪元璐　字玉汝，浙江上虞人。《明史》卷二六五有傳。

河 渠 六

(《明史》卷八十八)

直 省 水 利

三代疆理水土之制甚詳。自井田廢，溝遂堙，水常不得其治，於是穿鑿渠塘井陂，以資灌溉。明初，太祖詔所在有司，民以水利條上者，即陳奏。越二十七年，特諭工部，陂塘湖堰可蓄洩以備旱潦者，皆因其地勢修治之。乃分遣國子生及人材，徧詣天下，督修水利。明年冬，郡邑交奏。凡開塘堰四萬九百八十七處，其恤民者至矣。嗣後有所興築，或役本境，或資鄰封，或支官料，或采山場，或農隙鳩工，或隨時集事，或遣大臣董成。終明世水政屢修，可具列云。

洪武元年，修和州銅城堰[1]閘，周迴二百餘里。

四年，修興安靈渠[2]，爲陡渠者三十六。渠水發海陽山，秦時鑿，溉田萬頃。馬援葺之，後圮。至是始復。

六年，發松江、嘉興民夫二萬開上海胡家港，自海口至漕涇千二百餘丈，以通海船。且濬海鹽澉浦。

八年，開登州蓬萊閣河。命耿炳文[3]濬涇陽洪渠堰[4]，溉涇陽、三原、醴泉、高陵、臨潼田二百餘里。

九年，修彭州都江堰。

[1] 銅城堰　在安徽含山縣東南八十里，相傳建于三國吳赤烏年間。詳見《明實錄》卷二八。

[2] 馬援（公元前14—公元49），字文淵，扶風茂陵（今陝西省興平市）人。《後漢書》卷二四有傳。

[3] 耿炳文，濠州（今安徽鳳陽縣）人，《明史》卷一三〇本傳載 "濬涇陽洪渠十萬餘丈，民賴其利"，似爲洪武三年以前的事。

[4] 洪渠堰　即引涇水灌溉的鄭白渠。明代又稱廣惠渠，本次修治記載

· 406 ·

参見《明實錄》卷一○一。

十二年，李文忠言："陝西病鹹鹵[1]，請穿渠城中，遥引龍首渠[2]東注。"從其請，甃以石。

十四年，築海鹽海塘。

十七年，築磁州漳河決堤。決荆州嶽山壩以灌民田。

十九年，築長樂海堤[3]。

二十三年，修崇明、海門決堤二萬三千九百餘丈，役夫二十五萬人。四川永寧宣慰使言："所轄水道百九十灘，江門大灘八十二，皆被石塞。"詔景川侯曹震[4]往疏之。

二十四年，修臨海橫山嶺水閘，寧海、奉化海堤四千三百餘丈。築上虞海堤四千丈，改建石閘。濬定海、鄞二縣東錢湖[5]，灌田數萬頃。

〔1〕鹹鹵　指土地的鹽碱化。

〔2〕龍首渠　長安城供水渠道。宋敏求《長安志》載："龍首渠在（長安）縣東北五里，自萬年縣界流入，而注於渭。"《宋史·陳堯咨傳》卷二八四有"長安地斥鹵，無甘泉。堯咨疏龍首渠注城中，民利之。"

〔3〕長樂海堤　在福建。《新唐書·地理志》載："（長樂）東十里有海堤，大和七年令李茸築，立十斗門以禦潮，旱則瀦水，雨則洩水，遂成良田"。

〔4〕曹震　濠州人，《明史》卷一三二本傳載："震至瀘州按視，有支河通永寧，乃鑿石削崖令深廣，以通漕運。"

〔5〕東錢湖　《明太祖實錄》卷二○八載，五月甲辰"寧波府鄞縣民陳進詣闕言，定海鄞縣有民田百萬餘頃，皆資東錢湖水灌溉。湖周迴八十里，岸有七堰，年久湮塞不通，乞疏濬之。上命工部遣官相度於農隙時修之。"參見《宋史·河渠志》注釋。

二十五年，鑿溧陽銀墅東壩[1]河道，由十字港抵沙子河胭脂壩四千三百餘丈，役夫三十五萬九千餘人。

二十七年，濬山陽支家河鬱林州民言：“州南北二江相去二十餘里，乞鑿通，設石陡諸閘。”從之。

二十九年，修築河南洛堤。復興安靈渠。時尚書唐鐸[2]以軍興至其地，圖渠狀以聞。請濬深廣，通官舟以餉軍。命御史嚴震直[3]燒鑿陡澗之石，餉道果通。

三十一年，洪渠堰圮，復命耿炳文修治之。，且濬渠十萬三千餘丈[4]。

建文四年，疏吳淞江。

[1] 銀墅東壩　是年浚胥溪，由溧陽至東壩，經固城石臼諸湖，東北由天生橋河出溧水縣通秦淮河至南京。天生橋河又名胭脂河。這條河向西可由東壩（在今江蘇南京市高淳區境）循魯陽互壩通長江。是時于東壩建石閘控制西面的來水。五壩之一名銀淋，即此處的銀墅。

[2] 唐鐸　字振之，虹縣（今安徽泗縣）人，《明史》卷一三八有傳。

[3] 嚴震直　字子敏，烏程（今浙江湖州市）人，《明史》卷一五一有傳。

[4] 且濬渠十萬三千餘丈　據《明史》卷一三〇《耿炳文傳》載：“濬涇陽洪渠十萬餘丈，民賴其利”。此事似在徐達征陝西後，洪武三年（1370年）前。據《明史》卷一二五《徐達傳》載，徐達征陝西在洪武二年（1369年），故“浚濬渠十萬三千餘丈”事或在洪武二年（1369年）冬。但《明太祖實錄》卷二五六載，洪武三十一年（1398年）三月辛亥“上命長興侯耿炳文……修築之。凡五月，堰成，又濬堰渠一十萬三千六百十八丈，民皆利焉。”連同洪武八年（1375年）的施工，或耿炳文三修洪渠堰。如《耿傳》敘事有顛倒，則只有八年及三十一年兩次。

永樂元年，修安陸、京山漢水塌岸，章丘漯河東堤，高密、濰決岸，安陽河堤，福山護城決堤，浙江赭山江塘，餘干龍窟壩塘岸，臨潁褚河決口，濰縣白浪河堤，潛山、懷寧陂堰，高要青岐、羅婆圩，通州徐竈、食利等港，平遥廣濟渠，句容楊家港、王旱圩等堤，肇慶、鳳翔遥頭岡決岸，南陽高家、屯頭二堰及沙、澧等河堤，夏

縣古河決口三十餘里。修築和州保大等圩百二十餘里，蓄水陡門[1]
九。濬昌邑河渠五所。鑿嘉定小橫瀝以通秦、趙二涇。濬崑山葫蘆
等河。

命夏原吉[2]治蘇、松、嘉興水患，濬華亭、上海運鹽河，金山
衛閘及漕涇分水港。原吉言："浙西諸郡，蘇、松最居下流，嘉、
湖、常頗高，環以太湖，綿亘五百里。納杭、湖、宣、歙溪澗之水，
散注澱山諸湖，以入三泖[3]。頃爲浦港堙塞，漲溢害稼。拯治之法，
在濬吳淞諸浦。按吳淞江袤二百餘里，廣百五十餘丈，西接太湖，
東通海，前代常疏之。然當潮汐之衝，旋疏旋塞。自吳江長橋抵下
界浦，百二十餘里，水流雖通，實多窄淺。從浦抵上海南倉浦口，
百三十餘里，潮汐淤塞，已成平陸，灜沙游泥，難以施工。嘉定劉
家港即古婁江，徑入海，常熟白茆港徑入江，皆廣川急流。宜疏吳
淞南北兩岸、安亭等浦，引太湖諸水入劉家、白茆二港，使其勢分。
松江大黃浦乃通吳淞要道，今下流遏塞難濬。旁有范家浜，至南倉
浦口徑達海。宜濬深闊，上接大黃浦，達泖湖之水，庶幾復《禹
貢》"三江入海"之舊。水道既通，乃相地勢，各置石閘，以時啓
閉。每歲水涸時，預修圩岸[4]，以防暴流，則水患可息。"帝命發
民丁開濬。原吉晝夜徙步，以身先之，功遂成。

[1] 陡門　又稱斗門，渠堰上用以控制水流的閘門。
[2] 夏原吉　字維詰，湖南湘陰人。《明史》卷一四九有傳。夏原吉通過
開范家浜，引太湖水經黃埔江入海，減少了太湖流域的水患，使黃埔江最終成
爲太湖的主要排洪通道。主要著作有《夏忠靖公集》。
[3] 三泖　即泖湖，在今上海松江區西、金山區西北，分上中下三泖。
[4] 圩岸　圩田四周的堤岸。圩岸上建有閘門，既可引水灌漑，又可排水
防洪。

二年，修泰州河塘萬八千丈，興化南北堤、泰興沿江圩岸、六

合瓜步等屯。濬丹徒通潮舊江，。又修象山荾湖塘岸，海康、徐聞二縣那隱坡、調黎等港堤岸，黃巖混水等十五閘、六陡門，孟津河堤，分宜湖塘，武陟馬田堤岸，香山竹徑水陂，復興安分水塘[1]。興安有江，源出海陽山。江中橫築石堁[2]，分南北渠，溉民田甚溥。堁上叠石如鱗，以防衝溢。嚴震直撤石增堁，水迫無所洩，衝塘岸，盡趨北渠，南渠淺澀，民失利。至是修復如舊。

海門民請發淮安、蘇、常民丁協修張墩港、東明港百餘里潰堤。帝曰：“三郡民方苦水患，不可重勞。”遣官行視，以揚州民協築之。當涂民言：“慈湖瀕江，上通宣、歙，東抵丹陽湖，西接蕪湖。久雨浸淫，潮漲傷農，宜遣勘修築。”帝從其請，且諭工部，安、徽、蘇、松，浙江、江西、湖廣凡湖泊卑下，圩岸傾頹，亟督有司治之。夏原吉復奉命治水蘇、松，盡通舊河港。又濬蘇州千墩浦、致和塘、安亭、顧浦、陸皎浦、尤涇、黃涇共二萬九千餘丈，松江大黃浦、赤雁浦、范家浜共萬二千丈，以通太湖下流。

先是，修含山崇義堰。未幾，和州民言：“銅城閘上抵巢湖，下通揚子江，決圩岸七十餘處，乞修治。”其吏目張良興又言：“水淹麻、灃二湖田五萬餘頃，宜築圩埂，起桃花橋，訖含山界三十里。”俱從之。

三年，修上虞曹娥江壩埂，温縣馱塢村堤堰四千餘丈，南海衛蓮塘、四會縣鴉鵲水等堤岸，無爲州周興等鄉及鷹揚衛烏江屯江岸。築昌黎及歷城小清河決堤，應天新河口北岸，從大勝關抵江東驛三千三百丈。濬海州北舊河，上通高橋，下接臨洪場及山陽運鹽河十八里。

四年，修築宣城十九圩，豐城穆湖圩岸，石首臨江萬石堤，溧水決圩。修懷寧斗潭河、彭灘圩岸，順天固安，保定荊岱，樂亭魯家套、社河口，吉水劉家塘、雲陂，江都劉家圩港。築湖廣廣濟武家穴等江岸。新建石頭岡圩岸、江浦沿江堤。開泰州運鹽河、普定秦潼河、西溪南儀阡三處河口，導流興化、鹽城界入海。濬常熟福山塘三十六里。

〔1〕分水塘 靈渠渠首泄水天平，分湖水北入湘江，南入漓江。
〔2〕石堨 即靈渠渠首的分水鏵嘴和大小天平。

五年，修長洲、吳江、崑山、華亭、錢塘、仁和、嘉興堤岸，餘姚南湖壩，築高要銀岡、金山等潰堤，溉田五百餘頃。治杭州江岸之淪者。

六年，濬浙江平陽縣河。

七年，修安陸州渲馬灘決岸、海鹽石堤，築泰興攔江堤三千九百餘丈。且濬大港北淤河，抵縣南，出大江，四千五百餘丈。

八年，修丹陽練湖塘，汝陽汝河堤岸，南陵野塘圩、蚌蕩壩，松滋張家坑、何家洲堤岸，平度州濰水、浮糠河決口百十二，堤堰八千餘丈，吳江石塘官路橋梁。

九年，修安福丁陂等塘堰，安仁鐃家陂、壽光堤，安陸京山景陵圩岸，長樂官塘，長洲至嘉興石土塘橋路七十餘里，泄水洞百三十一處，監利車水堤〔1〕四千四百餘丈，高安華陂屯陂堤，仁和、海寧、海鹽土石塘岸萬餘丈。築沂州沭河口決岸，并瀹沭陽述河。築直隸新城張村等口決堤，仁和黃濠塘岸三百餘丈，孫家圍塘岸二十餘里。濬濰縣干丹河、定襄故渠六十三里，引滹沱水灌田六百餘頃。疏福山官渠，濬江陰青陽〔2〕河道、鄒平白條溝河三十餘里。

麗水民言：「縣有通濟渠〔3〕，截松陽、遂昌諸溪水入焉。上、中、下三源，流四十八派，溉田二千餘頃。上源民洩水自利，下源流絕，沙壅渠塞。請修堤堰如舊。」部議從之。齊東知縣張昇言：「小清河洪水衝決，淹沒諸鹽場及青州田。請濬上流，修長堤，使水行故道。」皇太子遣官經理之。鄜州民言：「洛水橫決而西，衝塌州城東北隅。請濬故道，循州東山麓南流。”從之。

〔1〕 車水堤 “水”應作“木”。據《湖北通志》卷四十，“監利縣⋯⋯車木堤在縣東四十里。宋末，大水決堤。一夜大雷雨，明日得雷車轂於其上。邑人循轂蹟爲堤，至今賴之。”

〔2〕 江陰青陽 明代江陰無青陽。據《明太宗實錄》卷一一八，應爲“青暘”。

〔3〕 通濟渠 即浙江麗水通濟堰。建于南朝梁天監年間（502—519 年）。詳見清同治年間王庭芝等人編修的《通濟堰志》。

十年，修浙江平陽捍潮堤岸，黃梅臨江決岸百二十餘里，海門捍潮堤百三十里。築新會圩岸二千餘丈，獻縣、饒陽恭儉等岸，安丘紅河決岸，安州直亭等河決口八十九，華容、安津等堤決口四十六。濬上海蟠龍江、濰縣白浪河。北京行太僕卿楊砥[1]言：“吳橋、東光、興濟、交河及天津等衛屯田，雨水決堤傷稼。德州良店驛東南二十五里有黃河故道，與州南土河通。穿渠置閘，分殺水勢，大爲民便。”命侍郎藺芳往理之。

十一年，修蕪湖陶辛、政和二圩[2]，保定、文安二縣河口決岸五十四，應天新河圩岸，天長福勝、戚家莊二塘，滎澤大濱河堤。濬崑山太平河。

十二年，修鳳陽安豐塘[3]水門[4]十六座及牛角壩、新倉舖塌岸，武陟郭村、馬曲堤岸，聊城龍灣河，濮州紅船口，范縣曹村河堤岸。築三河決堤。濬海州官河二百四十里。解州民言：“臨晉涑水河逆流，決姚暹渠[5]堰，入砂地，淹民田，將及鹽池。”尋又言：“硝池水溢，決豁口，入鹽池。”以涑水渠、姚暹渠併流，故命官修築如其請。

〔1〕 楊砥 字大用，澤州（今山西晉城）人，明史卷一五〇有傳。
〔2〕 陶辛、政和二圩 據民國《安徽通志·水工稿》陶辛圩圩堤長九千

餘丈，有田五萬七千餘畝。政和圩長六千餘丈，有田三萬六千餘畝。

〔3〕安豐塘　即芍陂，古代淮河流域著名的塘堰工程，在今安徽壽縣南。

〔4〕水門　控制水量的閘門。

〔5〕姚暹渠　據《宋史·河渠志·河北諸水》載，此運鹽河開於後魏正始二年（505年），稱永豐渠。隋大業中都水監姚暹重新修復，故又名姚暹渠。

十三年，修興濟決岸、南京羽林右衛刁家圩屯田堤。吳江縣丞李昇言：“蘇、松水患，太湖爲甚，急宜洩其下流。若常熟白茆諸港，崑山千墩等河，長洲十八都港汊，吳縣、無錫近湖河道，皆宜循其故迹，濬而深之。乃修蔡涇等閘，候潮來往，以時啓閉。則泛濫可免，而民獲耕種之利。”從之。

十五年，修固安孫家口及臨漳固塚堤岸。

十六年，修魏縣決岸。

十七年，蕭山民言：“境內河渠四十五里，溉田萬頃，比年淤塞。乞疏濬，仍置閘錢清小江壩東，庶旱潦無憂。”山東新城民言：“縣東鄭黃溝源出淄川，下流壅沮，霖潦妨農。陳家莊南有乾河，上與溝接，下通烏江，乞濬治。”并從之。

十八年，海寧諸縣民言：“潮没海塘二千六百餘丈，延及吳家等壩。”通政岳福亦言：“仁和、海寧壞長降等壩，淪海千五百餘丈。東岸赭山、巖門山、蜀山舊有海道，淤絕久，故西岸潮愈猛。乞以軍民修築。”并從之。

明年，修海寧等縣塘岸。

二十一年，修嘉定抵松江潮圮圩岸五千餘丈、交阯順化衛決堤百餘丈。文水民言：“文谷山常稔渠分引文谷河流，袤三十餘里，灌田。今河潰洩水。”從其奏，葺治之。

二十二年，修臨海廣濟河閘。

洪熙元年修黃巖濱海閘壩。視永樂初，增府判一員，專其事。修獻縣、饒陽恭儉堤及窯堤口。

宣德二年，浙江歸安知縣華嵩言："涇陽洪渠堰溉五縣田八千四百餘頃。洪武時，長興侯耿炳文前後修濬，未久堰壞。永樂間，老人徐齡言於朝，遣官修築，會營造不果。乞專命大臣起軍夫協治。"從之。

三年，修灌縣都江等堰四十四。臨海民言："胡巉諸閘潴水灌田，近年閘壞而金鼇、大浦、湖淶、舉嶼等河遂皆壅阻，乞爲開築。"帝曰："水利急務，使民自訴於朝，此守令不得人爾。"命工部即飭郡縣秋收起工。仍詔天下："凡水利當興者，有司即舉行，毋緩視。"

巡按江西御史許勝言："南昌瑞河兩岸低窪，多良田。洪武間修築，水不爲患。比年水溢，岸圮二十餘處。豐城安沙繩灣圩岸三千六百餘丈，永樂間水衝，改修百三十餘丈。近者久雨，江漲堤壞。乞敕有司募夫修理。"中書舍人陸伯倫言："常熟七浦塘東西百里，灌常熟、崑山田，歲租二十餘萬石。乞聽民自濬之。"皆詔可。

四年，修獻縣柳林口堤岸。潛江民言："蚌湖、陽湖皆臨襄河，水漲岸決，害荊州三衛、荊門、江陵諸州縣官民屯田無算。乞發軍民築治。"從之。福清民言："光賢里官民田百餘頃，堤障海水。堤壞久，田盡荒。永樂中，嘗命修治，迄今未舉，民不得耕。"帝責有司亟治，而諭尚書吳中[1]嚴飭郡邑，陂池堤堰及時修濬，慢者治以罪。

五年，巡撫侍郎成均言："海鹽去海二里，石嵌土岸二千四百餘丈，水齧其石，皆已刓[2]敝。議築新石於岸內，而存其舊者以爲外障。乞如洪武中令嘉、嚴、紹三府協夫舉工。"從之。

六年，修瀏陽、廣濟諸縣堤堰，豐城西北臨江石堤及西南七圩壩，石首臨江三堤。濬餘姚舊河池。巡撫侍郎周忱[3]言："溧水永豐圩[4]周圍八十餘里，環以丹陽、石臼諸湖。舊築埂壩，通陟門石塔，農甚利之。今頹敗，請茸治。"教諭唐敏言："常熟耿涇塘，南接梅里，通崑承湖，北達大江。洪武中，濬以溉田。今壅阻，請疏導。"并從之。

〔1〕吴中　字思正，山東武城人。《明史》卷一五一有傳。

〔2〕刓敝　原意爲損傷，這裏指海塘砌石被海潮衝毁。

〔3〕周忱　字恂如，江西吉水人。宣德五年（1430 年）始任工部右侍郎巡撫江南諸府總督。《明史》卷一五三有傳。

〔4〕永豐圩　始建于政和五年（1115 年），在丹陽湖和固城湖之間築堤圍田。紹興三年（1133 年）圩區長寬各五六十里，有田九百五十多頃。

七年，修眉州新津通濟堰[1]。堰水出彭山，分十六渠，溉田二萬五千餘畝。河東鹽運使言："鹽池近地姚暹河，流入五星湖轉（黄流）〔流黄〕河，兩岸窐下。比歲雨溢水漲，衝至解州。浪益急，遂潰南岸，没民田三十餘里，鹽池護堤皆壞。復因下流涑水河高，壅淤逆流，姚暹以決。乞起民夫疏瀹。"從之。

蘇州知府况鍾[2]言："蘇、松、嘉、湖湖有六，曰太湖、龐山、陽城、沙湖、昆承、尚湖。永樂初，夏原吉濬導，今復淤。乞遣大臣疏濬。"乃命周忱與鍾治之。是歲，汾河驟溢，敗太原堤。鎮守都司李謙[3]、巡按御史徐傑以便宜修治，然後馳奏。帝嘉獎之。

八年，葺湖廣偏橋衛高陂石洞，完縣南關舊河。復和州銅城堰閘。修安陽廣惠等渠，磁州溢陽河、五爪濟民渠[4]。

九年，修江陵枝江沿江堤岸。築薊州決岸。毁蘇、松民私築堤堰。

十年，築海鹽潮決海塘千五百餘丈。主事沈中言："山陰西小江，上通金、嚴，下接三江海口，引諸暨、浦江、義烏諸湖水以通舟。江口近淤，宜築臨浦戚堰障諸湖水，俾仍出小江。"詔部覆奪。

正統元年，修吉安沿江堤。築海陽、登雲、都雲、步村等決堤。濬陝西西安灞橋河。

二年，築蠡縣王家等決口。修新會鸞臺山至瓦塘浦頹岸，江陵、松滋、公安、石首、潛江、監利近江決堤。又修湖廣老龍堤，以爲漢水所潰也。

三年，疏泰興順德鄉三渠，引湖溉田；潞州永禄等溝渠二十八道，通於漳河。

〔1〕通濟堰　約創建于東漢，唐代開元年間重建，并至今興利。參見譚徐明《四川通濟堰》，載《水利水電科學研究院論文集》第三十一集。

〔2〕况鍾　字伯律，江西靖安人，《明史》卷一六一有傳。

〔3〕李謙　河南南陽人，正統年間任都督僉事，山西總兵，後被劾罷官。

〔4〕五爪濟民渠　又名五爪渠。據《大清一統志》："五爪渠在磁州西十里。明洪武年間，知州包宗達引滏水作渠，分爲五派，溉千餘頃。後漸淤塞。萬曆十一年重濬。"磁州，今河北省磁縣。

四年，修容城杜村口堤。設正陽門外減水河，并疏城内溝渠。荆州民言："城西江水高城十餘丈，霖潦壞堤，水即灌城。請先事修治。"寧夏巡撫都御史金濂[1]言："鎮有五渠，資以行溉，今明沙州[2]七星、漢伯、石灰三渠久塞。請用夫四萬疏濬，溉蕪田千三百餘頃。"并從之。

五年，修太湖堤，海鹽海岸，南京上、中、下新河及濟川衛新江口防水堤，漷縣、南宮諸堤。築順天、河間及容城杜村口、郎家口決堤。塞海寧蠣巖決堤口。濬鹽城伍祐、新興二場運河。初，溧水有鎮曰廣通，其西固城湖入大江，東則三塔堰河入太湖中間相距十五里，洪武中鑿以通舟。縣地稍窪，而湖納寧國、廣德諸水，遇潦即溢，乃築壩於鎮以禦之，而堰水不能至壩下。是歲，改築壩於葉家橋。胭脂河者，溧水入秦淮道也。蘇、松船皆由以達，沙石壅塞，因并濬之。山陽涇河壩，上接漕河，下達鹽城，舊置絞關[3]以通舟，歲久且敝，又恐盗洩水利，遂築塞河口。是歲，從民請，修壩并復絞關。

六年，造宣武門東城河南岸橋。修江米巷玉河橋及堤，并濬京城西南河。築豐城沙月諸河堤、蕉湖陶辛圩新埝。濬海寧官河及花塘河、硤石橋塘河，築瓦石堰二所。疏南京江洲，殺其水勢，以便修築塌岸。高郵知州韓簡言："官河上下二閘皆圮，河亦不通，且子嬰溝塞，減水陰洞[4]閉，致旱澇無所濟。俱乞濬治。"詔部覈實以行。

七年，修江西廣昌江岸、蕭山長山浦海塘、彭山通濟堰。築南京浦子口、大勝關堤，九江及武昌臨江塌岸。濬江陵、荊門、潛江淤沙三十餘里。

八年，修蘭溪卸橋浦口堤，弋陽官陂三所。濬南京城河。

〔1〕金濂　字宗瀚，山陽（今江蘇省淮安市）人。《明史》卷一六〇本傳載"寧夏舊有五渠，而鳴沙州（原本作"洲"，有誤）七星、漢伯、石灰三渠淤。濂請濬之，漑蕪田一千三百餘頃。"（本傳原斷句有誤）。
〔2〕明沙州　據《讀史方輿紀要》卷六二，"鳴沙城……其地北枕黃河，人馬行沙上有聲，因名。……元復於此立鳴沙州，明初廢。"《明史·地理志·寧夏中衛》亦作鳴沙州。
〔3〕絞關　拖船過壩或啟閉閘門的一種設施，工作原理與轆轤類似。
〔4〕減水陰洞　分洩運河洪水的涵洞。

九年，修德州耿家灣等堤岸、杞縣離溝堤。築容城杜村堤決口。易上虞菱湖土壩為石閘。挑無錫里谷、蘇塘、華港、上村、李走馬塘諸河，東南接蘇州苑山湖塘，北通揚子江，西接新興河，引水灌田。濬杞縣牛墓岡舊河，武進太平、永興二河。疏海鹽永安河，茶市院新涇、陶涇塘諸河。都御史陳鎰[1]言："朝邑多沙鹵，難耕。縣治洛河，與渭水通，請穿渠灌之。"新安民言："城南長溝河，西通徐、漕二水，東連雄縣直沽，沙土淤塞，請發丁夫疏濬。"海陽民蕭瑤言："縣有長溪，源出山麓，流抵海口，周袤潮郡，故登隆等都俱置溝通漑。惟隆津等都陸野絕水，歲旱無所賴。乞開溝如登隆。"

長樂民劉彥梁言："嚴湖二十餘里，南接稠庵溪，西通倒流溪，可備旱溢。又有張塘涵、塘前涵、大塘涵、陳塘港，其利如嚴湖。乞令有司疏濬。"廣濟民言："縣與鄰邑黃梅，歲運糧三萬石於望牛墩。小車盤剝，不堪其勞。連城湖港廖家口有溝抵墩前，淤淺不能行船。請與黃梅合力濬通，以便水運。"并從之。

十一年，修洞庭湖堤。築登州河岸。濬通州金沙場八里河，以通運渠。任丘民言："凌城港去縣二十五里，內有定安橋河，北十八里通流，東七里沙塞。宜疏通與港相接。入直沽張家灣。"巡撫周忱言："應天、鎮江、太平、寧國諸府，舊有石臼等湖。其中溝港，歲辦魚課。其外平圩淺灘，聽民牧放孳畜、采掘菱藕，不許種耕。故山溪水漲，有所宣洩。近者富豪築圩田，遏湖水，每遇泛溢，害即及民，宜悉禁革。"并從之。

十二年，疏平度州大灣口河道，荊州公安門外河，以便公安、石首諸縣輸納。浙江聽選官王信言："紹興東小江，南通諸暨七十二湖，西通錢塘江。近爲潮水湧塞，江與田平，舟不能行，久雨水溢，鄰田輒受其害。乞發丁夫疏濬。"從之。

〔1〕陳鎰　字有戒，吳縣（今江蘇省蘇州市）人。《明史》卷一五九有傳。

十三年，築寧夏漢、唐壩決口。疏山西涑水河、南海縣通海泉源。鑿宣府城濠，引城北山水入南城大河。湖廣五開衛言："衛與苗接，山路峻險。去衛三十里有水通靖州江，亂石沙灘，請疏以便輸運。"雲南鄧川州言："本州民田與大理衛屯田接壤湖畔，每歲雨水沙土壅淤，禾苗淹沒。乞命州衛軍民疏治。"并從之。

十四年，濬南海潘埇堤岸，置水閘。和州民言："州有姥鎮河，上通麻、澧二湖，下接牛屯大河，長七十里許，廣八丈。又有張家溝，連銅城閘，通大江，長減姥鎮之半，廣如之，灌溉降福等七十餘圩及南京諸衛屯田，近年河潰閘圯，率皆淤塞。請興役疏瀋，仍於姥鎮、豐山嘴、葉公坡各建閘以備旱潦。"從之。

景泰元年，築丹陽甘露等壩。

二年，修玉河東西堤。瀋安定門東城河，永嘉三十六都河，常熟顧新塘，南至當湖，北至揚子江。

三年，修泰和信豐堤。築延安、綏德決河，綿州西岔河通江堤岸。瀋常熟七浦塘，劍州海子。疏孟瀆河浜涇十一。工部言："海鹽石塘十八里，潮水衝決，浮土修築，不能久。"詔別築石塘捍之。

四年，瀋江陰順塘河十餘里，東接永利倉大河，西通夏港及揚子江。雲南總兵官沐璘[1]言："城東有水南流，源發邵甸，會九十九泉爲一，抵松花壩[2]分爲二支：一繞金馬山麓，入滇池；一從黑窯村流至雲澤橋，亦入滇池。舊於下流築堰，溉軍民田數十萬頃，霖潦無所洩。請令受利之家，自造石閘，啓閉以時。"報可。

五年，疏靈寶黎園莊渠，通鴻瀘澗，溉田萬頃。

六年，瀋華容杜預渠，通運船入江，避洞庭險。修容城白溝河杜村口、固安楊家等口決堤。

〔1〕沐璘　字廷章，安徽定遠人。沐英之後。
〔2〕松花壩　位于雲南昆明市東北盤龍江上以灌溉爲主的水利工程。元代至元十一年（1274年）雲南平章政事賽典赤·贍思丁主持興建，現改建爲一座灌溉、防洪、發電、供水等綜合效益的水利樞紐工程。

七年，尚書孫原貞[1]言："杭州西湖舊有二閘，近皆傾圯，湖遂淤塞。按宋蘇軾[2]云'杭本江海故地，水泉鹹苦。自唐李泌[3]引湖水入城爲六井，然後井邑日富，不可許人佃種[4]。'周淙[5]亦言：'西湖貴深闊。'因招兵二百，專一撈湖。其後，豪戶復請佃，湖日益填塞，大旱水涸。詔郡守趙與[6]㥦開瀋，芰荷茭蕩悉去，杭民以利。此前代經理西湖大略也。其後，勢豪侵佔無已，湖小淺狹，閘石毀壞。今民田無灌溉資，官河亦澀阻。乞敕有司興濬，禁侵佔以利軍民。”從之。

天順二年，修彭縣萬工堰[7]，灌田千餘頃。

五年，僉事李觀言：“涇水出涇陽仲山谷，道高陵，至櫟陽入渭，袤二百里。漢開渠溉田，宋、元俱設官主之。今雖有瓠口鄭、白二渠，而堤堰摧決，溝洫壅淤，民弗蒙利。”乃命有司濬之。

八年，永平民言：“漆河繞城西南流入海，城趾皆石，故水不能決。其餘則沙土易潰，前人於東北築土堤，西南甃岸。今歲久日塌，宜作堤於東流，橫以激之，使合西流，庶無蕩析患。”都御史項忠[8]言：“涇陽之瓠口鄭、白二渠，引涇水溉田數萬頃，至元猶溉八千頃。其後，渠日淺，利因以廢。宣德初，遣官修鑿，畝收四三石。無何復塞，渠旁之田，遇旱爲赤地。涇陽、醴泉、三原、高陵皆患苦之。昨請於涇水上源龍潭左側疏濬，訖舊渠口，尋以詔例停止。今宜畢其役。西安城西井泉鹹苦，飲者輒病。龍首渠引水七十里，修築不易，且利止及城東。西南皂河去城一舍許，可鑿，令引水與龍首渠會，則居民盡利[9]。”邠州知州孟琳言：“榆行諸社俱臨沂河，久雨岸崩二十八處，低田盡淹。乞與修築。”并從之。

〔1〕孫原貞　名瑀，江西德興人。《明史》卷一七二有傳。

〔2〕蘇軾　字子瞻，號東坡居士，四川眉州眉山人。《宋史》卷三三八有傳。詳見《宋史·河渠六》注。

〔3〕李泌　字長源。《舊唐書》卷一三〇及《新唐書》卷一三九有傳。李泌開杭州六井事，詳見《西湖志》。

〔4〕本事參見《東坡集奏議集》卷七《乞開杭州西湖狀》。

〔5〕周淙　字彥廣，湖州長興人。《宋史》卷三九〇有傳。

〔6〕趙與　字德淵，嘉定十三年（1220年）進士。《宋史》卷四二三有傳。

〔7〕萬工堰　位于四川崇寧縣北十五里。參見《元史·河渠三·蜀堰》。

〔8〕項忠　字藎臣，浙江嘉興人。天順七年（1463 年）始任陝西巡撫，於陝西水利多有建樹。《明史》卷一七八有傳。

〔9〕此渠即通濟渠，位于長安縣西南。明成化元年（1465 年）西安知府余子俊以龍首渠供水不足，於丈八溝造石閘，開渠，引交、皂二水入城。《新開通濟渠記》碑（現存陝西西安碑林）記此事，碑陰并刻有《通濟渠管理規則》十一條，爲著名的城市供水渠道管理法規。

成化二年，修壽州安豐塘。

四年，疏石州城河。

六年，修平湖周家涇及獨山海塘。

七年，潮決錢塘江岸及山陰、會稽、蕭山、上虞，乍浦、瀝海二所，錢清諸場。命侍郎李顒[1]修築。

八年，堤襄陽決岸。

十年，廷臣會議：江浦北城圩古溝，北通滁河浦子口；城東黑水泉古溝，南入大江。二溝相望，岡壠中截。宜鑿通成河，旱引澇洩。從之。

十一年，濬杭州錢塘門故渠，左屬湧金門，建橋閘以蓄湖水。巡撫都御史牟俸[2]言：“山東小清河，上接濟南趵突諸泉，下通樂安沿海高家港鹽場。大清河，上接東平坎河諸泉，下通濱州海豐、利津，沿海富國鹽場。淤塞，苦盤剝，雨水又患淹没。勸農參政[3]唐虞濬河造閘，請令兼治水利。”詔可。

十二年，巡按御史許進[4]言：“河西十五衛，東起莊浪，西抵肅州，縣亘幾二千里，所資水利多奪於勢豪。宜設官專理。”詔屯田僉事[5]兼之。

〔1〕《明史》卷十三《憲宗本紀》載，“閏九月己未，浙江潮溢，漂民居、鹽場。遣工部侍郎李顒往祭海神，修築堤岸。”李顒，安福人（今江西安福縣），李時勉之孫。

〔2〕牟俸　四川巴縣人，《明史》卷一五九有傳。

二十五史河渠志注釋（修訂本）

〔3〕勸農參政　明代在布政使之下所設的專管農業的官員。
〔4〕許進　字季升，河南靈寶人。《明史》卷一八六有傳。
〔5〕屯田僉事　明代在按察使之下所設的主管屯田事務的官員。

十四年，俸言：“直隸蘇、松與浙西各府，頻年旱澇，緣周環太湖，乃東南最窪地，而蘇、松尤最下之衝。故每逢積雨，衆水奔潰，湖泖漲漫，淹没無際。按太湖即古震澤，上納嘉、湖、宣、歙諸州之水，下通婁、東、吳淞三江之流，東江今不復見，婁、淞入海故跡具存。其地勢與常熟福山、白茆二塘俱能導太湖入江海，使民無墊溺，而土可耕種，歷代開濬具有成法。本朝亦常命官修治，不得其要。而濱湖豪家盡將淤灘栽蒔爲利。治水官不悉利害，率於泄處置石梁，壅土爲道，或慮盜船往來，則釘木爲柵。以致水道堙塞，公私交病。請擇大臣深知水利者專理之，設提督水利分司〔1〕一員隨時修理，則水勢疏通，東南厚利也。”帝即令俸兼領水利，聽所濬築。功成，乃專設分司。

十五年，修南京內外河道。

十八年，濬雲南東西二溝，自松華壩黑龍潭抵西南柳壩南村，灌田數萬頃。修居庸關水關〔2〕、城券及隘口水門四十九，樓舖、墩臺百二〔3〕。

二十年，修嘉興等六府海田堤岸，特選京堂官往督之。

二十二年，濬南京中下二新河。

弘治三年，從巡撫都御史丘霽〔4〕言，設官專領灌縣都江堰〔5〕。

六年，敕撫民參政朱瑄濬河南伊、洛，彰德高平、萬金，懷慶廣濟，南陽召公等渠，汝寧桃陂等堰〔6〕。

〔1〕提督水利分司　負責領導監督水利工程事務的省級武職官員。
〔2〕水關　引水入城牆上的涵洞，一般設有閘門（或鐵柵）控制引水流量及人員或船隻進出。

· 422 ·

〔3〕此事係應巡撫雲南右副都御使吳誠之請。詳見《明實錄》成化卷二二五。

〔4〕丘濬　曾任漕運總督。

〔5〕設官專領灌縣都江堰　《明實錄》弘治卷三六載："先是巡撫都御使丘濬言：成都府灌縣舊有都江大堰，乃漢李冰所築溉民田者，其利甚溥。後為居民所侵占，日以湮塞。乞增設憲臣一員，專領其事，俾隨處修築陂塘堤堰以時蓄洩，庶舊規可復，地利不廢。工部覆奏從之

〔6〕此事應巡撫都御使徐恪之请，詳見《明實錄》卷八一。

七年，濬南京天、潮二河，備軍衛屯田水利。七月命侍郎徐貫與都御史何鑒[1]經理浙西水利。明年四月告成。貫初奉命，奏以主事祝萃自隨。萃乘小舟究悉源委。貫乃令蘇州通判張旻疏各河港水，濬之大壩。旋開白茆港沙面，乘潮退，決大壩水衝激之，沙泥刷盡。潮水蕩激，日益闊深，水達海無阻。又令浙江參政周季麟修嘉興舊堤三十餘里，易之以石，增繕湖州長興堤岸七十餘里。貫乃上言："東南財賦所出，而水患為多。永樂初，命夏原吉疏濬。時以吳淞江灘沙浮蕩，未克施工。迨今九十餘年，港浦愈塞。臣督官行視，濬吳江長橋，導太湖散入澱山、陽城、昆承等湖泖。復開吳淞江并大石、趙屯等浦，洩澱山湖水，由吳淞江以達於海。開白茆港白魚洪、鮎魚口，洩昆承湖水，由白茆港以注於江。開斜堰、七舖、鹽鐵等塘，洩陽城湖水，由七丫港以達於海。下流疏通，不復壅塞。乃開湖州之溇涇，洩西湖、天目、安吉諸山之水，自西南入於太湖。開常州之百瀆，洩溧陽、鎮江、練湖之水，自西北入於太湖。又開諸陡門，洩漕河之水，由江陰以入於大江。上流亦通，不復堙滯。"是役也，修濬河、港、涇、瀆、湖、塘、陡門、堤岸百三十五道，役夫二十餘萬，祝萃之功多焉。

巡撫都御史王珣言："寧夏古渠三道，東漢、中唐并通。惟西一渠傍山，長三百餘里，廣二十餘丈，兩岸危峻，漢、唐舊跡俱堙。宜發卒濬鑿，引水下流。即以土築東岸，建營堡屯兵以遏寇衝。請

帑銀三萬兩，并靈州六年鹽課，以給其費。"又請於靈州金積山河口，開渠灌田，給軍民佃種。并從之。

〔1〕何鑑　字世光，浙江新昌人。《明史》卷一八七本傳載："與侍郎徐貫疏吴淞、白茆諸渠，泄水入海，水患以除。"

十八年，修築常熟塘壩，自尚湖口抵江，及黄、泗等浦，新莊等沙三十餘處。濬杭州西湖。

正德七年，修廣平滏陽河口堤岸。

十四年，濬南京新江口右河。

十五年，御史成英言："應天等衛屯田在江北滁、和、六合者，地勢低，屢爲水敗。從金城港抵濁河達烏江三十餘里，因舊跡濬之，則水勢洩而屯田利。"詔可。

嘉靖元年，築濬束鹿、肥鄉、獻、魏堤渠。初，蘇、松水道盡爲勢家所據。巡撫李充嗣[1]畫水爲井地，示開鑿法，户占一區，計工刻日。造濬川爬[2]，用巨筏數百，曳木齒，隨潮進退，擊汰泥沙。置小艇百餘，尾鐵帚以導之。濬故道，穿新渠，巨浦支流，罔不灌注。帝嘉其勞，賚以銀幣。

二年，修德勝門東、朝陽門北城垣河道，築儀真、江都官塘五區。

十年，工部郎中陸時雍言："良鄉盧溝河，涿州琉璃、胡良二河，新城、雄縣白溝河，河間沙河，青縣滹沱河，下流皆淤。宜以時濬，使達於海。"詔巡撫議之。

十一年，太僕卿何棟勘畿封河患有二。一論滹沱河。其一言："真定鴨、沙、磁三河，俱發源五臺。會諸支水，抵唐河藺家圈，合流入河間。東南經任丘、霸州、天津入海，此故道也。河間東南高，東北下，故水決藺家口，而肅寧、新安皆罹其害。宜築決口，濬故道。涿州胡良河，自拒馬分流，至州東入渾河。良鄉琉璃河，發源磁家務，潛入地中，至良鄉東入渾河。比者渾河壅塞，二河不流。然下流淤沙僅四五里，請亟濬之。”部覆允行。

郎中徐元祉受命振災，上言：“河本以洩水，今反下壅；淀本以瀦水，今反上溢。故畿輔常苦水，順天利害相半，真定利多於害，保定害多於利，河間全受其害。弘、正間，嘗築長堤，排決口，旋即潰敗。今惟疏濬可施，其策凡六。一濬本河，俾河身寬邃。九河自山西來者，南合滹沱而不侵真定諸郡，北合白溝而不侵保定諸郡。此第一義也。一濬支河。令九河之流，經大清河，從紫城口入；經文都村，從涅槃口入；經白洋淀，從藺家口入；經章哥窪，從楊村河入。直遂以納細流，水力分矣。一濬決河。九河安流時，本支二河可受，遇漲則岸口四衝。宜每衝量存一口，復濬令合成一渠，以殺湍急，備淫溢。一濬澱河。令淀淀相通，達於本支二河，使下有所洩。一濬淤河。九河東逝，悉由故道，高者下，下者通[3]。占據曲防者，抵罪。一濬下河。九河一出青縣，一出丁字沽，二流相匯於苑家口。故施工必自苑家口始，漸有成效，然後次第舉行，庶減諸郡水害。”帝嘉納之。

明年，香河郭家莊自開新河一道，長百七十丈，闊五十丈，近舊河十里餘。詔河官亟繕治。

十三年，巡撫都御史周金[4]言：“藺家圈決口，塞之則東溢，病河間；不塞則東流漸淤，病保定。宜存決口而濬廣新河，使水東北平流，無壅涸患。”從之。

〔1〕李充嗣　字士修，四川內江人。《明史》卷二〇一有傳。

〔2〕濬川爬　即濬川杷，用船隻拖帶的疏濬河道的一種工具。有刪節（原文：參見《宋史·河渠二》）。

〔3〕〔標點本原注〕高者下下者通，《世宗實綠》卷一四〇嘉靖十一年（1532 年）七月己巳條、《行水金鑑》卷一一四作“使高者下，下者通”，有

"使"字。按上文"使下有所洩"，亦有"使"字。

〔4〕周金　字子庚，江蘇武進人。《明史》卷二〇一有傳。

二十四年，濬南京後湖。初，胡體乾按吳，以松江泛溢，進六策：曰開川，曰濬湖，曰殺上流之勢，曰決下流之壅，曰排潮漲之沙，曰立治田之規。是年，吕光洵按吳，復奏蘇、松水利五事：

一曰廣疏濬以備潴泄。三吳澤國，西南受太湖諸澤，水勢尤卑。東北際海，岡隴之地，視西南特高。高苦旱，卑苦澇。昔人於下流疏爲塘浦，導諸湖水北入江，東入海，又引江潮流衍於岡隴外。潴洩有法，水旱無患。比來縱浦橫塘，多堙不治，惟黃浦、劉河二江頗通。然太湖之水源多勢盛，二江不足以洩之。岡隴支河又多壅絕，無以資灌溉。於是高下俱病，歲常告災。宜先度要害，於澱山等茭蘆地，導太湖水散入陽城、昆承、三泖等湖。又開吳淞江及大石、趙屯等浦，洩澱山之水以達於海。濬白茆、鮎魚諸口，洩昆承之水以注於江。開七浦、鹽鐵等塘，洩陽城之水以達於江。又導田間之水，悉入小浦，以納大浦，使流者皆有所歸，潴者皆有所洩。則下流之地治，而澇無所憂矣。乃濬艾祁、通波以溉青浦，濬顧浦、吳塘以溉嘉定，濬大瓦等浦以溉崑山之東，濬許浦等塘以溉常熟之北，濬臧村等港以溉金壇，濬澡港等河以溉武進。凡隴岡支河堙塞不治者，皆濬之深廣，使復其舊。則上流之地亦治，而旱無所憂矣。此三吳水利之經也。

一曰修圩岸以固橫流。蘇、松、常、鎮東南下流，而蘇、松又常、鎮下流，易潴難洩。雖導河濬浦引注江海，而秋霖泛漲，風濤相薄，則河浦之水逆行田間，衝齧爲患。宋轉運使王純臣嘗令蘇、湖作田塍禦水，民甚便之。司農丞郟亶[1]亦云："治河以治田爲本。"故老皆云，前二三十年，民間足食，因餘力治圩岸，田益完美。近皆空乏，無暇修繕，故田圩漸壞，歲多水災。合敕所在官司專治圩岸。岸高則田自固，雖有霖潦不能爲害。且足制諸湖之水咸歸河浦中，則不待決洩，自然湍流。而岡隴之地，亦因江水稍高，又得畝引以資灌溉，不特利於低田而已。

一曰復板閘[2]以防淤澱。河浦之水皆自平原流入江海，水慢潮急，以故沙隨浪湧，其勢易淤。昔人權其便宜，去江海十里許夾流爲閘，隨潮啓閉，以禦淤沙。歲旱則長閉以蓄其流，歲潦則長啓以宣其溢，所謂置閘有三利，蓋謂此也。近多埋塞，惟常熟福山閘尚存。故老以爲河浦入海之地，誠皆置閘，自可歷久不壅。

一曰量緩急以處工費。

一曰重委任以責成功。

詔悉如議。光洵因請專委巡撫歐陽必進。從之。

二十六年，給事中陳斐請仿江南水田法，開江北溝洫，以袪水患，益歲收。報可。

〔1〕郟亶　字正夫，江蘇崑山人，宋熙寧五年（1072年）十一月出任司農寺丞。主要著作有《郟亶書二篇》（收入歸有光《三吳水利錄》）等。參見《宋史·河渠志》注釋。
〔2〕板閘　古代以木板爲閘板或底板的閘門。

三十八年，總督尚書楊博[1]請開宣、大荒田水利。從之。巡撫都御史翁大立言：“東吳水利，自震澤[2]濬源以注江，三江導流以入海，而蘇州三十六浦，松江八匯，毘陵十四瀆，共以節宣旱潦。近因倭寇衝突，汊港之交，率多釘柵築堤以爲捍禦，因致水流停潴，淤滓日積。渠道之間，仰高成皁。且具區[3]湖泖，并水而居者雜蒔菱蘆，積泥成蕩，民間又多自起圩岸。上流日微，水勢日殺。黄浦、婁江之水又爲舟師所居，下流亦淤。海潮無力，水利難興，民田漸磽。宜於吳淞、白茆、七浦等處造成石閘[4]，啓閉以時。挑鎮江、常州漕河深廣，使輸輓無阻，公私之利也。"詔可。

四十二年，給事中張憲臣言："蘇、松、常、嘉、湖五郡水患疊見。請濬支河，通潮水；築圩岸，禦湍流。其白茆港、劉家河、七浦、楊林及凡河渠河蕩壅淤沮洳者，悉宜疏導。"帝以江南久苦倭患，民不宜重勞，令酌濬支河而已[5]。

四十五年，參政凌雲翼[6]請專設御史督蘇、松水利。詔巡鹽御史兼之。

〔1〕楊博　字惟約，蒲州（今山西運城永濟市西南）人。《明史》卷二一四有傳。
〔2〕震澤　古代太湖又稱震澤。
〔3〕具區　古代太湖亦稱具區。
〔4〕石閘　閘座以條石砌築的閘門。
〔5〕本事詳見《明實錄》卷五二六。
〔6〕凌雲翼　字洋山，太倉州（今江蘇太倉市）人。《明史》卷二二二有傳。

隆慶三年，開湖廣竹筒河以洩漢江。巡撫都御史海瑞[1]疏吳淞江下流上海淤地萬四千丈有奇。江面舊三十丈，增開十五丈，自黃渡至宋家橋長八十里。

明年春，瑞言："三吳入海之道，南止吳淞，北止白茆，中止劉河。劉河通達無滯，吳淞方在挑疏。土人請開白茆，計濬五千餘丈，役夫百六十四萬餘。"又言："吳淞役垂竣，惟東西二壩未開。父老皆言崑山夏駕口、吳江長橋、長洲寶帶橋、吳縣胥口及凡可通流下吳淞者，逐一挑畢，方可開壩。"并從之。是年築海鹽海塘。

越四年，從巡撫侍郎徐栻[2]議，復開海鹽秦駐山，南至澉浦舊河。

萬曆二年，築荆州采穴，承天泗港、謝家灣諸決堤口。復築荆、岳等府及松滋諸縣老垸堤。

四年，巡撫都御史宋儀望言："三吳水勢，東南自嘉、秀沿海而北，皆趨松江，循黃浦入海；西北自常、鎮沿江而東，皆趨江陰、常熟。其中太湖瀦蓄，匯爲巨浸，流注龐山、漬墅、澱山、三泖，陽城諸湖。乃開浦引湖，北經常熟七浦、白茆諸港入於江，東北經崑山、太倉穿劉家河，東南通吳淞江、黃浦，各入於海。諸水聯絡，四面環護，中如仰盂。杭、嘉、湖、常、鎮勢繞四隅，蘇州居中，松江爲諸水所受，最居下。乞專設水利僉事[3]以裨國計。"部議遣御史董之[4]。

[1] 海瑞　字汝賢，廣東瓊山人，自號剛峰，謚忠介。《明史》卷二二六有傳。
[2] 徐栻　江蘇常熟人，曾任南京工部尚書。主持過貫穿山東半島的膠萊河工程。參見《明史》卷二二〇《劉應節傳》。
[3] 水利僉事　明代在按察使之下所設主管水利工程事務的專官。
[4]《明實錄》萬曆卷五二對宋儀望治理規劃有詳細記載。"杭、嘉、湖、常、鎮勢繞四隅"，《實錄》作："杭、嘉、常、鎮勢繞四隅"。

六年，巡撫都御史胡執禮請先濬吳淞江長橋、黃浦。先是，巡按御史林應訓言：

蘇、松水利在開吳淞江中段，以通入海之勢。太湖入海，其道有三：東北由劉河，即古婁江故道；東南由大黃浦，即古東江遺意；其中爲吳淞江，經崑山、嘉定、青浦、上海，乃太湖正脉。今劉河、黃浦皆通，而中江獨塞者，蓋江流與海潮遇，海潮渾濁，賴江水迅滌之。劉河獨受巴、陽諸湖，又有新洋江、夏駕浦從旁以注；大黃浦總會杭、嘉之水，又有澱山、泖蕩從上而灌。是以流皆清駛，足以敵潮，不能淤也。

惟吳淞江源出長橋、石塘下，經龐山、九里二湖而入。今長橋、石塘已堙，龐山、九里復爲灘漲，其來已微。又有新洋江、夏駕浦掣其水以入劉河，勢乃益弱，不能勝海潮洶涌之勢而滌濁渾之流，日積月累，淤塞僅留一綫。水失故道，時致淫濫。支河小港，亦復壅滯。舊熟之田，半成荒畝。

前都御史海瑞力破羣議，挑自上海江口宋家橋至嘉定艾祁八十里，幸尚通流。自艾祁至崑山慢水港六十餘里，則俱漲灘，急宜開濬，計淺九千五百餘丈，闊二十丈。此江一開，太湖直入於海，濱江諸渠得以引流灌田，青浦積荒之區俱可開墾成熟矣。

并從之。至是，工成。應訓又言：

吳江縣治居太湖正東，湖水由此下吳淞達海。宋時運道所經，畏風阻險，乃建長橋、石塘[1]以通牽挽。長橋百三十丈，爲洞六十有二。石塘小則有竇[2]，大則有橋，内外浦涇縱橫貫穿，皆爲洩水計也。石塘涇竇半淤，長橋内外俱圮，僅一二洞門通水。若不疏濬，雖開吳淞下流，終無益也。宜開龐山湖口，由長橋抵吳家港。則湖有所洩，江有所歸，源盛流長，爲利大矣。

松江大黃浦西南受杭、嘉之水，西北受澱、泖諸蕩之水，總會於浦，而秀州塘、山涇港諸處實黃浦來源也。澱山湖入黃浦道漸多淤淺，宜爲疏瀹。而自黃浦、橫潦、洙涇，經秀州塘入南泖，至山涇港等處，萬四千餘丈，待濬尤急。

他如蘇之茜涇、楊林、白茆、七浦諸港，松之蒲匯、官紹諸塘，常、鎮之澡港、九曲諸河，併宜設法開導，次第修舉。"
八年又言：

蘇、松諸郡幹河支港凡數百，大則洩水入海，次則通湖達江，小則引流灌田。今吳淞江、白茆塘、秀州塘、蒲匯塘、孟潰河、舜河、青暘港俱已告成，支河數十，宜盡開濬。
俱從其請。

〔1〕石塘　用石料砌築的縴道。
〔2〕竇　帶有閘門的小型涵洞。

　　久之，用儀望議，特設蘇、松水利副使[1]，以許應逵領之乃濬
吳淞八十餘里，築塘九十餘處，開新河百二十三道，濬內河百三十
九道，築上海李家洪老鴉嘴海岸十八里，發帑金二十萬。應逵以其
半訖工。三十七、八年間，霪雨浸溢，水患日熾。越數年，給事中
歸子顧言：“宋時，吳淞江闊九里。元末淤塞。正統間，周忱立
表[2]江心，疏而濬之。崔恭、徐貫、李充嗣、海瑞相繼濬者凡五，
迄今四十餘年，廢而不講。宜使江闊水駛，塘浦支河分流四達。”疏
入留中。巡按御史薛貞復請行之，下部議而未行。至天啓中，巡撫
都御史周起元[3]復請濬吳淞、白茆。崇禎初，員外郎蔡懋德[4]、巡
撫都御史李待問[5]皆以爲請。久之，巡撫都御史張國維[6]請疏吳江
長橋七十二徯[7]及九里、石塘諸洞。御史李謨復請濬吳淞、白茆。
俱下部議，未能行也。

　　〔1〕蘇松水利副使　江蘇按察使屬下的主管蘇州、松江等地水利工程事
務的專官。
　　〔2〕表　這裏指樹於江心的水位標志，以便疏濬河道時參照。
　　〔3〕周起元　字仲先，海澄（今福建漳州市龍海區）人。《明史》卷二
四五有傳。
　　〔4〕蔡懋德　字維立，江蘇崑山人。《明史》卷二六三有傳。
　　〔5〕李待問　曾官至戶部尚書。
　　〔6〕張國維　字玉笥，浙江東陽人。《明史》卷二七六本傳載，“國
維……建蘇州九里石塘及平望內外塘、長洲至和等塘，修松江捍海堤，濬鎮江
及江陰漕渠，并有成績。”

〔7〕 谼　音 hóng。此處通"孔"。長橋橋又名垂虹橋、利往橋，建于宋代。

十年，增築雄縣橫堤八里御禦滹沱暴漲。

十三年，以尚寶少卿徐貞明兼御史，領墾田使。貞明爲給事中，嘗請興西北水利如南人圩田之制，引水成田。工部覆議："畿輔諸郡邑，以上流十五河之水洩於貓兒一灣，海口又極束隘，故所在橫流。必多開支河，挑濬海口，而後水勢可平，疏濬可施。然役大費繁，而今以民勞財匱，方務省事，請罷其議。"乃已。後貞明謫官，著《潞水客譚》一書，論水利當興者十四條。時巡撫張國彦、副使顧養謙方開水利於薊、永有效，於是給事中王敬民薦貞明，特召還，賜敕勘水利。貞明乃先治京東州邑，如密雲燕樂莊，平谷水峪寺、龍家務莊、三河塘會莊、順慶屯地。薊州城北黃厓營，城西白馬泉、鎮國莊，城東馬伸橋，夾林河而下別山舖，夾陰流河而下至於陰流。遵化平安城，夾運河而下沙河舖西，城南鐵廠、湧珠湖以下韮菜溝、上素河、下素河百餘里。豐潤之南，則大寨、刺榆坨、史家河、大王莊，東則榛子鎮，西則鴉紅橋，夾河五十餘里。玉田青莊塢、後湖莊、三里屯及大泉、小泉，至於瀕海之地，自水道沽關、黑巖子墩至開平衛南宋家營，東西百餘里，南北百八十里。墾田三萬九千餘畝。至鎮定將治滹沱近壖地[1]，御史王之棟言："滹沱非人力可治，徒耗財擾民。"帝入其言，欲罪諸建議者。申時行[2]言："墾田興利謂之害民，議甚舛。顧爲此說者，其故有二。北方民游惰好閑，憚於力作，水田有耕耨之勞，胼胝之苦，不便一也。貴勢有力家侵占甚多，不待耕作，坐收蘆葦薪芻之利；若開墾成田，歸於業戶，隸於有司，則已利盡失，不便二也。然以國家大計較之，不便者小，而便者大。惟在斟酌地勢，體察人情，沙鹵不必盡開，黍麥無煩改作，應用夫役，必官募之，不拂民情，不失地利，乃謀國長策耳。"

於是貞明得無罪，而水田事終罷。

巡撫都御史梁問孟築橫城堡邊牆，慮寧夏有黃河患，請堤西岔河，障水東流。從之。

十九年，尚寶丞周弘禴[3]言：“寧夏河東有漢、秦二壩，請依河西漢、唐壩築以石，於渠外疏大渠一道，北達鴛鴦諸湖。”詔可。

〔1〕塲地　河灘地。
〔2〕申時行　字汝默，長洲（今江蘇省蘇州市）人，《明史》卷二一八有傳。
〔3〕周弘禴　字元孚，湖北麻城人。《明史》卷二三四有傳。

二十三年，黃、淮漲溢，淮、揚昏墊。議者多請開高家堰以分淮。寶應知縣陳煃為御史，慮高堰既開，害民產鹽場，請自興、鹽迤東，疏白涂河、石磏碾口、廖家港為數河，分門出海；然後從下而上，濬清水、子嬰二溝，且多開瓜、儀閘口以洩水。給事中祝世祿亦言：“議者欲放淮從廣陽、射陽二湖入海。廣陽闊僅八里，射陽僅二十五丈，名為湖，實河也。且離海三百里，迂迴淺窄，高、寶七州縣水惟此一線宣洩之，又使淮注焉，田廬鹽場，必無幸矣。廣陽湖東有大湖，方廣六十里，湖北口有舊官河，自官蕩至鹽城石磏口，通海僅五十三里，此導淮入海一便也。”下部及河漕官議，俱格不行。既而總河尚書楊一魁言：“黃水倒灌，正以海口為阻。分黃工就，則石磏口、廖家港、白駒場海口，金灣、芒稻諸河，急宜開刷。”乃命如議行之。

三十年，保定巡撫都御史汪應蛟[1]言：“易水可溉金臺，滹水可溉恒山，溏水可溉中山，滏水可溉襄國，漳水可溉鄴下，而瀛海當眾河下流，故號河中，視江南澤國不異。至於山下之泉，地中之水，所在皆有，宜各設壩建閘，通渠築堤，高者自灌，下則車汲。用南方水田法，六郡之內，得水田數萬頃，畿民從此饒，永無旱澇之患。不幸濱河有梗，亦可改折於南，取糴於北。此國家無窮利也。"報可。應蛟乃於天津葛沽、何家圈、雙溝[2]、白塘，令防海軍丁屯種，人授田四畝，共種五千餘畝，水稻二千畝，收多，因上言："墾地七千頃，歲可得穀二百餘萬石，此行之而效者也[3]。"

〔1〕汪應蛟　字潜夫，婺源（浙江金華）人，萬曆進士。《明史》卷二四一有傳。著有《撫畿奏疏》。

〔2〕雙溝　現名雙港。

〔3〕根據本傳及汪氏奏疏記載，汪應蛟在天津屯田一事在先，出任保定巡撫在後。此處記述時間順序有誤。

是年，真定知府郭勉濬大鳴、小鳴泉四十餘穴，溉田千頃。邢臺達活、野狐二泉流爲牛尾河，百泉流爲澧河，建二十一閘二堤，灌田五百餘頃。

天啓元年，御史左光斗[1]用應蛟策，復天津屯田，令通判盧觀象[2]管理屯田水利。

明年，巡按御史張慎言[3]言："自枝河而西，静海、興濟之間，萬頃沃壤。河之東，尚有鹽水沽[4]等處爲膏腴之田，惜皆蕪廢。今觀象開寇家口以南田三千餘畝，溝洫蘆塘之法，種植疏濬之方，皆具而有法，人何憚而不爲。大抵開種之法有五：一官種。謂牛、種、器具、耕作、雇募皆出於官，而官亦盡收其田之入也。一佃種。謂民願墾而無力，其牛、種、器具仰給於官，待納稼之時，官十而取其四也。一民種。佃之有力者，自認開墾若干，迨開荒既熟，較數歲之中以爲常，十一而取是也。一軍種。即令海防營軍種葛沽之田，人耕四畝，收二石，緣有行、月糧，故收租重也。一屯種。祖宗衛軍有屯田，或五十畝，或百畝。軍爲屯種者，歲入十七於官，即以所入爲官軍歲支之用。國初兵農之善制也。四法已行，惟屯種則今日兵與軍分，而屯僅存其名。當選各衛之屯餘，墾津門之沃土，如官種法行之。"章下所司，命太僕卿董應舉[5]管天津至山海屯田，規畫數年，開田十八萬畝，積穀無算[6]。

崇禎二年，兵部侍郎申用懋[7]言："永平灤河諸水，逶迆寬衍，可疏渠以防旱潦。山坡隙地，便栽種。宜令有司相地察源，爲民興利。"從之。

〔1〕左光斗　字遺直，諡忠毅，安徽桐城人。《明史》卷二四四有傳。他的屯田業績詳見本傳及《左忠毅公集》。

〔2〕盧觀象　字子占，贛縣（今江西省贛州市）人，當時任河間府屯田水利通判，後升爲同知。他是具體主持天津屯田的官員，是左光斗，張慎言的助手。

〔3〕張慎言　字金銘，山西陽城人。《明史》卷二七五有傳。

〔4〕鹽水沽　現名鹹水沽。

〔5〕董應舉　字崇相，閩縣（今福建省福州市）人，《明史》卷二四二有傳。著有《崇相集》，其中詳細記述了他這次屯田的經過及成績。

〔6〕天啓年間天津屯田的影響較大。關於這次屯田的主要文獻有：左光斗的《左忠毅公集》，董應舉的《崇相集》以及清道光年間吳邦慶所輯的《畿輔河道水利叢書》等。

〔7〕申用懋　字敬中，申時行之子。附《明史》卷二一八《申時行傳下》。

清史稿·河渠志[1]

（《清史稿》卷一百二十六至一百二十九）

河渠一

（《清史稿》卷一二六）

黄河

中國河患，歷代詳矣。有清首重治河，探河源以窮水患。聖祖初，命侍衛拉錫往窮河源[2]，至鄂敦塔拉，即星宿海。高宗復遣侍衛阿彌達往，西逾星宿更三百里，乃得之阿勒坦噶達蘇老山。自古窮河源，無如是之詳且確者。然此猶重源也。若其初源，則出蔥嶺[3]，與漢書合。東行爲喀什噶爾河，又東會葉爾羌、和闐諸水，爲塔里木河，而匯於羅布淖爾。東南潛行沙磧千五百里，再出爲阿勒坦河。伏流初見，輒作黃金色，蒙人謂金"阿勒坦"，因以名之。是爲河之重源。東北會星宿海水，行二千七百里，至河州積石關入中國。經行山間，不能爲大患。一出龍門，至滎陽以東，地皆平衍，惟賴堤防爲之限。而治之者往往違水之性，逆水之勢，以與水爭地，甚且因緣爲利，致潰決時聞，勞費無等，患有不可勝言者。

[1] 清史稿　趙爾巽主編，共 536 卷，修纂於 1914—1927 年間。其中卷一二六至一二九爲《河渠志》，記述了自順治元年至宣統三年（1644—1911年）共二百六十八年間全國的重要水利事件。

〔2〕拉錫往窮河源　據《康熙東華錄》，康熙四十三年（1704年），康熙派侍衛拉錫、舒蘭查勘黃河源，要求"直窮其源"。該年四月四日自京起程，六月九日到達星宿海，查勘兩天，"登山之至高視之，星宿海之源，小泉萬億，不可勝數。"

〔3〕葱嶺　古代對帕米爾高原和昆侖山、喀喇昆侖山脈西部諸山的總稱。

自明崇禎末李自成決河灌汴梁，其後屢塞屢決。順治元年夏，黃河自復故道，由開封經蘭、儀、商、虞，迄曹、單、碭山、豐、沛、蕭、徐州、靈壁、睢寧、邳、宿遷、桃源，東逕清河與淮合，歷雲梯關入海。秋，決溫縣，命內祕書院學士楊方興[1]總督河道，駐濟寧。

二年夏，決考城，又決王家園。方興言："自遭闖亂，官竄夫逃，無人防守。伏秋汛漲，北岸小宋、曹家口悉衝決，濟寧以南田廬多淹沒。宜乘水勢稍涸，鳩工急築。"上命工部遴員勘議協修。七月，決流通集[2]，一趨曹、單及南陽入運，一趨塔兒灣、魏家灣，侵淤運道，下流徐、邳、淮陽[3]亦多衝決。是年，孟縣海子村至渡口村河清二日，詔封河神爲顯佑通濟金龍四大王，命河臣致祭。

明年，流通集塞，全河下注，勢湍激，由汶上決入蜀山湖。

五年，決蘭陽。

七年八月，決荊隆朱源寨，直往沙灣，潰運堤，挾汶由大清河入海。方興用河道方大猷言，先築上游長縷堤，遏其來勢，再築小長堤。八年，塞之。

九年，決封丘大王廟，衝圯縣城，水由長垣趨東昌，壞平安堤[4]，北入海，大爲漕渠梗。發丁夫數萬治之，旋築旋決。給事中許作梅，御史楊世學、陳斐交章請勘九河故道，使河北流入海。方興言："黃河古今同患，而治河古今異宜。宋以前治河，但令入海有路，可南亦可北。元、明以迄我朝，東南漕運，由清口至董口二百餘里，必藉黃爲轉輸，是治河即所以治漕，可以南不可以北。若順水北行，無論漕運不通，轉恐決出之水東西奔蕩，不可收拾。今乃欲尋禹舊蹟，重加疏導，勢必別築長堤，較之增卑培薄，難易曉然。且河流挾沙，束之一，則水急沙流，播之九，則水緩沙積，數年之後，河仍他徙，何以濟運？"上然其言，乃於丁家寨鑿渠引流，以殺水勢。

是年，復決邳州，又決祥符朱源寨。户部左侍郎王永吉、御史楊世學均言："治河必先治淮，導淮必先導海口，蓋淮爲河之下流，而濱海諸州縣又爲淮之下流。乞下河、漕重臣，凡海口有爲姦民堵塞者，盡行疏濬。其漕堤閘口，因時啓閉，然後循流而上。至於河身，剔淺去淤，使河身愈深，足以容水。"議皆不果行。

十一年，復決大王廟。給事中林起龍劾方興侵冒，上解方興任，遣大理卿吴庫禮、工科左給事中許作梅往按。起龍坐誣，復方興任。

十三年，塞大王廟，費銀八十萬。

〔1〕楊方興 字浡然，漢軍鑲白旗人，自順治元年至十四年（1644—1657年）任清代第一任河道總督，官至兵部尚書。治河多主潘季馴説。《清史稿》卷二七九有傳

〔2〕流通集 在考城，黄河北岸，屬今河南蘭考縣境。

〔3〕下流徐邳淮陽 清代無淮陽建置。據《清史稿·楊方興傳》，"淮陽"應作"淮揚"，泛指淮陰府、揚州府一帶。

〔4〕平安堤 運河堤岸，在今山東聊城境。《清史稿·楊方興傳》記這次決口作順治十年（1653年）事。

十四年，方興乞休，以吏部左侍郎朱之錫代之[1]。是年決祥符槐疙疸[2]，隨塞。

十五年，決山陽柴溝姚家灣[3]，旋塞。復決陽武慕家樓。

十六年，決歸仁堤。先是御史孫可化疏陳淮、黄堤工，事下總河。之錫言："桃源費家嘴及安東五口淤澱久，工繁費鉅。且黄河諺稱'神河'，難保不旋濬旋淤，惟有加意修防，補偏救弊而已。"之

錫陳兩河利害，條上工程、器具、夫役、物料八弊。又言："因材器使，用人所亟。獨治河之事，非澹泊無以耐風雨之勞，非精細無以察防護之理，非慈斷兼行無以盡羣夫之力，非勇往直前無以應倉猝之機，故非預選河員不可。"因陳預選之法二：曰薦用，曰儲才；諳習之法二：曰久任，曰交代。又條上河政十事：曰議增河南夫役，曰均派淮工夫役，曰察議通惠河工，曰建設柳園，曰嚴剔弊端，曰釐覈曠盡銀兩，曰慎重職守，曰明定河工專職，曰申明激勸大典，曰酌議撥補夫役。均允行。

十七年，決陳州郭家埠、虞城羅家口，隨塞。

康熙元年五月，決曹縣石香爐、武陟大村、睢寧孟家灣。六月，決開封黃練集，灌祥符、中牟、陽武、杞、通許、尉氏、扶溝七縣。七月，再決歸仁堤。河勢既逆入清口，又挾睢、湖諸水自決口入，與洪澤湖連，直趨高堰，衝決翟家壩，流成大澗九，淮陽[4]自是歲以災告。

二年，決睢寧武官營及朱家營。

三年，決杞縣及祥符閻家寨，再決朱家營，旋塞。

四年四月，河決上游，灌虞城、永城、夏邑[5]，又決安東茆良口。

五年，之錫卒，以貴州總督楊茂勳[6]爲河道總督。

六年，決桃源煙墩、蕭縣石將軍廟，逾年塞之。又決桃源黃家嘴，已塞復決，沿河州縣悉受水患，清河衝沒尤甚，三汊河以下水不沒骭。黃河下流既阻，水勢盡注洪澤湖，高郵水高幾二丈，城門堵塞，鄉民溺斃數萬，遣官賑賑。冬，命明珠等相視海口，開天妃、石䦆、白駒等閘，毀白駒奸民閉閘碑。

八年，決清河三汊口，又決清水潭。副都御史馬紹曾、巡鹽御史李棠交章劾茂勳不職，罷之，以羅多爲河道總督。

九年，決曹縣牛市屯，又決單縣譙樓寺，灌清河縣治[7]。是歲五月暴風雨，淮、黄并溢，撞卸高堰石工六十餘段，衝決五丈餘，高、寶等湖受淮、黄合力之漲，高堰幾塌，淮陽[8]岌岌可虞。工科給事中李宗孔疏言："水之合從諸決口以注於湖也，江都、高、寶無歲不防堤增堤，與水俱高。以數千里奔悍之水，攻一綫孤高之堤，值西風鼓浪，一瀉萬頃，而江、高、寶、泰以東無田地，興化以北無城郭室廬。他如淥陽、平望諸湖，淺狹不能受水。各河港疏濬不時，范公堤下諸閘久廢，入海港口盡塞。雖經大臣會閱，嚴飭開閘出水，而年深工大，所費不貲，兼爲傍海奸竇所格，竟不果行。水迂回至東北廟灣口入海，七邑田舍沈没，動經歲時。比宿水方消，而新歲橫流又已踵至矣。"御史徐越亦言高堰宜乘冬水落時大加修築。於是起桃源東至龍王廟，因舊址加築大堤三千三百三十丈有奇。臘後冰解水溢，沿河村舍林木剗刷殆盡。

〔1〕朱之錫　字孟九，浙江義烏人。順治十四年（1657年）以兵部尚書銜接任楊方興爲河道總督，在任十年。《清史稿》卷二七九《朱之錫傳》載："朱去世之後，民稱之曰朱大王"。
〔2〕槐疙疸　在今河南開封西、中牟北，黄河南岸。
〔3〕山陽柴溝姚家灣　在今江蘇淮安市東。
〔4〕淮陽　誤，應作"淮揚"。見前注。
〔5〕灌虞城永城夏邑　《虞城縣志》有：決虞城上樓、待賓寺等處。
〔6〕楊茂勳　漢軍鑲紅旗人。康熙五年（1666年）任河道總督。
〔7〕灌清河縣治　《江南通志》作"河決清河王家營等處"。
〔8〕淮陽　應作"淮揚"。

十年春，河溢蕭縣。六月，決清河五堡、桃源陳家樓。八月，又決七里溝。以王光裕總督河道。光裕請復明潘季馴所建崔壩鎮等三壩，而移季太壩於黄家嘴舊河地，以分殺水勢。是歲，茆良口塞。
十一年秋，決蕭縣兩河口、邳州塘池舊城，又溢虞城，遣學士郭廷祚等履勘。

十二年，桃源七里溝塞。

十三年，決桃源新莊口及王家營，又自新河鄭家口北決[1]。

十四年，決徐州潘家塘、宿遷蔡家樓，又決睢寧花山壩，復灌清河治，民多流亡。

十五年夏，久雨，河倒灌洪澤湖，高堰不能支，決口三十四。漕堤崩潰，高郵之清水潭，陸漫溝之大澤灣，共決三百餘丈，揚屬皆被水，漂溺無算。上遣工部尚書冀如錫、戶部侍郎伊桑阿訪究利病。是歲又決宿遷白洋河、于家岡，清河張家莊、王家營，安東邢家口、二舖口，山陽羅家口。塞桃源新莊。

十六年，如錫等覆陳河工壞潰情形，光裕解任勘問。以安徽巡撫靳輔[2]為河督。輔言："治河當審全局，必合河道、運道為一體，而後治可無弊。河道之變遷，總由議治河者多盡力於漕艘經行之處，其他決口，則以為無關運道而緩視之，以致河道日壞，運道因之日梗。河水裹沙而行，全賴各處清水併力助刷，始能奔趨歸海。今河身所以日淺，皆由從前歸仁堤等決口不即堵塞之所致。查自清江浦至海口，約長三百里，向日河面在清江浦石工之下，今則石工與地平矣。向日河身深二三四丈不等，今則深者不過八九尺，淺者僅二三尺矣。河淤運亦淤，今淮安城堞卑於河底矣。運淤，清江與爛泥淺盡淤，今洪澤湖底漸成平陸矣。河身既墊高若此，而黃流裹沙之水自西北來，晝夜不息，一至徐、邳、宿、桃，即緩弱散漫。臣目見河沙無日不積，河身無日不加高，若不大修治，不特洪澤湖漸成陸地，將南而運河，東而清江浦以下，淤沙日甚，行見三面壅遏，而河無去路，勢必衝突內潰，河南、山東俱有淪胥沈溺之憂，彼時雖費千萬金錢，亦難剋期補救。"因分列大修事宜八：曰取土築堤，使河寬深；曰開清口及爛泥淺引河，使得引淮刷黃；曰加築高家堰堤岸；曰周橋閘至翟家壩決口三十四，須次第堵塞；曰深挑清口至清水潭運道，增培東西兩堤；曰淮揚田及商船貨物，酌納修河銀；

曰裁併河員以專責成；曰按里設兵，畫堤分守。廷議以軍務未竣，大修募夫多，宜暫停。疏再上，惟改運土用夫爲車運，餘悉如所請。

於是各工并舉。大挑清口、爛泥淺引河四，及清口至雲梯關河道，創築關外束水堤萬八千餘丈，塞于家岡、武家墩大決口十六，又築蘭陽、中牟、儀封、商丘月堤及虞城周家堤。

明年，創建王家營、張家莊減水壩二，築周橋翟壩堤二十五里，加培高家堰長堤，山、清、安三縣黃河兩岸及湖堰，大小決口盡塞。優詔褒美。

十八年，建南岸碭山毛城舖、北岸大谷山減水石壩各一，以殺上流水勢。

二十年，塞楊家莊，蓋決五年矣。是歲增建高郵南北滾水壩八[3]，徐州長樊大壩外月堤千六百八十九丈。

〔1〕又自新河鄭家口北決　《行水金鑑》卷四十七鄭家口作"郭家口"，并記屬康熙十二年（1673年）事。

〔2〕靳輔　字紫垣，遼陽漢軍鑲黃旗人。康熙十六年至三十一年間（1677—1692年）長期任河道總督，主持治理黃河、淮河、運河，多有建樹。著有《治河方略》等。《清史稿》卷二七九有傳。

〔3〕增建高郵南北滾水壩八　這些滾水壩建在運河東岸，泄水入湖，入海。

大修至是已三年，河未盡復故道，輔自劾。部議褫職，上命留任。

二十一年，決宿遷徐家灣，隨塞。又決蕭家渡。先是河身僅一線，輔盡堵楊家莊，欲束水刷之，而引河淺窄，淤刷鼎沸，遇徐家灣堤卑則決，蕭家渡土鬆則又決。會候補布政使崔維雅上《河防芻議》[1]，條列二十四事，請盡變輔前法。上遣尚書伊桑阿、侍郎宋文運履勘，命維雅隨往。維雅欲盡毀減水壩，別圖挑築。伊桑阿等言輔所建工程固多不堅，改築亦未必成功。輔亦申辯"工將次第告竣，不宜有所更張"。并下廷議。因召輔至京，輔言"蕭家口明正可塞，維雅議不可行"，上是之，命還工。

二十二年春，蕭家渡塞，河歸故道。

明年，上南巡閱河，賜詩褒美。

二十四年秋，輔以河南地在上游，河南有失，則江南河道淤澱不旋踵。乃築考城、儀封堤七千九百八十九丈，封丘荆隆口大月堤三百三十丈，滎陽埽工三百十丈，又鑿睢寧南岸龍虎山減水閘四。上念高郵諸州湖溢淹民田，命安徽按察使于成龍修治海口及下河，聽輔節制。旋召輔、成龍至京集議。成龍力主開濬海口；輔言下河海口高內地五尺，應築長堤高丈六尺，束水趨海。所見不合，下廷臣議，亦各持一説。上以講官喬萊江北人，召問，萊言輔議非是。因遣尚書薩穆哈等勘議，還言開海口無益。會江寧巡撫湯斌入爲尚書，詢之，斌言海口開則積水可洩，惟高郵、興化民慮毀廬墓爲不便耳。乃黜薩穆哈，頒內帑二十萬，命侍郎孫在豐董其役。時又有督修下河宜先塞減水壩之議，上不許。召輔入對，輔言南壩永塞，恐淮弱不敵黃强，宜於高家堰外增築重堤，截水出清口不入下河，停丁溪等處工程。成龍時任直撫，示以輔疏，仍言下河宜濬，修重堤勞費無益。議不決。復遣尚書佛倫等勘議，佛倫主輔議。

二十七年，御史郭琇劾輔治河無績，內外臣工亦交章論之，乃停築重堤，免輔官，以閩浙總督王新命[2]代之，仍督修下河，鐫在豐級，以學士凱音布代之。

明年，上南巡，閱高家堰，謂諸臣曰："此堤頗堅固，然亦不可無減水壩以防水大衝決。但靳輔欲於舊堤外更築重堤，實屬無益。"并以輔於險工修挑水壩，令水勢回緩，甚善。車駕還京，復其官。

三十一年，新命罷，仍令輔爲河督。輔以衰疾辭，命順天府丞徐廷璽副之。輔請於黃河兩岸值柳種草，多設涵洞，俱報可。是冬，輔卒，上聞，歎悼，予騎都尉世職。以于成龍[3]爲河督。

[1]《河防芻議》 崔維雅撰，共六卷。《四庫全書提要》云：“維雅身歷河工二十餘年，著爲此書，其意見與靳輔頗不相合。”“其説多出於一偏之見”。參見《清史稿》卷二七九《崔維雅傳》。
[2]王新命 字純嘏，四川三臺縣人。康熙二十七年（1688年）任河道總督。參見《碑傳集》卷七十六《王新命傳》。
[3]于成龍 字振甲，漢軍鑲黃旗人。康熙三十一年（1692年）任河道總督。初與靳輔持异議，輔去後，皆行其主張。《清史稿》卷二七九有傳。

越二年，召詢成龍曰：“減水壩果可塞否？”對曰：“不宜塞，仍照輔所修而行。”上曰：“如此，何不早陳？爾排陷他人則易，身任總河則難，非明驗耶？”

三十四年，成龍遭父憂，以漕督董安國代之。

明年，大水，決張家莊，河會丹、沁偪滎澤，徙治高埠。又決安東童家營，水入射陽湖。是歲築攔黃大壩[1]，於雲梯關挑引河千二百餘丈，於關外馬家港導黃由南潮河東注入海。去路不暢，上游易潰，而河患日亟。

三十六年，決時家馬頭。

明年，仍以成龍爲河督。

三十八年春，上南巡，臨視高家堰等隄，謂諸臣曰：“治河上策，惟以深浚河身爲要。河底浚深，則洪澤湖水直達黃河，興化、鹽城等七州縣無汎濫之患，田産自然涸出。若不治源，治流終無裨益。今黃、淮交會之口過於徑直，應將河、淮之隄各迤東灣曲拓築，使之斜行會流，則黃不致倒灌矣。”

明年，成龍卒，以兩江總督張鵬翮[2]爲河督。是歲塞時家馬頭，從鵬翮先疏海口之請，盡拆雲梯關外攔黃壩，賜名大清口；建宿遷北岸臨黃外口石閘，徐州南岸楊家樓至段家莊月隄。

四十一年，上謂永定河石隄甚有益，欲推行黃河兩岸，自徐州至清口皆修石隄。鵬翮言"建築石工，必地基堅實。惟河性靡常，沙土鬆浮，石隄工繁費鉅，告成難以預料"。遂作罷。

四十二年，上南巡，閱視河工，制《河臣箴》[3]以賜鵬翮。秋，移建中河出水口於楊家樓，逼溜南趨，清水暢流敵黃，海口大通，河底日深，黃水不虞倒灌。上嘉鵬翮績，加太子太保。

四十六年八月，決豐縣吳家莊，隨塞。

明年，鵬翮入爲刑部尚書，以趙世顯代之。

四十八年六月，決蘭陽雷家集、儀封洪邵灣及水驛張家莊各隄。

六十年八月，決武陟詹家店、馬營口、魏家口，大溜北趨，注滑縣、長垣、東明，奪運河，至張秋，由五空橋入鹽河歸海。自河工告成，黃流順軌，安瀾十餘年矣，至是遣鵬翮等往勘。九月，塞詹家店、魏家口；十一月，塞馬營口。世顯罷，以陳鵬年[4]署河道總督。

六十一年正月，馬營口復決，灌張秋，奔注大清河。六月，沁水暴漲，衝塌秦家廠南北壩臺及釘船幫大壩。時王家溝引河成，引溜由東南會滎澤入正河，馬營隄因無恙。鵬年復於廣武山官莊峪挑引河百四十餘丈以分水勢。九月，秦家廠南壩甫塞，北壩又決，馬營亦漫開；十二月，塞之。

〔1〕攔黃大壩　在清河縣。《行水金鑑》卷五十二，康熙三十五（1696年）年條："清河縣之南河嘴，爲黃淮門户，河身寬闊，黃水每多倒灌，應築攔黃大壩一道，直接縷隄。"

〔2〕張鵬翮　字運青，四川遂寧籍，湖廣麻城人。康熙三十九年（1700年）任河道總督，在任八年，頗有建樹，多主潘、靳成説。著有《張公奏議》二十四卷等治河書。《清史稿》卷二七九有傳。

〔3〕河臣箴　河臣必須銘記的箴言。

〔4〕陳鵬年　字北溟，一字滄洲，湖南湘潭人。康熙六十年（1721年）任河道總督。《清史稿》卷二七七有傳。

雍正元年六月，決中牟十里店、婁家莊，由劉家寨南入賈魯河。會鵬年卒，齊蘇勒[1]爲總河，慮賈魯河下注之水，山旴、高堰臨湖隄工不能容納，亟宜相機堵閉，上命兵部侍郎嵇曾筠馳往協議。七月，決梁家營、詹家店[2]，復遣大學士張鵬翮往協修，是月塞。九月，決鄭州來童寨民隄，鄭民挖陽武故隄洩水，并衝決中牟楊橋官隄，尋塞。是歲建清口東西束水壩以禦黃蓄清。

二年，以嵇曾筠[3]爲副總河，駐武陟，轄河南河務，東河[4]分治自此始。六月，決儀封大寨、蘭陽板橋[5]，逾月塞之。

三年六月，決睢寧朱家海，東注洪澤湖。

明年四月，塞未竣，河水陡漲，衝塌東岸壩臺，睢寧、虹、泗、桃源、宿遷悉被淹，命兩廣總督孔毓珣馳勘協防，十二月塞。是月河清，起陝西府谷訖江南桃源。

五年，齊蘇勒以朱家海素稱險要，增築夾壩月隄、防風埽，并於大溜頂衝處削陡岸爲斜坡，懸密葉大柳於坡上，以抵溜之汕刷。久之，大溜歸中泓，柳枝沾掛泥滓，悉成沙灘，易險爲平，工不勞而費甚省。因請凡河崖陡峻處，俱仿此行。

六年，曾筠內遷禮部尚書，副總河如故，命署廣東按察使尹繼善協理江南河務。

七年，改河道總督爲江南河道總督，駐清江，以孔毓珣[6]任，省副總河。以曾筠爲山東河道總督，駐濟寧。上以明臣潘季馴有每歲派夫加高隄身五寸之議，前靳輔亦以爲言，計歲費不過三四萬，下兩河總督議。毓珣等請酌緩急，分年輪流加倍，約歲需二萬餘金，下部議行。

八年，毓珣卒，曾筠調督南河，田文鏡[7]兼署東河總督。五月，敕建河州口外河源神廟成，加封號。是月，河清，起積石關訖撒喇城查漢斯。是歲決宿遷及桃源沈家莊，旋塞。以封丘荆隆口大溜頂衝開黑堽口至柳園口引河三千三百五十丈。

十年，增修高堰石隄成。

十一年，揀派部院司員赴南河學習，期以三年。授曾筠文華殿大學士兼吏部尚書，督南河如故，命兩淮鹽政高斌[8]就習河務。曾筠旋遭母憂，斌署南河總督。

〔1〕齊蘇勒　字篤之，滿洲正白旗人。雍正元年（1723 年）任河道總督，久任河工。《清史稿》卷三一〇有傳。

〔2〕七月決梁家店、詹家店　《續行水金鑑》卷五引《河南通志》記爲六月事。

〔3〕稽曾筠　字松友，江南長州人。雍正元年（1723 年）任副總河，七年（1729 年）任東河總督，在河工十二年，以善築壩著稱，著有《河防奏議》十卷。《清史稿》卷三一〇有傳。

〔4〕東河　河南、山東黃河、運河的簡稱，也是河東河道總督的簡稱。據《清史稿·職官三·河道總督》，清初置河道總督專官，掌管黃河、京杭運河及永定河堤防、疏浚等事，治所在山東濟寧。康熙十六年（1677 年），總河衙門由山東濟寧遷至江蘇清江浦（今江蘇省淮安市）。雍正二年（1724年）四月，設副總河，駐河南武陟，負責河南河務。雍正七年（1729）改總河爲總督江南河道提督軍務（簡稱江南河道總督或南河總督），管轄江蘇、安徽等地黃河、淮河、運河防治工作；改副總河爲總督河南、山東河道提督軍務（簡稱河東河道總督或河東總督），管轄河南、山東等地黃河、運河防治工作，駐紮開封。雍正八年（1730），設直隸河道總督，管轄海河水系各河及運河防治工作。爲區別于南河與東河（官方文書一般稱之爲“河東”），稱之爲北河。三河之名源於此。乾隆十四年（1749），裁直隸總河，令直隸總督兼管河務。此後，河務只有兩總督：南河總督與東河總督。南河總督于咸豐八年（1858）裁撤；東河總督于光緒二十八年（1902）裁撤。

〔5〕六月決儀封大寨蘭陽板橋　《續行水金鑑》卷五，雍正二年（1724年）條記爲七月事，且板橋作“板廠”。據同書卷六“雍正三年七月”條下也記有此事：“十三日酉刻……北岸板廠後大隄缺口一十二丈”。據上書卷五，“蘭陽儀封之大寨、板廠，南北相向，決亦同時。”

〔6〕孔毓珣　字東美，山東曲阜人，孔子六十六世孫。雍正七年（1729年）任江南河道總督，次年卒於河工。《清史稿》卷二九二有傳。

〔7〕田文鏡　漢軍正黃旗人。雍正八年（1730 年）任東河總督。《清史

稿》卷二九四有傳。

〔8〕高斌　字右文，滿州鑲黄旗人。雍正九年（1731 年）任東河副總河，十一年（1733 年）任江南河道總督，此後主持黄河和永定河治理十餘年，多有建樹。《清史稿》卷三一〇《高斌傳》認爲：“在本朝河臣中，即不能如靳輔，較齊蘇勒、嵇曾筠有過無不及。”

乾隆元年四月，河水大漲，由碭山毛城鋪閘口洶湧南下，隄多衝塌，潘家道口平地水深三五尺。上以下流多在蕭、宿、靈、虹、睢寧、五河等州縣，今止議濬上源而無疏通下游之策，則水無歸宿，下江南、河南各督撫暨兩總河委勘會議，并移南副總河駐徐州以專督率。旋高斌請濬毛城鋪迤下河道，經徐、蕭、睢、宿、靈、虹至泗州安河陡門，紆直六百餘里，以達洪澤，出清口會黄，而淮揚京員夏之芳等言其不便。

明年，召斌詢問，斌繪圖呈覽，乃知之芳等所言失實，令同總督慶復確估定議，并將開濬有利無害，曉喻淮揚士民。初，斌疏濬毛城鋪水道，別開新口塞舊口，以免黄河倒灌。至三年秋，河漲灌運，論者多歸咎新開運口。斌言：“十月後黄水平退，湖水暢流，新淤隨溜刷去，可無虞淺澀。”

四年，斌又言“上年清水微弱，時值黄水異漲，并非開新口所致”，而南人言者不已。上遣大學士鄂爾泰馳勘，亦言新口宜開。

明年，黄溜仍南逼清口，仿宋陳堯佐法，製設木龍[1]二，挑溜北行。

六年，斌以宿遷至桃源、清河二百餘里，河流湍激，北岸只縷隄六，并無遥隄，又内逼運河，將運河南岸縷隄通築高厚，作黄河北岸遥隄，更於縷隄内擇要增築格隄九。未成，斌調督直隸，完顏偉[2]繼之。先是上以河溜逼清口，倒漾爲患，詔循康熙間舊迹，開陶莊引河，導黄使北，遣鄂爾泰會勘。議甫定，以汛水驟漲停工，斌亦去任。至是，完顏偉慮引河不就，於清口迤西、黄河南岸設木龍挑溜北走，引河之議遂寢。厥後四十一年，上決意開之，踰年工竣，新河直抵周家莊，會清東下，倒漾之患永絕。

七年，決豐縣石林、黃村，奪溜東趨，又決沛縣縷隄，旋塞。完顏偉調督東河，改白鍾山[3]南河總督。初豐、沛決時，大學士陳世倌往勘，添建滾水石壩二於天然南北二壩處，以分洩水勢。

十年，決阜寧陳家浦。時淮、黃交漲，沿河州縣被淹。漕督顧琮[4]言："陳家浦逼近海口，以下十餘里向無隄工，每遇水漲，任其散溢。若仍於此堵塞，是與水爭地，費多益少，應於上流築遙隄以束水勢。"事下訥親、高斌，仍議塞舊決口。

十一年，鍾山罷，顧琮署南總河，建木龍三於安東西門，逼溜南趨，自木龍以上皆淤灘，化險爲平。

十三年，琮調督東河，詔大學士高斌管南河事。斌以雲梯關下二套漲出沙灘，大溜南趨，直逼天妃宮辛家蕩隄工，開分水引河，并修補徐州東門外蟄裂石隄。琮亦以祥符十九堡南岸日淤，大溜北趨逼隄根，建南北壩臺，并於壩外捲埽籤樁[5]。

十六年六月，決陽武，命斌赴工，會琮堵築，十一月塞。

十七年，上以豫省河岸大隄外有大行隄[6]一，連接直、東，年久殘缺，在直隸者，令方觀承勘修，其山東界內，有無汕刷殘缺，令鄂容安查修。鄂容安言曹、單二縣大行隄大小殘缺三千四百三十丈，并加幫卑薄，補築缺口三百三十餘丈，疏濬隄南泄水河以宣坡水。

〔1〕木龍　護岸工，北宋陳堯佐創造。但宋代木龍構造已不詳。清代使用木龍挑溜、護岸，取得較好效果，且在清口至海口河段使用較多。清人李昞撰有《木龍書》三卷。

〔2〕完顏偉　滿洲鑲黃旗人，自乾隆二年（1737年）起涉足河工，六年（1741年）任南河副總河，七年（1742年）任東河總督，主持河工八年。《清史稿》卷三一〇有傳。

〔3〕白鍾山　字毓秀，漢軍正藍旗人。自雍正初涉足河工，雍正十二年（1734年）任南河副總河，旋擢東河總督，乾隆八年（1743年）調南河總督，十五年（1750年）授永定河道，十九年（1754年）再任東河總督，二十二年（1757年）復任南河總督。白氏長期主持河工，對修堤尤有經驗，時有"秸壩白堤"之説。著有《豫東宣防録》、《南河宣防録》等河工書。《清史稿》卷三一〇有傳。

〔4〕顧琮　字用方，滿洲鑲黃旗人。自雍正十一年（1733年）任直隸河道總督，在永定河道近十年，乾隆六年（1741年）任漕運總督，十一年（1746年）任南河總督，翌年又任東河總督。《清史稿》卷三一〇有傳。

〔5〕籤椿　下排椿，固定卷埽。椿木穿過埽身，直插河底。

〔6〕大行堤　此即明代弘治間劉大夏所築太行堤。

十八年秋，決陽武十三堡。九月，決銅山張家馬路，衝塌内隄、縷、越隄二百餘丈，南注靈、虹諸邑，入洪澤湖，奪淮而下。以尹繼善[1]督南河，遣尚書舒赫德偕白鍾山馳赴協理。同知李焞、守備張賓侵帑誤工，爲學習河務布政使富勒赫所劾，勘實，置之法。高斌及協理張師載坐失察，縛視行刑。是冬，河塞。

方銅山之始決也，下廷議，吏部尚書孫嘉淦[2]獨主開減河引水入大清河，略言："自順、康以來，河決北岸十之九。北岸決，潰運者半，不潰者半。凡其潰道，皆由大清河入海者也。蓋大清河東南皆泰山基腳，其道亘古不壞，亦不遷移。前南北分流時，已受河之半。及張秋潰決，且受河之全，未聞有衝城郭淹人民之事，則此河之有利無害，已足徵矣。今銅山決口不能收功，上下兩江二三十州縣之積水不能消涸，故臣言開減河也。上游減則下游微，決口易塞，積水早消。但河流湍急，設開減河而奪溜以出，不可不防，故臣言減入大清河也。現開減河數處，皆距大清河不遠。計大清河所經，只東阿、濟陽、濱州、利津四五州縣，即有漫溢，不過偏災，忍四五州縣之偏災，可減兩江二三十州縣之積水，并解淮、揚兩府之急難，此其利害輕重，不待智者而後知也。減河開後，經兩三州縣境，或有漫溢，築土埝以禦之，一入大清河，則河身深廣，兩岸堵築處甚少，計費不過一二十萬，而所省下游決口之工費，賑濟之錢米，至少一二百萬，此其得失多寡，亦不待智者而後知也。計無便於此者。”上慮形勢隔礙，不能用。

自銅山塞後，月隄內積水尚深七八尺至丈八九尺。上命於引河兜水壩[3]南再開引河分溜，使新工不受衝激。

二十一年，決孫家集，隨塞。

明年二月，上南巡至天妃閘閱木龍。時鍾山調總南河，偕東河總督張師載[4]言：“徐州南北岸相距甚迫，一遇盛漲，時有潰決。請挑濬淤淺，增築隄工，并堵築北岸支河，爲南北分籌之計。”制可。

二十三年，命安徽巡撫高晉協理南河。秋七月，決寶家寨新築土壩，直注毛城鋪，漫開金門土壩。晉言：“土壩過高，阻遏水勢，以致壅決，不須再築。”上不許，并令開蔣家營、傅家窪引河仍導入黃。

二十六年七月，沁、黃并漲，武陟、滎澤、陽武、祥符、蘭陽同時決十五口，中牟之楊橋決數百丈，大溜直趨賈魯河。遣大學士劉統勛、公兆惠馳勘，巡撫常鈞請先築南岸。上謂河流奪溜，宜亟堵楊橋，鈞言大謬，調撫江西，以胡寶瑔爲河南巡撫，并令高晉赴豫協理。十一月塞，上聞大喜，命於工所立河神廟。

〔1〕尹繼善　字元長，滿洲鑲黃旗人。雍正初曾涉足河工，乾隆十八年（1753 年）任南河總督。《清史稿》卷三〇七有傳。

〔2〕孫嘉淦　字錫公，山西興縣人。乾隆三年（1738 年）任直隸總督，兼管河工。《清史稿》卷三〇三有傳。

〔3〕兜水壩　即導水壩或導流堤，用以截水入引河。

〔4〕張師載　字又渠，張伯行子。長期涉足河務，曾任漕運總督、東河總督。《清史稿·張師載傳》稱其“長於治河，少讀文書，研性理之學”。《清

史稿》卷二六五有傳。

三十年，上南巡，祭河神，閲清口東壩木龍、惠濟閘。

三十一年，決銅沛廳[1]之韓家堂，旋塞。

三十三年，豫撫阿思哈請以豫工節省銀加築隄岸，總河吳嗣爵[2]言：“豫省河面寬，溜勢去來無定，旋險旋平，若將土埽劃爲成數，恐各工員視爲年例額支，轉啓興工冒銷之弊。”議遂寢。

明年，嗣爵言：“銅瓦厢溜勢上隄[3]，楊橋大工自四五埽至二十一埽俱頂衝迎溜。請於桃汛未屆拆修，加鑲層土層柴，鑲壓堅實。兩岸大隄外多支河積水，汛發時，引溜注隄，宜多築土壩攔截。”上俱可其奏。

三十七年，東河總督姚立德[4]言：“前築土壩，保固隄根，頻歲安瀾，已著成效。請俟冬春閑曠，培築土壩，密栽柳株，俾數年後溝槽淤平，可永固隄根。”上嘉獎之。

三十八年五月，河溢朝邑，漲至二丈五尺，民居多漂没。

三十九年八月，決南河老壩口[5]，大溜由山子湖下注馬家蕩、射陽湖入海，板閘、淮安俱被淹没，尋塞。

四十一年，嗣爵言黄水倒灌洪湖、運河，清口挑挖引河恐於事無濟。會内遷，薩載[6]署南總河，上命偕江南總督高晋[7]勘議。晋等言：“臣晋在工二十餘年，歷經倒灌。惟有將清口通湖引河挑挖，使得暢流，匯黄東注，併力刷沙，則黄河不濬自深，海口不疏自治，補偏救弊，惟此一法。”又言：“清口西所建木龍，原冀排溜北趨，刷陶莊積土，使黄不逼清。但驟難盡刷，宜於陶莊積土之北開一引河[8]，使黄離清口較遠，至周家莊會清東注，不惟可免倒灌，淤沙漸可攻刷，即圩堰亦資穩固，所謂治淮即以治黄也。”

明年二月，引河成。上喜成此鉅工，一勞永逸，可廢數百年藉清敵黄之説，飭建河神廟於新口石壩，自製文記之。

〔1〕銅沛廳　管理銅山縣和沛縣境内黄河段河防工程的機構。廳，隸屬分司。

〔2〕吴嗣爵　字樹屏，浙江錢塘人。先後任東河、南河總督。《清史稿》卷三二五有傳。

〔3〕銅瓦廂溜勢上隄　"上隄"的"隄"，似應作"提"。"上提"即主溜頂衝險工的位置向上游移動。

〔4〕姚立德　字次功，浙江仁和人，乾隆中任東河總督近十年（實授五年）。《清史稿》卷三二五有傳。

〔5〕南河老壩口　在淮安附近，黄河南岸。據《續行水金鑑》卷十七，乾隆三十九年（1774）九月初三日條，"口門計寬七十八丈"。

〔6〕薩載　伊爾根覺羅氏，滿洲正黄旗人。乾隆四十一年（1776年）任南河總督，達七年。《清史稿》卷三二五有傳。

〔7〕高晋　字昭德，長期在河工任事。乾隆二十六年（1761年）任南河總督，三十六年（1771年）兼署漕運總督。《清史稿》卷三一〇有傳。

〔8〕宜於陶莊積土之北開一引河　陶莊在清口對岸。引河目的是使黄河主溜北趨，不直接頂托清口淮水出流。

　　四十三年，決祥符，旬日塞之。閏六月，決儀封十六堡，寬七十餘丈，地在諸口上[1]，掣溜湍急，由睢州、寧陵、永城直達亳州之渦河入淮。命高晋率熟諳河務員弁赴豫協堵，撥兩淮鹽課銀五十萬、江西漕糧三十萬賑恤災民，并遣尚書袁守侗勘辦。八月，上游迭漲，續塌二百二十餘丈，十六堡已塞復決。十二月再塞之。越日，時和驛東西壩相繼蟄陷。遣大學士公阿桂馳勘。

　　明年四月，北壩復陷二十餘丈。上念儀工綦切，以古有沈璧禮河事，特頒白璧祭文，命阿桂等詣工所致祭。

　　四十五年二月塞。是役也，歷時二載，費帑五百餘萬，堵築五次始合，命於陶莊河神廟建碑記之。六月，決睢寧郭家渡，又決考城、曹縣，未幾俱塞。十一月，張家油房塞而復開。

　　四十六年五月，決睢寧魏家莊，大溜注洪澤湖[2]。七月，決儀封，漫口二十餘，北岸水勢全注青龍岡。十二月，將塞復蟄塌，大溜全掣由漫口下注。

四十七年，兩次堵塞，皆復蟄塌。阿桂等請自蘭陽三堡大壩外增築南隄，開引河百七十餘里，導水下注，由商丘七堡出隄歸入正河，掣溜使全歸故道，曲家樓漫口自可堵閉。上從其言。

明年二月，引河成，三月塞。

四十九年八月，決睢州二堡，仍遣阿桂赴工督率，十一月塞。

先是上念豫工連歲漫溢，隄防外無宣洩之路，欲就勢建減水壩，俾大汛時有所分洩，下阿桂及河、撫諸臣勘議。至是，阿桂等言："豫省隄工，滎澤、鄭州土性高堅，距廣武山近，毋庸設減壩。中牟以下，沙土夾雜，或係純沙，建壩不能保固。至隄南洩水各河，惟賈魯河係洩水要路。經鄭州、中牟、祥符、尉氏、扶溝、西華至周家口入沙河。又惠濟係賈魯支河，二河窄狹淤墊，如須減黃，應大加挑浚，需費浩繁，非一時所能集事。惟蘭、儀、高家寨河勢坐灣，若挑濬取直，引溜北注，河道可以暢行。"上然之。

五十一年秋，決桃源司家莊、烟墩，十月塞。

明年夏，復決睢州，十月塞。十二月，山西河清二旬，自永寧以下長千三百里。

五十四年夏，決睢寧周家樓，十月塞。

五十九年，決豐北曲家莊，尋塞。

〔1〕決儀封十六堡寬七十餘丈地在諸口上 據《續行水金鑑》卷一八，乾隆四十三年（1778年）閏六月二十八日條，作"儀封汛十六堡、十七堡、二十二堡、二十四堡、三十六堡漫水六處……惟十堡地居諸口之上"。同條又作"惟十六堡漫工，大溜直注，汕刷寬深……口門寬至二百二十七丈"。

〔2〕五月，決睢寧魏家莊大溜注洪澤湖 《續行水金鑑》卷二十，乾隆四十六年（1781年）條作"六月初一日"。

嘉慶元年六月，決豐汛六堡[1]，刷開運河余家莊隄，水由豐、沛北注山東金鄉、魚臺，漾入昭陽、微山各湖，穿入運河，漫溢兩岸，江蘇山陽、清河多被淹。南河總督蘭錫第[2]導水入藺家山壩，引河由荊山橋分達宿遷諸湖，又啓放宿遷十家河竹絡壩、桃源顧家莊隄，洩水仍入河下注，并於漫口西南挑乞舊河，引溜東趨入正河，繪圖以聞。上令取直向南而東，展寬開乞，俾溜勢直注正河，較爲得力。命兩江總督蘇凌阿、山東布政使康基田會勘籌辦。十一月，復因凌汛蟄塌壩身二十餘丈，時蘇凌阿按事江西，改命東河總督李奉翰赴工會辦。

明年二月塞，加奉翰太子太保，調督兩江，兼管南河事。是年七月，河溢曹汛二十五堡。

三年春，壩工再蟄，奉翰自劾，遣大學士劉墉、尚書慶桂履勘，并責問奉翰等因循。墉等言漫口已跌成塘，眴屆凌汛，請展至秋後興工。八月，溢睢州，水入洪澤湖。上游水勢既分，曹工遂以十月塞。

明年正月，睢工亦塞。三月，以河南布政使吳璿[3]署東河總督。璿言：“豫東兩岸隄工丈尺加增，而淤蟄如故，病在豐、曹、睢，疊經漫溢，雖塞後順軌安瀾，然引河不能寬暢，且徐城河狹，旁洩過多，遂成中梗。去淤之法，惟在束水攻沙，以隄束水。聞江南河臣康基田[4]培築隄工，極爲認真，應令酌看隄埽情形，守護閘壩，宣洩有度，自可日見深通。”上命與基田商辦。八月，決碭汛邵家壩。十二月，已塞復滲漏，又料船不戒，延燒殆盡，基田奪職留工，調璿督南河，以河南布政使王秉韜[5]爲東河總督，移東河料物迅濟南河。

五年冬，邵家壩塞。

六年九月，溢蕭南唐家灣[6]，十一月塞。

八年九月，決封丘衡家樓，大溜奔注，東北由范縣達張秋，穿運河東趨鹽河，經利津入海。直隸長垣、東平、開州均被水成災。

上飭布政使瞻住撫卹，復遣鴻臚卿通恩等治賑，兵部侍郎那彦寶赴工，會同東河總督嵇承志[7]堵築。明年二月塞。

十年閏六月，兩江總督鐵保言：“河防之病，有謂海口不利者，有謂洪湖淤墊者，有謂河身高仰者。此三説皆可勿論。既惟宜專力於清口，大修各閘壩，借湖水刷沙而河治。湖水有路入黄，不虞壅滯，而湖亦治。”上嘉其言明晰扼要。“至謂清水敵黄，所争在高下不在深淺，所論固是，但湖不深，焉能多蓄？是必蓄深然後力能敵黄。俟大汛後，會商南河總督徐端[8]，迅將高堰五壩，及各閘壩支河，酌量施工。”時有議由王營減壩改河經六塘河入海者，鐵保偕南河總督戴均元[9]上言：“新河隄長四百里，中段漫水甚廣，急難施工，必須二三年之久，約費三四百萬。堵築減壩，不過二三月，費只二百餘萬。且舊河有故道可尋，施工較易。”上從之。

十一年四月，兵部侍郎吳璥再督東河。六月，復置南副總河，降徐端爲之。七月，決宿遷周家樓。八月，決郭家房。先後塞之。

〔1〕決豐汛六堡　汛，縣級河防機構和所轄修防堤段，在廳之下。堡，即鋪，管理堤防的最基層機構。

〔2〕蘭錫第　应爲“蘭第錫”。山西吉州人。乾隆三十四年（1769年）任永定河北岸同知，四十四年（1779年），再遷永定河道。四十八年（1783年）署東河總督，五十二年（1787年）實授，五十四年（1789年）任南河總督。《清史稿》卷三二五有傳。

〔3〕吳璥　字式如，浙江錢塘人，吳嗣爵子。嘉慶四年（1799年）任東河總督，次年調南河，十一年（1806年）再任東河總督。十三年（1808年）再任南河總督，十九年（1814年）三任東河總督，長期主持治河。《清史稿》卷三六〇有傳。

〔4〕康基田　字茂園，山西興縣人。乾隆五十四年（1789年），始署南河總督，嘉慶二年（1797年）任東河總督。《清史稿》卷三六〇《康基田傳》稱其“治河有聲”。著有《河渠紀聞》三十卷。

〔5〕王秉韜　字含谿，漢軍鑲紅旗人。嘉慶五年（1800年）任東河總督，七年（1802年）卒於工次。《清史稿》卷三六〇有傳。

〔6〕六年九月溢蕭南唐家灣　《續行水金鑑》卷二九、三〇，六年九月無水溢，七年九月水溢又不止是唐家灣。卷三〇九月十五日條下記作"九月初五日丑刻，北岸之賈家樓一帶，大堤普面過水"。"唐家灣引河分洩處所，因民堰浸刷，洩水較寬"。

〔7〕嵇承志　嵇璜子。嘉慶六年（1801年）從那彥寶治永定河，七年（1802年）署東河總督。《清史稿》卷三六〇《嵇承志傳》稱"其家世襲河事"。其祖父嵇曾筠，父嵇璜都曾任河督。

〔8〕徐端　字肇之，浙江德清人。其父任清河知縣，端少隨任，習于河事。嘉慶九年（1804年）任南河總督，至十七年（1812年）卒于工次。《清史稿》卷三六〇徐端傳稱"端治南河七年，熟諳工作。葦柳積堤，一過測其多少。與夫役同勞苦，廉不妄取"。著有《迴瀾紀要》二卷、《安瀾紀要》二卷。

〔9〕戴均元　字修原。嘉慶十一年（1806年）任南河總督，十八年（1813年）任東河總督。歷乾、嘉、道三朝。《清史稿》卷三四一有傳。

十二年六月，漫山、安馬港口、張家莊，分流由灌口入海，旋塞。七月，決雲梯關外陳家浦，分流强半由五辛港入射陽湖注海。

十三年二月，陳家浦塞。鐵保等請復毛城鋪石壩、王營減壩，培兩岸大隄，接築雲梯關外長隄，及培高堰、山盱隄後土坡。遣大學士長麟等馳勘。太僕寺卿莫瞻菉言："河入江南，惟資淮以爲抵禦。淮萃七十二河之水匯於洪澤，以堰、盱石隄五壩束之，令出清口匯黃入海，此即束水攻沙之道。今治南河，宜先治清口，保守五壩[1]。五壩不輕啓洩，則湖水可并力刷黃。黃不倒灌，運河自可疏通。今河臣請接築雲梯關外長隄二百餘里，則於坐灣取直處，必須添築埽段以爲防護。既設修防，必添建廳營，多設官兵。是徒多糜費之煩，未必收束刷之效。至謂修復毛城滾壩，挑挖洪、灘，爲減黃流異漲，以保徐城則可，若恃此助清濟運則不可。自黃水入湖淤停，水勢奔注，堰、盱五壩且難防守，又何能使之暢出清口？故加培五壩，使湖水暢出，悉力敵黃，順流直下，即可淘刷河身以入海。"御史徐亮言："鐵保等條陳修防各事，惟於原議高堰石坦坡[2]，未曾籌及蓄清刷黄，專在固守高堰，實得全河關鍵，以柔制剛，其法最善。風浪衝擊，至坡則平。然全堰俱得坦坡外護，則五壩可永閉不開，清水可全力刷黄，淮陽可長登袵席，此萬世永圖而目前急務也。海口，尾閭也。清口，咽喉也。高堰則心腹也。要害之地，宜先著力。”璥亦以爲言。長麟等覆稱：“毛城壩易致衝決，應無庸議。王營减霸積水太深，難以施工。請改建滚壩於其西，并添築石壩。至碎石坦坡，工段綿長，時難猝辦，先築土坡。”餘如鐵保言。均元病免，端復督南河。

初，陳家浦漫溢，由射陽湖旁趨入海。鐵保等以挑河費鉅，徑由射陽湖入海，較正河爲近，因有改河道之議。至是，命璥等履勘。璥等言：“前明及康熙間所有灌河入海之路，覆轍俱在。現北潮河匯流馬港口、張家莊漫水尚在，壅積可見。去路不暢，又不能刷出河槽，此外更無可另闢海口之路。仍請修復故道，接築雲梯關外大隄，束水東注。”上如其言。是年六月，決堂子對岸千根棋杆及荷花塘，掣通臨湖甎百餘丈，堂子對岸及千根棋杆隨塞，荷花塘既堵復蟄。端再降副總河，以璥總南河。明年正月塞。是年冬，築高堰碎石坦坡。

十五年八月，端復督南河，省副總河。十一月，大風激浪，決山盱屬仁、義、智三壩甎石隄三千餘丈，及高堰屬甎石隄千七百餘丈。端啓高郵車邏大壩及下游歸江各閘壩[3]，并先堵仁、智壩以洩水勢。時璥養病家居，上垂詢辦法。璥言義壩應一律堵築，高堰石工尤須於明年大汛前修竣。上嘉所論切要。未幾，仁、義、智三壩及馬港俱塞，河歸正道入海。

　　〔1〕保守五壩　此處指洪澤湖東岸高家堰大堤上的禮、義、仁、智、信五座减水壩，又稱上五壩，與高郵以南運河東堤上的歸海五壩相别。歸海五壩則稱爲下五壩，與上五壩上、下相承。二者結構尺寸也大致相同。
　　〔2〕高堰石坦坡　即高家堰大堤迎水面做成的緩坡，表面拋以碎石，以

抵禦汛期風浪，保護大堤。即下文所説"碎石坦坡"。

〔3〕歸江各閘壩　即歸江十壩，用以控制運河洪水的入江通道。這十座閘壩是：攔江壩、土山壩、金灣壩、東灣壩、西灣壩、鳳凰壩、新河壩、壁虎壩、灣頭老壩、沙河壩。

　　明年四月，馬港復決。五月，王營減壩蟄陷。七月，決邳北綿拐山及蕭南李家樓。十二月，王營減壩塞。

　　十七年二月，李家樓亦塞。

　　十八年九月，決睢州及睢南薛家樓、桃北丁家莊，褫東河總督李亨特職[1]，以均元代之。

　　明年正月，均元內召，起璥再督東河，董理睢工。二十年二月塞。

　　二十三年六月，溢虞城。

　　二十四年七月，溢儀封及蘭陽，再溢祥符、陳留、中牟，奪葉觀潮[2]職，以李鴻賓[3]督東河。璥時爲刑部尚書，偕往會籌。未幾，陳留、祥符、中牟俱塞，而武陟緣隄決，觀潮連堵溝槽五。又決馬營壩，奪溜東趨，穿運注大清河，分二道入海。儀封缺口尋涸。上命枷示觀潮河干[4]。均元以大學士偕侍郎那彥寶履勘。那彥寶留督馬營壩工[5]。久之，壩基不定，鴻賓被斥責，遂以不諳河務辭。上怒，奪其職，觀潮復督東河。

　　二十五年三月，馬營口塞，加河神金龍四大王、黃大王、朱大王封號。是月儀封又漫塌，削觀潮及豫撫琦善職。宣宗立，仍命璥及那彥寶赴工會辦，十二月塞。

〔1〕李亨特　其父李奉翰、祖父李宏均係河道總督。嘉慶十五年（1810年）任直隸永定河道，旋即任東河總督三年。《清史稿》卷三二五有傳。

〔2〕葉觀潮　福建閩縣（今福州市）人。嘉慶九年（1804年）初任河工。《清代河臣傳》卷三有傳。

〔3〕李鴻賓　字鹿苹，江西德化人。嘉慶十九年（1814年）始任東河副

總河，次年任總河，二十四年（1819年）任漕運總督，再任東河總督。道光元年（1821年）又任漕運總督，二十年（1840年）卒。《清史稿》卷三六六有傳。

〔4〕枷示觀潮河干　將葉觀潮戴上枷鎖，綁赴河邊示衆。干，涯岸。

〔5〕馬營壩工　在沁黃廳武陟汛段。

道光元年，禮部右侍郎吳烜言："據御史王雲錦函稱，去冬回籍過河，審視原武、陽武一帶，隄高如嶺，堤内甚卑[1]。向來隄高於灘約丈八尺，自馬營壩漫決，灘淤，隄高於灘不過八九尺。若不急於增隄，恐至夏盛漲，不免有出隄之患。"上命河督張文浩[2]偕豫撫姚祖同履勘。

三年，江督孫玉庭。河督黎世序[3]加培南河兩岸大隄，令高出盛漲水痕四五尺，除有工及險要處隄頂另估加寬，餘悉以丈五尺及二丈爲度。五月工竣。

四年十一月，大風，決高堰十三堡，山盱周橋之息浪庵壞石隄萬一千餘丈，奪文浩職，以嚴烺督南河[4]，遣尚書文孚、汪廷珍馳勘。侍講學士潘錫恩言："蓄清敵黃，相傳成法[5]。大汛將至，則急堵禦黃壩，使黃水全力東趨。今文浩遲堵此壩，致黃河倒灌，釀成如此巨患。且欲籌減洩，當在下游。乃輒開祥符閘，減黃入湖。壩口既灌於下，閘口復灌於上[6]，黃無出路，湖墊極高，爲患不可勝言。"尋文孚等亦以爲言。文浩遣戍。玉庭褫職留任。十二月，十三堡、息浪庵均塞。

五年十月，東河總督張井[7]言："自來當伏秋大汛，河員皆倉皇奔走，救護不遑。及至水落，則以現在可保無虞，不復求疏刷河身之策，漸至清水不能暢出，河底日高。隄身遞增，城郭居民，盡在水底之下。惟仗歲積金錢，擡河於最高之處。"上嘉所言切中時弊。初，琦善等有改移海口以減黃，拋護石坡以蓄清之議。至是，井言灌河海口屢改屢決，自不可輕易更張，即碎石坦坡，亦有議及流弊者。尤不可不從長計議。是月增培河南十三廳、山東漕河、糧河二廳隄堰壩戧各工，皆從井請也。

〔1〕隄高如嶺隄内甚卑　指隄頂與隄外地面之間高差很大，而與隄内灘地之間高差很小，即臨背差很大，懸河形勢嚴重。

〔2〕張文浩　順天大興人，嘉慶十年（1805年）授山清外河同知，二十四年（1819年）署東河總督，道光四年（1824年）授南河總督。《清史稿》卷三八三有傳。

〔3〕黎世序　字湛溪，河南羅山人。自嘉慶十七年（1812年）署南河總督，在河工十年。力倡束水對壩，課種柳樹，驗土埽，稽埽牛，減漕規例價，多有興革。著有《黎襄勤公奏議》《練湖志》《行水金鑑》等。《清史稿》卷三六〇有傳。

〔4〕嚴烺　字小農，浙江仁和人。道光元年（1821年）任東河總督，四年（1824年）任南河總督，六年（1826年）又調任東河。《清史稿》卷三八三有傳。

〔5〕蓄清敵黄相傳成法　利用高家堰大堤，在洪澤湖内蓄高淮河清水，由清口出，冲刷清口及以下河段黄河泥沙。此法始於明萬曆年間潘季馴，以後歷代河官多相沿用。

〔6〕壩口既灌於下閘口復灌於上　黄河水一方面從清口附近攔黄壩的缺口倒灌入洪澤湖，另一方面又從上游祥符閘分洩入淮，由淮而入洪澤湖。

〔7〕張井　字芥航，陝西膚施（今延安市）人。道光四年（1824年）署東河總督，次年實授，六年（1826年）調任南河總督，在河工十年。《清史稿》卷三八三張井傳稱其"用灌塘法，較勝借黄之險。勤於修守，世稱其亞於黎世序"。

六年春，河復漲，命井偕琦善、烺會勘海口。琦善、烺知海口不能改，乃條上五事，皆一時補苴之計。井言："履勘下游，河病中滿〔1〕，淤灘梗塞難疏，海口無可移改，請由安東東門工下北岸別築新隄，改北隄爲南隄，相距八里十里，中挑引河，導河由北傍舊河行至絲網濱入海〔2〕。河水高隄内灘丈五六尺，引河挑深一丈，則水勢高下幾三丈，形勢順利。自東門工至禦黄壩六十里，去路既暢，上游可落水四五尺。黃落則禦壩可啓，束清壩，挑清水，外出刷黃，底淤攻盡，黃可落至丈餘。湖水蓄七八尺，已爲建瓴，石工易保。"上善其策。於是烺坐堰、盱新工掣卸，降三品調署東河，而以井督南河，淮揚道潘錫恩[3]副之，使經畫其事。而琦善以改河非策，請啓王家營減壩，將正河挑挖深通，放清水刷滌，再堵壩挽黃歸正河。已允行矣，給事中楊煊言："嘉慶中王家營減壩開，上下游州縣俱災。如止減黃不奪溜，何必奏籌撫恤？今奏啓減壩，至預及撫卹堵口事宜，即與從前情形無异。下壅上潰，不可不防。"事下江督、河督會議。井初議安東改河，時撓之者謂東門工埽外有舊抛碎石，正當咽喉，恐有阻遏。井謂有石處可啓除其吳工碎石千餘方，但上下掣通，亦斷不致礙全河。然議者終以爲疑。及井見煊奏，復言："嘉慶間減壩遇水後，次年黃仍倒灌，今河底淤高丈四五尺，豈如當時深通。兼以洪湖石工隱患甚多，本年二月，存水丈二尺八寸，遇風已多掣卸。秋後湖水止能蓄至三丈，冬令有耗無增，來年重運經行，必黃水止存二丈八九尺，清方高於黃一尺。若黃加高，即成倒灌。禦黃壩外河底墊高，淤運淤湖，爲害不小。且海州積水未消，鹽河遙隄地高，去路不暢，啓壩後河必擡高，徒深四邑之災，無補全河之病。請於減壩迤下安東門工上山安廳李工遙隄外築北隄，斜向趨東，仍與前議改河隄工相連，增長七千餘丈，挑河至八套即入正河。李工至八套舊隄長四萬一千丈，取直築隄，僅長三萬二千餘丈，可避東門碎石之阻。河減清高，漕行自利。督臣意以開放減壩已經奏定，不得以旁觀一言輒思變計，并臚列七難駁臣所議。臣已逐條致覆。"疏入，上終以改河爲創舉，從琦善議。

〔1〕河病中滿　黃河的病症在於主槽淤積嚴重。中，主槽；滿，淤塞，充滿。

〔2〕以上係黃河入海段的局部改河方案，即下文所指"安東改河"議。以後又多次有人提出。

〔3〕潘錫恩　字芸閣，安徽涇縣人。道光六年（1826 年）任南河副總河，二十二年（1842 年）任總河，二十八年（1848 年）病歸，主用灌塘法。著有《畿輔水利四案》四卷，《續行水金鑑》一百五十六卷等。《清史稿》卷三八三有傳。

十一年七月，決楊河廳十四堡及馬棚灣，十二月塞。

十二年八月，決祥符。九月，桃源姦民陳瑞因河水盛漲，糾衆盜挖于家灣大隄，放淤肥田，致決口寬大，掣全溜入湖。桃南通判田鋭等褫職遣戍。是月，祥符塞。

明年正月，于家灣塞。

十五年，以栗毓美[1]爲東河總督。時原武汛串溝[2]受水寬三百餘丈，行四十餘里，至陽武汛溝尾復入大河，又合沁河及武陟、滎澤諸灘水畢注隄下。兩汛素無工，故無稭料，隄南北皆水，不能取土築隄。毓美試用拋磚法[3]，於受衝處拋磚成壩。六十餘壩甫成，風雨大至，支河首尾決，而壩如故。屢試皆效。遂請減稭石銀兼備磚價，令沿河民設窯燒磚，每方石可購二方磚。行之數年，省帑百三十餘萬，而工益堅。會有不便其事者，持異議。於是御史李菘請停燒磚。上遣菘隨尚書敬徵履勘，卒以溜深急則磚不可恃，停之。

十九年，毓美復以磚工得力省費爲言，乃允於北岸之馬營、滎原兩隄，南岸之祥符下汛、陳留汛，各購磚五千方備用。

二十一年六月，決祥符，大溜全掣，水圍省城。河督文沖請照睢工漫口，暫緩堵築。遣大學士王鼎、通政使慧成勘議。文沖又請遷省治，上命同豫撫牛鑑勘議。時河溜由歸德、陳州折入渦會淮注洪澤湖，拆展禦黃、束清各壩，尚不足資宣洩，并展放禮、智、仁壩，義河亦啓放。八月，鑑言節逾白露，水勢漸落，城垣可無虞，自未便輕議遷移。鼎等言："河流隨時變遷，自古迄無上策，然斷無決而不塞、塞而不速之理。如文沖言，俟一二年再塞，且引睢工爲證。查黃水經安徽匯洪澤，宣洩不及，則高堰危，淮揚盡成巨浸。

況新河所經，須更築新隄，工費均難數計。即幸而集事，而此一二年之久，數十州縣億萬生靈流離，豈堪設想。且睢工漫口與此不同。河臣所奏，斷不可行。”疏入，解文沖任，枷示河干，以朱襄繼之。

二十二年，祥符塞，用帑六百餘萬，加鼎太子太師。七月，決桃源十五堡、蕭家莊，溜穿運由六塘河下注。未幾，十五堡掛淤，蕭家莊口刷寬百九十餘丈，掣動大溜，正河斷流。河督麟慶[4]意欲改道，遣尚書敬徵、廖鴻荃履勘。敬徵等言，改河有礙運道，惟有汛堵漫口，挽歸故道，俟明年軍船回空後，築壩合龍，從之。十一月，以吏部侍郎潘錫恩總督南河。

二十三年，御史雷以諴言，決口無庸堵塞，請改舊爲支，以通運道。下錫恩勘議。錫恩言灌口非可行河之地，北岸無可改河之理，不敢輕議更張，漕船仍由中河灌塘[5]。上然之，更命侍郎成剛、順天府尹李德會勘。六月，決中牟，水趨朱仙鎮，歷通許、扶溝、太康入渦會淮。復遣敬徵等赴勘，以鍾祥爲東河總督，鴻荃督工。旋以尚書麟魁代敬徵。

二十四年正月，大風，壩工蟄動[6]，旋東壩連失五占[7]，麟魁等降黜有差，仍留工督辦。七月，上以頻年軍餉河工一時并集，經費支絀，意欲緩至明秋興築。鍾祥等力陳不可。十二月塞，用帑千一百九十餘萬。

二十九年六月，決吳城。十月，命侍郎福濟履勘，會同堵合。

〔1〕栗毓美　字樸園，山西渾源縣人。道光十五年（1835年）任東河總督。主持河南山東境内黄河治理五年，發明了抛磚護險和以磚壩代替埽工的方法。著有《栗恭勤公磚壩成案》一書。《清史稿》卷三八三有傳。

〔2〕串溝　黄河兩岸灘區在洪水期間衝成的小河。因灘面横向比降大，汛期洪水漫灘，即順勢向堤根和低洼地方冲刷，形成溝道汊流。它們容易引溜生險，危及堤岸。

〔3〕抛磚法　汛期在險工堤外迎水面抛以大量磚塊，使之自堤脚至水面

自然形成一道坦坡磚塊護面，以保護堤腳和迎水堤面不受大溜衝擊淘刷。這一方法在河南黃河段推行數年。

〔4〕麟慶　字見亭，滿洲鑲黃旗人。道光十三年（1833 年）任南河總督。著有《黃運河口古今圖說》、《河工器具圖說》。《清史稿》卷三八三有傳。

〔5〕灌塘　清代道光初爲解決清口地區運河與黃河交叉段船隻往來的一種工程措施。辦法是：在清口臨黃段的兩頭建草閘，閘間稱爲塘河，長五百八十八丈。往來船隻由塘河進出。重運進塘，堵閉進口草閘（時爲攔清堰），使塘河充水與黃河水面平，再開臨黃草閘渡黃；回空船隻由黃河進塘，堵閉臨黃草閘，使塘河洩水與運河水面平，再開另一端草閘，空船出。八日可渡一塘。

〔6〕壩工蟄動　壩工在風浪衝擊下隱隱蠕動。

〔7〕占　堵口時逐段直進的捆埽曰“占”。捆埽節節前進曰“進占”。每占長約五丈。

咸豐元年閏八月，決豐北下汛三堡，大溜全掣，正河斷流。時侍郎瑞常典試江南，命試竣便道往勘，又命福建按察使查文經馳赴會辦。

三年正月，豐北三堡塞，敕建河神廟，從河督楊以增[1]請也。五月大雨，水長溜急，豐北大壩復蟄塌三十餘丈。上責以增及承修各員加倍罰賠。

五年六月，決蘭陽銅瓦厢[2]，奪溜由長垣、東明至張秋，穿運注大清河入海，正河斷流。上念軍務未平，餉糈不繼，若能因勢利導，使黃流通暢入海，則蘭陽決口即可暫緩堵築。事下河督李鈞[3]察奏。鈞旋陳三事：“曰順河築埝。東西千餘里築隄，所費不資，何敢輕議。除河近城垣不能不築隄壩以資抵禦，餘擬就漫水所及，酌定埝基，勸民接築，高不過三尺，水小藉以攔阻，水大聽其漫過。散水無力，隨漫隨淤，地面漸高，且變沙磧爲沃壤矣。曰遇灣切灘。河性喜坐灣[4]，每至漲水，遇灣則怒而橫決。惟於坐灣之對面，勸令切除灘嘴，以寬河勢，水漲即可刷直，就下愈暢，并可免兜灘沖決之虞[5]。曰堵截支流。現在黄流漫溢，既不能築堅隄以束其流，又不能挑引河以殺其勢，宜乘冬令水弱溜平，勸民築壩斷流，再於以下溝槽跨築土格，高出數尺。漫水再入，上無來源，下無去路，冀漸淤成平陸。"東撫崇恩亦以爲言。上令直隸、山東、河南各督撫妥爲勸辦。

十一年，御史薛書堂言："南河自黄水改道，下游已無工可修，請省南河總督及廳員。"下廷臣議。侍郎沈兆霖言："導河始自神禹，九河故道皆在山東，入海處在今滄州，是禹貢之河，固由東北入海。自漢王莽時河徙千乘入海，而禹之故道失。歷東漢迄隋、唐，從無變異。宋神宗時，河分南北兩派并行，北派由北清河入海。即今大清河。至元至元間，會通河成，懼河北行礙運，而北流塞。歷今五六百年，河屢北決，無不挽之使南。説者謂河一入運，必挾泥沙以入海，而運道亦淤，故順河之性，北行爲宜。乾隆朝，孫嘉淦請開減河入大清河一疏，言之甚詳，足破北行礙運之疑。夫河入大清，由利津入海，正今黄河所改之道。現在張秋以東，自魚山至利津海口，皆築民堰，惟蘭儀之北、張秋之南，河自決口而出，奪趙王河及舊引河，汎濫平原，田廬久被淹浸。張秋高家林舊堰殘缺過多，工程最鉅。如東明、長垣、菏澤、鄆城，其培築較張秋爲易。宜乘此時順水之性，聽其由大清河入海，諭令紳民力籌措辦，或應開減河，或應築隄堰，統於水落興工。河慶順軌，民樂力田，缺額之地丁可復，歷年之賑濟可停，就此裁去南河總督及廳員，可省歲帑數十萬，而歸德、徐、淮一帶地幾千里，均可變爲沃壤，逐漸播種升科，似亦一舉而兼數善者矣。"下直督恆福、東撫文煜、豫撫慶廉、東河總督黄贊湯[6]勘議。六月，省南河總督，及淮揚、淮海、豐北、蕭南、宿南、宿北、桃南、桃北各道廳，改置淮揚徐海兵備道，兼轄河務。

〔1〕楊以增　字至堂，山東聊城人。咸豐初任南河總督，因豐工漫口革職留任，旋卒。《清代河臣傳》卷三有傳。

〔2〕決蘭陽銅瓦厢　銅瓦厢，在今河南蘭考縣城北約二十里。此次決口結束了自金末以來黃河南流六七百年的歷史，造成黃河又一次大改道，并逐步形成了今天的黃河下游河道。

〔3〕李鈞　直隸河間人，咸豐五年（1855 年）任河東河道總督，九年（1859 年）卒。《清代河臣傳》卷三有傳。

〔4〕河性喜坐灣　黃河的特性是容易造成灣道。所謂"黃河多曲"、"九灣十八灘"。

〔5〕并可免兜灘衝決之虞　兜灘，河流灣道處凹岸逐漸後退，凸岸灘唇日益前伸，到一定程度，汛期洪水便從灘上直截而過，稱爲兜灘。

〔6〕黃贊湯　字莘農，江西廬陵（今吉安市）人。咸豐九年（1859 年）任東河總督，《清代河臣傳》卷三有傳。

同治二年，復省蘭儀、儀睢、睢寧、商虞、曹考五廳。六月，漫上南各廳屬，水由蘭陽下注，直、東境內涸出村莊，復被淹没。菏澤、東明、濮、范、齊河、利津等州縣，水皆逼城下。署河督譚廷襄[1]上言："河已北行，攔水惟恃民埝，從未議疏導，恐漸次淤墊，海口稍有扞格阻滯，事更爲難。查濮、范一帶舊有金隄，前臣任東撫時，設法修築，未久復被沖缺，上游毗連直隸開州處亦有沖缺。開州不修，濮、范築亦無益。東、長之埝，開、濮之隄，須設法集資督民修築，庶可以衛城池而保廬墓。此外既未專設河員，要在沿河地方官督率修理，并勸助裒集，以助民力之不逮。請飭下直督、東撫迅將蘭陽下游漫溢地方，揀員會同該州縣妥辦。"從之。

十二月又言："今年夏秋陰雨，來源之盛，迥異尋常。一股直下開州，一股旁趨定陶、曹、單。豫省以有隄壩，幸獲保全。直、東則無，不能不聽其汛溢。迄今半載，直隸未聞如何經畫。開州缺口，亦未興工。至山東被害尤深。或欲培築隄埝，或欲疏濬支河，議無一定。濮州金隄，亦因開未動工。不能興辦。瞬屆春汛，何以禦之？

臣遣運河道宗稷辰履勘，直至利津之鐵門關，測量水勢，深至六七丈，去路不爲不暢，而上游仍到處旁溢，則大清河身太狹不能容納之故。如蒲臺、齊東、濟陽、長清、平陰、肥城民埝缺口，寬數丈或數十丈，不下三四十處，不加修築，則來歲依然漫淹。是欲求下游永奠，必先開支渠以減漲水，而後功有可施。必將附近徒駭、馬頰二河設法疏濬，庶水有分洩，再堵各缺口，并築壩以護近水各城垣，此大清河下游之當先料理者也。至開、濮金隄及毗連菏澤之史家隄，當先堵築，并加培舊堰，擇要接修，此大清河上游之當先經畫者也。"復下直督劉長佑、東撫閻敬銘會籌。

明年三月，以濮州當河衝，允敬銘請，移治舊城，并築堤捍禦。

五年七月，決上南廳胡家屯。長佑言："溜勢趨重西北，新修金隄，概被沖刷。開州沖開支河數道，自開、滑之杜家寨至開、濮界之陳家莊，險工五段，長九千六百餘丈，均須加厚培高，方資捍禦。惟上游在豫，下游在東，非直隸一省所能辦理。應會同三省統籌全修，再行設汛，撥款備料，庶可一勞永逸。自河流改道，直隸隄工應并歸河督管轄，作爲豫、直、東三省河督，以專責成。"疏入，命河督蘇廷魁[2]履勘，會同三省督撫籌議。

〔1〕譚廷襄　字竹厓，浙江山陰人。同治元年（1862 年）署東河總督，官至刑部尚書。《清史稿》卷四二六有傳。

〔2〕蘇廷魁　字賡堂，廣東高要人。同治五年（1866 年）任東河總督。《清史稿》卷三七八有傳。

七年六月，決滎澤十堡，又漫武陟趙樊村，水勢下注潁、壽入洪澤湖。侍郎胡家玉言："不宜專塞滎澤新口、疏蘭陽舊口，宜仿古人發卒治河成法，飭各將領督率分段挑濬舊河，一律深通，然後決上游之水，掣溜東行，庶河南之患不移於河北，治河即所以治漕。"下直督曾國藩、鄂督李瀚章、江督馬新貽[1]、漕督張之萬[2]，及河督，江蘇、河南、山東、安徽各巡撫妥議。國藩等言："以今日時勢計之，河有不能驟行規復者三。蘭陽漫決已十四年，自銅瓦厢至雲梯關以下，兩岸隄長千餘里，歲久停修，隄塌河淤，今欲照舊時挑深培高，恐非數千萬金不能藏事。且廳營久裁，兵夫星散，一一復設，仍應分儲料物，厢辦埽壩，并預籌防險之費，又歲須數百萬金。當此軍務初平，庫藏空虛，安從籌此鉅款？一也。滎澤地處上游，論形勢自應先堵滎澤，蘭工勢難并舉。使滎口掣動全黃，則蘭工可以乾涸。今滎口分溜無多，大溜仍由蘭口直注利津入海，其水面之寬，跌塘之深，施工之難，較之滎工自增數倍。滎工堵合無期，蘭工更無把握。原奏決放舊河，掣溜東行，似言之太易。且瞬交春令，興工已難。二也。漢決酸棗，再決瓠子，爲發卒治河之始。元、明發丁夫供役，亦以十數萬計。現在直、東、江、豫捻氛甫靖，而土匪游勇在在須防。所留勇營，斷難盡赴河干，亦斷不敷分挑之用。若再添募數十萬丁夫，聚集沿黃數千里間，駕馭失宜，滋生事端，尤爲可慮。三也。應俟國庫充盈，再議大舉。因時制宜，惟有趕堵滎工，爲保全豫、皖、淮揚下游之計。"上然之。

八年正月，滎澤塞。

十年八月，決鄆城侯家林，東注南旺湖，又由汶上、嘉祥、濟寧之趙王、牛朗等河，直趨東南，入南陽湖。時廷魁内召，命新河督喬松年[3]會同東撫丁寶楨[4]勘辦。寶楨方以病在告，乃偕護撫文彬至工相度。文彬言："河臣遠在豫省，若往返咨商，恐誤要工。一面飛咨河臣遴派掌壩，并管理正雜料廠員弁，及諳習工程之弁兵工匠，帶同器具，於年内來東，一面由臣籌購應需料物，以期應手。"上責松年剋期興工，松年言已飭原估委員并熟習工程人員赴東聽遣，并飭購備竹纜，及覓雇緔鑲船隻備提用。惟已交立春，春水瞬生，辦工殊無把握。并移書文彬主持其事。文彬不能決。寶楨力疾視事，上言；"河臣職司河道，疆臣身任地方，均責無旁貸。乃松年一概諉之地方，不知用意所在。現在已過立春，若再候其的信以定行止，恐誤要工。且此口不堵，必漫淹曹、兗、濟十餘州縣。若再向南奔注，則清、淮、裏下河更形喫重。松年既立意諉卸，臣若避越俎之嫌，展轉遷延，實有萬趕不及之勢。惟有力疾銷假，親赴工次，擇日開工，俟松年所遣員弁到工，即責成該工員等一手經理，剋期完工，保全大局。應請破格保獎，以昭激勸。倘敢陽奉陰違，有心貽誤，一經驗實，應請便宜行事，即將該員弁正法工次，以爲罔上殃民者戒。"上嘉其勇於任事，并諭松年當和衷共濟，不遽加責也。

〔1〕馬新貽　字穀山，山東菏澤人。同治三年（1864年）任浙江巡撫，四年（1865年）築海寧石塘、紹興東塘、濬三江口。七年（1868年），調兩江總督兼通商大臣。《清史稿》卷四二六有傳。

〔2〕張之萬　字子青，河北南皮人。同治四年（1865年）任河道總督，五年（1866年）又任漕運總督。《清史稿》卷四三八有傳。

〔3〕喬松年　字鶴儕，山西徐溝人。同治十年（1871年）授東河總督，主張順新河築堤，反對復故道。《清史稿》卷四二五有傳。

〔4〕丁寶楨　字稚璜，貴州平遠人。光緒二年（1876年）任四川總督，治蜀十年，主持都江堰光緒三年、四年的大修。曾任山東巡撫，修黃河堤。《清史稿》卷四四七有傳。

十一年二月，侯家林塞，予寶楨優敘。

先是，同知蔣作錦條上河、運事宜，朝廷頗韙其議，下河、漕、撫臣議奏。未幾，侯家林決，松年、寶楨意見齟齬。及寶楨塞侯家林，松年上言："作錦所陳，卓然有見，可以采取。并稱東境黃水日愈汎濫，運道日愈淤塞，宜築隄束黃，先堵霍家橋諸口，并修南北岸長隄，俾黃趨張秋以濟運。挑濬張秋迤南北淤塞，修建閘壩，以利漕行。"上以松年意在因勢利導，不爲無見，令寶楨、文彬詳議，毋固執己見。旋覆稱；"目前治黃之法，不外堵銅瓦厢以復淮、徐故道〔1〕，與東省築隄即由利津入海兩策。顧謂二者之中，以築隄束黃為優，而上下游均歸緩辦，臣實未見其可。自銅瓦廂至牡蠣嘴[2]，計千三百餘里，創建南北兩隄，相距牽計，約須十里。除現在淹没不計外，尚須棄地數千萬頃，其中居民不知幾億萬，作何安插？是有損於財賦者一也。東省沿河州縣，自二三里至七八里者不下十餘。若齊河、齊東、蒲臺、利津，皆近在臨水，築隄必須遷避，是有難於建置者二也。大清河近接泰山麓，山陰水悉北注，除小清、溜彌諸河均可自行入海，餘悉以大清河爲尾閭。置隄束黄以後，水勢擡高，向所洩水之處，留閘則虞倒灌，堵遏則水無所歸，是有妨於水利者三也。東綱鹽場，坐落利津、霑化、壽光、樂安等縣，濱臨大清河兩岸。自黄由大清入海，鹽船重載，溯行於湍流，甚形阻滯，而灘地間被漫溢，産鹽日絀，海灘被黄淤遠，納潮甚難，東綱必至墮廢，私梟亦因而蠭起。是有礙於鹺綱者四也。臣寶楨身任地方，於通省大局所關，固宜直陳無隱。然使於治運漕果有把握，則京倉爲根本至計，猶當權利害之輕重，而量爲變通。臣等熟思審計，實未見其可恃，而深覺其可慮。似仍以堵合銅瓦廂使復淮、徐故道爲正辦。"并陳四便。御史游百川亦言河、運并治，宜詳籌妥辦。

〔1〕淮、徐故道　即銅瓦廂決口前黄河行經的河道。
〔2〕牡蠣嘴　在今山東利津縣鐵門關外，当时黄河從此入海。

疏入，廷議不能決，下直督李鴻章[1]。鴻章因遣員周歷齊、豫、徐、海，訪察測量，期得要領。十二年六月，上言："治河之策，原不外恭親王等'審地勢，識水性，酌工程，權利害'四語，而尤以水勢順逆爲要。現在銅瓦廂決口寬約十里，跌塘過深，水涸時猶逾一二丈。舊河身高，決口以下，水面二三丈不等。如欲挽河復故，必挑深引河三丈餘，方能吸溜東趨。查乾隆間蘭陽青龍岡之役，費帑至二千餘萬。阿桂言引河深至丈六尺，人力無可再施，今豈能挑深至三丈餘乎？十里口門進占合龍，亦屬創見。國初以來，黃河決口寬不過三四百丈，且屢堵屢潰，常閱數年而不成。今豈能合龍而保固乎？且由蘭陽下抵淮、徐之舊河身高於平地三四丈。年來避水之民，移住其中，村落漸多，禾苗無際。若挽地中三丈之水，跨行於地上三丈之河，其停淤待潰、危險莫保情形，有目者無不知之。歲久隄乾，即加修治，必有受病不易見之處。萬一上游放溜，下游旋決，收拾更難。議者或以河北行則穿運，爲運道計，終不能不强之使南以會清口。臣查嘉慶以後清口淤墊，夏令黃高於清，已不能啓壩送運。道光以後，禦黃壩竟至終歲不啓，遂改用灌塘之法，自黃浦洩黃入湖。湖身頓高，運河水少，灌塘又不便，遂改行海運。今即能復故道，亦不能驟復河運，非河一南行，即可僥幸無事。此淮、徐故道勢難挽復，且於漕運無益之實在情形也。至河臣所請就東境束黃濟運一節，查清口淤墊，即借黃濟運之病。今張秋運河寬僅數丈，兩岸廢土如山，若引重濁之黃，以閘壩節宣用之，水勢擡高，其淤倍速。人力幾何，安能挑此日進之沙？且所挑之沙，仍堆積於積年廢土之上，雨淋風蕩，河底日高，閘亦壅塞，久之黃必難引。明弘治中，荆龍口，銅瓦厢屢次大決，皆因引黃濟張秋之運，遂致導隙濫觴。臨清地勢低於張秋數丈，而必以後無掣溜奪河之害，臣亦不敢信也。至霍家橋堵口築隄，工尤不易。該處本非決口、乃大溜經行之地，兩頭無岸，一望浮沙，并無真土可取。勉强堆築，節節逼溜下注，恐浮沙易塌，實足攖河之怒，而所耗實多。一遭潰決，水仍別穿運道，而不專會張秋，豈非全功盡棄？至作錦擬導衛濟運，原因張秋以北無清水灌運，故爲此議。查元村集迤南有黃河故道，地多積沙，施工不易。且以全淮之水不能敵黃，尚致倒灌停淤，豈一清淺之衛，遂能禦黃濟運耶？其意蓋襲取山東諸水濟運之法。不知泰山之陽，水皆西流，因勢利導，十六州縣百八十泉之水，源旺派多，自足濟運。衛水來源，甚弱最順，今必屈曲使之南行，勢多不便。此借黃濟運及築隄束水均無把握，與導衛濟運之實在情形也。惟河既不能挽復故道，則東境財賦有傷，水利有礙，城池難以移置，鹽場間被漫淹，如寶楨所陳，誠屬可慮。

"臣查大清河原寬不過十餘丈，今已刷寬半里餘，冬春水涸，尚深二三丈，岸高水面又二三丈，是不汛時河槽能容五六丈，奔騰迅疾，水行地中，此人力莫可挽回之事，亦祈禱以求而不可得之事。目下北岸自齊河至利津，南岸齊東、蒲臺，皆接築民埝，雖高僅丈許，詢之土人，遇盛漲出槽不過數尺，尚可抵禦。岱陰、繡江諸河，亦經擇要築隄，汛至則漲，汛過則消，受災不重。至齊河、濟陽、齊東、蒲臺、利津各城，近臨河岸十九，年來幸防守無患，以後相勢設施。若驟議遷徙，經費無籌，民情難喻，無此辦法。東省鹽場在海口者，雖受黃淤產鹽不旺，經撫臣南運膠濟之鹽時為接濟，引地無虞淡食，惟價值稍昂耳。河在東省固不能無害，但得設法維持，尚不至為大患。昔乾隆中，銅山決口不能成功，孫嘉淦曾有分河入大清之疏。其後蘭陽大工屢敗垂成，稽璜又有改河大清之請。此外裴曰修、錢大昕、胡宗緒、孫星衍、魏源[2]諸臣議者更多。其時河未北流，尚欲挽之使北。今河自北流，乃欲挽使南流，豈非拂逆水性？大抵南河堵築一次，通牽約七八百萬，歲修約七百餘萬，實為無底之壑。今河北徙，近二十年未有大變，亦未多費巨款，比之往代，已屬幸事。且環拱神京，尤得形勝。自銅瓦廂東決，粵、捻諸逆竄擾曹、濟，幾無虛日，未能過河一步，而北岸防守有所憑依，更為畿輔百世之利。此兩相比較，河在東雖不亟治而後患稍輕，河回南即能大治而後患甚重之實在情形也。

"近世治河兼言治運，遂致兩難，卒無長策。臣愚以為天庾正賦，以蘇、浙為大宗，國家治安之道，尤以海防為重。今沿海洋舶駢集，為千古創局，已不能閉關自治。正不妨借海運轉輸之便，逐漸推廣，以擴商路而實軍儲。蘇、浙漕糧，現既統由海運，臣前招致華商購造輪船搭運，漸有成效，由海船解津，較爲便速。至海道雖不暢通，河務未可全廢，此時治河之法，不外古人‘因水所在，增立隄防’一語。查北岸張秋以上，有古大金隄可恃以爲固，張秋以下，岸高水深，應由東撫隨時飭將民埝保護加培。至侯家林上下民埝應做照官隄辦法，一律加高培厚，更爲久遠之計。又銅瓦廂決口，水勢日向東坍刷，久必汎濫南趨。請飭松年察看形勢，量築隄埝，與曹州之隄相接，俾資周防而期順軌。至南河故道千餘里，居民占種豐收，并請查明升科，以免私墾爭奪之患。”疏入，議乃定。

是年夏秋，決開州焦丘、濮州蘭莊，又決東明之岳新莊、石莊戶民埝，分溜趨金鄉、嘉祥、宿遷、沭陽入六塘河。寶楨勘由鄆城張家支門築隄堵塞。旋乞假展墓。十三年春，溜益南趨，潰漫不可收拾，江督累章告災。九月，寶楨回任，改由菏澤賈莊建壩。十二月興工。

〔1〕李鴻章　字少荃，安徽合肥人，歷仕道、咸、同、光四朝。黃河銅瓦廂改道後，順新河與復故道爭論不休，李鴻章進行全面分析後主順新河，復故道之議遂止。光緒三年（1877年）又主持大修永定河堤、閘。《清史稿》卷四一一有傳。

〔2〕魏源　字默深，湖南邵陽人。清代思想家。著有“籌河篇”，主張改革河政和漕運。認爲治河已經陷入絕境，“下游固守則潰於上，上游固守則潰於下”。認爲治河經費是一個無底洞，“竭天下之財賦以事河，古今有此漏卮填壑之政乎？”《清史稿》卷四八六有傳。

光緒元年三月，東明決塞，并築李連莊以下南隄二百五十里。時河督曾國荃[1]請設南岸七廳。部議俟直、東、豫籌有防汛的款再定。

二年春，署東撫李元華言：“黃河南隄，自賈莊至東平二百餘里均完固，惟上游毗連直、豫，自東明謝寨至考城七十餘里，并無隄岸，此工刻不可緩。昔年侯家林塞，後怵於費多，未暇顧問，遂至賈莊決口。此次賈莊以下隄雖完固，上游若不修築，設有漫決，豈惟前功盡棄，河南、安徽、江蘇仍然受害，山東首當其衝無論已。臣擬調營勇，兼雇民夫，築此七十餘里長隄。深恐呼應不靈，已商直督、豫撫協力襄辦。至濮、范之民，自黃河改道，昏墊十有餘年。賈莊決後，稍有生機，及賈莊塞，受災如故。查南隄距北面金隄[2]六七十里，以屏蔽京師則可，於濮、范村莊田畝則不能保衛。該處紳民願修北隄，惟力有未支，請酌加津貼，既成以後，派弁勇一律修防，濮、范、陽穀、壽張、東阿五縣地畝可涸出千餘頃。又查濮、范以上，有黃水二道。擬於壽張、東阿境內新河尾閭，抽挑引河二，冀歸併一渠。於南隄之北、黃河之南，再立小隄以束水，又可涸出地畝千餘頃。至北隄上游內有八里係開州轄，若不一律修築，不惟北隄徒勞無功，即畿輔亦難保不受其患。已商直督遣員協助，妥速蔵功。惟所壓直、豫地畝，該處居民無甚大益，而山東百姓受益無窮，自應由山東折償地價。上游收束既窄，下游水溜勢急，不可不防。自東平至利津海口九百餘里，已飭沿河州縣就民隄加培，酌給津貼，以工代賑。各項通計需費二千餘萬。此黃河大段擬辦情形也。"事下所司。

五年，決歷城溠溝。明年，復決。

八年，決歷城桃園，十一月塞。

九年，東撫陳士杰創建張秋以下兩岸大隄。時山東數遭河患，朝士屢以爲言。上遣侍郎游百川馳往會勘。百川言："自來論河者，分持南行北行二説。臣詳察形勢，將來遇伏秋盛漲，復折而東，自尋故道，亦未可知。若挽以人力，則勢有萬難。一則北隄決後，已沖刷淨盡，築隄進占，工已甚鉅。且全河正流北行，中流堵禦以圖合龍，必震駭非常，辦理殊無把握。一則故道旁沙嶺勢難挑動，且徐、海一帶河身涸出淤地千餘里，民盡墾種，一旦驅而之他，民豈甘心失業？此南行之説應無庸議也。至大清河本汶、濟交會，自黃流灌入，初猶水行地中，今則河身淤墊，既患水不能洩，自濟河上下，北則濟陽、惠民、濱州、利津，南則青城、章丘、歷城至鄒、長、高、博，漫決十一處。竊惟河入濟瀆已二十八年，其始誤於山東無辦河成案，誘民自爲隄埝，縱屢開決，未肯形諸奏牘，貽患至斯。今則泛濫數百里，漂没數百村，遍歷災區，傷心慘目。謹擬辦法三。

"一、疏通河道。黃初入濟，尚能容納，淤墊日高，至海口尤日形淤塞。沙淤水底，人力難施，計惟多用船隻，各帶鐵篦混江龍，上下拖刷，使不能停蓄，日漸刮深。疏導之方，似無踰此。

"一、分減黃流。濟一受黃，其勢岌岌不可終日。查大清河北，徒駭最近，馬頰較遠，鬲津尤在其北。大清河與徒駭最近處在惠民白龍灣，相距十許里。若由此開築減壩，分入徒駭河，其勢較便。再設法疏通其間之沙河、寬河、屯民等河，引入馬頰、鬲津，分疏入海，當不復虞其滿溢。

"一、亟築縷隄。民間自築縷隄，近臨河干，多不合法，且大率單薄，又斷續相間，屢經塌陷，一築再築，民力困竭。今擬自長清抵利津，南北岸先築縷隄，其頂衝處再築重隄，約長六百餘里，仍借民力，加以津貼，可計日成功，爲民捍患，民自樂從。

"至謂治水不與水争地，其法無過普築遥隄。然濟、武兩郡，地狹民稠，多占田畝，小民失業，正非所願。且其間村鎮廬墓不可數計，兼之齊河、濟陽、齊東、蒲臺、利津皆城臨河干，使之實逼處此，民情未免震駭。價買民田，需款不下四五百萬，工艱費鉅，可作緩圖。臣所以請築縷隄以濟急，而不敢輕持遥隄之議者此也。"士杰持異議。會海豐人御史吳峋言徒駭、馬頰二引河不可輕開，命直督李鴻章偕士杰會勘，亦如峋言。乃定議築兩岸長隄。

是年決利津十四户，十年三月塞。閏五月，決歷城河套圈、霍家溜，齊河李家岸、陳家林、蕭家莊，利津張家莊、十四户，先後塞之。是年兩岸大隄成[3]，各距河流數百丈，即縷隄也，而東民仍守臨河埝，有司亦諭令先守民埝，如埝決再守大隄，而隄內村廬未議遷徙，大漲出槽，田廬悉淹，居民遂決隄洩水，官亦不能禁，嗣是只守埝不守大隄矣。

十一年，蕭家莊、澗溝再決，又決齊河趙莊。十二月，澗溝、趙莊塞。

明年二月，蕭家莊塞。六月，再決河套圈，又決濟陽王家圈、惠民姚家口、章丘河王莊、壽張徐家沙窩，惟王家圈工緩辦，餘皆年內塞。東境河雖屢決，然皆分溜，少奪溜，。每堵築一次，費數萬或數十萬，多亦不過一二百萬，較南河時所省正多，被淹地畝亦較少，地平水緩故也。

〔1〕曾國荃　字沅甫，湖南湘鄉人，曾國藩胞弟，官至兩江總督。光緒元年（1875年）任東河總督，時僅一年。《清史稿》卷四一三有傳。

〔2〕北面金堤　即唐宋時創修的古堤，後經歷代整治加固。今北金堤即以此爲基礎。

〔3〕是年兩岸大堤成　自咸豐五年（1855年）河決銅瓦廂改道北流至光緒十年（1884年）已是二十九年，新河兩岸始初步形成完整堤防。

十三年六月，決開州大辛莊，水灌東境，濮、范、壽張、陽穀、東阿、平陰、禹城均以災告。八月，決鄭州[1]，奪溜由賈魯河[2]入淮，直注洪澤湖。正河斷流，王家圈旱口乃塞。鄭州既決，議者多言不必塞，宜乘此復故道。户部尚書翁同龢、工部尚書潘祖廕同上言：“河自大禹以後，行北地者三千六百餘年，南行不過五百餘年，是河由雲梯關入海，本不得謂故道。即指爲故道，而現在溜注洪澤湖，形北高南下，不能導之使出清口，去故道尚百餘里，其勢斷不能復。或謂山東數被水害，遂以河南行爲幸。不知河性利北行。自金章宗後，河雖分流。有明一代，北決者十四，南決者五；我朝順、康以來，北決者十九，南決者十一。況淮無經行之渠，黃入淮安有歸宿之地？下流不得宣洩，上游必將復決，決則仍入東境，山東之患仍未能弭。

至黃水南注，有二大患、五可慮。黃注洪澤，而淮口淤墊，久不通水，僅張福口引河，闊不過數丈，大溜東注，以運河爲尾閭，僅恃東隄爲護，已岌岌可危。今忽加一黃河，必不能保。大患一。洪澤淤墊，高家堰久不可恃，黃河勢悍，入湖後難保不立時塌卸。不東衝裏下河，即南灌揚州，江、淮、河、漢併而爲一，東南大局，何堪設想！大患二。裏下河爲產米之區，萬一被淹，漕米何從措辦？可慮一。即令漕米如故，或因黃挾沙墊運，不能浮送。或因積水漫溢，縴道無存，漕艘停滯。且山東本借黃濟運，黃既遠去，沂、汶微弱，水從何出？河運必廢。可慮二。兩淮鹽場，胥在范公隄東。范隄不保，鹽場淹沒，國課何從徵納？可慮三。潁、壽、徐、海，好勇鬥狠，小民蕩析，難保不生事端。可慮四。黃汛合淮，勢不能局於湖瀦，必別尋入海之道，橫流猝至，江鄉居民莫保旦夕。可慮五。至入湖之水，亦須早籌宣洩。裏下河地勢，西北俯、東南仰，宜順其就下之勢，由興化以北，歷朦朧、傅家塢入舊河，避雲梯關淤沙，北濬大通口，入潮河以達淮河，海口則取徑直，形勢便，經費亦不過鉅。”

上命江督曾國荃、漕督盧士杰籌議。適國荃、士杰亦言：“捍河匯淮東下，其危險百倍尋常。查治水不外宣防二策，而宣之用尤多。洪湖出路二，皆由運入江。今大患特至，不能不於湖之上游多籌出路，分支宣洩，博采羣議。桃源有成子河，南接洪湖，北至舊河，又北爲中運河。若加挑成子河，使通舊河，直達中運河，兩岸築隄，即可引漫水由楊莊舊河至雲梯關入海，此洪湖上面新闢一去路也。清河有碎石河，西接張福口，引河東達舊河，大加挑挖，亦可引漫水由楊莊舊河至雲梯關入海，此洪湖下面新闢一去路也。詢之耆舊，僉謂舍此別無良法。是以臣等議定即勘估興工，不敢拘泥成規，往返遷延，致誤事機。”上韙之，并遣前山西布政使紹誠、降調浙江按察使陳寶箴、前山東按察使潘駿文迅赴鄭工，隨同河督成孚、豫撫倪文蔚襄理河務。

時工賑需款鉅且急，户部條上籌款六事：一、裁防營長夫；一、停購軍械船隻機器；一、停止京員兵丁米折銀；一、酌調附近防軍協同工作；一、令鹽商捐輸給獎；一、預徵當商匯號税銀。議上，詔裁長夫、捐鹽商及預徵税銀，餘不允。

九月，命禮部尚書李鴻藻偕刑部侍郎薛允升馳勘，鴻藻留督工。時黄流漫溢，河南州縣如中牟、尉氏、扶溝、鄢陵、通許、太康、西華、淮寧、祥符、沈丘、鹿邑多被淹浸，水深四五尺至一二丈，特頒内帑十萬，并截留京餉三十萬賑撫。而河工需款急，允御史周天霖、李世琨請，特開鄭工新捐例。

奪成孚職，以李鶴年[3]署河督。

〔1〕八月決鄭州　據《再續行水金鑑》光緒十三年（1877年）條：八月決鄭州下汛十堡石橋口，下入渦、潁入淮。

〔2〕賈魯河　非明清人常説之“賈魯故道”。此係潁河支流，源出河南密縣北，繞經鄭州市東南至商水縣入潁河，長246公里。

〔3〕李鶴年　字子和，奉天義州人。光緒元年（1875年）任東河總督，主持河工十餘年。《清史稿》卷四五〇李鶴年傳謂“鶴年以善治河稱。”

十月，東撫張曜言：山東河淤潮高，黄流實難容納，請乘勢規復南河故道。下鴻藻、鶴年議。鴻藻等遂請飭迅籌合辦。上以“黄河籌復故道，迭經臣工條奏，但費鉅工繁，斷難於決口未堵之先，同時并舉。此奏於故道宜復，止空論其理，語簡意疏。一切利害之輕重，地勢之高下，工用之浩大，時日之迫促，并未全局通籌，纚晰奏覆。如此大事，朝廷安能據此寥寥數語，定計決疑？故道一議，可暫從緩。至所稱一切工作，先自下游開辦，南河舊道現在情形如何，工程能否速辦，經費能否立籌，有無滯礙，著國荃、士杰、崧駿迅速估奏。”

國荃言：“黃流東注，淮南北地處下游，宜籌分洩之策。請就楊莊以下舊河二百餘里挑濬，以分沂、泗之水，騰出中運河，預備洪河盛漲，挾黃北行，堪以容納，是上游籌有去路。而淮由三河壩直趨而東，則運隄極爲喫重，勢不能不開壩宣洩，裏下河如臨釜底，而枝河頗多，若預先疏導，使水能順軌，則田廬民命亦可保全。同龢、祖廕所言，洵得水性就下之勢，業經遣員履勘，并請調熟悉河工之江蘇臬司張富年督理。”制可。

先是侍郎徐郙有通籌黃河全局之疏。文蔚言：“郙所陳口門北岸上游酌開引河，上南廳以下河內挑川字河，及築排水壩，三者皆河南必辦之事，即前人著效之法。臣前請於河身闊處切灘疏淤，即郙酌開引河及川字河之意。河員以近日河勢略變，須更籌辦法，且有引河不可挑之説。而此項土夫，皆係應賑之人，無論何工，皆係應辦之事，將來或幫挑運河，或幫築河身，應就商河臣隨時調度。”報聞。

十二月，國荃、士杰言：“同龢等所陳二患五慮，不啻身歷其境，將臣等所欲言者，代達宸聰。當經派員分投履勘。自傅家塢入舊黃河，過雲梯關至大通口，測量地勢，北高丈五七尺，揆諸就下之性，殊未相宜。不敢不恪遵聖訓，於興化境內別籌疏淤。查下河入海河道，以新陽、射陽兩河爲最，鬭龍港次之。祇以支河阻塞，未能通暢。查興化屬之大圍閘、丁溪場屬之古河口小海，均極淤淺。疏濬以後，如果高郵開壩，可冀水皆順軌，由新陽等河宣暢歸海。其閘門窄狹過水不暢者，另於左右開挖越河，俾得滔滔直注。此外幹支各河，再接續擇要興挑，以期逐節通暢，核與同龢、祖廕之奏事異功同。”

十四年正月，國荃等又言："徐郙通籌河局疏，稱淮揚實無處位置黃河，宜先籌宣洩之方，再求堵合之法，洵屬確中肯綮。至請挑天然及張福口引河，本係由淮入黃咽喉，昔人建導淮之議，皆從引河入手。祇以張福淤墊太高，挑不得法，且恐沂、泗倒灌。又順清河爲清江三閘來源，曩時堵築以資自衛。自河北徙，此壩久廢。今既引淮入黃，仍須堵築順清壩，庶三閘可保無虞。經臣等派員審度河底，雖北高南低，加工挑深，尚可配平。順清河雖水深溜急，多備料土，亦可設法堵築。又經臣士杰履勘，陳家窰可開引河，上接張福口，下達吳城七堡，與碎石河功用相同。已於十月分段興挑，自張福口、內窰河起，至順清河止，開深丈四尺至二丈，冀上游多洩一分之水，下河即少受一分之災。其工段亦間調哨勇幫同挑濬，以補民夫之不足。以上辦法，與該侍郎所陳江南數條，不謀而合。"

先是，上以將來河仍北趨，有"趁湍流驟減，挑濬東明長隄，開州河身，加培隄埝"之諭。至是，鴻章言："直境黃河長八九十里，一律挑濬，工鉅費煩。即酌挑北面數處，亦需二三十萬。兩岸河灘高於中洪一二丈，河身尚可容水。惟東明南隄歷年衝刷，亟應擇要修築，已調派大名練軍春融赴工，并募民夫同時力作。開州全隄殘缺已甚，亦經派員估修。至長垣南岸小隄，離河較遠，尚可緩辦。北岸民埝，飭勸民間修培，不得逼束河流，致礙大局。"

六月，小楊莊塞。是月，鴻藻言鄭工兩壩，共進佔六百一十四丈，尚餘口門三十餘丈，因伏秋暴漲，人力難施，請緩俟秋汛稍平，接續舉辦。上嚴旨切責，褫鶴年職，與成孚并戍軍臺。鴻藻、文蔚均降三級留任。以廣東巡撫吳大徵[1]署河道總督。大澂言："醫者治病，必考其致病之由，病者服藥，必求其對症之方。臣日在河干，與鄉村父老諮詢舊事，證以前人紀載，知豫省河患非不能治，病在不治。築隄無善策，鑲埽非久計，要在建壩以挑溜，逼溜以攻沙。溜入中洪，河不著隄，則隄身自固，河患自輕。廳員中年久者，僉言咸豐初滎澤尚有磚石壩二十餘道，隄外皆灘，河溜離隄甚遠，就壩築埽以防險，而隄根之埽工甚少。自舊壩失修，不數年廢棄殆盡，河勢愈逼愈近，埽數愈添愈多，廳員救過不遑，顧此失彼，每遇險工，輒成大患。河員以鑲埽爲能事，至大溜圈注不移，旋鑲旋蟄，幾至束手。臣親督道廳趕拋石垛，三四丈深之大溜，投石不過一二尺，溜即外移，始知水深溜激，惟拋石足以救急，其效十倍埽工，以石護溜，溜緩而埽穩。歷朝河臣如潘季馴、靳輔、栗毓美，皆主建壩挑溜，良不誣也。現以數十年久廢之要工，數十道應修之大壩，非一旦所能補築竣工。惟有於鄭工款內核實撙節，省得一萬，即多購一萬之石垛，省得十萬，即多做十萬之壩工，雖係善後事宜，趁此乾河修築，人力易施，否則鄭工合龍後，明年春夏出險，必至措手不及。雖不敢謂一治而病即愈，特愈於不治而病日增。果能對症發藥，一年而小效，三五年後必有大效。”上嘉勉之。

大澂又言：“向來修築壩垛，皆用條磚碎石，每遇大汛急溜，壩根淘刷日深，不但磚易衝散，重大石塊亦即隨流坍塌。聞西洋有塞門德土[2]，拌沙黏合，不患水侵。趁此引河未放，各處須築挑壩，正在河身乾涸之時，擬於磚面石縫，試用塞門德土涂灌，斂散爲整，可使壩基做成一片，足以抵當河溜，用石少而工必堅，似亦一勞永逸之法。”報聞。十二月，鄭工塞，用帑千二百萬，實授大澂河督，詔於工次立河神廟，并建黃大王祠，賜扁額，與黨將軍俱加封號。是年七月，決長垣范莊。未幾塞。

十五年六月，決章丘大寨莊、金王莊，分溜由小清河入海。又決長清張村、齊河西紙坊，山東濱河州縣多被淹浸。是冬塞。

〔1〕吳大澂　字清卿，江蘇昊縣人。光緒十四年（1888 年），主持堵塞鄭州黃河決口，授河道總督。《清史稿》卷四五〇《吳大澂傳》稱“大澂治河有名，而好言兵，才氣自喜，卒以虛憍敗”。

〔2〕塞門德土　又作“塞門土”、“士敏土”等，即水泥。

十六年二月，東撫張曜言："前南總河轄河工九百餘里，東總河轄五百餘里。自決銅瓦廂，河入山東，遂裁南總河，而東河所轄河工僅二百餘里。今東河縣長九百里，日淤日高，全恃隄防爲保衛。本年臣駐工二百餘日，督率修防，日不暇給。請將自菏澤至運河口河道二百餘里，歸河督轄，與原轄之河道里數相等。"部議以此段工程，向由巡撫督率地方官兼管，河督恐呼應不靈。曜又言："向來沿河州縣，本歸河臣兼轄，員缺仍會河臣題補，遇有功過，河臣亦不應舉劾，尚無呼應不靈之患。請并下河督籌議。"

先是，大澂遣員測繪直、東、豫全河，至是圖成上之。[1]

五月，決齊河高家套，旋塞。

十八年六月，決惠民白茅墳，奪溜北行，直趨徒駭入海。又決利津張家屋、濟陽桑家渡及南關、灰壩，俱匯白茅墳漫水歸徒駭河。七月，決章丘胡家岸，夾河以內，一片汪洋，遷出歷城、章丘、濟陽、齊東、青城、濱州、蒲臺、利津八縣災民三萬三千二百餘戶。初，河督許振禕[2]請於歲額六十萬內，提十二萬歸河防局，籌添料石，先事預防，由河督主之，至是部令分案題銷。振禕言："河工大險，恃法不如用人。如以恃法論，則從來報銷例案，工部知之，河工亦知之，故自每年添款及鄭工報銷之千數百萬，未聞其不合例也。如以用人論，則臣近此改章從事，比年大險橫生，亦均次第搶補，幸奏安瀾，至添料添石，固有不盡合例者矣。原臣立河防局，意有二端。一則恐廳員遇險推諉，藉口無錢無料，故提此鉅款先事預防之資。一則恐廳員不實不盡，故添委官紳臨時匡救之用，而限十二萬纖悉到工，不准絲毫入局，并不准開支薪水。河南官紳吏民罔不知之。即如今歲之得保鉅險，就買石一款，已用過十一萬數千兩，餘則補鄭工金門沈裂之隄，此不能分案題銷者也。又多方買石，隨處搶堵，險未平必加拋，險已過即停止，此不能繪圖貼說者也。"上如所請行。是年白茅墳各口塞。

二十一年六月，決壽張高家大廟、齊東趙家大隄。未幾，決濟陽高家紙坊、利津呂家窪、趙家園、十六戶。是冬次第塞。

明年六月，決利津西韓家、陳家。御史宋伯魯條上東河積弊：一，冒領蒙銷，宜嚴定處分；一，收發各料，宜設法稽查；一，申明賠修舊例，以防隨意改名；一，武弁宜認真巡察。詔東撫嚴除積弊，并令有河務各督撫查察，遇有劣員，嚴參懲辦。

二十三年正月，決歷城小沙灘、章丘胡家岸，隨塞。十一月凌汛，決利津姜家莊、扈家灘，水由霑化降河入海。

二十四年六月，決山東黑虎廟，穿運東洩，仍入正河。又決歷城楊史道口、壽張楊家井、濟陽桑家渡、東阿王家廟，分注徒駭、小清二河入海。遣鴻章偕河督任道鎔[3]、東撫張汝梅會勘。未幾，省東河總督，尋復置。

[1] 此係首次用西方近代技術測繪黃河圖。
[2] 許振禕　字仙屏，江西奉新人。光緒十六年（1890年）任東河總督，主持築滎澤大壩，胡家屯、米童寨各石壩。《清史稿》本傳卷四五〇，稱其"督工嚴，盡革中飽，尤以勤廉著"。著有《許仙屏侍郎督河奏疏》十卷。
[3] 任道鎔　字筱沅，江蘇宜興人。光緒二十一年（1895年）任河道總督。《清史稿》本傳卷四五〇，稱"道鎔剔河工積弊，務節減。"

二十五年二月，鴻章等言："山東黃河自銅瓦廂改道大清河以來，時當軍興[1]，未遑修治。同治季年，漸有潰溢，始築上游南隄。光緒八年後潰溢屢見，遂普築兩岸大隄。乃民間先就河涯築有小埝，緊逼黃流。大隄成後，復勸民守埝，且有改爲官守者。於是隄久失修，每遇汛漲埝決，水遂建瓴而下，隄亦隨決，此歷來失事病根也。上游曹、兗屬南北隄湊長四百餘里，兩隄相距二十里至四十里，民埝偶決，水由隄內歸入正河，大決則隄亦不保。計南北埝工二十四，同治以來，決僅四五見，此上游情形也。中游濟、泰屬兩岸隄埝各半，湊長五百里，南岸上段傍山無隄，下段守埝，北岸上守隄，下守埝，參差不一，無非爲隄內村莊難遷，權爲保守計。下游武、定屬南岸全守隄，北岸全守埝，湊長五百餘里，地勢愈平，水勢愈大，險工七十餘處，二十五年來，已決二十三次，此中下游情形也[2]。東省修防事本草創，間有興作，皆因費絀，未按治河成法。前撫臣李秉衡歷陳山東受河之害，治河之難，謂近幾無歲不決，無歲不數決。朝廷屢糜鉅金，閭閻終無安歲。若不按成規大加修治，何以仰答愛養元元之意？臣等詳考古來治河之法，惟漢賈讓徙當水衝之民，讓地於水，實爲上策。前撫臣陳士杰建築中下游兩岸大隄，湊長千里，兩隄相距五六里至八九里，就此加培修守，似不失爲中策。惟先有棄隄守埝處，如南岸濼口上下，守埝者百一十里，上段近省六十里，商賈輻輳，近險工稍平，暫緩推展；下段要險極多，十餘年來，已決九次，擬遷出埝外二十餘村，棄埝守隄，離水稍遠，防守易固。此南岸酌擬遷民廢埝辦法也。至北岸隄工，自長清至利津四百六十里，埝外隄內數百村莊。長埝逼近湍流，河面太狹，無處不灣，無灣不險。河屑[3]淤高，埝外地如釜底，各村斷不能久安室家。且埝破隄必破，欲保埝外數百村，併隄外數千村同一被災，尤覺非計。但小民安土重遷，屢被沈災，不肯遠去，非可旦夕議定。今擬北岸自長清官莊至齊河六十餘里，河面尚寬，利津至鹽窩七十餘里，地皆斥鹵，不便徙民，均以埝作隄，埝外之民，無庸遷徙。其齊河至利津尚有三百二十里，民埝緊逼河干，竟有不及一里者，勢不得不廢埝守隄。但北隄殘缺多半，無可退守，且需款過鉅，遷民更難，應暫守舊埝，此北岸分別守埝作隄，及將來再議廢埝守隄辦法也。至南北大隄，爲河工第一重大關係。既處處卑薄，擬并改埝之隄，及暫定之民埝，照河工舊式，一律修培，總期足禦汛漲。至下口入海尾閭，尤關全河大局。查鐵門關故道尚有八十餘里，愈下愈寬深，直通海口，形勢較絲網口、韓家垣爲順，工費亦較省。然建攔河大壩、挑引河、築兩岸大隄，需費頗鉅，下口不治，全河皆病，不得不核實勘估，此又加培兩岸隄工、改正下口辦法也。約估工費需九百三十萬有奇，分五六年可告竣。"朝議如所請，先發帑百萬，交東撫毓賢督修。

毓賢言："黃河治法，誠如部臣所云，展寬河面、盤築隄身、疏通尾閭三事爲扼要。查尾閭之害，以鐵板河爲最。全河挾沙帶泥，到此無所歸束，散漫無力，經以風潮，膠結如鐵，流不暢則出路塞而橫流多，故無十年不病之河。擬建長隄直至淤灘，防護風潮，縱不能徑達入海，而多進一步即多一步之益。至隄埝卑薄，擬修培時，土方必足，夯硪必堅，尤加意保守。其坐灣處，一灣一險，如上游賈莊、孫家樓、中流垌家岸、霍家溜、桑家渡，下游白龍潭、北鎮家集鹽窩，均著名巨險，餘險尤多，固非裁灣取直不可，然亦須相度形勢，必引河上口能迎溜勢、下口直入河心方得。蒲臺[4]迤西魏家口至迤東宋莊，約長四十里，河水分流，納正河之溜三分之。若就勢修隄建壩挑溜，使歸北河，正河如淤，蒲臺城垣永免水患。此裁灣取直之最有益者，擬即勘估興辦。"報聞。

[1] 時當軍興　指太平天國起義。1851年金田起義，1855年銅瓦廂決口，正值太平軍迅猛發展之際。

[2] 李鴻章這裏說的上、中、下游，是就銅瓦廂決口以下山東河段劃分的。當時，自曹州府至壽張張秋爲上游，張秋鎮至濟陽羅莊爲中游，自章丘至利津之韓家垣爲下游。

[3] 河脣　即河唇，灘地。

[4] 蒲臺　縣名，即今山東蒲臺。黃河入海尾閭段在此已有分汊，下文所說的"北河"就是分流河汊之一。

二十六年，拳匪亂作，未續請款。嗣時局日艱，無暇議及河防矣。是年凌汛，決濱州張肖堂家。明年三月塞。六月[1]，決章丘陳家窰、惠民楊家大隄，隨塞。黃河之初北徙也，忠親王僧格林沁有裁總河之請。嗣東河改歸巡撫兼轄，河督喬松年復以爲請。至是，河督錫良[2]言："直、東河工久歸督撫管轄，豫撫本有兼理河道之責。請仿山東成案，改歸兼理，而省東河總督。"制可。

二十八年夏，決利津馮家莊。秋，決惠民劉旺莊。逾年二月，劉旺莊塞。六月，決利津寧海莊，十二月塞。

三十年正月，凌汛，決利津王莊、扈家灘、姜莊、馬莊，隨塞。六月，河溢甘肅皋蘭，淹沒沿灘村莊二十餘。又決山東利津薄莊，淹村莊、鹽窩各二十餘。

先是山東屢遭河患，當事者皆就水立隄，隨灣就曲，水不暢行。張秋以下，隄卑河窄，又無石工幫護。利津以下，尾閭改向南，形勢益不順。巡撫周馥[3]請帑三百萬，略事修培，部臣靳不予。不得已，自籌二十萬添購石料，又給資遷利津下民之當水衝者，而民徙未盡。又於隄南增建大隄，以備舊隄壞、民有新居可歸。至薄莊決，水東北由徒駭河入海。馥言："舊河淤成平陸，若依舊堵合，估須九十萬有奇，鉅款難籌。且堵合之後，防守毫無把握，漫口以下，水深丈餘至二三丈，奔騰浩瀚，就下行疾，入徒駭後，勢益寬深，較鐵門關、韓家垣、絲網口[4]尤暢達。與其逆水之性，耗無益之財，救民而終莫能救，不如遷民避水，不與水爭地，而使水與民各得其所。依此而行，其益有三：尾閭通順，流暢消速，益一；舟楫便利，商貨流通，益二；河流順直，險輕費省，益三。所省堵築費猶不計也。然補救之策，費財亦有三：一，遷民之費；二，築埝之費；三，移設鹽垣之費。約需五十萬金，較堵築費省四之三，而受益過之。"制可，遂不堵。嗣是東河安瀾，數年未嘗一決。

[1] 是年凌汛決濱州張肖堂家明年三月塞六月 　據《再續行水金鑑》卷一四一光緒二十六、二十七年（1900、1901 年）有關各條，本段文字應改作"是年凌汛，決濱州張肖堂家，三月塞，明年六月"。

[2] 錫良　字清弼，蒙古鑲藍旗人。光緒二十七年（1901 年）任河道總

督，奏請裁東河總督一職，由巡撫兼理。獲准。《清史稿》卷四四九有傳。

〔3〕周馥　字玉山，安徽建德人。光緒二十八年（1902年）任山東巡撫，主持治理山東黃河。著有《治水述要》十卷。《河防雜著四種》四卷等。《清史稿》卷四四九有傳。

〔4〕鐵門關韓家垣絲網口　均係黃河在尾閭三角洲處入海的河口。黃河入海段在三角洲範圍往返擺動，所以入海口也多次變動。如下文孫寶琦所奏："數十年來，入海之區，已經數易。"

宣統元年，決開州孟民莊。明年塞。

三年，東撫孫寶琦言："自黃入東省，河道深通，初無修防。積久淤溢，始築民埝，緊逼黃流。嗣經普築大隄，而復令民守埝。埝有漫決。官無處分，直、東兩省，定例皆然。元年開州決，水循東省上游埝外隄內下注，至中游始歸正河，濮、范、壽張受災甚重。臣會商直督，遣員協款堵築，上年始告成功。如能通籌，分別勘治，改歸官守，明定責成。自無推諉。河工向以稭料爲大宗，不如磚石經久，磚又不如石質堅重。東省南岸臨河多山，前周馥請撥款購石，改修石壩，頗著成效。現輪軌交通，如直、豫設法運石，漸逐改作，則一勞永逸。治河良法，無踰於此。下游至海口，尚有數十里無隄，南高則北徙，北淤則南遷，數十年來，入海之區，已經數易。長此不治，尾閭淤墊日高，必致上游橫決，爲患何堪設想！臣昔隨李鴻章來東勘河，時比工程司[1]建議築隄伸入海深處爲最要辦法，卒以費鉅不果。如由主治者統籌經費，分年築隄，籍束水爲攻沙之計，再酌購外洋挖泥輪機，往來疏濬，尾閭可望深通，全局皆受其益。河工爲專門之學，非久於閱歷，不能得其奧竅。亟宜仿照豫省定章，改定文武額缺爲終身官，三省互相遷調。臣上年設立河工研究所[2]，招集學員講求河務，原爲養成治河人材；如設廳汛，此項人員畢業，即可分別試用，於工程大有裨益。以上四端，必應興辦。臣愚以爲宜設總河大員，歷勘會商，將三省常年經費百數十萬，統歸應用，

俟議定大治辦法，隨時請撥，俾免掣肘而竟事功。”疏入，詔會商直
督、豫撫通籌。未及議覆，而武昌變作，遂置不行。

〔1〕比工程司　指比利時工程師盧法爾。盧法爾曾對黃河下游作過全面
考察，對治理黃河有不少建議。
〔2〕河工研究所　研討治河技術，培養治河人才的專門機構，既學習傳
統河工技術內容，又講授西方現代新學如測量、力學、材料、機械等，是中國
最初的水利科研與教學機構。第一個河工研究所于光緒三十四年（1908 年），
由永定河道呂佩芬創立。山東河工研究所成立較其晚二年。

河 渠 二

（《清史稿》卷一二七）

運 河

運河自京師歷直沽、山東，下達揚子江口，南北二千餘里，又自京口抵杭州，首尾八百餘里，通謂之運河。

明代有白漕、衛漕、閘漕、河漕、湖漕、江漕、浙漕之別。清自康熙中靳輔開中河，避黃流之險，糧艘經行黃河不過數里，即入中河，於是百八十里之河漕遂廢。若白漕之藉資白河，衛漕之導引衛水，閘漕、湖漕之分受山東、江南諸湖水，與明代無異。嘉慶之季，河流屢決，運道被淤，因而借黃濟運。道光初，試行海運。二十八年，復因節省幫費，續運一次。迨咸豐朝，黃河北徙，中原多故，運道中梗。終清之世，海運遂以爲常。

夫黃河南行，淮先受病，淮病而運亦病。由是治河、導淮、濟運三策，薈萃於淮安、清口一隅，施工之勤，糜帑之鉅，人民田廬之頻歲受災，未有甚於此者。蓋清口一隅，意在蓄清敵黃。然淮強固可刷黃，而過盛則運隄莫保，淮弱末由濟運，黃流又有倒灌之虞，非若白漕、衛漕僅從事疏淤塞決，閘漕、湖漕但期蓄洩得宜而已。至江漕、浙漕，號稱易治。江漕自湖廣、江西沿漢、沔、鄱陽而下，同入儀河，溯流上駛。京口以南，運河惟徒、陽、陽、武等邑時勞疏濬[1]，無錫而下，直抵蘇州，與嘉、杭之運河，固皆清流順軌，不煩人力。今撮其受患最甚、工程最鉅者著於篇。

[1] 京口以南運河惟徒陽陽武等邑時勞疏濬　標點本誤。"徒、陽、陽、武"係指丹徒、丹陽、陽湖、武進四縣。今改。

順治四年夏久雨，決江都運隄，隨塞。

六年夏，高郵運隄決數百丈。

七年，運隄潰，挾汶水由鹽河[1]入海。

八年，募民夫大挑運河。

十四年，河督朱之錫言："南旺南距臺莊高百二十尺，北距臨清高九十尺，應遵定例，非積六七尺不准啓閘，以免瀉涸。閉下閘，啓上閘，水凝亦深；閉上閘，啓下閘，水旺亦淺。重運板不輕啓，回空板不輕閉。"從之。

十五年，董口[2]淤。之錫於石牌口迤南開新河二百五十丈，接連大河，以通飛輓[3]。先是漳水於九年從丘縣北流，逕青縣入海。

至十七年春夏之交，衛水微弱，糧運澀滯，乃堰漳河分溉民田之水，入衛濟運。時河北累年亢旱，部司姜天樞言："昔僉事江良材欲導河注衛，增一運道，今獨不可借其議而反用之導衛以注河乎?"之錫從其言，并置衛河主簿，著爲令。

康熙元年，定運河修築工限：三年内衝決，參處修築官；過三年，參處防守官；不行防護，致有衝決，一并參處。

四年秋，高郵大水，決運隄。

五年，運河自儀徵至淮淤淺，知縣何崇倫募民夫濬之。漕督林起龍[4]言："糧艘北行，處處阻閘阻淺，請飭河臣履勘安山、馬踏諸湖，暨各櫃閘子隄[5]斗門隄岸，及東平、汶上諸泉，有無堵塞，務期濬泉清湖，以通運道。"

六年，決江都露筋廟。明年，塞之。

十年，決高郵清水潭[6]。

明年，再決，十三年始塞。

十四年，決江都邵伯鎮。十五年夏，久雨，漕隄崩潰，高郵清水潭、陸漫溝，江都大潭灣，共決三百餘丈。

---

〔1〕鹽河 中河（或稱中運河）自清河縣至安東縣一段之別名，又稱下

中河。

〔2〕董口　又名董家溝口，在駱馬湖西五里，距宿遷約二十里，運河與黃河相通口門之一。

〔3〕之錫於石牌口迤南開新河二百五十丈接連大河以通飛輓　此段新河後爲中運河的一段。

〔4〕林起龍　順天大興人，順治十八年至康熙六年（1661—1667年）任漕運總督。《清史稿》卷二四四有傳。

〔5〕子隄　修築在堤防上的小堤，以束漫堤之水。

〔6〕清水潭　在高郵境內，係淮揚運河著名險工段。

十六年，以靳輔爲河督。時東南水患益深，漕道益淺。輔言：“河、運宜爲一體。運道之阻塞，率由河道之變遷。向來議治河者，多盡力於漕艘經行之地，其他決口，以爲無關運道而緩視之，以致河道日壞，運道因之日梗。是以原委相關之處，斷不容歧視也。又運河自清口[1]至清水潭，長約二百三十里，因黃內灌，河底淤高，居民日患沈溺，運艘每苦阻梗。請敕下各撫臣，將本年應運漕糧，務於明年三月內盡數過淮。俟糧艘過完，即封閉通濟閘壩，督集人夫，將運河大爲挑濬，面寬十一丈，底寬三丈，深丈二尺，日役夫三萬四千七百有奇，三百日竣工。并堵塞清水潭、大潭灣決口六，及翟家壩[2]至武家墩[3]一帶決口，需帑九十八萬有奇。”又言：“向因河身淤墊，阻滯盤剝，艱苦萬端。若清口一律浚深，則船可暢行，省費甚多。因令量輸所省之費，作治河之用，請俟運河浚深，船艘通行，凡過往貨物船，分別徵納剝淺銀數分，一年停止。”均允行。

〔1〕清口　在今江蘇淮安市境內，以泗水入淮之口而得名，又稱泗口。經明後期潘季馴等的治理，成爲黃、淮、運三河交匯樞紐。清口也泛指黃、淮、運三河相交的河口一帶。

〔2〕翟家壩　在洪澤縣高良澗鎮東南，係高家堰的南端。

〔3〕武家墩　在淮陰西南，係高家堰的北端。

〔4〕剝淺　運船通過淺灘的專有名詞。在運河河道淺灘處設舖舍，駐淺

夫專事導引船隻過灘，或疏濬河道等管理工作。如灘淺不能過重載船時，先卸空，拖船過淺。貨物則別裝小船或人工搬運過淺。船貨俱過後，重新裝載前行，稱爲剝淺。

十七年，築江都漕隄，塞清水潭決口。清水潭逼近高郵湖，頻年潰決，隨築隨圮，決口寬至三百餘丈，大爲漕艘患。前年尚書冀如錫勘估工費五十七萬，夫柳仍派及民間，猶慮功不成。輔周視決口，就湖中離決口五六十丈爲偃月形，抱兩端築之，成西隄一，長六百五丈，更挑繞西越河一，長八百四十丈，僅費帑九萬。至次年工竣。上嘉之，名河曰永安，新河隄曰永安隄。是歲挑山、清、高、寶、江五州縣運河，塞決口三十二。輔又請按里設兵，分駐運隄，自清口至邵伯鎮南，每兵管兩岸各九十丈，責以栽柳蓄草，密種菱荷蒲葦，爲永遠護岸之策。又言："運河既議挑深，若不束淮入河濟運，仍容黃流內灌，不久復淤。請於高堰隄工單薄處，幫修坦坡，爲久遠衛隄計。"均如所議行。

十八年，決山陽戚家橋，隨塞。明初江南各漕，自瓜、儀至清江浦，由天妃閘入黃。後黃水內灌，潘季馴始移運口於新莊閘[1]，納清避黃，仍以天妃名。然口距黃、淮交會處僅二百丈，黃仍內灌，運河墊高，年年挑濬無已。兼以黃、淮會合，瀠洄激盪，重運出口，危險殊甚。至是，輔議移南運口於爛泥淺之上，自新莊閘西南挑河一，至太平壩，又自文華寺永濟河頭起挑河一，南經七里閘，轉而西南，亦接太平壩，俱達爛泥淺[2]。引河內兩渠并行，互爲月河，以舒急溜，而爛泥淺一河，分十之二佐運，仍挾十之八射黃，黃不內灌，并難抵運口。由是重運過淮，揚帆直上，如履坦途。是歲開滾水壩於江都鰍魚骨，創建宿遷、桃源、清河、安東減壩六。

[1] 新莊閘　又名天妃閘、惠濟閘，清口運用時間較長的禦黃閘之一。汛期閉閘，洪水不入運河，枯水時開放，可過運船。

〔2〕輔議移南運口於爛泥淺之上自新莊閘西南挑河一至太平壩又自文華寺永濟河頭起挑河一南經七里閘轉而西南亦接太平壩俱達爛泥淺　係康熙時南運口一次重大改建工程，引洪澤湖水濟運，以清敵黃，有太平草壩、攔湖堤等工程。

十九年，創建鳳陽廠減壩一，碭山毛城鋪、大谷山，宿遷攔馬河、歸仁隄，邳州東岸馬家集減壩十一。康熙初，糧艘抵宿遷，由董口北達。後董口淤塞，遂取道駱馬湖。湖淺水面闊，綷纜無所施，舟泥濘不得前，挑掘舁送，宿邑騷然。輔因創開皂河[1]四十里，上接泇河，下達黃河，漕運便之。是歲霪雨，淮、黃并漲，決興化漕隄，水入高郵治，壞泗州城郭，特築滾壩於高郵南八里，及寶應之子嬰溝[2]。

二十年七月，黃水大漲，皂河淤澱，不能通舟。眾議欲仍由駱馬湖，輔力持不可，親督挑掘丈餘，黃落清出，仍刷成河。隨閉皂河口攔黃壩[3]，於迤東龍岡岔路口至張家莊挑新河三千餘丈，使出皂河，石䃥之清水盡由新河行，至張家莊入黃河，是爲張莊運口[4]。是歲增築高郵南北滾水壩八，對壩均開越河，以防舟行之險，凡舊隄險處，皆更以石。

二十二年九月，黃河由龍岡漫入，新河又淤。隨於石䃥築攔黃壩，復設法疏導，旬餘，新河仍暢行。

二十三年，上南巡閱河，至清口，以運口水緊，令添建石閘於清河運口。

〔1〕皂河　在駱馬湖南，康熙十八年（1679年）靳輔所開駱馬湖通黃河新運道，口在董口以西二十里。
〔2〕子嬰溝　淮揚運河泄水河道之一，溝口在寶應縣境內，東北入射陽湖。
〔3〕攔黃壩　又作禦黃壩，建在黃、運相交處，用以阻止黃河水涌入運河，減少運河淤積。

〔4〕張莊運口　在宿遷境內，運口有竹絡壩。

二十五年，輔以運道經黃河，風濤險惡，自駱馬湖鑿渠，歷宿遷、桃源至清河仲家莊出口，名曰中河[1]。糧船北上，出清口後，行黃河數里，即入中河，直達張莊運口，以避黃河百八十里之險。議者多謂輔此功不在明陳瑄鑿清口下。而按察使于成龍、漕督慕天顏[2]先後劾輔開中河累民，上斥其阻撓。

二十七年，復遣尚書張玉書[3]、圖納，左都御史馬齊等往視，亦稱中河安流，舟楫甚便。但逼近黃流，不便展寬，而裏運河[4]及駱馬湖之水俱入此河，窄恐難容，應於蕭家渡、楊家莊、新莊各建減壩，俾水大可宣洩；仲家閘口大直恐倒灌，應向東南斜挑以避黃流。詔俟臨閱時定奪。

是歲大雨，中河決，淹清河民田數千頃。

〔1〕中河　又名中運河，自張莊運口經駱馬湖南至清口對岸，與黃河交匯處有仲家莊閘。中河係利用修築黃河堤防的運料小河開擴而成，康熙二十七年（1688年）完工。
〔2〕慕天顏　字拱極，甘肅静寧人，康熙二十六年至二十七年（1687—1688年）任漕運總督。《清史稿》卷二七八有傳。
〔3〕張玉書　字素存，江南丹徒人，《清史稿》卷二六七有傳。
〔4〕裏運河　又名轉運河、裏河，即淮安至揚州運河，或稱淮揚運河。

明年春，上南巡，閱視河工，至宿遷支河口，謂諸臣曰：“河道關繫漕運民生，地形水勢，隨時權變。今觀此河狹隘，逼近黃岸，萬一黃隄潰決，失於防禦，中河、黃河將溷為一。此河開後，商民無不稱便，安識日後若何？”圖納、馬齊言：“臣等勘河時，正值大水，懼河隘不能容諸水，故議於迤北遙隄修減壩三，令由舊河形入海。”輔言：“臣意開此河，可束水入海，及潴畢觀之，漕艘亦可行。今若加增遙堤[1]，以保固黃河隄岸，當可無慮。”河督王新命言：“支河口止一鎮口閘，微山湖諸水甚大，遇淫潦不能支，必致潰決。若於駱馬湖作減壩，令漲水入黄，再修築郯城禹王臺[2]，以禦流入駱馬湖之水，令注沭河，則中河無慮。”上謂可仍開支河，其黄河運道，并存不廢。先是玉書等請閉攔馬河，事下總河，至是新命言：“攔馬河原以宣黄水異漲，似應仍留，水漲則開放，水平則閉，以免中河淤塾。至駱馬湖三減壩，玉書等議留二座於隄內，減水入中河，又恐中河不能容，擬於迤東蕭家渡、楊家莊、新河口量建減壩宣洩。臣謂既以中河不能容，何必留此二壩之水減入中河，復從蕭家渡等處建壩，多此曲折？不若將三壩俱留遥隄外，令由舊河形入海，於蕭家渡三處量留缺口二，酌水勢以宣塞之爲愈。郯城沭水口舊有禹王臺，障遏水勢，會白馬河、沂河之水入駱馬湖，愈覺泛溢不可遏，應於臺舊基迎水處堵塞斷流，令仍由故道入海。”下扈從諸臣確議。惟駱馬湖減壩用玉書等原議，餘如新命言。

[1] 遥堤　在河道中水河槽以外修築的堤防，以防禦特大洪水。相對於遥堤的稱縷堤，或束水堤。遥堤之名宋代已見於記載，參見《宋史·河渠志》釋文。

[2] 禹王臺　在郯城東七里，又名釣魚臺。原係一土堆，康熙二十八年（1689年）在此修築減水壩，後上築“禹王臺”。

三十二年，直隸運河決通州李家口等五口，天津耍兒渡[1]等八口。衛河微弱，惟恃漳爲灌輸，由館陶分流濟運。明隆、萬間，漳北徙入滏陽河，館陶之流遂絶。至是三十六年，忽分流，仍由館陶入衛濟運。

三十八年，廷議改高郵減壩及茆家園等六壩均爲滚水壩，增加高堰石工五尺。

三十九年，上以清口日淤，恐誤糧艘，海道運津又極艱險，擬以沙船載糧，自江下海，至黄河入海之口，運入中河，則海運不遠。

下河督張鵬翮籌議。鵬翮言運河決口已塞，清水又已引出，糧船當可暢達。若改載沙船，雇募水手，徒滋糜費。且由江入海，從黃河海口入中河，風濤不測，實屬難行。從之。初，河督于成龍以中河南逼黃河，難以築隄，乃自桃源盛家道口至清河，棄中河下段，改鑿六十里，名曰新中河。至是，鵬翮見新中河淺狹，且盛家道口河頭灣曲，輓運不順，因於三義壩築攔河隄，截用舊中河上段、新中河下段合爲一河，重加修濬，運道稱便。

四十年，以湖口清水已出，宜籌節宣之法，允鵬翮請，於張福口、裴家場二引河間，再開引河一，合力敵黃。若黃漲在糧艘已過，堵攔黃壩，使不得倒灌；漲在行船時，閉裴家場引河口，引清水入三汊河至文華寺濟運。

是歲建中河口南岸石閘。

四十二年，以仲莊牐清水出口，逼溜南趨，致礙運道，詔移中河運口於楊家莊，即大清水故道，由是漕鹽兩利。逾年，又命建直隸運河楊村減壩以分水勢。

四十四年，上言高堰及運河減壩不開放，則危及隄堰，開洩又潦傷隴畝，宜於高堰三滾壩下挑河築隄，束水入高郵、邵伯諸湖，其減壩下亦挑河築隄，束水由串場溪注白駒、丁溪、草堰諸河入海。令江、漕、河各督勘估，遣官督修。自是淮、揚各郡悉免漫溢之患。

四十五年，鵬翮於中河橫隄建草壩二，鮑家營引河處建草壩一，相機啓閉，免中河淤墊。又以運河水漲，隄岸難容，於文華寺建石閘，閘下開引河，自楊家廟、單楊口迄白馬湖，長萬四千八百丈有奇，水漲開放入湖，水涸堵閉。

是年，濟寧道張伯行[2]請引漳自成安柏寺營通漳之新河，接館陶之沙河，古所謂馬頰河者，疏其淤塞，使暢流入衞。議未及行。

越二年，全漳入館陶，漳、衞合而勢悍急，恩、德當衝受害，乃於德州哨馬營[3]、恩縣四女寺[4]建壩，開支河以殺其勢。

〔1〕耍兒渡　在天津武清縣境内，北運河險工段之一。

〔2〕張伯行　字孝先，河南儀封人，康熙三十八年（1699年）協助河道總督張鵬翮督修黃河堤工及洪澤湖高家堰，四十二年（1703年）授山東濟寧道，任上著《居濟一得》，係關於會通河專著。《清史稿》卷二六五有傳。

〔3〕哨馬營　在德州城西北十二里。清代始在此開支河，修減水壩，以削減衛河洪水。後稱該支河爲哨馬營減河，長三百二十里，下入四女寺減河。嘉慶以後哨馬營支河逐漸淤廢。

〔4〕四女寺　又名四女樹鎮。明代始在此建壩、開減河，以泄衛河洪水。四女寺減河長四百五十七里，東北經吴橋、寧津、樂陵、慶雲、海豐（今山東無棣縣）入海。

六十年，東撫李樹德請開彭口新河[1]。先是濟寧道某言，彭口一帶有昭陽、微山、西湖，噴沙積於三洞橋内，屢開屢塞，阻滯糧艘，應挑新河、避噴沙，以疏運道。至是，樹德以爲言。上曰：“山東運河，自西湖之水流入。前此百姓以爲宜開即開，以爲宜閉亦閉。開者何意？堵者何意？務悉其故，方可定其開否。不然，虛耗矣。”又曰：“山東運河，全賴湖、泉濟運。今多開稻田，截上流以資灌溉，湖水自然無所蓄瀦，安能濟運？往年東民欲開新河，朕恐下流泛濫，禁而弗許。今又請開新河。此地一面爲微山湖，一面爲嶧縣諸山，更從何處開鑿耶？張鵬翮到東，將此旨詳諭巡撫，申飭地方，相度泉源，蓄積湖水，俾漕運無誤，自易易耳。”

雍正元年，河督齊蘇勒偕漕督張大有[2]言：“山東蓄水濟運，有南旺、馬踏、蜀山、安山、馬場、昭陽、獨山、微山、郗山等湖，水漲則引河水入湖，涸則引湖水入槽，隨時收蓄，接應運河，古人名曰‘水櫃’[3]。歷年既久，昭陽、安山、南旺多爲居民占種私墾。現除已成田不追外，餘俟水落丈量，樹立封界，永禁侵佔，設法收蓄。至馬踏、蜀山、馬場、南陽諸湖，原有斗門閘座，加以土壩，可收蓄深廣，備來年濟運之資。惟獨山一湖，濱臨運河，一綫小堰，且多缺口。相度水勢，河水盛漲，聽其灌入湖中；湖、河平，即築堰堵截；河水稍落，不使湖水走洩涓滴。或遇運河淺塞，則引湖水下注，庶幾接濟便捷。至諸湖閘座，仍照舊例，灌塘積水，啓閉以時，則湖水深廣，運道疏通矣。"下所司議行。

〔1〕彭口新河　又名十字河，在山東滕縣境内彭河入運口處。彭口新河係運河月河，在運河西側，上口、下口與運河相通，用以囊沙（即停蓄彭河泥沙）。

〔2〕張大有　字書登，陝西郃陽人，康熙六十一年至雍正七年（1722—1729年）任漕運總督。

〔3〕水櫃　利用湖塘窪地積蓄泉、河及雨水的水庫，用以濟運。水櫃位于運河兩側，與運河相通處多設閘門，運河水淺，水櫃水入河濟運；汛期開啓地勢較低處閘門，納水入櫃貯存。

二年，齊蘇勒以駱馬湖東岸低窪易洩，舊壩不足抵禦，於湖東陸塘河通寧橋西高地築攔河滾壩，再築攔水隄六百丈，口門寬三十丈，以便宣洩。又幫築運河西岸地洞口堤身五百十丈，高、寶、江東西岸隄工五千二十四丈，寶應西隄七里閘迤南至柳園頭埽工五百七十丈。

四年，齊蘇勒改種家渡南之舊彭口於十字河，而彭口沙壅積如故。先是侍郎蔣陳錫疏陳漕運事宜，上命内閣學士何國宗等勘視豫東運道，至是覆稱："山東運河必賴湖水接濟，請將安山湖開濬築隄；南旺、馬踏諸隄及關家壩俱加高培厚，建石閘以時啓閉；其分水口兩岸沙山下，各築束水壩一；汶水南戴村壩應加修築；建坎河石壩於汶水北；恩縣四女寺應建挑壩一；博平運河西岸修復進水關二，東岸建滾壩一；濮州沙河會趙王河處，舊有土壩引河，應修築開濬，其河西州縣，聽民開通水道，匯入沙河，於運道民生，均有裨益；武城及恩縣北岸，各挑引河一。

河南運河自北泉[1]而下，歷仁、義、禮、智、信五閘[2]，遏水旁注，愚民不無截流盜水之弊。請拆去五閘，於泉池南口建石堰一，開口門三，分爲三渠，築小隄使無旁洩；東西各開一渠，渠各建五閘，分漑民田。小丹河^[3]自清化鎮下應開濬築小隄，河東一里開水塘一，石閘三，分爲三渠，以小丹河爲官渠，東西各一爲民渠。其洹河^[4]石壩皆已湮廢，宜增修爲挑壩。諸泉源應各開深廣，入衛濟運。”下所司議行。

五年，東撫塞楞額以柳長河日見淤淺，雖一帶相連，而中有金錢嶺分隔，特開引河二，一從嶺北注安山入湖，一從嶺南出閘口濟運。

〔1〕北泉　誤，應爲百泉，即河南衛輝府境内諸泉。本卷他處亦作“百泉”。

〔2〕仁義禮智信五閘　均在今河南輝縣西南，明嘉靖、萬曆時修建，引輝縣百泉灌漑。清代用於引水入衛濟運。

〔3〕小丹河　係丹河支流。

〔4〕洹河　今名安陽河。

八年，河督嵇曾筠言：“宿遷駱馬湖舊有十字河口門，引湖濟運，兼以刷黃。嗣湖水微弱，恐黃倒灌，堵閉河口，又於西寧橋迤西建攔湖壩，因是湖水不通，專資黃濟運，致中河之水挾沙淤墊。今秋山水暴漲，去路遏塞，漫溢橫出。請復十字河舊口門，俾湖水入中河，刷深運道，攔湖壩酌量開寬，俾上游之水，由六塘河入海。”從之。

是年，始設黃、運兩岸守隄堡夫，二里一堡，堡設夫二，住隄巡守，遠近互爲聲援。

九年，兼總河田文鏡言：“汶南流濟運，向有玲瓏及亂石、滾水三壩^[1]。伏秋盛漲，水由滾壩入鹽河^[2]，沙由玲瓏、亂石洞隙隨水滾瀉。自何國宗於三壩内增建石壩，涓滴不通，既無尾閭洩水，又無罅隙通淤，致汶挾沙入運，淤積日高。請改壩爲牐，建磯心^[3]五

十六，中留水門五十五，安牐板以資宣洩。又以不能啓閉，別築土
隄，名春秋壩。"如所請行。

十一年，東撫岳濬言："東省水櫃，舊有東平之安山湖廢閘四。
自國宗議復安山湖水櫃，重築臨河及圈湖隄，修通湖、蛇溝二閘，
并於八里灣、十里鋪兩廢閘間建石閘一，曰安濟閘，俱經修竣，仍
不能蓄水濟運。緣湖底土疏，非圈隄所能收蓄，均宜修防。其圈湖
隄缺，概停補築，以免糜費。"從之。

十二年，直督李衛以故城與山東德州、武城毗連，係河流東注
轉灣處，向無隄埝，水漲漫溢，勸諭民間償修土埝，量給食米，以
工代賑。東撫岳濬以德州河溜頂衝，於東岸挑新河、建滾壩，兩岸
各築遥隄，酌開涵洞，以資宣洩。

〔1〕 汶南流濟運向有玲瓏及亂石滾水三壩　指戴村壩，在山東東平境內，
明永樂時建，爲南旺引汶濟運樞紐工程之一。但三壩實爲戴村壩上游之坎河口
壩，清初以後誤認爲戴村壩本身，因其結構全壩各名玲瓏、亂石、滾水，參見
姚漢源：《明清時期京杭運河的南旺樞紐》載《水利水電科學研究院科學研究
論文集》第 22 集，水利電力出版社。
〔2〕 鹽河　明清時大清河之別名，在張秋鎮東與運河交，東北流至利津
入海。1855 年黄河在銅瓦厢決口後，河道被黄河占奪。
〔3〕 磯心　即閘墩，用條石砌築，有閘門槽，可安設閘板。

乾隆二年，御史馬起元言："直、東運河，近多淤塞。"尚書來
保言："衛水濟運灌田，請飭詳查地勢，使漕運不阻，民田亦資灌
溉。"上命侍郎趙殿最、侍衛安寧，會同直、漕、河三督，豫、東兩
撫勘奏。經部議："東省泉源四百三十九，無不疏通，閘壩亦完固，
惟戴廟[1]、七級[2]、柳林[3]、新店[4]、師莊[5]、棗林[6]、萬年[7]、
頓莊[8]各閘，或雁翅[9]潮蟄，或面石裂縫，兩岸斗門涵洞，有滿家
三空橋雁翅低陷，石閘面太低，應交河督興修。又馬踏、蜀山、馬
場、獨山、微山諸湖，嚴禁占種蘆葦，南旺、南陽、昭陽諸湖水櫃，

僅堪洩水，小清河久淤塞，均宜次第修治。至衛水濟運灌田，宜於館陶、臨清各立水則一，測驗淺深，以時啓閉。"起元又言，通州至天津河路多淤淺，糧艘不便。命殿最偕顧琮勘議。尋議天津溯流而上，設有兵弁，無官管轄。應增置漕運通判一，駐張家灣，專司疏濬；把總二，外委四，聽通判調遣。又普濟寺〔10〕等四閘屬通州，增置吏目一，慶豐等七閘屬大興，增置主簿一，遇應開挑處，報坐糧廳覈實修濬。用鄂爾泰〔11〕言，建獨流東岸滾壩，并開引河〔12〕，注之中塘窪，以

免静海有羡溢之虞，并減天津三汊口〔13〕争流之勢。

是歲，大挑淮揚運河，自運口至瓜洲三百餘里。

〔1〕戴廟　濟寧安山湖以北第一閘，始建于明，年代不詳。

〔2〕七級　會通河運河閘，有七級南閘、七級北閘兩處。北閘始建于元大德元年（1297年），南閘始建于元貞二年（1296年）。

〔3〕柳林　會通河運河閘，明成化十七年（1481年）建，在南旺鎮南五里，爲南旺分水南端第一閘，又稱上閘或南閘；南旺鎮北五里，爲南旺分水北端第一閘——十里閘，又稱下閘或北閘。

〔4〕新店　又作辛店，會通河上的船閘，在山東濟寧南，元大德元年（1297年）建。

〔5〕師莊　會通河船閘，在山東濟寧南，元大德元年（1297年）建。

〔6〕棗林　會通河船閘，在師莊閘南。泗河在師莊、棗林間入運河，元延祐五年（1318年）建。

〔7〕萬年　泇運河閘，明萬曆四十八年（1620年）建。

〔8〕頓莊　泇運河閘，在萬年閘東，明萬曆四十八年（1620年）建。

〔9〕雁翅　閘門迎水面的翼墙稱雁翅，閘身稱由身、龍骨，下翼墙稱燕尾。

〔10〕普濟寺　通州屬下閘無此閘名。疑"寺"爲衍字。

〔11〕鄂爾泰　字毅庵，西林覺羅氏，滿州鑲藍旗人。《清史稿》卷二八八有傳。

〔12〕建獨流東岸滾壩并開引河　即南運河的獨流減河，在天津静海北。

〔13〕三汊口　又作三岔口，爲南運河、北運河匯合處。

三年，河督白鍾山言："衛河水勢，惟在相機啓閉。殿最前奏設館陶、臨清二水閘，可不必立。嗣雨水調勻，百泉各渠閘照舊官民分用。儻值水淺澀，即暫閉民渠民閘以利漕運。或河水充暢，漕艘早過，官渠官閘亦酌量下板以灌民田。"是年，修復三教堂減壩，挑濬淤墊支河，使洩水入馬頰河。又於三空橋舊址修減壩，仍挑通支河，使洩水入徒駭河。增建裴家口東南涵洞二，修築房家口上下堤岸、馬家閘土隄，及自嶧縣臺莊迄臨清板閘[1]運隄八百里縴道，亦資障護瀕河田廬。

先是疏濬毛城鋪河道時，高斌以黃流倒灌，移運口於上游七十餘丈，與三汊河接。次年，黃仍灌運，論者多謂新開運口所致，特命大學士鄂爾泰相度。旋言："運口直對清口，湖水由裴家場引河東北直趨清口，入運之水仍係迴流平緩；惟新口外挑水壩稍短，清水盛旺，或恐溜寬，宜再築長壩，不必仍舊開口。惟舊河直捷，新河紆曲，今新建閘壩未開，漕船應行舊河，以利輓運。新河於天妃閘下重建通濟、福興二閘，隨時啓閉。每歲漕船過後，河水充溢，則開放新河以分水勢，湖水漲溢，則閉舊河及新河閘以待水消，庶新舊兩河可以交用。"

鄂爾泰又言："詳勘漳河故道，一自直隸魏縣北，經山東丘縣城西，至效口村會滏陽河，入大陸澤，下會子牙河，由天津入海。一由魏縣北老沙河，自潘爾莊經丘縣城東，歷清和、武城、景州、阜城各地，過千頃窪，入運歸海。丘縣城西故道去衛河較遠，舊迹既淹，開通匪易。且滏陽河下會子牙河，全漳之水亦難容納。惟老沙河即古馬頰河，河形寬闊，於此挑復故道，自和爾寨村東承漳河北折之勢，開至漳洞村，歸入舊河，勢順工省。即於新挑河頭下東流入衛處建閘，如衛水微弱，則啓以濟運，衛水足用，則閉閘使歸故道；再於青縣下酌建閘壩，臨清以北運道可免淤墊，青縣以下田廬永無浸淹。應飭直、東兩省會勘估修。"五年，改山東管河道爲運河道，專司蓄洩疏濬閘壩事，仍管河庫，從白鍾山請也。

〔1〕臨清板閘　在山東臨清衛河與運河匯合處，會通河北端．另有月河，分設板閘和會通閘等，以調節運河與衛河水位差。

二十二年，添建高郵東隄石壩，酌定水則，視水勢大小以爲啓閉。巡漕給事中海明言：“江南運河，惟桃源之古城砂礓，溜灘灣沙積，黃河以南，惟揚州之灣頭閘〔1〕至范公祠三千三百餘丈間段阻淺，均應挑濬。鎮江至丹徒、常州，水本無源，恃江潮灌注，冬春潮小則淺。加以每日潮汐易淤，兩岸土鬆易卸，應六年大挑一次，否則三年亦須擇段撈淺。丹徒兩閘以下，常州之武進等縣，亦間段淺滯，均應一律挑濬。”詔：“挑河易滋浮冒，宜往來查察，毋得屬之委員。”

二十四年，命海明及河督張師載、東撫阿爾泰〔2〕會勘直、東運河。初，運河水漲，漫溢德州等處，景州一帶道路淤阻。至是，海明等言：“漳、衛二河，伏秋盛漲，宜旁加疏洩。自臨清至恩縣四女寺二百五十餘里，河身盤曲，臨清塔灣東岸原有沙河一，即黃河遺迹，由清平、德州、高唐入馬頰河歸海。請開挑作滾水石壩，使汶、衛合流，分洩水勢。四女寺、哨馬營兩支河，原係旁洩汶、衛歸海之路，請將狹處展寬，以免下游德州等處衝溢。”

二十五年，巡漕給事中耀海偕師載言：“南旺以北僅馬踏一湖，水患不足。獨山湖有金綫閘，水祇南流，利濟閘水可北注。請移金綫閘於柳林閘北，使獨山諸湖全注北運河。”制可。

二十七年，以魚臺辛莊橋北舊有洩水口二，口門刷深，難以節制，允師載等請改建滾壩一。是歲，挑德州西方庵對岸引河，自魏家莊至新河頭，長四十丈，建築齊家莊挑溜埽壩，接築清口東西壩，修李家務石閘。

二十八年，用阿爾泰言，於臨清運河逼近村莊處開引河五，以分水勢。

〔1〕灣頭閘　灣頭在揚州東北，鎮名。灣頭閘係運河臨江運道中轉樞紐之一，西南通瓜洲、儀真運口；東南直達長江，過江由白塔、孟瀆河入江南運河；東與運鹽河接，可至泰州。

〔2〕阿爾泰　滿州正黃旗人，乾隆中任山東巡撫七年。《清史稿》卷三二六有傳。

三十三年，黃水入運，命大學士劉統勳[1]等往開臨黃壩[2]，以洩盛漲，并疏濬運河淤淺。

三十七年，河督姚立德言："泗河下流董家口向建石壩分洩，今泗水南趨，轉爲石壩所累。請拆去，并展寬孟家橋舊石橋。"如所請行。

五十年，命大學士阿桂履勘河工。阿桂言："臣初到此間，詢商薩載、李奉翰及河上員弁，多主引黃灌湖之說。本年湖水極小，不但黃絕清弱，至六月以後，竟至清水涓滴無出，又值黃水盛漲，倒灌入運，直達淮、揚。計惟有借已灌之黃水以送回空，蓄積弱之清水以濟重運。查本年二進糧艘行入淮河，全籍黃水浮送，方能過淮渡黃，則回空時雖值黃水消落，而空船喫水無多，設法調劑，似可銜尾遄行。"借黃濟運，自此始也。

五十一年，運河盛漲，致淮安迤下東岸涇河[3]洩水石閘牆蟄底翻，難資啓閉。越五年，山陽、寶應士民修復之。

嘉慶元年，河決豐汛，刷開南運河佘家莊隄，由豐、沛北注金鄉、魚臺，漾入微山、昭陽各湖，穿入運河，漫溢兩岸。是冬，漫口塞，凌汛復蟄陷。

次年，東西兩壩并蟄，二月工始竣。自豐工決後，若曹工、睢工、衡工，幾於無歲不決。

九年，因山東運河淺塞，大加濬治；又預蓄微山諸湖水爲利運資。然自是以後，黃高於清，漕艘轉資黃水浮送，淤沙日積，利一而害百矣。

十二年，倉場侍郎德文等請挑修張家灣[4]正河，堵築康家溝以復運道，御史賈允昇請挑濬減河，均下直督溫承惠[5]勘辦。承惠請濬溫榆河上游。上命侍郎托津[6]、英和[7]偕德文等覆勘。尋奏言："頻年漕運皆藉溫榆下游倒漾之水，以致泥沙淤積。若從上游深挑，直抵石壩，實爲因勢利導。惟地勢高下，須逐細測量，俾全河毫無滯礙方善。"制可。

[1] 劉統勳　字延清，山東諸城人，乾隆十一年（1746 年）任漕運總督，乾隆二十四年（1759 年）協辦大學士。《清史稿》卷三〇二有傳。

[2] 臨黃壩　建在黃、運相交的清口一帶，以阻擋黃河渾水灌入運河，爲灌塘濟運工程之一。

[3] 涇河　在淮安縣南五十里，西通運河。河口有閘，東入射陽湖。

[4] 張家灣　在通州城東南，明嘉靖前通惠河與北運河在此銜接。明永樂十六年（1418 年）始在張家灣修建囤積漕糧的倉庫，以後又逐步興建了上、中、下碼頭，成爲漕運中轉樞紐之一。

[5] 溫承惠　字景僑，山西太谷人，《清史稿》卷三五八有傳。

[6] 托津　字知亭，滿洲鑲黃旗人，《清史稿》卷三四一有傳。

[7] 英和　字煦齋，滿洲正白旗人，《清史稿》卷三六三有傳。

十三年，通州大水，康家溝壩衝決成河，張家灣河道遂淤。倉場侍郎達慶請來年糧艘由康家溝試行一年，暫緩挑復張家灣河身。上命尚書吳璥往勘，與達慶議合，遂允之。

明年，御史史祐言，康家溝河道難行，請復張家灣正河。下直督溫承惠。承惠言："康家溝溜勢奔騰，漕船逆流而上，大費緒輓。該處地勢正高，恐旱乾之歲，河水一瀉無餘，漕行更爲棘手。惟張家灣兩岸沙灘，壩基難立，而正河積淤日久，挑濬亦甚不易。"上復遣工部尚書戴均元往勘，亦言壩基難立，且時日已迫，恐河道未復，漕運已來，請仍由康家溝行，再察看一年酌定。如所請行。

時淮揚運河三百餘里淺阻，兩淮鹽政阿克當阿請俟九月內漕船過竣，堵閉清江三壩，築壩斷流，自清江至瓜洲分段挑濬。下部議。覆稱：“近年運河淺阻，固由疊次漫口，而漫口之故，則由黃水倒灌，倒灌之故，則由河底墊高，清水頂阻，不能不借黃濟運，以致積淤潰決，百病叢生。是運河爲受病之地，而非致病之原。果使清得暢出敵黃，并分流濟運，則運口內新淤不得停留，舊淤并可刷滌。若不除倒灌之根，而亟亟以挑濬運河爲事，恐旋挑旋淤，運河之挑濬愈深，倒灌之勢愈猛，決隄吸溜，爲患滋多。”命尚書托津等偕河督勘辦。

十八年，漕督阮元[1]以邳、宿運河閘少，水淺沙停，請於匯澤閘上下添建二閘。下江督百齡[2]核奏。

道光元年，山東河湖山水并發，戴村壩迤北隄埝漫決六十餘丈，草工刷三十餘丈，四女寺支河南岸汶水旁洩處三。用巡撫姚祖同[3]言，於正河旁舊河形內抽溝導水濟運，兼顧湖漕。

三年，漫直隸王家莊，由各廳汛賠修。是歲添築戴村壩北官隄碎石壩四。

四年，侍講學士潘錫恩陳借黃濟運之弊，略言：“蓄清敵黃，爲相傳成法。今年張文浩遲堵禦黃壩，致倒灌停淤，釀成巨患。若更引黃入運，河道淤滿，處處壅溢，恐有決口之患。”下尚書文孚[4]等妥議。

自嘉慶之季，黃河屢決，致運河淤墊日甚，而歷年借黃濟運，議者亦知非計，於是有籌及海運者。

五年，上因漕督魏元煜[5]等籌議海運，羣以窒礙難行，獨大學士英和有通籌漕、河全局，暫雇海船以分滯運，酌折漕額以資治河之議，下所司及督撫悉心籌畫。卒以黃、運兩河受病已深，非旦夕所能疏治，詔於明年暫行海運一次。

〔1〕阮元　字伯元、號芸臺，江蘇儀徵人，嘉慶十七年至十九年（1812—1814 年）任漕運總督。《清史稿》卷三六四有傳。
〔2〕百齡　字菊溪，漢軍正黃旗人。《清史稿》卷三四三有傳。
〔3〕姚祖同　字亮甫，浙江錢塘人，《清史稿》卷三八一有傳。
〔4〕文孚　字秋潭，滿洲鑲黃旗人，《清史稿》卷三六三有傳。
〔5〕魏元煜　字升之，號愛軒，直隸昌黎人，道光二年至四年（1822—1824 年）任漕運總督。五年（1825 年）又任。

新授兩江總督琦善〔1〕言：“臣抵清江，即赴運河及濟運、束清〔2〕各壩逐加履勘。自借黃濟運以來，運河底高一丈數尺，兩灘積淤寬厚，中泓如綫。向來河面寬三四十丈者，今只寬十丈至五六丈不等，河底深丈五六尺者，今只存水三四尺，并有深不及五寸者。舟隻在在膠淺，進退俱難。濟運壩所蓄湖水雖漸滋長，水頭下注不過三寸，未能暢注。淮安三十餘里皆然，高、寶以上之運河全賴湖水，其情大可想見。請飭河、漕二臣將河面淤墊處展挑寬深，再放湖水，藉資輓送，以期不誤北上期限。”上以“借黃濟運，原係權宜辦理，孫玉庭察看漕艘挽運艱難，不早陳奏變計，魏元煜舊任漕督，及與顏檢坐觀事機敗壞，隱忍不言，糜帑病民，是誠何心？令將運河淤墊一律挑深，費由玉庭、元煜、檢分賠。”琦善又言，自禦黃壩堵閉，運河淤墊不復增高，而洪湖清水蓄至丈餘，各船可資浮送，不敢冒昧挑濬。工費至省在百萬外，玉庭等罄其所有，斷無如許家資。更可慮者，欲濬運河，必先堵束清壩，阻絕來源，而後可以涸底挑辦。現湖水下注湍急，束清壩外跌塘甚深，又係清水，不能掛淤閉氣。設正事興挑，而束清壩臌開，則工廢半途，費歸虛擲。請停止裏、揚運河挑工，以免草率而節糜費。”允之。
是年，築温榆河上游果渠村壩埽。

〔1〕琦善　字静庵，滿洲正黃旗人，道光五年至七年（1825—1827年）任兩江總督《清史稿》卷三七〇有傳。

〔2〕束清　即束清壩，建于清口，用以擡高洪澤湖水位，以抵禦黃水內侵。乾隆五十年（1785年）移舊束水壩於惠濟祠下三百丈之福神庵，改名禦黃壩，又改運河口外之兜水壩爲束清壩。壩由兩兩相對的丁壩組成，又稱作"兜水"。黃河水大，則縮窄兩丁塌距離；淮水大，則拆寬，以清刷黃。

七年，東河總督張井、副總河潘錫恩請修復北運河劉老澗石滾壩〔1〕、中河廳南綫隄、揚糧二廳東西綫隄及隄外石工，移建昭關壩。上遣英和等馳勘，乃定移昭關壩〔2〕於其北三元宮之南，餘如所請行。

十一年，高郵湖河漫馬棚灣及十四堡，湖河連爲一。江督陶澍〔3〕請依嘉慶間故事，運河決口，重空糧艘均繞湖行。八月，十四堡塞。冬，馬棚灣塞。

先是澍撫蘇時，以鎮江運河并無水源，祇恃江潮浮送，下練湖〔4〕湮塞已久，移建黃泥閘於張官渡以當湖之下流，俾得擎托湖流，使之回漾，稍濟江潮之不逮，曾著成效。至十四年遷江督，復偕巡撫林則徐相度，於湖頂沖之黃金壩及東岡築兩重蓄水壩，培圩埂二千八百八十丈，使水得入湖。又建減水石壩二於湖之東隄，俾可宣洩暴漲。於入運處修復念七家古涵，以作水門，并建石閘以放水濟運。是冬工竣，由涵引水出，竟能倒漾上行數十里，軍船得銜尾而南。越二年，溜勢變遷，河形灣曲，復移設黃泥閘於迤上二百丈，改爲正越二閘，中建磯心，并改張官渡迤下六十里呂城閘爲正越二閘，以利漕行。

〔1〕劉老澗石滾壩　中運河減水石壩之一，在宿遷西南。
〔2〕昭關壩　裏運河歸海減水壩，在邵伯北，康熙時靳輔始建。
〔3〕陶澍　字雲汀，湖南安化人，道光五年（1825年）任江蘇巡撫，十年（1830年）升兩江總督，十九年（1839年）卒。《清史稿》卷三七九有傳。
〔4〕下練湖　位于今江蘇丹陽西北，因湖中有東西向長十四里橫隄，而

分別稱作上練湖、下練湖。明末清初上練湖圍墾殆盡。清代，下練湖尚有蓄水濟運作用，但淤積和圍墾速度加快，至今已全部墾闢爲農田。

十五年，移築囊沙引渠沙壩於西河滣外，以資收蓄，從東河總督吳邦慶[1]請也。

十八年，運河淺阻，用河督栗毓美言，暫閉臨清閘，於閘外添築草壩九，節節擎蓄，於韓莊閘[2]上朱姬莊迤南築攔河大壩一，俾上游各泉及運河南注之水，并攔入微山湖。定《收潴濟運章程》六。

十九年，毓美以戴村壩卑矮，致汶水多旁洩，照舊制增高之。初，給事中成觀言淮、揚芒稻閘[3]、人字河不宜堵壩，阻水去路，下陶澍等議。至是覆稱：“此壩蓄水由來已久，并不攔阻衆水歸江，不得輕議更張。”從之。時衛河淺澀，難以濟運。東撫經額布請變更三日濟運、一日灌田例。詔將百門泉、小丹河各官渠官閘一律暢開，暫避民渠民閘，如有賣水阻運盜竊情弊，即行嚴懲。

〔1〕吳邦慶　字景唐，順天霸州人，道光十二年至十五年（1832—1835年）任東河總督，曾編輯《畿輔河道水利叢書》。《清史稿》卷三八三有傳。
〔2〕韓莊閘　泇運河閘之一，在微山湖湖口與運河相通處，明萬曆開泇運河時建。參見《明史·河渠志》。
〔3〕芒稻閘　在揚州西北，運河臨江運道的芒稻河與運鹽河平交處的閘門。

明年，漕督朱澍[1]復言：“衛河不能下注，有妨運道。”命河督文沖、豫撫牛鑒察勘。文沖等言：“衛河需水之際，正民田待溉之時。民以食爲天，斷不能視田禾之枯槁置之不問。嗣後如雨澤愆期，衛河微弱，船行稍遲，毋庸變通舊章。倘天時亢旱，糧船阻滯日久，是漕運尤重於民田，應暫閉民渠民閘，以利漕運。”從之。

咸豐元年，甘泉閘河撐隄潰塌三十餘丈，河決豐縣，山東被淹，運河漫水，漕艘改由湖陂行。先是户部尚書孫瑞珍言十字河爲全漕之害，若於河西改寬新河，以舊河爲囊沙，於彭口作滾壩，納濁水而漾清流，漕船無阻，可省起剥費二十萬。下東河總督顏以燠[2]議。至是以燠言："改吺新河事無把握，無庸輕議更張。"報聞。

二年，決北運河北寺莊隄，命尚書賈楨、侍郎李鈞勘堵，并改次年漕糧由海道運津。自是遂以海運爲常。同治而後，更以輪舶由海轉運，費省而程速，雖分江北漕糧試行河運，然分者什一，籍保運道而已。

五年，銅瓦厢河決，穿運而東，隄埝衝潰。時軍事正棘，僅堵築張秋以北兩岸缺口。民埝殘缺處，先作裹頭護埽，黃流倒漾處築壩收束，未遑他顧也。

十年，決淮揚馬棚灣。

同治五年，決清水潭。

八年，河決蘭陽，漫水下注，運河隄埝殘缺更甚。自張秋以北，別無來源，歷年惟借黃濟運而已。

九年，漕督張之萬請於黃流穿運處堅築南北兩隄，酌留運口爲漕船出入門户，并築草壩，平時堵閉以免倒灌。已下所司議，之萬旋改撫江蘇，繼任張兆棟[3]以"既築隄束水留口門，又築壩堵閉，恐過水稍滯，而上游一氣奔注，新築隄閘難當沖激。設奪運北趨，則東昌、臨清暨天津、河間，淹没在所必至，北路衛河亦將廢壞。惟有於鄆城沮河一帶過黃東流，即以保南路之運道，於張秋、八里廟等處疏運河之淤墊，即以通北上之漕行，較之築隄束水，稍有實際"。制可。

〔1〕朱澍　字蔭堂，貴州貴筑人，道光十九年至二十二年（1839—1842年）任漕運總督。

〔2〕顏以燠　字叙五，廣東連平人，道光二十九年至咸豐二年（1849—1852年）爲東河總督。

〔3〕張兆棟　字友山，山東濰縣人，同治九年至十年（1870—1871年）爲漕運總督。《清史稿》卷四五八有傳。

十年，侯家林河決，直注南陽、昭陽等湖，鄆城幾爲澤國。漕督蘇鳳文[1]言：“安山以北，運河全賴汶水分流，至臨清以上，始得衛水之助。今黃河橫亘於中，挾汶東下，安山以北毫無來源，應於衛河入運及張秋清黃相接處，各建一閘，蓄高衛水，使之南行，俟漕船過齊，即啓臨清新閘，仍放衛北流，以資浮送。并於張秋淤高處挑深丈餘，安山以南亦一律挑濬，庶黃水未漲以前，運河既深，舟行自易。”江督曾國藩言：“河運處處艱阻，如嶧縣大泛口沙淤停積，水深不及二尺，必須挑深四五尺，并將近灘石堆剗除，與河底配平，方利行駛。北則滕縣郗山口入湖要道，淺而且窄，微山湖之王家樓、滿家口、安家口，獨山湖之利建閘，南陽湖北之新店閘、華家淺、石佛閘，南旺閘分水龍王廟[2]北之劉老口、袁口閘，處處淤淺，或數十丈至百餘丈，須一律挑深。此未渡黃以前，阻滯之宜預爲籌辦者。至黃水穿運處，漸徙而南，自安山至八里廟五十五里運隄，盡被黃水衝壞，而十里鋪、姜家莊、道人橋均極淤淺，宜一面疏濬，一面於缺口排釘木椿，貫以巨索，俾船過有所依傍牽挽。此渡黃時運道艱滯，宜預爲籌辦者。渡黃以後，自張秋至臨河二百餘里，河身有高下，須開挖相等，於黃漲未落時，閉閘蓄水，以免消耗，或就平水南閘迤東築挑壩，引黃入運。此渡黃後運道易涸，宜預爲籌辦者。東平運河之西有鹽河，爲東省鹽船經行要道。若漕船由安山左近入鹽河，至八里廟仍歸運道，計程百餘里，較之逕渡黃流，上有缺口大溜，下有亂石樹椿者，難易懸殊。如行抵安山，遇黃流過猛，宜變通改道，須先勘明立標爲志。此又渡黃改道，宜預爲籌辦者。”下河、漕督及東撫商籌。

十一年，河督喬松年請在張秋立閘，借黃濟運。同知蔣作錦則議導衞濟運。上詢之直督李鴻章，鴻章言："當年清口淤墊，即借黄濟運之病。今張秋河寬僅數丈，若引重濁之黄以閘壩節宣用之，水勢抬高，其淤倍速。至作錦導衞，原因張秋北無清水灌運，故爲此議。以全淮之强，不能敵黄，尚致倒灌停淤，豈一清淺之衞，遂能禦黄濟運耶？其意蓋襲取山東諸水濟運之法。不知泰山之陽，水皆西流，因勢利導，百八十泉之水，源旺派多，自足濟運。衞水微弱，北流最順，今必屈曲使之南行，一水兩分，勢多不便。若分沁入衞以助其源，沁水猛濁，一發難收，昔人已有明戒。近世治河兼言利運，遂致兩難，卒無長策。事窮則變，變則通。今沿海數千里，洋舶駢集，爲千古以來創局，正不妨借海道轉輸，由滬解津，較爲便速。"疏入，詔江、安糧道漕米年約十萬石仍由河運，餘仍由海運。

光緒三年，東撫李元華條上運河上中下三等辦法，并言量東省財力，擬用中等，將北運河一律疏通，復還舊址，并建築北閘。時值年荒，寓賑於工，省而又省，需費三十萬有奇。下所司議。

〔1〕蘇鳳文　字虞階，貴州貴築人。同治十年（1871年）爲漕運總督。
〔2〕南旺閘分水龍王廟　在山東汶上縣南旺鎮運河邊，汶河由此分入運河。

五年，有請復河運者。江督沈葆楨[1]言："以大勢言之，前人之於河運，皆萬不得已而後出此者也。漢、唐都長安，宋都汴梁，舍河運無他策。然屢經險阻，官民交困，卒以中道建倉，伺便轉餽，而後疏失差少。元則專行海運，故終元世無河患。有明而後，汲汲於河運。遂不得不致力於河防。運甫定章，河忽改道。河流不時遷徙，漕政與爲轉移，我朝因之。前督臣創爲海運之説，漕政於窮無復之之時，藉以維持不敝。議者謂運河貫通南北，漕艘藉資轉達，兼以保衞民田，意謂運道存則水利亦存，運道廢則水利亦廢。臣以爲舍運道而言水利易，兼運道而籌水利難。民田於運道勢不兩立。

兼旬不雨，民欲啓涵洞以溉田，官必閉涵洞以養船。迨運河水溢，官又開閘壩以保隄，隄下民田立成巨浸，農事益不可問。議者又太息經費之無措，舳艫之不備，以致河運無成。臣以爲即使道光間歲修之銀與官造之船，至今一一俱存，以行漕於借黃濟運之河，未見其可也。近年江北所雇船隻，不及從前糧艘之半，然必俟黃流汛漲，竭千百勇夫之力以挽之，過數十船而淤復積。今日所淤，必甚於去日，而今朝所費，無益於明朝。即使船大且多，何所施其技乎？近因西北連年亢旱，黃河來源不旺，遂乃狎而玩之。物極必返，設因濟運而奪溜，北趨則畿輔受其害，南趨則淮、徐受其害，如民生何？如國計何？"

八年，伏秋大汛，張家灣運河自蘇莊至姚辛莊沖開新河一段，長七百餘丈，上下口均與舊河接，形勢順直，大溜循之而下。舊河上口至下口，長六千四百餘丈，業已斷流，惟新河身係自行沖開，不能一律深通。

明年，直督李鴻章飭製新式鐵口刮泥大板，在兩岸拖拉，使一律通暢。

十二年，通州潮白河之平家疃漫口，東趨入箭杆河。未幾，堵復運河故道。

十三年六月，復漫刷平家疃新工下之北市莊東小隄，并老隄續塌百數十丈，連成一口，奪溜東趨十之八。尋堵塞之。

是年，河決鄭州，山東黃水斷流，漕船不能南下，向之借黃濟運者，至是束手無策。旋將臨口積淤疏挑，空船始得由黃入運。

十五年，東撫張曜[2]言："河運未能久停，請改海運漕米二十萬仍歸河運。"從之。

〔1〕沈葆楨　字幼丹，福建侯官人。《清史稿》卷四一三有傳。
〔2〕張曜　字朗齋，錢塘人。《清史稿》卷四五四有傳。

十六年，用江督曾國荃言，修揚屬南運河隄閘涵洞，及附城附鎮壩工。又用漕督松椿[1]言，濬邳、宿運河。

十九年，潮白河漲溢，運隄兩岸決口七十餘，上游務關廳決口七。是冬均塞。

二十年，濬濟寧、汶上、滕、嶧、茌平、陽穀、東平各屬運河。明年，濬陶城埠至臨清運河二百餘里。

二十四年，侍讀學士瑞洵言南漕改折，有益無損，請每年提折價在津購米以實倉庾。御史秦夔揚亦言河漕勞費太甚，請停江北河運。皆不許，仍飭認真疏濬，照常起運。

二十六年，聯軍入京師，各倉被占踞，倉儲粒米無存，江北河運行至德州，改由陸路運送山、陝。

二十七年，慶親王奕劻、大學士李鴻章言：“漕糧儲積，關於運務者半，因時制宜，請詔各省漕糧全改折色[2]，其采買運解收放儲備各事，分飭漕臣倉臣籌辦。”自是河運遂廢，而運河水利亦由各省分籌矣。

〔1〕松椿　字俊峰，滿洲鑲藍旗人，光緒十五年至二十六年（1889—1901年）任漕運總督。

〔2〕改折色　即由漕糧實物徵收，改爲徵收色銀（現銀）。

河 渠 三

（《清史稿》卷一二八）

淮河　永定河　海塘

淮　河[1]

　　淮水源出桐柏山，東南經隨州，復北折，過桐柏東，歷信陽、確山、羅山、正陽、息、光山、固始、阜陽、霍丘、潁上，所挾支水合而東注，達正陽關。其下有沙河、東西淝河、洛河、洱河、茨河、天河，俱入於淮。過鳳陽，又有渦河、澥河、東西濠及澮、澮、沱、潼諸水，俱匯淮而注洪澤湖。又東北，逕清河、山陽、安東，由雲梯關[2]入海。逕行湖北、河南、安徽、江蘇四省，千有七百餘里，淮固不爲害也。自北宋黃河南徙，奪淮瀆下游而入海，於是淮受其病。淮病而入淮諸水泛溢四出，江、安兩省無不病。夫下壅則上潰，水性實然，故治河即所以治淮，而治淮莫先於治河。有清一代，經營於淮、黃交匯之區，致力綦勤，糜帑尤鉅。迨咸豐中，銅瓦廂決，黃流北徙，宋、元來河道爲之一變。然河徙淤留，導淮之舉又烏容已。今於淮流之源委分合，及清口之蓄洩，洪澤湖之堰壩工築，皆備列焉。

　　〔1〕本題爲注釋者所加。
　　〔2〕雲梯關　淮河入海口。黃河奪淮後，成爲黃河入海口。由于黃河泥沙淤積，陸地向海中推進，今已距海約 75 公里，屬江蘇省濱海縣。

　　順治六年夏，淮溢息縣，壞民田舍。
　　康熙元年，盱、泗[1]民由古溝鎮南及谷家橋北盜決小渠八，淮水強半分洩高、寶諸湖，而清口淮弱，無力敵黃。六七年間，淮大漲，沖潰古溝、翟家墩[2]，由高、寶諸湖直射運河，決清水潭[3]，又溢武家墩、高良澗，清口湮而黄流上潰。

十五年，淮又大漲，合睢湖諸水并力東激，高良澗板工[4]決口二十六，高堰石工[5]決口七，涓滴不出清口。黄又乘高四潰，一入洪澤湖，由高堰決口會淮，并歸清水潭，下流益淤墊。

總河靳輔言：“洪澤下流，自高堰西至清口約二十里，原係汪洋巨浸，爲全淮會黄之所。自淮東決、、黄内灌，一帶湖身漸成平陸，止存寬十餘丈、深五六尺至一二尺之小河，淤沙萬頃，挑濬甚難。惟有於兩旁離水二十丈許，各挑引河一，俾分頭沖刷，庶淮河下注，可以沖闢淤泥，徑奔清口，會黄刷沙，而無阻滯散漫之虞。”輔又言：“下流既治，淮可直行會黄刷沙，但臨湖一帶隄岸，除決口外，無不殘缺單薄，危險堪虞。板工固易壞，即石工之傾圮亦不可勝數。惟隄下係土坦坡[6]，雖遇大水不易沖，今求費省工堅，惟有於隄外近湖處挑土幫築坦坡。每隄一丈，築坦坡寬五尺，密布草根草子其上，俟其長茂，則土益堅。至高堰石工，亦宜幫築坦坡，埋石工於內，更爲堅穩，較之用板用石用埽[7]，可省二十一萬有奇，且免沖激頹卸之患。”又言：“自周家閘歷古溝、唐埂至翟家壩南，估計築三十二里之隄，并堵此原沖成之九河，及高良澗、高家堰、武家墩大小決口三十四，需費七十萬五千有奇，皆係用埽，不過三年，悉皆朽壞。臣斟酌變通，除鑲邊裹頭[8]必須用埽，餘俱宜密下排椿[9]，多加板纜[10]，用蒲包裹土，繩繫而填之，費可省半，而堅久過之。今擬改下埽爲包土[11]，仍築坦坡。”制可。

十八年，大濬清口、爛泥淺、裴家場、帥家莊引河，使淮水全出清口，會黄東下。

[1] 盱泗　指盱胎、泗州，皆在洪澤湖上游。湖水位高時，上游淹没損失大，于是有人盜決湖堤使淮水泄入高、寶諸湖。由于洪澤湖水位降低，清口出水不暢。黄河淤積加速，後患加劇。
[2] 古溝翟家墩　爲高家堰上的減水壩。《揚州府志》引《高郵志》：

"翟家壩屬山陽（今江蘇淮安），在周橋以南，接盱眙境界，長二十五里，比高堰石工低二尺許，稱天然減水壩，中有古溝，深不過尺許。"

〔3〕清水潭　高郵北運河東堤一處險工，歷史上運河多次在此決口。

〔4〕板工　木築堤工。

〔5〕石工　石料砌築堤工。

〔6〕坦坡　《治河方略》記載："水，柔物也。惟激之則怒，苟順之自平。順之之法，莫如坦坡，乃多運土於堤外，每堤高一尺，填坡八尺，如堤高一丈，即填坦坡八丈，以填出水面爲準，務令迤科以漸高，俾來不拒而去不留。"《河工簡要》："凡修堤以臨河一面平坦寬大，即經水漫刷，不致倒崖，有損堤工，故名坦坡。"

〔7〕埽　即古代的茨防，又稱棄，用以護堤或堵塞決口。大的稱作埽，小的稱作由。

〔8〕裹頭　用以保護決口處堤頭的埽工，又叫裹頭埽，或稱壩頭。是爲決口以後不使口門擴大而做的工程。

〔9〕排椿　《河上語》記載："釘椿成排，曰排椿"。用以保護建築物根脚。

〔10〕板纜　固定木椿的拉繩。

〔11〕包土　袋裝土作爲构築建築物的構件，例如草包。

三十五年，總河董安國因泗州知州莫之翰議，請開盱眙聖人山禹王河，導淮注江，略言："禹王古河，自盱眙聖人山歷黑林橋、桐城鎮、楊村、天長縣迄六合之八里橋，各有河形溪澗崗不等[1]。若開引入江，則天長、楊村、桐城各汊澗，大水時可不入高郵湖，湖水不致泛溢，而下河之水可減。至古河之口，現與淮不通流，必立閘座，水小閉閘以濟漕，漲則開閘以洩水，庶淮水洶涌之勢可減。"格廷議不行。

明年，上有宜堵塞高堰壩之諭。

逾二年，總河于成龍申塞六壩之請。會病卒，未底厥績。其年水復大至，已堵三壩[2]，旋委洪流。

三十九年，張鵬翮爲總河，盡塞之，使淮無所漏，悉歸清口；

又開張福、裴家場、張家莊、爛泥淺、三岔及天然、天賜引河七，導淮以刷清口；又以清口引河寬僅三十餘丈，不足暢洩全湖之水，加開寬闊。於是十餘年斷絕之清流，一旦奮湧而出，淮高於黃者尺餘。

四十年，築高堰大隄。

四十四年，聖祖南巡，閱高堰隄工，詔於三壩下濬河築隄，束水入高郵、邵伯諸湖。又洪湖水漲，泗、盱均被水災，應於受水處酌量築隄束水。

四十五年，兩江總督阿山[3]等請於泗州溜淮套別開河道，直達張福口，以分淮勢，計費三百十餘萬。部議靳之。廷臣亦以河工重大，請上親臨指示。

逾年，上南巡閱河，諭曰："詳勘溜淮套地勢甚高，雖開鑿成河，亦不能直達清口。且所立標杆多在墳上，若依此開河，不獨壞田廬，甚至毀墳冢，何必多此一事。今欲開溜淮套，必鑿山穿嶺，不獨斷難成功，且恐汛水泛溢，不浸入洪湖，必衝決運河。"命撤去標杆，并譴阿山、鵬翮等有差。上又謂："明代淮、黃與今迥异。明代淮弱，故有倒灌之虞。今則淮强黃弱，與其開溜淮套無益之河，不若於洪湖出水處再行挑濬寬深，使清水愈加暢流，爲利不淺。

四十九年，加長禦黃西壩工程，從河督趙世顯請也。

[1] 唐睿宗曾使魏景清開直河自盱眙至揚州通航；宋仁宗時也擬開盱眙河至高郵航道以避開淮河和淮南諸湖上的風濤，都未成功。宋徽宗時開遇明河，既成而廢。清康熙三十五年（1696 年）議開的禹王河似即遇明河重開。禹王係遇明音轉。文中銅城、天長即今地。八里橋即今六合縣八百里橋，由此入滁河支流，經滁河入江。

[2] 三壩　指周橋南的唐埂三壩。

[3] 阿山　伊拉里氏，滿洲鑲藍旗人。《清史稿》二七八有傳。

雍正元年，重建清口東西束水壩[1]於風神廟前以蓄清，各長二十餘丈。

三年，總河齊蘇勒因朱家海衝決[2]，湖底沙淤，恐高堰難保，改低三壩門檻一尺五寸以洩湖水，而救一時之急。不知水愈落，淮愈不得出，致力微不能敵黃，連年倒灌，分溜直趨。李衛頗非之。

先是高堰石工未能一律堅厚。至七年冬，發帑百萬，命總河孔繼珣、總督尹繼善將隄身卑薄傾圮處拆砌，務令一律堅實。

十年秋，高堰石工成。

乾隆二年，用總河高斌言，飭疏濬毛城鋪[3]迤下河道，經徐、蕭、睢、宿、靈、虹各州縣，至泗州之安門陡河，紆曲六百餘里，以達洪湖，出清口，而淮揚京員夏之芳等言其不便。下各督撫及河、漕督會議，并召詢斌。斌至，進圖陳說，乃知芳等所言非現在情形，卒從斌議。

明年，毛城鋪河道工竣。

四年，高宗以高堰三壩既改低，過岸之水足洩，用大學士鄂爾泰言，永禁開放天然二壩。

五年秋，西風大暴，湖浪洶湧，高堰汛第八堡舊隄撞擊，倒卸十四段，旋修補之。

[1] 束水壩　清口出流衝刷黃河泥沙是明後期以來治理黃淮運的關鍵措施之一。爲解決因黃河淤積而使清口出流不暢的問題，清初在洪澤湖口開引河出流，爲加大衝沙效果，在引河出口處建束水壩，即在兩岸建石壩，中間留縮窄的出水口門，以加大流速。湖中洪水來臨時，拆掉束水壩，以控制湖水位上漲，保証高家堰的安全。交替建拆束水壩，是清前期清口治理工程的主要内容之一。

[2] 朱家海衝決　雍正三年（1725年）六月，睢寧朱家海黃河決，直注洪澤湖。

[3] 毛城鋪，　在碭山縣境，靳輔治河時，於此建減水壩。

六年，斌言："江都三汊河乃瓜、儀二河口門[1]，瓜河地勢低，淮水入瓜河分數少，故溜緩不能刷深，河道致日漸淤墊。應築壩堵閉瓜河舊口門，於洋子橋營房迤下別挑越河，減淮水入瓜河之分數，則儀河可分流刷淤，并堵閉瓜洲廣惠閘之舊越河，於閘下別開越河，使閘越二河水勢均平，既緩淮水直下入江之勢，於運道更爲便利。"

七年，河湖并漲，議者又謂淮河上游諸水俱匯入洪湖，邵伯以下宜多開入江之路。斌亦以爲言。於是開濬石羊溝舊河直達於江，築滾壩四十丈，并開通芒稻閘下之董家油房、白塔河之孔家涵三處河流，增建滾壩，使淮水暢流無阻[2]。

八年，淮暴漲丈餘，逼臨淮城[3]，改治於周梁橋。

十六年，上以天然壩乃高堰尾閭，盛漲輒開，下游州縣悉被其患，命立石永禁開放。并用斌言，於三壩外增建智、信二壩[4]，以資宣洩。

十八年七月，淮溢高郵，壞車邏壩[5]、邵伯二閘，下河[6]田廬多没。

二十二年，以湖水出清口，賴東西二壩堵束，併力刷黃，湖水過大，奔溢五壩，亦恐爲下河患。因定制五壩過水一寸，東壩開寬二丈，以此遞增，泐石東壩。嗣是遇湖水增長，即展寬東壩以洩盛漲，有展寬至六七十丈者。

〔1〕瓜、儀二河口門　瓜河即瓜洲運河，原爲唐伊婁河；儀河即儀真運河。二河口門爲江北運河的兩個出口，清代也是淮水入江的兩個出口。三汊河，即二河自運河的分叉處。

〔2〕石羊溝和芒稻閘下的芒稻河都是入江水道的分支。白塔河見運河部分。

〔3〕臨淮城　在洪澤湖北岸，老汴河口。

〔4〕於三壩外增建智、信二壩　靳輔時，在高家堰上創建武家墩、高良澗、周橋、古溝東、西、唐埂六座減水壩。後又改爲唐埂三壩、茆家園兩壩和夏家橋一壩，也稱六壩。張鵬翮時，塞六壩，另建石滾壩三座，後稱为仁、

義，禮三壩。

〔5〕車邏壩 運河東岸淮水歸海五壩之一。爲經運河分洩淮河洪水，靳輔在高郵上下運河東岸建歸海壩八座，張鵬翮改爲五座，幾經改易，仍爲五座，稱歸海五壩。車邏壩一直是其中之一。

〔6〕下河 即裏下河，因在裏運河下而得名。

二十七年，上言：“江南濱湖之區，每遇大汛，霖潦堪虞，洪澤一湖，尤爲橐籥[1]關鍵。爲澤國計安全，莫如廣疏清口，爲及今第一要義。現在高堰五壩高於水面七尺有奇，清口口門[2]見寬三十丈，當即依此酌定成算。將來兩壩水增長至一尺，拆寬清口十丈，水遞長，口遞寬，以此爲率。”是年六月，五壩水志逾一尺。河督高晋遵旨拆寬清口十丈，宣洩甚暢。

三十二年，南河總督李宏[3]言：“正陽關三官廟舊立水志，考驗水痕，本年所報消長，與下游不符。請於荆山、塗山間及臨淮鎮，各增設水志一，以驗諸水消長。”允之。

三十四年，上恐高堰五壩頂封土障水，不足當風浪，命酌加石工。高晋等言其不便，乃增用柴柳。

四十年，大修堰、盱各壩及臨河甎石工。

先是，上以清口倒灌，詔循康熙中張鵬翮所開陶莊引河舊迹挑挖，導黃使北，遣鄂爾泰偕斌往勘，以汛水驟至而止。旋完顏偉繼斌爲河督，慮引河不易就，乃用斌議，自清口迤西，設木龍挑溜北趨，而陶莊終不敢議。次年，南河督吳嗣爵内召，極言倒灌爲害。薩載繼任，亦主改口議。上乃決意開之。於是清口東西壩[4]基移下百六十丈之平成臺，築攔黃壩百三十丈，并於陶莊迤北開引河，使黃離清口較遠，清水暢流，有力攻刷淤沙。明年二月，引河成，黃流直注周家莊，會清東下，清口免倒灌之患者近十年。

〔1〕橐籥（音 tuó yuè） 古代冶煉鼓風用的器具。橐是鼓風器，籥是送

風的管道。

〔2〕清口口門　即上文束水壩所在的口門。

〔3〕李宏　字濟夫，漢軍正藍旗人，多年作河務工作。《清史稿》卷三二五有傳。

〔4〕東西壩，即束水壩的東西二壩。

五十年，洪湖旱涸，黃流淤及清口，命河南巡撫畢沅[1]祭淮瀆，疏賈魯、惠濟諸河流以助清，湖水仍不出，黃復內灌。上欲開毛城鋪、王家營減壩，下大學士阿桂等議。阿桂言：“欲治清口之病，必去老壩工以下之淤，尤當掣低黃水，使清水暢出攻沙，不勞自治。”於是閉張福口四引河，浚通湖支河，蓄清水至七尺以上，治開王營壩[2]減洩黃水，盡啓諸河，出清口滌沙，修清口兜水壩，易名束清壩。復移下惠濟祠前之東西束水壩三百丈於福神巷前，加長東壩以禦黃，縮短西壩以出清，易名禦黃壩[3]。

〔1〕畢沅　字纕蘅，江南鎮洋（今江蘇太倉市）人，清代著名學者，曾主持編著《續資治通鑒》。《清史稿》卷三三二有傳。

〔2〕王營壩　即王家營減壩。王家營也稱王營，在今江蘇淮安市廢黃河北，爲淮陰區政府所在地。減壩建于靳輔治河時，分減黃河洪水入鹽河。

〔3〕禦黃壩　原黃河主流在南側，接近清口，束水壩在運口稍下。乾隆四十一年（1776年），開陶莊新河，黃河主流轉北。此後，束水壩三次下移，接近黃河主流。乾隆五十年（1785年）改名禦黃壩。運口下游修兜水壩，雍清水入運，改名束清壩。束清、禦黃二壩之間形成長長一段引河，爲道光年間“倒塘濟運”創造條件。

嘉慶元年，湖水弱，清低於黃者丈餘，淮遏不出。淮漲則開山盱五壩[1]、吳城七堡[2]，黃漲或減水入湖，以救清口之倒灌。

五年，用江督費淳[3]、河督吳璥言，開吳城七堡引渠，使洩湖水入黃，以減盛漲。

八年，黃流入海不暢，直注洪澤湖。璥赴海口相度，請力收運口各壩，止留口門，清雖力弱難出，黃亦不能再入。七月，淮漲，高堰危甚，開信、義兩壩洩水。西風大作，壞仁、智兩壩，淮南奔清口。上責瓛，遂罷免。

九年春，湖水稍發，伏汛黃仍倒灌。河督徐端以束清壩在運口北，分溜入運，致不敵黃，請移建湖口迤南。從之。

十一年，江督鐵保言：“潘季馴、靳輔治河，專力清口，誠以清口暢出，則河腹刷深，海口亦順，洪澤亦不致泛濫。爲今之計，大修閘壩，借清刷沙，不能不多蓄湖水。即不能不保護石隄，尤不能不急籌去路。”又偕徐端陳河工數事：一，外河廳之方家馬頭及三老壩爲淮、揚保障，宜填護碎石；一，義壩宜堵築；一，仁、智、禮、信四壩殘損宜拆修。廷議如所請。上恐四壩同修，清水過洩，命次第舉行。

〔1〕山盱五壩　清代洪澤湖大堤（高家堰）自武家墩稍北起至蔣壩止共58.8公里，以高良澗爲界。分兩個廳管理，北段稱高堰廳；南段稱山盱廳，以跨山陽、盱眙兩縣範圍得名。仁、義、禮、智、信五壩皆在南段，故稱山盱五壩。

〔2〕吳城七堡　清口西黃河南岸堤工名稱，北臨黃河，南臨洪澤湖。嘉慶四年（1799年），洪澤湖水漲，曾扒開堤工，泄湖水入黃，以降低水位，與山盱五灞聯合使用。此後，每逢湖漲，即開吳城七堡泄水。如果河水位高於湖水位，經吳城七堡由河向湖泄水，以增高湖水位，不使于清口倒灌。

〔3〕費淳　字筠浦，浙江錢塘（今杭州市）人。《清史稿》卷三四三有傳。

十五年十月，大風激浪，義壩決，堰、盱兩工[1]掣坍千餘丈。議者謂宜築碎石坦坡，以費鉅不果。瓛與端請加培大隄外靳輔所築二隄，以爲重門保障，亦爲廷議所駁。及陳鳳翔[2]督南河，復申二隄之請。下江督百齡議。百齡言不若培修大隄。

十七年，遣協辦大學士松筠[3]履勘，亦主百齡議。於是築大隄子堰，自束清壩尾至信壩迤南止。鳳翔以不知蓄清於湖未漲之先，即啓智、禮兩壩，致禮壩潰，下游淹，清水消耗，貽誤全河，爲百齡所劾，奪職遣戍。

十八年，百齡及南河督黎世序以仁、義、禮三壩屢經開放，壞基跌塘，請移建三壩於蔣家壩南近山岡處，各挑引河，先建仁、義壩，因禮壩基改築草壩，備本年宣洩。上命先建義壩，如節宣得宜，再分年遞修。

二十三年，增建束清二壩於束清壩北[4]，收蓄湖水。

道光二年，增修高堰石工。四年冬，河漲，洪澤湖蓄水至丈七尺，尚低於黃尺許，高堰十三堡隄頂被大水掣動，山盱周橋之息浪菴亦過水八九尺，各壩均有坍損。上遣尚書文孚、汪廷珍[5]履勘，而褫河督張文浩職。十三堡缺口旋塞。侍郎朱士彥言："高堰石工在事諸臣，惟務節省，辦理草率。又因搶築大隄，就近二隄取土，事後亦不培補。至山盱五壩，宣洩洪湖盛漲，未能謹守舊章，相機開放，致石工掣卸。"幷下文孚等勘覈。

明年春，從文孚等議，改湖隄土坦坡爲碎石，於仁、義、禮舊壩處所各增建石滾壩，以防異漲。

〔1〕堰盱兩工　即高堰廳、山盱廳管轄兩堤工的簡稱。
〔2〕陳鳳翔　字竹香，江西崇仁人。《清史稿》卷三六○有傳。
〔3〕松筠　字湘浦，瑪拉特氏，蒙古正藍旗人。《清史稿》卷三四二有傳。
〔4〕增建束清二壩於束清壩北，即這時已有兩道束清壩。
〔5〕汪廷珍　字瑟庵，江蘇山陽（今淮安）人。《清史稿》卷三六四有傳。

八年，上以禦黃壩上下積淤丈餘，清水不能多蓄，禦黃壩終不可開，下南總河張井等籌議。井等言："乾隆間湖高於河七八尺或丈餘，入夏拆展禦黃壩，洩清刷淤，至冬始閉。嘉慶間，因河淤，改夏閉秋啓。而黃水偶漲，即行倒灌。今積淤日久，縱清水能出，止高於黃數寸及尺餘，暫開即閉，僅免倒灌，未能收刷淤之效。”上不懌，曰：“以昔證今，已成不可救藥之勢。爲河督者，祇知洩清水以保堰，閉禦壩以免倒灌，增工請帑，但顧目前，不思經久，如國計何？如民生何？如後日何？”

十年，井言：“淮水歸海之路不暢，請於揚糧廳之八塔鋪、商家溝各斜挑一河，匯流入江，分減漲水，并拆除芒稻河東西閘，挑挖淤灘，可抵新闢一河之用。”從之。

十二年，移建信壩於夏家橋。

十四年，以義字引河[1]跌深三四丈，堵閉不易，允河督麟慶請，改挑義字河頭。

二十一年，河決祥符，奪溜注洪澤湖，而江潮盛漲，又復頂托，因拆展禦黃、束清及禮、智、仁各壩，并啓放車邏等壩，以洩湖水。

二十三年，河決中牟，全溜下注洪澤湖，高堰石工掣卸四千餘丈，先後拆展束清、禦黃、智、信各壩，并啓放順清、禮、義等河，金灣舊壩及東西灣壩同時并啓，減水入江。

〔1〕義字引河　義字壩下泄水河。高家堰泄水壩下有引河，排水入下游。

咸豐五年，河復決銅瓦厢，東注大清河入海。黃河自北宋時一決滑州，再決澶州，分趨東南，合泗入淮。蓋淮下游爲河所奪者七百七十餘年，河病而淮亦病。至是北徙，江南之患息。士民請復淮水故道者，歲有所聞。

同治八年，江督馬新貽濬張福口引河，淮遂由清口達運。嗣又挑楊莊以下之淤黃河，以洩中運河盛漲。

九年，新貽等言：“測量雲梯關以下河身，及成子河、張福口、高良澗一帶湖心，始知黃河底高於洪湖底一丈至丈五六尺不等，必先大濬淤黃，使淮得暢流入海，繼辟清口，導之入舊黃河，再堵三河[1]，以杜旁洩而資擡蓄。然非修復堰、盱石工，堅築運河兩隄，不敢遽堵三河、闢清口。統籌各工，非數百萬金不能集事。擬分別緩急，次第籌辦，不求利多，但求患減，為得寸得尺之計，收循序漸進之功。"

〔1〕三河　洪澤湖泄水河道。高家堰上的山盱五壩經多次改移壩址，壩下都建有減水河通運河，泄洪歸江歸海。最後其餘各壩都廢毀，只剩禮壩和減水河，稱三河壩和三河。

光緒七年，江督劉坤一[1]言："臣此次周歷河湖，知淮揚水利有關國計民生。前議導淮，未可中輟。自楊莊以下，舊黃河淤平，則山東昭陽、微山等湖之水，由中運河直趨南運河，夏秋之間，三閘甚形喫重。自洪澤湖淤淺，淮水不能合溜，北高於南，水之分入張福引河者無多，大溜由禮河徑趨高、寶等湖。上年挑濬舊黃河後，山東蛟水[2]屢次暴發，由此分瀉入海。築禮壩後，湖水漸深，且由張福河入運口者頗旺。此挑舊河築禮壩之不無微効也。惟是張福河淺，湖水仍趨重禮河越壩，終為可慮。倘遇湖水汎濫，禮河即無越壩，亦難分消，必開信、智兩壩，由高寶湖入南運河，亦必開車邏、南關等壩，由裏下河入海，沿途淹没田廬，所損匪細。今擬就張福河開乞寬深，以引洪澤湖之水，復乞碎石河，以分張福河之水，由吳城七堡匯順清河。水小則由順清入運，途紆而勢稍舒，水大則由舊黃河入海，途直而勢自順。約三四年間，便可告竣，所費尚不過鉅。議者或謂導淮入海，當盡瀉洪湖之水，有妨官運民田。臣以為別開引河，或不免有此患。今循張福河、碎石河故道以歸順清河，自非淮漲一二丈，則順清河之水何能高過中運河，溢出舊黃河？如使淮水暴漲，方有潰決之虞，惟恐水無去路，此正導淮之本意也。

議者或謂多引湖水入運，恐三閘[3]不能支持。不思洪湖未淤以前，湖水四平，蓄水深廣，張福以外，有四引河以濟漕運。維時黃未北徙，每遇漕船過閘，方且蓄清敵黃，以五引河全注運口，而三閘屹然，今特張福一河，決無致損三閘之理。且上年挑通舊黃河，已分減中運河水，其入南運河者不過三四成。湖水雖增，與前略等，即遇大水，有舊黃河可以分減，亦不至專出三閘也。議者又謂如此，導淮無弊，亦屬無利，何必虛費帑藏。其說亦不盡然。夫治水之道，必須通盤規畫，并須預防變遷。洪湖南有禮河，北有張福河，均爲分洩淮水。而水勢就下，禮河常苦水大，築禮河壩所以蓄張福之水，濬張福口所以顧禮河之隄，彼此互相維繫。如使禮河受全湖之沖，新壩恐不能保，續修則所費彌鉅，不修則爲害滋深，下者益下，高者益高，張福河漸形壅塞矣。且導淮之舉，原防盛漲肆虐。如引湖由張福出順清，以舊黃河爲出海之路，偶有泛溢，該處土曠人稀，趨避尚易。若張福不暢，全湖之水折而南趨，則淮揚繁盛之區，億萬生靈將有其魚之嘆。導淮之利，見於目前者猶小，見於日後者乃大也。"疏入，下部知之。

[1] 劉坤一　字峴莊，湖南新寧人。《清史稿》卷四一三有傳。
[2] 蛟水　標點本作爲專名畫專名號有誤。按山東無蛟水一河。民間俗稱泥石流爲蛟水，這裏指由山東下泄的洪水，蛟爲民間傳說能發洪水的動物。
[3] 三閘　指淮陰惠濟、通濟、福興三閘，扼裏運河。

八年，江督左宗棠[1]言："濬沂、泗爲導淮先路，洵爲確論。惟雲梯關以下二百餘里，河身高仰，且有遠年沙灘。昔以全黃之力所不能通者，今欲以沂、泗分流通之，其勢良難。大通在雲梯關下十餘里，舊黃河北岸，係嘉慶中漫口，東北流四十餘里，至響水口[2]，接連潮河，至灌河口入海。就此加挑寬深，出海較便。沂、泗來源，當大爲分減，淮未復而運道亦可稍安，淮既復而歸海無虞阻滯。此疏濬下游，宣洩沂、泗，實導淮先路，不可不亟籌者也。
淮挾衆流，匯爲洪澤，本江、皖巨浸。自道光間爲黃所淤，北高南
下，由禮河趨高寶湖以入運者垂三十年。今欲導之復故，不啻挽之
逆流。自張福口過大通、響水口入海，三百五十餘里，節節窒礙，
非下游暢其去路，上游塞其漏巵，其不能舍下就高入黃歸海也明甚。
查張福口及天然引河，皆北趨陳家集之大沖[3]，至碎石河以達吳城
七堡，又北至順清河口，接楊莊舊黃河。張福河面六十餘丈，宜加
寬深，天然河更須疏瀹，吳城七堡一帶高於張福河底丈六七尺，尤
必大加挑濬，使湖水果能入黃，。然後可堵禮河，以截旁趨之出路，
堵順清河，以杜運河之奪河。此引淮入海工程，當以次接辦者也。
湖水不高，不能入黃。太高，不特堰、盱石工可慮，運口閘壩難支，
且於盱眙、五河近湖民田有礙。擬修復智、信等壩以洩湖漲，更建
閘大沖，俾湖水操縱由人，多入淮而少入運。此又預籌以善其後
者也。”

〔1〕左宗棠　字季高，湖南湘陰人。《清史稿》卷四一二有傳。
〔2〕響水口　灌河清代稱北潮河，響水口在北潮河邊，今爲江蘇響水
縣城。
〔3〕大沖　標點本爲專名，有誤，應爲張福河、天然引河集中流衝的要
害地點。

三十四年，江督端方[1]會勘淮河故道，力陳導淮四難，因於清
江浦設局，遴紳籌議。久之無端緒，乃撤局。
宣統元年，江蘇諮議局開，總督張人駿以導淮事列案交議，決
定設江淮水利公司，先行測量，務使導淮復故，專趨入海。
二年，侍讀學士惲毓鼎以濱淮水患日深，上言：“自魏、晉以
降，瀕淮田畝，類皆引水開渠，灌溉悉成膏腴。近則沿淮州縣，年
報水災，浸灌城邑，漂沒田廬，自正陽至高、寶，盡爲澤國，實緣

近百年間，河身淤塞，下游不通，水無所歸，浸成汎濫。是則高堰壩之爲害也。异時黃、淮合流，有南下之勢，治河者欲束淮以敵黃，故特堅築高堰壩頭，逼淮由天妃閘以濟運。今黃久北徙，堰壩無所用之，當別籌入海之途。其道有二，以由清口西壩、鹽河至北潮河爲便。尾閭既暢，水有所歸，不獨潁、壽、鳳、泗永澹沈災，即高、寶、興、泰亦百年高枕矣。”事下江督張人駿、蘇撫程德全[2]、皖撫朱家寶勘議。人駿等言：“正事測量，俟測勘竣，即遴員開辦。”報聞。

三年，御史石長信言：“導淮一舉，詢謀僉同。美國紅十字會亦擬遣工程師來華查勘。則我之思患預防，尤不可緩。江蘇水利公司既允部撥費用，安徽亦應設局測量，以爲消弭巨災之圖。”下部議允之。

〔1〕端方　字午橋，托忒克氏，滿洲正白旗人。《清史稿》卷四六九有傳。
〔2〕程德全　字雪樓，四川雲陽人。辛亥革命後成爲近代官僚。

導淮之舉，經始於同治六年。時曾國藩督兩江，嘗謂“復濬之大利，不敢謂其遽興淮揚之大害，不可不思稍減”。迨黃流北徙，言者益多，大要不出兩策。一謂宜堵三河，闢清口，濬舊河，排雲梯關，使由故道入海。一謂導淮當自上流始，洪澤湖乃淮之委，非淮之源，宜於上游闢新道，循睢、汴北行，使淮未注湖，中途已洩其半，再由桃源之成子河穿舊黃河，經中河雙金閘入鹽河，至安東入海，使全淮分南北二道，納少瀉多，淮患從此可減。二説所持各異。然同、光以來，濬成子、碎石、沂、泗等河，疏楊莊以下至雲梯關故道，固已小試其端。卒之淮爲黃淤，積數百年，已無經行之渠，由運入江，勢難盡挽，迄於國變，終鮮成功。

永 定 河

永定河亦名無定河，即桑乾下游。源出山西太原之天池，伏流至朔州、馬邑復出，匯衆流，經直隸宣化之西寧、懷來，東南入順天宛平界，逕盧師臺下，始名盧溝河，下匯鳳河入海。以其經大同合渾水東北流，故又名渾河，《元史》名曰小黃河。從古未曾設官營治[1]。其曰永定，則康熙間所錫名也。永定河匯邊外諸水，挾泥沙建瓴而下，重巒夾峙，故鮮潰決。至京西四十里石景山而南，逕盧溝橋，地勢陡而土性疏，縱橫蕩漾，遷徙弗常，爲害頗鉅。於是建隄壩，疏引河，宣防[2]之工亟焉。

順治八年，河由永清徙固安，與白溝合。明年，決口始塞。

十一年，由固安西宮村與清水合，經霸州東，出清河；又決九花臺、南里諸口，霸州西南遂成巨浸。

康熙七年，決盧溝橋隄，命侍郎羅多等築之。

三十一年，以河道漸次北移，永清、霸州、固安、文安時被水災，用直隸巡撫郭世隆[3]議，疏永清東北故道，使順流歸淀。

三十七年，以保定以南諸水與渾水匯流，勢不能容，時有汎濫，聖祖臨視。巡撫于成龍疏築兼施，自良鄉老君堂舊河口起，逕固安北十里舖、永清東南朱家莊，會東安狼城河，出霸州柳岔口三角淀，達西沽入海，濬河百四十五里，築南北隄百八十餘里，賜名永定。自是渾流改注東北，無遷徙者垂四十年。

三十九年，郎城淀河淤且平，上游壅塞，命河督王新命開新河，改南岸爲北岸，南岸接築西隄，自郭家務起，北岸接築東隄，自何麻子營起，均至柳岔口止。

四十年，加築南岸排椿遥隄，修金門閘[4]。

四十八年，決永清王虎莊，旋塞。

五十六年，修兩岸沙隄大隄，決賀堯營。

六十一年，復決賀堯營，隨塞。

〔1〕從古未曾設官營治　此說不確。據金泰和二年（1202 年）頒佈的《河防令》記載："其盧溝河行流去處，每遇泛漲，當該縣官與崇福埽官司一同協濟固護。差官一員係監勾之職，或提控巡檢，每歲守漲。"可見，當時已有專人管理。

〔2〕宣防　古代堤防代稱，詳見《史記·河渠書》注釋。

〔3〕郭世隆　字昌伯，漢軍鑲紅旗人。《清史稿》卷二七五有傳。

〔4〕金門閘　位于永定河右岸大堤上，在河北省香河縣紅廟村。是清代永定河上興建最早、使用最久、規模和作用最大的一座分洪建築物，至今猶存，但已不再使用。

雍正二年，修郭家務大隄，築清凉寺月隄，修金門閘，築霸州堂二鋪南隄決口。

三年，因郭家務以下兩岸頓狹，永清受害特重，命怡親王允祥〔1〕、大學士朱軾〔2〕，引渾水別由一道入海，毋使入淀，遂於柳岔口少北改爲下口，開新河自郭家務至長淌河，凡七十里，經三角淀〔3〕達津歸海，築三角淀圍隄，以防北軼。又築南隄自武家莊至王慶坨，北隄自何麻子營至范甕口，其冰窖至柳岔口隄工遂廢。

十二年，決梁各莊、四聖口等處三百餘丈，黃家灣河溜全奪，水穿永清縣郭下注霸州之津水窪歸澱。總河顧琮督兵夫塞之。

十三年，決南岸朱家莊、北岸趙家樓，水由六道口小隄仍歸三角淀。

乾隆二年，總河劉勷勘修南北隄，開黃家灣、求賢莊、曹家新莊各引河，濬雙口、下口、黃花套。六月，漲漫南岸鐵狗、北岸張客等村四十餘處，奪溜由張客決口下歸鳳河。命吏部尚書顧琮察勘，請倣黃河築遙隄之法。大學士鄂爾泰持不可，議“於北截河隄北改挑新河，以北隄爲南隄，沿之東下，下游作洩潮埝數段，復於南北岸分建滾水石壩四，各開引河：一於北岸張家水口建壩，即以所衝水道爲引河，東匯鳳河；一於南岸寺臺建壩，以民間洩水舊渠入小清河者爲引河；一於南岸金門閘建壩，以渾河故道接牤牛河者爲引河；一於南岸郭家務建壩，即以舊河身爲引河。合清隔濁，條理自明”。詔從其請。

〔1〕允祥　康熙皇帝第十三子，雍正皇帝繼位時封怡親王。雍正三年（1725年），被任命總理京畿水利，對海河水利開發有一定貢獻。《清史稿》卷二二〇有傳。

〔2〕朱軾　字若瞻，江西高安人。《清史稿》卷二八九有傳。

〔3〕三角淀　海河流域古代大淀泊，又稱雍奴。《水經·鮑丘水注》記載：“南極滹沱，西至泉州雍奴，東極於海，謂之雍奴藪，其澤野有九十九淀，枝流條右，往往逕通。”明代三角淀周圍有二百餘里。清代東西亘一百六十餘里，南北二三十里至六七十里，永定河以爲尾閭。相當於河北省永清、安次及天津市的部分地區。今已淤爲平地。

四年，直督孫嘉淦請移寺臺壩於曹家務，張客壩於求賢莊。又於金門閘、長安城添築草壩，定以四分過水。顧琮言，金門閘、長安城兩壩水勢僅一河宣洩，恐汛發難容，擬分引河爲兩股，一由南窪入中亭河，一由楊青口入津水窪。又言郭家務、小梁村等處舊有遙河千七百丈，年久淤塞，請發帑興修。均從之。

五年，孫嘉淦請開金門閘重隄，濬西引河，開南隄，放水復行故道。

六年，凌汛漫溢，固、良、新、涿、雄、霸各境多淹。從鄂爾泰議，堵閉新引河，展寬雙口等河，挑葛漁城河槽，築張客、曹家務月隄，改築郭家務等壩。

八年，濬新河下口，及董家河、三道河口，修新河南岸及鳳河以東隄埝。又疏穆家口以下至東蕭莊、鳳河邊二十里有奇。

九年，以范甕口下統以沙、葉兩淀爲歸宿，而汛水多歸葉淀，遂疏注沙淀路，并將南北舊減河濬歸鳳河。

十五年五月，河水驟漲，由南岸第四溝奪溜出，逕固安城下至牛坨，循黃家河入津水窪，一由牝牛河入中亭河。命侍郎三和同直督堵禦，於口門下另挑引河，截溜築壩，遏水南溢，使歸故道。

十六年，凌汛水發，全河奔注冰窖隄口，即於王慶坨南開引河，導經流入葉淀，以順水性。

十九年，南埝水漫隄頂，決下口東西老隄，奪溜南行，漫勝芳舊淀，逕永清之武家廠、三聖口，霸州之信安入口。

明年，高宗臨視，改下游由調河頭入海，挑引河二十餘里，加培埝身二千二百餘丈。

二十一年，直督方觀承請於北埝外更作遥隄，預爲行水地，鳳河東隄亦接築至遥埝尾。從之。

二十四年，大雨，直隸各河并漲，下游悉歸淀內，大清河不能宣洩，轉由鳳河倒漾，阻遏渾流，南岸四工隄決。命御前侍衛赫爾景額協同直督尅日堵築。

三十五年、三十六年，兩岸屢決。

三十七年，命尚書高晉、裘曰修[1]偕直督周元理[2]履勘，疏言：“永定河自康熙間築隄以來，凡六改道。救弊之法，惟有疏中洪、挑下口，以暢奔流，築岸隄以防衝突，濬減河以分盛漲。”遂興大工，用帑十四萬有奇。自是水由調河頭逕毛家窪、沙家淀達津入海。

三十八年，調河頭受淤，其澄清之水散漫而下，別由東安響水村直趨沙家淀。

四十年，堵北三工、南頭工[3]漫口。

四十四年，展築新北隄，加培舊越隄，廢去瀕河舊隄，使河身寬展。

四十五年，盧溝橋西岸漫溢，北頭工衝決，由良鄉之前官營散溢，求賢村減河歸黃花店，爰開引溝八百丈，引溜歸河。

五十九年，決北二工隄，溜注求賢村引河，至永定河下游入海。旋即斷流，又漫南頭工隄，水由老君堂、莊馬頭入大清河，凡築南隄百餘丈。又於玉皇廟前築挑水壩。

〔1〕裘曰修　字叔度，江西新建人。《清史稿》卷三二一有傳。
〔2〕周元理　字秉忠，浙江仁和人。《清史稿》卷三二四有傳。
〔3〕北三工南頭工　永定河南北岸大堤建成後，爲方便管理，分成汛號。例如北岸有盧溝司北上汛等，南岸有盧溝司南上汛、南下汛等。每汛（司）又有若干椿號，每號一里。北三工即北三汛。

嘉慶六年，決盧溝橋東西岸石隄四、土隄十八，命侍郎那彥寶、高杞分駐堵築，并疏濬下游，集民夫五萬餘治之。御製《河決歎》，頒示羣臣。兩月餘工竣。

十五年，永定河兩岸同時漫口，直督溫承惠駐工堵合之。

十七年，河勢北趨，葛漁城淤塞，水由黃花店下注。乃於舊淤河內挑乞引河，并於上游築草壩，挑溜東行，另建圈隄以防泛衍。

二十年，拆鳳河東隄民埝以去下壅。六月大雨，北岸七工漫塌，開引河，由舊河身稍南，直至黃花店，東抵西洲，長五千六百九丈。九月，水復故道。

二十四年，北岸二工漫溢，頭工繼溢，側注口門三百餘丈，大興、宛平所屬各村被淹。九月塞決口，并重濬北上引河。

道光三年，河由南八工隄盡處決而南，直趨汪兒淀。

四年，侍郎程含章[1]勘議濬復，未果。

十年，直督那彦成[2]請於大范甕口挑引河，并將新隄南遥埝加高培厚。報可。

十一年春，河溜改向東北，逕寶淀，歷六道口，注大清河，汪兒淀口始塞，水由范甕口新槽復歸王慶坨故道。

十四年，宛平界北中、北下汛決口，水由龐各莊循舊減河至武清之黄花店，仍歸正河尾閭入海。良鄉界南二工決口，水由金門閘減河入清河，經白溝河歸大清河。爰挑引河，自漫口迤下至單家溝，間段修築二萬七千四百餘丈。

二十四年，南七工漫口，就迤北三里許之河西營爲河頭，挑引河七十餘里，直達鳳河。

三十年五月，上游山水下注，河驟漲，北七工漫三十餘丈，由舊減河逕母豬泊注鳳河。勘於馮家場北河灣開引河，十月竣工。

〔1〕程含章　雲南景東人，清代官員。《清史稿》卷三八一有傳。
〔2〕那彦成　字繹堂，章佳氏，滿洲正白旗人，大學士阿桂之孫。《清史稿》卷三六七有傳。

咸豐間，南北隄潰決四次。時軍務方棘，工費減發，補苴罅漏而已。

同治三年，因河日北徙，去路淤淺，於柳坨築壩，堵截北流，引歸舊河，展寬挑深張坨、胡家房河身，經東安、武清、天津入海。

六年以後，時有潰決。

八年，直督曾國藩請於南七工築截水大壩，兩旁修築圈埝，并挑濬中洪，疏通下口，以免壅潰。從之。

十年，南岸石隄漫口，奪溜逕良鄉、涿州注大清河入海。

明年，允直督李鴻章請，修金門閘壩，疏濬引河，由童村入小清河。石隄決口塞。

十二年，南四工漫口，由霸州牤牛河東流。爰將引河增長，復築挑水壩一。

光緒元年，南二汛漫口，隨塞。

四年，北六汛決口，築合後，復於坦坡埝尾接築民埝至青光以下。

十年，以鳳河當永定河之衝，年久淤墊，以工代賑，起南苑五空閘，訖武清緵上村，間段挑濬，并培築隄壩決口。

十六年，大水，畿輔各河并漲，永定北上汛、南三汛同時漫決。命直督迅籌堵築，添修挑壩岸隄，又疏引河六十餘里。

十八年夏，大雨，河水陡漲，南上汛灰壩漫口四十餘丈。給事中洪良品言北岸頭工關係最重，請接連石景山以下添砌石隄，以資捍衛。下所司籌議。因工艱費鉅，擇要接築石隄八里，并添修石格。

十九年冬，因頻年潰決爲患，命河督許振禕偕直督會勘籌辦。振禕陳疏下游、保近險、濬中洪、建減壩、治上游五事。直隸按察使周馥并建議於盧溝南岸築減水大石壩，以水抵涵洞上楣爲準，逾則瀉去。詔如所請。

二十二年，北六工、北中汛先後漫溢，由韓家樹匯大清河，遂挑濬大清河積淤二十餘里。

二十五年，詔直督裕祿[1]詳勘全河形勢，以紓水患。裕祿言："畿輔緯川百道，總匯於南北運、大清、永定、子牙五經河，由海河達海，惟永定水渾善淤，變遷無定。從前下口遙隄寬四十餘里，分南、北、中三洪。嗣因南、中兩洪淤墊，全由北洪穿鳳入運。"因陳統籌疏築之策七：一，先治海河，俾暢尾閭，然後施工上游；一，宜以鳳河東隄外大窪爲永定下口；一，修築北運河西隄；一，規復大清河下口故道於西沽；一，修築格淀；一，修築韓家樹橫直各隄；一，疏濬中亭河，以期一勞永逸。需費七十七萬有奇。帝命分年籌辦。適有拳匪之亂，不果行。

三十年後，南北岸屢見潰決，均隨時堵合。論者以爲若將險工全作石隄，灣狹處改從寬直，并於南七工放水東行，傍淀達津，再加以石壩分洩盛漲，庶幾永保安瀾云。

〔1〕裕禄　字仲華，瓜爾佳氏，滿洲正白旗人。《清史稿》卷四三七有傳。

海　　塘[1]

海塘惟江、浙有之。於海濱衛以塘，所以捍禦鹹潮，奠民居而便耕稼也。在江南者，自松江之金山至寶山，長三萬六千四百餘丈。在浙江者，自仁和之烏龍廟至江南金山界，長三萬七千二百餘丈。江南地方平洋暗潮，水勢尚緩。浙則江水順流而下，海潮逆江而上，其衝突激涌，勢尤猛險。唐、宋以來，屢有修建，其制未備。清代易土塘[2]爲石塘[3]，更民修爲官修，鉅工累作，力求鞏固，濱海生靈，始獲樂利矣。

順治十六年，禮科給事中張惟赤言：“江、浙二省，杭、嘉、湖、寧、紹、蘇、松七郡皆濱海，賴有塘以捍其外，至海鹽兩山夾峙，潮勢尤猛。故明代特編海塘夫銀，以事歲修。近此欵不知銷歸何地，塘基盡圮。儻風濤大作，徑從坍口深入，恐爲害七郡匪淺。請嚴飭撫、按勒限報竣，仍定限歲修，以防患未然。”下部議行。

〔1〕本題爲注釋者所加。
〔2〕土塘　早期用土料築成的海塘。
〔3〕石塘　用石料砌築的海塘。其結構在迎水面用條石護坡的土塘，後發展爲直立式石塘，塘身全用條石砌築。塘脚做護坦，以保護塘基，基礎做椿加固。後又發展爲較高水平的魚鱗大石塘。

康熙三年，浙江海寧海溢，潰塘二千三百餘丈。總督趙廷臣[1]、巡撫朱昌祚請發帑修築，并修尖山石隄五千餘丈。

二十七年，修海鹽石塘千丈。

三十七年，颶風大作，海潮越隄入，衝決海寧塘千六百餘丈，海鹽塘三百餘丈，築之。

五十七年，巡撫朱軾請修海寧石塘，下用木櫃[2]，外築坦水[3]，再開濬備塘河以防泛溢。

五十九年，總督滿保及軾疏言：“上虞夏蓋山迤西沿海土塘衝坍無存，其南大亹沙淤成陸，江水海潮直衝北大亹[4]而東，并海寧老鹽倉皆坍没。”因陳辦法五：一，築老鹽倉北岸石塘千三百餘丈，保護杭、嘉、湖三府民田水利；一，築新式石塘，使之穩固；一，開中小亹淤沙，使江海盡歸赭山、河莊山中間故道，可免潮勢北衝；一，築夏蓋山石塘千七百餘丈，以禦南岸潮患；一，專員歲修，以保永固。下部議，如所請行。

雍正二年，帝以塘工緊要，命吏部尚書朱軾會同浙撫法海、蘇撫何天培勘估杭、嘉、湖等府塘工，需銀十萬五千兩有奇，松江府華、婁、上海等縣塘工，需銀十九萬兩有奇，部議允之。

六年，巡撫李衛請將驟決不可緩待之工，先行搶修，隨後奏聞。“搶修”之名自此始。

十一年，命內大臣海望、直督李衛赴浙查勘海塘，諭曰：“如果工程永固，可保民生，即費帑千萬不必惜。”尋請於尖、塔兩山間建石壩堵水[5]，并改建草塘及條石塊石各塘爲大石塘，更於舊塘內添築上備塘。

十二年，因堵尖山水口、開中小亹引河久未施工，責浙督程元章等督辦不力，命杭州副都統隆昇總理，御史偏武佐之。五月工竣。

十三年，命南河督嵇曾筠總理塘工。曾筠言：“海寧南門外俯臨江海，請先築魚鱗石塘五百餘丈，保衛城池。”下廷臣議行。

〔1〕趙廷臣　字君鄰，漢軍鑲黃旗人。《清史稿》卷二七三有傳。

〔2〕木櫃　用木柱制成的方形大木框，中間填滿石塊，也稱木籠。

〔3〕坦水　用以保護塘脚免受浪潮衝刷的工程結構。清代錢塘江海塘坦水普遍采用條石砌築，可達二層至三層。

〔4〕北大亹　歷史上錢塘江口江流海潮出入有三個口門：龕山、赭山之間稱南大亹；赭山、河莊山之間叫中小亹；河莊山、海寧馬牧港之間稱北大亹。亹，音 mén，意爲峽中兩岸對峙如門的地方，可通作“門”。

〔5〕於尖塔兩山間建石壩堵水　尖山在海寧縣，位于杭州灣岸邊，塔山在海中。清初，海潮走北大亹，兩山間江流海潮出入，迅流奔馳，對北岸海塘造成極大威脅，爲保護海塘安全，從雍正十二年（1734 年）起，修建連接兩山間的挑水石壩，工程浩大，實施艱難，先後四年多才告竣工。壩長八百米，最大水深三四十米，是我國海塘建築史上的傑作。

乾隆元年，署蘇撫顧琮請設海防道，專司海塘歲修事。曾筠請於仁、寧等處酌建魚鱗大石塘[1]六千餘丈，均從之。

明年，建海寧浦兒兜至尖山頭魚鱗大石塘五千九百餘丈。

四年，允浙撫盧焯請，築尖山大壩[2]，次年秋工竣，御製文記之。

六年，左都禦史劉統勛言：“前據閩浙總督德沛請改老鹽倉至章家菴柴塘[3]爲石塘，廷議准行。臣意以爲草塘[4]改建不必過急，南北岸塘工實不宜緩。蓋通塘形勢，海寧之潮猶屬往來滌盪，而海鹽之潮，則對面直衝，其大石塘歲久罅漏，尤宜及早補苴。臣以大概計之，動發七十萬金，而通塘可有苞桑之固。”疏入，命統勛會同浙督德沛、浙撫常安察勘。尋覆稱：“改建石工，誠經久之圖，但須寬以時日，年以三百丈爲率。

七年，總督那蘇圖[5]請先於最險處間段排築石簍，俟根脚堅實，再建石塘。

越二年，遣尚書訥親[6]勘視。疏言：“仁、寧二邑柴塘穩固，若慮護沙坍漲無常，第將中小亹故道開濬，俾潮水循規出入，上下塘俱可安堵。"於是改建石工之議遂寢。七月，蘇撫陳大受[7]言：
"寶山地濱大海，月浦土塘被潮衝刷，請建單石壩，外加樁石坦坡各
百七十丈，并接築沙塘，使與土塘聯屬，中設涵洞宣洩。"下部
議行。

[1] 魚鱗大石塘　清代前期定型的一種海塘結構，是古代海塘的一種水
準較高的型式，經受住了長年潮浪的考驗，至今仍發揮作用。塘身用大條石砌
築，每塊條石長五尺，寬二尺，厚一尺，塊與塊之間都鑿有槽榫，嵌縫聯貫，
緊密結合；用糯米汁石灰漿灌砌，合縫間抿以油灰，用鐵鋦扣榫。砌作高至
18層。基礎密佈梅花樁和馬牙樁。
[2] 尖山大壩　即前述雍正十二年（1734年）始修的尖山至塔山間挑
水壩。
[3] 柴塘　一種海塘結構型式，先用樹枝、荊條等捆成埽牛鋪底，然後
以一層土，一層柴相間夯實，以樁固定，塘背大量填土。
[4] 草塘　這里所指草塘即柴塘。
[5] 那蘇圖　字義文，戴佳氏，滿洲鑲黃旗人。《清史稿》卷三〇八有傳。
[6] 訥親　鈕祜祿氏，滿洲鑲黃旗人。《清史稿》卷三〇一有傳。
[7] 陳大受　字占咸，湖南祁陽人。《清史稿》卷三〇七有傳。

十一年，常安[1]言："蜀山[2]迤北有積沙四五百丈，橫亙中間。
先就沙嘴開溝四，以引潮水攻刷。今伏汛已過，南沙坍卸殆盡，蜀
山已在水中，潮汐漸向南趨。倘秋汛不復涌沙，則大溜竟行中小亹
矣。"報聞。
十二年，常安委員疏濬蜀山一帶，用切沙法疏刷。十一月朔，
中小亹引河一夕沖開，大溜經由故道，南北岸水遠沙長，皆成坦途。
十三年，大學士高斌、訥親先後奉命查勘塘工。斌請於東西柴
石各塘後身加築土壩，攔護潮頭。四月，訥親疏陳善後事宜，命巡
撫方觀承酌議。觀承請於北塘北大亹故道，及三里橋、掇轉廟等處，
設竹簍滾壩[3]，堵禦潮溝，大小山圩改建塊石塘，南塘各工，預籌
防護，并將右營員弁兵丁調派，分汛防駐。下廷議允行。

十六年，允巡撫永貴請[4]，改建山陰宋家漊土塘爲石塘，加築坦水。

十七年，巡撫雅爾哈善[5]言："中亹山勢僅寬六里，浮沙易淤，且南岸文堂山脚有沙嘴百三十餘丈，挑溜北趨，北岸河莊山外亦有沙嘴五十餘丈，頗礙中亹大溜。現將兩處漲沙挑切疏通，俾免阻滯。"得旨嘉勉。

十九年，因浙省塘工無險，省海防道。

二十一年，喀爾吉善[6]言："水勢南趨，北塘穩固，而險工在紹興一帶。擬於宋家漊、楊柳港，照海寧魚鱗大條石塘式，建四百丈。"從之。

二十三年，增築鎮海縣海塘。

二十六年，蘇撫陳宏謀言，常熟、昭文濱海地方，從太倉州境接築土塘。嗣開白茆河、徐六涇二口，建閘啓閉。本年潮漲，石墻傾圮，請改爲滾壩。得旨允行。

---

〔1〕常安　字履坦，納喇氏，滿洲鑲紅旗人。《清史稿》卷三三八有傳。

〔2〕蜀山　杭州灣中小島，位於北大亹和中小亹之間。

〔3〕竹簍滾水壩　竹簍，即竹籠，用竹籠築壩在我國歷史悠久，至遲在漢代已應用。五代時在杭州一代創建了竹籠海塘。

〔4〕永貴　字心齋，拜都氏，滿洲正白旗人。《清史稿》卷三二〇有傳。

〔5〕雅爾哈善　字蔚文，滿洲正紅旗人。《清史稿》卷三一四有傳。

〔6〕喀爾吉善　字澹園，伊爾根覺羅氏，滿洲正黃旗人。《清史稿》卷三〇九有傳。

二十七年，帝南巡，閱海寧海塘工。諭曰："朕念海塘爲越中第一保障。比歲潮勢漸趨北大亹，實關海寧、錢塘諸邑利害。計改老鹽倉一帶柴塘爲石，而議者紛歧。及昨臨勘，則柴塘沙性澀汕，石工斷難措手，惟有力繕柴塘，得補偏救弊之一策。其悉心經理，定歲修以固塘根，增坦水石簍以資擁護。"又諭曰："尖山、塔山之

間，舊有石塘。朕今見其橫截海中，直逼大溜，實海塘扼要關鍵。就目下形勢論，或多用竹簍加鑲，或改用木櫃排砌。如將來沙漲漸遠，宜即改築條石壩工，俾屹然如砥柱，庶北岸海塘永資保障。該督撫等其善體朕意，勤帑償辦，并勒石塔山，以志永久。”

二十八年，蘇撫莊有恭言：“江南松、太海壖土性善坍，華亭、寶山向築坦坡，皆不足恃。應仿浙江老鹽倉改建塊石簍塘。”詔如所請。

三十年春，帝南巡，閱視海寧海塘。諭曰：“繞城石塘，實爲全城保障。塘下坦水，祇建兩層，潮勢似覺頂衝。若補築三層，尤資裨益。著將應建之四百六十餘丈一律添建。”三月工竣。

三十五年，巡撫熊學鵬請於蕭山、山陰、會稽改建魚鱗大石塘。帝以潮勢正趨北亹，與南岸渺不相涉，斥之。

三十七年，巡撫富勒渾疏報中亹引河情形，略言：“潮頭大溜，一由蜀山直趨引河，一由巖峰山西斜入引河，至河莊山中段會合，互相撞擊，仍分兩路西行，隨令員弁於引河中段挑堰溝二十餘道，導引潮溜，俾復中亹故道。”諭曰：“潮汛遷移，乃噓吸自然之勢，若開乞引河，恐徒勞無益。止宜實力保衛隄塘，以待其自循舊軌，不必執意開溝引溜，欲以人力勝海潮也。”

四十三年，浙撫王亶望[1]疏陳海塘情形，命江督高晉會同相度。尋疏言：“章家菴一帶柴工五百丈，潮神廟前柴塘三百丈，應添建竹簍，并排列兩層椿木以防動搖。”從之。

四十五年，帝南巡，幸海寧尖山閱海塘。十二月，命大學士阿桂、南河督陳輝祖赴浙履勘。疏言：“海塘工程，應建石塘二千二百丈，若改爲條石，施工易而成事速，約計三年可以蕆工。”又言：“辦理魚鱗石塘，仿東塘之例，量地勢高下，用十六層至十八層，約需三十萬。”帝命工部侍郎楊魁駐工協辦，次年八月竣工。

四十九年，帝幸杭州，閱視海塘，諭曰：“老鹽倉舊有柴塘，一律添建石塘四千二百餘丈，於上年告竣，自應砌築坦水保護。乃該督撫并未慮及，設遇異漲，豈能抵禦？著將柴塘後之土順坡斜做，并於其上種柳，俾根株盤結，則石柴連爲一勢，即以柴塘爲石塘之坦水。至范公塘一帶，亦必接建石工，方於省城足資鞏護。著撥帑五百萬，交該督撫覈算，分限分年修築。”五十二年工竣。

嘉慶四年，浙撫玉德請改山陰土塘爲柴塘。

十三年，浙撫阮元請改蕭山土岸爲柴塘。

十六年，浙撫蔣攸銛[2]請將山陰各土塘隄一律建築柴塘；蘇撫章煦[3]請將華亭土塘加築單壩二層。均從之。

〔1〕王亶望　山西臨汾人。《清史稿》卷三三九有傳。
〔2〕蔣攸銛　字礪堂，漢軍鑲紅旗人。《清史稿》卷三六六有傳。
〔3〕章煦　字曜青，浙江錢塘（今杭州）人。《清史稿》卷三四一有傳。

道光十三年五月，巡撫富呢揚阿疏言“東西兩防塘工，先擇尤險者修築，需銀五十一萬二千餘兩”。十一月，又言“限內限外各工俱掣坍，需銀十九萬四千餘兩”。十二月，又言“東塘界內，應於前後兩塘中間，另建鱗塘二千六百餘丈，需銀九十二萬二千兩”。均下部議行。

十四年，命刑部侍郎趙盛奎、前東河督嚴烺，會同富呢揚阿查勘應修各工。尋疏言：“外護塘根，無如坦水，擬自念里亭汛至鎮海汛，添建盤頭三座，改建柴塘三千三百餘丈；其西塘烏龍廟以東，應接築魚鱗石塊；海寧繞城石塘，應加高條石兩層。俟明年大汛時續辦。”遣左都御史吳椿往勘，留浙會辦。

十六年三月，工竣，計修築各工萬七千餘丈，用銀一百五十七萬有奇。

三十年，巡撫吳文鎔[1]疊陳海塘石工衝缺，令速搶辦。十月工竣。

咸豐七年八月，海塘埽各工猝被風潮衝坍。十二月，次第堵合。

同治三年，御史洪燕昌言浙江海塘潰決，請速籌款修理。部議將浙海關等稅撥用。

五年，內閣侍讀學士鍾佩賢疏陳海塘關繫東南大局，有四害三可慮。命巡撫馬新貽詳勘，修海寧魚鱗石工二百六十餘丈。

六年，以浙江海塘工鉅費多，議分最要次要修築，期以十年告竣。

七年，兩江總督曾國藩等請修華亭石塘護壩，嗣是塘工歲有修築。

〔1〕吳文鎔　字甄甫，江蘇儀徵人。《清史稿》卷三九六有傳。

光緒三年，修寶山北石塘護土，建護塘攔水各壩，及仁和、海寧魚鱗石塘千三百餘丈。

十年，修昭文、華亭、寶山等處塘壩及石坦坡。

十二年，浙江巡撫劉秉璋言，海鹽原建石塘四千六百餘丈，積年坍損過半，擬擇要興辦，埋砌者五百丈，建復者四百六十丈，需銀二十萬。允之。

十八年，浙撫劉樹棠疏言，海寧繞城石塘坍塌日甚，請添築坦水，以塘工加抽絲捐積存餘欵先行開辦，隨籌款次第興修。從之。

十九年，修太倉茜涇口椿石坦坡百五十一丈，鎮洋楊林口椿石二百丈，昭文施家橋至老人濱雙椿夾石護壩二百丈，華亭外塘純石斜壩四十六丈。

綜計兩省塘工，自道光中葉大修後，疊經兵燹，半就頹圮，迄同治初，興辦大工，庫款支絀，遂開辦海塘捐輸，并勸令兩省絲商，於正捐外，加抽塘工絲捐，給票請獎。旋即停止。

光緒三十年，浙江巡撫聶緝椝請復捐輸舊章，以濟要工。因二十七年以後，潮汐猛烈，次險者變爲極險，擬將柴埽各工清底拆築，非籌集鉅款，不能歷久鞏固云。

河 渠 四

（《清史稿》卷一二九）

直 省 水 利

清代軫恤民艱，亟修水政，黄、淮、運、永定諸河、海塘而外，舉凡直省水利，亦皆經營不遺餘力，其事可備列焉。

順治四年，給事中梁維請開荒田、興水利，章下所司。

十一年，詔曰："東南財賦之地，素稱沃壤。近年水旱爲災，民生重困，皆因水利失修，致誤農工。該督撫責成地方官悉心講求，疏通水道，修築隄防，以時蓄洩，俾水旱無虞，民安樂利。"

康熙元年，重修夾江龍興堰[1]，又鑿大渠以廣灌溉。

二年，修和州銅成堰龍首、通濟二渠[2]。交城磁瓦河漲，水侵城，築隄障之。

三年，修嘉定楠木堰。

九年，修郿縣金渠、寧曲水利。

十二年，重修城固五門堰[3]。

十九年，濬常熟白茆港、武進孟瀆河。

二十三年，修五河南湖隄壩。

二十七年，修徽州魚梁壩。

三十七年，命河督王新命修畿輔水利[4]。

[1] 夾江龍興堰　在今四川夾江縣南十里，康熙四年（1665年）知縣劉際享主持擴建。

[2] 修和州銅城堰龍首通濟二渠　銅城堰又名銅城閘，在安徽含山縣東南八十里，相傳三國吳赤烏中（238—251年）創修。而和州無龍首渠和通濟

渠。原文叙述有誤，標點应该断开。龍首渠在長安縣（今陝西西安市）東北。隋開皇三年（583年）自東南龍首堰下分兩支入城。《宋史·陳堯咨傳》載，龍首渠當年曾加整修。明代也曾多次維修。據《大清一統志·西安府》記載，康熙六年曾加疏濬。通濟渠在長安縣西南。明成化初知府餘子俊開鑿。康熙六年亦重濬。乾隆《西安府志》卷五作："通濟渠……康熙三年賈中丞漢復始議修濬，六年重修"。

〔3〕五門堰 在城固縣西北二十五里，築堤引湑水灌田四萬餘畝。

〔4〕本事可參見《清實録》卷一八七。

三十八年，聖祖南巡，至東光，命直隸巡撫李光地[1]察勘漳河、滹沱河故道。覆疏言："大名、廣平、真定、河間所屬，凡兩河經行之處，宜開濬疏通，由館陶入運。老漳河與單家橋支流合，至鮑家嘴歸運，可分子牙河之勢。"

三十九年，帝巡視子牙河隄，命於閻、留二莊間建石閘，隨時啓閉。御史劉珩言，永平、真定近河地，應令引水入田耕種。諭曰："水田之利，不可太驟。若剋期齊舉，必致難行。惟於興作之後，百姓知其有益，自然鼓勵效法，事必有成。"

四十年，李光地言："漳河分四支，三支歸運皆弱，一支歸淀獨強。遇水大時，當用挑水壩等法，使水分流，北不至挾滹沱以浸田，南不至合衛河以害運。"如所請行。

四十三年，挑楊村舊引河。先是子牙河廣福樓開引河時，文安、大城民謂有益，青縣民謂不便，各集河干互控。至是河成，三縣民皆稱便。天津總兵官藍理[2]請於豐潤、寶坻、天津開墾水田，下部議。旋諭曰："昔李光地有此請，朕以爲不可輕舉者，蓋北方水土之性迥異南方。當時水大，以爲可種水田，不知驟漲之水，其涸甚易。觀琉璃河、莽牛河、易河之水，入夏皆涸可知。"次年部臣仍以開墾爲請，諭以此事暫宜存置，可令藍理於天津試開水田，俟冬後踏勘。

〔1〕李光地 字晉卿，福建安溪人。《清史稿》卷二六二有傳。

〔2〕藍理　字義山，福建漳浦人。《清史稿·藍理傳》卷二六一載：康熙四十三年（1704 年）"以畿輔地多荒窪，請於天津開墾水田百五十頃，歲收稻穀，民號曰藍田"。

四十八年，濬鄭州賈魯河故道，自東趙迄黄河涯口新莊。於東趙建閘一，黄河涯口築草壩石閘各一。甘肅巡撫舒圖言："唐渠[1]口高於身，水勢不暢，應引黄河之水匯入宋澄堡。如水不足用，更於上游近黄處開河引水，酌建閘壩，以資蓄洩。"從之。江蘇巡撫於準[2]言："丹陽練湖，冬春洩水濟運，夏秋分灌民田。自奸民圖利，將下湖之地佃種升科，民田悉成荒瘠。請復令蓄水爲湖，得資灌溉。"從之。

五十七年，以沛縣連年被水，命河督趙世顯察勘。世顯言："金鄉、魚臺之水，由沛之昭陽湖歷微山湖，從荆山口出貓兒窩入運。近因荆山口十字河淤墊，致低田被淹。應將沙淤濬通，再於十字河上築草壩。若遇運河水淺，即令堵塞，俾水全歸微山湖，出湖口閘以濟運，則民田漕運兩有裨益。"從之。

世宗時，於畿輔水利尤多區畫。雍正三年，直隸大水，命怡親王允祥、大學士朱軾相度修治。因疏請濬治衛河、淀池、子牙、永定諸河，更於京東之灤、薊，京南之文、霸，設營田專官，經畫疆理。召募老農，謀導耕種。

四年，定營田四局，設水利營田府，命怡親王總理其事，置觀察使一。自五年分局至七年，營成水田六千頃有奇。後因水力贏縮靡常，半就湮廢[3]。是年命侍郎通智、單疇書，會同川督岳鍾琪[4]，開惠農渠[5]於查漢托護，以益屯守，復建昌潤渠於惠農渠東北。

六年，浚文水近汾河渠，引灌民田，開嵩明州楊林海[6]以洩水成田。

八年，帝以寧夏水利在大清、漢、唐三渠[7]，日久頹壞，命通智同光禄卿史在甲勘修。是年修廣西興安靈渠[8]，以利農田，通行舟。濬陳、許二州溝洫。

[1] 唐渠　亦名唐徠渠，爲古灌區。渠名最早見于《宋史·夏國傳》。位于寧朔縣（今銀川市）西南。渠長三百二十里，清康熙灌田四千八百餘頃。

[2] 于準　字子繩，山西永寧人。《清史稿·于成龍傳附于準傳》卷二七七。

[3] 水利營田　事參見《畿輔水利四案》《水利營田圖説》。

[4] 岳鍾琪　字東美，四川成都人。《清史稿》卷二九六有傳。

[5] 惠農渠　在今寧夏銀川市東，雍正四年（1726年）開。長三百里，溉田二萬餘頃，後多次改道，改口，灌田面積變化很大。

[6] 楊林海　亦名嘉利澤、羅婆澤。在雲南嵩明州東南。

[7] 大清漢唐三渠　漢渠約相當後代之漢延渠，相傳創始于漢代。在今銀川市東南，渠長二百三十里，灌田三千八百餘頃，此後灌溉面積時有增縮。大清渠在漢、唐二渠之間，溉田一千餘頃，康熙四十八年（1709年）創開。

[8] 靈渠　位于廣西興安縣境，溝通湘、漓二水之人工運河，始建于秦始皇十八年（公元前219年）。

十年，雲貴總督鄂爾泰言："滇省水利全在昆明海口，現經修濬，膏腴田地漸次涸出。惟盤龍江、金棱、銀棱、寶象等河俱與海口近，亟宜建築壩臺。"又言："楊林海水勢暢流，周圍草塘均可招民開墾。宜良江頭村舊河地形稍高，宜另開河道以資灌溉。尋甸河整石難鑿，宜另濬沙河，俾得暢流。東川城北漫海，水消田出，亦可招墾[1]。"均從之。

十二年，營田觀察使陳時夏言："文安、大城界内修橫隄千五百餘丈，營田四十八頃俱獲豐收。但恐水涸即成旱田，請於大隄東南開建石閘，北岸多設涵洞，以資宣洩。"從之。

乾隆元年，大學士嵇曾筠請疏濬杭、湖水利。兩廣總督鄂彌達[2]言："廣、肇二屬沿江一帶基圍，關繫民田廬舍，常致衝坍，請於險要處改土爲石，陸續興建。"下部議行。江南大雨水，淮陽被淹，命濬宿遷、桃源、清河、安東及高郵、寶應各水道。

二年，命總督尹繼善籌畫雲南水利，無論通粤通川及本省河海，凡有關民食者，及時興修。陝西巡撫崔紀^[3]陳鑿井灌田以佐水利之議。諭令詳籌，勿擾閭閻。

三年，大學士管川陝總督事查郎阿^[4]言：“瓜州地多水少，民田資以灌溉者，惟疏勒河之水，河流微細。查靖逆衛北有川北、鞏昌兩湖，西流合一，名蘑菇溝。其西有三道柳條溝，北流歸擺帶湖。請從中腰建閘，下濬一渠，截兩溝之水盡入渠中，爲回民灌田之利。”貴州總督張廣泗^[5]請開鑿黔省河道，自都勻經舊施秉通清水江至湖南黔陽，直達常德，又由獨山三脚坉達古州，抵廣西懷遠，直達廣東，興天地自然之利。均下部議行。

四年，安徽布政使晏斯盛^[6]言，江北鳳、潁以睢水爲經，廬州以巢湖爲緯，他如六安舊有隄堰，滁、泗亦多溪壑，概應動帑及時修濬，從之。川陝總督鄂彌達等言：“寧夏新渠、寶豐，前因地震水湧，二縣治俱沉没。請裁其可耕之田，將漢渠尾展長以資灌溉。惟查漢渠百九十餘里，渠尾餘水無多，若將惠農廢渠口修整引水，使漢渠尾接長，可灌新、寶良田數千頃。”上嘉勉之。

〔1〕清代滇池流域水利參見《雲南省城六河圖説》。
〔2〕鄂彌達　鄂濟氏，滿洲正白旗人，《清史稿》卷三二三有傳。
〔3〕崔紀初　名珺，字南有，山西永濟人。《清史稿》卷三〇九有傳。
〔4〕查郎阿　字松莊，納喇氏，滿洲鑲白旗人。《清史稿》卷二九七有傳。
〔5〕張廣泗　漢軍鑲紅旗人，《清史稿》卷二九七有傳。
〔6〕晏斯盛　字虞際，江西新喻（今江西新余市渝水區）人。《清史稿》卷三〇九有傳。

五年，河督顧琮言：“前經總河白鍾山奏稱‘漳河復歸故道，則衛河不致泛溢，爲一勞永逸之計’。臣等確勘，自和兒寨東起，至青縣鮑家嘴入運之處止，計程六百餘里，河身淤淺，兩岸居民稠密。若益以全漳之水，勢難容納，則改由故道，於直隸不能無患，然不由故道，又於山東不能無患。惟有分洩防禦，使兩省均無所害，庶爲經久之圖。"總辦江南水利大理卿汪漋言："鹽城東塘河及阜寧、山陽各河道，高郵、寶應下游，及串場河、潄潼河，俱淤淺，應挑濬。其串場河之范堤[1]，及拼茶角二場隄工，俱逼海濱，應加寬厚。揚州各閘壩應疏築，限三年告成。"均如所請行。安徽巡撫陳大受言："江北水利關繫田功。原任藩司晏斯盛奏定興修，估銀四十餘萬。竊思水利固爲旱澇有備，而緩急輕重，必須熟籌。各州縣所報，如河圩湖澤，及大溝長渠，工程浩繁，民力不能獨舉，自應官爲經理。其餘零星塘壋，現有管業之人，原皆自行疏濬，朝廷豈能以有限錢糧，爲小民代謀畚鍤？"上韙之。河南巡撫雅爾圖言："豫省水利工程，惟上蔡估建隄壩，係防蔡河異漲之水。其餘汝河、潩河隄堰，應令地主自行修補。至開濬汝河、潁河等工，請停罷以節糜費。"報聞。

六年春，雅爾圖言："永城地窪積潦，城南舊有渠身長三萬一千餘丈，通澮河，年久淤淺。現乘農隙，勸諭紳民挑濬，俾水有歸。"又言："前奉諭旨，開濬省城乾涯河，復於中牟創開新河一，分賈魯河水勢，由沙河會乾涯河，以達江南之渦河而匯於淮，長六萬五千餘丈，今已竣工。"賜名惠濟。

[1] 范堤　亦名范公堤，位于今江蘇省鹽城市東二里，是蘇北著名的捍海塘堰。始建于唐代大曆年間（766—779年），後廢毀。北宋天聖二年至六年（1024—1028年）范仲淹主持重修，遂名。長一百五十里。元代延長到三百餘里。

九年，御史柴潮生[1]言："北方地勢平衍，原有河渠淀泊水道可尋。如聽其自盈自涸，則有水無利而獨受其害。請遣大臣齎帑興

修。”命吏部尚書劉於義[2]往保定，會同總督高斌，督率辦理。尋
請將宛平、良鄉、涿州、新城、雄縣、大城舊有淀渠，與擬開河道，
并隄埝涵洞橋閘，次第興工。下廷議，如所請行。先是御史張漢疏
陳湖廣水利，命總督鄂彌達查勘。至是疏言：“治水之法，有不可與
水爭地者，有不能棄地就水者。三楚之水，百派千條，其江邊湖岸
未開之隙地，須嚴禁私築小垸，俾水有所匯，以緩其流，所謂不可
爭者也。其倚江傍湖已闢之沃壤，須加謹防護隄塍，俾民有所依以
資其生，所謂不能棄者也。其各屬迎溜頂衝處，長隄連接，責令每
歲增高培厚，寓疏濬於壅築之中。”報聞。

十一年，大學士署河督劉於義等疏陳慶雲、鹽山續勘疏濬事宜，
下部議行。青州彌河水漲，衝開百餘丈決口，旋堵。博興、樂安積
水，挑引河導入溜河。

十二年夏，宿遷、桃源、清河、安東之六塘河，及沭陽、海州
之沭河，山水漲發，地方被淹，命大學士高斌、總督尹繼善，會同
河臣周學健往勘。議於險處加寬挑直，建石橋，開引河，官民協力
防護，從之。

十三年，湖北巡撫彭樹葵言：“荊襄一帶，江湖袤延千餘里，一
遇異漲，必借餘地容納。宋孟琪於知江陵時，曾修三海八櫃[3]以瀦
水。無如水濁易淤，小民趨利者，因於岸腳湖心，多方截流以成淤，
隨借水糧魚課，四圍築隄以成垸，人與水爭地爲利，以致水與人爭
地爲殃。惟有杜其將來，將現垸若干，著爲定數，此外不許私自增
加。”報聞。

十四年，雲南巡撫圖爾炳阿[4]以疏鑿金沙江底績，纂進《金沙
江志》。

[1] 柴潮生　字禹門，浙江仁和人。對今海河流域水利多所興作。《清史
稿》卷三〇六對其治水主張和成就有較詳細論述。
[2] 劉於義　字喻旃，江蘇武進人。《清史稿》卷三〇七有傳。

〔3〕三海八櫃 初爲宋人防禦元兵的軍事設施。《宋史》卷四一二《孟珙傳》載："沮漳之水於舊自城西入江，因障而東之，俾遶城北入于漢，而三海遂通爲一。隨其高下爲置蓄洩，三百里間渺然巨浸。土木之工百七十萬，民不知役。繪圖上之"。元滅宋後，廉希憲排積水，墾田。

〔4〕圖爾炳 阿佟桂氏，滿洲正白旗人。《清史稿》卷三三七有傳。

十七年，江蘇巡撫莊有恭[1]言："蘇州之福山塘河，太倉之劉河，乃常熟等八州縣水利攸關，歲久不修，旱澇無備。請於附河兩岸霑及水利各區，按畝酌捐，興工修建。"得旨嘉獎。

十八年，陝甘總督黃廷桂[2]言："巴里坤之尖山子至奎素[3]，百餘里內地畝皆取用南山之水，自山口以外，多滲入沙磧，必用木槽接引，方可暢流。請於甘、涼、肅三處撥種地官兵千名，前往疏濬。"如所請行。以江南、山東、河南積年被水，而山東之水匯於淮、徐，河南之水達於鳳、潁，須會三省全局以治之，命侍郎裘曰修、夢麟往來察閱，會江蘇、安徽、河南各巡撫計議。尋曰修言："包、澮二河在宿、永連界處，爲洩水通商之要道。入安徽境內有石橋六，應加寬展。洪河、睢河與虹縣之柏家河、下江之林子河、羅家河，應補修子堰。鳳臺之裔溝、黑濠、涇泥三河應挑深，使暢達入淮。"夢麟言："碭山、蕭縣、宿遷、桃源、山陽、阜寧、沭陽共有支河二十餘，應分晰疏濬。"均從之。

〔1〕莊有恭 字容可，廣東番禺（今廣東廣州市）人。《清史稿》卷三二三有傳。

〔2〕黃廷桂 字丹崖，漢軍鑲紅旗人。《清史稿》卷三二三有傳。

〔3〕尖山子至奎素 奎素即奎素塘，在巴里坤東九十里。尖山子在巴里坤西數十里。

二十三年，豫省開濬河道工竣，允紳民請，於永城建萬歲亭，并御制文志之。山東巡撫阿爾泰言："濟寧、汶上、嘉祥毗連蜀山湖，地畝湮没約千餘頃，擬將金綫、利運二閘啓閉，使湖水濟運，坡水歸湖，可以盡數涸出。"得旨嘉獎[1]。

二十四年，濬京師護城河及圓明園一帶河。御史李宜青請疏濬畿輔水源，命直隸總督方觀承條議以聞。觀承言："東西二淀千里長隄，即宋臣何承矩興堰遺蹟[2]。今昔情形有異。倘泥往迹，害將莫救。如就淀言利，則三百餘里中水村物産，視昔加饒，惟遇旱而求通雨澤於水土之氣，則人事有當盡者耳。"四川總督開泰[3]言："灌縣都江大堰引灌成都各屬及眉、邛二州田畝，寧遠南有大渡河，自冕寧抵會理三口，與金沙江合，支河雜出，堰壩最多，俱應相機修濬。"部議從之。

初，御史吳鵬南請責成興修水土之政，命各督撫經畫。浙江巡撫莊有恭言水之大利五，江、湖、海、渠、泉。他省得其二三，而浙實兼數利。金、衢、嚴三郡，各有山泉溪澗，灌注成渠，堰壩塘蕩，無不具備。惟仁和、錢塘之上中市、三河垸、區塘、苕溪塘、海鹽之白洋河、湯家鋪廟、涇河，長興之東西南溇港，永嘉之七都新洲陡門、九都水湫、三十四都黃田浦陡門，實應修舉，以收已然之利。至杭州臨平湖[4]、紹興夏蓋湖[5]，有關田疇大利，應設法疏挑，或召佃墾種，再體勘辦理。"允之。

[1] 本事參閱本志《河渠二》。
[2] 事見《宋史·食貨志·屯田》卷一七六和《宋史·何承矩傳》卷二七三。
[3] 開泰　島雅氏，滿洲正黃旗人。《清史稿》卷三二六有傳。
[4] 臨平湖　在今浙江杭州市余杭區境。
[5] 夏蓋湖　在上虞縣西北四十里。

二十五年，阿爾泰疏言："東省水利，以濟運爲關鍵，以入海爲歸宿。濟、東、泰、武之老黃河、馬頰、徒駭等河，兗、沂、曹之洸、涑等河，共六十餘道，皆挑濬通暢。運河民埝計長七百餘里，亦修整完固。青、萊所屬樂安、平度、昌邑、濰縣、高密等州縣，應挑支河三十餘，俱節次挑竣。萊州之膠萊河，納上游諸水，高密有膠河，亦趨膠萊，易致漫溢，應導入百脉湖，以分水勢。沂州屬蘭、郯境內應開之武城等溝河二十五道，又續挑之響水等溝河二十五道，引窪地之水由江南邳州入運，并已工竣。"帝嘉之。

二十六年，河東鹽政薩哈岱言："鹽池地窪，全恃姚暹渠[1]爲宣洩。近因渠身日高，漲漫南北隄堰禁墻內。黑河實産鹽之本，年久淺溢。涑水河西地勢北高南下，倘汛漲南趨，則鹽池益難保護。五姓湖爲衆水所匯，恐下游阻滯，逆行爲患。均應及時疏通。"從之。

明年，帝南巡，諭曰："江南濱河阻泇之區，霖潦堪虞，而下游蓄洩機宜，尤以洪澤湖爲關鍵。自邵伯以下，金灣及東西灣滾壩[2]，節節措置，特爲三湖旁疏曲引起見。若溯源絜要，莫如廣疏清口，乃及今第一義。至六塘河尾閭橫經鹽河以達於海，所有修防事宜，該督、撫、河臣會同鹽政，悉心核議以聞。"

[1] 姚暹渠 始建于後魏正始二年（505 年）。引平坑水西入黃河運鹽。隋大業中（605—618 年）都水監姚暹浚渠，改名姚暹渠。後代屢有維修記綠。
[2] 金灣及東西灣滾壩 在甘泉縣，爲運河歸江十壩之三。金灣滾水壩洩水入芒稻河。東西灣二壩洩水入太平河。

二十八年，帝以天津、文安、大城屢被霑潦，積水未消，命大學士兆惠[1]督率經理。又以日修前辦豫省水利有效，命馳往會勘，復命阿桂會同總督方觀承酌辦。阿桂等以"子牙河自大城張家莊以下，分爲正、支二河，支河之尾歸入正河，形勢不順。請於子牙河村南斜向東北挑河二十餘里；安州依城河爲入淀尾閭，應挑長二千二百餘丈；安、肅之漕河，應挑長三千七百餘丈。其上游之姜女廟，應建滾水石壩，使水由正河歸淀。新安韓家墱一帶爲西北諸水匯歸之所，應挑引河十三里有奇”。如所議行。

二十九年，改建惠濟河石閘[2]。修湖北溪鎮十里長隄，及廣濟、黃梅江隄。濬江都堰，開支河一，使漲水徑達外江。

三十二年，修築淀河隄岸，自文安三灘里至大城莊兒頭，長二千七百餘丈。山東巡撫崔應階[3]言：“武定近海地窪，每遇汛漲，全恃徒駭、馬頰二河分流入海。徒駭下游至霑化入海處，地形轉高，難議興挑。勘有壩上莊舊漫口河形地勢順利，應開支河，俾兩道分洩。”江蘇巡撫明德言：“蘇州南受浙江諸山經由太湖之水，北受揚子江由鎮江入運之水，伏秋汛發，多致漫溢。請修吳江、震澤等十縣塘路。”均從之。

〔1〕兆惠　字和甫，吳雅氏，滿洲正黃旗人。《清史稿》卷三一三有傳。
〔2〕惠濟河石閘　位于運河入淮河段上的船閘。
〔3〕崔應階　字吉升，湖北江夏（今湖北武漢市）人。《清史稿》卷三〇九有傳。

三十三年，滹沱水漲，逼臨正定城根，添築城西南新隄五百七十餘丈，迴水隄迤東築挑水壩[1]五。河神祠前築魚鱗壩[2]八十丈。藁城東北兩面，滹水繞流，順岸築埽三百六十丈，埽後加築土埝。

三十五年，挑濬蘇郡入海河道，白茆河自支塘鎮[3]至滾水壩，長六千五百三十餘丈；徐六涇河自陳蕩橋至田家壩，長五千九百九十餘丈。

三十六年，濬海州之薔薇、王家口、下坊口、王家溝四河。以直隸被水，命侍郎袁守侗、德成分往各處督率疏消。尚書裘曰修往來調度，總司其事。山東巡撫徐績查勘小清河情形，請自萬丈口挑至還河口，計四十里，使正、引兩河分流，由河入泊，由泊達溝歸海。詔如所議行。廣西巡撫陳輝祖言：“興安陡河[4]源出海陽山，至分水潭，舊築鏵嘴[5]以分水勢，七分入湘江爲北陡，三分入灕江爲南陡，於進水陡口内南北建大小天坪[6]，以資蓄洩，復建梅陽坪，以過旁行故道，并以引灌糧田。近因連雨衝陷，請修復土石各工。”下部知之。

〔1〕挑水壩　在堤防迎溜頂衝處的上游建挑水壩，以便將大溜挑離險工地段。

〔2〕魚鱗壩　即小雞嘴壩，壩間或相去十丈，或相去二十丈，重叠遥接如鱗砌者也。

〔3〕支塘鎮　在江蘇常熟縣東四十五里。

〔4〕興安陡河　即興安靈渠，因南北渠上均建有多道陡門（船閘），故亦稱陡河。

〔5〕鏵嘴　即分水魚嘴，由大小天平斜交構成，因成鏵犂狀，故名。

〔6〕大小天坪　即大小天平，組成分水鏵嘴之兩翼，起滾水壩的作用。湘江水小，由大小天平兩翼分入南北陡渠。湘江水大，即溢過大小天平，回歸下游湘江故道。

三十八年，挑濬禹城漯河[1]、高密百脉湖引河。

四十年，修築武昌省城金河洲、太乙宫濱江石岸。江南旱，高、寶皆歉收。總督高晋，河督吳嗣爵、薩載合疏言：“嗣後洪湖[2]水勢，應以高堰志樁[3]爲準，各閘壩涵洞相機啓放，總使運河存水五尺以濟漕，餘水佇歸下河以資灌溉。”從之。

四十一年，修西安四十七州縣渠堰共千一百餘處。總督高晋言：“瓜洲城外查子港工接連廻瀾壩，江岸忽於六月裂縫，坍塌入江約百餘丈，西南城墙塌四十餘丈。現在水勢已平，擬將瓜洲量爲收進，讓地於江，并沿岸築土壩以通縴路。”諭令妥善經理。

四十二年，山西巡撫覺羅巴延三言：“太原西有風峪口，旁俱大山，大雨後山水下注縣城，猝難捍禦。請自峪口起，開河溝一，直達汾水，所占民田止四十餘畝，而太原一城可期永無水患。”

四十三年，疏濬湖州漊港七十二。修昌邑海隄，居民認墾隄内鹻廢地千二百餘頃。濬鎮洋劉河，自西陳門涇上頭起，至王家港止。

四十四年，改建宣化城外柳川河石壩，并添築石坦坡。漳河下游沙莊壩漫口，淹及成安、廣平，水無歸宿。於成安柏寺營至杜木營，繞築土埝千一百餘丈。

〔1〕漯河　禹城縣西二里，東北入臨邑縣界，俗名大土河。宋以前曾爲黄河主流所經。
〔2〕洪湖　即洪澤湖。
〔3〕高堰志椿　即高家堰處的水尺。

四十七年，雲南巡撫劉秉恬[1]言：“鄧川之彌苴河，上通浪穹，下注洱海，中分東西兩湖。東湖由河入海，河高湖低，每遇夏秋漲發，迴流入湖，淹没附近糧田。紳民倡捐，將湖尾入海處堵塞，另開子河，引東湖水直趨洱海，又自青石澗至天洞山，築長隄、建石閘，使河歸隄内，水由閘出，歷年所淹田萬一千二百餘畝，全行涸出。”得旨嘉獎。又言：“楚雄龍川江自鎮南發源，入金沙江。近年河溜逼城，請於相近鎮水塔挑濬深通，導引河溜復舊。又澂江之撫仙湖下游，有清水、渾水河各一，渾水之牛舌石壩被衝，匯流入清，以致爲害。請於牛舌壩東另開子河，以洩渾水，并將河身改直，使清水暢達。”上獎勉之。

五十年，河南巡撫何裕城言：“衛河歷汲、淇、滑、濬四縣，濱河田畝，農民築隄以防淹浸，不能導河灌田。輝縣百泉地勢卑下，而獲嘉等縣較高，難以紆迴導引。其餘汲縣、新鄉并無泉源，祇有鑿井一法，既可灌田，亦藉以通地氣，已派員試開。”濬賈魯、惠濟[2]兩河。修寧夏漢延、唐來、大清、惠農四渠。

五十一年，山東商人捐資挑濬鹽河[3]，并於東阿、長清、齊河、歷城建閘八。

〔1〕劉秉恬　字德引，山西洪洞人。《清史稿》卷三三二有傳。

〔2〕惠濟河　自河南杞縣，經柘城，至鹿邑入渦河。

〔3〕鹽河　即大清河。該河道已爲咸豐五年（1855年）銅瓦廂改道後的黃河所佔據。

五十三年，荆州萬城隄[1]潰，水從西北兩門入，命大學士阿桂往勘。尋疏言：“此次被水較重，土人多以下游之窖金洲[2]沙漲逼溜所致，恐開挑引河，江水平漾無勢，仍至淤閉。請於對岸楊林洲靠隄先築土壩，再接築鷄嘴石壩，逐步前進，激溜向南，俟洲坳刷成兜灣，再趁勢酌挑引河，較爲得力。”報聞。

五十四年，濬通惠河[3]、朝陽門外護城河及温榆河。五十五年，培修千里長隄[4]，瀦龍河、大清河、盧僧河等隄，鳳河東隄，及西沽、南倉、海河等壩道，改建豐城東西隄[5]石工。築潛江仙人舊隄千二百八十餘丈。挑濬永城洪河。

五十七年，兩江總督書麟[6]等言：“瓜洲均係柴壩，江流溜急，接築石磯，不能鞏固。請於迴瀾舊壩外，抛砌碎石，護住埽根，自裹頭坍卸舊城處所靠岸，亦用碎石抛砌，上面鑲埽。嗣後每年挑溜，可期溜勢漸遠。”得旨允行。又言：“無爲州河形兜灣，應將永成圩壩加築寬厚。擬於馬頭埂開宄河口三十丈，曾家腦至東圩壩舊河亦展寬三十丈，俾河流順暢。”上韙之。改蕭山荷花池隄爲石工，堵河内民堰漫口五十餘丈，修復豐城江岸石隄。

五十九年，荆州沙市大壩，因江流激射，勢露頂衝，添建草壩。

〔1〕萬城堤　位于湖北江陵西南，是荆江大堤的重要堤段。乾隆五十三年（1788年）九月長江發生特大洪水，萬城堤潰決二十多處。

〔2〕窖金洲　位于今湖北沙市市長江段中的江心洲，明代原爲一小沙洲，乾隆末年已擴大爲約占江面寬度三分之一的大沙洲。

〔3〕通惠河　元代开凿京杭运河最北端大都（北京）至通州的一段運河。

〔4〕千里長堤　大清河南岸堤防，起自清苑，歷安州、新安、高陽、河

間、任丘、雄縣、保定、霸州、文安、大城等十一州縣，長十三萬餘丈。始建于康熙三十七年（1698 年）。

〔5〕豐城東西隄　江西豐城縣西北贛江的堤防，長百餘里。

〔6〕書麟　字綬齋，高佳氏，滿洲鑲黃旗人。《清史稿》卷三四三有傳。

　　嘉慶五年，挑濬牤牛河、黃家河，及新安、安、雄、任丘、霸、高陽、正定、新樂八州縣河道。

　　六年，京師連日大雨，撥內帑挑濬紫禁城內外大城以內各河道，及圓明園一帶引河。文安被水，命直督陳大文[1]詳議。疏言：“文地極窪，受水淺，地與河平，自建治以來，別無疏濬章程。惟查大城河之廣安橫隄，爲文邑保障，迤南有河間千里長隄，可資外衞。兩隄之中，有新建閘座，以洩河間漫水。再於地勢稍下之龍潭灣，開溝疏濬，或不致久淹。”從之。

　　八年，伊犁將軍松筠言：“伊犁土田肥潤，可耕之地甚多，向因乏水，今擬設法疏渠引泉，以資汲灌。應請廣益耕屯，以裕滿兵生計，并借官款備辦耕種器物。”如所請行。

　　十一年，疏築直隸千里長隄，及新舊格淀隄[2]。

　　十二年，湖廣總督汪志伊[3]言：“隄垸[4]保衞田廬，關繫緊要。漢陽等州縣均有未涸田畝，未築隄塍[5]。應亟籌勘辦，以興水利而衞民田。”從之。

　　十六年，以畿輔災歉，命修築任丘等州縣長隄，并雄縣叠道[6]，以工代賑。

　　十七年，濬武進孟瀆河。挑阜寧救生河，太倉劉河。修天津、静海兩縣河道。濬東平小清河，及安流、龍拱二河，民便河。

〔1〕陳大文　河南杞縣人，《清史稿》卷三五七有傳。

〔2〕格淀隄　一名隔淀大堤，乾隆十年（1745 年）創建。自大城縣莊兒頭起，歷静海縣，抵天津西沽，長八十四里。

〔3〕汪志伊　字稼門，安徽桐城人。《清史稿》卷三五七有傳。
〔4〕堤垸　垸田是兩湖地區臨江濱湖地區的一種農田水利類型。即用大堤將農田與外水隔開，垸內形成農田水利系統。此處所説堤垸，即垸田的大堤和小堤（垸）。
〔5〕隄塍　塍是稻田小堤。堤塍即大小堤防。
〔6〕叠道　兼作交通道路的大堤。

十八年。江南河道總督初彭齡[1]疏陳江省下河水利，宜加修理。得旨允行。

十九年，大名、清豐、南樂三縣七十餘莊地畝，久爲衞水淹没，村民自願出夫挑㧟，請官爲彈壓。御史王嘉棟疏言：“杭、嘉、湖被旱歉收，請開濬西湖，以工代賑。”皆允之。

二十一年，疏濬吳淞江。

二十二年，章丘民言，長白、東嶺二山之水，向歸小清河入海。自灰壩被衝，水歸引河，章丘等縣屢被水災。命禮部侍郎李鴻賓往勘。次年，巡撫陳預疏言：“小清河以章丘、鄒平、長山、新城爲上游，高苑、博興、樂安爲下游，正河及支派溝多有淤墊。請先疏濬上游，并將漴山等二泊一湖挑㧟寬深，則水勢不至建瓴直注，下游亦不驟虞漫溢。”得旨允行。建沔陽石閘，挑引渠，以時啟閉。

二十五年，修都江堰。御史陳鴻條陳興修水利營田事宜，命直隸、山東、山西、河南各督撫一體籌畫興舉。修襄陽老龍石隄[2]。庫車辦事大臣嵩安疏報別什托固喇克等處挑渠引水，墾田五萬三千餘畝。有詔襄勉。

〔1〕初彭齡　字頤園，山東萊陽人。《清史稿》卷三五五有傳。
〔2〕襄陽老龍石隄　在襄陽西北十里，明萬曆中楊一魁創建。

道光元年，修湖州黑窰廠江隄，濬涇陽龍洞渠[1]、鳳陽新橋河。
二年，加築襄陽老龍石隄。濬正定柏棠、護城、洩水、東大道等河，并修斜角、迴水等隄。興修杭州北新關外官河縴道。直隸總督顏檢[2]請築滄州捷地減河閘壩，滄青縣、興濟兩減河，修通州果渠村壩埝。皆如議行。疏滄銅山荊山橋河道，及南鄉奎河。挑江都三汊河子、鹽河五閘淤淺，及沙漫州江口沙埂。修豐城及新建惠民橋隄。

三年，修汾河隄堰，并移築李綽堰，改挖河身。修天門、京山、鍾祥隄垸，及監利櫻桃堰、荊門沙洋隄。挑挖熱河旱河，并添修荊條單壩。堵文安崔家窰、崔家房漫口。修河東鹽池馬道護隄，并滄姚暹渠、李綽堰[3]、涑水河。刑部尚書蔣攸銛[4]言：“上年漳河漫水下流，由大名、元城直達紅花隄，潰決隄埝，由館陶入衛，應亟籌議。”命大學士戴均元[5]馳勘。尋奏言：“元城引河穿隄入衛，河身窄狹，應挑直展寬，以暢其流。紅花隄以下新刷水溝五百餘丈，應挑成河道，以期分洩。”又：“漳自南徙合洹以來，衛水爲其頂阻，每遇異漲，民埝不能捍禦，以致安陽、內黃頻年衝決。今漳北趨，業已分殺水勢。擬於樊馬坊、陳家村河幹北岸築壩堵截，使分流歸併一處。自柴村橋起，接連洹河北岸，建築土壩，樊馬坊以下王家口添築土格土壩，以免串流南趨，使漳、洹不致再合。”詔皆從之。

〔1〕龍洞渠　其前身是秦代興建的鄭國渠。由于涇水逐漸下切，鄭白渠引涇水越來越困難。乾隆二年（1737年）終于將引涇渠口堵閉，專引泉水灌溉。更名龍洞渠。龍洞渠最初灌田七萬餘畝，至清末減少到二萬畝。
〔2〕顏檢　字惺甫，廣東連平人。《清史稿》卷三五八有傳。
〔3〕李綽堰　在山西夏縣南八里。爲解州鹽池東第二堰。
〔4〕蔣攸銛　字礪堂，漢軍鑲紅旗人。《清史稿》卷三六六有傳。
〔5〕戴均元　字修原，江西大庾人。《清史稿》卷三四一有傳。

四年，築德化、建昌、南昌、新建四縣圩隄[1]。修培荊州萬城大隄橫塘以下各工，及監利任家口、吳謝垸漫決隄塍。給事中朱爲弼請疏浚劉河、吳淞，及附近太湖各河。御史郎葆辰請修太湖七十二溇港，引苕、霅諸水入湖以達於海。御史程邦憲請擇太湖洩水最要處所，如吳江隄之垂虹橋[2]、遺愛亭、龐山湖[3]，疏剔沙淤，剗除蕩田，令東注之水源流無滯。先後疏入，命兩江總督孫玉庭[4]、江蘇巡撫韓文綺、浙江巡撫帥承瀛[5]會勘。玉庭等言：“江南之蘇、松、常、太，浙江之杭、嘉、湖等屬，河道淤墊，遇漲輒溢。現勘水道形勢，疆域雖分兩省，源委實共一流。請專任大員統治全局。”命江蘇按察使林則徐[6]綜辦江、浙水利。

　　御史陳澐疏陳畿輔水利，請分別緩急修理。給事中張元模請於趙北口連橋[7]以南開橋一座，以古趙河[8]爲引河，并挑北盧僧河，以分減白溝[9]之獨流。帝命江西巡撫程含章署工部侍郎，辦理直隸水利，會同蔣攸銛履勘。含章請先理大綱，興辦大工九。如疏天津海口，濬東西淀、大清河，及相度永定河下口，疏子牙河積水，復南運河舊制，估修北運河，培築千里長隄，先行擇辦。此外如三支、黑龍港、宣惠、滹沱各舊河，沙、洋、洺、滋、㳠、唐、龍鳳、龍泉、瀦龍、牤牛等河，及文安、大城、安州、新安等隄工，分年次第辦理。又言勘定應濬各河道，塌河淀[10]承六減河，下達七里海[11]，應挑寬賈口河以洩北運、大清、永定、子牙四河之水入淀。再挑西隄引河，添建草壩，洩淀水入七里海，挑邢家坨，洩七里海水入薊運河，達北塘入海。至東淀、西淀[12]爲全省瀦水要區，十二連橋爲南北通途，亦應擇要修治。均如所請行。濬虞城惠民溝，夏邑巴清河、永城減水溝。玉庭言：“三江水利，如青浦、婁縣、吳江、震澤、華亭承太湖水，下注黃浦，各支河淺滯淤阻，亟應修砌。吳淞江爲太湖下注幹河，由上海出閘，與黃浦合流入海。因去路阻塞，流行不暢，應於受淤最厚處大加挑浚。”得旨允行。

〔1〕圩堤　圩田與外水相隔的堤防。圩田是與兩湖垸田和廣東基圍（又稱堤圍）相類似的農田水利系統，建于濱江和濱湖區。

〔2〕垂虹橋　即吳江長橋，上有垂虹亭，始建于北宋慶曆中。

〔3〕龐山湖　在吳江縣東三里，西接太湖，東出急水港。

〔4〕孫玉庭　字寄圃，山東濟寧人。嘉慶二十一年（1816年）至道光元年（1821年）任兩江總督。《清史稿》卷三六六有傳。

〔5〕帥承瀛　字仙舟，湖北黃梅人。《清史稿》卷三八一有傳。

〔6〕林則徐　字少穆，福建侯官人。近代史上的著名人物。在新疆、黃河、江浙等處水利建設上均有建樹。《清史稿》卷三六九有傳。

〔7〕趙北口連橋　在雄縣南，是白洋淀出水道的咽喉部位，與交通幹道相交，建有十二連橋。

〔8〕古趙河　白洋淀出水河道。

〔9〕白溝　即今之拒馬河。

〔10〕塌河淀　一名大河淀，位于天津武清區。北運河的筐兒港減河及坡水匯入其中。其下有小河通七里海。有陳家溝、賈家沽洩塌河淀水入海。

〔11〕七里海　在天津寶坻縣東南一百三十里，北運河的青龍港減河及地面坡水匯聚其中，有寧車沽水道洩淀水由天津西沽入海。

〔12〕西淀　即今之河北白洋淀。

五年，陝西巡撫盧坤[1]疏報咸寧之龍首渠，長安之蒼龍河，涇陽之清、冶二河，鼇屋之澇、峪等河，郿縣之井田[2]等渠，岐山之石頭河，寶雞之利民等渠，華州之方山等河，榆林之榆溪河、芹河，均挑濬工竣，開復水田百餘頃至數百頃不等。修監利江隄，襄陽老龍石隄。已革御史蔣時進《畿輔水利志》百卷。直隸總督蔣攸銛疏陳防守千里長隄善後事宜，報聞。安陽湯陰廣潤陂，屢因漳河決口淤墊，命巡撫程祖洛委員確勘挑渠，將積水引入衛河，使及早涸復。築荆州得勝臺[3]民隄。

七年，閩浙總督孫爾準[4]言：“莆田木蘭陂[5]上受諸渠之水，下截海潮，灌溉南北洋平田二十餘萬畝。近因屢經暴漲，泥沙淤積，陡門石隄損壞，以致頻歲歉收。現經率同士民捐資修培南北兩岸石工告竣。"得旨嘉獎。濬漢川草橋口、消渦湖口水道。御史程德潤言荆山王家營屢決，下游各州縣連年被災。請飭相度修築。命湖廣總督嵩孚籌議，因請仿黃河工程切灘法[6]，平其直射之溜勢，再將下游沙洲開挑引河，破其環抱，以順正流。帝恐與水爭地，虛糜無益，命刑部尚書陳若霖[7]等往勘。覆言："京山決口三百二十餘丈，鍾祥潰口百七十餘丈，正河經行二百餘年，不應舍此別尋故道。惟有挑除胡李灣沙塊，先暢下游去路，將京山口門挽築月隄，展寬水道，鍾祥口門於堵閉後，添築石壩二，護隄攻沙。"帝韙之，命嵩孚駐工督辦。

〔1〕盧坤　字厚山，順天涿州人。道光二年至五年（1822—1825年）任陝西總督。《清史稿》卷三七九有傳。

〔2〕井田渠　在郿縣東，有東西二渠。

〔3〕得勝臺　在江陵縣西南，萬城堤的西端。

〔4〕孫爾準　字平叔，江蘇金匱（今江蘇無錫市）人。道光五年至十一年（1825—1831年）任閩浙總督。《清史稿》卷三八〇有傳。

〔5〕木蘭陂　建成于北宋元豐六年（1083年），是著名的禦咸蓄淡灌溉工程。攔河滾水堰長三十五丈，有閘三十二座，引取木蘭溪水灌田二十萬畝，至今水利不衰。

〔6〕切灘法　即切去上游一岸凸出的灘地，以免水霤被灘嘴挑至對岸，形成險工。

〔7〕陳若霖　字宗覲，福建閩縣人。《清史稿》卷三八〇有傳。

八年，河南巡撫楊國楨言："湯河、伏道河并廣潤陂上游之羑河、新惠等河，向皆朝宗於衛，因故道久湮，頻年漫溢。現爲一勞永逸之計，因勢利導，悉令暢流。又南陽白河、淅川、丹江水勢浩瀚，俱切近城根，亟應築碎石、磨盤等壩[1]二十餘道，分別挑溜抵禦。"均如所請行。挑濬冀州東海子淤塞溝身，以工代賑。

九年，修宿遷各河隄岸，丹陽下練湖[2]閘壩。濬宿州奎河。築喀什噶爾新城沿河隄岸。兩江總督蔣攸銛言："徐州河道，如蕭縣龍山河，邳州睢寧界之白塘河，邳州舊城民便河，碭山利民、永定二河，又沛縣隄工，邳州沂河民埝，豐縣太行隄，皆最要之工，請次第估辦興挑。"從之。

十年，修湖北省會江岸，并添建石壩。挑濬漳河故道。修保定南關外河道，及徐河石橋、河間陳家門隄。濬東平小清河，及安流、龍拱二河。修公安、監利隄。

十一年，修南昌、新建、進賢圩隄，及河間、獻縣河隄，天門漢水南岸隄工。桐梓被水，開濬戴家溝河道。命工部尚書朱士彥察勘江南水患，疏請修築無爲及銅陵江壩。給事中邵正笏言江湖漲灘占墾日甚，諭兩江總督陶澍、湖廣總督盧坤等飭屬詳勘，其沙洲地畝無礙水道者，聽民認墾，否則設法嚴禁。

十二年，挑除星子蓼花池淤沙，疏通溝道，并築避沙埫壩。修築南昌、新建圩隄，又改豐城土隄爲石。

〔1〕碎石磨盤等壩　碎石壩爲塊石砌築的護岸挑水壩，因所用石料得名。磨盤壩的壩體渾圓有如磨盤，依其形狀得名。

〔2〕下練湖　在丹陽縣西北，有上下二湖，爲著名運河水櫃和灌溉陂塘。上下二湖間有一隔堤，堤上有石閘三座，引上湖水達于下湖，又有三座石閘和一座石礁引下湖水濟運。又有十二座涵洞引水溉田。練湖在晉永興年間（304—306 年）建成後，因淤積，屢有圍墾。清代也幾經興廢，涵閘也多有維修，現已淤廢。

十三年，湖廣總督訥爾經額[1]請修襄陽老龍及漢陽護城石隄，武昌、荊州沿江隄岸。兩江總督陶澍請修六合雙城、果盒二圩隄埂，濬孟瀆、得勝、灣港三河，并建閘座。均如議行。户部請興修直隸水利城工，命總督琦善確察附近民田之溝渠陂塘，擇要興修，以工代賑。御史朱逵吉言，湖北連年被水，請疏江水支河，使南匯洞庭湖，疏漢水支河，使北匯三臺等湖，并疏江、漢支河，使分匯雲夢，七澤間隄防可固，水患可息。御史陳誼言，安陸濱江隄塍衝決爲害，請建五閘壩，挑濬河道，以洩水勢。疏入，先後命訥爾經額、尹濟源、吳榮光等遴員詳勘。

十四年，修良鄉河道橋座。濬沔陽天門、牛蹄支河，漢陽通順支河，并修築濱臨江、漢各隄。濬石首、潛江、漢川支河，修荊州萬城大隄，華容等縣水衝官民各垸。濬碭山利民、永定二河。築南昌、新建、進賢、建昌、鄱陽、德安、星子、德化八縣水淹圩隄。修潛江、鍾祥、京山、天門、沔陽、漢陽六州縣臨江潰隄，以工代賑。修邳、宿二州縣沂河隄埝、及王翻湖等工。濬太倉、七浦及太湖以下泖澱，并修元和南塘寶帶橋[2]。

十六年，濬河東姚遅渠。修庫車沿河隄壩。濬海鹽河道。又貸江蘇司庫銀濬鹽城皮大河、豐縣順隄河，并修築隄工，從兩江總督林則徐等請也。命大學士穆彰阿[3]、步軍統領耆英、工部尚書載銓，勘估京城內外應修河道溝渠。

十七年，修武昌沿江石岸，鍾祥劉公庵、何家潭老隄，潛江城外土隄，及豐城土石隄工，并建小港口石閘石埽。

十八年，修黃梅隄。濬豐潤、玉田黑龍河。

〔1〕訥爾經額　字近堂，費莫氏，滿洲正白旗人。《清史稿》卷三九二有傳。
〔2〕寶帶橋　在蘇州東南，一名長橋，全長一千二百丈，有五十二孔。爲運河縴道，其下爲太湖主要出水河道。
〔3〕穆彰阿　字鶴舫，郭佳氏，滿洲鑲藍旗人。《清史稿》卷三六三有傳。

十九年，修武昌保安門外江隄，蘄州衛軍隄，漢陽臨江石隄。葉爾羌參贊大臣恩特亨額覆陳巴爾楚克開墾屯田情形。先是，帝允伊犁將軍特依順保之請，命於巴爾楚克開墾屯田。嗣署參贊大臣金和疏陳不便，復命恩特亨額詳籌。至是，疏言："該處渠身僅三百二十八里有奇，沿隄兩岸培修，水勢甚旺，足資灌溉。并派屯丁分段看守，遇水漲時，有渠旁草湖可洩，不致淹漫要路。"諭："照舊妥辦，務於屯務邊防實有裨益。"伊犁將軍關福疏報，額魯特愛曼所屬界內塔什畢圖，開正渠二萬五千七百餘丈，計百四十餘里，得地十六萬四千餘畝，實屬肥腴，引水足資灌溉。詔褒勉之。

是歲漢水盛漲，漢川、沔陽、天門、京山隄埝潰決。

二十年，總督周天爵[1]疏報江、漢情形，擬疏堵章程六：一，沙灘上游作一引壩，攔入湖口，再作沙隄障其外面，以堵旁洩；一，江之南岸改虎渡口東支隄爲西隄，別添新東隄，留寬水路四里餘，下達黃金口，歸於洞庭，再於石首調弦口留三四十里沮洳之地，瀉入洞庭；一，江之北岸舊有閘門，應改爲滾壩，冬啓夏閉；一，襄陽上游多作挑壩，撐水外出，再於險要處所，加築護隄護灘；一，襄陽河四面隄畔[2]，應用磚石多砌陡門，夏令相機啓閉；一，襄河水勢浩大，應添造滾壩，冬啓夏閉，於兩岸低窪處所，引渠納水。下所司議行。是年修華容、武陵、龍陽、沅江四縣官民隄埝，又修荊州大隄，及公安、監利、江陵、潛江四縣隄工。

[1] 周天爵　字敬修，山東東阿（今山東聊城市東阿縣南）人。《清史稿》卷三九三有傳。

[2] 襄陽河四面隄畔　《再續行水金鑑・江水》卷七作"襄河兩面隄畔"應是。

二十二年，堵鹿邑渦河決口。先是，黃水決口，大溜直趨渦河，將南岸觀武集、鄭橋、劉窪莊、古家橋及淮寧之閻家口、吳家橋、徐家灘、婁家林、季家樓隄頂漫塌，太和民田悉成巨浸，阜陽以次州縣亦被漫淹。至是，安徽巡撫程楙采言："豫工將次合龍，渦河決口若不及時興修，下游受害益深。請敕河南撫臣迅籌堵築。"從之。湖廣總督裕泰[1]等疏報江水盛漲，衝陷萬城隄以上之吳家橋水閘，并決下游上漁埠頭大隄，直灌荆州郡城，倉庫監獄均被淹漫。水消退後，而埠頭漫口較寬，勢難對口接築。擬修挽月隄一，并先於上下游各築橫隄一。如所請行。修築庫倫隄壩，及鄒縣橫河口、李家河口民堰。

二十三年，直隸總督訥爾經額疏陳直隸難以興舉屯政水利，略云："天津至山海關，戶口殷繁，地無遺利。其無人開墾之處，乃沿海鹻灘，潮水鹹澔，不足以資灌溉。至全省水利，歷經試墾水田，屢興屢廢，總由南北水土異宜，民多未便。而開源、疏泊[2]、建閘、修塘，皆需重帑，未敢輕議試行。但宜於各境溝洫及時疏通，以期旱潦有備，或開鑿井泉，以車戽水，亦足裨益田功。"如所議行。修海陽寮哥宮、涸溪、竹崎頭隄工。

[1] 裕泰　滿洲正紅旗人。《清史稿》卷三八〇有傳。
[2] 開源疏泊　開源，指開闢水源。疏泊，指疏濬下游塘泊泄水河道。

二十四年，修江夏江隄。濬海州沭河。七月，荆州江勢汎漲，李家埠[1]內隄決口，水灌城內。江陵虎渡口汛江支各隄亦多漫溢。諭總督裕泰籌款修築。九月，萬城大隄合龍。伊犁將軍布彥泰[2]等言："惠遠城東阿齊烏蘇廢地可墾復良田十餘萬畝，擬引哈什河[3]水以資灌注，將塔什鄂斯坦田莊舊有渠道展寬，接開新渠，引入阿齊烏蘇東界，并間段酌挑支河。"又言："伊拉里克地畝與喀喇沙爾屬蒙古遊牧地以山爲界，該處河水一道，由山之東面流出，距遊牧地尚隔一山，於蒙古生計無礙，堪以開墾。請濬大渠支渠并洩水渠，引用伊拉里克河水。"又言："奎屯地方寬廣，有河一道，係由庫爾喀喇烏蘇南山積雪融化匯流成河，近水地畝早有營屯戶民承種。又蘇沁荒地有萬餘畝，土脉肥潤，祇須挑渠引水，可以俱成沃壤。"均如所請行。

二十五年，濬賈魯河，修汶上馬踏湖[4]民堰。命喀喇沙爾辦事大臣全慶[5]查勘和爾罕水利，疏言："和爾罕地本膏腴，宜將西北哈拉木扎什水渠并東南和色熱瓦特大渠接引，可資耕種。中隔大小沙梁，業已挑通，宜於衝要處砌石釘椿，使沙土不致坍卸，渠道日深，足以灌溉良田。"又言："伊拉里克地居吐魯番所轄托克遜軍臺之西，土脉腴潤，謂之板土戈壁，其西爲沙石戈壁。二百餘里，至山口出泉處，有大阿拉渾、小阿拉渾兩水，匯成一河。從前渠道未開，水無收束，一至沙石戈壁，散漫沙中，而板土戈壁水流不到，轉成荒灘。今將極西之水導引而東，在沙石戈壁鑿成大渠三段，復於板土戈壁多開支渠，即遇大汛，水有所歸。又吐魯番地畝多係掘井取泉，名曰卡井[6]，連環導引，其利甚溥。惟高埠難引水逆流而上，應聽户民自行乞井，冬春水微時，可補不足。"下廷臣議行。

二十六年，烏魯木齊都統惟勤請修理喀喇沙爾渠道壩隄，并陳章程四，命伊犁將軍薩迎阿覆核，尚無流弊，詔如所請行。六塘河隄衝潰，各州縣連年被水，命兩江總督璧昌等覈辦。覆言，海州境内六塘河及薔薇河淤墊衝決，田廬受淹，於運道宣防，大有關係，應從速借款挑築，允之。修溫榆河果渠村壩埽。

二十七年，扎薩克郡王伯錫爾呈獻私墾地畝，内有生地四千八百三十餘畝，接濬新渠二，添開支渠二，以資分灌。

二十八年，兩江總督李星沅[7]請修沛縣民埝埽壩，裕泰請修江夏隄工、鍾祥廖家店外灘岸，直隸總督訥爾經額請修築萬全護城石壩，均如所請。御史楊彤如劾河南撫臣三次挑乞賈魯河決口，費幾百萬，迄無成功，請敕查辦。詔褫鄂順安以下職。新任巡撫潘鐸[8]疏言："賈魯河工程應以復朱仙鎮[9]爲修河關鍵。惟朱仙鎮内及街南北河道淤墊最甚，今議添辦柴稭埽工，以防兩岸淤沙。其淤沙最深處，挑濬較難，另擇乾土十數里，改道以通舊河，責成各員賠修，限四十五日工竣。"從之。

　　〔1〕李家埠　位于湖北江陵縣西南，是荊江大堤險工段。

　　〔2〕布彥泰　顏扎氏，滿洲正黃旗人。道光二十年至二十四年（1840—1844）任伊犁將軍。在此期間支持被遣戍新疆的林則徐和全慶興辦新疆水利。兩年間新墾農田六十餘萬畝。《清史稿》卷三八二有傳。

　　〔3〕哈什河　即喀什河。

　　〔4〕馬踏湖　運河著名的濟運水櫃，在汶上縣西南，汶河堤北，漕河東岸，周三十四里，亦名南旺北湖。明萬曆創築土堤三千二百餘丈。

　　〔5〕全慶　字小汀，葉赫納喇氏，滿洲正白旗人。於新疆水利多有建樹。《清史稿》卷三八九有傳。

　　〔6〕卡井　即坎兒井。

　　〔7〕李星沅　字石梧，湖南湘陰人。《清史稿》卷三九三有傳。

　　〔8〕潘鐸　字木君，江蘇江寧人。《清史稿》卷三九六有傳。

　　〔9〕朱仙鎮　在河南開封西南，賈魯河北岸。

　　二十九年，江蘇巡撫傅繩勛言："陰雨連綿，積水無從宣洩，以致江、淮、揚等屬隄圩多被衝破。請仿《農政全書》[1]櫃田[2]之法，以土護田，堅築高峻，內水易於車涸，勸民舉行，以工代賑，并查勘海口，開窪閘洞洩水。"帝嘉勉之。

　　三十年，修襄陽老龍石隄，及漢陽隄壩，武昌沿江石岸，潛江土隄、鍾祥高家隄。御史汪元方以浙江水災，多由棚民開山[3]，水道淤阻所致，疏請禁止。諭巡撫吳文鎔[4]嚴查，并命江蘇、安徽、江西、湖廣各督撫一體稽查妥辦。

　　咸豐元年，浙江巡撫常大淳[5]疏陳清理種山棚民情形，略言："浙西水利，餘杭南湖驟難濬復，應先開支河、修石閘，以資蓄洩。上游治而下游之患亦可稍平。浙東則紹興之三閘[6]口外，鄞縣、象山等河溪，現經籌挑。"報聞。

　　三年，太常卿唐鑑[7]進《畿輔水利備覽》，命給直隸總督桂良[8]閱看，并著於軍務告竣時，酌度情形妥辦。

同治元年，御史朱潮請開畿輔水利，并以田地之治否，定府縣考績之殿最。命直隸總督文煜[9]等將所轄境內山泉河梁淀湖及可開渠引水地方詳查，并妥議章程。尋覆疏言："有可舉行之處，或礙於地界，或限於力量，或當掘井製車，或須抽溝築圩，均設法催勸，推行盡利。"

三年，江蘇士民殷自芳等以"山陽、鹽城境內市河、十字河、小市河蜿蜒百里，東注馬家蕩，沿河民田數千頃，旱則資其灌溉，潦則資其宣洩。自乾隆六年大挑以後，迄今百餘年，河淤田廢，水旱均易成災。墾請挑濬築墟，引運河水入市河，以蘇民困"。命兩江總督、江蘇巡撫覈辦。

〔1〕《農政全書》六十卷，明代著名科學家徐光啓（1562—1633 年）所著農學著作。其中水利即占九卷，在水利卷中，他歸納了前代有關水利規劃的著名論斷，介紹了一些農田水利建築物和施工法，對西方水利工程和機具也有所介紹。

〔2〕櫃田　四面築堤圍裹的小型圩田。

〔3〕棚民開山　山區流民開山墾田，造成了水土流失。

〔4〕吳文鎔　字甄甫，江蘇儀徵人。道光二十八年至三十年（1848—1850 年）任浙江巡撫。《清史稿》卷三九六有傳。

〔5〕常大淳　字蘭陔，湖南衡陽人。道光三十年至咸豐元年（1850—1851 年）任浙江巡撫。《清史稿》卷三九五有傳。

〔6〕三閘　應爲三江閘，是我國古代大型擋潮排水閘，位于浙江紹興城東北的三江口，一名應宿閘。明代嘉靖十六年（1537 年）由紹興知府湯紹恩主持修建。全閘總長 108 米，共二十八孔，隨潮水升降啓閉，防止海潮內侵，保護蕭紹平原八十多萬畝農田。

〔7〕唐鑑　字鏡海，善化（今湖南長沙市）人。著有《畿輔水利備覽》十四卷。其中一卷至六卷爲歷代水利源流，七卷至十卷爲經河圖考，卷一一至卷一四爲緯河圖考。

〔8〕桂良　字燕山，瓜爾佳氏，滿洲正紅旗人。《清史稿》卷三八八有傳。

〔9〕文煜　字星巖，費莫氏，滿洲正藍旗人。《清史稿》卷三八八有傳。

五年，御史王書瑞言，浙江水利，海塘而外，又有溇港。烏程有三十九溇，長興有三十四溇。自逆匪竄擾後，泥沙堆積，溇口淤阻，請設法開濬。又言蘇、松諸郡與杭、嘉、湖異派同歸，湖州處上游之最要，蘇、松等郡處下游之最要。上游阻塞，則害在湖州，下游阻塞，則害在蘇、松，并害及杭、嘉、湖。請飭江蘇一併勘治。從之。

六年，濬清河張福口[1]引河。

八年，安徽巡撫吳坤修[2]言，永城與宿州接壤之南股河，久經淤塞，下接靈壁，低窪如釜，早成巨浸，水無出路，擬查勘籌辦。從之。

九年，濬白茆河道，改建近海石閘。江蘇紳民請濬復淮水故道，命兩江總督、江蘇巡撫、漕運總督會籌。覆疏言：“挽淮歸故，必先大濬淤黃河，以暢其入海之路，繼開清口，以導其入黃，繼堵成子河、張福口、高良澗三河，以杜旁洩。應分別緩急興工，期以數年有效。”下部議，從之。是年內閣侍讀學士鍾佩賢亦以疏濬海港爲請。於是浙撫楊昌濬言：“溇港年久淤塞，查明最要次要各工，分別估修，擬趁冬隙時，先將寺橋等九港及諸、沈二溇[3]趕辦，其餘各工及碧浪湖[4]工程，次第籌畫，應與吳江長橋及太湖出水各口同時修濬。”得旨允行。

〔1〕張福口引河　洪澤湖出水口的最北面的一條引河。
〔2〕吳坤修　字竹莊，江西新建人。同治七年至九年（1868—1870年）任安徽巡撫。
〔3〕寺橋等九港及諸沈二溇　位于浙江烏程縣（今浙江省湖州市吳興區）北流往太湖的小溪。
〔4〕碧浪湖　又名峴山漾，在烏程縣（浙江湖州市吳興區）南五里。

十年[1]，修龍洞舊渠，并開新渠以引涇水。江蘇巡撫張之萬請設水利局，興修三吳水利。於是重修元和、吳縣、吳江、震澤橋竇各工。最大者爲吳淞江下游至新閘百四十丈，別以機器船疏之。凡太倉七浦河，昭文徐六涇河，常熟福山港河、常州河，武進孟瀆、超瓢港，江陰黃田港、河道塘閘、徒陽河、丹徒口支河，丹陽小城河，鎮江京口河，均以次分年疏導，幾及十年，始克竣事。先是侯家林[2]決口，河督喬松年以爲時較晚，請來年冬舉辦。至是，巡撫丁寶楨言，此處決口不堵，必致浸淹曹、兗、濟十餘州縣，若再向東南奔注，則清津、裏下河一帶更形吃重[3]，請親往督工堵築。詔獎勉之。

十二年，以直隸河患頻仍，命總督李鴻章仿雍正間成法，籌修畿輔水利。旋議定直隸諸河，皆以淀池爲宣蓄。西淀數百里河道，爲民生一大關鍵，先堵趙村[4]決口，築磁河、潴龍河南隄，以禦外水，挑濬盧僧、中亭兩河[5]分減大清河水勢，以免倒灌。并疏通趙王河[6]道，將苟各莊以上巨隄及下口鷹嘴壩各建閘座。是年秋，直隸運河隄決，內閣學士宋晉請擇修各河渠，以工代賑，從之。

十三年，挑濬天津陳家溝至塌河淀邊減河三千七百餘丈，又自塌河淀循金鐘河故道斜趨入薊運河，開新河萬四千一百餘丈，俾通省河流分溜由北塘歸海。石莊戶決口，奪溜南趨，命寶楨速籌堵築。旋以決口驟難施工，請在迤下之賈莊建壩堵合，即於南北岸普築長隄。而北岸濮州之上游爲開州，并飭直督合力籌辦。

[1] 十年　據高士蔿《涇渠志稿》載："同治八年，大司農袁保恒屯田涇上，擬復廣惠，又開新渠……"。《續修陝西通志稿》卷五七亦作同治八年（1869 年）。

[2] 侯家林　位于山東鄆城縣東南沮河東岸。

[3] 清津裏下河一帶更形吃重　《再續行水金鑑》卷九九頁二五八九作"清淮、裏下河一帶更吃重"。"清津"應是"清淮"之誤。

〔4〕趙村決口　趙村在河北省雄縣，此係白溝河決口。

〔5〕盧僧中亭兩河　盧僧河起自河北省新城縣十九堡，自拒馬河分出，下至雄縣入中亭河。中亭河是大清河（下游又稱玉帶河）自保定縣（霸縣西南）盧各莊東北分出的支河，下游匯入玉帶河北支。

〔6〕趙王河　白洋淀的主要出水道。同治十二年（1873年）因舊道淤阻，改開新河。新河上自趙北口十二連橋以西，穿連橋而東，下至保定縣（今霸縣西南）合玉帶河，長六十里。

光緒元年，濬文安勝芳河[1]，修菏澤賈莊南岸長隄及北岸金隄。

二年，濬張家橋新舊泗河。

三年，濬濟寧夏鎮迤南十字河。給事中夏獻馨請修水利以裕民食，諭各督撫酌奪情形，悉心區畫。

四年，修補濱江黄柏山至樊口[2]四十里老隄，并於樊口内建石閘。

五年，修都江堰隄，灌縣、溫江、崇慶舊淹田地涸復八萬二千餘畞。

七年，挑濬大清河下游，使水暢入東淀，并於獻縣朱家口古羊河東岸另闢滹沱減河，使水歸子牙河故道，達津入海。濬寶坻、武清境内北運減河。大學士左宗棠請興辦順直水利，以陝甘應餉之軍助直隸治河之役。總督李鴻章言：“近畿水利，受病過深，凡永定、大清、滹沱、北運、南運五大河，及附麗之六十餘支河，原有閘壩隄埝，無一不壞，減河引河，無一不塞，而節宣諸水之南泊、北泊、東淀、西淀，早被濁流填淤，僅恃天津三岔口一綫海河，迤邐出口。平時既不能暢消，秋冬海潮頂托倒灌，節節皆病。修治之法，須先從此入手。五大河中，以永定之害爲最深。其大清、北運、南運，須分別挑濬築隄，修復減河。滹沱趨向無定，自來未設隄防。同治七年，由藁城北徙，以文安大窪爲壑，其故道之難復，上游之難分，下游之難洩，曾國藩與臣詳陳有案。東西淀寬廣數百里，淤泥厚積，人力難施。頻年以來，修復永定河金門閘壩，裁灣切灘，加築隄段。大清河則於新、雄境內開盧僧減河，霸州、文安境內接開中亭、勝芳等河，分洩上游盛漲；於任丘開趙王減河，分洩西淀盛漲；又於文安左各莊至臺頭挑河身二十餘里，以暢下游去路。滹沱河則於河間及文安㟃開引河二，又於獻縣朱家口另闢減河三十餘里，均歸子牙河達津。北運河則於通州築壩，挽潮白河歸槽，於香河王家務、武清筐兒港修復石壩，以洩漲水，於天津霍家嘴疏濬引河，以通下口。又於武清、寶坻挑挖王家務、筐兒港兩減河，以資暢洩。南運河則於青、滄、静海修隄二百餘里，於静海新官屯另闢減河六十餘里，使別途出海。又於天津城東永定、大清、滹沱、北運交會之陳家灣，開河百餘里，分洩四大河之水，逕達北塘入海。其無極、蠡、博、高陽一帶，則堅築珠龍河[3]隄，以防滹沱北越。任丘至天津一帶，則加築千里隄、格淀隄，使河自河而淀自淀。又於廣平開洺河，順德挑澧河，趙州濬沍、槐、午諸河。此外河道受害較深者，均酌量疏築。今宗棠請以隨帶各營移治上游，正可輔直隸之不逮。此後應修何處，當隨時會商，實力襄助。”疏入，命恭親王奕訢、醇親王奕譞會同辦理。是年加修子牙河隄萬七千四百餘丈，文安西隄二千九百餘丈，展寬静海東隄二千四百餘丈。

〔1〕勝芳河　起自河北霸縣勝芳鎮，下入大城縣臺頭河。
〔2〕樊口　位于湖北省鄂城縣。
〔3〕珠龍河　應即豬龍河。

　　九年，安徽學政徐郙言：“江、皖兩省水患頻仍，亟須挑泗、沂爲導淮先路，仿抽溝法，循序疏治，由大通口[1]引河入海，洩水較易。”命宗棠、昌濬會商籌辦。尋疏覆言：“天下無有利無害之水，疏舊黃河，分減泗、沂，近年已著成效，自當加挑寬深，兼疏大通口以暢出海之途，設復淮局於清江，派員提調。估計分年分段興辦，去其太甚之害，留其本然之利。江北於皖省爲下游，下游利，上游自無不利矣。"報聞。

十年，河南巡撫鹿傳霖[2]言："豫省地勢平衍，衞、淇、沁、潭襟帶西北，淮、汝、渦、潁交匯東南，如果一律疏通，加以溝渠引灌，農田大可受益。今河道半皆壅滯，溝渠亦多荒廢，擬借人力以補天災，派員分赴各州縣履勘籌畫，或疏或濬，志在必成，使民間曉然於有利農田，自能踴躍用命。"詔如所請行。宗棠言："興修江南水利各工，最大者爲朱家山、赤山湖。朱家山自浦口至張家堡，接通滁河，綿亘百二十餘里[3]。赤山湖自道士壩、蟹子壩至三汊河下游，亦綿亘百二十里[4]。兩年工竣，不惟沿江圩田均受其利，而糧艘貨船亦可由内河行，尤屬農商兩便。"下部知之。

十一年七月，以張曜[5]所部十營、馮南斌二營、蔣東才四營，濬京師内外護城河，十一月竣工。

十三年，河決鄭州，全溜注淮，因濬張福口引河，及興化之大周閘河、丁溪場之古河口、小海三河，俾由新陽、射陽等河入海。

十四年，鑿廣西江面險灘，由蒼梧迄陽朔七百餘里，共開險灘三十五。

[1] 大通口 在今響水縣響水鎮東南，廢黄河北岸。

[2] 鹿傳霖 字滋軒，直隸定興人。光緒九年至十一年（1883—1885年）任河南巡撫。《清史稿》卷四三八有傳。

[3] 朱家山工程 是關係滁州、來安、全椒、江浦、六合五縣的排水工程。其中的關鍵在鑿通全椒縣朱家山，當年曾使用炸藥爆破。詳見光緒《東華續録》光緒十年（1884年）三月左宗棠奏疏。

[4] 亦綿亘百二十里 光緒《東華續録》五十八，光緒十年（1884年）三月左宗棠《興修江南水利各工摺》作："言里數，則朱家山自浦口起至張家堡，接通滁河止，綿亘一百二十餘里，共長三萬八百四十餘丈；赤山湖自道上壩、蟹子壩以至三汊河下游各處，亦綿亘二十餘里，共長三千九百餘丈。"此處百二十餘里應作二十餘里。

〔5〕張曜　字朗齋，大興人。于新疆、河北水利有所建樹。《清史稿》卷
四五四有傳。

十六年，江蘇巡撫剛毅[1]以寶山蘊藻河道失修，迤西大壩壅遏
水脉，請興工挑築。給事中金壽松言利少害多，命總督曾國荃妥籌。
覆疏言，擬拆去同治間所築土壩，以通嘉定、寶山之水道，仍規復
咸豐間所建舊閘，以還嘉定之水利。另開引河以通河流，俾得隨時
宜洩。下部知之。挑濬餘杭南湖，并疏濬苕溪。華州羅紋河下游各
村連年遭水，沿河數百頃良田盡成澤國。巡撫鹿傳霖請由吳家橋北
大荔之胡村，開渠引水注渭，則其流舒暢，被淹民田，即可涸復耕
作，從之。

給事中洪良品以直隸頻年水災，請籌疏濬以興水利。事下總督
籌議。鴻章言：“原奏大致以開溝渠、營稻田爲急，大都沿襲舊聞，
信爲確論，而於古今地勢之異致，南北天時之異宜，尚未深考。夫
以太行左轉，西北萬峰矗天，伏秋大雨，口外數千里千溪萬派之水，
奔騰而下，畿南一帶地平土疏，頃刻輒漲數尺或一二丈，衝盪泛溢，
勢所必然。聖祖慮清濁河流之不可制也，乃築千里隄、格淀隄，使
淀與子牙河各行一路。世宗慮永定河南行之淤淀也，令引渾河別由
一道，改移下口。其餘官隄民隄，今昔增築，綜計不下三四千里，
沙土雜半，險工林立，每當伏秋盛漲，兵民日夜防守，甚於防寇，
豈有放水灌入平地之理？今若語沿河居民開渠引水，鮮不錯愕駭怪
者。且水田之利，不獨地勢難行，即天時亦南北迥異。春夏之交，
布秧宜雨，而直隸彼時則苦雨少泉涸。今釜陽各河出山處，土人頗
知鑿渠藝稻。節屆芒種，上游水入渠，則下游舟行苦淺，屢起訟端。
東西淀左近窪地，鄉民亦散佈稻種，私冀旱年一獲，每當伏秋漲發，
輒遭漂没。此實限於天時，斷非人力所能補救者也。以近代事考之，
明徐貞明僅營田三百九十餘頃，汪應蛟僅營田五十頃，董應舉營田

最多[2]，亦僅千八百餘頃，然皆黍粟兼收，非皆水稻。且其志在墾荒殖穀，并非藉減水患。今訪其遺蹟，所營之田，非導山泉，即傍海潮，絕不引大河無節制之水以資灌溉，安能藉減河水之患，又安能廣營多獲以抵南漕之入？雍正間，怡賢親王等興修直隸水利，四年之間，營治稻田六千餘頃，然不旋踵而其利頓減。九年，大學士朱軾、河道總督劉於義，即將距水較遠、地勢稍高之田，聽民隨便種植。可見直隸水田之不能盡營，而踵行擴充之不易也。恭讀乾隆二十七年上諭'物土宜者，南北燥溼，不能不從其性。儻將窪地盡改作秧田，雨水多時，自可藉以儲用，雨澤一歉，又將何以救旱？從前近京議修水利營田，始終未收實濟，可見地利不能強同'。謨訓昭垂，永宜遵守。即如天津地方，康熙間總兵藍理在城南墾水田二百餘頃，未久淤廢。咸豐九年，親王僧格林沁督師海口，墾水田四十餘頃，嗣以旱潦不時，迄未能一律種稻，而所費已屬不資。光緒初，臣以海防緊要，不可不講求屯政，曾飭提督周盛傳在天津東南開挖引河，墾水田千三百餘頃，用淮勇民夫數萬人，經營六七年之久，始獲成熟。此在潮汐可恃之地，役南方習農之人，尚且勞費若此。若於五大河經流多分支派，穿穴隄防澮溝，遂於平原易黍粟以秔稻，水不應時，土非澤埴，竊恐欲富民而適以擾民，欲減水患而適以增水患也。"

〔1〕剛毅　字子良，滿洲鑲藍旗人。《清史稿》卷四六五有傳并記有此事。

〔2〕徐貞明、汪應蛟、董應舉等人營田事蹟參見《明史·河渠志》及有關注釋。

十七年，剛毅言："吳松江爲農田水利所資，自道光六年浚治後，又經六十餘年，淤墊日甚。前年秋雨連旬，河湖汎濫，積潦竟無消路。去年十月，派員開辦，并調營勇協同民夫，分段合作，約三月内可告竣。"報聞。鴻章又言："寶坻青龍灣減河，自香河之王家務經寶坻至寧河入海。去歲霪雨兼旬，河流狂漲，橫隄決岸，寶坻受害獨深。廣安橋以下，河身淺窄，大寶莊以上，并無河槽，應與昔年所開之普濟河、黃莊新河一律挑深，添建石閘。"沈秉成、松椿言："淮南堰圩廳所管之洪澤湖，關繫水道利病鹽漕諸務。今全湖之水下趨，毫無節制。現勘得應行先辦之工，曰修復三壩，曰修整束水隄，曰展挑三福口，計三項工程，不過數萬兩可以集事。或有議於禮河迤西蔡家莊建滾水石壩，使水可蓄洩，較有把握。惟巨款難籌，應暫緩辦。"均詔如所請。堵築吳橋宣惠河缺口二。河陝汝道鐵珊，以閿鄉北濱黃河，城垣屢被衝坍，因於城外築大石壩，挑溜護城。

十八年，疏鑿福山港、徐六涇二河，及高浦、耿涇、海洋塘、西洋港[1]四河。山東巡撫福潤言："小清河爲民田水利所關，年久淤塞。前撫臣張曜籌議疏通，因工漲款絀，僅修下游博興之金家橋至壽光海道，長百餘里。其上游工程，應接續興挑，庶使歷城等縣所受各水，悉可入海。今擬規復小清河正軌，而不拘牽故道，由金家橋而西取直，擇窪區接開正河，歷博興、高苑、新城、長山、鄒平至齊東曹家坡，長九十七里，又於金家橋迤下開支河二十四里，至柳橋，以承濟麻大湖上游各河之水，引入新河，計長四千二百餘丈。"詔從之。

[1] 福山港、徐六涇、高浦、耿涇、海洋塘、西洋港等河均位于常熟、昭文（今屬江蘇常熟）二縣界。

二十年，崇明海岸被潮衝嚙，逼近城墻。於青龍港東西兩面設立敵水壩四，加建木橋，叠砌石塊，以禦風潮。

二十一年，署兩江總督張之洞言："黃河支流之減水河洪河，自虞城、夏邑、永城經碭山、蕭縣，達宿州、靈壁、泗州之睢河，而注於洪湖。其間湖港紛歧，皆下注睢河。乾隆年間，以睢河不能容，導水爲三，曰北股、中股、南股。中股爲睢河正流。咸豐初，黃河日益淤墊，漸及改徙，豫、江、皖各河亦逐段淤阻，水潦泛溢爲害，尤以永、蕭、碭爲甚。同治間建議疏河，恆以工程過大，屢議屢輟。今擬改道辦法，導北股河之水以達靈壁岳河，導中股、南股河之水合流入宿州運糧溝，以達澮河，而運糧一溝恐不能容納，應治沱河梁溝以復其舊，使各河之水皆順軌下注洪湖，不致橫溢，則各屬水患永息矣。"詔如所請行。

二十二年，御史華煇疏陳興修水利八事：曰引泉，曰築塘，曰開渠，曰通湖，曰開井，曰蓄水，曰用車，曰填石。下所司議。

二十四年，濬太倉劉河，自殷港門至浦家港口四千一百餘丈。

二十八年，江西巡撫李興銳言："近年水患頻仍，皆由鄱陽湖日見淤淺，而長江昔寬今狹，驟遭大雨，疏洩不及，遂至四溢爲災。請於冬晴水淺時，購製挖泥機器輪船數艘，將全湖分別挑挖。其上游河道亦一律擇要疏治。既爲防水患起見，亦爲興商務張本。"從之。修湖北省城北路隄紅關至春山八段，南路隄白沙洲至金口十段，以禦外江之汎漲。建石閘數座，以備內湖之宣洩。又於附郭沿江十餘里，一律增修石剝岸。濬小清河[1]，開徒陽河百二十餘里[2]。

[1] 濬小清河　爲便利水運，疏濬山東小清河。詳見光緒《東華續錄》一七七。
[2] 開徒陽河百二十餘里　此徒陽河係指江南運河的丹徒至丹陽段。詳見光緒《東華續錄》一七七。

宣統元年，署直隸總督那桐言："通州鮎魚溝隄岸，自光緒九年決口，流入港溝而歸鳳河。嗣後屢堵屢潰。至二十四年大汛復決，迄今未能堵閉，以致武清百數十村頻年潰没。今擬於鮎魚溝暫建滾水壩，俾全溜不致旁趨。倘遇盛漲，即將土埝挑除，俾資分洩。一面將上游隄壩挑補整齊，疏濬青龍灣等處引河，以減盛漲，築攔水埝以禦渾流，修佶龍鳳河以疏積潦。滾水壩工程應即興辦。其修隄及疏引河，應於本年秋後部署，來年二月興工。攔水埝及龍鳳河，應於來年秋後部署，次年二月興工。均限伏汛前報竣。"下部議行。湖廣總督陳夔龍請修復江、襄潰口，略謂："江、襄各隄，以潛江之袁家月隄爲最要。此次潰口，隄身沖刷，頓落四百餘丈，迴流湍急，附近悉成澤國，應及時築合。此外郭家嘴、禹王廟潰隄，及天門黑牛渡、沔陽呂蒙營、公安高李公、松滋楊家腦、監利河龍廟各隄工，均擬派員督辦籌修，以期鞏固。"從之。

寧夏滿營開墾馬廠荒地，先治唐渠，以裕瀦停之地。挑濬百二十餘里，曰正渠；自靖益堡開支口，引水西北行四十餘里而入之溝，曰新渠；沿渠列小口四十，挾水以歸諸田，曰支渠。唐渠以西，淪爲澤國，非溝以宣之不爲功。自杏子湖起，穿溝二百八十餘里，建大小石閘、木閘四十二，石橋、木橋三十三，經始上年九月，至本年八月告成，名曰湛恩渠，約成腴田二十萬畝。

是年，東三省總督、奉天巡撫合詞請修遼河，先從雙臺子河[1]隄入手，次年續修鴨島[2]、冷家口[3]工程，并挑挖海口攔江沙，與遼河工程同時舉辦。下部知之。

[1] 雙臺子河　原爲遼河下游右岸分支河道，自今遼寧臺安縣南分流，至今遼寧盤錦盤山縣入海。光緒十八年（1892 年）後漸爲遼河主流所侵占。

[2] 鴨島　位于今遼寧營口市，有一攔河沙灘。

[3] 冷家口　即雙臺子河口，地處盤山、遼中兩縣界。當時曾擬議在此建牐。

（完）

附《新唐書·地理志》

(摘自《唐書》卷三七至卷四三)

地 理 一

(卷三七)

關 内 道

1. 京兆府京兆郡

萬年（今陝西西安城東）有南望春宮，臨滻水；西岸有北望春宮，宮東有廣運潭[1]。

長安（今陝西西安城西）天寶二年，尹韓朝宗引渭水入金光門，置潭於西市以貯林木[2]。大曆元年，尹黎幹自南山開漕渠抵景風、延喜門入苑以漕炭薪[3]。

雲陽（在今陝西涇陽縣西北）有古鄭白渠[4]。

高陵（今陝西西安市高陵區）有古白渠，寶曆元年，令劉仁師請更水道。渠成名曰劉公，堰曰彭城[5]。

藍田（今陝西西安市藍田縣）武德二年析置……寧民。……六年寧民令顏昶引南山水入京城。

鄠（今陝西西安市鄠邑區）有渼陂[6]。

〔1〕廣運潭　在長安城東九里滻水上。天寶元年（742 年）韋堅開鑿，次年成，爲漕渠停泊港，可停船數百隻。大曆之後湮廢。參考《新唐書·食貨志》卷五三。

〔2〕《舊唐書·本紀》將本事列于元年，"西市"下有"之兩衙"三字。《新唐書》卷一一八《韓朝宗傳》亦記本事。

〔3〕《唐會要》對本事記載較詳：大曆元年（766 年）"七月十日，鑿運木渠自京兆府直東至薦福寺東街，北至國子監，東至子城東街，正北逾景風門、延喜門入于苑。闊八尺，深丈餘。京兆尹黎幹奏。"又《新唐書》卷一四五《黎幹傳》"京師苦蒸薪乏，幹度開漕渠，興南山谷口，尾入於苑，以便運載。……久之渠不就。"《舊唐書》本紀列於本年九月渠成時，似渠成不久即廢。《舊唐書》卷一一八亦有黎傳。

〔4〕鄭白渠　參看《漢書·溝洫志》。唐代鄭白渠首有塊石砌築的分水堰將軍𡐛，長寬各百步。白渠下遊分三支，又稱三白渠。唐代設有專管機構，制度嚴密。唐早期灌溉面積約一萬頃，到大曆時減少到六千二百餘頃。主要是因爲渠上水碓、水磨太多。三百年中曾下令毀水磨等六七次。

〔5〕劉仁師在高陵縣修渠事，詳見《唐文粹》卷二一，劉禹錫《高陵令劉公遺愛碑頌》。

〔6〕美陂　《元和郡縣圖志》："美陂在縣西五里，周迴十四里"。《元和郡縣圖志》以下簡稱《元和志》。

2. 華州華陰郡

鄭〔今陝西渭南市華州區〕西南二十三里有利俗渠，引喬谷水；東南十五里有羅文渠，引小敷谷水，支分溉田，皆開元四年詔陝州刺史姜師度[1]疏故渠，又立堤以捍水害。

華陰（今陝西華陰市）有漕渠自苑西引渭水，因古渠[2]會灞，滻經廣運潭至縣入渭，天寶三載韋堅開[3]。西二十四里有敷水渠，開元二年姜師度鑿，以泄水害。五年刺史樊忱復鑿之，使通渭漕。

下邽（在今陝西富平縣東偏南）東南二十里有金氏二陂，武德二年（619 年）引白渠灌之，以置監屯。

〔1〕《新唐書》卷一百有《姜師度傳》，《舊唐書》卷一八五亦有傳。姜

氏爲當時水利名家。

〔2〕古渠　原作"石渠"，標點本據《元和志》等書校改。據《新唐書》卷一三四《韋堅傳》，渠爲漢漕渠，隋代的廣通渠。韋堅於咸陽增築興成堰壅渭水，分引東流，又開廣運潭。

〔3〕渠成年代，《通典》及《新唐書》作天寶三載（744年），《資治通鑒》（以下簡稱《通鑒》）及《唐會要》均作天寶元年（742年）興工，次年成。《舊唐書》亦記元年興工。《舊唐書》卷一〇五《韋堅傳》叙此事較詳細，謂"二年而成"，語意含糊。

3. 同州馮翊郡

朝邑（在今陝西大荔縣東）北四里有通靈陂，開元七年刺史姜師度引洛、堰河以溉田百餘頃[1]。有河瀆祠、西海祠。小池有鹽。

韓城（今陝西韓城市）武德七年治中雲得臣自龍門引河溉田六千餘頃。

郃陽（今陝西合陽縣）有陽班湫，貞元四年堰洿谷水而成。

〔1〕有關通靈陂事，《元和志》作："通靈陂，在縣北四里二百三十步。開元初（713年）姜師度爲刺史，引洛水及堰黄河以灌之，種稻田二千餘頃"。《新唐書》卷一百《姜師度傳》：徙同州刺史，又派洛灌朝邑、河南（在今陝西合陽縣東南，黄河西岸）二縣，闕河以灌通靈陂，收棄地二千頃爲上田，置十餘屯。《舊唐書》卷一八五《姜師度傳》略同上二說，都和本志不同。

4. 鳳翔府扶風郡

寶雞（今陝西寶雞市）東有渠，引渭水入昇原渠，通長安故城，咸亨三年開。

虢（在今陝西寶雞東）東北十里有高泉渠，如意元年開，引水入縣城。又西北有昇原渠，引汧水至咸陽。垂拱初運岐、隴水[1]入京城。

〔1〕 岐隴水　據文義似應作“岐、隴水”。

5. 隴州汧陽郡

汧源 （今陝西隴縣） 有五節堰引隴川水[1]通漕。武德八年水部郎中姜行本[2]開，後廢。

〔1〕 隴川水　一本無“川”字
〔2〕 姜行本　《舊唐書》卷五九《新唐書》卷九一均有傳。

6. 坊州中部郡

中部 （在今陝西黃陵縣東南） 州郭[1]無水，東北七里有上善泉，開成二年刺史張怡架水入城，以紓遠汲。四年刺史崔駢復增修之，民獲其利。後思之，爲立祠。

〔1〕 州郭　縣爲坊州治所，州郭即縣郭。

7. 靈州靈武郡[1]

迴樂 （今寧夏靈武市西南） 有溫泉鹽池。有特進渠溉田六百頃，長慶四年詔開[2]。

〔1〕 今寧夏引黃灌區在唐代屬靈州，渠道很多。《新唐書·地理志》多據晚唐資料，西北各地水利記載缺略，如隴右一道（包括今甘肅大部及青海、新疆等地）幾乎没有水利記錄。靈州水利，《元和志》記載較詳。黃河西尚有漢、胡、御史、百家等九條渠。

其他文獻尚記有光祿渠：元和十五年（820年）重開，溉田千餘頃。河西豐寧軍之御史渠溉田二千頃，郭子儀奏開。河東尚有七級渠。

〔2〕 溫泉鹽池　據《元和志》在縣南一百八十三里，周迴三十一里。附近各縣及其東之鹽州境內，鹽池尚多。《元和志》又記縣南六十里有薄骨律渠。

8. 會州會寧郡

會寧（今甘肅靖遠縣）有黃河堰，開元七年刺史安敬忠築，以捍河流。有河池[1]，因雨生鹽。

〔1〕河池　在州西一百二十里，遠望似河，參見《元和志》。

9. 夏州朔方郡

朔方（在今陝西榆林市橫山區西北之白城子）貞元七年開延化渠，引烏水入庫狄澤，溉田二百頃。有鹽池二。

10. 豐州九原郡

九原（原今内蒙古五原縣南）有陵陽渠，建中三年浚之以溉田，置屯，尋棄之[1]。有咸應[2]、永清二渠，貞元中刺史李景略[3]開，溉田數百頃。

〔1〕濬陵陽渠事，《舊唐書》卷十二“本紀”，記爲建中元年（780 年）。《通鑑》及《册府元龜》亦在元年。主其事者爲宰相楊炎，楊炎死於建中二年（781 年）。當以元年爲是。可參考《新塘書》卷一四五《楊炎傳》《嚴郢傳》以及《舊唐書》有關各傳。
〔2〕咸應　《册府元龜》卷四九七作“感應”。
〔3〕李景略　《新唐書》卷一七〇有傳。景略貞元十二年至二十年（796—804 年）爲豐州刺史。《舊唐書》卷一五二亦有《李景略傳》。

地　理　二

（卷三八）

河　南　道

11. 河南府河南郡

河南（今河南洛陽市東偏）有洛漕新潭，大足元年開，以置租船。龍門山東抵天津[1]，有伊水石堰，天寶十載尹裴迥置。

〔1〕天津　即天津橋，在縣北四里洛水上。

12. 陝州陝郡

陝（今河南三門峽市陝州區）有南、北利人渠。南渠，貞觀十一年太宗東幸，使武侯將軍丘行恭開。有廣濟渠，武德元年，陝東道大行臺金部郎中長孫操所開，引水入城，以代井汲。有太原倉。

硤石（在今河南三門峽市東）有底柱山，山有三門，河所經，太宗勒銘。

平陸（在今山西平陸縣西）天寶元年，太守李齊物開三門[1]以利漕運[2]，得古刃，有篆文曰"平陸"，因更名。三門西有鹽倉，東有集津倉[3]。

〔1〕三門　即今之河南三門峽市，爲隋唐由黃河向關中漕運的必經險段，曾多次整治，可參考《新唐書》卷五三《食貨志》。

〔2〕李齊物開三門事，可參看《新唐書》卷五三《食貨志》及《舊唐書》卷四九《食貨志》。他在三門北側開月河并鑿縴路，開元二十九年（741年）興工，次年（天寶元年）竣工。所開月河名開元新河，又名天寶河，只水大時能勉強過船。詳見《開天傳信記》。

〔3〕二倉均爲改經陸運過三門峽所設的轉運倉。

13. 虢州弘農郡

弘農（今河南靈寶市）南七里有渠，貞觀元年，令元武伯引水北流入城。

14. 鄭州榮陽郡

管城（今河南鄭州市）有僕射陂，後魏孝文帝賜僕射李沖，因以爲名。天寶六載更名廣仁池，禁漁采。

15. 潁州汝陰郡

汝陰（今安徽阜陽市）南三十五里有椒陂塘，引潤水漑田二百頃，永徽中刺史柳寶積修。

下蔡（今安徽鳳臺縣）西北百二十里有大崇陂，八十里有鷄陂，六十里有黃陂[1]，東北八十里有湄陂，皆隋末廢，唐復之，漑田數百頃。

〔1〕以上各陂見《水經·淮水注》。

16. 許州潁川郡

長社（今河南許昌市）繞州郭有堤塘百八十里，節度使高瑀立以漑田[1]。

〔1〕《舊唐書》卷一六二《高瑀傳》記本事稍詳：大和三年（829年），因連年水旱饑荒，高瑀如今民家繞郭立堤塘一百八十里，蓄泄灌漑。《册府元龜》卷四九七作"大和五年六月己卯，陳詳節度使高瑶奉修築許州繞城郭水堤及開溝渠，周迴一百八十里，畢工。"高瑀、高瑶或爲一人。工程似開工于三年（829年），至五年（831年）完成。《新唐書》卷一七二有瑀傳，亦記

二十五史河渠志注釋（修訂本）

此事。

17. 陳州淮陽郡

西華（今河南西華縣）有鄧門廢陂，神龍中，令張餘慶復開，引潁水溉田。

18. 蔡州汝南郡

新息（今河南息縣）西北五十里有隋故玉梁渠，開元中，令薛務[1]增濬，溉田三千餘頃。

〔1〕以"薛務"爲人名是根據標點本，似應以"薛務增"爲人名。

19. 汴州陳留郡

開封（今河南開封市）有湛渠，載初元年引汴注白溝，以通曹、兗賦租。有福源池、本蓬池，天寶六載更名，禁漁采。

陳留（今爲鎮，在開封東南）有觀省陂，貞觀十年，令劉雅決水溉田百頃。

20. 泗州臨淮郡

漣水（今江蘇漣水縣）有新漕渠，南通淮，垂拱四年開，以通海、沂、密等州。

盱眙（今安徽盱眙縣）有直河，太極元年，敕使魏景倩引淮水至黃土岡，以通揚州。

21. 濠州鍾離郡

鍾離（在今安徽鳳陽縣東北）南有故千人塘，乾封中修以溉田。

22. 宿州（唐中葉一度改州稱郡。宿州始設于元和四年，所以無郡名。）

苻離（一本作符離，今安徽宿州市北）東北九十里有隋故牌湖堤，灌田五百餘頃，顯慶中復修。

虹〔今安徽泗縣〕有廣濟新渠，開元二十七年，采訪使齊澣開，自虹至淮陰北十八里入淮，以便漕運。既成，湍急不可行，遂廢[1]。

〔1〕所叙廣濟新渠事太簡略。據《新唐書》卷一二八《齊澣傳》、《舊唐書》卷九本紀，開元二十七年（739 年）以及《舊唐書》卷一九〇《齊澣傳》等所記，大致可歸納爲：唐代汴河亦名廣濟渠，新渠是最下遊的一次改道。廣濟渠原自虹縣至泗州（治臨淮縣，在今盱眙對岸）入淮，長一百五十里，水流迅急，常用牛拉竹索拖船上下，入淮後又有風浪之險。齊澣當時是河南道采訪使，所開新渠是自虹縣向東三十餘里通清河（泗水）。南行百餘里，又自清河開渠至淮陰縣（在今淮陰西南馬頭鎮附近）北十八里接淮河，自九月至十二月完工。但新渠水流更急，河床多砂礓石，行船艱難。由于舊道在開新渠時已堵塞，于是又重開舊道，廢棄了新渠。

23. 青州北海郡

北海（今山東濰坊市）長安中，令竇琰於故營丘城東北穿渠，引白浪水曲折三十里以溉田，號竇公渠。

24. 萊州東萊郡

即墨（今山東青島市即墨區）東南有堰，貞觀十年，令仇源築，以防淮涉水。

25. 兗州魯郡

萊蕪（在今山東濟南市萊蕪區東北）西北十五里有普濟渠，開元六年，令趙建盛開。

26. 海州東海郡

朐山（今江蘇連雲港市西）東二十里有永安堤，北接山，環城長十里[1]，以捍海潮，開元十四年，刺史杜令昭築。

〔1〕十里　一本作"七里"。

27. 沂州琅玡郡

　　丞（今山東省棗莊市南，嶧城）有陂十三，蓄水溉田，皆貞觀以來築。

地 理 三

（卷三九）

河 東 道

28. 河中府河東郡

河西（在今陝西大荔縣東，朝邑之東，近黄河）[1]有蒲津關，一名蒲坂。開元十二年鑄八牛，牛有一人策之，牛下有山，皆鐵也。夾岸以維浮梁。十五年自朝邑徙河瀆祠於此。

解（在今山西運城西南，解州鎮）有鹽池，又有女鹽池。

虞鄉（在今山西永濟市東，虞鄉鎮）北十五里有涑水渠，貞觀十七年，刺史薛萬徹[2]開，自聞喜（今山西聞喜縣東北）引涑水下入臨晋（今山西臨猗縣西，臨晋）。

安邑（在今山西運城東北）有鹽池，與解爲兩池，大曆十二年生乳鹽，賜名寶應靈慶池。

龍門（今山西河津縣）北三十里有瓜谷山堰，貞觀十年築，東南二十三里有十石壚渠，二十三年縣令長孫恕鑿、溉田良沃，畝收十石。西二十一里有馬鞍塢渠，亦恕所鑿。有龍門倉[3]開元二年置。

〔1〕河西　該河西縣和同州河西縣不是一地，同州河西縣，《新唐書·地理志》名夏陽，在此河西縣之北。又朝邑一度亦名河西，屬河中，大曆五年（770年）復名朝邑，改屬同州。同年分河東（灠中府治，在今山西永濟縣之西，臨黄河）及朝邑縣置此河西縣。

〔2〕薛萬徹　《新唐書》卷九四有《薛萬徹傳》，《舊唐書》卷六九亦有傳。

〔3〕龍門倉　清顧炎武《日知録》卷十二水利條："龍門倉……所以貯渠田之入，轉般（搬）至京以省關東之漕者也。此即漢時河東太守翻係之策。

《史記·河渠書》所謂河移徙，渠不利，田者不能償種，而唐人行之竟以獲
利。是以知天下無難舉之功，存乎其人而已！"

29. 晉州平陽郡

臨汾（今山西臨汾市）東北十里有高粱堰，武德中引高粱水[1]
溉田，入百金泊[2]。貞觀十三年爲水所壞。永徽二年刺史李寬自東
二十五里夏柴堰引滍水[3]溉田。令陶善鼎復治百金泊，亦引滍水溉
田。乾封二年堰壞，乃西引晉水[4]。

〔1〕高粱水　爲汾水東岸支流，在臨汾之北。
〔2〕百金泊　在城東南二十里。
〔3〕滍水　亦汾水東岸支流，發源神山縣（在今山西浮山縣東南）西，
西北流至臨汾縣北合高粱水。
〔4〕晉水　即汾水西岸支流平水。

30. 絳州州郡[1]

曲沃（今山西曲沃縣東北）東北三十五里有新絳渠，永徽元
年，令崔翳引古堆水[2]溉田百餘頃。

聞喜（今山西聞喜縣東北）東南三十五里有沙渠，儀鳳二年，
詔引中條山水於南坡[3]下，西流經十六里，溉涑陰田。

〔1〕《新唐書》卷九八《韋武傳》：貞元時（785—805年）任絳州刺史，
曾引汾水，溉田一萬三千餘頃。
〔2〕古堆水　爲汾水東岸支流，在曲沃北。
〔3〕南坡　"坡"字一本作"城"。

31. 太原府太原郡

太原（在今太原市南，晉祠東）井苦不可飲。貞觀中長史李勣
架汾引晉水入東城[1]，以甘民食，謂之晉渠。

文水（在今山西文水縣東）西北二十里有柵城渠，貞觀三年民相率引文谷水[2]，溉田數百頃。西十里有常渠，武德二年汾州（治隰城，今汾陽縣）刺史蕭頠引文水南流入汾州[3]。東北五十里有甘泉渠，二十五里有蕩河渠，二十里有靈長渠，有千畝渠俱引文谷水，傳溉田數千頃，皆開元二年令戴廉所鑿。

[1] 李勣架汾引晉水入東城 《新唐書》卷九三有《李勣傳》。晉水爲汾水西岸支流，有古智伯渠分引溉田。李勣修渡槽於汾水上，引晉水入太原東城，當在貞觀十三四年。東城在汾水之東爲太原之東部。《舊唐書》卷六七亦有勣傳。

[2] 文谷水 汾水西岸支流，或作文峪水，簡稱文水。

[3] 汾州 太原府之南，文谷水下游入州境。據《新唐書》卷一一〇《薛從傳》，薛從約在文宗時（827—840 年）爲汾州刺史，於文谷水及瀘河上築堤堰引水溉田，"汾人利之"。

32. 澤州高平郡

高平（今山西高平市）有泫水，一曰丹水，貞元元年令明濟引入城，號甘泉。

河　北　道

33. 孟州（會昌三年，843 年，始設州）

河陽（今河南孟州市）有池，永徽四年引濟水漲之，開元中以畜黃魚。

河陰（在今河南鄭州市西北）領河陰倉[1]……有梁公堰[2]，在河、汴間，開元二年河南尹李傑因故渠濬之，以便漕運[3]。

濟源（今河南濟源市）有枋口堰，大和五年節度使溫造浚古渠，溉濟源、河內（今沁陽縣）、溫、武陟（今縣西南）田五千頃[4]。有濟瀆祠、北海祠。

〔1〕河陰倉　當時漕運自汴河至黃河的轉運倉，距汴河口不遠。江淮漕船不入黃河，而卸米入倉，再由黃河船轉運西上。

〔2〕梁公堰　又名汴口堰，在河陰縣西二十里，是漢建寧石門（古汴口）所在地。隋開皇七年（587 年）令大臣梁睿增修漢古堰，遏黃河水入汴河。大業元年（605 年）開通濟渠改自板渚引河入汴，板渚在梁公堰西南十五里餘。

〔3〕因汴口漸淤重修，設斗門，板渚口一度停廢。此後，開元十五年（727 年）又命將作大匠范安及疏濬兩口河道，築堤、修堰、修斗門，門上架橋。天寶元年（742 年）又修梁公堰。以後雖兩口并用而以梁公堰爲主，經常修濬。

〔4〕枋口堰相傳始于先秦，曹魏時重修。隋開皇十年（590 年）前後盧賁復修，名利民渠，又分支入溫縣，名溫潤渠。唐元和六年（811 年）堰渠已有廣濟渠名稱。在溫造之前，貞元四至五年（788—789 年）及寶曆元年（825 年）前後均曾大修。據《舊唐書·文宗紀》、《新唐書·溫造傳》卷九一，《舊唐書·溫造傳》卷一六五，大和五年（831 年）是溫造始官河陽、懷節度使，修渠在大和七年（833 年），用工四萬，所溉田畝除本志所記四縣外尚有武德一縣（在今武陟縣東南）。堰至北宋仁宗時廢毀，元初復修。

34. 懷州河內郡[1]

脩武（今河南修武縣）西北二十里有新河，自六真山下合黃丹泉水南流入吳澤陂，大中年，令杜某開。

〔1〕州治河內縣（今沁陽），據《元和志》："丹水北去縣七里，分溝灌溉，百姓資其利焉。"丹水灌溉相傳也始於先秦，唐廣德中（763—764 年）刺史楊承仙曾修濬溉田。

35. 魏州魏郡

貴鄉（在今河北大名縣東北）有西渠，開元二十八年，刺史盧暉徙永濟渠，自石灰窠引流至城西，注魏橋，以通江、淮之貨[1]。

〔1〕宋王應麟《玉海》卷二二，“二十八年”下有“九月”二字；“魏橋”下有“製樓百餘間”五字。《冊府元龜》卷四九七“楚與靈龜，永徽中爲魏州刺史，開永濟渠入新市，控引商旅”。又“窠”字或作“窟”。

36. 相州鄴郡

安陽（今河南安陽市）西二十里有高平渠，刺史李景引安陽水東流溉田，入廣潤陂[1]，咸亨三年開。

鄴（在今河北磁縣東南）南五裡有金鳳渠，引天平渠[2]下流溉田，咸亨三年開。

堯城（在今河南安陽市東）北四十五裡有萬金渠，引漳水入故劑都領渠以溉田，咸亨三年開。

臨漳（在今河北臨漳縣西南）南有菊花渠，自鄴引天平渠水溉田，屈曲經三十里。又北三十里有利物渠，自滏陽（今河北磁縣）下入成安（今河北成安縣），并取天平渠水以溉田，皆咸亨四年，令李仁綽開[3]。

〔1〕廣潤陂　所引安陽水又名洹水；今稱安陽河，在今河南安陽市北。高平渠自縣城西二十里引水至縣東二十二里入廣潤陂。宋代名千金渠，後又名萬金渠，現城西一段尚存。

〔2〕天平渠　開於東魏天平二年（535年），一名萬金渠，係改建古引漳十二渠，併十二口爲單一引水口，東距鄴城約三十里。渠東經鄴城，渠上有水冶、水碾、水磨等，是城市供水、灌溉、和水能利用的綜合性渠道。

〔3〕本條所記各渠係唐代大修天平渠并擴大延長，南與洹水灌區相連。北宋又大修各渠。明、清仍有灌溉效益。清雍正十三年（1735年）濬天平渠七十里，通洹水。民國時也有修渠記載，現爲岳城水庫灌區。

37. 衛州汲郡

衛（在今河南淇縣東）御水[1]有石堰一，貞觀十七年築。

黎陽（今河南濬縣）有白馬津，一名黎陽關。有大伾山，一名黎陽山。有新河，元和八年，觀察使田弘正及鄭滑節度使薛平開，長十四里，闊六十步，深太有七尺。決河注故道，滑州（在衛州之東，當時黃河之東南岸，屬河南道，治白馬，今河滑縣東南）遂無水患[2]。

〔1〕御水　即御河，即隋代所開之永濟渠，經縣東。

〔2〕滑州遂無水患　不確。滑州外城西距黃河僅二十步，常被水淹。新河是一條分洪河道，自黃河西岸黎陽縣西南開引，至東北回正河，是利用古河道開的，長十四里，加上河灘兩段共開二十里。後五十年，咸通四年（863年），刺史蕭倣又因黃河泛溢，壞城西北堤，發丁夫改移河道，西移四里，築新堤。又後三十三年，乾寧三年（896年），黃河泛濫，又沖州城，朱全忠決河堤，分爲兩河，夾城東流，災害更甚。

38. 貝州清河郡

經城（在今河北省巨鹿縣東）西南四十里有張甲河[1]，神龍三年，姜師度因故瀆開。

〔1〕張甲河　《元和志》："張甲枯河，東去縣十里"。西漢張甲河見《漢書·地理志》，係自屯氏別河分出。《水經注·河水》記叙古張甲河河道甚詳細。

39. 邢州鉅鹿郡

鉅鹿（今河北巨鹿縣）有大陸澤[1]。有鹹泉，煮而成鹽。

平鄉（在今河北平鄉縣西南）貞元中，刺史元誼徙漳水，自州東二十里出，至鉅鹿北十里入故河。

〔1〕大陸澤　《元和志》："大陸澤，一名鉅鹿，在縣西北五里"。"澤東西二十里，南北三十里，葭蘆、茭蓮、魚蟹之類，充牣其中。澤畔又有鹹泉，

煮而成鹽，百姓資之"。大陸澤見于《禹貢》，甚古老。

40. 洺州廣平郡

雞澤（今河北省雞澤縣）有漳、洺[1]南堤二，沙河南堤一，永徽五年築。

〔1〕漳洺 《元和志》：洺、漳二水，在縣東南二十五里合流。東入平鄉縣界。

41. 鎮州常山郡

獲鹿（今河北省石家莊鹿泉區）東北十里有大唐渠，自平山（在河北平山縣東南）至石邑（在石家莊市西南），引太白渠溉田。有禮教渠，總章二年，自石邑西北引太白渠，東流入真定界以溉田。天寶二年又自石邑引大唐渠東南流四十三里入太白渠[1]。

〔1〕太白渠 《漢書·地理志》：常山郡、蒲吾縣（在河北省靈壽縣西南，唐平山縣之東）"太白渠水，首受縣曼水（今冶河上游，桃河），東南至下曲陽（在河北省晉縣西）入斯洨（河名，今已湮没，大致經今河北石家莊市南，欒城、趙縣之北，東南至冀縣西北入漳河）。"又真定國、縣曼縣（在今河北石家莊市西北）"斯洨水首受太白渠，東至鄡（qiāo）（在河北省東鹿縣東南）入河（漳河）。"《水經注·濁漳水》叙太白渠道較詳細。按太白渠無疑是人工渠道，但各文獻都未説明是什麽時候開的，亦未明言是灌溉渠。

42. 冀州信都郡

信都（今河北衡水市冀州區）東二里有葛榮陂，貞觀十一年刺史李興公開，引趙照渠水以注之。

南宮（今河北南宮市東南）西五十九里有濁漳堤，顯慶元年築。有通利渠，延載元年開。

堂陽[1]（在今河北省新河縣西北）西南三十里有渠，有鉅鹿入縣境，下入南宮，景龍元年開。西十里有漳水堤，開元六年築。

武邑（今河北武邑縣）北三十里有衡漳右堤，顯慶元年築。

衡水[2]（今河北衡水市西）南一里有羊令渠，載初中，令羊元珪引漳水北流，貫注城隍。

[1] 堂陽　《元和志》："長蘆水亦謂之堂水，在縣南二百步，縣因取名"。

[2] 衡水　《元和志》："長蘆水在縣南二百步，即衡漳故瀆，縣因以爲名"。按衡漳即濁漳河下流，異名甚多。

43. 趙州趙郡

平棘（今河北趙縣）東二里有廣潤陂，引太白渠以注之；東南二十里有畢泓，皆永徽五年，令弓志元開，以蓄洩水利。

寧晉（今河北寧晉縣）地旱鹵。西南有新渠，上元中，令程處默引汶水（今洨河）入城以溉田，經十餘里，地用豐潤，民食乃甘。

昭慶（在今河北省隆堯縣東）城下有澧水渠，儀鳳三年令李玄開，以溉田通漕。

柏鄉（今河北省柏鄉縣）西有千金渠、萬金堰，開元中，令王佐所浚築，以疏積潦。

44. 滄州景城郡

清池（在今河北省滄州市東南）西北五十五里有永濟（永濟渠）堤二，永徽二年。西四十五里有明溝河堤二，西五十里有李彪澱東堤及徒駭河西堤，皆三年築。西四十里有衡漳堤二，顯慶元年築。西北六十里有衡漳（漳河）東堤，開元十年築。東南二十里有渠，注毛氏河；東南七十里有渠，注漳，并引浮水，皆刺史姜師度開[1]。西南五十七里有無棣河，東南十五里有陽通河，皆開元十六年開。南十五里有浮河堤、陽通河堤，又南三十里有永濟北堤亦是年築。有甘井，二十年[2]，令毛某母老，苦水鹹無以養，縣舍穿地，泉湧而甘，民謂之毛公井。

無棣（在今山東省慶雲縣北，今無棣縣西北）有無棣溝通海，隋末廢。永徽元年，刺史薛大鼎[3]開。

乾符（在今河北省青縣東）本魯城[4]乾符元年生野稻水穀二千餘頃，燕、魏飢民就食之，因更名。

〔1〕姜師度引浮水事，據《舊唐書》卷一八五《姜師度傳》及本志薊州漁陽郡下，姜氏爲滄州刺史當在神龍、景龍中（705—710年）。引浮水兩渠當在這幾年。本條所列各工程大致以年月先後爲序，姜氏開渠應列在開元前。

〔2〕甘井二十年 "甘井"，別本多作"甘泉"，于文義似較長。又本條所列各項工程多以先後爲序，上一項爲開元十六年（728年），本項當爲二十年（732年），標點本斷爲"甘井二"誤，似斷爲"甘井，二十年"較合，是開元二十年（732年）發生事情。

〔3〕薛大鼎 《舊唐書》卷一八五，《新唐書》卷一九七均有傳。大鼎開無棣河，百姓歌之曰："新河得通舟楫利，直達滄海魚鹽至。昔日徒行今騁駟，美哉薛公德滂被。"他又疏濬長蘆、漳、衡三渠排洩潦水。

〔4〕魯城 《元和志》："平魯渠枯郭內，魏武（曹操）北伐匈奴開之。""魯"《三國志》原作"虜"，此處爲後人刊本所改，"魯城"或亦原作"虜城"。又曹操北伐烏桓，非匈奴，《元和志》誤。

45. 景州[1]

東光（今河北省東光縣）南二十里，有靳河，自安陵（今河北吳橋縣北）入浮河[2]，開元中開。

南皮（今河北省南皮縣）古毛河自臨津（在今東光縣東南）經縣入清池，開元十年開。

〔1〕景州　州係唐後期置，無郡名。

〔2〕浮河　或稱浮水，大致在今河北東光西南接永濟渠（今南運河），東北流經今河北南皮縣南，孟村縣北。唐滄州治清池，在其西北岸，由今河北黃驊市東北入海。

46. 德州平原郡

平昌（在今山東商河縣西北）有馬頰河，久視元年開，號新河[1]。

〔1〕新河　《元和志》馬頰河在縣南十里，又名新河。按河爲黃河分支，大致自今平原縣東南，黃河北岸引黃，經今山東德州市陵城區南、商河北、陽信南、自今山東濱州市霑化區北入海。

47. 定州博陵郡

新樂（在今河北省新樂縣東北）東南二十里有木刀溝[1]，有民木刀居溝傍，因名之。

〔1〕東南二十里有木刀溝　《元和志》，"二十里"作"二十四里"。按溝久堙沒，河道大致自今靈壽縣東接滋水（今磁河），東經新樂南，無極北，深澤北，安平北，自河北今饒陽西北入滹沱河故道。

48. 瀛州河間郡[1]

河間（今河北省河間市）西北百里有長豐渠，（貞觀）二十一年，刺史朱潭開。又西南五里有長豐渠，開元二十五年，刺史盧暉自束城（在河間東北）、平舒（今河北大城縣）引滹沱東入淇[2]通漕，溉田五百餘頃。

〔1〕《舊唐書》卷一八五《賈敦頤傳》，貞觀二十三年（649年）轉瀛州刺史。州界滹沱河及滱水（今唐河，唯下游已改移），每歲泛溢，敦頤奏立堤

堰，後無復水患。

〔2〕淇　指當時之永濟渠。《地理志》用淇水古名。

49. 莫州文安郡

莫（今河北雄縣南鄚州鎮）有九十九淀[1]。

任岳（今河北任丘市）有通利渠，開元四年，令魚思賢開，以泄陂淀，自縣南五里至城西北入滱，得地二百餘頃。

〔1〕九十九淀　即今白洋淀等淀泊。

50. 平州北平郡

馬城（在今河北省灤州市東南，灤河西岸）古海陽城也。開元二十八年置，以通水運[1]。

〔1〕水運　渤海、灤河間水運。

51. 薊州漁陽郡

漁陽（今天津市薊州區）有平虜渠[1]，傍海穿漕，以避海難；又其北漲水爲溝，以拒契丹，皆神龍中滄州刺史姜師度開[2]。

三河（今河北省三河市東）北十二里有渠河塘。西北六十里有孤山陂，溉田三千頃[3]。

〔1〕平虜渠　這一平虜渠雖與東漢末曹操所開渠同名，并不是一渠。曹操所開遠在南面。姜氏所開很近於曹操所開之新河，參見《水經注·濡水》。據《唐會要》及《舊唐書》卷一八五姜傳是："約魏武舊渠，傍海穿漕，號爲平虜渠。"《新唐書》卷一百姜傳作："循魏武帝故跡，并海鑿平虜渠，以通餉路，罷海運，省功多。"可證姜氏平虜渠是重開曹操新河。如果本志所記地理有誤，而平虜渠在滄州境，則是重開故平虜渠。

〔2〕據《舊唐書》姜傳，在薊州北開溝，防禦奚、契丹是在開平虜渠之前，《唐會要》刊于神龍二年（706年）。姜氏當時兼任河北道監察兼支度營田使，所以能在薊州境內開溝渠。《舊唐書》卷四九刊於神龍三年。

〔3〕標點本在"渠河塘"下斷句，以孤山陂溉田三千頃。詳審文義，似塘陂共灌田三千頃，似應於"塘"下改用逗號。又三河城西北六十里，當係引用鮑丘河（今潮河）水。據《中國歷史地圖》似陂已在檀州境。檀州包括北京市密雲、平谷、懷柔等區。

地 理 四

（卷四〇）

山 南 道

52. 江陵府江陵郡

江陵（今湖北江陵縣）貞元八年，節度使嗣曹王皋[1]塞古堤，廣良田五千頃，畝收一鍾。又規江南廢洲爲廬舍，架江爲二橋。荆俗飲陂澤，乃教人鑿井，人爲便[2]。

[1] 嗣曹王李皋 《新唐書》卷八〇及《舊唐書》卷一三一有傳。貞元初爲荆南節度使。江陵東北有廢田，傍漢水有古堤二處，每夏則溢。李皋始塞之。按李皋所塞，可能和三國時孫吳壅水禦魏兵的設施有關。南北朝時或仍有壅水防守的設施。李皋時排乾，開田。五代時荆南高氏政權又蓄水爲海，防北兵。南宋抵禦蒙古南侵，更引水擴大成"三海八櫃"。元滅宋，廉希憲始決堤排水，開田。

[2] 據《李皋傳》：自江陵至樂鄉（在今湖北省鍾祥縣西北，漢水西岸，當時屬襄州襄陽郡）凡二百里，旅舍鄉村數十處，大村均數百户，民俗不鑿井，皋教人集資開井。

53. 朗州武陵郡

武陵（今湖南常德市）北有永泰渠，光宅中，刺史胡處立開，通漕且爲火備。西北二十七里有北塔堰，開元二十七年，刺史李璡增修，接古專陂，由黄土堰注白馬湖，分入城隍及故永泰渠，溉田千餘頃。東北八十九里有考功堰，長慶元年，刺史李翱因故漢樊陂[1]開，溉田千一百頃；又有右史堰，二年，刺史溫造[2]增修，開後鄉渠，經九十七里，溉田二千頃。又北百一十九里有津石陂，本

聖曆初，令崔嗣業開，翱、造亦從而增之，溉田九百頃。翱以尚書
考功員外郎，造以起居舍人；出爲刺史，故（堰）以官名。東北八
十里有崔陂，東北三十五里有槎陂，亦嗣業所修以溉田，後廢。大
曆五年，刺史韋夏卿[3]復治槎陂，溉田千餘頃，十三年以堰壞遂廢。

〔1〕樊陂　據南宋王象之《輿地紀勝》引《元和志》樊陂在縣北八十九
里，漢樊重居北，有肥田數千頃，歲收穀千萬斛。《舊唐書》卷一六〇及《新
唐書》卷一七七俱有《李翱傳》。
〔2〕溫造　《舊唐書》卷一六五及《新唐書》卷九一俱有《溫造傳》，右
史堰均作右史渠。當以本志爲是，堰名右史，渠名後鄉，是一個工程。
〔3〕韋夏卿　《舊唐書》卷一六五及《新唐書》卷一六二，均有《韋夏
卿傳》，唯都不記他曾爲朗州刺史。

54. 復州竟陵郡

竟陵（今湖北省天門市）有石堰渠，咸通中，刺史董元素開。

55. 興州順政郡

長舉（在今甘肅徽縣東南）元和中，節度使嚴礪[1]自縣而西疏
嘉陵江二百里，焚巨石，沃醯（即醋，讀 xī）以碎之，通漕以饋成
州戍兵[2]。

〔1〕嚴礪　《舊唐書》卷一一七及《新唐書》卷一四四，均有《嚴礪
傳》。他死於元和四年（809 年）三月，疏江事在四年前。
〔2〕《元和志》，嘉陵江在縣南十里。成州當時治上祿縣，在今甘肅西和
縣西北，西漢水東岸。柳宗元有《興州江運記》，記嚴氏疏江事，見柳集。事
在永貞元年（805 年）至元和初。

隴　右　道[1]

56. 鄯州西平郡

鄯城（今青海西寧市）……又經鶻莽峽（今青海、西藏交界處之唐古拉山口）十餘里，……百里至野馬驛（在今西藏安多縣北），經吐蕃墾田，又經樂橋湯，四百里至閣川驛（今西藏那曲）。……至農歌驛（今西藏拉薩市西北之堆龍德慶），邏些（今西藏拉薩市）在東南，距農歌二百里。……又經鹽池、暖泉、江布靈河，百一十里渡姜濟河，經吐蕃墾田，二百六十里至卒歌驛[2]（在今西藏札囊縣東，雅魯藏布江北岸）。……

　[1] 本志均爲唐後期資料，當時隴右道包括今甘肅、青海、新疆等地區，多爲吐蕃所據，記載缺略，唐代西北大量水利事業多湮没無聞。
　[2] 鄯城以下文叙自城至吐蕃邏些以南的交通要道，大約相當於今青藏公路，遠至雅魯藏布江以南。這些顯然不是鄯城境内，亦遠遠超過鄯州轄境及隴右道轄境。

地 理 五

（卷四一）

淮 南 道

57. 揚州廣陵郡

江都（今江蘇揚州市區西偏）東十一里有雷塘[1]，貞觀十八年，長史李襲譽[2]引渠，又築勾城塘，以溉田八百頃。有愛敬陂[3]水門，貞元四年，節度使杜亞[4]自江都西，循蜀岡之右，引陂趨城隅以通漕，溉夾陂田。寶曆二年，漕渠淺，輪不及期。鹽鐵使王播[5]自七里港引渠，東注官河[6]，以便漕運。

江陽（今揚州市區東偏）有康令祠。咸通中大旱，令以身禱雨赴水死，天即大雨。民爲立祠。

高郵（今江蘇省高郵縣）有堤塘，溉田數千頃，元和中，節度使李吉甫築[7]。

〔1〕雷塘　《元和志逸文》（引自《輿地紀勝》），雷陂在縣北十里（按：實爲東北），《漢書·江都王傳》有雷陂。按：雷陂即雷塘，後分上下二塘，合陳公塘、勾城塘、小新塘稱爲揚州五塘。其中陳公塘最大，周九十餘里。歷代都利用各塘接濟漕運和灌溉。

〔2〕李襲譽　《舊唐書》卷五九《新唐書》卷九一均有傳，記李爲揚州大都督府長史、江南道巡察大使，以江都民俗喜商賈，不好農桑，乃引雷陂水，築勾城塘溉田。

〔3〕愛敬陂　《元和志逸文》（引自《輿地紀勝》）：愛敬陂在江都縣西五十里，魏陳登爲太守，開陂，民號愛敬陂，亦號陳登塘。按：東漢靈帝末年，獻帝初年（190 年左右）陳登先爲東陳長，後爲徐州典農校尉，廣陵太守，十餘年中在淮、揚間大興水利。後代流傳他開發水利的不少事跡。

〔4〕杜亞　《新唐書》卷一七二《舊唐書》卷一四六均有傳。杜爲淮南節度使以揚州官河（即運河）淤塞，又官紳工商多臨街造宅，行旅擁擠，乃

開拓疏浚。《文苑英華》卷八一二有梁肅《通愛敬陂水門記》，記杜亞修陂事，謂先勘測水源勾城湖及愛敬陂，後者方圓百里，支流多，可利用，乃繪圖上奏朝廷，得到批准。于是培修舊堤，築斗門，修渠濟漕運及溉田。陂本陳登修，當時"愛其功而敬其事"故名愛敬。

〔5〕王播 《舊唐書》卷一六四《王播傳》及《舊唐書·敬宗紀》，均記此事較詳，係改開新道。因城內舊官河水淺，舟船難行，改自城南，閶門西古七里港開河向東，屈曲十九里接舊河，水道稍深，四五年後完工。《新唐書》卷一六七亦有《王播傳》。

〔6〕官河 《元和志逸文》（引自《太平寰宇記》）："合瀆渠，在縣東二里，本吳所掘邗溝，江淮之水路也，今謂之官河，亦謂之山陽瀆。"

〔7〕李吉甫 《舊唐書》卷一四八李吉甫傳："又於高郵縣築堤爲塘，溉田數千頃。"即本志所説的堤塘，事在元和四、五年。《新唐書》卷一四六《李吉甫傳》作："爲淮南節度使……築富人、固本二塘，溉田且萬頃。"這三條是一件事。又接上文："漕渠庳下，不能居水，乃築堤闕以防不足，泄有餘，名曰平津堰。"《新唐書》卷五三《食貨志》："初揚州疏太子港、陳登塘凡三十四陂以益漕河，輒復堙塞。淮南節度使杜亞乃濬渠蜀岡，疏勾城湖、愛敬陂，起堤貫城以通大舟。河益庳，水下走淮，夏則舟不得前。節度使李吉甫築平津堰以泄有餘，防不足，漕流遂通。"關於平津堰説法不一，有人以爲即淮安北之北神堰（參見姚漢源，《中國水利史綱要》第五章第三節）。

58. 楚州淮陰郡

山陽（今江蘇省淮安縣）有常豐堰，大曆中黜陟使李承[1]置以溉田。

寶應（今江蘇寶應縣）西南八十里有白水塘[2]、羨塘[3]，證聖中開，置屯田。西南四十里有徐州涇、青州涇，西南五十里有大府涇，長慶中興白水塘屯田，發青、徐、揚州之民以鑿之。大府即揚州。北四里有竹子涇，亦長慶中開。

淮陰（今江蘇淮陰市西南）南九十五里有棠梨涇，長慶二年開。

〔1〕李承　《舊唐書》卷一一五《新唐書》卷一四三均有《李承傳》，記李承爲淮南西道黜陟使，奏築常豐堰，以禦海潮，漑屯田瘠鹵，收獲十倍。堰是禦鹹蓄淡灌漑工程。後人説他築捍海堤自楚州鹽城（今鹽城縣）南至海陵縣（今泰州市）境，宋代修復延伸爲范公堤。

〔2〕白水塘　又名白水陂。《元和志逸文》（引自《輿地紀勝》）：“白水陂在縣西八十里，鄧艾所立。”按：據三國志鄧艾屯田僅限於今鳳陽以西。唐人認爲白水塘，石鼈屯（引白水塘的屯田）和附近陂塘俱鄧艾所聞，不甚可信。但二者東晉南北朝時已見記載。唐人記白水塘東北接今淮安、寶應縣境，西部在今洪澤湖區之東南部，寬三十里，周長二百五十里，西通破釜塘（在今盱眙縣北三十里，洪澤湖內），有八水門，灌田一萬二千頃。

〔3〕羨塘　在白水塘北，二塘通連。長慶時開引水渠多條以後漸廢。南唐議修復白水塘，未成功。南宋白水塘內已墾田二十萬畝，塘面漸淤平，周長剩一百二十里。元代在這裏立洪澤屯田。明清以來西部没入洪澤湖，東部墾爲田。

59. 和州歷陽郡

烏江（在今安徽和縣東北）東南二里有韋游溝，引江至郭十五里，漑田五百頃，開元中，丞韋尹開；貞元十六年，令游重彦又治之。民享其利，以姓名溝。

60. 壽州壽春郡

安豐（在今安徽壽縣南）東北十里有永樂渠，漑高原田，廣德二年宰相元載[1]置，大曆十三年廢[2]。

〔1〕元載　《新、舊唐書》均有傳。
〔2〕本志不載芍陂。安豐縣南臨芍陂，平原地區是陂水灌區。

61. 光州弋陽郡

光山（今河南省光山縣）西南八里有雨施陂，永徽四年，刺史裴大覺積水以漑田百餘頃。

江 南 道

62. 潤州丹楊郡[1]

丹徒（今江蘇鎮江市）開元二十二年，刺史齊澣以州北隔江，舟行繞瓜步（在今儀徵縣西，六合縣南，臨江），回遠六十里，多風濤，乃於京口埭（堰名，在今鎮江西北，臨江）下直趨渡江二十里，開伊婁河[2]二十五里，渡揚子（在揚州南），立埭，歲利百億，舟不漂溺。

丹楊（今江蘇丹陽縣）武德……五年曰簡州，以縣南有簡瀆取名，八年州廢。……有練塘[3]，周八十里，永泰中刺史韋損因廢塘復置，以溉丹楊、金壇（今金壇縣）、延陵（在今丹陽南）之田，民刻石頌之。

多壇　東南三十里有南、北謝塘[4]，武德二年，刺史謝元超因故塘復置以溉田。

〔1〕丹楊　亦作丹陽，別本多用陽字。

〔2〕尹婁河　齊澣開伊婁河據《舊唐書·玄宗紀》及《舊唐書》卷一九〇、《新唐書》卷一二八《齊澣傳》，均在開元二十六年（738 年），本志誤。《舊唐書·本紀》，開元二十六年"潤州刺史齊澣開伊婁河於揚州南，瓜洲浦。"瓜洲原爲江中沙洲，屬潤州，後逐漸北移與北岸相接，江北岸遂南移二十餘里。漕舟過江需繞行沙尾。開伊婁河後減少漂没損失又每年省脚錢數十萬；立伊婁埭，徵收過往船隻税課，收入亦不少。

〔3〕練塘　亦名練湖。《元和志》："練湖在縣北一百二十步，周迴四十里。晋時陳敏爲乱，據有江東，務修耕績，令弟諧遏馬林溪以溉雲陽（即丹陽），亦謂之練塘，溉田數百頃。"陳諧修湖在西晋惠帝末年（305—307 年），築堰攔七十二溪山水成塘，周長一百二十里，後兼用以接濟江南運河。唐代爲部分墾占，到永泰二年（766 年），湖堤僅長四十里，中有横堤，分湖爲上下兩部。韋損開濬，修斗門，周長至八十里。湖水以濟江南運河爲主，"湖水放一寸，河水長一尺。"《唐文粹》卷二一，李華：《潤州丹陽縣復練塘頌》記韋

損修塘事；《全唐文》卷三七〇，劉晏：《奏禁隔斷練湖狀》亦叙此事并記湖水用以濟運及溉田，禁分隔墾佔，得到朝廷批准。

南唐、兩宋、元、明、清都多次修濬，濟運溉田，規定管理制度。但由于淤塞及豪强墾佔，湖日淺狹。清初上湖全部成田，清末下湖亦大部墾種 1949 年後開爲農場。

〔4〕謝塘 《太平寰宇記》南北二謝塘梁普通中（520—527 年）謝德威築，隋廢，唐謝元超重修。

63. 昇州江寧郡

句容（今江蘇句容市）西南三十里有絳巖湖[1]，麟德中，令楊延嘉因梁故堤置，後廢。大曆十二年，令昕復置，周百里爲塘，立二斗門以節旱暵，開田萬頃。絳故赤山，天寶中更名。

〔1〕絳巖湖 亦名赤山湖，下通秦淮河，自六朝建有柏岡埭控制入河水量。相傳孫吳赤烏二年（293 年）築堤成湖。南齊明帝時（494—498 年）曾大修，隋代廢。大曆十二年（777 年）修復後，周長一百二十里，建兩斗門。《文苑英華》卷八一三，樊珣：《絳巖湖記》，記王昕修湖事。以後常有維修，元以後縮小，周長僅四十里。1949 年水面積剩 15 平方公里，現全墾爲田。

64. 常州晉陵郡

武進（今江蘇常州市西偏）西四十里有孟瀆，引江水南注通漕，溉田四千頃，元和八年刺史孟簡[1]因故渠開。

無錫（今江蘇無錫市）南五里有泰伯瀆[2]，東連蠡湖[3]亦元和八年孟簡所開。

〔1〕孟簡 《新唐書》卷一六〇《舊唐書》卷一六三均有傳。所開渠長四十一里，孟是舊名。孟瀆北通長江，南接運河，後來成爲自江南運河北通江，渡江北航的重要運道之一。

〔2〕泰伯瀆 長八十里，相傳是商代末年吳泰伯創始。

〔3〕蠡湖 因春秋時范蠡得名，在今無錫市。

65. 蘇州吴郡

海鹽（今浙江省海鹽縣）有古涇三百一[1]，長慶中，令李諤開，以禦水旱。又西北六十里有漢塘，大和七年開。

[1] 三百一　別本無"一"字。

66. 湖州吴興郡

烏程（今浙江吴興縣）東百二十三里有官池[1]，元和中刺史范傳正[2]開。東南二十五里[3]有陵波塘，寶曆中刺史崔玄亮開。北二里有蒲帆塘，刺史楊漢公開，開而得蒲帆，因名。

　長城（今浙江長興縣）有西湖，溉田三千頃[4]，其後堙廢，貞元十三年（797年），刺史于頔（dī）復之，人賴其利[5]。

　安吉（在今浙江省安吉縣西北）北三十里有邸閣池，北十七里有石鼓堰，引天目山水[6]溉田百頃，皆聖曆初令鉗耳知命置。

[1] 東百二十三里有官池　別本作"東北二十三里"。如果官池指湖州東，太湖南之官塘，則自湖州，東入蘇州境接運河，共長百餘里，但文句不甚通順。如果指另一池，則東一百二十里已在蘇州境，似乎"東北二十三里"較可信。

[2] 范傳正　《舊唐書》卷一八五《新唐書》卷一七二均有傳，但未提及開官池事。

[3] 東南二十五里　別本作"東南三十五里。"

[4] 三千頃　別本作"二千頃"，據《于頔傳》作"三千頃"爲是。

[5] 于頔　《舊唐書》卷一五六《新唐書》卷一七二均有傳。《舊唐書·于頔傳》載："爲湖州刺史，因行縣至長城方山。其下有水，曰西湖，南朝疏鑿溉田三千頃，久堙廢。頔命設堤塘以復之，歲獲秔稻蒲魚之利。"

[6] 引天目山水　當爲霅（zhà）溪水，霅溪亦名西苕溪。

67. 杭州餘杭郡

錢塘（今浙江杭州市）南五里有沙河塘，咸通二年，刺史崔彦曾[1]開。

　　鹽官（今浙江海寧市西南之鹽官鎮）有捍海塘堤，長百二十里，開元元年重築[2]。

　　餘杭（今杭州市西舊餘杭）南五里有上湖，西二里有下湖，寶曆中令歸珧因漢令陳渾故迹置[3]。北三里有北湖[4]，亦珧所開，溉田千頃。珧又築甬道，通西北大路，高廣徑直百餘里，行旅無山水之患。

　　富陽（今浙江杭州市富陽區）北十四里有陽陂湖，貞觀十二年，令郝某開。南六十步有堤，登封元年，令李濬時築，東自海，西至於筧浦，以捍水患。貞元七年，令鄭早又增修之[5]。

　　於潛（在今浙江省杭州市臨安區西南）南三十里有紫溪水[6]溉田，貞元十八年令杜泳開，又鑿渠三十里以通舟楫。

　　新城（在今浙江省杭州市富陽區西南）北五里有官塘，堰水溉田，有九澳，永淳元年開。

　　[1] 崔彥曾　《新唐書》卷一一四，《舊唐書》卷一七七有傳，唯都未提到爲杭州刺史事。
　　[2] 杭州海塘，《水經注·漸江水》引《錢唐（唐同塘）記》説："防海大塘在縣東一里許。郡議曹華信家議立此塘以防海水。始開募有能致一斛土者，即與錢一千。旬月之間來者雲集。塘未成而不復取，于是載土石者皆棄而去，塘以之成，故改名錢塘焉。"這是南北朝時的傳説，前人已論其不可信。華信是郡議曹，郡縣設曹始于東漢。華信可能是東漢或以後人。錢塘之名見于秦時，似秦代已有海塘。唐代錢塘江南北已有較大規模的塘。
　　[3] 上下二湖　即漢熹平二年（173年）縣令陳渾所開之南湖，引苕溪水爲上下二湖，號稱灌田萬頃。後堙廢，唐代重開，兩宋至明屢次修濬。明代僅存下湖，陳幼學著《南湖水利考》，記其沿革。清代已堙塞，今闢爲農場。
　　[4] 北湖　亦引苕溪諸水，周迴六十里，明代已湮没。
　　[5] 這是海塘的一部份。
　　[6] 紫溪水　即今天目溪。

68. 越州會稽郡

會稽（今浙江紹興市東偏）東北四十里有防海塘，自上虞江（即曹娥江）抵山陰百餘里，以蓄水溉田，開元十年令李俊之增修，大曆十年觀察使皇甫溫，大和六年令李左次又增修之。

山陰（今浙江紹興市西偏）北三十里有越王山堰，貞元元年觀察使皇甫政鑿山以蓄泄水利，又東北二十里作朱儲斗門[1]。北五里有新河，西北十里有運道塘，皆元和十年觀察使孟簡[2]開。西北四十六里有新逕斗門[1]。北五里有新河，西北十里有運道塘，皆元和十年觀察使孟簡[2]開。西北四十六里有新逕斗門[3]，大和七年觀察使陸亙[4]置。

諸暨（今浙江省諸暨市）東二里有湖塘，天寶中，令郭密之築，溉田二十餘頃。

上虞（在今浙江紹興市上虞區東南）西北二十七里有任嶼湖，寶曆二年，令金堯恭置，溉田二百頃。北二十里有黎湖，亦堯恭所置。

〔1〕朱儲斗門　爲擋潮排洪閘門，内水大時由朱儲斗門等經由三江口排入海。

〔2〕孟簡　參前常州晉陵郡下注[1]。

〔3〕新逕斗門　亦爲擋潮排洪牐門，内水大時，排水入西小江。

〔4〕陸亙　《新唐書》卷一五九，《舊唐書》卷一六二均有傳。時爲浙東觀察使。

69. 明州餘姚郡

鄮（在今浙江寧波市東南）南二里有小江湖[1]，溉田八百頃，開元中令王元緯置，民立祠祀之。東二十五里有西湖[2]，溉田五百頃，天寶二年，令陸南金開廣之。西十二里有廣德湖[3]，溉田四百頃，貞元九年，刺史任佩帶因故迹增修。西南四十里有仲夏堰，溉田數千頃，大和六年，刺史於季友[4]築。

　　[1] 小江湖　宋人謂係引它山堰水，即它山堰灌區。南宋魏峴著《四明它山水利備覽》記沿革頗詳，王元緯作王元暐，於唐太和七年（833 年）築堰，非開元時。它山堰後代不斷維修，今古堰尚存，已不引水，爲全國重點文物保護單位，在今寧波西南四十里，鄞江鎮西南。
　　[2] 西湖　即東錢湖，在今浙江寧波市東南，西晋已開發，就天然湖泊修造水庫，唐以後屢次修浚，四周築石塘八十里，建七堰、四閘，溉田最多至百餘萬畝。現在湖面有二十餘平方公里，有灌溉、供水、航運、漁業等多方面效益。
　　[3] 廣德湖　唐大曆八年（773 年）鄞縣令儲仙舟，就天然湖泊鶯脰湖改造，後任侗擴建。大中元年（847 年）溉田至八百頃。北宋大修，築堤九千丈，閘九座，堰二十處，溉田增至二千頃。當常有人主張廢湖爲田，到政和七年（1117 年）終於墾湖成田八百頃。灌區改用它山堰水。
　　[4] 于季友　是于頔（見"湖州吳興郡"注[5]）之子，事跡見《于頔傳》。仲夏堰南宋時已廢，灌區改引它山堰水。

70. 衢州信安郡

　　西安（今浙江衢州市）東五十五里有神塘，開元五年，因風雷摧山，偃澗成塘[1]，溉田二百頃。

　　[1] 這是天然崩塌成壩的記録。今稱堰塞湖。

71. 處州縉雲郡

　　麗水（今浙江麗水市）東十里有惡溪，多水性，宣宗時刺史段成式[1]有善政，水怪潛去，民謂之好溪。

　　[1] 段成式　《舊唐書》卷一六七、《新唐書》卷八九有傳。

72. 福州長樂郡

閩（今福建福州市）東五里有海堤，大和二年，令李茸築。先是，每六月潮水鹹鹵，禾苗多死。堤成，潴溪水殖稻，其地三百户，皆良田。

候官（今福建福州市西）[1]西南七里有洪塘浦，自石岊江而東，經甌瀆至柳橋，以通舟楫，貞元十一年觀察使王翃[2]開。

長樂（今福建福州市長樂區南）東十里有海堤[3]，大和七年令李茸築。立十斗門以禦潮，旱則潴水，雨則泄水，遂成良田。

連江（今福建省連江縣）東北十八有材塘，貞觀元年築。

〔1〕候官　他書多作侯官。候官是舊名。
〔2〕王翃　《舊唐書》卷一五七《新唐書》卷一四三均有傳。
〔3〕海堤　長樂海堤及閩縣海堤都是禦鹹蓄淡的灌溉工程。

73. 泉州清源郡

晉江（今福建泉州市）北一里有晉江[1]，開元二十九年別駕趙頤鑿溝通舟楫至城下。東一里有尚書塘，溉田三百餘頃，貞元五年刺史趙昌[2]置，名常稔塘。後昌爲尚書，民思之，因更名。西南一里有天水淮[3]，灌田百八十頃，太和三年[4]，刺史趙棨開。

莆田（今福建莆田縣）西一里有諸泉塘，南五里有瀝㟛塘，西南二里有永豐塘，南二十里有橫塘，東北四十裡有頡洋塘，東南二十里有國清塘，溉田總千二百頃，并貞觀中置[5]。北七里有延壽陂，溉田四百餘頃，建中年置[6]。

〔1〕晉江　在城南，此處在城北一里是引水爲晉江渠，不是晉江正流。
〔2〕趙昌　《舊唐書》卷一五一和《新唐書》卷一七〇均有傳。
〔3〕天水淮　淮就是圍，泉州刺史趙棨鑿清渠，築三十六涵洞，納筍、浯二水溉田。取趙姓郡望稱爲天水。淮後代常浚治，通城內，泄城內外諸水入

晋江。

〔4〕三年，別本作"二年"，以"三年"爲是。

〔5〕此處六塘後代合稱興化六塘。（宋代於莆田置興化軍，明改興化府）。北宋建木蘭陂，除國清塘保留備大旱外，其餘五塘墾爲田。國清塘亦與陂通連，六塘灌區遂統入木蘭陂灌區内。

〔6〕木蘭陂到元延祐二年（1315年）擴大灌區至木蘭溪北，和延壽陂灌區通連爲一。

74. 宣州宣城郡

宣城（今安徽宣州市）東十六里有德政陂，引渠溉田二百頃，大曆二年（767年）觀察使陳少遊[1]置。

南陵（今安徽省南陵縣）有大農陂，溉田千頃，元和四年，寧國（今安徽寧國市）令范某因廢陂置，爲石堰三百步[2]，水所及者六十里。有永豐陂[3]，在青弋江中，咸通五年置。

〔1〕陳少遊 《舊唐書》卷一二六、《新唐書》卷二二四均有傳。

〔2〕三百步 一本作"二百步"，據《唐文粹》卷七五，韋瓘《宣州南陵縣大陂記》作"三百步"是。引水渠有三，長的有六十里，溉田數萬畝。

〔3〕永豐陂 在大陂下游，在縣城東南六十里亦引青弋江水溉田。兩宋時兩陂都大修過，大陂灌田五萬畝，永豐陂渠長六十里，灌田三萬畝。

75. 歙州新安郡

歙（今安徽歙縣）東南十二里有吕公灘[1]，本東輪灘，湍悍善覆舟，刺史吕季重以俸募工鑿之，遂成安流。

祈門（今安徽祁門縣）[2]西南十三里有閶門灘[3]，善覆舟，（元和中令路）旻開斗門以平其隘，號路公溪，後斗門廢。咸通三年，令陳甘節以俸募民穴石積木爲横梁，因山派渠，餘波入於乾溪，舟行乃安。

〔1〕呂公灘　在新安江支流練江下游。

〔2〕祈門　他書多作祁門。

〔3〕閶門灘　在昌江上流之南寧河上。路公溪似別開一航道，陳甘節似築攔河堰平水，并分水入乾溪。

76. 洪州豫章郡

南昌（今江西南昌市）縣南有東湖[1]，元和三年，刺史韋丹[2]開南塘斗門以節江水，開陂塘以溉田。

建昌（今江西永修縣西北）南一里有捍水堤，會昌六年攝令何易于[3]築。西二里又有堤，咸通三年令孫永築[4]。

〔1〕東湖　宋人記東湖在城東南，周廣五里。《水經注·贛水》記："東大湖十二百二十六步，北與城齊，南緣迴折至南塘，本通大江（贛江），增減與江水同。漢永元中（89—105年），太守張躬築塘以通南路，兼遏此水，冬夏不增減。……每于夏月江水益而過，居民多被水害。至宋景平元年（423年）太守蔡君西起堤，開塘爲水門，水盛則閉之，内多則泄之。自是民居少患矣。"南塘爲張躬築，劉宋蔡興宗于塘上起堤，修斗門。韋丹又修捍江堤十二里及南塘斗門。東湖後又分西、北二湖，沿堤植柳名金堤，湖北岸爲百花洲。

〔2〕韋丹　《新唐書》卷一九七《循吏傳》有傳。爲江南西道觀察使時築堤十二里捍江并修有斗門。又築陂塘五百九十八所，灌田一萬二千頃。

〔3〕何易于　《新唐書》卷一九七《循吏傳》有傳。

〔4〕孫永所築堤及何易於堤都是修水堤。咸通三年（862年），一本作二年。

77. 江州潯陽郡

潯陽（今江西九江市）南有甘棠湖，長慶二年，刺史李渤[1]築，立斗門以蓄泄水勢。東有秋水堤，大和三年，刺史韋珩築；西有斷洪堤，會昌二年刺史張又新築，以窒水害。有彭蠡湖，一名宫亭湖。

都昌（在今江西都昌縣東北）南一里有陳令塘，咸通元年，令陳可夫築，以阻潦水。

〔1〕李渤 《舊唐書》卷一七一、《新唐書》卷一一八均有傳。李曾修湖堤三千五百尺。

78. 鄂州江夏郡

永興（今湖北省陽新縣）北有長樂堰，貞元十三年築。

79. 饒州鄱陽郡

鄱陽（今江西鄱陽縣）縣東有邵父堤，東北三里有李公堤，建中元年刺史李復[1]築，以捍江水。東北四里有馬塘，北六里有土湖，皆刺史馬植[2]築。

〔1〕李復 《舊唐書》卷一一二《新唐書》卷七八均有傳。
〔2〕馬植 《舊唐書》卷一七六《新唐書》卷一八四均有傳。馬植任饒州刺史，築堤約在大和時（827—835 年）。

80. 袁州宜春郡

宜春（今江西宜春縣）有宜春泉，醞酒入貢。西南十里有李渠[1]，引爺山水入城，刺史李將順鑿。

〔1〕李渠 以供袁州城市用水爲主，兼有灌田（二萬畝）、通航、排洪作用。元和四年（809年）開，渠長一千九百六十五丈，自袁江支流清瀝江引水入城。歷宋、元、明、清至近代始廢。南宋寶慶三年（1227年）知州曹叔遠大修，并著《李渠志》。清道光六年（1826年）宜春知縣程國觀重修，又再修《李渠志》并節略曹志原文附入。

地 理 六

（卷四二）

劍 南 道

81. 成都府蜀郡

成都（今四川成都市）有江瀆祠。北十八里有歲池，天寶中，長史章仇兼瓊[1]築堤，積水溉田。南百步有官源渠堤百餘里，天寶二載，令獨孤戒盈築。

溫江（今四川成都溫江區）有新源水，開元二十三年，長史章仇兼瓊因蜀王秀[2]故渠開，通漕西山竹木。

〔1〕章仇兼瓊　在開元、天寶時興修蜀中水利不少，兩唐書均無傳。所稱長史是益州（或蜀郡）大都督府長史，長史相當於州刺史，但都督管轄劍南一道，長史實際執行都督職權。益州在至德二載（757年）始改爲成都府。

〔2〕蜀王秀　隋文帝子楊秀封蜀王，自開皇元年（581年）鎮蜀，至仁壽二年（602年）廢。

82. 彭州濛陽郡

九隴（在今四川成都彭州市西北）武后時，長史[1]劉易從決昌（在今四川成都彭州市西南）㳫江[2]（即沱江），鑿川派流，合堋口[3]埌歧水[4]溉九隴、唐昌田，民爲立祠。

導江（在今四川都江堰市東）有侍郎堰，其東百丈堰[5]，引江水以溉彭、益田[6]，龍朔中築。又有小堰，長安初（701年）築。

〔1〕長史　州刺史下有別駕、長史，都是較高的屬官。

〔2〕㳫江　或沱江指今柏條河。

〔3〕栅口　指湔江口，在今四川彭州市西北的關口。

〔4〕埌歧水　指湔江，下游多分支。

〔5〕有侍郎堰其東百丈堰　侍郎堰，宋人謂即都江堰渠首離堆下接人字堰、飛沙堰等；百丈堰即導流之百丈堤。《元和志》記捷尾堰在導江縣西南二十五里。李冰作之，以防江决。破竹爲籠，圓徑三尺，長十丈，以石實中，累而壅水。即指侍郎堰至金剛堤、魚嘴等。

〔6〕溉彭益田　指今成都平原，都江堰灌區。

83. 蜀州唐安郡

新津（今四川成都新津區）西南二里有遠濟堰，分四筒[1]，穿渠溉眉州通義（眉州治通義，今四川眉山市）、彭山（今四川彭州市）之田，開元二十八年采訪使章仇兼瓊[2]開。

〔1〕遠濟堰　分四筒，即分四個支渠口。遠濟堰下至五代時與彭山通濟堰合爲一渠，詳見下眉州彭山縣注。

〔2〕章仇兼瓊　當時爲劍南道采訪使。

84. 漢州德陽郡

雒（今四川廣漢市）貞元末刺史盧士玒立堤堰，溉田四百餘頃。

什邡（今四川什邡市）有李冰祠山。

85. 眉州通義郡

彭山（今四川彭州市）有通濟大堰[1]一，小堰十，自新津邛江口引渠南下，百二十里至州西南入江，溉田千六百頃，開元中益州長史章仇兼瓊開。

青神（今四川青神縣）大和中榮夷[2]人張武等百餘家請田於青神，鑿山釃（si，分，疏導）渠，溉田二百餘頃。

〔1〕通濟堰　相傳始創於東漢建安時（196—220年），後廢。唐重修，五代時合遠濟堰爲一渠。宋代溉田三十四萬畝，建炎（1127—1130年）又壞。紹興十五年（1145年）勾龍廷實又創修，渠首堰長二百八十餘丈，橫截岷江，下流有小筒堰一百一十九，并制定堰規。明、清俱屢次大修改建。近代渠首在新津城東五津渡，攔河壩長900多米，成弧形，灌田三十萬畝。

〔2〕榮夷　地理不詳。是否爲榮經（唐屬雅州，今仍爲縣）之誤？鑿山釃渠即開山引渠，近人有誤以"山釃"爲渠名者。榮夷也可能與下文連讀，指榮州（治今四川榮縣）的夷人。

86. 資州資陽郡

盤石（今四川資中縣）北七十里有百枝池，周六十里。貞觀六年將軍薛萬徹[1]決東使流。

〔1〕薛萬徹　《舊唐書》卷六九、《新唐書》卷九四均有傳。

87. 綿州巴西郡[1]

巴西（今四川陽縣）南六里有廣濟陂，引渠溉田百餘頃。垂拱四年長史樊思孝，令夏侯奭因故渠開。

魏城（在今四川綿陽市東北）北五里有洛水堰，貞觀六年引安西水入縣，民甚利之。

羅江（在今四川綿竹市東）北五里有茫江堰，引射水溉田入城，永徽五年，令白大信置。北十四里有楊村堰，引折腳堰水溉田，貞元二十一年（805年），令韋德築。

神泉（在今四川綿竹市東北）北二十里有折腳堰，引水溉田，貞觀元年開。

龍安（今四川省安縣）東南二十三里有雲門堰，決茶川水溉田，貞觀元年築。

〔1〕本郡所屬各縣灌溉工程，都是引涪江上游干支流各河。下劍州同。

88. 劍州普安郡

陰平（在今四川劍閣縣西北）西北二里有利人渠，引馬閣水入縣溉田。龍朔三年令劉鳳儀開，寶應中廢。後復開，景福二年又廢。

89. 陵州仁壽郡

籍（在今四川彭州市東北）東五里有漢陽堰，武德初引漢水溉田二百頃，後廢。文明元年，令陳充復置，後又廢。

地理七上

（卷四三上）

嶺 南 道

90. 廣州南海郡

南海（今廣東廣州市）有南海祠。山峻水深，民不井汲，都督劉巨麟始鑿井四[1]。

〔1〕始鑿井　年代待查。約在玄宗（712—755 年）。

91. 邕州朗寧郡[1]

宣化（在今南寧市鬱江南岸）鬱水自蠻境七源州流出，州民常苦之。景雲中司馬呂仁引渠分流以殺水勢，自是無没溺之害，民乃夾水而居。

〔1〕朗寧　一本作“朗陵”，“陵”字誤。

92. 桂州始安郡

臨桂（今廣西桂林市）有相思埭，長壽元年築，分相思水[1]使東西流。又東南有回濤堤，以捍桂水，貞元十四年（798 年）築。

理定（在今文本永福縣南）西十里有靈渠[2]，引灘水，故秦史禄所鑿，後廢。寶曆初，觀察使李渤立斗門十八以通漕[3]，俄又廢。咸通九年，刺史魚孟威以石爲鏵隄，亘四十里，植大木爲斗門，至十八重，乃通巨舟4。

〔1〕相思水　在臨桂南五十里，建堨後分水東西流，東通灕江，西通柳江支流的洛清江（唐代的白石水），爲聯通桂柳二江的運河。自分水塘起，東西建陂（簡易船閘）控制。歷代維修至清雍正九年（1731 年）大修，有陂二十二座。清人常稱靈渠爲北陂河，相思堨爲南陂河，今廢爲排水渠。

〔2〕靈渠　所在應爲唐之桂州全義縣，即今廣西興安縣。本志誤以隋及唐初之興安（後改理定）即北宋之興安（唐之全義，今之興安）。

〔3〕李渤立斗門十八以通漕　此處記述亦有問題，李渤實際只修了入湘、入灕兩石斗門。魚孟威增至十八重。

〔4〕詳細情況參考魚孟威《桂州重修靈渠記》（《全唐文》，中華書局 1985 年版，第 8453 頁。）靈渠斗門宋代已增至三十六處，元、明、清屢次維修，清代只有二十餘斗，近代圮毀。渠尚有灌漑之利，是全國重點文物保護單位。

93. 白州南昌郡

博白（今廣西博白縣）西南百里有北戍灘[1]，咸通中，安南都護高駢[2]募人平其險石，以通舟楫。

〔1〕北戍灘　"北戍"別本作"北成"。
〔2〕高駢　《舊唐書》卷一八二、《新唐書》卷二二四均有傳。

（全书完）